普通高等教育“十二五”规划教材

铸造工艺设计及应用

主　编　王再友　王泽华
副主编　詹绍思　陈慧敏　张　炎
参　编　柳秉毅　纪秀林　谈淑咏
主　审　糜朝华

机械工业出版社

本书系统阐述了铸造工艺设计，铸造工艺方案和工艺参数的确定，零件结构的铸造工艺性，砂芯及浇注系统和补缩系统设计，铸造应力、变形和裂纹的形成机理及防止方法，铸造工艺装备设计，特种铸造工艺设计；详细介绍了艺术铸造方法及工艺设计和铸造工艺设计数字化技术等。

本书注重理论联系实际，注重实用性和先进性，在系统阐述铸造工艺设计专业基础知识的同时，介绍了铸造工艺计算机辅助设计和铸造快速成形等先进铸造工艺技术，特别注意吸取国内外最新研究成果及新技术与新工艺应用。本书既可作为高等院校材料类和机械类相关专业本科生教材，也可作为企业铸造工程技术人员培训教材，并可供从事材料成形加工技术研究的科研人员参考。

图书在版编目（CIP）数据

铸造工艺设计及应用/王再友，王泽华主编．—北京：机械工业出版社，2016.1（2026.1 重印）

普通高等教育“十二五”规划教材

ISBN 978-7-111-52081-8

Ⅰ.①铸…　Ⅱ.①王…②王…　Ⅲ.①铸造—工艺设计—高等学校—教材　Ⅳ.①TG24

中国版本图书馆 CIP 数据核字（2015）第 266679 号

机械工业出版社（北京市百万庄大街 22 号　邮政编码 100037）

策划编辑：丁昕祯　责任编辑：丁昕祯　章承林　任正一

版式设计：霍永明　责任校对：张晓蓉

封面设计：张　静　责任印制：邓　博

涿州市般润文化传播有限公司印刷

2026 年 1 月第 1 版第 6 次印刷

184mm×260mm · 19.5 印张 · 484 千字

标准书号：ISBN 978-7-111-52081-8

定价：55.00 元

电话服务	网络服务
客服电话：010-88361066	机　工　官　网：www.cmpbook.com
010-88379833	机　工　官　博：weibo.com/cmp1952
010-68326294	金　　书　　网：www.golden-book.com
封底无防伪标均为盗版	机工教育服务网：www.cmpedu.com

前　言

铸造是装备制造业的基础，也是国民经济的基础产业。2009年国务院颁布的《装备制造业调整和振兴规划》，把大型、关键铸锻件、基础配套件、基础工艺提升到与主机产品同等重要的战略高度。2013年我国颁布实施了《铸造行业准入条件》，以加快铸造产业结构调整和转型升级，这需要大量的铸造专业技术人才。加强教材建设，完善教学内容，建立健全人才的培养、吸引、使用的科学机制，是当今我国铸造产业发展亟待解决的重要课题。

近年来，随着科学技术的发展，铸造工艺设计在新技术应用方面也取得了长足进展。但是，现有教材的编写大都缺乏企业工程技术人员参与，内容陈旧，缺乏实用性和先进性，不能反映当今铸造工艺技术的发展及应用。根据铸造产业发展对专业技术人才的知识结构与能力的要求，结合我国铸造行业实际生产情况，校企携手设计教材内容，共同打造具有科学性、应用性、先进性和适用性的教材，是我国铸造专业技术人才工程教育的迫切需要。

本书编写由校企与行业协会合作完成，内容注重理论联系实际，注重实用性及前沿工艺技术应用。在系统阐述铸造工艺设计专业基础知识的同时，介绍了特种铸造和艺术铸造工艺设计，还介绍了绿色铸造和计算机辅助设计等数字化技术的应用，特别注意吸取国内外最新研究成果及新技术与新工艺的应用，可更好地满足广大铸造工程技术人员的需要。本书既可作为高等院校材料类和机械类相关专业本科生教材，也可作为企业铸造工程技术人员培训教材，并可供从事材料成形加工技术研究的科研人员参考。

本书由南京工程学院王再友、河海大学王泽华主编。参加编写的有中国艺术铸造协会秘书长詹绍思，河南科技大学陈慧敏，南京工程学院张炎、柳秉毅和谈淑咏，河海大学纪秀林。本书编写分工如下：第1章由谈淑咏编写，第2章、第4章由王再友编写，第3章由纪秀林编写，第5章由王泽华编写，第6章由柳秉毅编写，第7章由陈慧敏编写，第8章由詹绍思编写，第9章由张炎编写。

本书由江苏省铸造协会会长、航天晨光艺术制像分公司总经理糜朝华主审。王庆林高级工程师等从不同角度提出了宝贵的建议和修改意见。本书编写参考了有关教材和资料，并借鉴了一些企业铸件生产实例。在此一并致谢。

由于编者水平有限，书中难免有不当之处，恳请读者批评指正。

编　者

目　　录

第1章 铸造工艺设计概论

铸造是人类掌握比较早的一种金属热加工工艺，已有约6000年的历史，是当今机械制造工业中毛坯和零件的主要成形方法。铸件在机械制造中占有很大的比例，如机床中铸件占60%～80%，汽车中铸件占25%，拖拉机中铸件占50%～60%。铸件品质直接影响机械产品质量。我国由机械制造大国向机械制造强国迈进，企业能否提供高品质铸件是关键。

铸造是一个十分复杂的过程，工序多，铸件质量受铸型、合金熔炼、充型和凝固等诸多因素的影响。先进技术和科学管理是铸造企业生产高品质、低成本铸件必不可少的两个条件。只有在铸件生产之前进行科学而合理的铸造工艺设计，提高工艺技术水平，才能保证铸件质量，达到优质高产、低成本的目的。

1.1 铸造工艺设计概述

铸造是熔炼金属，制造铸型，并将熔融金属浇入铸型，凝固后获得具有一定形状、尺寸和性能金属零件毛坯的成形方法，所铸出的产品称为铸件。铸造生产包括造型制芯、合金熔炼、浇注充型、冷却凝固、清理修整和质量检验等多道工序，涉及成分、组织、性能、形状及尺寸等铸件质量控制。

铸造工艺设计是根据零件的结构特点、技术要求、生产批量和生产条件等，确定铸造工艺方案和工艺参数，绘制铸造工艺图，编制生产工艺等技术文件的过程，又称铸造工艺规程设计。铸造工艺设计应在保证铸件质量的可靠性和稳定性基础上，尽可能达到优质、高效益、低成本、少污染的目的，主要体现在以下几个方面：

1）采用先进的工艺技术获得高质量、低成本的铸件。

2）有利于生产过程管理，根据工艺文件要求进行工序检查，便于寻找铸造缺陷的产生原因及防止措施。

3）有利于生产准备，根据工艺设计进行生产前准备，如准备砂箱、芯骨、原材料等，有利于保证正常的生产秩序，方便生产计划调度。

4）有利于生产组织管理，不断积累并总结生产经验，提高铸造生产工艺技术和管理水平。

1.1.1 铸造工艺设计依据

在铸造工艺设计前，设计者不仅要了解零件的结构特点及技术要求和生产任务，还要熟悉企业生产条件，这些都是铸造工艺设计的出发点，也是铸造工艺设计的基本依据。此外，要求设计者有一定的生产经验和设计经验，并对铸造先进技术有所了解，具有经济观点和发展观点，才能很好地完成设计任务。铸造工艺设计应着重从以下四个方面进行综合考虑：

1. 产品技术要求和生产任务

（1）零件结构的铸造工艺性　首先必须审查零件的结构是否符合铸造工艺要求，若认为有必要修改零件结构时，必须与原设计单位或订货单位共同商量，在取得一致意见后进行修改，并以修改后的图样作为设计依据。在此环节，重点要从铸件质量和工艺操作两方面进行零件结构铸造工艺性分析，包括铸件壁厚、形状结构、复杂程度及铸件材料的铸造性能等。

（2）零件的技术要求 通常主要有材质牌号、金相组织、力学性能、尺寸精度和表面粗糙度等表面质量和内在质量以及其他特殊性能要求，如是否经水压、气压试验，零件的服役条件等。

（3）产品数量及生产期限 铸件生产可分为大批量生产、成批生产和单件生产三种类型。产品数量的多少是铸造工艺设计的重要依据。对于大批量生产尽可能采用专用设备和装备，成批生产一般使用通用设备和装备，单件产品生产应使用尽可能简单的工艺装备，以便缩短生产周期，并获得最大的经济效益。

生产期限包括生产准备周期（即工艺装备设计制造时间）和铸件生产周期。铸件生产周期主要取决于铸造方法、铸件的复杂程度和质量要求及生产条件等。一般来讲，相对于压力铸造和金属型铸造，砂型铸造生产准备周期较短；若铸件结构复杂、质量要求高，则生产准备周期和生产周期较长。

2. 企业生产条件

企业生产条件主要包括设备能力、原材料供应及工艺技术水平等。

1）设备能力，包括起重机的起重量和最大起重高度、熔炉的形式及吨位和生产率、造型和制芯机种类、机械自动化程度、烘干炉和热处理炉的能力、地坑尺寸、厂房高度和大门尺寸等。

2）车间原材料的应用情况和供应情况，包括来源和质量稳定性等。

3）工人技术水平和生产经验，车间在合金熔炼和造型等方面的工艺技术及生产管理水平。

3. 经济性

成本是企业为生产产品和提供服务而发生的耗费。如果成本控制不力，可能导致企业亏损。设计者应了解各种原材料、炉料的质量及价格、能耗及工人的操作技术水平与工时费用、生产设备与工艺装备成本等费用，以便在保证铸件质量的同时能兼顾铸造方法的经济性，制订合理的工艺方案，尽可能降低铸件成本。

4. 节能环保

节约能源和保护环境是国内外极为关注的社会与经济发展问题。铸造工艺方案的确定必须综合考虑资源和环境的关系，应了解新技术、新工艺、新设备和新材料的发展及应用，采用节能降耗、资源综合利用率高、废弃物排放量少的工艺方法，选用低能耗、与环境友好的工艺方案，让环境保护从治理转为以防为主，力求做到清洁生产。

1.1.2 铸造工艺设计内容

铸造工艺设计内容的繁简程度，主要取决于铸件批量的大小、生产要求和生产条件，通常包括铸造工艺图、铸件（毛坯）图、铸型装配图（合箱图）、铸造工艺卡及操作工艺规程等。广义地讲，铸造工艺装备的设计也属于铸造工艺设计的内容，例如模样图、芯盒图、砂箱图、压铁图、专用量具图和样板图、组合下芯夹具图等。

对于大量生产的定型铸件、特殊重要的单件铸件生产，铸造工艺设计内容较多，工艺制订得较为详细。但对于单件、小批生产的一般性铸件产品，设计内容可以简化。在最简单的情况下，仅绘一张铸造工艺图即可。铸造工艺设计的一般内容和设计程序见表 1-1。

表 1-1　铸造工艺设计的一般内容和设计程序

项　目	内　容	用途及应用范围	设 计 程 序
铸造工艺图	在零件图上，按 JB/T 2435—2013 规定的铸造工艺符号表示出浇注位置、分型面、加工余量、铸造收缩率（文字说明）、起模斜度、反变形量、分型负数、工艺补正量、浇注系统、冒口、内外冷铁、铸肋、砂芯形状和芯头结构等	用于制造模样、模板、芯盒等工艺装备，是设计模具的依据，也是生产准备和铸件验收的根据。适用于各种批量的生产	(1) 零件技术条件和铸件结构工艺性分析 (2) 选择铸造及造型方法 (3) 确定浇注位置和分型面 (4) 选用工艺参数 (5) 设计浇注系统、冒口、冷铁和铸肋等 (6) 砂芯设计 (7) 工装、夹具设计
铸件图	反映铸件实际形状、尺寸和技术要求。用标准规定符号和文字标注。反映内容：加工余量、工艺余量、不铸出的孔槽、铸件尺寸公差、加工基准、铸件金属牌号、热处理规范、铸件验收技术条件等	是铸件检验和验收、机械加工夹具设计的依据。适用于成批、大量生产或重要的铸件	(8) 在完成铸造工艺图的基础上，画出铸件图
铸型装配图	表示出浇注位置、分型面、砂芯数目、固定和下芯顺序、浇注系统、冒口和冷铁布置、砂箱结构和尺寸等	是生产准备、合箱、检验、工艺调整的依据。适用于成批、大量生产的重要件，以及单件生产的重型件	(9) 通常在完成砂箱设计后画出
铸造工艺卡	说明造型、造芯、浇注、开箱、清理等工艺操作过程及要求	用于生产管理和经济核算。依据批量大小，填写必要内容	(10) 综合整个设计内容

1.1.3　铸造工艺设计与经济指标和环境保护的关系

减少废弃物排放，降低环境污染，对废弃物无害化处理，变废为宝，是当今社会发展对铸造生产的必然要求。铸造工艺方案的确定必须综合考虑铸件成本、节约能源和环境保护问题，从零件结构的铸造工艺性改进、造型和制芯工艺方法选择、铸造工艺方案确定、浇注系统和冒口设计、铸件清理工艺方法等方面出发，采用合理、先进的铸造工艺和设备及新材料和新技术，尽可能减少污染、保护环境、降低成本，力求在保证铸件质量可靠性和稳定性的同时，取得良好的社会效益和经济效益。例如，铸钢件采用保温冒口，不仅工艺出品率可以提高 10% ~20%，还可减少能耗和炉料损耗以及熔炼等对环境造成的污染，降低综合生产成本。

砂型铸造是铸件生产的主要方法，占整个铸件产量的 80% ~90%。由造型材料带来的固体废弃物和粉尘对环境的污染严重，解决旧砂的再生回用问题是减少环境污染的有效措施。尽量采用环境友好的无机粘结剂或少粘结剂的铸造工艺，如真空负压干砂造型消失模铸造工艺，不仅可改善铸造条件，更重要的是可以大大减少固体废弃物排放，解决废旧砂排放对环境造成的污染。此外，铸造工艺设计要注意节约能源。例如，采用湿型铸造法比干型铸造法要节省燃料消耗，用自硬砂型取代普通干砂型，制芯采用冷芯盒法，都可以节约燃料或减少电力消耗。

为了保护环境和保证工人身体健康，铸造工艺设计要尽可能避免选用有毒害和高粉尘的工艺方法。一方面，采用无污染、低污染工艺或无毒、低毒工艺，实现无污染替代有污染，低污染替代高污染，无毒替代有毒，低毒替代高毒。例如，采用 N_2、Ar 气体精炼工艺替代六氯乙烷精炼熔炼铝合金，采用无毒气硬树脂砂、无毒精炼变质剂、水性涂装等；另一方面，实现生产过程密闭化、自动化，严格遵守操作规程，配备防护用品。

对铸造生产过程中存在的污染，应采用相应的对策，以确保安全和不污染环境。例如，三乙胺冷芯盒制芯工艺对三乙胺气体等应进行严格的控制，必须经过有效地吸收、净化处理并达到排放标准后，才可以排放投入大气。对于球化处理、浇注、落砂、清理打磨等造成的烟气和高粉尘空气，也应净化后排放。

为推进我国铸造行业健康有序、协调发展，加快铸造产业结构调整和企业转型升级，2013 年国家工业和信息化部颁布了《铸造行业准入条件》，对铸造企业的建设条件和布局、工艺装备、企业规模（产能/产值）、产品质量、能耗环保和职业健康安全及劳动保护、人员素质、监督管理等提出了明确的要求，主要体现在以下两个方面：

（1）节能减排　企业应根据 GB/T 15587—2008 建立能源管理系统，降低熔化过程中的能耗，减少污染物排放和废砂数量，提高工艺出品率、余热回收利用率和废水回收利用率。采用砂型铸造工艺的企业应配备旧砂处理设备，提高旧砂再生比例，各种旧砂的回用率应达到：水玻璃砂（再生）≥60%，呋喃树脂自硬砂（再生）≥90%，碱酚醛树脂自硬砂（再生）≥70%，黏土砂≥95%。

（2）环境保护　对冲天炉、电弧炉等各种熔化炉及炉前处理工位均应配备有效的烟气排放与净化系统，感应电炉应配备有效的烟气排放装置，混砂、落砂、清理设备均应配备有效的通风除尘设施。炉料入炉前必须进行适当的净化处理，工艺废气（苯系物、酸雾、三乙胺等）重点产生工位配备适宜、有效的抽风净化设施，定期监测污染物的排放数值等，废气排放等必须达到国家及所在地污染物排放标准的要求。

1.2　铸造方法的确定

1.2.1　铸造方法的分类

铸造是一种既经济又便捷的金属成形工艺，适用范围广、成本较低，是制造装备业的基础。铸造方法很多，通常按铸型材料、铸型特性、充型和凝固条件进行分类。常用的铸造方法及其适用范围和工艺特点见表 1-2。

1. 按铸型材料、充型和凝固条件分类

根据铸型材料、充型和凝固条件的不同，铸造可分为砂型铸造和特种铸造。

（1）砂型铸造　砂型铸造是以型砂为造型材料制备铸型并在重力下浇注的铸造方法，具有适应性广、成本低廉等优点，是应用最为广泛的铸造方法。砂型铸造按造型工艺方法不同，可分为手工造型和机器造型两大类。手工造型操作灵活，工艺装备简单，适应性强，适

表 1-2 常用铸造方法及其适用范围和工艺特点

铸造方法	铸件材质	铸件质量	表面粗糙度 $Ra/\mu m$	铸件复杂程度	铸件尺寸公差等级	适用范围	工艺特点
砂型铸造	各种合金	几十克～几百吨	12.5～50	复杂铸件	CT8～CT14	最常用的铸造方法。手工造型适用于单件、小批量和难以使用造型机的形状复杂的大型铸件；机器造型适用于批量生产的中、小型铸件	手工造型：灵活、易行，但效率低，劳动强度大，尺寸精度和表面质量低 机器造型：尺寸精度和表面质量高，但投资大
熔模铸造	铸钢、有色合金	几克～几千克	1.6～12.5	任何复杂程度铸件	CT4～CT9	各种批量的铸钢及高熔点合金的小型复杂精密铸件，特别适合于生产精密铸件	尺寸精度高、表面光洁，但工序繁多
消失模铸造	铝合金、铜合金、铁、钢	数十克～数吨	3.2～12.5	各种形状铸件	CT6～CT9	各种类型铸件	无砂芯、铸件表面光洁，铸件结构设计灵活，生产清洁
陶瓷型铸造	铸钢及铸铁	几千克～几百千克	3.2～12.5	较复杂	CT5～CT8	精密铸件	尺寸精度高、表面光洁，生产率低
金属型铸造	有色合金	几十克～20千克	6.3～12.5	中等复杂铸件	CT6～CT9	大批量有色金属铸件	铸件精度、表面质量高，组织致密，力学性能好，生产率高
低压铸造	有色合金	几十克～几十千克	3.2～25	复杂铸件（可用砂芯）	CT6～CT9	最好是大批量的大、中型有色合金铸件，可生产薄壁铸件	铸件组织致密，工艺出品率高，可采用各种铸型，但生产率较低
压力铸造	铝、镁合金	几克～几十千克	1.6～12.5	复杂铸件（可用砂芯）	CT4～CT8	大量生产的各种有色合金中小型铸件、薄壁铸件	铸件尺寸精度高、表面光洁，生产率高，成本低，但设备成本高
离心铸造	铸铁	几十千克～几吨	1.6～12.5	一般为圆筒形铸件	取决于铸型材料	适合于生产大批量的旋转体形铸件、各种直径的管件	铸件尺寸精度高、表面光洁，组织致密，生产率高

用于各种形状的铸件；机器造型生产效率高，铸件质量好，但设备和工艺装备费用高，生产准备时间较长，适用于中、小型铸件的成批或大量生产。

（2）特种铸造　特种铸造是在铸型材料、充型和凝固等方面与砂型铸造有显著差别的铸造方法的统称，简单来说，除砂型铸造外的铸造方法可以统称为特种铸造。目前，特种铸造方法有 20 多种，常用的方法有熔模铸造、消失模铸造、金属型铸造、压力铸造、低压铸造、离心铸造、壳型铸造、陶瓷型铸造和挤压铸造等。

2. 按铸型特性分类

根据铸型特性的不同，铸造方法分为一次型铸造和永久型铸造。

（1）一次型铸造　铸型只能浇注一次，此类方法有砂型铸造、熔模铸造、壳型铸造、石膏型铸造、磁型铸造、真空实型铸造等，铸型材料通常为非金属材料。

（2）永久型铸造　铸型能反复使用，此类方法有金属型铸造、压力铸造、挤压铸造、离心铸造、真空吸铸、连续铸造等，铸型材料主要为金属材料，也有石墨型。

3. 按液态金属充型和凝固条件分类

根据充型和凝固条件的不同，铸造方法分为重力铸造和非重力铸造。

（1）重力铸造　充型和凝固时仅受重力作用，没有其他附加外力作用，重力铸造也称自由浇注、重力浇注，此类方法有砂型铸造、金属型铸造、磁型铸造、熔模铸造等。

（2）非重力铸造　充型和凝固时除受重力作用外，还受外加压力或离心力等其他外力的作用，此类方法有压力铸造、离心铸造、低压铸造、真空吸铸等。

1.2.2 铸造方法的选择

铸造工艺设计首要任务是选择合适的铸造方法。每种铸造方法各有其优缺点和适用范围，铸造方法的选择应从适用的合金种类和铸件结构及大小、铸件尺寸精度、表面粗糙度和内在质量等技术要求、生产批量和企业生产条件等方面出发，在技术、经济、生产条件以及资源利用和环境保护等方面进行综合考虑和分析比较，用最经济的铸造方法，在现有或可能的工艺装备条件下生产出符合质量要求的铸件。

在适用合金种类方面，铸造方法主要取决于铸型材料的耐热状况。砂型铸造所用硅砂耐火度达 1700℃，比碳钢的浇注温度高出 100℃左右，可用于铸钢、铸铁、有色金属等各种金属材料铸件。熔模铸造型壳由耐火度更高的刚玉粉、纯石英粉和硅砂制成，可用于生产熔点更高的合金钢铸件。金属型铸造、压力铸造和低压铸造一般使用金属铸型和金属型芯，即使表面刷上耐火涂料，耐火度也不高，一般只用于低熔点的有色金属铸件。

在适用铸件大小方面，铸造方法主要与铸型尺寸、金属熔炉、起重设备的能力等条件有关。砂型铸造和消失模铸造限制较小，可铸造小、中、大件。熔模铸造由于在操作过程中蜡型和型壳易变形，一般只宜于生产中、小型铸件。对于金属型铸造、压力铸造和低压铸造，由于制造大型金属铸型和金属型芯难度大、费用高和设备吨位的限制，一般用于生产中、小型铸件。

在适用铸件结构形状及复杂程度方面，凡是采用砂型铸造、熔模铸造和消失模铸造，铸件结构形状及复杂程度不受限制。离心铸造较适用于管、套等这一类特定形状的铸件。金属型铸造适合生产形状较为简单的铸件，不适宜生产形状复杂的薄壁铸件。压力铸造可生产出复杂形状的铸件，但压铸模费用高，只有铸件大量生产时压力铸造才是经济的。因为压铸件生产率高，又能节省大量切削加工工时，综合计算零件成本还是经济的。

在铸件尺寸精度和表面粗糙度方面，铸造方法主要与铸型的精度和表面粗糙度有关。砂型铸造铸件的尺寸精度较差，表面粗糙度值较大。熔模铸造压型可加工得很精确、光洁，故蜡模也很精确，型壳无分型面，熔模铸造铸件尺寸精度很好，表面粗糙度值很小。由于压力铸造在高压、高速下成形，压铸模加工得较精确，压铸件尺寸精度也很好，表面粗糙度值很小。金属型铸造和低压铸造的金属铸型（型芯）不如压铸型精确、光洁，在重力或低压下成形，铸件的尺寸精度和表面粗糙度都优于砂型铸件。

在铸件生产批量方面，铸造方法还应和铸件产量相适应。砂型铸造、熔模铸造和消失模铸造可用于单件、小批量和大批量铸件生产，但低压铸造、压力铸造、离心铸造等铸造方法，因设备和模具的价格昂贵，只适合于批量生产。对于套、管和筒类等空回转体铸件的大量、成批生产，离心铸造可大大简化生产过程，不用浇冒口系统，工艺出品率高。此外，消失模铸造采用真空负压干砂造型工艺，可大大减少废弃物排放，粉尘、烟尘和噪声污染小，落砂容易，利用余热可进行高锰钢铸件的水韧处理和耐热铸钢件的固溶处理。因此，高锰钢铸件生产应优先采用消失模铸造，实现资源综合利用和保护环境的目的。

1.3　砂型铸造工艺设计

1.3.1　砂型铸造生产工艺过程

砂型铸造造型材料价廉易得，铸型制造简便，铸造合金种类、铸件结构及大小和生产批量等几乎不受限制，既可以铸造外形和内腔十分复杂的铸件，如各种箱体、床身、机架等，还可生产几克到几百吨的铸件，对铸件的单件生产、成批生产和大量生产均能适应。砂型铸造生产工序多，涉及造型和制芯、合金熔炼、合箱和浇注、铸件清理和检验等若干工序。砂型铸造生产工艺过程如图 1-1 所示。

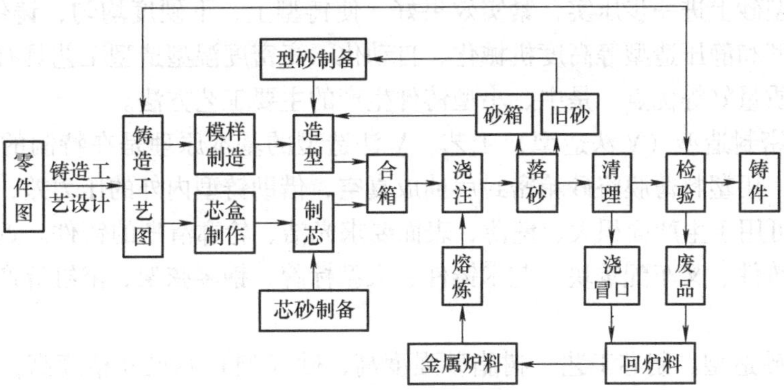

图 1-1　砂型铸造生产工艺过程

1.3.2　砂型铸造工艺设计步骤

砂型铸造工艺设计应根据零件结构的铸造工艺性分析，结合产量和技术要求及生产条件，选择造型和制芯方法及铸型类型，确定浇注位置和分型面，具体步骤如下：

1）审查零件图样，分析零件的技术要求、结构特点和铸造工艺性等。

2）拟订工艺方案，选择造型和制芯方法，确定铸型类型、浇注位置、分型面以及防变形和防裂措施，选择机械加工余量、起模斜度、铸造收缩率、不铸出孔和槽等工艺参数，确定砂箱中铸件数量及排列。

3）砂芯设计，确定砂芯的类型、数量和芯头结构及下芯顺序等。

4）浇注系统、冒口、冷铁、补贴、出气孔设计。

5）绘制铸造工艺图及相关图样（铸件图、合箱图等）。

6）工艺装备设计，绘制模板图、芯盒图、专用量具和组合下芯夹具图等。

7）编制操作工艺规程及铸造工艺卡等技术文件。

1.4 铸造技术发展及应用

近年来，随着科学技术的进步，铸造工装设备取得了很大进展，在造型与制芯、合金熔炼与凝固控制等方面，铸造生产技术获得了长足进展，向绿色集约化铸造方向发展。目前，近净成形可使铸件达到不加工或少量加工的目的；计算机辅助设计和模拟分析在铸造生产中得到了广泛应用，铸件开发周期和成本大幅度降低，质量明显提高；3D 快速成形技术进一步推动了铸造技术的发展，选择性激光烧结技术已成功用于复杂精密铸件制造，提高了铸件新产品的开发效率和结构设计的灵活性。

1.4.1 造型与制芯技术

造型和制芯是铸件形成过程中的关键工序之一，对铸件质量、制造成本、生产效率、劳动强度和环境污染等各方面都有十分重要的影响。

（1）黏土砂湿型造型工艺　气冲造型具有砂型紧实度高、均匀合理、能生产复杂铸件、噪声小、节能等优点。静压造型消除了震实造型机的噪声污染，大大改善了作业环境；最后采用压实板在型砂上进一步压实，紧实效果好，使铸型上、下硬度均匀，铸件尺寸精度高。射压、气冲造型和静压造型等高度机械化、自动化、高密度湿型造型工艺具有成本低、污染小、效率高、质量好等优点，是中、小型铸件生产的主要工艺方法。

（2）真空密封造型（V 法造型）工艺　V 法造型的基本原理是在特制的砂箱内填入无粘结剂的干砂，用塑料薄膜将砂箱密封后抽成真空，借助铸型内外的压力差，使型砂紧实成型。V 法造型可用于生产面积大、壁薄、表面要求光洁、轮廓清晰的铸件。近年来，V 法造型在铁道车辆铸件、叉车配重块、艺术铸件、大型标牌、钢琴弦架、浴缸等产品生产中获得了广泛应用。

（3）树脂砂造型、制芯工艺　树脂砂强度高，砂（型）芯尺寸精度高，铸件表面质量好，但会对环境造成污染，开发低污染粘结剂、催化剂、固化剂及配套的环保处理设备，是推广和发展树脂砂造型、制芯工艺的关键。

（4）水玻璃砂造型、制芯工艺　水玻璃砂流动性好，易于紧实，能耗较低。水玻璃砂高温退让性好，特别适用于裂纹倾向大的铸钢件，但水玻璃砂溃散性差、旧砂再生困难。因此，研究水玻璃改性，开发新型水玻璃砂旧砂再生回用工艺及设备是重点。酯硬化水玻璃砂的应用，提高了旧砂再生回用率，并在中、大型铸钢件上得到了应用。

(5) 组芯造型工艺　组芯造型被称作“精确砂型铸造”，适合于生产近终型复杂铸件（如缸体、缸盖），对砂芯的尺寸精度要求较高。随着各种可以在常温下固化的化学粘结剂的开发应用，已经能够生产出尺寸十分精确的砂芯，冷芯盒砂芯组芯造型的方法已成功用于轿车发动机缸体等近终型铸件的生产。

(6) 铸造涂料　砂型（芯）与金属液直接接触的工作表面的质量对铸件质量具有十分重要的影响，在砂型（芯）工作表面上涂覆涂料是改善其质量的经济实用而又收效显著的方法。高性能的有机和无机系列涂料的开发应用，是提高铸件尺寸精度和表面质量的重要技术途径。

1.4.2　特种铸造与近净成形技术

随着现代制造装备业对铸件尺寸精度和外观质量的要求越来越高，特种铸造将向着近净成形方向发展。近年来，特种铸造作为一种实现少余量、无余量加工的精密成形技术，其应用及发展将主要体现在以下两个方面：

1）开发新的工艺，发展复合铸造工艺技术。加强镁合金压铸、挤压铸造技术的研究和应用，以适应汽车轻量化技术发展的需求；加强钛合金熔模铸造工艺的研究，解决铸型材料问题；利用快速成形技术替代传统蜡模成形技术，缩短生产周期；研究差压铸造新技术及设备，推动低压铸造向差压铸造方向发展。

2）铸件的近净成形技术（Near Net Shape Process）改变了铸造只能提供毛坯的传统观念，得到无机械加工余量的铸件。如挤压铸造技术特征是“平稳充型、压力下凝固、补缩和塑性变形”，铸件冶金质量高、尺寸精度高、工艺出品率高、节省机加工。近净成形技术是铸造业的未来方向，可降低物耗、能耗、工耗和改善铸件质量，更好地满足制造装备业发展的需要。

1.4.3　合金熔炼与精炼技术

合金熔炼的基本要求可概括为优质、高产、低耗、长寿和操作便利五个方面，其根本任务是金属液温度和成分等达到技术要求。在现代冶金生产中，金属液预处理和炉外精炼是高品质铸件生产普遍采用的熔炼工艺技术。

(1) 铸铁熔炼　冲天炉是传统的铸铁熔炼设备，生产效率高，成本低。但冲天炉熔炼废气排放多，易对周围大气环境造成污染，铁液成分波动大、难以精确控制，不适用于熔炼合金铸铁。冲天炉熔炼的技术发展方向是大型化、智能化和连续熔炼，实现冲天炉熔炼的计算机控制和检测，提高铁液成分的稳定性。

感应电炉熔炼废气排放少，对环境污染小，铁液温度和化学成分易于调整和控制。目前，铸铁熔炼感应电炉有工频感应电炉、中频感应电炉和变频感应电炉。工频感应熔炼炉因效率低、操作麻烦而应用越来越少。由于变频感应电炉节能降耗、生产率高，在铸铁生产中获得了越来越广泛的应用。

冲天炉-感应炉双联熔炼工艺是一种较为理想的铸铁熔炼方法。冲天炉向感应电炉提供铁液，感应电炉对铁液进行升温、调整化学成分，有利于改善铁液冶金质量，并降低成本。冲天炉-感应电炉双联熔炼还能调节铁液供求平衡，最大限度地发挥冲天炉的熔化能力，方便生产组织。

（2）铸钢熔炼　铸钢熔炼一般采用电弧炉和中频感应炉。电弧炉一般采用氧化-还原法冶炼铸钢。中频感应电炉操作简单，碳钢、低合金钢、各种高合金钢和镍基合金等基本都可以用中频感应电炉熔炼。铸钢熔炼不论是采用电弧炉，还是采用中频感应炉，最后必须进行脱氧。一般终脱氧都是出钢时在钢包内进行，广泛采用的终脱氧剂是铝，也可用铝、钙复合脱氧，以提高脱氧效果。

随着对铸钢件质量要求的日益提高，越来越多的高端铸件生产采用炉外精炼，包含真空脱碳、吹氧脱碳、喷粉脱硫、吹氩等炉外精炼。采用电渣熔铸以及氩气搅拌、氩氧脱碳法（简称 AOD 法）和真空吹氧脱碳法（简称 VOD 法）等精炼技术，可减少合金加入量，提高钢液的纯净度，改善铸件强韧性，降低铸件废品率。

（3）铝合金熔炼　铝合金熔炼工艺过程控制不严，铸件易产生针孔、氧化夹渣、缩松等缺陷。铝合金熔炼节能所采取的技术和方法包括炉体结构设计、永磁搅拌技术、高温空气燃烧技术、富氧燃烧技术、等温熔炼技术，以及采用新型节能炉衬材料、余热回收和利用等。铝合金熔炼时，传统的氯盐、六氯乙烷等氯化物精炼工艺因污染环境、对人身体有害而逐渐淘汰，目前主要采用氩气和氮气等惰性气体进行精炼。

1.4.4　晶粒细化与凝固技术

1. 孕育与变质处理

孕育处理是指在凝固过程中，向液态金属中添加少量其他物质，促进形核、抑制生长，达到细化晶粒、改善组织的目的。习惯上，向铸铁中加入添加剂称为孕育处理；向铸钢和铝合金中加入添加剂则称变质处理。从本质上说，孕育处理主要影响形核；而变质处理则是改变晶体的生长机理（抑制长大），从而影响晶体形貌。

目前，铸铁用孕育剂品种繁多，用含钡、铋和稀土元素的孕育剂可减缓孕育的衰退。孕育方法（即孕育剂的加入方法）主要有包内孕育、出铁槽孕育、瞬时孕育（浇口杯孕育、喂丝孕育、随流孕育法）和型内孕育等。瞬时孕育和型内孕育可防止孕育衰退，孕育量小，孕育效果好，在铸铁生产中获得了越来越广泛的应用。

低成本、高效、无污染、多功能化的复合变质是变质处理的发展趋势。铸钢采用含稀土元素的合金化变质剂进行变质处理，在细化晶粒的同时还可净化钢液。ZL109 合金用 Cu-P 和 Al-Ti-B 复合变质，组织中的初晶硅和共晶硅得到很好的细化。Sr 盐可使铝硅合金的硅相由针杆状变为长度尺寸在 100μm 以下的短杆状或弯曲的纤维状。

2. 动态结晶

除孕育与变质处理可细化晶粒、改善铸件组织外，对熔融金属液进行超声波振动处理或电磁搅拌，都可以达到细化晶粒的目的，改善铸件质量。超声处理可细化 AS41 镁合金的凝固组织，并使 Mg_2Si 相细化和球化，晶粒尺寸仅为无超声处理时的 30% ~50%。目前，晶粒细化技术向组合化的方向发展，形成了孕育处理与电磁搅拌等组合工艺，纯铝在施加直流脉冲磁场的基础上加入 0.05% 的 Al-5Ti-B 进行孕育处理，晶粒尺寸比单独施加直流脉冲磁场更加细小，晶粒尺寸分布比较均匀。

3. 定向凝固

定向凝固又称定向结晶，是使金属或合金在熔体中定向生长晶体的一种工艺方法。定向凝固方法主要有发热剂法、功率降低法、快速凝固法和液态金属冷却法等。定向凝固主要用于制备柱状晶和单晶，并成功应用于镍基柱状晶和单晶发动机叶片的生产（见图1-2）。柱状晶结构避免了横向晶界，单晶则没有晶界，使柱状晶和单晶叶片的高温强度、抗蠕变和持久性能、热疲劳性能得到大幅度提高。

定向凝固的单晶叶片是通过对多晶的螺旋选择生长凝固而成的，无论是单晶生长还是柱状晶生长的结构，<100>都是选择生长方向。我国科技人员经过多年刻苦攻关，已突破了发动机单晶叶片核心技术，打破了国外垄断，在陶瓷型芯工艺、刚玉型壳工艺、单晶选晶及定向凝固工艺、单晶叶片再结晶控制、焙烧温度控制、浇注工艺参数、拉晶速率、工艺路线调整、模具改进等方面积累了大量数据和经验，空心单晶叶片精铸技术日臻完善。

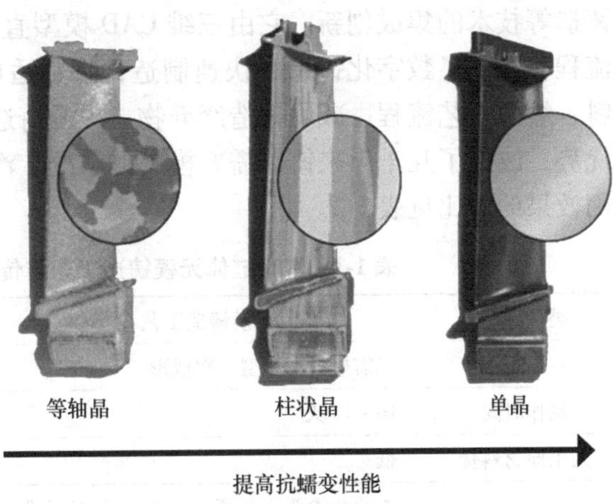

图1-2　几种发动机叶片材料示意图

1.4.5　计算机应用技术

计算机技术在铸造生产中的应用，提高了生产效率，降低了铸件成本，在铸造工艺设计、生产过程控制等方面推动着铸造产业的进步和变革，缩短了产品开发周期，降低了开发成本，提高了铸造工艺技术水平。

1. 数字化设计制造

计算机在铸造工艺及工装模具设计制造中的应用，提高了设计效率，能够实现设计与分析的统一，模拟并预测分析铸件凝固过程中温度场和应力场及缩孔、缩松缺陷，为优化浇注系统和补缩工艺方案提供指导，可大大缩短设计制造周期。铸造领域数字化设计制造技术主要有铸造工艺计算机辅助设计（CAD）、凝固过程数值模拟（CAE）和快速成形制造等，这些技术正从根本上改变着传统铸造工艺及工装模具设计制造方法。

2. 铸造生产过程控制

铸造生产以计算机为基础的自控系统已用于合金熔炼、浇注、砂处理和质量检验等工序中，也是铸造生产过程控制的发展趋势。利用微型计算机控制优化熔炼工艺、调节控制生产过程，可获得优质金属液，并节能减排，保护环境，降低成本。

3. 铸造专家系统

铸造专家系统研究虽然起步较晚，但在推进计算机专家系统在型砂等造型材料质量管理中的应用等方面进步很快。砂处理采用高效连续混砂机、人工智能型砂在线控制专家系统，先后推出了型砂质量管理专家系统、铸造缺陷分析专家系统、自硬砂质量分析专家系统，还有压铸工艺参数设计及缺陷诊断专家系统等，一些铸造模具厂利用铸造专家系统及互联网技术，实现了铸造模具异地设计和远程制造。

1.4.6　无模铸造技术

数字化无模铸造精密成形技术（简称无模铸造技术），是计算机、自动控制、新材料、铸造等技术的集成创新。它由三维 CAD 模型直接驱动铸型制造，不需要模具，缩短了铸造流程，实现了数字化铸造、快速制造，特别适用于复杂零部件的快速制造，在节约铸造材料、缩短工艺流程、减少铸造废弃物、提升铸造质量、降低铸件能耗等方面具有显著特色和优势，改变了几千年来铸造需要模具的状况。汽车缸体无模铸造工艺与传统铸造工艺技术应用效果的对比见表 1-3。

表 1-3 汽车缸体无模铸造工艺与传统铸造工艺技术应用效果的对比

类　别	无模铸造工艺	传统铸造工艺
制作过程	无需模具，铸型一次成形	先制作模具，几经修模后才能做出合格铸型
制作时间	10~15 天	约 120 天
人工原材料费	低	模具费用约 30 万元
工人技能要求	专业技能要求普通，培训一周即可进行操作	专业技能要求高，有一定工作经验才能独立工作
工艺和制造特性	1. 无需模具，铸型一次成形 2. 可实现一体化造型，减少设计约束和机加工的工作量，铸件尺寸精度易控制 3. 型、芯同时成形，提高定位精度 4. 无需起模斜度，减轻铸件自重 5. 可以制作任意形状的铸件，尤其是复杂和含有自由曲面的铸件，且精度高 6. 完美体现设计者意图，提高发动机的工作效率 7. 设计有问题时，修改三维图即可重新制作	1. 先制作模具，几经修改模具后才能达到设计要求 2. 复杂件要采用多箱造型的方法，难度大，铸件容易产生错位，增加清理和机加工的工作量 3. 往往只能型芯分开成形，再进行组装，存在定位误差 4. 需起模斜度 5. 传统加工方法难以保证曲面精度，存在无法克服的障碍 6. 铸件有问题很难确定是设计问题还是模具问题 7. 对新产品开发模具投入大，复杂铸件的模具成本一般都在几十万元以上

无模铸造是一种全新的复杂金属件快速制造方法，能够实现复杂金属件制造的柔性化、数字化、精密化、绿色化、智能化，是铸造技术的革命。无模铸造工艺的自动化程度高，其设备一次性投资较大，但其他生产条件如原砂、树脂等原材料的准备过程与传统的自硬树脂砂造型工艺相同。与传统有模铸件制造相比，对于单件数字化无模铸造加工费用仅为传统有模方法的 1/10 左右，开发时间缩短 50% ~80%，制造成本降低 30% ~50%。因此，对于一些大型、复杂的单件、小批量铸件，模具成本较高，采用无模铸造具有良好的经济效益。无模铸造工艺与传统铸造工艺费用的比较如图 1-3 所示。

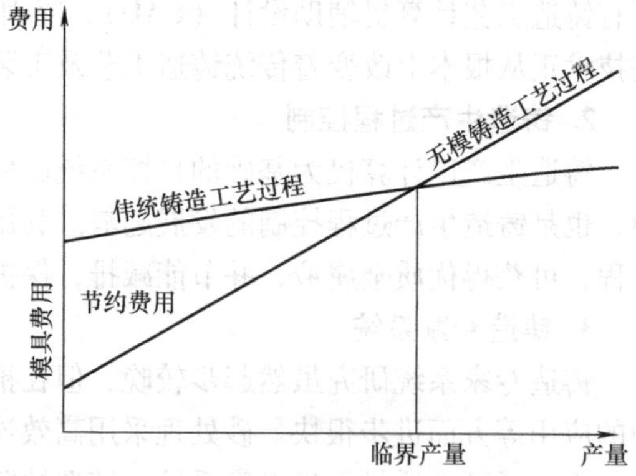

图 1-3 无模铸造工艺与传统铸造工艺费用的比较

小　结

铸造生产工艺过程复杂、工序多，为了保证铸件质量，应根据铸件结构特点、技术条件和生产批量等制订合理的工艺方案。铸造工艺方案是否先进合理，对获得优质铸件、简化工艺、提高效率、降低成本和节能环保等起着决定作用。本章介绍了铸造工艺设计的概念及其设计依据和内容，分析了铸造工艺设计与经济指标和环境保护的关系，阐述了砂型铸造工艺设计步骤、铸造方法的分类及选择原则，概述了造型与制芯、特种铸造与近净成形、合金熔炼与精炼、晶粒细化与凝固、计算机应用等方面铸造技术的发展及应用。

复习思考题

1-1　何谓铸造工艺设计？其意义是什么？

1-2　铸造工艺设计的依据是什么？铸造工艺设计具体内容包括哪些？

1-3　分析铸造工艺设计与经济、环保的关系。

1-4　常用的铸造方法有哪些？铸造生产中如何选择铸造方法？

1-5　砂型铸造工艺设计步骤有哪些？

1-6　绿色铸造的内涵是什么？如何实现绿色铸造？

1-7　计算机技术在铸造生产过程中有哪些应用？

1-8　我国设置铸造行业准入条件有何意义？其具体内容及要求有哪些？

第 2 章　铸造工艺设计基础

铸造工艺设计是铸造生产的核心环节。铸造工艺设计人员要合理、有效地完成铸造工艺设计任务，不仅要熟悉企业生产工艺装备条件，还要应用所掌握的铸造工艺设计基本知识，分析零件结构的铸造工艺性。只有零件结构符合铸造工艺要求，采用先进合理的铸造工艺及设备，才能生产出优质铸件。

砂型铸造应结合零件的结构特点和技术要求，依据铸件生产批量，合理选择造型和制芯方法以及浇注位置和分型面，确定铸造工艺方案，设计砂芯，选择合适的机械加工余量和铸造收缩率等工艺参数，以保证铸件质量的可靠性和稳定性，尽可能达到优质、高效益、低成本、少污染的目的。

2.1　零件结构的铸造工艺性

零件结构的铸造工艺性是指零件的结构应符合铸造工艺要求，易于保证铸件质量，简化生产操作。零件结构的铸造工艺性分析主要从避免缺陷和简化工艺两个方面着手，由零件图对产品结构及技术经济性进行审查，以保证铸件质量的可靠性和稳定性，降低生产成本。审查零件结构的铸造工艺性有两方面作用。第一，审查零件结构本身是否符合铸造工艺要求。设计者往往只顾及零件的功用，而忽视了铸造工艺要求。审查发现结构设计有不合理之处，要与设计单位和使用单位相关人员沟通，在保证使用要求的前提下改进结构。第二，在既定的零件结构条件下，考虑铸造生产可能出现的铸造缺陷，在工艺方案制订及具体设计时采取相应的预防措施。

铸造零件设计步骤主要包括：功用设计；依据铸造经验修改和简化设计；冶金设计（铸件材质的选择和适用性）；考虑经济性。在一些情况下，改善结构工艺性所带来的技术经济效益可与生产过程合理化、机械化、自动化的作用效果相提并论。但在分析零件结构的铸造工艺性时，必须首先考虑保证铸件质量和使用要求，要防止片面追求简化工艺的倾向。零件结构的铸造工艺性要求与合金种类和铸造方法密切相关。熔模铸造、压力铸造等特种铸造对零件结构的铸造工艺性要求，既有与砂型铸造的结构工艺性相同的要求，如关于铸件壁的合理结构，最小壁厚的要求，壁的连接尽可能消除或减小热节的影响等；也有其工艺特殊性带来的一些特殊要求。本章节主要分析砂型铸造零件结构的铸造工艺性，对于特种铸造对零件结构的铸造工艺性要求，请参阅相关资料。

2.1.1　铸件质量对零件结构的要求

合理的零件结构可避免许多铸造缺陷。为保证获得优质铸件，对零件结构的要求应考虑以下几个方面：

1. 铸件的最小壁厚

在一定铸造条件下，铸造合金能充满铸型的最小厚度称为铸件的最小壁厚。为了保证合金的充型能力，避免产生浇不足、冷隔缺陷，铸件壁厚不得小于最小壁厚。铸件的最小壁厚与铸造方法、铸造合金、铸件结构、浇注温度和铸型性质等有关。砂型铸造时各种铸造合金铸件的最小壁厚见表 2-1 和表 2-2。

表 2-1　砂型铸造时铸铁件和铸钢件的最小壁厚　（单位：mm）

合金种类		当铸件最大轮廓尺寸为下列值时					
		<200	200～400	400～800	800～1250	1250～2000	>2000
铸钢	碳素钢	8	9	11	14	16～18	20
	低合金钢	8～9	9～10	12	16	20	25
	高锰钢	8～9	10	12	16	20	25
	不锈钢	8～10	10～12	12～16	16～20	20～25	—
	耐热钢	8～10	10～12	12～16	16～20	20～25	—
铸铁	灰铸铁	3～4	4～5	5～6	6～8	8～10	10～12
	孕育铸铁	5～6	6～8	8～10	10～12	12～16	16～20
	球墨铸铁	3～4	4～8	8～10	10～12	12～14	14～16
	高磷铸铁	2	2	—	—	—	—
	可锻铸铁	当铸件最大轮廓尺寸为下列值时					
		<50	50～100	100～200	200～400	400～600	600～800
		2.5～3.5	3～4	3.5～4.5	4.0～4.5	5～7	6～8

表 2-2　砂型铸造时有色金属铸件的最小壁厚　（单位：mm）

合金种类	当铸件最大轮廓尺寸为下列值时/mm					
	<50	50～100	100～200	200～400	400～600	600～800
铝合金	3	3	4～5	5～6	6～8	8～10
黄铜	6	6	7	7	8	8
锡青铜	3	5	6	7	8	8
无锡青铜	6	6	7	8	8	10
镁合金	4	4	5	6	8	10
锌合金	3	4	—	—	—	—

2. 铸件的临界壁厚

铸件壁厚增大，对铸造合金充满铸型虽然有利，但铸件易产生缩孔、缩松、组织粗大和成分偏析等缺陷，导致铸件的力学性能下降。对于各种铸造合金铸件都存在一个临界壁厚，当壁厚超过临界壁厚以后，铸件的力学性能并不按比例随铸件厚度的增加而增加，而是显著地下降。对于可锻铸铁件，为保证获得白口坯件，其壁厚更不能过大。厚大的球墨铸铁件易出现石墨漂浮和球化衰退现象，造成球化不良，使铸件的力学性能显著恶化，球墨铸铁件的壁厚也不宜过大。

铸件的结构设计要根据铸造合金和铸造方法等科学地选择壁厚，尽量避免过厚的断面，从选择合理的断面形状着手，可采用加强肋减小铸件壁厚（见图 2-1），使铸件壁厚在最小壁厚与临界壁厚之间，从而节约金属和减小铸件的质量。铸件的临界壁厚与铸造合金和铸造方法密切相关。砂型铸造时各种铸造合金铸件的临界壁厚可按其最小壁厚的三倍来考虑，也可参考表2-3确定。

表2-3 砂型铸造时各种铸造合金铸件的临界壁厚 （单位：mm）

合金种类		当铸件质量为下列值时/kg		
		0.1~2.5	2.5~10	>10
灰铸铁	HT100、HT150	8~10	10~15	20~25
	HT200、HT250	12~15	12~15	12~18
	HT300	12~18	15~18	25
	HT350	15~20	15~20	25
可锻铸铁	KTH300-06、KTH330-08	6~10	10~12	—
	KTH350-10、KTH370-12	6~10	10~12	—
球墨铸铁	QT400-15、QT450-10	10	15~20	50
	QT500-7、QT600-3	14~18	18~20	60
铸钢	ZG200-400、ZG230-450	18	25	—
	ZG270-500、ZG310-570、ZG340-640	15	20	—
铝合金		6~10	6~12	10~14
镁合金		10~14	12~18	—
锡青铜		—	6~8	—

3. 铸件的内壁厚度

铸件内壁散热条件较差，冷却凝固速度较慢，在内、外壁交接处易产生热应力，导致铸件产生裂纹，对于凝固收缩大的铸造合金还易产生缩孔和缩松。因此，铸件的内壁应比外壁薄，使内壁和外壁能均匀冷却，以减小铸造热应力，避免产生裂纹等缺陷。砂型铸造时各种铸造合金铸件的内壁比外壁厚度减小的相对值可参考表2-4。

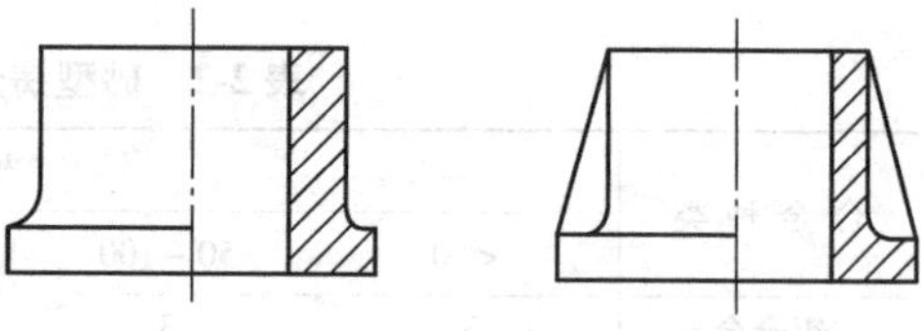

图2-1 采用加强肋减小铸件壁厚

表2-4 砂型铸造时各种铸造合金铸件的内壁比外壁减小的相对值

铸件种类	铸铁件	铸钢件	铸铝件	铸铜件
内壁比外壁减小的相对值	10%~20%	20%~30%	10%~20%	15%~20%

4. 铸件壁的过渡和连接

铸件壁厚应尽可能均匀，避免肥厚部分，防止形成热节（见图2-2）。铸件结构不应造成严重的收缩阻碍，注意壁厚过渡和圆角，采取逐渐过渡和转变的形式，采用较大的圆角相连接，避免因应力集中导致裂纹，如图2-3所示。

铸件壁的连接类型大致可分为K形、X形、H形、Y形和十字形五种形式。在壁的连接处因厚度增加而形成热节，凝固速度慢，易产生应力集中、裂纹、变形、缩孔和缩松等缺陷。因此，壁的连接形式应注意选用L形，以减小与分散热节点以及避免交叉连接。图2-4~图2-7所示是各种连接形式的结构实例。

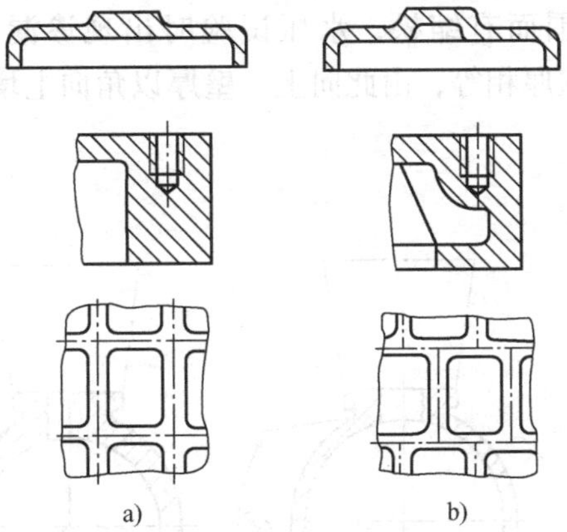

图 2-2　壁厚力求均匀和避免肥厚

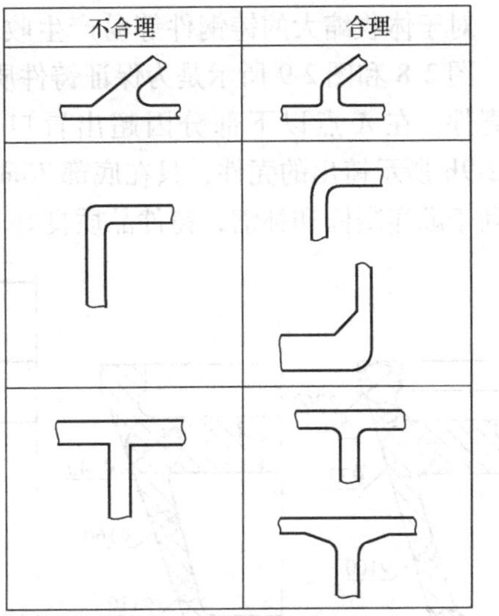

图 2-3　壁与壁相交的几种形式

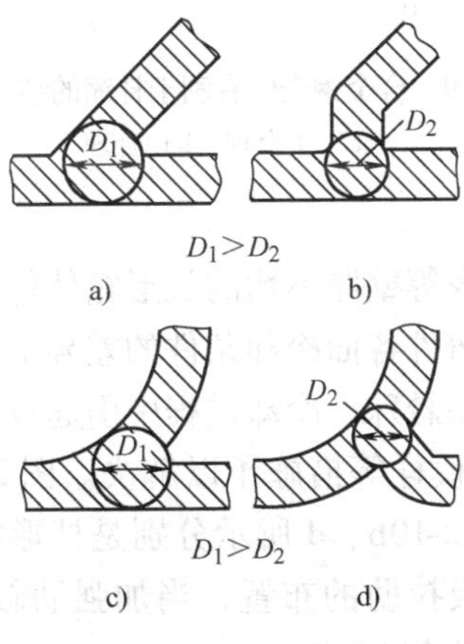

图 2-4　Y 形连接形式

a)、c) 不合理　b)、d) 合理

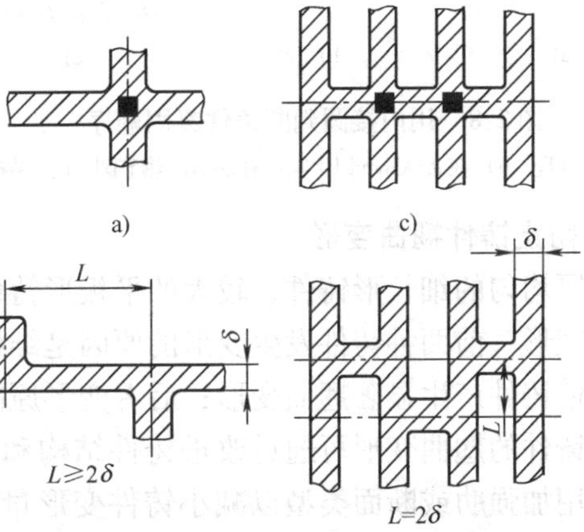

图 2-5　十字形连接形式

a)、c) 不合理　b)、d) 合理

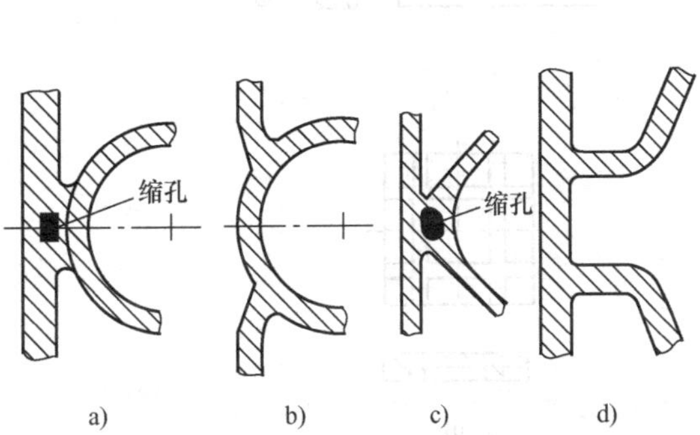

图 2-6　K 形连接形式

a)、c) 不合理　b)、d) 合理

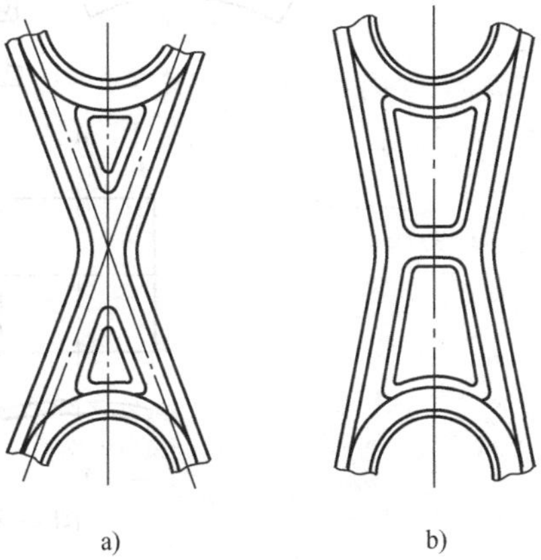

图 2-7　X 形、H 形连接形式

a) 不合理　b) 合理

对于体收缩大的铸钢件等易产生收缩缺陷，应仔细审查零件结构实现顺序凝固的可能性。图 2-8 和图 2-9 所示是为保证铸件质量对其结构提出的要求和举例。按图 2-9a 所示铸出的壳件，在 *A* 点以下部分因超出冒口的补缩范围而有缩松，水压试验时出现渗漏；按图 2-9b 所示铸出的壳件，只在底部 76mm 范围内壁厚相等，由此向上，壁厚以角向上增厚，有利于顺序凝固和补缩，铸件品质良好。

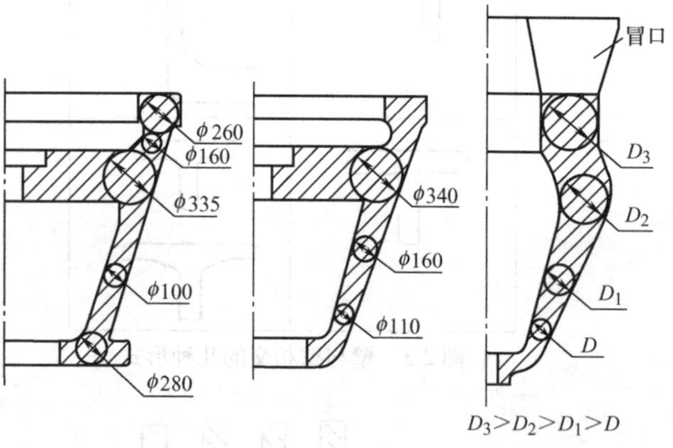

图 2-8 用内接圆判断铸件凝固顺序

a）结构不合理 b）在 φ340mm 以上需用补贴引出热节圆 c）结构合理

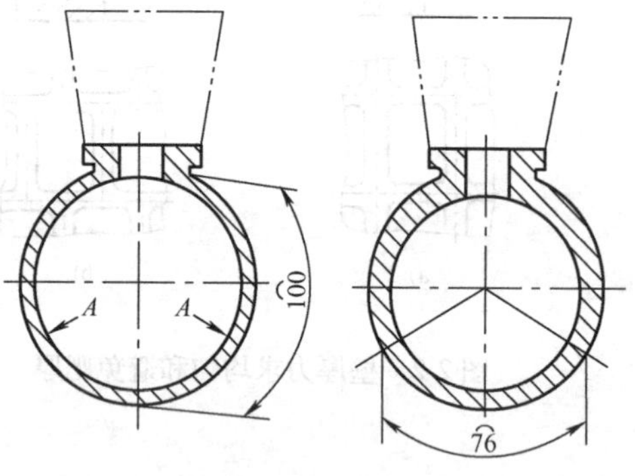

图 2-9 合金钢壳体有利于补缩的结构改进

a）不合理 b）合理

5. 防止铸件翘曲变形

壁厚均匀的细长形铸件、较大的平板形铸件及机床床身等壁厚不均的长形箱体件，会产生翘曲变形。前两种铸件发生变形的原因是结构刚度差，铸件各面冷却条件的差异引起的内应力，使铸件产生显著翘曲变形；后者变形原因是壁厚相差悬殊，冷却过程中引起较大的内应力。铸件的翘曲变形可通过改进铸件结构和采用反变形模样等措施予以解决。图 2-10 所示为采用加强肋或断面类型以减小铸件变形量的实例，图 2-10b、d 所示分别是杆形零件断面形状、平板增设加强肋的结构改进。对于图 2-10 中平板拉肋的布置，当加强肋较厚时，不能采用十字形连接，应选用 T 形错位连接以减小与分散热节。

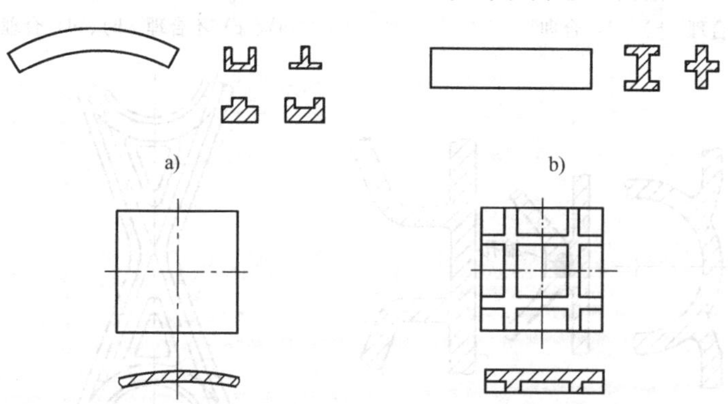

图 2-10 防止铸件变形的结构改进

6. 避免水平方向出现较大平面

在浇注时，型腔内水平方向若出现较大的水平面，当金属液上升到该位置时，由于断面突然扩大，金属液面上升的速度变得非常小，较长时间烘烤顶面型壁，极易造成夹砂、粘砂、砂眼、浇不足等缺陷；此时可将水平壁改为斜壁（见图 2-11），若无法改变结构时，则应采用倾斜浇注工艺。

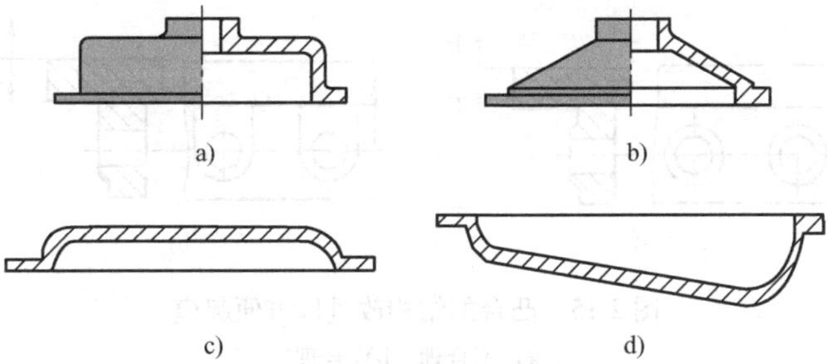

图 2-11　避免水平壁的铸件结构

a)、c）不合理　b)、d）合理

2. 1. 2　铸造工艺对零件结构的要求

零件的结构不仅应有利于保证铸件的质量，而且还应考虑模样制造、造型、制芯和清理等操作的方便，以简化铸造工艺，提高生产效率，降低铸件成本。其基本要求如下：

1. 改进铸件表面结构以便于起模和造型

合理设计铸件壁上凸台、凸缘和肋板等，避免侧凹结构，否则，机器造型时不得不增加砂芯（见图 2-12）；手工造型时需将妨碍起模的凸台和肋板等制成活动模样（活块），这都在不同程度上增加了造型（制芯）和模具制造的工作量。肋的布置要有利于起模，凡能与分型面垂直的肋条，应与分型面垂直，如图 2-13 和图 2-14 所示。

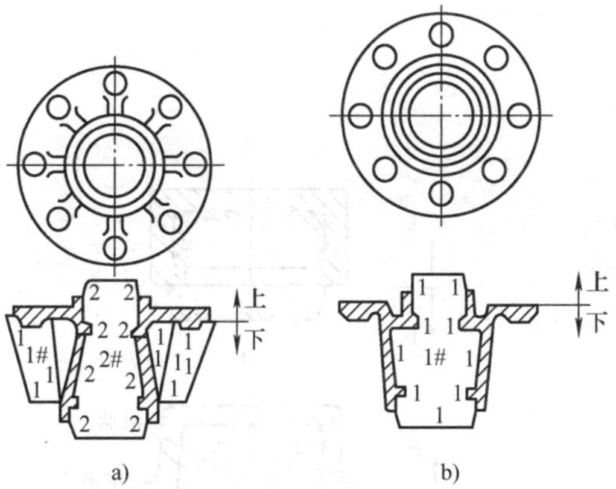

图 2-12　铸件结构的改进以便于起模

a）不合理　b）合理

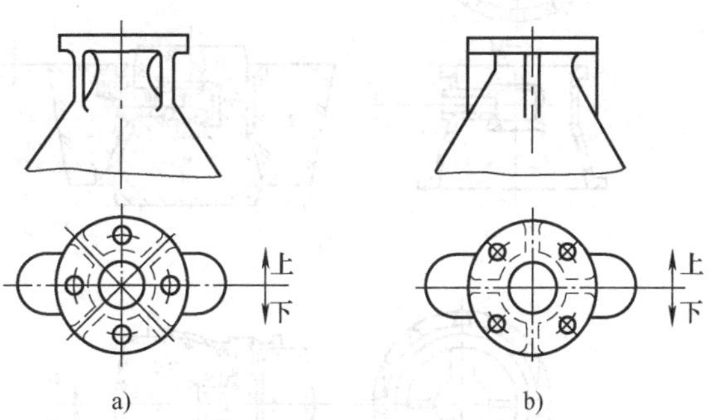

图 2-13　肋的布置要有利于起模

a）不合理　b）合理

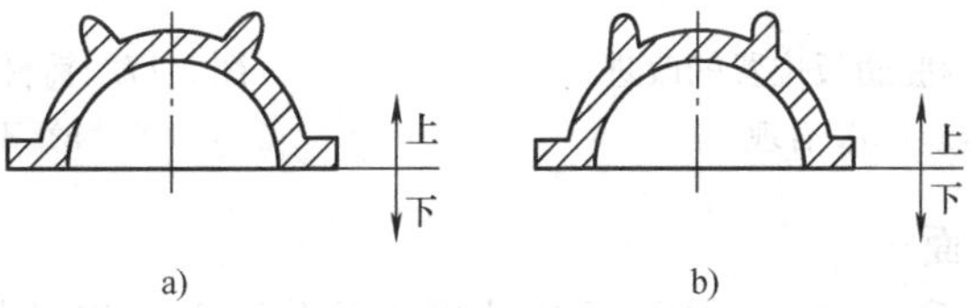

图 2-14　肋条应与分型面垂直

a）不合理　b）合理

在非加工面上与分型面垂直的铸件壁的内、外两侧，应有结构斜度以方便起模，沿造型起模方向（即与分型面垂直的方向）设计出适当的斜度。对垂直于分型面且与分型面法兰距离较近的凸台，应与法兰连接起来，以利于去除活块和便于造型起模，如图 2-15 所示。

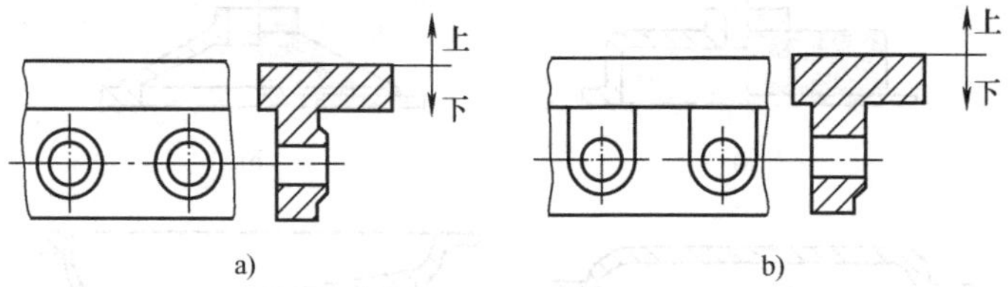

图 2-15 凸台的结构改进以方便起模

a）不合理 b）合理

2. 改进铸件内腔结构以减少砂芯

铸件内腔一般要用砂芯形成，这就增加制芯工时和工艺装备，提高生产成本，增加清理工作量。铸件内腔的肋板、凸台和凸缘的结构设计不合理，常是造成砂芯多、工艺复杂的重要原因。图 2-16a 所示为原设计的壳体结构，内腔两条肋板呈 120°分布，铸造时需要六个砂芯，工艺复杂，成本高；图 2-16b 所示为改进后的结构和铸造工艺方案，肋板由两条改为三条，呈 90°分布，外壁凸台形状相应改进，只需要三个砂芯，工艺、工装都大为简化，不仅造型方便，降低了生产成本，而且铸件尺寸精度容易保证。图 2-17 所示是将铸件的法兰结构稍做改进，原来用砂芯形成的内腔可改为直接由砂胎形成，提高了造型效率。

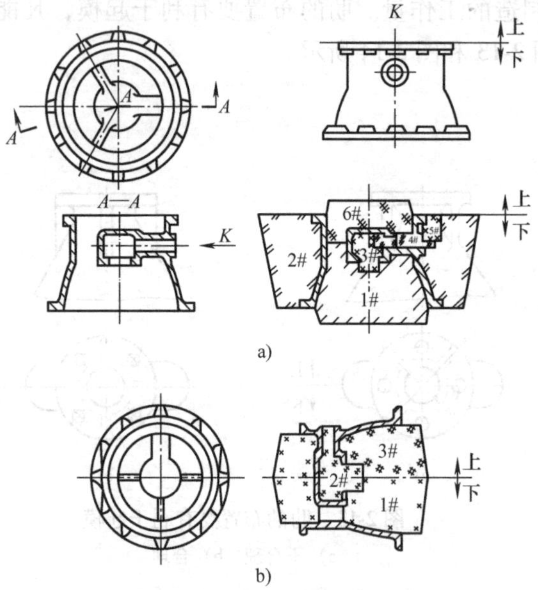

图 2-16 铸件内腔肋板位置的改进

a）不合理 b）合理

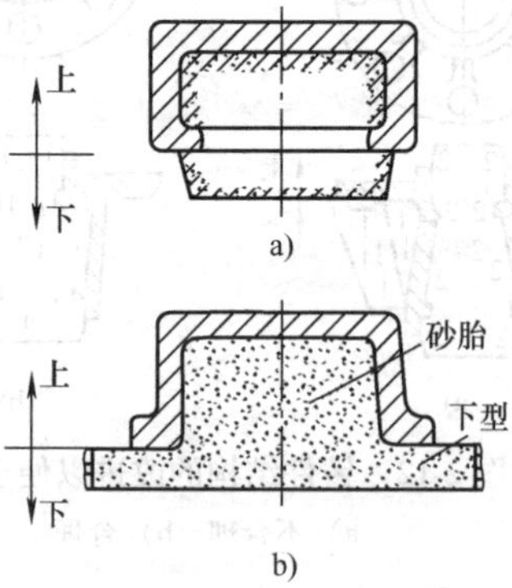

图 2-17 铸件的内腔改为由砂胎形成

a）不合理 b）合理

3. 简化或减少分型面

铸件如采用图 2-18a 所示结构，则要采用非平面的分型面工艺（曲面分型），增加制造模样和模板的成本；图 2-18b 所示为改进后铸件结构，可采用简单的中间平面分型进行造型。

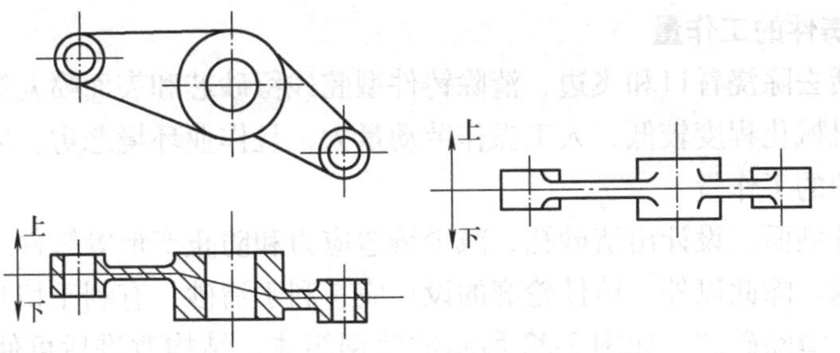

a)　b)

图 2-18　简化分型面的铸件结构

a）不合理　b）合理

图 2-19a 所示的套筒铸件结构需要采用两个分型面的三箱造型，造型难度较大，难以实现自动化生产，生产效率低；图 2-19b 所示为改进后的套筒铸件结构，仅需一个分型面，两箱造型即可，简化了造型工艺，提高了造型效率，易实现自动化生产。

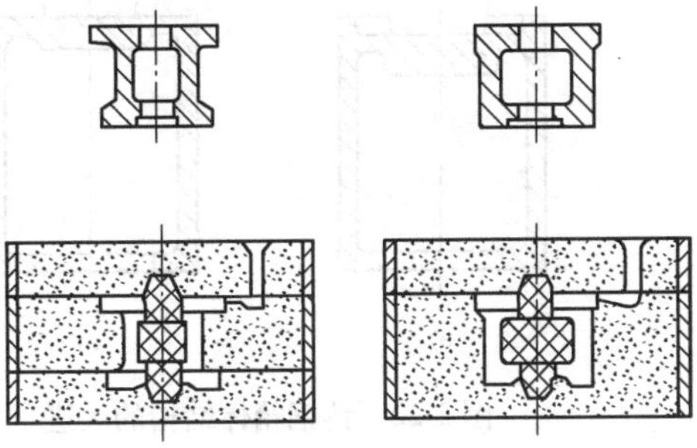

a)　b)

图 2-19　套筒铸件的结构

a）两个分型面的结构　b）一个分型面的结构

4. 有利于砂芯的固定和排气

图 2-20a 所示为撑架铸件的原设计结构，2 号砂芯呈悬臂式，定位及固定困难，有时需用芯撑固定，且排气不顺畅；图 2-20b 所示为改进后的结构，悬臂砂芯 2 和轴孔砂芯 1 连成一体，变成一个砂芯，砂芯的定位、固定和排气等问题都得到了解决，铸件的质量易得到保证。

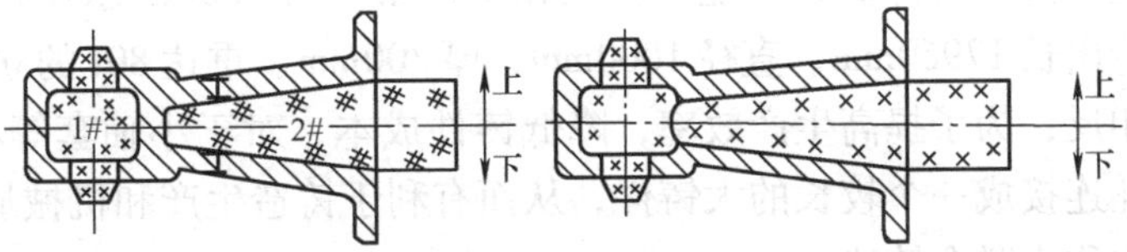

a)　b)

图 2-20　撑架结构的改进

a）不合理　b）合理

薄壁件和承受气压或液压的铸件，一般不希望使用芯撑。若无法更改结构，可在铸件上设计工艺孔，增加砂芯的芯头支撑点，如图 2-21 所示。由于活塞件增加了工艺孔，使两个砂芯都能较好地固定，保证其在浇注时不会产生偏移，保证了内腔的尺寸精度。

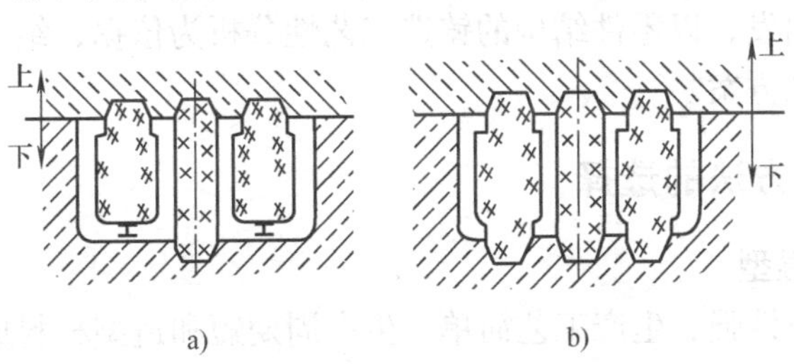

a)　b)

图 2-21　活塞结构的改进（增设工艺孔）

a）不合理　b）合理

5. 减少清理铸件的工作量

铸件清理包括去除浇冒口和飞边、清除铸件型腔残留砂芯和表面喷丸等操作，相对于造型和制芯工序，机械化程度较低，人工操作劳动量大，且作业环境恶劣。因此，铸件结构设计应注意减轻清理的工作量。

减少铸件的分型面、设计出清砂孔、减少铸造应力和防止变形等铸件结构，均属于有利于铸件清理的结构。除此以外，铸件轮廓的设计应有利于清砂，有利于切割冒口和减少冒口设置的结构，便于清除砂芯。如图 2-22 所示的铸钢箱体，结构改进后可便于冒口的切割去除；如图 2-23 所示的铸件，结构改进后切割冒口和除芯容易，减少了铸件的清理工作量。

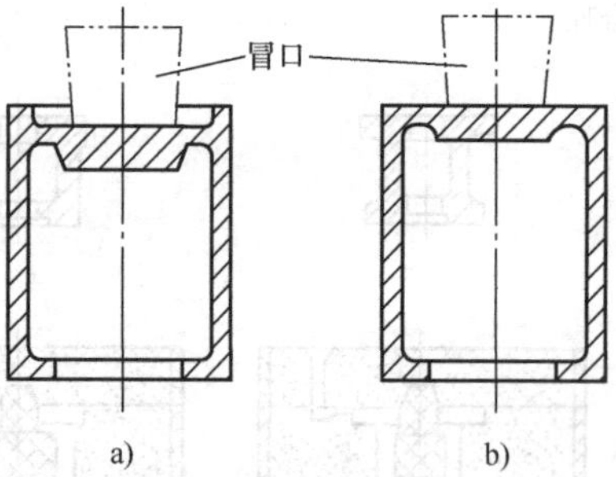

图 2-22　铸钢箱体结构的改进

a）不合理　b）合理

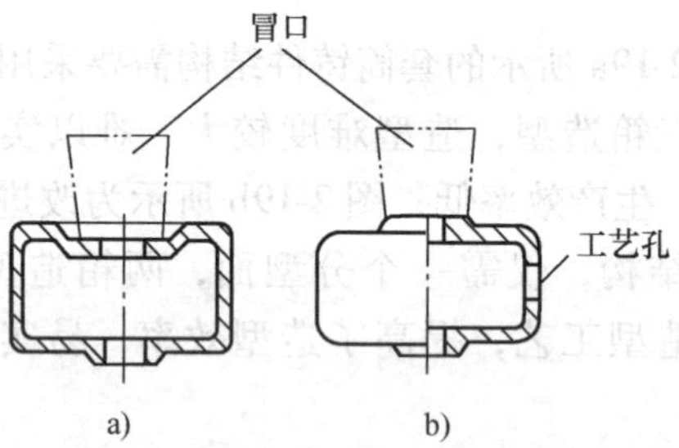

图 2-23　利于切割冒口和清除砂芯的结构

a）不合理　b）合理

6. 分体铸造和联合铸造

对于大而复杂的铸件可分成几个简单的铸件，铸造后再用焊接方法或螺栓将其连接起来，这种工艺方法称为分体铸造。此方法可简化铸造过程，使企业在受熔炼能力和起吊运输等条件制约时，生产大型铸件成为可能。我国在生产第一台 12000t 水压机的过程中，采用铸焊结构成功制造出长 17960mm、直径 1000mm、厚 300mm、重达 80t 的立柱件。

与分体铸造相反，为了提高生产效率，降低铸件成本，对于小轴套等小型简单的零件，可将许多小件毛坯连接成一个较长的大铸件，从而有利于铸造生产和机械加工，提高产品质量，这种工艺方法称为联合铸造。

2.2 砂型铸造工艺方案

砂型铸造工艺方案通常包括以下几个方面的内容：造型与制芯方法及铸型种类的选择，浇注位置与分型面的确定，砂箱中铸件数量及排列等。只有从铸件材料、生产批量、铸件质量要求和生产成本等出发，以零件结构的铸造工艺性分析为依据，结合生产工艺条件，才能制订出合理的铸造工艺方案。

2.2.1 造型与制芯方法的选择

1. 优先采用黏土湿型

黏土湿型具有适应性强、生产工艺简单、生产周期短和造型材料成本低等优点，是工业化流水作业应用面最广的铸造生产方式，也是砂型铸造工艺方案制订应首先考虑的铸型。当黏土湿型不能满足铸件的尺寸精度和表面粗糙度等质量要求时，应考虑采用其他砂型，但我国《铸造行业准入条件》明确规定，不得采用黏土砂干型/芯、油砂制芯、七〇砂制型/芯。

对于中、大型铸铁件，一般用树脂自硬砂型，铸钢件一般用水玻璃砂型；对于高大铸件、浇注位置上有较大水平壁铸件、大型复杂铸件或等待浇注时间长、型内放置较多冷铁的铸型等，应考虑用树脂自硬砂型和水玻璃砂型。

2. 适合铸件生产批量

大批量铸件的生产应采用技术先进的造型、制芯工艺，以达到提高生产效率、保证铸件质量、减轻工人劳动强度和改善作业环境的目的。对于大批量小件的生产，可以采用水平分型或垂直分型的无箱高压造型机生产线；对于中型零件可采用高压造型、静压造型或气冲造型等造型自动化生产线，制芯可选用冷芯盒、热芯盒、壳芯等高效制芯方法；中等批量的大型铸件可以考虑应用树脂自硬砂或水玻璃砂造型和制芯。

单件小批生产的重型铸件，如大型机床、矿山设备等，手工造型和制芯仍是主要的方法，工艺装备简单，能适应各种复杂的要求，可以用水玻璃自硬砂型、树脂自硬砂型等；对于单件生产的重型铸件，采用地坑造型法成本低。批量生产或长期生产的定型产品采用多箱造型、劈箱造型法比较适宜，虽然模具、砂箱等投资高，但从节约造型工时、提高产品质量方面可得到补偿。

3. 适应企业生产条件

一个企业往往只有固定的几种造型、制芯方法，不同企业的生产条件（包括设备、场地、员工素质等）、生产习惯、积累的经验各不一样。例如，同样是生产大型机床床身铸件，有的企业采用砂箱造型法，并制作模样；有的企业则采用组芯造型法，着重考虑设计、制造芯盒的通用化问题，不制作模样和砂箱，在地坑中组芯，同样能保证铸件质量。因此，造型、制芯方法的选择方法要切合企业现场实际条件和生产经验。

4. 兼顾铸件质量和成本

铸件质量因铸造方法不同而有所差异，特别是铸件精度；不同铸造方法的初投资和生产率也不同，最终的经济效益也有差异。铸件生产要做到多、快、好、省，在选用造型、制芯方法时必须对铸件质量和成本进行综合考虑，应根据生产批量初步估算成本，在保证铸件质量要求的前提下，尽可能降低铸件生产成本，提高经济效益。

2.2.2 浇注位置与分型面的确定

1. 浇注位置

铸件的浇注位置是指浇注时铸件在铸型中所处的状态和位置，直接关系工艺装备（如模样、芯盒等）结构及下芯、合箱和清理等工序操作，还可能影响机械加工。浇注位置与造型（合箱）位置、铸件冷却位置可以不同；水平浇注、垂直浇注和倾斜浇注不代表浇注位置的含义，仅表示浇注时分型面所处的空间位置。

浇注位置一般在选择造型方法之后确定，应结合铸件的大小、结构特点、合金性能、生产批量及企业生产条件等加以综合考虑，对拟订的工艺方案进行分析、比较，选择合适的浇注位置。正确的浇注位置应能保证获得健全的铸件，并使造型、制芯和清理方便。确定浇注位置的一般原则如下：

（1）重要部分应置于底部　由于浇注时气体、熔渣、砂粒等杂质会上浮，铸件上部易出现气孔、夹渣、夹砂等缺陷，即铸件上部产生铸造缺陷的可能性远大于铸件下部。此外，铸件下部在凝固过程中受到上部液态金属静压作用并得到补缩，组织致密性较好。因此，铸件的重要部分应尽可能放置在底部。机床床身的导轨面是关键面，不允许有砂眼、气孔、夹渣、裂纹和缩松等缺陷，并且要求组织致密、均匀，保证一定的硬度等。尽管导轨面比较厚大，对于灰铸铁材质的机床床身而言，将其导轨面朝下置于底部是最佳的浇注位置，如图 2-24 所示。

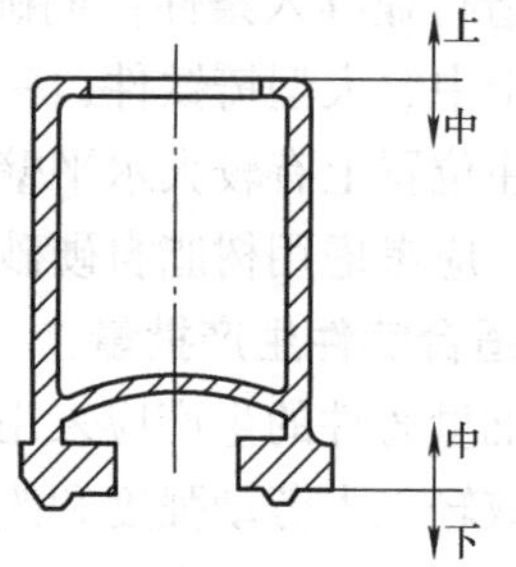

图 2-24 铸铁床身的正确浇注位置

(2) 重要加工面应朝下或放在侧面 铸件上部易出现气孔、夹渣、夹砂等缺陷，下表面或侧立面出现缺陷的可能性小。因此，铸件的重要面应朝下或放在侧面。当铸件加工面必须朝上时，应适当放大机械加工余量，以保证加工后不出现缺陷。

起重机卷筒、轧辊等圆筒形或圆柱形铸件的重要表面是外圆柱面，要求加工后组织均匀、无缺陷，其最优浇注位置应是外圆柱面呈直立状态（见图 2-25）。齿轮的齿面是主要工作面，应将其朝下以保证组织致密，防止产生铸造缺陷，如图 2-26 所示。

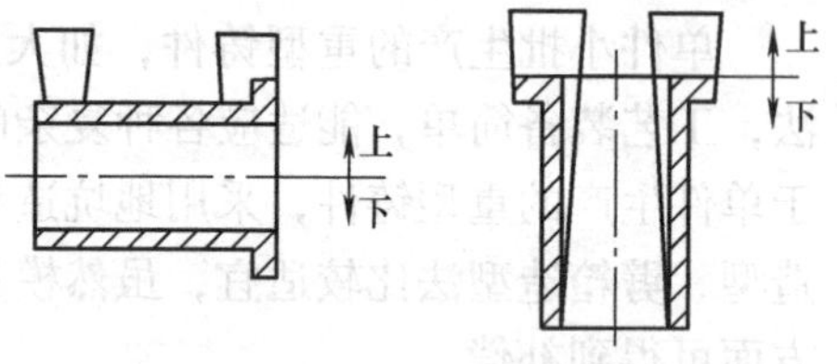

a) b)

图 2-25 起重机卷筒的浇注位置

a) 不合理 b) 合理

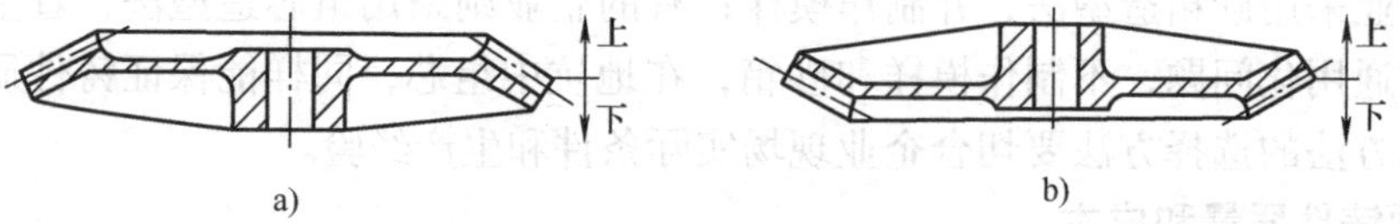

a) b)

图 2-26 齿轮的浇注位置

a) 不合理 b) 合理

(3) 大平面应朝下或倾斜 铸件大平面充型时，金属液面上升速度较慢，铸型长时间受到金属液的烘烤容易掉砂，在平面上易产生夹砂、砂眼、气孔等缺陷，故铸件的大平面应尽量朝下（见图 2-27）。对于大的平板类铸件，可采用倾斜浇注，使金属液充型液流尽量集中，同时增大金属液面的上升速度，防止夹砂结疤类缺陷，如图 2-28 所示。倾斜浇注时，依砂箱大小，H 值一般控制在 200～400mm 范围内。

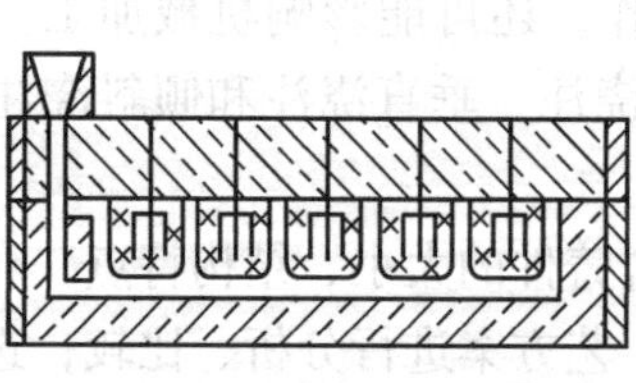

图 2-27 具有大平面铸件的正确浇注位置

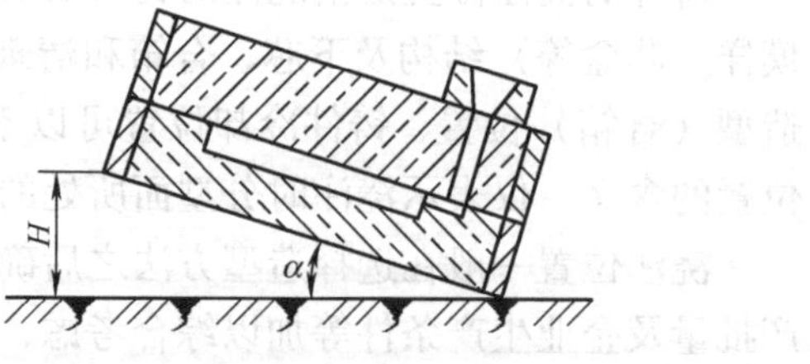

图 2-28 大平板类铸件的倾斜浇注

(4) 保证铸件的充型能力 铸件薄壁处充型阻力大，冷却速度快，充型能力差，应将薄壁部分放在下半部、侧面或置于内浇道以下，以免出现浇不足和冷隔等缺陷。图 2-29 和图 2-30 所示分别为电机端盖、曲轴箱的浇注位置。

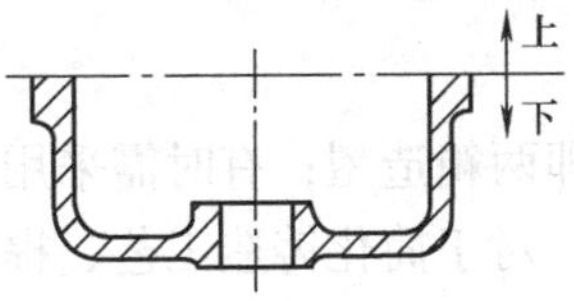

图 2-29　电机端盖的正确浇注位置

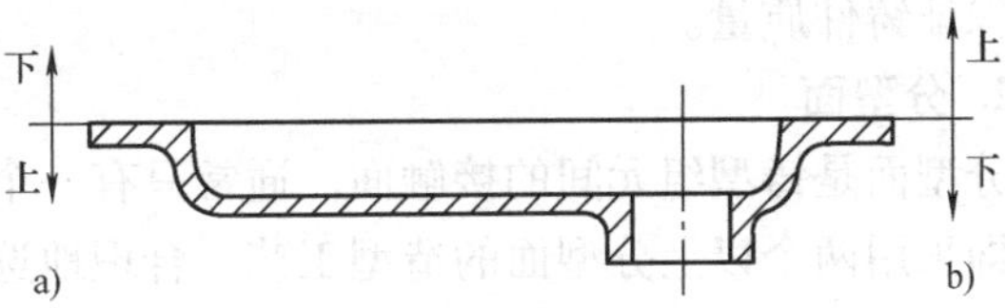

图 2-30　曲轴箱的浇注位置
a）不合理　b）合理

（5）有利于所确定的凝固顺序　浇注位置应有利于所确定的凝固顺序。对于合金体收缩率大或结构厚薄不均匀而易出现缩孔、缩松缺陷的铸件，浇注位置的选择应优先考虑实现顺序凝固，铸件的厚大部分尽可能位于上部或侧面，以便于安放冒口补缩，如图 2-31 所示。缸头的较厚部位置于顶部，便于设置冒口，实现自下而上的顺序凝固。

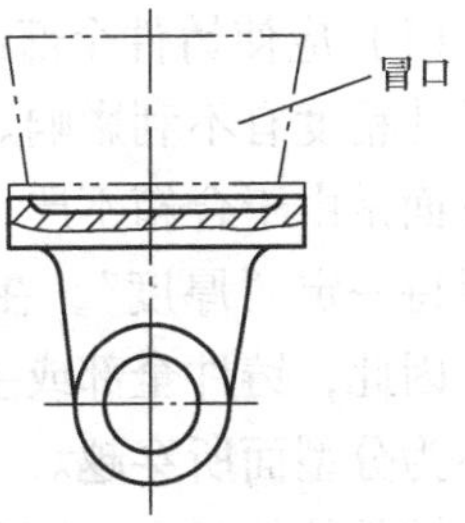

图 2-31　缸头的正确浇注位置

（6）有利于砂芯的定位和稳固支撑，便于下芯、合箱及检验　浇注位置应有利于砂芯的定位和稳固支撑，排气通畅，尽量避免吊砂、吊芯或悬臂砂芯。吊砂在合箱、浇注时可能会发生塌箱、垮砂；上型安放吊芯操作不方便。悬臂砂芯不稳固，充型时在金属浮力作用下易偏斜，造成形状误差，故应尽力避免。将图 2-32a 所示浇注位置改为图 2-32b 所示浇注位置后，砂芯数量减少一个，且砂芯安放稳固，排气通畅。此外，浇注位置的选择还要考虑下芯、合箱和检验的方便，如图 2-33 所示。

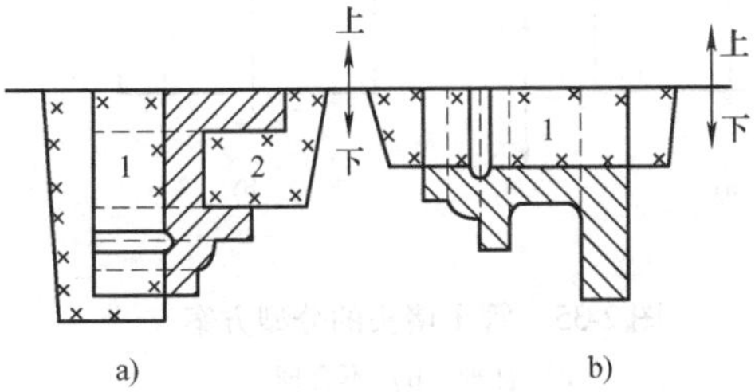

图 2-32　便于砂芯定位和固定的浇注位置
a）不合理　b）合理

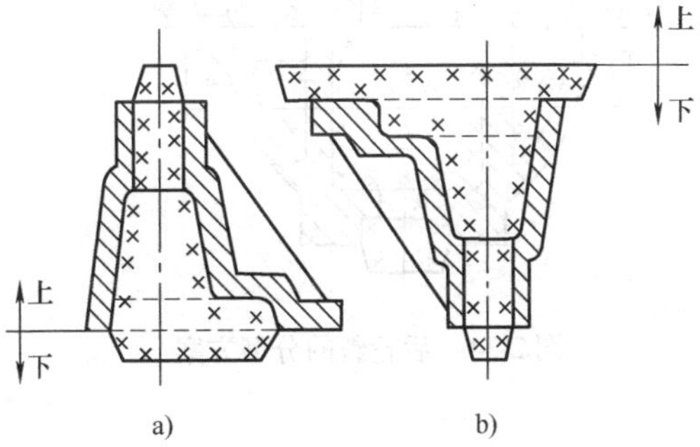

图 2-33　便于合箱的浇注位置
a）不合理　b）合理

（7）尽量使合箱位置、浇注位置和铸件冷却位置一致　由于翻转铸型不仅劳动强度大，而且容易引起砂芯移动、掉砂及跑火等缺陷。因此，工艺设计时应使合箱位置、浇注位置和铸件冷却位置一致，避免在合箱或浇注后再次翻转铸型。有时为了方便造型，采用“横做立浇”，如生产球墨铸铁曲轴时，浇注后将铸型竖立起来，使冒口处于最上端以利于补缩；或“平做斜浇”，如平板件倾斜浇注。当浇注位置与合箱位置（或冷却位置）不一致时，应在铸造工艺图上注明。

以上是确定浇注位置的一般原则，往往在同一铸件上并不能同时满足或体现这些原则，有时这些原则在同一铸件实施中甚至会存在矛盾。这就需要设计人员能灵活地根据铸件的结构特点及质量要求和生产条件进行浇注位置的确定，以便于生产操作，避免或减少铸件缺陷，保证铸件质量。

2. 分型面

分型面是铸型组元间的接触面。通常只有一个分型面，即两箱造型；有时需采用多箱造型，即采用两个以上分型面的造型工艺。合理地选择分型面，对于简化铸造工艺、提高生产效率、降低成本、提高铸件质量等都有直接关系。分型面的选择应尽量与浇注位置一致，以避免合箱后翻转，减少工作量，防止铸型产生损伤。除此之外，分型面的选择一般还要遵循如下原则：

（1）应使铸件全部或主要部分置于同一半型　分型面是为了取出模样而设置的，对铸件尺寸精度有不利影响。一方面会使铸件产生错偏，这是合箱对准误差产生错型引起的；另一方面是由于合箱不严，在垂直分型面方向上会增加铸件尺寸。据研究，合箱后的分型面总会保持一定“厚度”，在最小的情况下，约为0.38mm。这个分型厚度加大了铸件的尺寸偏差。因此，铸件全部或主要部分应尽可能在同一半型。凡是铸件上要求严格的尺寸部分，尽量不为分型面所穿越。

铸件的加工定位面和主要加工面应尽量放在同一箱内，以减小加工定位的尺寸偏差。图2-34所示为某品牌汽车后轮毂的分型工艺方案，加工内孔时以 $\phi350$mm 的外圆周定位（基准面）。图2-35所示是管子堵头的分型工艺方案，铸件加工时，以四方头中心线为定位基准加工外圆螺纹。

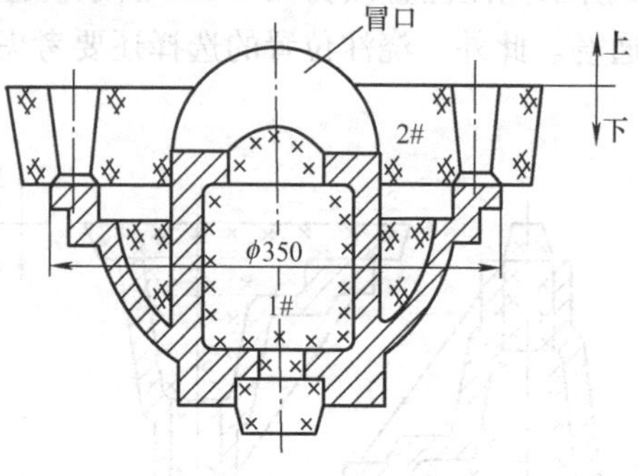

图2-34　后轮毂的分型方案

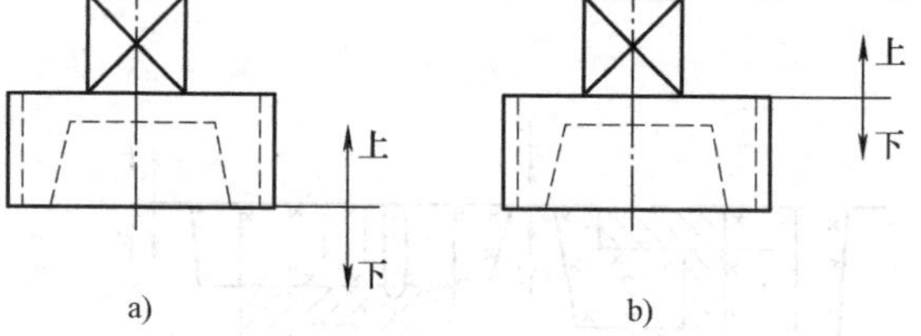

图2-35　管子堵头的分型方案
a）合理　b）不合理

（2）尽量减少分型面的数目　分型面少，铸件尺寸精度容易保证，且砂箱数目少。机器造型生产中，小件一般只有一个分型面，以便充分发挥造型机的生产率。凡不能出砂的部位均采用砂芯，而不允许用活块或多分型面，如图2-36所示。虽然总的原则是应尽量减少分型面的数目，但针对具体情况，有时采用多分型面也是有利的。对于图2-36所示铸件，采用两个分型面对单件生产的手工造型是合理的，可省去芯盒的制造，降低成本，缩短生产周期。

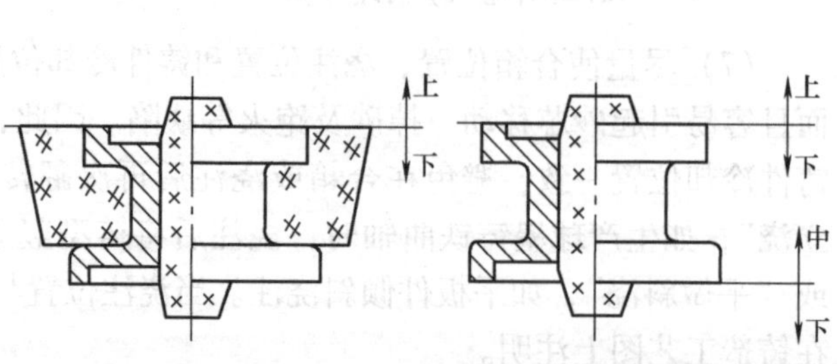

图2-36　确定分型面数目的实例
a）用于机器造型　b）用于手工造型

(3) 分型面尽可能选用平面　平直分型面可简化造型及模板结构和制造，易于保证铸件尺寸精度，如图 2-37 所示。但在有些情况下还必须选择曲面分型（见图 2-38），机器造型铸件形状需采用曲面分型时应尽量选择规则的曲面，如圆柱面或折面，以便于模底板加工，保证上、下模底板表面曲度精确一致，合箱严密。

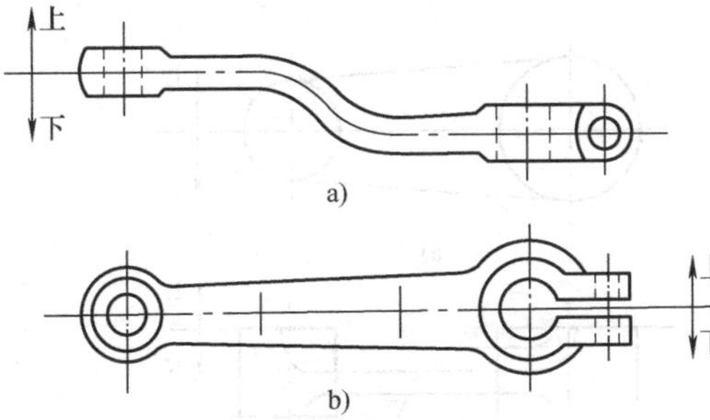

图 2-37　起重臂的分型面
a) 不合理　b) 合理

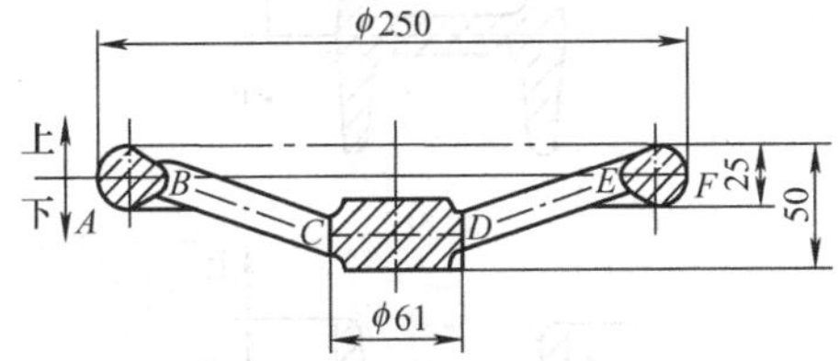

图 2-38　大手轮的曲面（*ABCDEF*）分型

(4) 尽可能少用砂芯，便于下芯、合箱和检查型腔尺寸　图 2-39 中 ϕ60mm 孔由上、下型做出，可不用砂芯。尽量少用砂芯，使主要砂芯或大部分砂芯尽可能置于下型，以便于下芯、合箱和检查型腔尺寸。在手工造型中，模样和芯盒尺寸精度不高，造型工在下芯、合箱时需要检查型腔尺寸，并调整砂芯位置，才能保证铸件尺寸。图 2-40 所示为中心距大于 700mm 的减速器盖的手工造型工艺方案，采用两个分型面的目的就是便于合箱时检查尺寸。

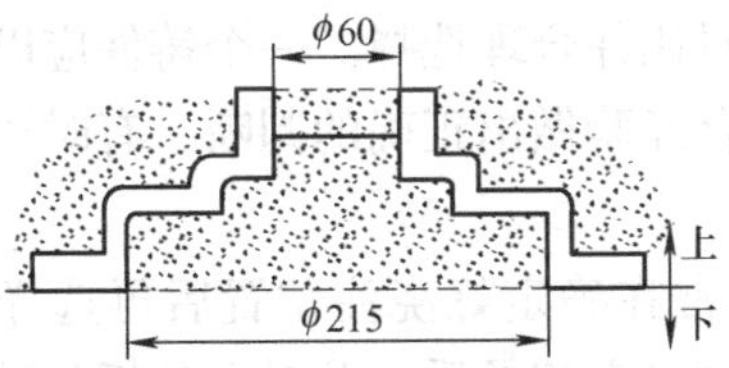

图 2-39　铸件型腔不用砂芯形成的实例

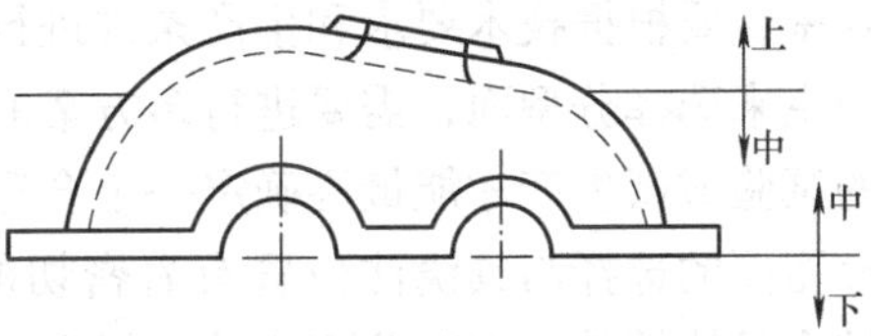

图 2-40　减速器盖手工造型方案

(5) 尽可能选在铸件的最大截面处，避免砂箱过高　为方便起模，分型面应尽可能选在铸件的最大截面处，但要避免砂箱过高。几乎所有造型机都对砂箱高度有限制。对于较高的铸件，尽量不使铸件在一箱内过高，应使砂箱的高度保持在造型设备所许可的最大砂箱高度范围内。高砂箱造型困难，填砂、紧实、起模、下芯都不方便。手工造型时，对于大型铸件，一般选用多分型面，即用多箱造型控制砂箱高度，使砂箱不致过高。图 2-41 中的方案 2 为大型托架铸件所选用的分型面。

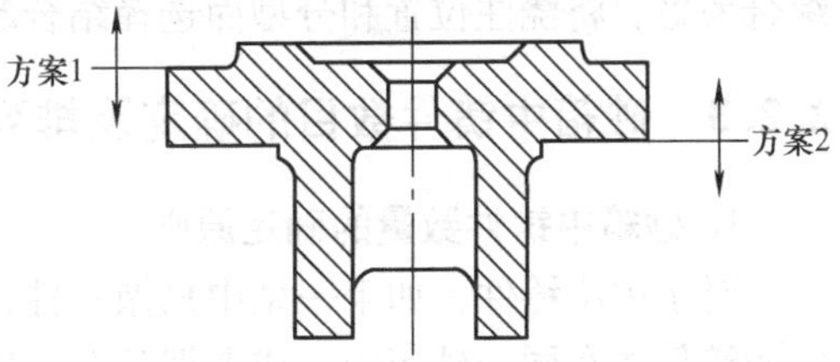

图 2-41　托架分型面的选择

(6) 受力件分型面的选择不应削弱铸件结构强度　图 2-42b 所示的曲面分型方案，合箱时如产生微小偏差将改变工字梁的截面积分布，导致一边的强度会削弱，故不合理；而图 2-42a 所示的平面分型方案则没有一边强度因错型而削弱的缺点。

(7) 注意减少清理和机械加工量　在考虑造型、合箱、制芯的基础上，分型面的选择还应有利于清理，减少机械加工量。图 2-43 所示是考虑打磨飞边的难易而选用分型面的实例。摇臂铸件是小件，若采用图 2-43a 所示的平面分型方案，在铸件中部两圆柱体与平腹板中间形成的飞边打磨困难，清理工作量很多；若改用图 2-43b 所示的曲面分型方案，则飞边凸在侧面，容易清理，工作量较少。

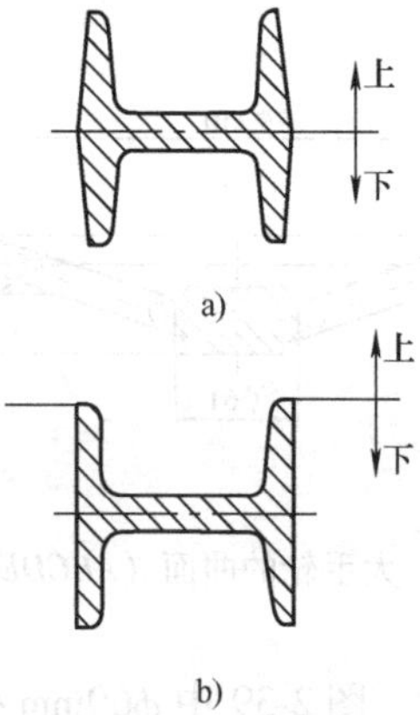

图 2-42 工字梁分型面的选择

a）合理 b）不合理

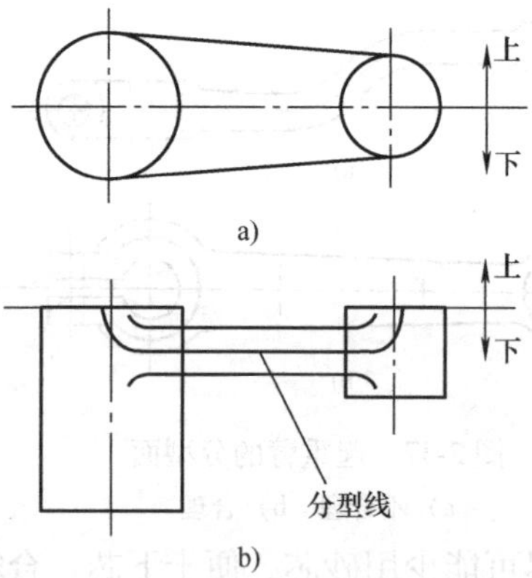

图 2-43 摇臂铸件分型面的选择

a）不合理 b）合理

以上简要介绍了选择分型面的一些基本原则，这些原则有的相互矛盾和相互制约，要根据零件的特点及生产条件加以灵活应用。分型面在很大程度上影响铸件的尺寸精度、成本和生产效率，要根据技术要求和生产条件进行仔细分析对比并合理选择。一个铸件应以哪几项原则为主来选择分型面，需要进行多方案的对比，结合经验做出正确的判断，有时还要进行一定的试验或试生产才能最终确定一个合适的方案。

分型面的选择与其浇注位置有着密切的关系。通常在确定好浇注位置后再选择分型方案；结合具体铸件，有时分型面的选择会与浇注位置的确定相矛盾。此时在分析各种分型面方案之后，需要重新调整浇注位置，应同时确定浇注位置和分型面。一个合理的铸造工艺方案，必须依据铸件的结构特点、现场工艺装备条件、铸件质量要求及生产效率和生产成本等综合考虑，将浇注位置和分型面选择结合起来。

2.2.3 砂箱中铸件数目的确定及排列

1. 砂箱中铸件数量的确定原则

对于中小铸件，如果一型中只做一件，则生产效率低，成本高。在生产中往往把几个相同的铸件放在同一砂箱中，或者把几个材质相同的不同铸件放在同一箱型中生产，以提高生产效率，降低成本。在选择工艺方案时应初步确定一个砂箱中放几个铸件，并作为设计浇冒口的依据。

砂箱中铸件数量一般要根据工艺要求和生产条件（生产批量及相关设备的相互要求和配合等）来确定，例如铸件尺寸、砂箱尺寸、合理的吃砂量、浇注系统布置和车间起重能力等。在采用单一砂箱时，箱带的位置与高低等都影响砂箱中的铸件数量。

在机械流水生产线上，为了便于机械浇注线的配合，要求所有铸件直浇道位置要一致，以实现浇注机定点浇注。在采用具有压头的造型机时，为了避免通气针与压头相碰，对所有铸件的通气针位置也有一定的要求，都对砂箱中铸件的数量及排列有影响。一个砂箱中带砂芯的铸件不宜太多，以免影响各工序间的平衡。因此，在工艺设计中必须根据各种条件综合考虑，以确定砂箱中铸件的数量。

2. 吃砂量的确定

模样与砂箱臂、箱顶（底）和箱带之间的距离及模样之间的距离称为吃砂量。吃砂量太小，砂型紧实困难，易引起胀型（又称胀箱或胀砂）、夹砂、掉砂、跑火等缺陷。吃砂量太大，既不经济，也不合理，生产效率低。而影响吃砂量的因素又是多方面的，受铸件形状大小、型砂种类和造型工艺（即造型方法及造型设备）等因素的影响，故在设计时应综合考虑。表 2-5 ~ 表 2-8 为吃砂量推荐值，可供参考。

表 2-5　按模样平均轮廓尺寸确定的吃砂量　（单位：mm）

模样平均轮廓尺寸	*a*	*b* 和 *c*	*d*
滑脱砂箱	≥20	30 ~ 50	一箱中模样高度的一半
≤400	30 ~ 50	40 ~ 70	
400 ~ 700	50 ~ 70	70 ~ 90	一箱中模样高度的 50% ~ 150%
701 ~ 1000	71 ~ 100	91 ~ 120	
1001 ~ 2000	101 ~ 150	121 ~ 150	
2001 ~ 3000	151 ~ 200	151 ~ 200	
3001 ~ 4000	201 ~ 250	201 ~ 250	
>4000	251 ~ 500	>250	

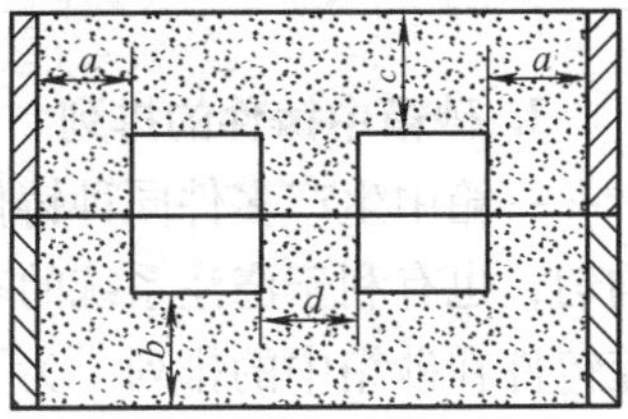

表 2-6　高压造型模样的吃砂量　（单位：mm）

模 样 高 度	模 样 间 距	模样与砂箱壁距离	备　注
≤25	25 ~ 30	40 ~ 50	薄壁件取下限值，厚实件取上限值
>25 ~ 50	31 ~ 50	45 ~ 60	
>50	51 ~ 70	50 ~ 70	

表 2-7　按铸件质量确定的吃砂量　（单位：mm）

铸件质量/kg	*a*	*b*	*c*	*d*	*e*	*f*
<5	40	40	30	30	30	30
5 ~ 10	50	50	40	40	40	30
11 ~ 20	60	60	40	50	50	30
21 ~ 50	70	70	50	50	60	40
51 ~ 100	90	90	50	60	70	50
101 ~ 250	100	100	60	70	100	60
251 ~ 500	120	120	70	80	—	70
501 ~ 1000	150	150	90	90	—	120
1001 ~ 2000	200	200	100	100	—	150
2001 ~ 3000	250	250	125	125	—	200
3001 ~ 4000	275	275	150	150	—	225
4001 ~ 5000	300	300	175	175	—	250
5001 ~ 10000	350	350	200	200	—	250
>10000	400	400	250	250	—	250

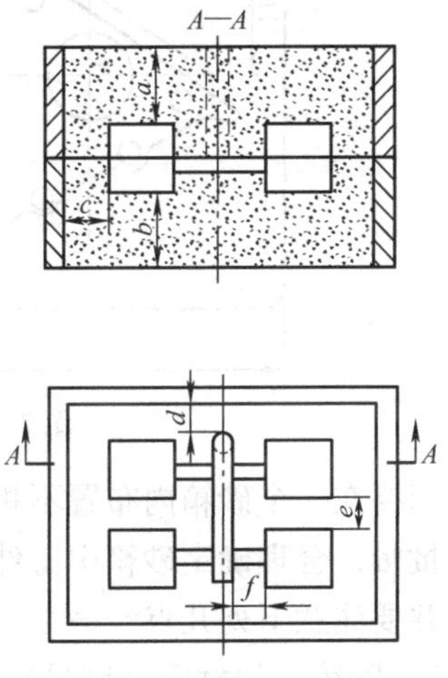

表 2-8　手工造型的吃砂量　　（单位：mm）

砂型分类	砂箱内框平均尺寸（长＋宽）/2	模样至砂箱内壁尺寸	浇冒口至砂箱内壁尺寸	模样顶部至砂箱箱带底部尺寸
干型	≤500	≥40～60	≥30	15～20
	>500～1000	>60～100	≥60	>20～25
	>1000～2000	>100～150	≥100	>25～30
	>2000～3000	>150～200	≥120	>30～40
	>3000	≥250	≥150	>40
湿型	≤300	>30	≥40	≥30
	>300～800	≥60	≥100	≥50
	>800	≥100	≥100	≥70

3. 砂箱中铸件的排列

一箱中生产多件同种铸件时，尽可能对称排列，这样既可使金属液作用于上型的抬型力均匀，也有利于浇注系统的布置安排，还可充分利用砂箱面积。图 2-44 所示为正时齿轮室盖铸件在砂箱中的排列。为了找出合理的铸件排列方案，在作模板布置图时，可把模样的外轮廓投影形状在砂箱内试摆，以确定合理的铸件数量及其在模板上的位置。这种方法既适合于利用原砂箱，又适合于设计新砂箱。

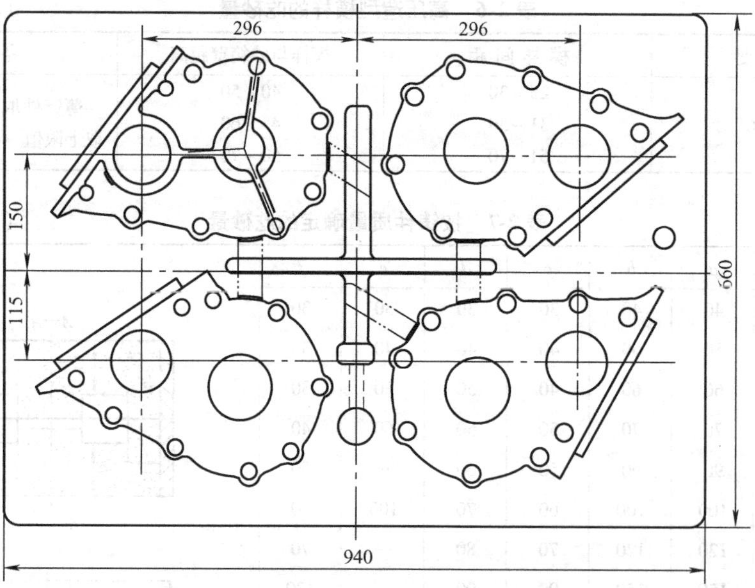

图 2-44　正时齿轮室盖铸件在砂箱中的排列

当要在一个砂箱内布置不相同的铸件时，应考虑车间生产能力的平衡，依据各种铸件的生产批量，合理确定砂箱中铸件的数量，保证造型线浇注金属液需求量与车间熔化能力的平衡，并要注意下列几点：

1）除铸件的材质（牌号）应相同外，铸件的壁厚相近、高度差异小，以便适合同样的浇注温度和浇注时间。

2）不影响浇注系统的正确布置，内浇道要分开，浇注速度要相近。

3）在满足生产纲领的要求下，不同铸件所需的箱数应相近，以便于组织生产。

2.3 铸造工艺参数

铸造工艺参数是指铸造工艺设计时需要确定的某些数据。铸造工艺参数只有选择得准确、合适，才能保证铸件尺寸及形状精确，便于提高铸造生产率，降低成本。工艺参数的选取与铸件尺寸、铸造合金、铸造方法和铸件验收条件有关。工艺参数选取不准确，则铸件精度降低，也可能因尺寸超过公差而报废。

铸造工艺参数主要有铸件尺寸公差、铸件重量公差、机械加工余量、铸造收缩率（缩尺）、起模斜度、最小铸出孔（槽）、反变形量、分型负数、工艺补正量、非加工壁厚的负余量、分芯负数和砂芯负数（砂芯减量）等。这些工艺参数与铸件的精度、造型和制芯过程密切相关，也决定了模样和芯盒等工装尺寸的确定。

2.3.1 铸件尺寸公差

铸件尺寸公差是指铸件公称尺寸的两个允许极限尺寸之差。在这两个允许极限尺寸之内的铸件可满足加工、装配和使用的要求。铸造生产过程中的很多因素都会影响铸件尺寸公差，铸件尺寸精度要求越高，对因素的控制应越严格，铸件生产成本相应地也有所提高，必须采用科学的标准来协调供、需双方的要求。

GB/T 6414—1999《铸件　尺寸公差与机械加工余量》等效采用 ISO 8062：1994《铸件　尺寸公差与机械加工余量体系》，规定了铸件的尺寸公差等级和要求的机械加工余量等级。这是设计和检验铸件尺寸的依据，具体规定了砂型铸造、金属型铸造、低压铸造、压力铸造和熔模铸造等各种铸造方法生产的各类金属及其合金铸件的尺寸，包括铸件公称尺寸及其公差、错型值。GB/T 6414—1999 中所规定的公差是正常生产条件下通常能达到的公差，既适用于在图样上给出的一般公差和/或一般要求的机械加工余量，也适用于标注在具体尺寸后面的个别公差和/或个别要求的机械加工余量。铸件尺寸公差的代号用字母 CT（Cast-Tolerances）表示，GB/T 6414—1999 中规定铸件尺寸公差等级由精到粗分为 16 级，代号为 CT1 ~ CT16。铸件尺寸公差数值见表 2-9。

表 2-9　铸件尺寸公差（摘自 GB/T 6414—1999）

毛坯铸件公称尺寸		铸件尺寸公差等级 CT①															
大于	至	1	2	3	4	5	6	7	8	9	10	11	12	13②	14②	15②	16②,③
—	10	0.09	0.13	0.18	0.26	0.36	0.52	0.74	1	1.5	2	2.8	4.2	—	—	—	—
10	16	0.1	0.14	0.2	0.28	0.38	0.54	0.78	1.1	1.6	2.2	3.0	4.4	—	—	—	—
16	25	0.11	0.15	0.22	0.30	0.42	0.58	0.82	1.2	1.7	2.4	3.2	4.6	6	8	10	12
25	40	0.12	0.17	0.24	0.32	0.46	0.64	0.9	1.3	1.8	2.6	3.6	5	7	9	11	14
40	63	0.13	0.18	0.26	0.36	0.50	0.70	1	1.4	2	2.8	4	5.6	8	10	12	16
63	100	0.14	0.20	0.28	0.40	0.56	0.78	1.1	1.6	2.2	3.2	4.4	6	9	11	14	18

（续）

毛坯铸件公称尺寸		铸件尺寸公差等级 CT①															
大于	至	1	2	3	4	5	6	7	8	9	10	11	12	13②	14②	15②	16②,③
100	160	0.15	0.22	0.30	0.44	0.62	0.88	1.2	1.8	2.5	3.6	5	7	10	12	16	20
160	250	—	0.24	0.34	0.50	0.72	1	1.4	2	2.8	4	5.6	8	11	14	18	22
250	400	—	—	0.40	0.56	0.78	1.1	1.6	2.2	3.2	4.4	6	9	12	16	20	25
400	630	—	—	—	0.64	0.9	1.2	1.8	2.6	3.6	5	7	10	14	18	22	28
630	1000	—	—	—	0.72	1	1.4	2	2.8	4	6	8	11	16	20	25	32
1000	1600	—	—	—	0.80	1.1	1.6	2.2	3.2	4.6	7	9	13	18	23	29	37
1600	2500	—	—	—	—	—	—	2.6	3.8	5.4	8	10	15	21	26	33	42
2500	4000	—	—	—	—	—	—	—	4.4	6.2	9	12	17	24	30	38	49
4000	6300	—	—	—	—	—	—	—	—	7	10	14	20	28	35	44	56
6300	10000	—	—	—	—	—	—	—	—	—	11	16	23	32	40	60	64

① 在等级 CT1 ~ CT15 中对壁厚采用粗一级公差。
② 对于不超过 16mm 的尺寸，不采用 CT13 ~ CT16 的一般公差，对于这些尺寸应标注个别公差。
③ 等级 CT16 仅适用于一般公差规定为 CT15 的壁厚。

铸件尺寸精度取决于工艺及生产过程的控制，受铸件尺寸及结构复杂程度、铸造工艺方法、铸件生产批量、铸造合金种类、造型与制芯等工装模具的类型和精度、工艺技术水平、造型材料的种类、铸件清理质量等因素的影响。铸件的尺寸精度要求越高，一般其生产成本相应地有所提高。因此，在规定铸件尺寸公差时，必须从实际出发，综合考虑各种因素，达到既保证铸件质量，又不过多增加生产成本。

对于成批大量生产的铸件，可通过对设备和工装的改进、调整，加强工艺过程管理，提高操作水平等措施，得到更高的公差等级；对于小批和单件生产的铸件，采用过高的工艺要求来提高公差等级通常是不经济的。GB/T 6414—1999 中规定了成批和大量生产、小批和单件生产铸件的尺寸公差等级以便选用，见表 2-10 和表 2-11。

表 2-10 成批和大量生产铸件的尺寸公差等级（摘自 GB/T 6414—1999）

方法		尺寸公差等级								
		铸件材料								
		铸钢	灰铸铁	球墨铸铁	可锻铸铁	铜合金	锌合金	轻金属合金	镍基合金	钴基合金
砂型铸造手工造型		11 ~ 14	11 ~ 14	11 ~ 14	11 ~ 14	10 ~ 13	10 ~ 13	9 ~ 12	11 ~ 14	11 ~ 14
砂型铸造机器造型和壳型		8 ~ 12	8 ~ 12	8 ~ 12	8 ~ 12	8 ~ 10	8 ~ 10	7 ~ 9	8 ~ 12	8 ~ 12
金属型铸造（重力铸造或低压铸造）		—	8 ~ 10	8 ~ 10	8 ~ 10	8 ~ 10	7 ~ 9	7 ~ 9	—	—
压力铸造		—	—	—	—	6 ~ 8	4 ~ 6	4 ~ 7	—	—
熔模铸造	水玻璃	7 ~ 9	7 ~ 9	7 ~ 9	—	5 ~ 8	—	5 ~ 8	7 ~ 9	7 ~ 9
	硅溶胶	4 ~ 6	4 ~ 6	4 ~ 6	—	4 ~ 6	—	4 ~ 6	4 ~ 6	4 ~ 6

表 2-11　小批和单件生产铸件的尺寸公差等级（摘自 GB/T 6414—1999）

方法	造型材料	尺寸公差等级							
		铸件材料							
		铸钢	灰铸铁	球墨铸铁	可锻铸铁	铜合金	轻金属合金	镍基合金	钴基合金
砂型铸造手工造型	黏土砂	13～15	13～15	13～15	13～15	13～15	11～13	13～15	13～15
	化学粘结剂砂	12～14	11～13	11～13	11～13	10～12	10～12	12～14	12～14

铸件公称尺寸即铸件图上给定的尺寸（见图 2-45），应包括机械加工余量，公差带一般为对称分布，如图 2-46 所示。有特殊要求时，也可非对称分布，应在图样上注明或技术文件中规定。在铸造工艺设计时，应根据铸件技术要求、铸造方法及生产工艺和铸件产量（大批量生产、小批量或单件生产），合理确定铸件的尺寸公差等级，依据铸件公称尺寸按表 2-9 选取相应的公差数值。壁厚尺寸公差可比一般尺寸的公差降低一级，例如，图样上一般尺寸公差等级为 CT10，壁厚尺寸公差等级则为 CT11。在图样上采用公差等级代号标注，如 GB/T 6414—1999—CT10；当要进一步限制错型值时，应标出最大错型值，如 GB/T 6414—1999—CT10—最大错型 1.0。

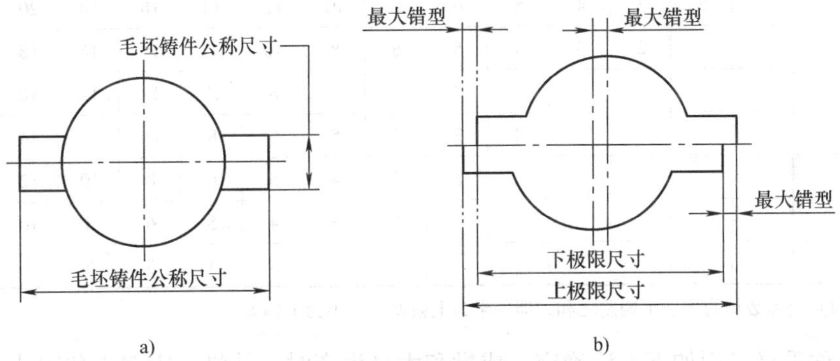

图 2-45　公称尺寸与最大错型

a）图样公称尺寸标注　b）最大错型

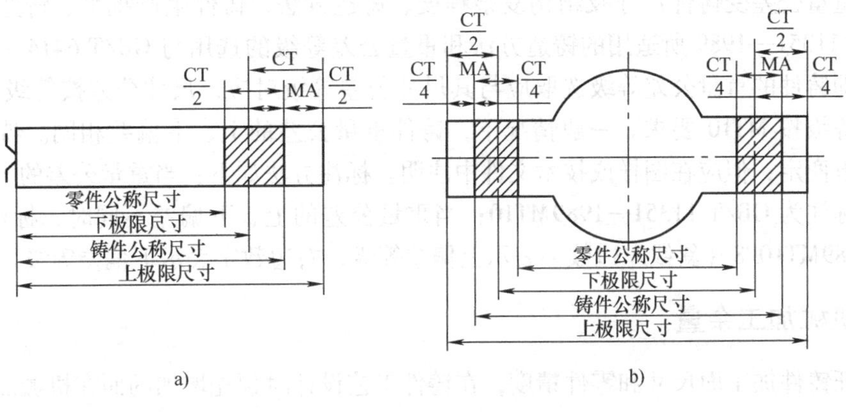

图 2-46　加工余量与尺寸公差的关系

a）单侧加工　b）双侧加工

2.3.2　铸件重量公差

铸件重量公差是指以占铸件公称重量的百分率为单位的铸件重量变动的最大允许值，其中铸件公称重量包括机械加工余量和其他工艺余量，作为衡量被检验铸件大小的基准重量。GB/T 11351—1989 中规定了铸件重量公差的数值、确定方法及检验规则，适用于砂型铸造、金属型铸造、低压铸造、压力铸造和熔模铸造等各种铸造方法生产的各类金属及其合金铸件。铸件重量公差的代号用字母 MT（Mass Tolerances）表示，等级由精到粗分为 16 级，从 MT1 ~ MT16。铸件重量公差数值见表 2-12。

表 2-12　铸件重量公差数值（%）

公称重量/kg		铸件重量公差等级															
大于	至	1	2	3	4	5	6	7	8	9	10	11	12	13	14	15	16
	0.4		5	6	8	10	12	14	16	18	20	24					
0.4	1		4	5	6	8	10	12	14	16	18	20	24				
1	4		3	4	5	6	8	10	12	14	16	18	20	24			
4	10		2	3	4	5	6	8	10	12	14	16	18	20	24		
10	40			2	3	4	5	6	8	10	12	14	16	18	20	24	
40	100				2	3	4	5	6	8	10	12	14	16	18	20	24
100	400					2	3	4	5	6	8	10	12	14	16	18	20
400	1000						2	3	4	5	6	8	10	12	14	16	18
1000	4000							2	3	4	5	6	8	10	12	14	16
4000	10000								2	3	4	5	6	8	10	12	14
1000	40000									2	3	4	5	6	8	10	12

注：表中重量公差数值为上、下偏差之和，即一半为上偏差，一半为下偏差。

铸件公称重量可用如下方法确定：成批和大量生产时，从供、需双方共同认定的首批合格铸件中随机抽取不少于 10 件，以实称重量的平均值作为公称重量；小批和单件生产时，以计算重量或供、需双方共同认定的任一合格铸件实称重量作为公称重量。

铸件重量公差受铸件尺寸及结构复杂程度、铸造方法、铸件生产批量、铸造合金等影响。GB/T 11351—1989 所适用的铸造方法和重量公差等级的选用与 GB/T 6414—1999 的要求一致，即铸件的重量公差等级选取应与其尺寸公差等级对应，尺寸公差按等级 CT10，则重量公差等级按 MT10 要求。一般情况下，铸件重量公差的上、下偏差相同。特殊要求由供、需双方商定，但应在图样或技术文件中注明。标注方法如下：当重量公差的上、下偏差相同时，标注为 GB/T 11351—1989MT10；当重量公差的上、下偏差不同时，标注为 GB/T 11351—1989MT10/8（斜线左边数字表示上偏差等级，右边数字表示下偏差等级）。

2.3.3　机械加工余量

为保证铸件加工面尺寸和零件精度，在铸件工艺设计时预先增加的而在机械加工时切去的金属层厚度，称为机械加工余量，简称加工余量。加工余量过大，不仅浪费金属，机械加工量大，增加铸件和零件成本，而且降低铸件重量；加工余量过小，不能完全去除铸件表面缺陷，达不到设计要求。从图2-46中可见，加工余量等于铸件公称尺寸减去零件公称尺寸，即加工后尺寸。铸件下极限尺寸必须大于（内腔尺寸为小于）零件公称尺寸，才能保持有一定的加工余量。因此，铸件尺寸公差越小（精度越高），加工余量可以越小。影响机械加工余量的主要因素有铸造合金、铸造工艺方法、铸件生产批量、工装设备水平、加工面所处浇注位置（顶面、侧面、底面）、铸件公称尺寸大小和结构等。

GB/T 6414—1999规定了加工余量的数值、确定方法、检验及评定规则，加工余量的代号用字母RMA（Required Machining Allowances）表示，等级由精到粗分别称之为A、B、C、D、E、F、G、H、J和K共10级（见表2-13）。根据生产经验，相对于浇注位置铸件顶面的加工余量应比底面和侧面的大。按照铸造合金种类、铸造工艺方法和铸件生产批量等，可从表2-14中选用要求的机械加工余量等级，依据铸件最终加工后的最大轮廓尺寸，从表2-13中选取要求的机械加工余量。特殊需要时，由供、需双方商定，并在图样或技术文件中注明。对于轮廓最大尺寸在400~630mm范围内的铸件，要求的机械加工余量等级为H，要求的机械加工余量为6mm（同时铸件的一般公差为GB/T 6414—1999—CT11），标注为“GB/T6414—1999—CT11—RMA6（H）”。

表2-13　要求的铸件机械加工余量（摘自GB/T 6414—1999）　（单位：mm）

最大尺寸		要求的机械加工余量等级									
大于	至	A	B	C	D	E	F	G	H	J	K
	40	0.1	0.1	0.2	0.3	0.4	0.5	0.5	0.7	1	1.4
40	63	0.1	0.2	0.3	0.3	0.4	0.5	0.7	1	1.4	2
63	100	0.2	0.3	0.4	0.5	0.7	1	1.4	2	2.8	4
100	160	0.3	0.4	0.5	0.8	1.1	1.5	2.2	3	4	6
160	250	0.3	0,5	0.7	1	1.4	2	2.8	4	5.5	8
250	400	0.4	0.7	0.9	1.3	1.4	2.5	3.5	5	7	10
400	630	0.5	0.8	1.1	1.5	2.2	3	4	6	9	12
630	1000	0.6	0.9	1.2	1.8	2.5	3.5	5	7	10	14
1000	1600	0.7	1	1.4	2	2.8	4	5.5	8	11	16
1600	2500	0.8	1.1	1.6	2.2	3.2	4.5	6	9	14	18
2500	4000	0.9	1.3	1.8	2.5	3.5	5	7	10	14	20
4000	6300	1	1.4	2	2.8	4	5.5	8	11	16	22
6300	10000	1.1	1.5	2.2	3	4.5	6	9	12	17	24

表2-14　要求的铸件机械加工余量等级（摘自GB/T 6414—1999）

方法	加工余量等级								
	铸件材料								
	钢	灰铸铁	球墨铸铁	可锻铸铁	铜合金	锌合金	轻金属合金	镍基合金	钴基合金
砂型铸造手工造型	G~K	F~H	F~H	F~H	F~H	F~H	F~H	G~K	G~K
砂型铸造机器造型和壳型	E~H	E~G	E~G	E~G	E~G	E~G	E~G	F~H	F~H

（续）

方　法	加工余量等级								
	铸件材料								
	钢	灰铸铁	球墨铸铁	可锻铸铁	铜合金	锌合金	轻金属合金	镍基合金	钴基合金
金属型铸造（重力铸造或低压铸造）	—	D~F	D~F	D~F	D~F	D~F	D~F	—	—
压力铸造	—	—	—	—	B~D	B~D	B~D	—	—
熔模铸造	E	E	E	E	E	E	E	E	E

2.3.4 铸造收缩率

铸件在铸造生产过程中有液态收缩、凝固收缩和固态收缩，其中固态收缩造成铸件长度方向上尺寸变小。因此，设计制造模样和芯盒等工装必须考虑铸件的收缩，将模样按一定比例放大，以获得尺寸符合要求的铸件。这就需要确定铸件的铸造收缩率。铸造收缩率在生产中俗称缩尺，是考虑了各种影响因素之后的铸件实际收缩率，用模样与铸件相对应的尺寸差除以铸件尺寸的百分比来表示。铸造收缩率 K 可用下式表达

$$K = \frac{L_M - L_J}{L_J} \times 100\% \qquad (2\text{-}1)$$

式中　L_M——模样（或芯盒）的尺寸；

L_J——铸件尺寸。

为获得尺寸精度较高的铸件，必须依据铸件结构、铸造合金、铸型种类和铸造方法等因素，选取符合实际的铸造收缩率。铸件尺寸大，结构复杂，受阻程度大，相应的铸造收缩率小。铸件结构复杂或壁厚不均的铸件，各部分冷却速度不同，相互制约，不能自由收缩，铸造收缩率一般较小；其局部与整体，长、宽、高三个方向的收缩率可能不一致，对重要铸件应酌情选取不同的铸造收缩率。铸件壁厚的增加，铸造收缩率通常增大；简单厚实铸件的收缩可视为自由收缩，铸造收缩率要比结构复杂的铸件大。对于特种铸造，如熔模铸造的模样既要考虑铸件收缩，还要考虑蜡模收缩和模壳焙烧膨胀，应根据铸件结构、铸造合金、蜡模和模壳材料等确定合适的综合铸造收缩率，才可能获得尺寸符合要求的铸件。对于一般要求的铸件，可依据铸造合金、所用铸型和收缩情况（自由收缩和受阻收缩）参照相关资料选取。砂型铸造各种合金铸件的铸造收缩率见表 2-15 ~ 表 2-17。

表 2-15　砂型铸造有色金属铸件的铸造收缩率

合金种类	铸造收缩率（%）		合金种类	铸造收缩率（%）	
	阻碍收缩	自由收缩		阻碍收缩	自由收缩
锡青铜	1.2	1.4	铝硅合金	0.8~1.0	1.0~1.2
无锡青铜	1.6~1.8	2.0~2.2	铝铜合金（w_{Cu} = 1.6%~1.8%）	1.4	1.6
锌黄铜	1.5~1.7	1.8~2.0	铝镁合金	1.0	1.3
硅黄铜	1.6~1.7	1.7~1.8	镁合金	1.2	1.6
锰黄铜	1.8~2.0	2.0~2.3			

表 2-16 湿型机器造型铸钢件的铸造收缩率

模样长度/mm	砂型阻力	铸造收缩率（%）
≤650	自由收缩时	2.0
650～1850		1.5
>1850		1.25
≤500	受阻收缩时	2.0
500～1200		1.5
1201～1700		1.25
>1700		1.0

注：铸造收缩率除考虑砂型阻力影响外，还应考铸件结构及壁厚，铸件壁越厚，铸造收缩率越大，反之则越小。

表 2-17 砂型铸造铸铁件的铸造收缩率

合金种类			铸造收缩率（%）	
			阻碍收缩	自由收缩
灰铸铁	中小型铸件		0.8～1.0	0.8～1.1
	大中型铸件		0.7～0.9	0.8～1.0
	特大型铸件		0.6～0.8	0.7～0.9
灰铸铁	特殊的圆筒形铸件	长度方向	0.7～0.9	0.8～1.0
		直径方向	0.5	0.6～0.8
球墨铸铁	珠光体球墨铸铁		0.8～1.2	1.0～1.3
	铁素体球墨铸铁		0.6～1.2	0.8～1.2
可锻铸铁	珠光体可锻铸铁		1.2～1.8	1.5～2.0
	铁素体可锻铸铁		1.0～1.3	1.2～1.5
白口铸铁			1.5	1.75

2.3.5 起模斜度

当铸件本身在起模方向没有足够的结构斜度时，应在铸造工艺设计时给出合适的起模斜度。起模斜度是指在模样或芯盒平行于起模方向的壁上设置的斜度，以便于起模或取出砂芯。其大小应根据起模的高度、模样材料、造型（制芯）方法、造型（制芯）材料及表面粗糙度而定。一般而言，起模的高度较高，起模斜度取值偏小；对于相类似的零件来讲，手工造型起模斜度大于机器造型。同一铸件的起模斜度最好统一，以避免机械加工时频繁更换刀具，提高生产效率。

起模斜度可采取增加壁厚、减小壁厚和加减壁厚三种形式（见图2-47），根据加工面、非加工面和铸件壁厚选择具体形式。铸件壁厚小于8mm时，起模斜度通常采用增加壁厚的形式；铸件壁厚为8～22mm时，起模斜度可采用加减壁厚的形式；铸件壁厚大于22mm时，起模斜度可采用减小厚壁厚的形式。铸件加工面上的起模斜度应采用增加壁厚的形式，非加工的装配面上起模斜度可选用减小壁厚的形式。机械加工模样应用角度标注起模斜度；手工制造木模，斜度应用尺寸标注，单位为mm。

产品图上有规定时，起模斜度应不大于产品图上的规定，以防止零件在装配或工作中与其他零件相妨碍。起模斜度的选取详见JB/T 5105—1991中规定：黏土砂造型时模样的起模

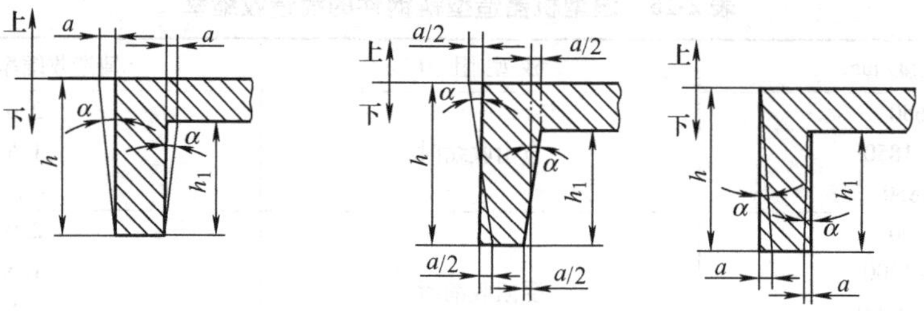

a) b) c)

图 2-47 起模斜度的三种形式

a）增加壁厚 b）加减壁厚 c）减小壁厚

斜度见表 2-18，对于起模困难的模样，允许采用较大的起模斜度，但不得超过表 2-18 中数值的 1 倍。芯盒的起模斜度也可参照表 2-18 选用，尽量使铸件内、外壁的模样和芯盒的起模斜度取值相同、方向一致，以使铸件壁厚均匀。非加工面上起模斜度要与相配零件的外形一致，以保持机器整体美观。

表 2-18 黏土砂造型时模样的起模斜度（摘自 JB/T 5105—1991）

黏土砂造型时模样外表面的起模斜度

测量面高度 h/mm	起模斜度≤			
	金属模样、塑料模样		木 模 样	
	α	a/mm	α	a/mm
≤10	2°20′	0.4	2°55′	0.6
>10～40	1°10′	0.8	1°25′	1.0
>40～100	0°30′	1.0	0°40′	1.2
>100～160	0°25′	1.2	0°30′	1.4
>160～250	0°20′	1.6	0°25′	1.8
>250～400	0°20′	2.4	0°25′	3.0
>400～630	0°20′	3.8	0°20′	3.8
>630～1000	0°15′	4.4	0°20′	5.8
>1000～1600	—	—	0°20′	7.9
>1600～2500	—	—	0°15	11.0
>2500	—	—	0°15′	—

黏土砂造型时模样凹处内表面的起模斜度

测量面高度 h/mm	起模斜度≤			
	金属模样、塑料模样		木模样	
	α	a/mm	α	a/mm
≤10	4°35′	0.8	5°45′	1.0
>10～40	2°20′	1.6	2°50′	2.0
>40～100	1°05′	2.0	1°15′	2.2
>100～160	0°45′	2.2	0°55′	2.6
>160～250	0°40′	3.0	0°45′	3.4
>250～400	0°40′	4.6	0°45′	5.2
>400～630	0°35′	6.4	0°40′	7.4
>630～1000	0°35′	8.8	0°35′	10.2
>1000	—	—	0°35	—

2.3.6　最小铸出孔及槽

铸件上往往有孔、槽和台阶，既可通过铸造铸出，也可由机械加工形成。铸件上的孔和槽采用铸造铸出时，可以减少机械加工量，节约金属，避免局部过厚所造成的热节，减小形成缩孔、缩松的倾向。但是，当铸件上孔和槽的尺寸较小，而铸件壁又较厚时，反而会使铸件产生粘砂，造成清理和机械加工困难，此时孔和槽不宜铸出。最小铸出孔（槽）的尺寸，与铸件的生产批量、合金种类、铸造方法、铸件大小和铸件壁厚及孔（槽）的深度等因素密切相关。铸铁件和铸钢件最小铸出孔（槽）尺寸可参考表2-19和表2-20。

表2-19　灰铸铁件和铸钢件的最小铸出孔直径

生产批量	最小铸出孔直径/mm	
	灰铸铁件	铸钢件
大量生产	12～15	—
成批生产	15～30	30～50
单件、小批生产	30～50	50

注：1. 若是加工孔，则孔的直径应为零件图孔径减去加工余量后的尺寸。
　　2. 有特殊要求的铸件例外。

表2-20　普通碳素钢和低合金钢铸钢件的最小铸出孔（槽）尺寸

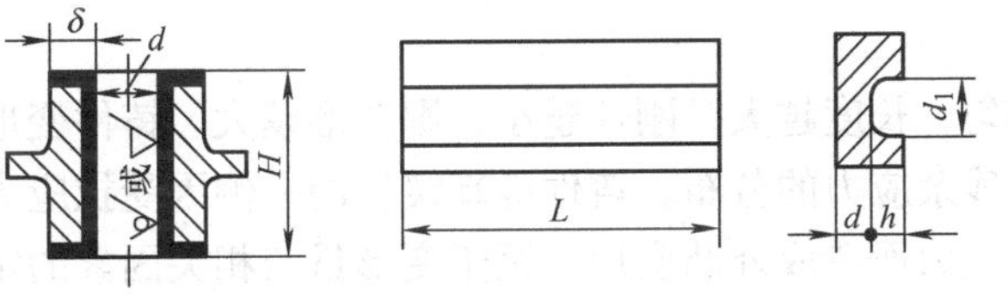

a) 铸出孔　　b) 铸出槽

孔深 H/mm	孔壁厚度 δ/mm							
	≤25	26～50	51～75	75～100	101～150	151～200	201～300	>300
	铸孔最小直径 d/mm							
≤100	60	60	70	80	100	120	140	160
101～200	60	70	80	90	120	140	160	190
201～400	80	90	100	110	140	170	190	230
401～600	100	110	120	140	170	200	230	270
601～1000	120	130	150	170	200	230	270	300
>1000	140	160	170	200	230	260	300	330

注：1. 不穿透的圆孔直径要大于表中数值20%。
　　2. 矩形或方形的穿透孔要大于表中数值20%，不穿透孔则要大于40%。
　　3. 对铸件上穿透与不穿透的槽，铸出的条件是：$h \leqslant d_1$，$d_1=(1+20\%)d$，$L \leqslant 3d_1$。

在确定零件上的孔和槽是否需要铸出时，必须考虑铸出这些孔或槽的可能性、必要性和经济性。有的孔、槽要采用复杂而且难度较大的工艺措施才能铸出，而实现这些措施还不如用机械加工方法制出更为方便和经济。中心位置要求很精确的孔最好不铸，铸出后的孔很难保证孔中心位置准确，再用钻头扩孔也无法纠正孔中心位置因偏心而不准确，难以达到孔距要求很精确的要求。有些特殊要求的孔，如弯曲孔和异形孔，无法进行机械加工，则一定要铸出。对于灰铸铁和球墨铸铁件可依据壁厚按表2-21确定最小铸出孔尺寸。不加工孔应尽量铸出，但孔径小于30mm（单件、小批生产）或15mm（成批生产），或孔的深度与其直径之比大于4时，孔不便铸出，直接采用机械加工反而方便。

表2-21 灰铸铁和球墨铸铁件的最小铸出孔尺寸

铸件厚度/mm		<50	50~100	100~200	>200
应铸出的最小孔径	灰铸铁	30	35	40	另行规定
	球墨铸铁	35	40	45	另行规定

2.3.7 其他铸造工艺参数

1. 反变形量

由于铸件壁厚不均匀或结构上的原因，造成铸件各部分因凝固、冷却速度不同而收缩不一致，使铸件产生挠曲变形。在制造模样时，按铸件可能产生变形的相反方向做出反变形量，使铸件在冷却后变形的结果将其抵消，得到尺寸符合要求的铸件。这种在制造模样时预先做出的变形量称为反变形量。反变形量的大小与铸件结构和尺寸及壁厚差、合金性能和铸型退让性等有关。一般中小铸件壁厚差别不大且结构刚度较大时，不必留反变形量；大的床身类、平台类、大型铸钢箱体类及细长的纺织零件（如龙筋、胸梁等）需根据实际生产经验留出反变形量。

铸件壁厚越不均匀，长度越大，刚性越小，则变形越大。铸件变形的影响因素归纳起来就是影响铸件冷却后残余应力的分布。铸件冷却缓慢的一侧因受拉应力而产生内凹变形，冷却较快的一侧因受压应力而造成外凸变形。至于变形量与相关因素的定量关系，可运用计算机数值模拟计算铸件在凝固和冷却过程中变形量，进而确定反变形量。此外，利用工艺肋也可防止铸件变形。

2. 分型负数

砂型铸造在造型时，由于起模后的修型、砂型的变形引起分型面凸凹不平，使合型不严密；另外，为防止浇注时从分型面处跑火，合型时需在分型面放耐火泥条或石棉绳，这就增加了型腔的高度。此外，砂型的反弹也造成型腔高度尺寸的增加。为了保证铸件尺寸达到图样要求，在铸造工艺设计时必须在模样上减去相应的高度，减去的数值称为分型负数。在确定分型负数时，应注意以下几点：

1）模样分成对称的上、下两半，分型负数在上、下两半模样上各取一半；否则，分型负数应在上模样上取。

2）多箱造型时，每个分型面都要留分型负数，且以每节砂箱高度为依据。

3）湿型一般不留分型负数，但砂箱尺寸大于2m时也应留分型负数。

4）处在分型面的砂芯间隙不能小于分型负数。

3. 工艺补正量

工艺补正量是用以防止铸件局部尺寸由于各种工艺因素（如铸造收缩率选用值与实际值不符、铸件变形、错型偏差和偏芯误差等）的影响而超差，在铸件相应部位上增加的金属层厚度。例如，由于选取的铸造收缩率大于实际缩率，造成齿轮或法兰铸件加工后壁厚小于图样规定的尺寸，可采取在铸件背面非加工面上加工艺补正量来保证铸件加工后壁厚不超差；对于铸件局部厚实部位因胀箱而造成尺寸增大，可通过加放负工艺补正量予以调整。

对于成批、大量生产的铸件或永久性产品，不应使用工艺补正量，而应修改模具尺寸。由于单件生产不能在取得该产品的经验数据后再设计，应使用工艺补正量以确保获得铸件成品。工艺补正量一般需在生产实践摸索中确定，使用工艺补正量要求有丰富的经验。工艺补正量与铸件的结构、壁厚、浇注位置和造型材料种类等有关，各种大型铸件的工艺补正量的经验数据都是在一定生产条件下取得的，在选用时应根据铸件结构特点和造型工艺等实际生产条件仔细分析。

4. 非加工壁厚的负余量

在手工造型和制芯时，为了起模和起芯方便，需要敲动模样和芯盒的肋板，以及木模和肋板吸潮而引起的膨胀，这都会造成铸件非加工壁的厚度增加，导致铸件尺寸超差和超重。为了保证铸件尺寸准确，对形成铸件非加工面壁厚的木质模样、肋板尺寸予以减小，即小于图样上的尺寸，所减少的尺寸称为非加工壁厚的负余量。

在确定铸件铸造收缩率时，如果已经考虑了非加工壁厚的负余量的因素，则不用另作考虑了。非加工壁厚的负余量通常仅用于手工造型和制芯中，表 2-22 给出了相应的经验数据。

表 2-22　铸件非加工壁厚的负余量

铸件重量/kg	铸件壁厚/mm									
	≤7	8 ~ 10	11 ~ 15	16 ~ 20	21 ~ 30	31 ~ 40	41 ~ 50	51 ~ 60	61 ~ 80	81 ~ 100
≤50	-0.5	-0.5	-0.5	-1.0	-1.5	—	—	—	—	—
51 ~ 100	-1.0	-1.0	-1.0	-1.0	-1.5	-2.0	—	—	—	—
101 ~ 250	—	-1.0	-1.5	-1.5	-2.0	-2.0	-2.5	—	—	—
251 ~ 500	—	—	-1.5	-1.5	-2.0	-2.5	-2.5	-3.0	—	—
501 ~ 1000	—	—	—	-2.0	-2.5	-2.5	-3.0	-3.5	-4.0	-4.5
1001 ~ 3000	—	—	—	-2.0	-2.5	-3.0	-3.5	-4.0	-4.5	-4.5
3001 ~ 5000	—	—	—	—	-3.0	-3.0	-3.5	-4.0	-4.5	-5.0
5001 ~ 10000	—	—	—	—	-3.0	-3.5	-4.0	-4.5	-5.0	-5.5
>10000	—	—	—	—	—	-4.0	-4.5	-5.0	-5.5	-6.0

5. 分芯负数

对于分段制造的长砂芯或分开制造的大砂芯，在接合面处应留出分芯间隙量，即在砂芯的分开面处，将砂芯尺寸减去间隙量，被减去的尺寸称为分芯负数。分芯负数是为了抵消砂芯组装时整体砂芯产生尺寸增大而预留的间隙。

分芯负数多用于手工制芯的大砂芯，可以同时设置在相邻的两个砂芯上，每个砂芯各留一半；也可只留在指定的砂芯一侧。根据砂芯接合面的大小，分芯负数一般留 1 ~ 3mm。

6. 砂芯负数

砂芯负数与砂芯尺寸、芯砂种类、干燥方法和芯盒结构有关。如果芯盒不够坚固，砂芯会在与舂砂方向相垂直的长、宽尺寸上胀大；砂芯在烘干过程中会由于自重而下沉、变形，使砂芯长、宽尺寸增大；致使铸件壁厚减薄。为了保证铸件尺寸准确，生产中预先将芯盒尺寸做小一些，这个减小量称为砂芯负数，也称砂芯减量。

砂芯负数仅应用于大型砂芯；自硬砂芯、壳芯、热芯盒等树脂砂芯及小的黏土砂芯均不采用砂芯负数。砂芯负数应依据铸件结构特点和实际生产经验确定，具体数值可参考有关铸造工艺设计手册。

2.4 砂芯设计

砂芯是指在芯盒内用芯砂制成的型芯，其功用是形成铸件的内腔、成形孔及铸件外形不能起模的部位；砂型局部要求特殊性能的部分有时也用砂芯形成。砂芯是铸型的一个重要组成部分，在砂型铸造中得到广泛的应用，对于金属型铸造和低压铸造等铸造工艺中形状复杂的内腔孔洞，也用砂芯来形成。

砂芯的基本要求是：砂芯的形状尺寸及在砂型中的位置应符合铸件的要求，具有足够高的强度和刚度，能抵抗高温金属液体的冲击和静压力，在铸件形成过程中砂芯所产生的气体能及时排除型外，铸件收缩阻力小，制芯、烘干、组合装配和铸件清理等工序操作简便，芯盒结构简单和制芯方便。

2.4.1 砂芯的分类

砂芯的分类方法很多，通常有下述几种分类方法：

1）按体积大小分类，砂芯分为小砂芯、中等砂芯和大砂芯。对于小砂芯体积小于 $5\times10^{-3}m^3$，中等砂芯体积为 $5\times10^{-3}\sim5\times10^{-2}m^3$，大砂芯体积大于 $5\times10^{-2}m^3$。

2）按干湿程度分类，砂芯可分为湿芯、干芯和表干芯。湿芯一般用于中、小薄壁件，干芯用于大、中、小件，表干芯用于中、小薄壁件。

3）按粘结剂分类，砂芯分为黏土砂芯、水玻璃砂芯、树脂砂芯等。我国《铸造行业准入条件》（详见工业和信息化部公告2013年第26号）中明确规定，不得采用黏土砂干型/芯、油砂制芯、七〇砂制型/芯等。

4）按制芯工艺分类，砂芯分为常规砂芯、自硬砂芯、热芯盒砂芯、冷芯盒砂芯、温芯盒砂芯和壳芯。

5）按复杂程度分类，砂芯分为Ⅰ级砂芯、Ⅱ级砂芯、Ⅲ级砂芯、Ⅳ级砂芯和Ⅴ级砂芯。其特点和应用参见表2-23。

表2-23 按复杂程度分类的砂芯的特点和应用

砂芯级别	特点	应用
Ⅰ级砂芯	形状复杂，断面细薄，浇注后大部分被液体金属包围，在铸件里构成各种小通道。排气困难，构成不加工内腔。要求砂芯的干强度高（并有一定的韧性），流动性和溃散性好，发气量少。其粘结剂主要是油脂、树脂类	构成重要的不加工内腔，例如，飞机、汽车和拖拉机的内燃机缸盖、缸体中的水套砂芯，各种阀类的油道砂芯以及其他同类砂芯
Ⅱ级砂芯	形状较复杂，主体部分断面稍厚，但有较细的凸缘、棱角或肋片，砂芯大部分被金属包围，芯头稍大，构成重要的不加工或部分不加工表面。要求砂芯的干强度较高，流动性和溃散性好，发气量少，而对湿强度要求可低一些。其粘结剂中可适当用一些黏土	构成重要的不加工或部分不加工表面，例如，汽轮机汽缸盖砂芯，内燃机的进、排气管砂芯，汽车气缸体的侧面气门室砂芯，变量液压泵体砂芯等

（续）

砂芯级别	特　点	应　用
Ⅲ级砂芯	一般复杂程度，没有特殊细薄断面，用来形成重要的不加工表面的各种砂芯。要求砂芯的干强度、流动性和溃散性比Ⅰ级、Ⅱ级砂芯低些，而对湿强度要求则比Ⅰ级、Ⅱ级砂芯高，以保证砂芯在烘干前不会因自重而发生变形。其粘结剂中可适当用一些黏土	构成重要的不加工表面，例如，水冷和空冷内燃机机体砂芯，变速器箱体砂芯，汽车气缸体曲轴箱砂芯，车床滑板砂芯等
Ⅳ级砂芯	一般复杂程度和不复杂的外轮廓砂芯，构成机械加工的内腔，同时对表面粗糙度要求不高的砂芯。要求砂芯的湿强度高，退让性好，具有一定的干强度和透气性	构成需要机械加工的内腔，或者虽构成不加工但对内表面无特殊要求的内腔，例如，车床和牛头刨床床身中的砂芯，汽车前后轮毂砂芯、后桥砂芯等
Ⅴ级砂芯	大型砂芯，构成大型铸件的内腔，对砂芯的强度等要求同Ⅳ级砂芯	大型机床的底座砂芯等

2.4.2　砂芯设计的原则

砂芯设计的主要内容包括：砂芯类型的选择，确定砂芯的形状和个数（砂芯分块）及下芯顺序，芯头的结构和尺寸，砂芯的通气和强度等。砂芯设计总的原则是：芯盒结构简单，使制芯到下芯的整个过程方便，铸件内腔尺寸精确，不致造成气孔等缺陷。砂芯设计基本原则如下：

1. 尽量减少砂芯数量

为了减少芯盒制造及制芯和下芯等工时，降低铸件生产成本，提高铸件尺寸精度，对于不太复杂的铸件，应尽量使用砂胎（自带砂芯）或吊砂以减少砂芯数量。吊砂或砂胎不能过高，具体数值取决于造型工艺及设备。机器造型时，砂胎高度 $H \leqslant D$（D 为吊砂或砂胎直径），用于下半型；吊砂时 $H \leqslant 0.3D$，用于上半型。若手工造型时，H 值取上述数据的一半。在手工造型中，遇有难以取出模样的地方，一般尽量用模样“活块”（见图2-48），虽然增加造型工时，但可以不用砂芯，节省芯盒制造和制芯工时及费用；图2-49中用合并砂芯减少砂芯数量，提高铸件砂型形成部位的相对位置精度和尺寸精度。

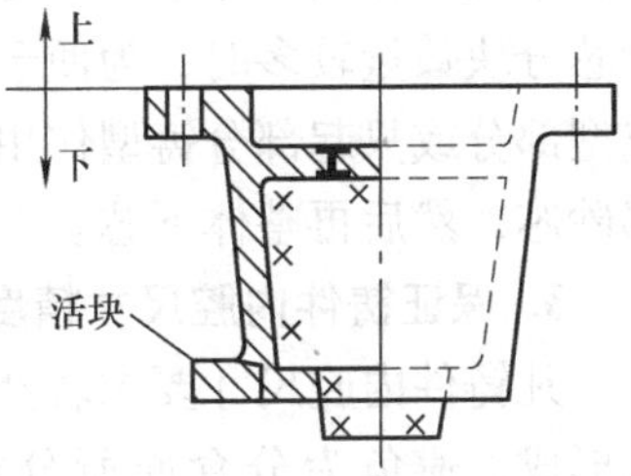

图2-48　用活块减少砂芯数量

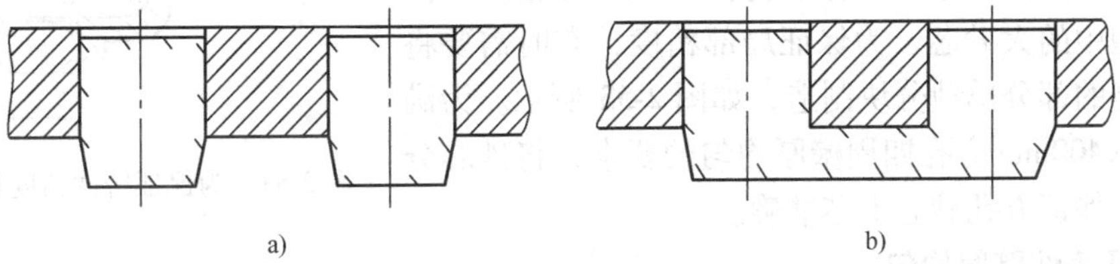

图2-49　用合并砂芯减少砂芯数量

a）合并前　b）合并后

减少砂芯数量可以减少分芯面，从而减少分芯面所产生的铸造飞边。对于重要零件，特别是承受动载荷的零件，铸造飞边对零件疲劳性能的危害是十分严重的，应尽量减少分芯面，即减少砂芯数量。图2-50所示是我国铁道车辆铸钢摇枕整体砂芯。

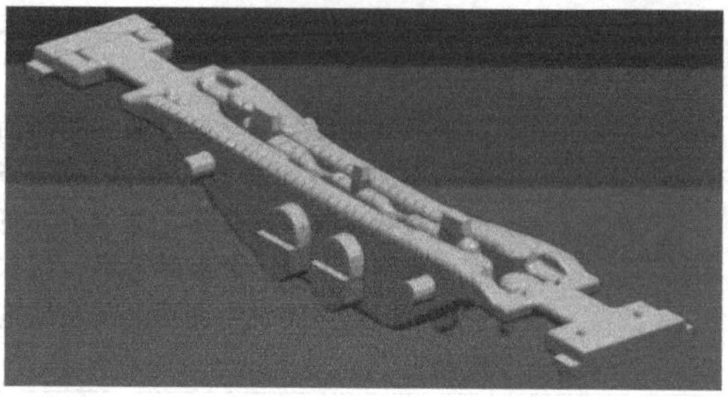

图2-50　铁道车辆铸钢摇枕整体砂芯

2. 保证操作方便

复杂的大砂芯、细而长的砂芯可分块制造，以简化芯盒工艺，便于操作。大而复杂的砂芯，分块后芯盒结构简单，制造方便，便于下芯、合型。细而长的砂芯，应分成数段，并设法使芯盒通用。砂芯上的细薄连接部分或悬臂凸出部分应分块制造，待烘干后再装配粘结在一起。图2-51中的加热炉砂封槽砂芯，由于砂芯尺寸太大，制芯和下芯困难而分三块制造；图2-52中所示空气压缩机大活塞的砂芯为了操作方便而分块制造，以简化制芯和芯盒结构。

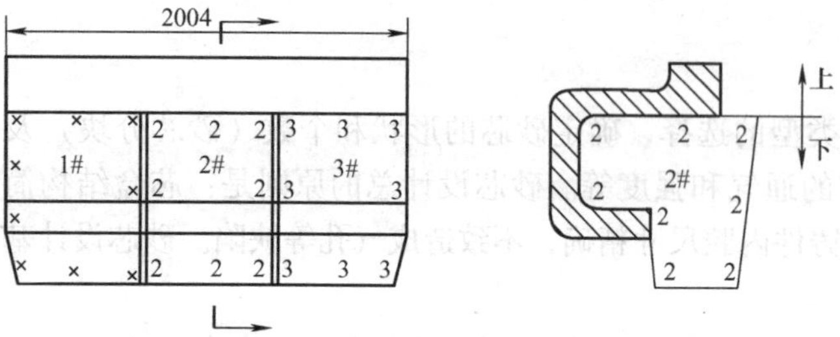

图2-51　加热炉砂封槽砂芯分三块制造

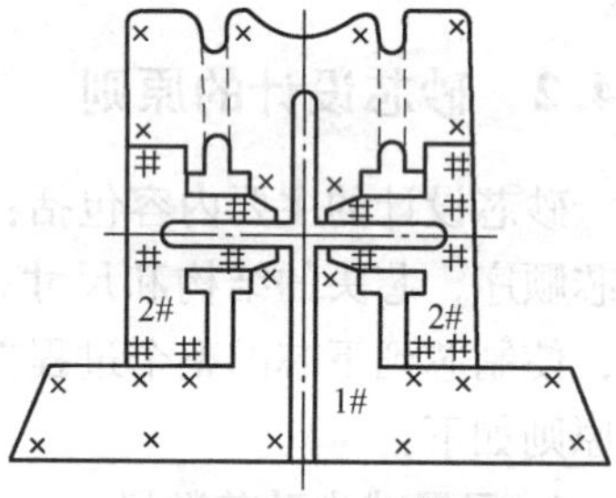

图2-52　为操作方便将砂芯分块

砂芯分块应根据砂芯尺寸大小和结构特点及具体生产条件，确定铸件生产所需砂芯的形状和个数。在划分砂芯时要防止液体金属钻入砂芯分芯面的缝隙，以免堵塞砂芯通气道。在砂芯分块数量较多时，为便于砂芯组合、装配和检查，最好采用“基础砂芯”（其本身不是成型部分或只起部分铸型作用），如图2-52中的1#砂芯，在它的上面预先组合大部分或全部砂芯，然后再整体下芯。

3. 保证铸件内腔尺寸精度

凡铸件内腔尺寸要求较严的部分应由整芯或同一半芯形成，避免为分盒面所分割，更不宜划分为几个砂芯；在铸件尺寸精度要求很高的地方，即使结构很复杂，也要采用整体砂芯，以保证铸件内腔尺寸精度。但在手工造型中的大砂芯，为保证局部精度，有时需要将精度要求高的部分单独分块制造，如图2-53所示。为满足500mm×400mm方孔四周壁厚均匀的要求，将砂芯分成两块，以保证方孔砂芯下芯准确。

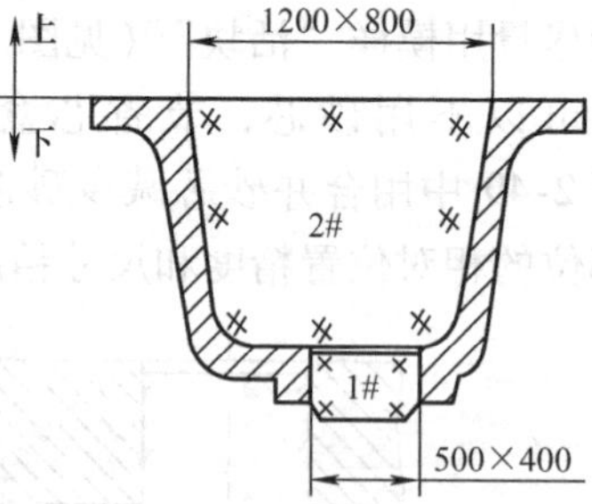

图2-53　为保证铸件精度将砂芯分块

4. 保证铸件壁厚均匀

砂芯的分盒面应尽量与砂型的分型面一致，砂芯与模样的起模斜度大小、方向应尽量一致（见图2-54），以保证由砂芯和砂型所形成的铸件壁厚均匀，减少飞边，同时也有利于砂芯中气体的排出。如图2-55所示的阀盖砂芯，砂芯的分盒面与砂型的分型面一致，铸件壁厚易得到保证，有利于砂芯排气，平面支撑面便于采用平面烘干板烘干。

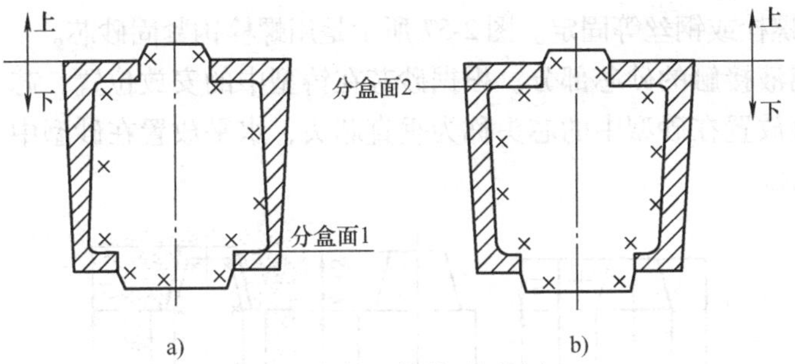

图 2-54　保证铸件壁厚均匀
a）不合理　b）合理

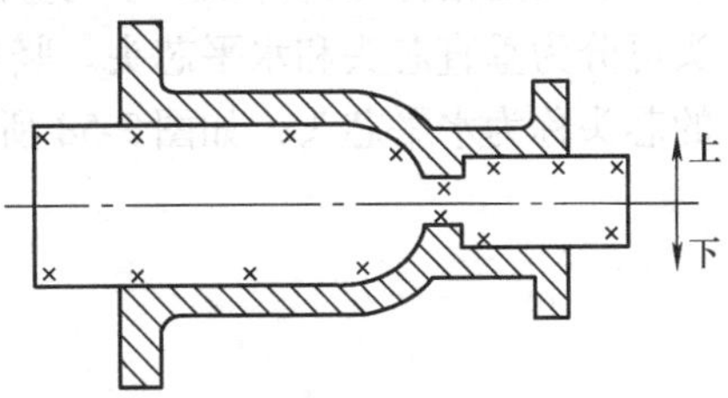

图 2-55　阀盖砂芯

5. 选择合适的砂芯形状

砂芯形状要适应造型、制芯方法，常规砂芯应使芯盒有宽敞的捣砂面，便于填砂、舂砂、安放芯骨和采取排气措施等，要避免在填砂面上装活块，否则将影响砂芯的尺寸精度。高速造型线限制了下芯时间，对于一型多件的小铸件，时间不允许逐一下芯。因此，砂芯设计时要把多个小砂芯组成一个大砂芯后下芯，以节约下芯时间，适应机器造型节拍的要求；对壳芯、热芯和冷芯盒砂芯，要从便于射紧砂芯方面考虑设计砂芯形状。

6. 砂芯烘干支撑面最好是平面

砂芯烘干支撑面最好是平面，这一点对于需要烘干硬化或烘干涂料的砂芯尤其重要。对于进炉烘干的大砂芯，常沿最大截面分成两半制作，砂芯可以放在烘干板上烘干，烘干后再粘合在一起；砂芯入炉烘干的支撑方法如图 2-56 所示。用平面烘干板烘干通气性好，平面烘干板结构简单；用砂胎支撑烘干尺寸不精确，操作不方便；用成型烘干器烘干尺寸精确、操作方便，但成型烘干器结构复杂、成本高，且维修量大，仅适合于成批大量生产的铸件。

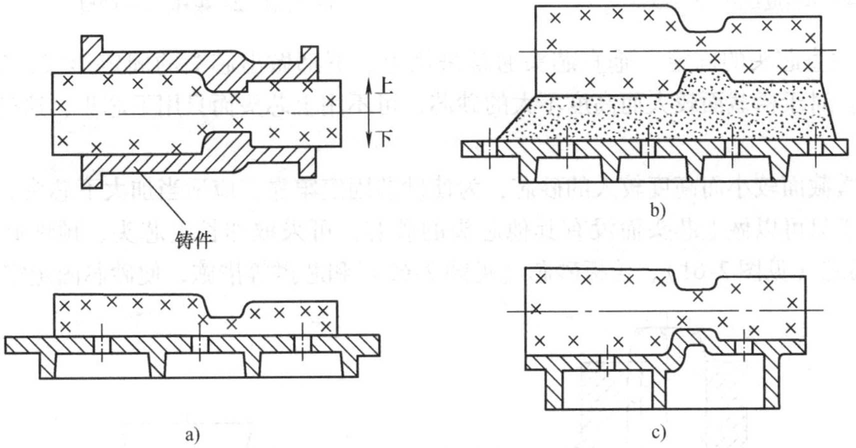

图 2-56　砂芯入炉烘干的支撑方法
a）用平面烘干板烘干　b）用砂胎支撑烘干　c）用成型烘干器烘干

除上述原则外，还应保证砂芯的稳定性，使每块砂芯有足够的断面，保证有一定的强度和刚度，并能顺利排出砂芯中的气体；使芯盒结构简单，便于制造和使用等。

2.4.3　砂芯的固定和定位

1. 砂芯的固定

砂芯在砂型中应固定牢靠，不得出现砂芯漂浮等问题，保证定位准确。砂芯在砂型中的位置一般用芯头固定，有时也用芯撑、螺栓或钢丝等固定。图 2-57 所示是用螺栓钩紧固砂芯。

芯头是指伸出铸件以外不与金属液接触的砂芯部分。根据砂芯在铸型中的安放位置，芯头可分为垂直芯头和水平芯头。竖直放置在砂型中的芯头称为垂直芯头，水平放置在砂型中的芯头称为水平芯头，如图 2-58 所示。

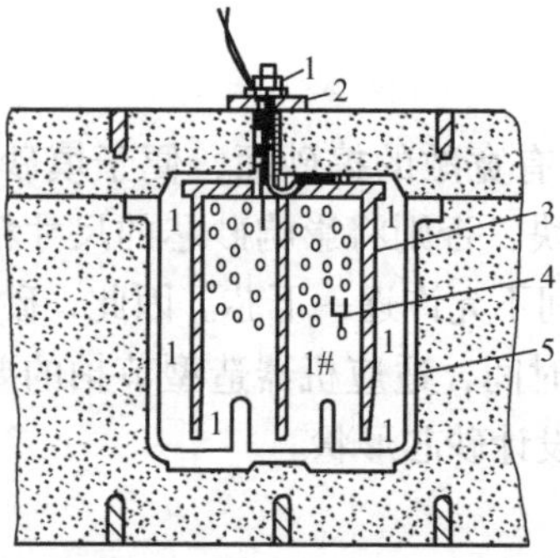

图 2-57 用螺栓钩紧固砂芯

1—螺栓钩 2—压板 3—芯骨 4—焦炭或煤渣 5—型腔

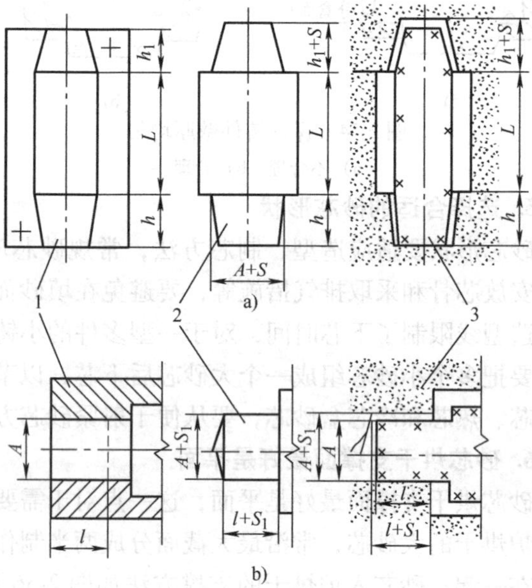

图 2-58 芯头与芯座之间的间隙

a) 垂直芯头 b) 水平芯头

1—芯盒 2—模样 3—砂型

(1) 垂直芯头的固定　垂直芯头通常采用上、下都做出芯头的固定形式，定位准确，固定可靠。对于横截面较大而高度不大的砂芯，可不用上芯头而只用下芯头，这样做有利于合型。

对于横截面较小而高度较大的砂芯，为使砂芯固定牢靠，应适当加大下芯头，如图 2-59 所示。对于只可以做上芯头而没有其他芯头的砂芯，可采取加长上芯头、预埋砂芯（见图 2-60）、吊芯（见图 2-61）、盖板砂芯（见图 2-62）和芯撑等措施，使砂芯固定牢靠。

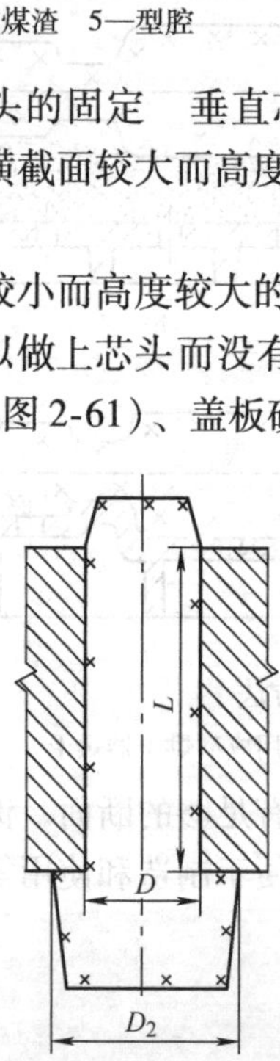

图 2-59 加大下芯头

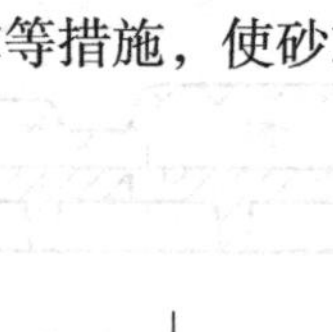

图 2-60 预埋砂芯

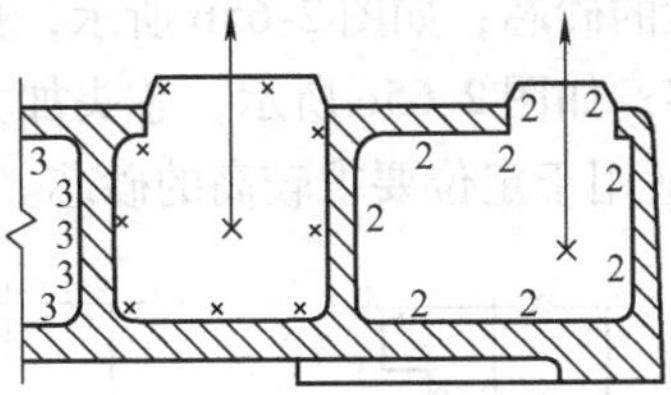

图 2-61　吊芯

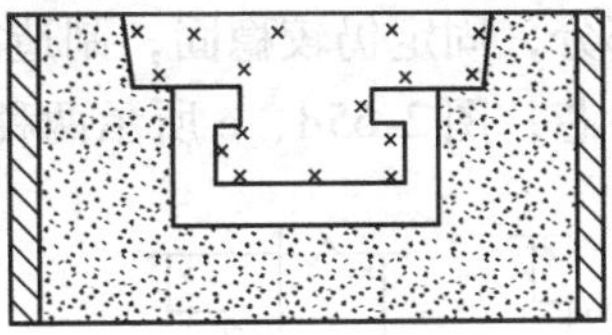

图 2-62　盖板砂芯

（2）水平芯头的固定　一般情况下，具有两个及以上水平芯头的砂芯，在砂型中能够安放得比较稳固。有些砂芯只有一个水平芯头，或者有两个水平芯头，但芯头的边线不通过砂芯的重心或砂芯所受液态金属浮力的作用线上，因而砂芯固定不牢靠，易发生倾斜或转动。对于这种砂芯，可以采取的措施有：将两个相同的砂芯串联起来，做成联合砂芯或扁担芯，避免悬臂砂芯，保证砂芯安装的稳定性，如图 2-63 中 3#砂芯；加大或加长芯头，将砂芯的重心引入芯头的支撑面内，如图 2-64 所示；增设工艺孔，必要时也可安放芯撑，使砂芯在砂型中固定牢固。

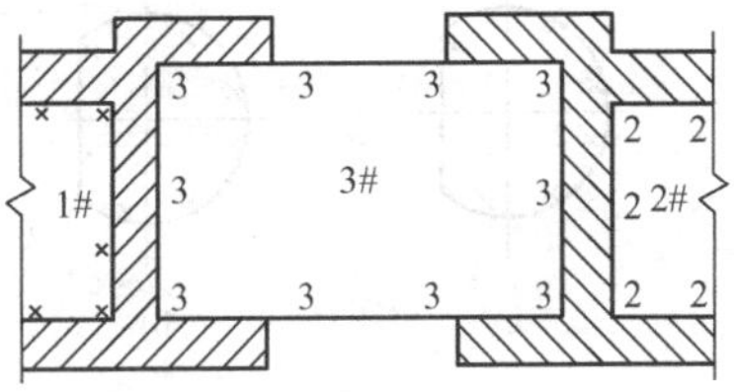

图 2-63　联合砂芯

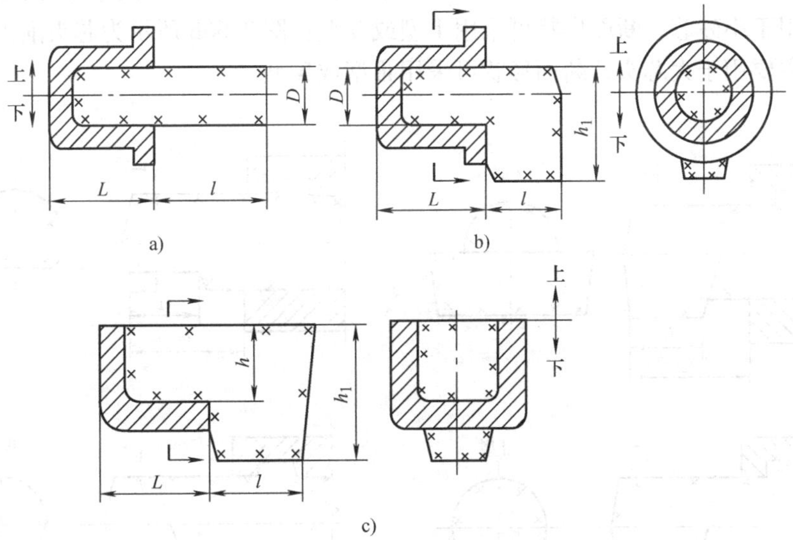

图 2-64　加大或加长悬臂芯头

a）加长芯头　b）、c）加大芯头

D 或 $h \leqslant 150$mm 时，$h_1 = D$ 或 h，$l = 1.25L$

D 或 $h > 150$mm 时，$h_1 = (1.5 \sim 1.8)D$ 或 h，$l \geqslant L$

2. 砂芯的定位

砂芯不仅要求安放稳固，而且要求定位准确，不允许沿芯头方向移动或者绕芯头轴线转动。对于形状不对称的砂芯或同一砂型中数种砂芯，应采用定位芯头，以保证定位准确和不至于搞错方位。根据砂芯在砂型中的安放位置，定位芯头通常分为以下三种形式：

（1）垂直定位芯头　图 2-65 所示为垂直定位芯头。如图 2-65a 所示，因芯头切去一部分，支撑面积减少，常用于高度不大而芯头直径较大的砂芯；如图2-65b所示，只切去芯头端部的一部分，固定仍较稳固，制造简便，应用较多；如图2-65c所示，芯头加大，适用于高而粗的砂芯；图2-65d、e所示两种结构较复杂，适用于定位要求较高的砂芯。

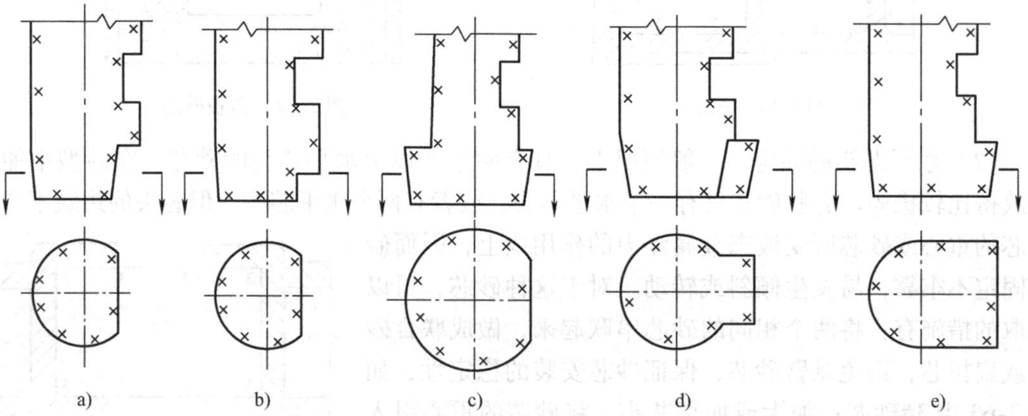

图2-65　垂直定位芯头

（2）水平定位芯头　图2-66所示为水平定位芯头。图2-66a所示为加大芯头，其结构较复杂，适用于小砂芯，断面形状可采用Ⅰ型或Ⅱ型；图2-66b所示为芯头削去一部分，其结构简单，主要用于大芯头，断面形状可采用Ⅲ型或Ⅳ型。

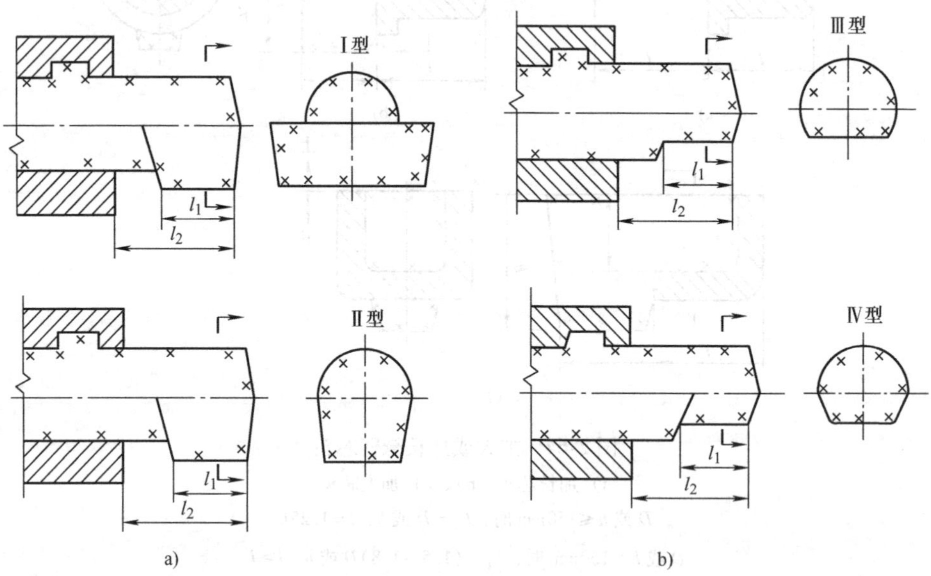

图2-66　水平定位芯头

（3）特殊定位芯头　有的砂芯有特殊的定位要求，如防止砂芯在型内绕轴线转动，不允许轴向位移过大或下芯易搞错方位等，避免下芯出现错放或误放。这时应采用特殊定位芯头，根据生产中砂芯的固定和定位要求设计芯头的结构。图2-67所示为特殊定位芯头的实例，其中图2-67d所示水平芯头兼有防止沿轴线移动的作用。

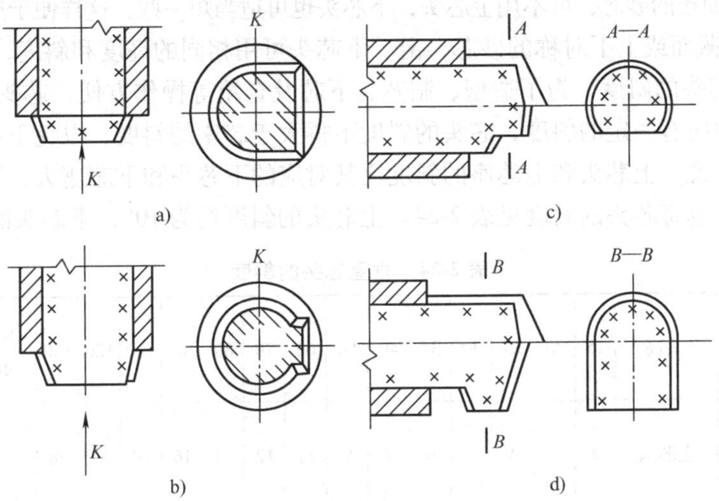

图 2-67　特殊定位芯头

a)、b) 垂直芯头　c)、d) 水平芯头

2.4.4　芯头的尺寸和间隙

芯头的作用是定位、固定和支撑砂芯及排气，使砂芯在铸型中有准确的位置，固定支撑牢靠，能承受砂芯自重及浇注时液体金属对砂芯的浮力，能及时将浇注后砂芯所产生的气体排出至型外。芯头结构包括芯头长度（高度）、斜度、间隙、压环、防压环和集砂槽等。

芯头的结构和尺寸与所采用的铸造工艺有关，一般取决于铸件相应部位孔、槽的尺寸。在设计芯头时要考虑便于下芯、合型，芯头应有一定的斜度，芯头与芯座（造型模样上芯头）之间应有一定的间隙（见图 2-58），芯头的尺寸和间隙应符合 JB/T 5106—1991 中的规定。

1. 垂直芯头的尺寸

（1）垂直芯头的高度　芯头长度是指砂芯插入砂型部分的长度，垂直芯头长度通常称为高度，如图 2-68 中尺寸 h、h_1 所示。垂直芯头的高度与其在铸型中的承压面积不存在相互关系，砂芯的自重或浮力由垂直芯头的底面积承担。垂直芯头的高度根据砂芯的总高度和横截面的大小确定，一般取 15 ~ 150mm。在确定芯头高度时，下述经验值得借鉴。

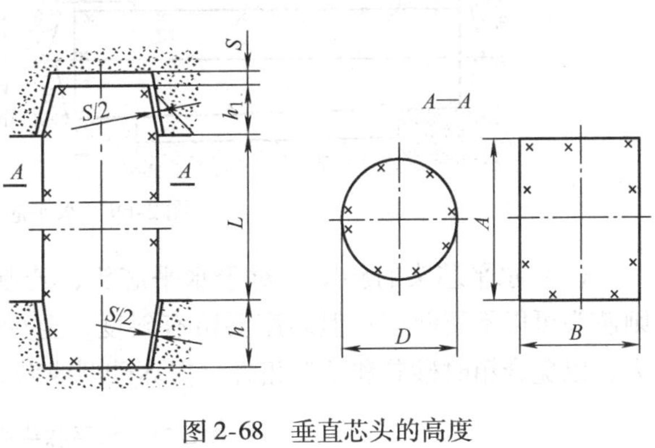

图 2-68　垂直芯头的高度

1）对于细而高的砂芯，上下都有芯头，以免在液态金属冲击下发生偏斜，且下芯头比上芯头高一些，便于下芯和定位准确。对于湿型小件，下芯头可不留间隙，下芯后能使砂芯保持直立，便于合箱。

对于 $L/D \geqslant 2.5$（L 为砂芯高度，D 为砂芯直径）的细高砂芯，宜采用扩大下芯头直径的办法，增加砂芯在铸型中安放的稳定性，如图 2-59 所示。

2）对于粗而矮的砂芯，可不用上芯头，下芯头也可适当短一些，这样便于造型、合箱。

3）对于等截面或上下对称的砂芯，上、下芯头可用相同的高度和斜度，以便于下芯。

（2）垂直芯头的斜度　为了造型、制芯、下芯及合箱等操作方便，芯头和芯座在制芯、造型及下芯方向应有一定的斜度，芯头的斜度不得大于芯座的斜度，以免下芯不到位、定位不准确。一般来说，上芯头和上芯座的斜度比其对应的下芯头和下芯座大，避免合箱时上芯头和砂型相碰。垂直芯头的斜度见表2-24。上芯头的斜度约为10°，下芯头的斜度约为5°。

表2-24　垂直芯头的斜度　（单位：mm）

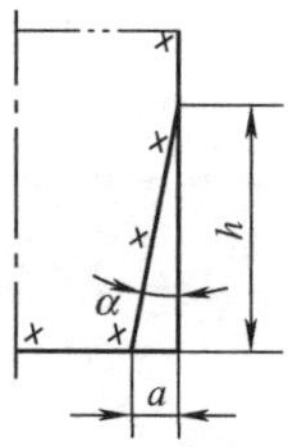

芯头高 h	15	20	25	30	35	40	50	60	70	80	90	100	120	150	用 a/h 表示斜度时	用角度 α 表示时
上芯头	2	3	4	5	6	7	9	11	12	14	16	19	22	28	1/5	10°
下芯头	1	1.5	2	2.5	3	3.5	4	5	6	7	8	9	10	13	1/10	5°

2. 水平芯头的尺寸

（1）水平芯头的长度　水平芯头的长度如图2-69中尺寸 l 所示。芯头不要太长，只要满足基本要求即可，具体尺寸主要根据砂芯的长度、直径或断面平均宽度及铸型种类等确定，同时还应考虑放置芯骨时要有一定的吃砂量等因素。芯头过长不仅增大芯盒尺寸，而且增加砂箱尺寸和填砂量。砂芯越大，所受浮力越大，芯头长度也应越大，以使芯头和砂型之间有更大的承压面积。对于直径小于 ϕ160mm 和长度小于1000mm的中型、小型砂芯，水平芯头长度一般在20～100mm之间，特大型砂芯的水平芯头长度可长达300mm。

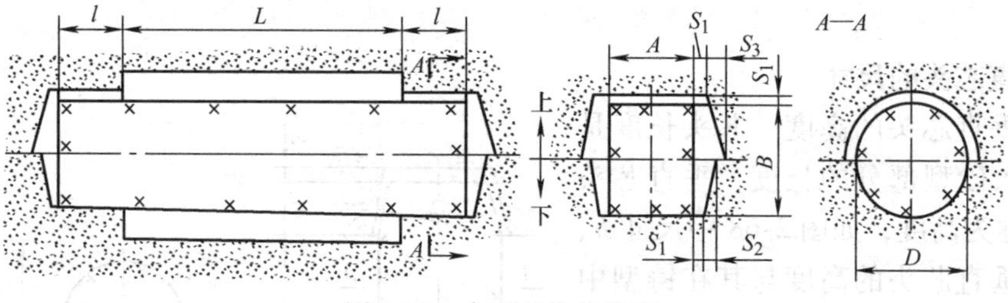

图2-69　水平芯头的长度

（2）水平芯头的斜度　对于水平芯头，若制芯时芯头不留斜度能从芯盒中顺利取出，则芯头可以不留斜度；但芯座要留有斜度，至少在端面上要有斜度，上型斜度比下型斜度大，以免合箱时砂芯和砂型相碰，损坏砂型或砂芯。水平芯头的斜度参见图2-69和表2-25。

表2-25　水平芯头的斜度及间隙　（单位：mm）

D 或 $(A+B)/2$		≤50	51～100	101～150	151～200	201～300	301～400	401～500	501～700	701～1000	1001～1500	1501～2000	>2000
湿型	S_1	0.5	0.5	1.0	1.0	1.5	1.5	2.0	2.0	2.5	2.5	3.0	3.0
	S_2	1.0	1.5	1.5	1.5	2.0	2.0	3.0	3.0	4.0	4.0	4.5	4.5
	S_3	1.5	2.0	2.0	2.0	3.0	3.0	4.0	4.0	5.0	5.0	6.0	6.0

3. 芯头与芯座的配合间隙

芯头与芯座的配合关系和轴与轴承的配合相似，必须有一定的装配间隙。如果间隙过大，虽然下芯、合型方便，但浇注时会发生砂芯移动，使铸件尺寸精度降低，甚至合金液可能流入间隙中造成大量飞边，使铸件落砂、清理困难，或堵塞芯头的通气孔道，使铸件造成气孔等缺陷；如果间隙过小，将使下芯、合型操作困难，易产生掉砂或塌箱等缺陷。间隙的大小取决于铸型种类、砂芯的大小和精度及芯座本身的精度，具体数值可参看 JB/T 5106—1991。

机器造型、制芯时芯头与芯座的间隙一般较小，而手工造型、制芯时间隙则较大；芯头尺寸大，间隙大，一般为 0.2 ~ 4mm。机器造型、生产量较大时，垂直芯头常用间隙为 0.2 ~ 1mm。当一个砂芯有多个（三个及以上）芯头时，应给出较大的间隙，以免下芯困难；对于普通的湿型小砂芯，可不留间隙。而对于垂直小芯头，为了下芯稳固，甚至可使用过盈（过盈量为 0.2mm）的芯头结构。

4. 压环、防压环和集砂槽

（1）压环　为了防止砂芯在铸件浇注过程中产生移动，保证铸件尺寸精度，同时也可以防止液态金属沿间隙钻入芯头、堵塞通气孔，在上芯座上做出的凸起砂环，称为压紧环，简称压环。在上模样芯座上车削一道半圆形凹槽（水平芯头 r = 1.5 ~ 5mm，垂直芯头 r = 1.5 ~ 6mm），造型后在上芯座上形成凸起砂环。合型后压环将砂芯压紧，使砂芯紧固，同时封闭芯头间隙，避免因液态金属沿间隙钻入芯头而堵塞通气孔。

（2）防压环　在水平芯头靠近模样的根部设置凸起圆环（高度为 0.5 ~ 2mm，宽度为 5 ~ 12mm），造型后在芯座上形成的圆环形缝隙，称为防压环，又称防压肩。防压环的作用是为了使靠近型腔表面的砂型在下芯、合型后不受压力，防止下芯、合型时芯头压坏砂型。

（3）集砂槽　在垂直芯头下芯座周边做出圆形凹槽，称为集砂槽（深度 1.5 ~ 5mm，宽度 3 ~ 6mm），用来存放散落的砂粒或下芯过程中产生的落砂，保证砂芯芯头能下落到芯座底面，避免砂芯因散落砂粒而上移。

压环、防压环和集砂槽一般用于湿型和大量生产铸件，具体尺寸可参考表 2-26 选取。

表 2-26　压环、防压环和集砂槽尺寸　（单位：mm）

芯头直径 D	水平芯头				垂直芯头		
	a	b	c	r	e	f	r
30 ~ 50	5	0.5	15	1.5	1.5	3	1.5
51 ~ 100	5	1.0	15	2	2	3	2
101 ~ 200	8	1.5	20	3	3	4	3
201 ~ 400	10	1.5	25	5	4	5	5
>400	12	2	40	5	5	6	6

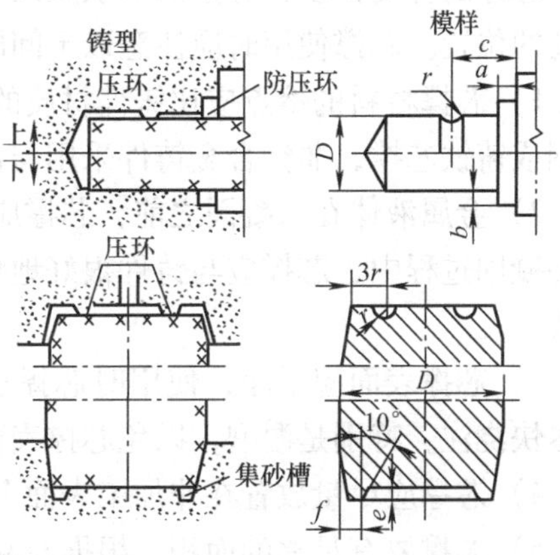

5. 芯头尺寸的验算

一般情况下，对于小砂芯和中等尺寸的砂芯，作用于芯头上的重力和金属液体的浮力不大，不必验算芯头的尺寸。但是，对于自重大或金属液体的浮力较大而芯头显得太小的砂芯，应验算芯头的承压面积。由于砂芯的强度通常都大于砂型的强度，只按砂型的抗压强度验算芯头的承压面积。芯头的承压面积应满足

$$A \geqslant \frac{kP}{\sigma_{许}} \tag{2-2}$$

式中 A——芯头的承压面积；

k——安全系数，$k = 1.3 \sim 1.5$；

P——作用在芯座上的最大压力，对于上芯座 P 为液态金属的最大浮力减去砂芯重力，对于下芯座 P 则是砂芯的重力；

$\sigma_{许}$——芯座允许的抗压强度，一般湿型 $\sigma_{许} = 40 \sim 60\text{kPa}$，活化膨润土砂型 $\sigma_{许} = 60 \sim 100\text{kPa}$。

芯头承压面积的验算步骤是首先计算砂芯所受的重力及浮力，然后计算各芯头所受的最大压力，最后按式（2-2）验算各芯头的承压面积。如果芯头的实际承压面积不能满足式（2-2）的要求，则说明芯头尺寸过小，应适当增大芯头的长度、宽度或直径，以免芯头压坏芯座导致偏芯造成铸件报废。如果受到砂箱等条件限制，不能增加芯头尺寸，可采用提高芯座抗压强度的方法，如在芯座部分附加砂芯、铁片、耐火砖等。在许可的情况下，附加芯撑也等于增加了承压面积。

2.4.5 芯撑和芯骨

1. 芯撑

砂芯在铸型中主要靠芯头固定，有时砂芯无法设置芯头或只靠芯头固定难以稳固，此时可用芯撑来稳固砂芯，以起辅助支撑作用。当使用芯撑时，芯撑可能与铸件熔合不良，对于油箱、水箱及阀体等在水压、气压下工作的零件，尤其是壁厚在 8mm 以下的薄壁件，应尽量不用芯撑，以免引起渗漏；承受动载荷的重要零件，也不应使用芯撑。

芯撑的种类很多，芯撑的形状及尺寸取决于铸件相应部位的形状、壁厚和芯撑在铸型中所处的位置。芯撑使用时应注意以下问题：

1）芯撑材料的熔点应比铸件材质的熔点高，或至少相同。因此，对于铸铁件一般用低碳钢或铸铁芯撑，非铁合金铸件采用与铸件相同的合金材质做芯撑。

2）金属液体在未凝固之前，芯撑应有足够的强度，不得过早熔化而丧失支撑作用；在铸件凝固过程中，芯撑应与铸件很好地焊合。因此，芯撑的形状及尺寸要合适，不能过小或过大。

3）芯撑表面应干净，使用时芯撑表面应无锈、无油、无水汽。芯撑在放入铸型之后，要尽快浇注，特别是湿型，以免芯撑表面因凝聚水汽而引起气孔及焊合不良。

4）芯撑应尽量放置在非加工表面上或不重要的表面上，避免放置在内浇道附近。

5）芯撑要有足够的面积，根据经验确定芯撑的数量。为了防止铸件因芯撑陷入砂型、砂芯而造成壁厚不均，可在芯撑端面垫以面积适当的芯撑垫片。

2. 芯骨

为了保证砂芯在制造、运输、合型和浇注过程中不变形、不开裂和不折断，砂芯应具有足够的强度和刚度。生产中通常在砂芯中埋置芯骨，以提高砂芯的强度和刚度。芯骨的形状、大小应与砂芯的形状相适应，并均匀分布于砂芯的断面上，其尾部应伸入芯头。

对于小砂芯或砂芯的细薄部分，通常采用以弯曲成形、回弹性小的退火铁丝制作芯骨。而对于大、中型砂芯，一般采用铸铁芯骨或用型钢焊接而成的芯骨，这类芯骨由芯骨框架和芯骨齿组成，可反复使用。对于一些大型的砂芯，在芯骨上应做出吊攀，以便于吊运。铸铁芯骨如图 2-70 所示。

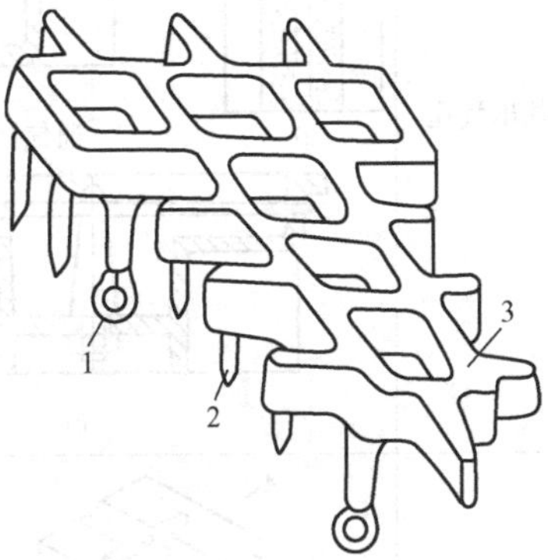

图 2-70　铸铁芯骨

1—吊攀　2—芯骨齿　3—芯骨框架

为了方便芯骨的制造、有利于从砂芯中取出芯骨和重复使用，芯骨可做成可拆式的。对于管状铸件砂芯用芯骨，一般采用钻有一些孔眼的钢管，以有利于排气。选择芯骨要满足下列要求：

1）保证砂芯具有足够的强度和刚度，以防止产生变形和断裂。

2）芯骨不阻碍铸件的收缩，芯骨要有适当的吃砂量。

3）芯骨不应妨碍在砂芯中安放冷铁、冒口和砂芯排气。

4）需要时可在芯骨上做出吊攀。

5）如果是组合砂芯，芯骨应考虑组合砂芯的连接和紧固方法。

6）芯骨应制造方便，有利于重复使用。

2.4.6　砂芯的排气

砂芯在高温金属液的作用下，由于水分的蒸发及有机物的挥发、分解和燃烧，浇注后在很短时间内产生大量气体，如砂芯排气不良，这些气体则侵入金属液中，导致铸件产生气孔缺陷。在砂芯设计制造及下芯、合型操作的过程中，应采取必要的措施，使浇注时砂芯中产生的气体能顺利地通过芯头及时排出。

为了保证砂芯的排气，应采用透气性好的芯砂制作砂芯，在砂芯中开设排气道，以有利于气体的排出。排气道必须通到芯头端面，不得与型腔相通，以免金属液钻入。对于形状复杂的大砂芯，应开设纵横交叉的排气道。在下芯时，应注意不要堵塞芯头的出气孔，在铸型中与芯头出气孔相对应的位置应开设排气通道，以便顺利将砂芯中产生的气体排出。对于一些砂芯多而复杂的薄壁箱体类铸件，尤其要注意砂芯的排气条件。砂芯的排气方法有扎出气孔、挖出气孔、用松香腊线或尼龙管（通气绳）做出气孔、放出气填料等，见表 2-27。通气绳刚性好、弹性足，能承受较大的压力，并能做任何形状的弯曲，与传统用松香腊线相比，具有排气更理想、更方便、储运更安全等特点，使用时只需将其埋入型芯中间，露出两头即可，适用于各种方法的造型工艺，特别适用于发气量大、发气速度快的各种树脂造型工艺。

表 2-27 砂芯的排气方法

<table>
<tr><th>方 法</th><th>示 意 图</th><th>应 用</th></tr>
<tr><td>扎出气孔</td><td>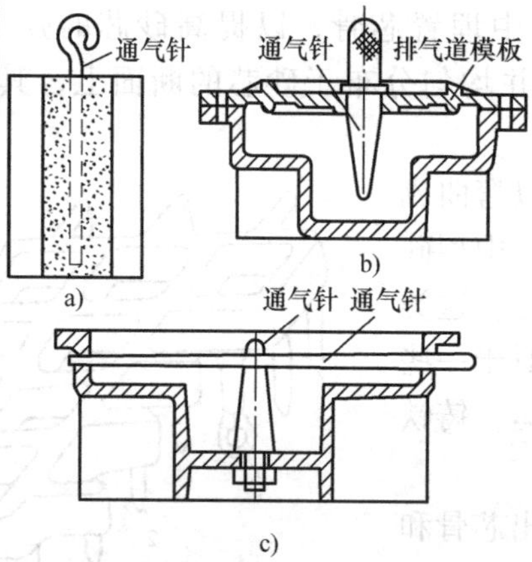
</td><td>图中 3 种通气针法多用于形状简单的小砂芯，生产量大时用排气道模板（图 b），既能提高生产率，又能使排气道位置准确，深度适宜</td></tr>
<tr><td>挖出气孔</td><td>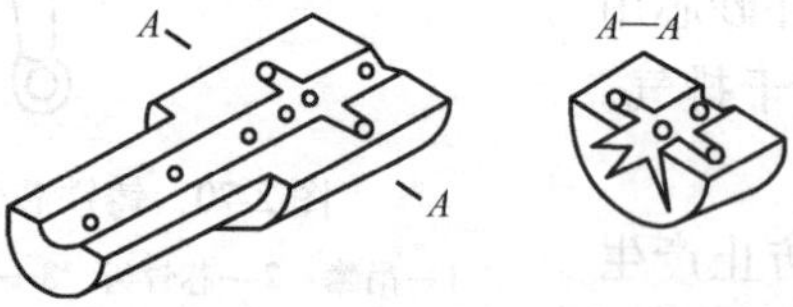
</td><td>用于两半制作的砂芯，为提高较大砂芯的排气能力，需要再扎出一些出气孔（见 A—A），孔距约为 50mm，孔到砂芯表面距离 10 ~ 15mm，孔径 $\phi3$ ~ $\phi5$mm</td></tr>
<tr><td>用蜡线或尼龙管做出气孔</td><td>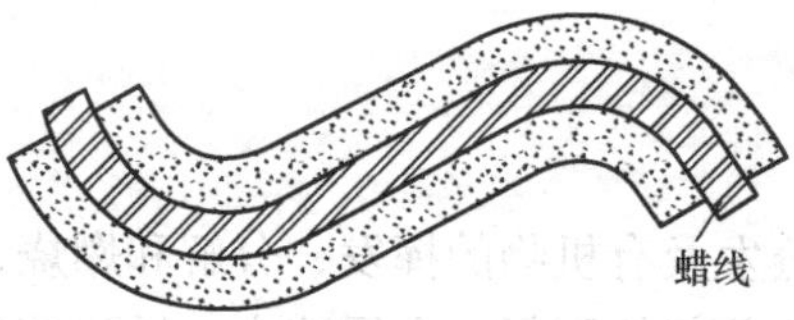
</td><td>用于形状复杂而弯曲的小型干砂芯，若用蜡线，则砂芯烘烤时蜡线熔化形成出气孔，若使用尼龙管，则有一种尼龙管可在烘芯时熔化形成出气孔；有另一种尼龙管则待砂芯制好后，从砂芯抽出尼龙管而在砂芯中留下出气孔。蜡线的蜡料配方如下：
<table>
<tr><th rowspan="2">使用温度/℃</th><th colspan="3">配比（质量比）</th></tr>
<tr><th>白蜡</th><th>松香</th><th>全损耗系统用油</th></tr>
<tr><td>-5 ~ 5</td><td>60</td><td>40</td><td>10</td></tr>
<tr><td>5 ~ 15</td><td>60</td><td>40</td><td>8</td></tr>
<tr><td>15 ~ 25</td><td>50</td><td>50</td><td>6</td></tr>
<tr><td>25 ~ 30</td><td>40</td><td>60</td><td>3</td></tr>
<tr><td>30 ~ 35</td><td>40</td><td>60</td><td>2</td></tr>
<tr><td>>35</td><td>40</td><td>60</td><td>1</td></tr>
</table>
注：1. 将白蜡、松香加热至 100 ~ 150℃熔化，徐徐加入机油（即全损耗系统用油），搅拌均匀，稍冷后用棉纱绳制成蜡线
2. 制成的蜡线在室温小于 30℃可保存在黏土粉中，大于 30℃时应存放在冷水中</td></tr>
<tr><td>放出气填料</td><td>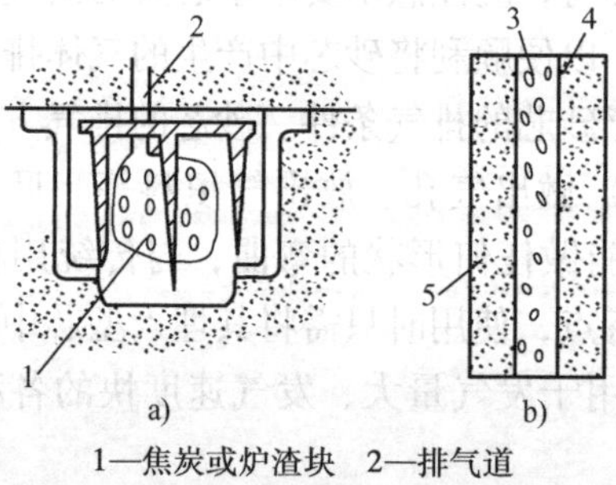

1—焦炭或炉渣块 2—排气道
3—钢管 4—草绳 5—砂芯</td><td>用于中大型砂芯，中心放焦炭或炉渣填料，再挖排气道（图 a）或用钻有孔眼的钢管（图 b）引出气体，填料粒度为 10 ~ 40mm，砂层厚度参考下值：
（单位：mm）
<table>
<tr><th>砂芯尺寸</th><th>砂层厚度</th></tr>
<tr><td><500 × 500</td><td>60 ~ 80</td></tr>
<tr><td>(500 × 500) ~ (1000 × 1000)</td><td>80 ~ 100</td></tr>
<tr><td>(1000 × 1000) ~ (1500 × 1500)</td><td>100 ~ 120</td></tr>
<tr><td>>1500 × 1500</td><td>120 ~ 150</td></tr>
</table></td></tr>
</table>

2.5　出气孔设计

为了保证浇注过程中型腔、砂芯以及由金属液析出的气体能及时排出，防止铸件产生气孔缺陷，手工造型可通过扎通气孔加强排气，机器造型则需要设置出气孔。出气孔是型腔出气孔、砂型和砂芯排气通道的总称。出气孔按是否与型腔直接相通分为直接出气孔和引出式出气孔（见图 2-71）；按是否与铸型外大气相通分为明出气孔和暗出气孔（见图 2-72）。明出气孔引出铸型外与大气相通；暗出气孔不与大气相通，设置在砂型和砂芯内并做成片状或针状的空腔。

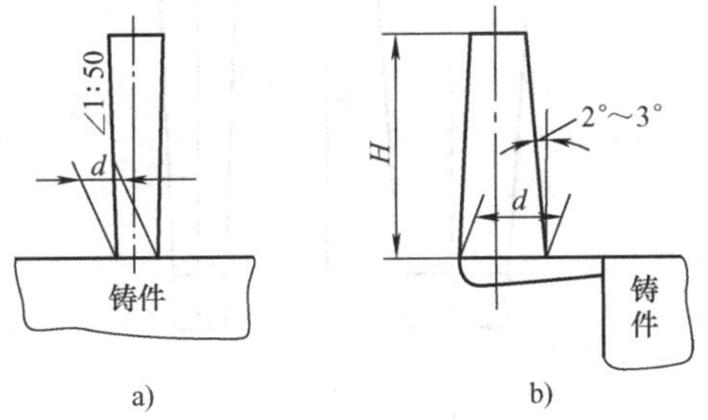

图 2-71　直接出气孔和引出式出气孔
a）直接出气孔　b）引出式出气孔

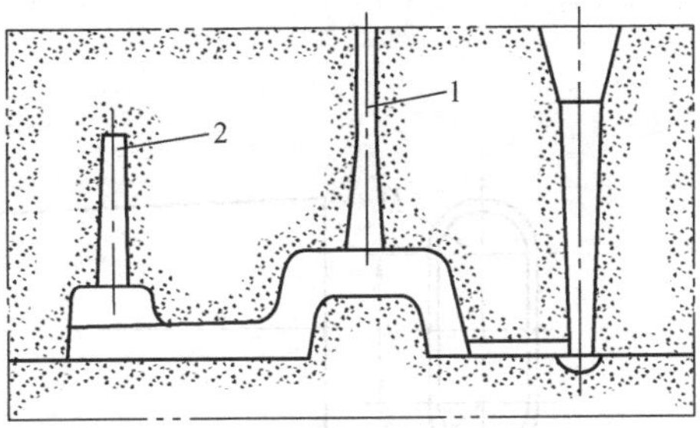

图 2-72　明出气孔和暗出气孔
1—明出气孔　2—暗出气孔

2.5.1　出气孔的作用及设置原则

1. 出气孔的作用

1）排出型腔中的气体。

2）排出铸型和砂芯在浇注和凝固过程中产生的气体。

3）减小液态合金充型时型腔内的气体压力，改善充型能力。

4）便于观察液态合金充填型腔的状态及充满程度。

5）排除先行充填型腔的低温液态合金和浮渣。

2. 出气孔的设置原则

1）出气孔应设置在铸件浇注位置的最高点，液态合金充型最后到达的部位，砂芯发气和蓄气较多的部位，以及型腔内气体难以排出的“死角”处。

2）出气孔的位置和大小应不破坏铸件的补缩条件，避免设在铸件的热节和厚壁处。

3）直接出气孔不宜过小，必要时可在出气孔上部设置液流杯，既可排出含气体和渣等较多的金属液，又可防止在出气孔根部产生气孔。

4）出气孔根部的厚度，一般按所处铸件厚度的 40% ~70% 计算，凝固体收缩大的合金取偏小值，防止形成接触热节导致铸件产生缩孔。

5）对于没有设置明冒口的铸件，出气孔根部截面总面积最小应等于内浇道截面总面积，以保证出气孔能顺畅地排出型腔中的气体。

2.5.2　出气孔的结构形状和尺寸

根据结构形状的不同，出气孔可分为圆形出气孔、扁形出气孔、出气针和出气片。

1. 圆形出气孔尺寸

圆形出气孔的结构形式如图 2-71 所示。其底部直径一般等于所处铸件厚度的 1/2 ~ 3/4。对于中小型铸件，出气孔直径通常为 ϕ8mm、ϕ10mm、ϕ12mm 等；对于重、大型铸件，出气孔直径为 ϕ14 ~ ϕ25mm。出气孔高度可视具体情况而定。

2. 扁形出气孔尺寸

根据断面形状的不同，扁形出气孔可分为 A 型和 B 型两种，如图 2-73 所示。A 型和 B 型扁形出气孔尺寸分别见表 2-28、表 2-29。

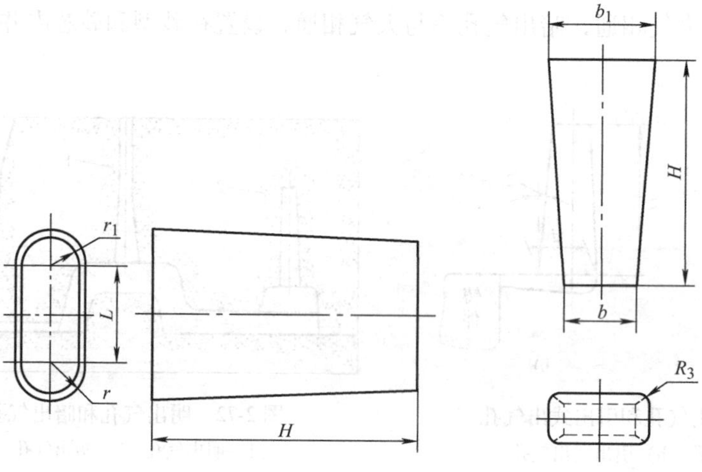

图 2-73 扁形出气孔的结构形式

a）A 型 b）B 型

表 2-28 A 型扁形出气孔尺寸

编 号	截面积/cm^2	r/mm	r_1/mm	l/mm	H/mm
1	6.27	7.5	10	30	500
2	9.14	10	15	30	500
3	17.41	12.5	17.5	50	600
4	22.06	15	25	50	600
5	28.56	20	30	40	500
6	39.63	25	35	40	500

注：出气孔高度可根据砂箱高度适当调整。

表 2-29 B 型扁形出气孔尺寸

编 号	a/mm	b/mm	a_1/mm	b_1/mm	H/mm
1	5	25	15	30	150
2	5	35	15	40	200
3	10	30	20	35	200
4	10	40	20	45	200
5	15	30	25	35	200
6	15	40	25	45	200
7	20	40	30	45	200
8	20	50	30	55	200
9	25	45	35	50	200
10	25	55	35	60	240

注：出气孔高度可根据砂箱高度适当调整。

3. 出气针和出气片尺寸

出气针和出气片用于机器造型生产内腔较为复杂的薄壁铸件，如气缸体和气缸盖等。出气针一般设置在铸件凸台、螺栓凸台等处，其尺寸可参考表 2-30 选取，而出气片一般设置在铸件肋条、法兰和薄壁平面上部，其尺寸可参照表 2-31 选取。

表 2-30　出气针尺寸

简　　图	R/mm	d/mm	H/mm	r/mm
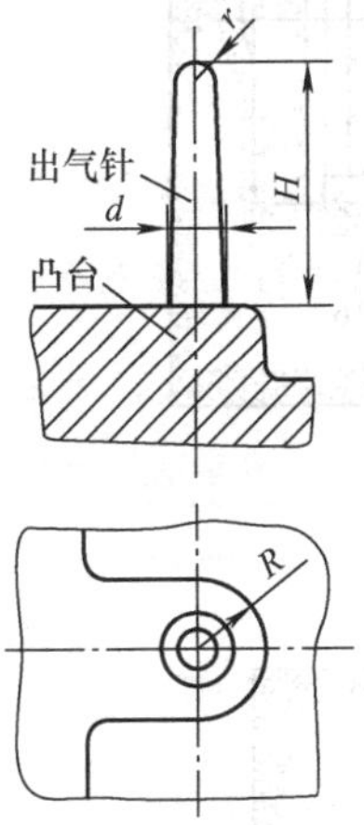	5	6	30 ~ 60	2
	6 ~ 10	8 ~ 4	40 ~ 80	3 ~ 5
	11 ~ 20	10 ~ 20	50 ~ 90	3.5 ~ 7
	21 ~ 30	12 ~ 35	70 ~ 100	4 ~ 14

表 2-31　出气片尺寸

简　　图	宽（厚）度/mm		a/mm	b/mm	h/mm	α/(°)	l/mm
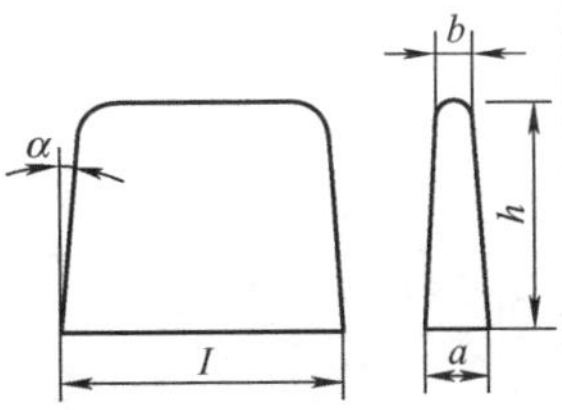	铸件肋条宽	8	5	3	50	5	30 ~ 60
		10	6	4	60	5	40 ~ 80
		15	8	5	70	7	50 ~ 90
	铸件壁厚	5 ~ 6	4 ~ 5	2 ~ 3	50	5	30 ~ 60
		7 ~ 10	5 ~ 8	3 ~ 5	60	5	40 ~ 80
		11 ~ 15	6 ~ 10	4 ~ 6	70	7	50 ~ 90

4. 出气孔应用实例

出气孔在气缸体中的具体应用如图 2-74 所示。该缸体为直列六缸，净重 150kg，外轮廓尺寸为 833mm × 301mm × 382mm。采用湿型砂，高压多触头造型线生产。

明出气孔 1——用于排出 8# ~ 13#曲轴箱缸筒砂芯的气体。

明出气孔 5——用来排出缸筒型腔部位的气体，这部分气体来自浇注中卷入的气体、金属液中的气体及 8# ~ 13#砂芯外表面与水套砂芯 5#产生的气体。

明出气孔 7——用于排出水套盖板法兰螺栓凸台处的气体。

明出气孔 8——用于排出 5#水套砂芯的气体，它与水套砂芯的排气道相通。

明出气孔 9——用于排出水套盖板法兰平面的气体。

出气片 10——用于排出曲轴箱法兰处的气体。

明出气板 15——用于排出 1#、2#砂芯（气门室砂芯）产生的气体。因为该砂芯被铁液包围，且位于下箱底部，故采用出气板，使其与铸型运输小车台面的排气槽相接，通过铸型底面将气体排出。

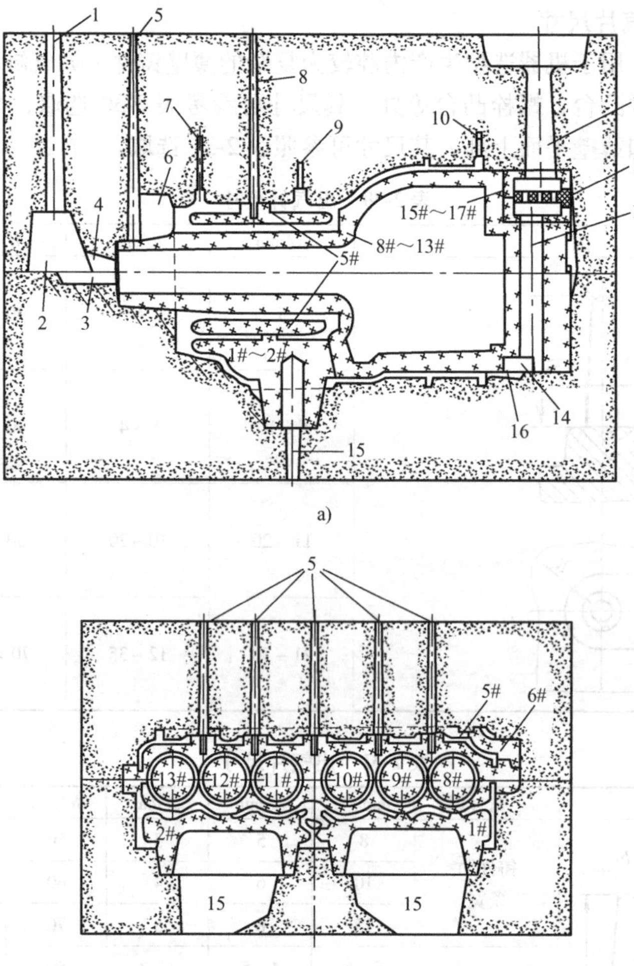

图2-74　出气孔在气缸体中的具体应用

a）沿缸筒轴线方向剖面　b）沿缸体水套方向剖面

1、5、7、8、9—出气孔　2—减压排气室　3、4—连接通道　6—排气过桥　10—出气片　11—直浇道　12—过滤器　13—分配直浇道　14—横浇道　15—出气板　16—内浇道

2.6　铸造工艺图及工艺卡

2.6.1　铸造工艺符号及表示方法

在铸造工艺设计时，为表达设计意图与要求，需要在铸件图、铸造工艺图及有关工艺文件中标明代表铸造工艺要求的符号，即铸造工艺符号。这些符号必须在工装设计、制造及造型、制芯等生产过程中能被有关人员正确理解。因此，我国相关标准对铸造工艺符号及表示方法做了统一规定，对各种铸造工艺符号及表示方法均分为甲、乙两类。甲类用于在蓝图上绘制的铸造工艺图，其表示颜色规定为红、蓝两色；乙类用于墨线绘制的工艺图。此两类方法适用于砂型铸钢件、铸铁件及非铁合金铸件，详见JB/T 2435—2013《铸造工艺符号及表

示方法》。

2.6.2　铸造工艺图和铸件图

1. 铸造工艺图

铸造工艺图是在零件图上用标准统一规定的工艺符号和文字表示铸造工艺内容的图样，应表示出浇注位置、分型面、机械加工余量、起模斜度、不铸孔和沟槽，砂芯的数量和形状及固定方法、芯头形式、尺寸和间隙，砂型的出气孔、砂芯出气方向、起吊方向、下芯顺序、芯撑的位置、数目和规格，浇注系统和冒口的形状及尺寸，冷铁形状和个数，收缩筋（割筋）和拉筋形状、尺寸和数量，铸造收缩率和铸件铸造圆角等。

铸造工艺图是完成后续的铸件图、模样和芯盒等工艺装备设计依据。图 2-75 所示是某零件铸造工艺图实例，在绘制铸造工艺图时应注意如下事项：

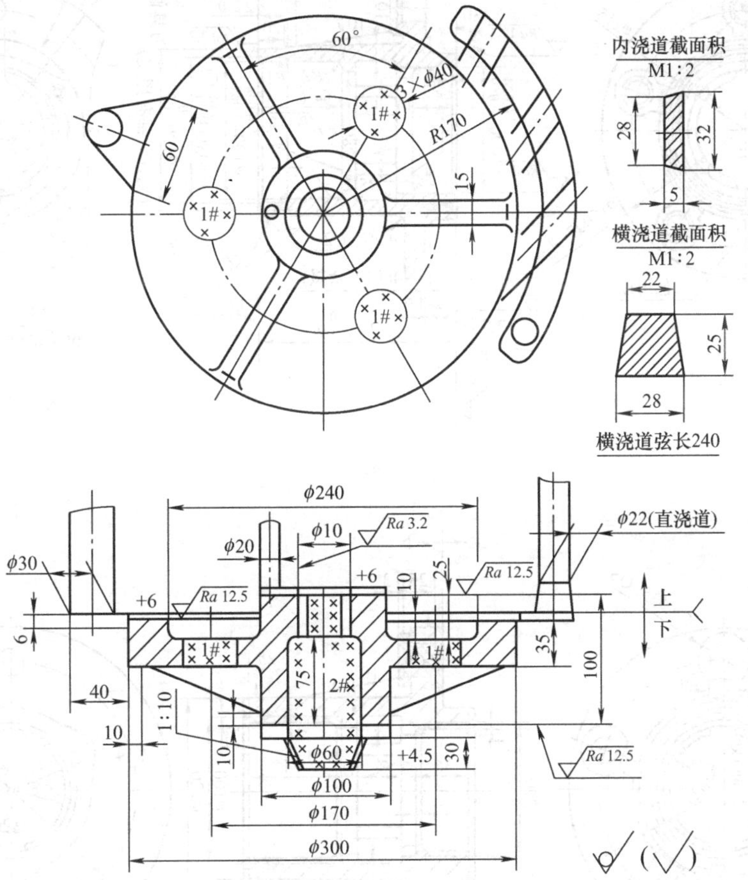

图 2-75　铸造工艺图实例

1）每项工艺符号只在某一视图或剖视图上表示清楚即可。不必在每个视图上反映所有工艺符号，以避免符号遍布图样。

2）顶面、孔内和底、侧面加工余量数值相同时，图上可不标注加工余量的尺寸，可写在技术条件中。

3）相同尺寸的铸造圆角、等角度的起模斜度，图上可不标注，写在技术条件中。

4）砂芯边界线和零件线或加工余量线、冷铁线等重合时，则省去砂芯边界线。

5）所标注的各种工艺尺寸或数据，不要盖住零件图上的数据。

2. 铸件图

铸件图是根据零件图和铸造工艺图绘制的，其内容包括机械加工余量、工艺余量、不铸出的孔和槽、铸件尺寸公差、加工基准、铸件材料和牌号、热处理规范、铸件验收技术条件等，用图形、工艺符号和文字标注。图2-76所示为前轮毂零件图和铸件图。铸件图是反映铸件实际尺寸、形状和技术要求的图样，适用于成批、大量生产或重要铸件，是铸造生产、铸件检验与验收的依据，也是设计制造铸造工艺装备和机械加工夹具的依据。

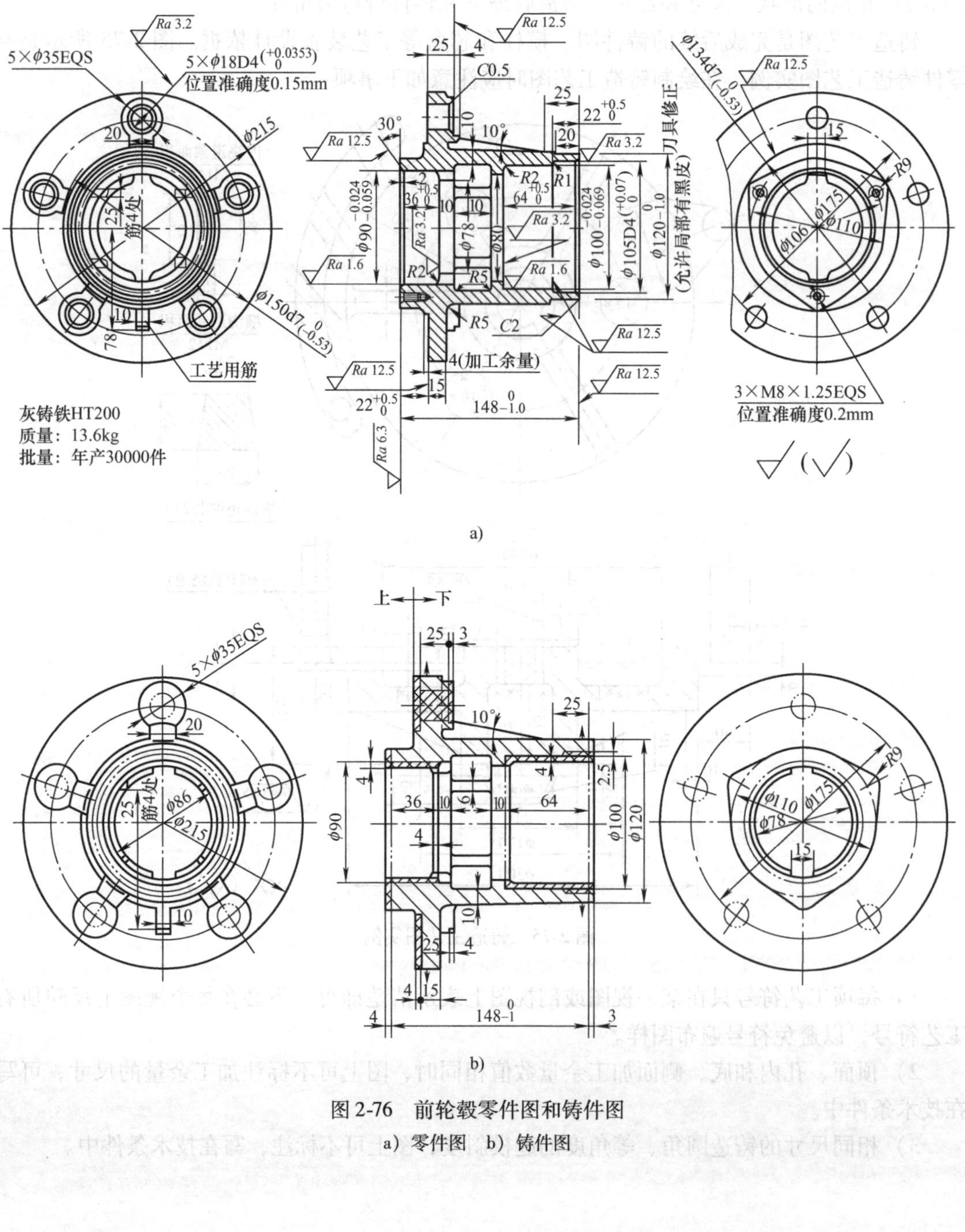

图2-76 前轮毂零件图和铸件图

a）零件图 b）铸件图

铸件图的具体要求如下：

1）在铸件图上用粗实线表示铸件的外形轮廓；用细双点画线表示零件的外形；在粗实线与细双点画线之间标注加工余量数值；在剖视图上用网格线表示加工余量或不铸孔、槽等。

2）尺寸的标注方法多以零件尺寸为基准；铸件图上标出零件的实际尺寸，加工余量（包括起模斜度）等则在零件的尺寸线上向外标注；铸件图也应用符号标出分型面和加工基准。

3）铸件图上还应标出尺寸公差、表面粗糙度、不允许出现的铸造缺陷以及热处理规范、主要性能指标和检验方法等。

2.6.3 铸造工艺卡

铸造工艺卡是体现工艺设计及操作要求的重要技术文件，主要以表格形式表示，必要时并附以简图。铸造工艺卡既是工人操作的指导书，又是生产管理及其他技术文件的重要依据。由于企业规模大小、车间划分、生产方式以及品种、生产批量等的不同，工艺卡的形式和内容也有所不同，但内容应包括各工序的重要工艺参数、操作要点、所使用的主要设备、工装以及工时单耗等。对于铸造综合性工艺卡格式可参考表2-32，造型、浇注、制芯和清理部分等铸造分车间工艺卡格式可参考相关资料。

表2-32　铸造工艺卡

<table>
<tr><td rowspan="17"></td><td colspan="4"></td><td colspan="2">铸件工艺卡片</td><td>卡片编号</td><td>号</td><td>工艺简图</td></tr>
<tr><td>产品代号</td><td colspan="3"></td><td>零件编号</td><td></td><td>合金牌号</td><td></td><td rowspan="13"></td></tr>
<tr><td colspan="4">产品名称</td><td>零件名称</td><td></td><td>铸件质量</td><td>kg</td></tr>
<tr><td colspan="4"></td><td>每台件数</td><td></td><td>铁液总质量</td><td>kg</td></tr>
<tr><td colspan="3">砂箱内部尺寸/mm</td><td rowspan="5">砂箱质量/kg</td><td colspan="2">造　型</td><td colspan="2">模　样</td></tr>
<tr><td>长</td><td>宽</td><td>高</td><td>型砂类别</td><td></td><td>模样类别</td><td></td></tr>
<tr><td></td><td></td><td></td><td>砂型类别</td><td></td><td>活动块数</td><td></td></tr>
<tr><td></td><td></td><td></td><td>涂料类别</td><td></td><td>托板块数</td><td></td></tr>
<tr><td></td><td></td><td></td><td>烘干规范</td><td></td><td>轮廓尺寸</td><td></td></tr>
<tr><td colspan="8">造　芯</td></tr>
<tr><td>芯盒数量</td><td colspan="3"></td><td>芯盒材料</td><td></td><td>芯骨数量</td><td></td></tr>
<tr><td>砂芯编号</td><td colspan="3"></td><td>芯砂类别</td><td></td><td>芯骨材料</td><td></td></tr>
<tr><td>芯板数量</td><td colspan="3"></td><td>涂料类别</td><td></td><td>冷铁数量</td><td></td></tr>
<tr><td>样板数量</td><td colspan="3"></td><td>烘干规范</td><td></td><td>冷铁材料</td><td></td></tr>
<tr><td colspan="8">合型和浇注</td><td rowspan="3">技术条件</td></tr>
<tr><td>样板数量</td><td colspan="3"></td><td>出炉温度</td><td>℃</td><td>浇注时间</td><td>s</td></tr>
<tr><td>压箱方法</td><td colspan="3"></td><td>浇注温度</td><td>℃</td><td>冷却时间</td><td>h</td></tr>
<tr><td></td><td colspan="8">浇冒口系统尺寸/mm</td><td rowspan="3">操作注意事项</td></tr>
<tr><td>编号</td><td colspan="3">冒口</td><td>浇口杯</td><td>直浇道</td><td>横浇道</td><td colspan="2">内浇道</td></tr>
<tr><td></td><td colspan="3"></td><td></td><td></td><td></td><td colspan="2"></td></tr>
<tr><td>数量</td><td colspan="3"></td><td></td><td></td><td></td><td colspan="2"></td><td>批准　审核　编订　日期</td></tr>
</table>

小　结

本章介绍了零件结构的铸造工艺性分析、造型与制芯方法选择、浇注位置与分型面确定、砂箱中铸件数量确定及排列、砂芯和出气孔设计等方面基础知识。铸造工艺设计应首先分析零件结构的铸造工艺性，以确保铸件质量或在保证铸件质量和使用要求的前提下，简化生产工艺。只有根据铸件结构特点和生产批量、铸件材料及尺寸精度和表面粗糙度等技术要求，综合考虑铸件质量和生产成本等因素，才能制订出合理的铸造工艺方案。

本章还介绍了铸造工艺参数、铸造工艺图、铸件图和铸造工艺卡等方面基础知识。铸造工艺参数的选取与铸件尺寸、铸造合金、铸造方法和铸件技术条件有关。铸造工艺图是在零件图上用标准规定的工艺符号和文字表示铸造工艺内容的图样，是铸件图、模样和芯盒等工艺装备设计的技术依据。铸件图是根据零件图和铸造工艺图绘制的图样，其内容包括铸件尺寸公差、加工基准、机械加工余量、不铸出的孔和槽、铸件材料牌号、热处理规范、铸件验收技术条件等。铸造工艺卡是体现工艺设计及操作要求的重要技术文件，也是工人操作的指导书，应包括各工序的重要工艺参数、操作要点、所使用的主要设备、工装等方面的内容。

复习思考题

2-1　砂型铸造工艺方案包括哪些内容？如何确定砂型铸造工艺方案？

2-2　怎样审查铸造零件图？其意义何在？

2-3　什么是零件结构的铸造工艺性？如何分析铸件的结构工艺性？

2-4　选择造型方法应考虑哪些原则？

2-5　什么是浇注位置？试举例说明确定浇注位置的基本原则。

2-6　什么是分型面？试举例说明选择分型面位置的基本原则。

2-7　砂箱中铸件数量及排列的确定原则是什么？

2-8　什么是铸造工艺参数？如何选择铸造工艺参数？常见的铸造工艺参数有哪些？

2-9　砂型铸钢件、灰铸铁件和球墨铸铁件的尺寸公差等级应在什么范围？为何铸件大批量生产和小批单件生产时公差级别不一样？

2-10　砂芯有何功用？砂芯应满足哪些基本要求？

2-11　砂芯如何分类？砂芯设计的主要内容是什么？砂芯设计的基本原则有哪些？

2-12　根据砂芯类型，如何进行砂芯的固定和定位？

2-13　什么是芯头？芯头有哪些类型？芯头有何作用？

2-14　芯头结构组成通常包括哪几项？它们各自起什么作用？

2-15　定位芯头有哪些类型？如何设计芯头？

2-16　如何保证砂芯的排气？砂芯排气方法有哪些？

2-17　什么是芯撑和芯骨？如何设计芯撑和芯骨？

2-18　什么是铸造工艺图？铸造工艺图包括哪些内容？

2-19　绘制铸造工艺图应注意哪些事项？

2-20　什么是铸件图？铸件图主要包括哪些内容？

2-21　什么是铸造工艺卡？铸造工艺卡应有哪些内容？

2-22　什么是出气孔？出气孔有何作用？

2-23　出气孔的设置原则有哪些？

第3章　浇注系统设计

浇注系统是铸型中引导金属液进入型腔的通道的总称，一般由浇口杯、直浇道、横浇道和内浇道等组成，如图3-1所示。成功的浇注工艺取决于金属本身性质、铸型性质和浇注系统结构。浇注系统设计得正确与否对铸件质量影响很大，铸件废品约30%是由于浇注系统设计不当引起的。浇注系统应根据铸件结构特点、技术条件、合金种类进行设计，选择浇注系统结构类型、确定内浇口位置、计算浇注系统断面尺寸等。

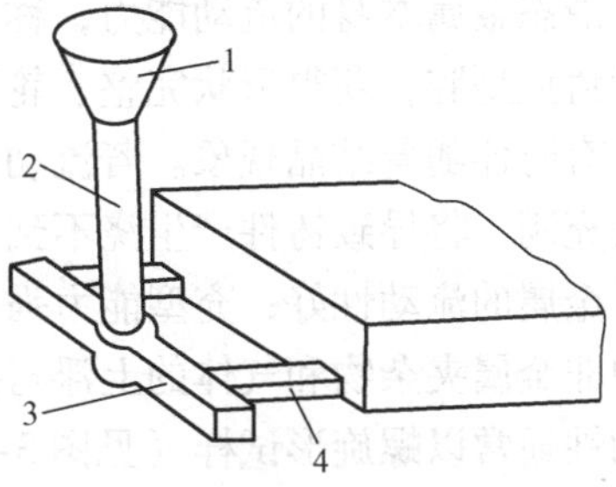

图3-1　浇注系统的组成

1—浇口杯　2—直浇道　3—横浇道　4—内浇道

浇注系统设计应遵循的原则如下：

1）控制金属液在充型过程中的流动方向和速度。引导金属液平稳、连续地充型，避免直接冲击铸型型壁或型芯，防止强烈湍流卷入气体及金属液的氧化，以免铸件产生夹渣和气孔及砂眼等缺陷。

2）保证铸件轮廓清晰、完整，提供必要的充型压力头。

3）保证在合适的时间内充满型腔，避免形成冷隔、皱皮等缺陷。

4）调节铸件的温度场分布。根据铸件的结构特点与凝固原则，通过合理设置浇道的位置、金属液的流向及其内浇道的数量，控制铸件凝固过程的温度场，有利于强化铸件补缩，减少铸造应力，防止铸件出现变形、裂纹等缺陷。

5）具有良好的挡渣功能，净化金属液。防止铸件产生夹渣缺陷，提高铸件的力学性能。

6）结构尽量简单、可靠，减少金属液的消耗，便于造型、清理。

上述原则是从铸件生产工艺要求方面提出的，浇注系统还可以具有一些其他特殊功能，如对于薄壁小型铸件来说，可用浇注系统当作冒口对铸件进行补缩；对于球墨铸铁件，可在浇注系统中设反应室，实现型内球化处理。

3.1　液态金属充型

3.1.1　液态金属的充型特点

液态金属通过浇注系统向铸型型腔中充填的过程，称为充型。液态金属的充型过程是铸件形成的第一阶段，也是最重要的阶段之一。铸件充型过程会产生对铸型（芯）的冲刷、金属液的氧化，金属液与铸型之间有着激烈的热作用、机械作用和化学作用。在充型过程中，金属液一般呈湍流状态，液态金属的流动和传热对铸件后续的凝固进程都有重要的影响，许多铸造缺陷（如卷气、夹渣、二次氧化、浇不足、冷隔及砂眼等）是在充型过程中产生的。因此，充型过程直接关系到铸件的质量。

充型过程主要取决于浇注系统、浇注条件及液态金属的流动能力和铸件结构。在充型过程中，液态金属流动在浇注系统中属于多相流动，砂型铸造充型过程是黏性流体流动和多孔管中流动，为不稳定流动。数值模拟是研究液态金属充型过程的一种有效手段。

3.1.2 液态金属的流动性及充型能力

液态金属本身的流动能力，称为金属的流动性，是主要的铸造工艺性能之一。液态金属充满铸型型腔，获得形状完整、轮廓清晰铸件的能力，称为充型能力。在液态金属充型过程中，有时伴随着结晶现象。若流动性和充型能力差，形成的晶粒将堵塞充型通道，以致型腔无法充满，将导致铸件产生浇不到、冷隔、气孔和缩孔等铸造缺陷。

金属的流动性好，充型能力强，便于浇铸出轮廓清晰、薄而复杂的铸件；有利于液态金属中非金属夹杂物和气体的上浮与排除，还有利于对金属的凝固收缩进行补缩。液态金属的流动性通常以螺旋形试样（见图3-2）的长度来衡量，在相同的过热温度浇注条件下，金属的流动性越好，所浇注的试样越长。在常用铸造合金中，灰铸铁、硅黄铜的流动性最好，铸钢的流动性最差。

影响金属流动性的因素很多，其中以化学成分的影响最为显著。共晶成分合金和纯金属在恒温下以逐层凝固方式凝固，固-液界面比较平整，对金属液的流动阻力小，故流动性最好。除纯金属和共晶成分合金外，其他成分合金在一定温度范围内结晶，存在固液两相区，初生的树枝状晶体伸入液相，使流动性变差。合金成分越远离共晶点，结晶温度范围越宽，固液两相区越宽，合金流动性越差。图3-3所示为铁碳合金的含碳量与流动性的关系。由此图可见，亚共晶铸铁随含碳量的增加，结晶温度范围减小，流动性提高。

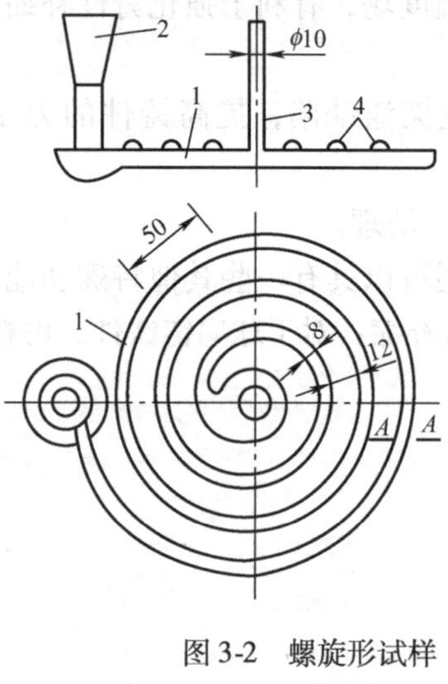

图3-2 螺旋形试样

1—试样铸件 2—浇口 3—出气口 4—试样凸点

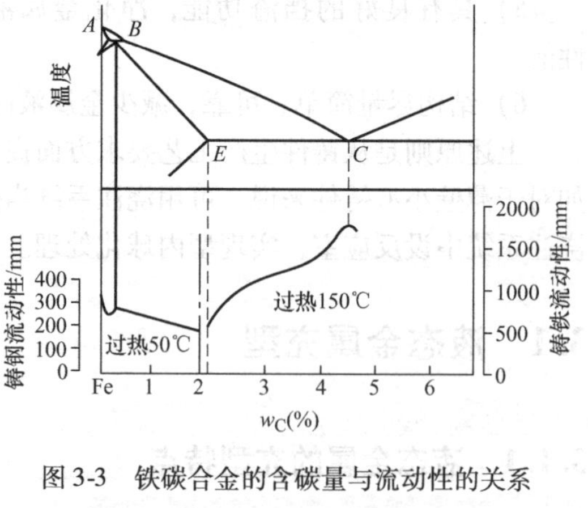

图3-3 铁碳合金的含碳量与流动性的关系

金属的流动性是影响充型能力的主要因素。流动性好是金属具有良好充型能力的前提条件。流动性差，则充型能力较差。但是流动性好，充型能力不一定好。因为影响充型能力的因素除金属流动性外，还有充型条件（如浇注温度、充型压力等）、铸型性质（如铸型材料、铸型温度、铸型中气体等）和铸型结构（铸件大小、壁厚和复杂程度等）。

3.2　液态金属在浇注系统中的流动

3.2.1　液态金属在浇口杯中的流动

浇口杯承接来自浇包的金属液，按结构形状分为漏斗形和池形两大类（见图3-4）。漏斗形浇口杯结构简单，挡渣作用差，金属液在浇口杯中易产生绕垂直轴旋转的涡流，卷入气体和熔渣，如图3-5a所示，此类浇口杯用于对挡渣要求不高的铸件。池形浇口杯挡渣效果较好，底部设置凹坑，如图3-5b所示，可减少金属液流对直浇道的冲刷，金属液经缓冲后再流入直浇道，液流比较平稳，防止形成绕垂直轴旋转的水平旋涡，有利于分离渣滓。

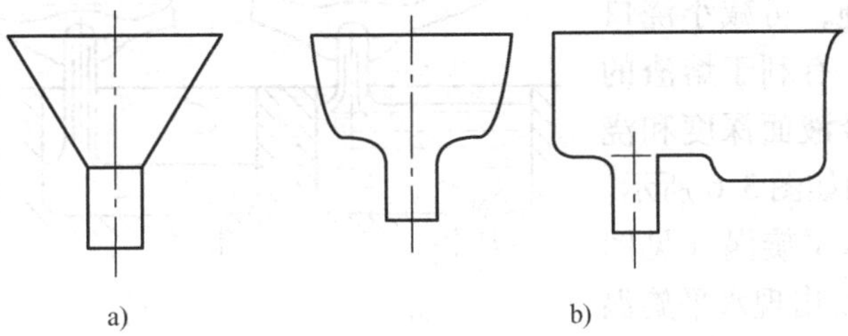

图3-4　浇口杯形式

a）漏斗形浇口杯　b）池形浇口杯

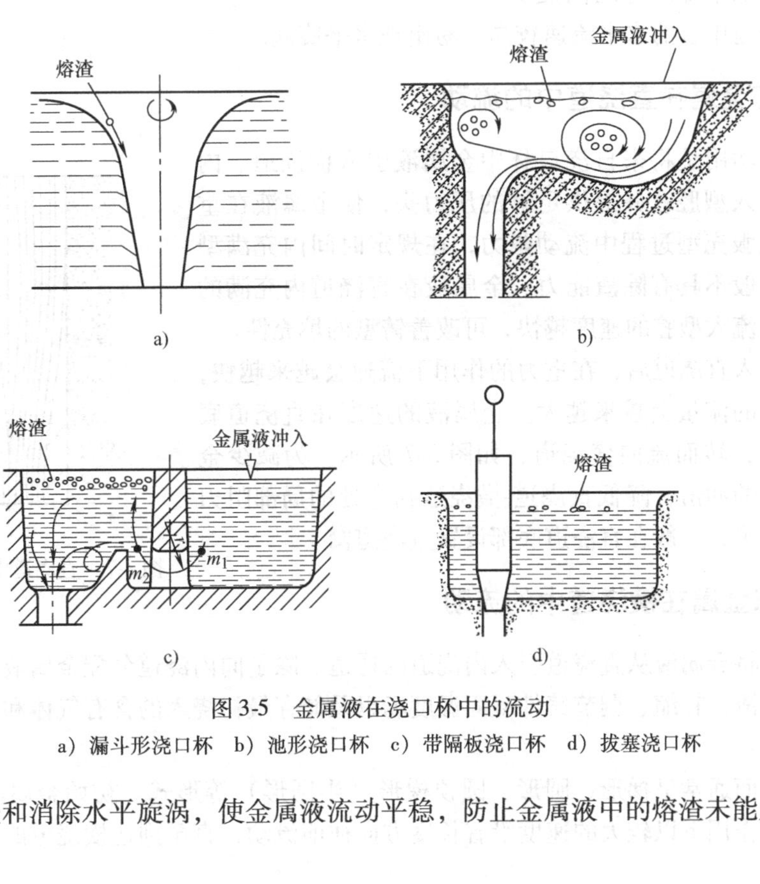

图3-5　金属液在浇口杯中的流动

a）漏斗形浇口杯　b）池形浇口杯　c）带隔板浇口杯　d）拔塞浇口杯

为了减轻和消除水平旋涡，使金属液流动平稳，防止金属液中的熔渣未能及时浮起而进入直浇道，可采用带隔板浇口杯，如图 3-5c 所示。这样不仅能使浇注造成的紊乱限制在浇注液流冲入区域，而且液流的流动有利于熔渣的上浮。但浇口杯中设置隔板并不能完全挡除最初浇注金属液中的熔渣，对于重要铸件来说，这一点往往也是致命的。因此，浇注重要铸件时，常采用拔塞浇口杯，如图 3-5d 所示。浇注前用浇口塞堵住浇口杯的流出口，当浇口杯被充填到一定高度且熔渣已浮起后，再拔起浇口塞，金属液才开始流入直浇道。浇口塞一般用耐火材料或石墨制成。

水力模拟试验表明，影响浇口杯内水平旋涡的主要因素是浇口杯内液面的深度，其次是浇注高度、浇注方向及浇口杯的结构等。降低浇注高度等工艺措施，可减小浇口杯中金属液的湍流，有利于熔渣的上浮。浇口杯内合金液面深度和浇注高度对浇注的影响如图 3-6 所示。液面深时不易出现水平旋涡（见图 3-6a），液面浅时则易出现水平旋涡（见图 3-6b）；浇包嘴距浇口杯越高，水平旋涡越易于产生，如图 3-6c 所示。当液面浅和浇注高度大时，偏离直浇道中心的水平流速较高，易出现水平旋涡。

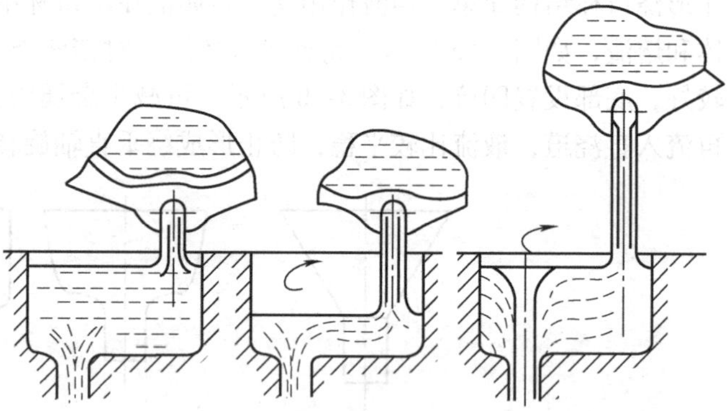

图 3-6 合金液面深度和浇注高度对浇注的影响
a）液面深 b）液面浅 c）浇包嘴距浇口杯过高

3.2.2 液态金属在直浇道中的流动

直浇道的功用是将来自浇口杯中金属液引入横浇道、内浇道或直接导入型腔，并提供足够的压力头，使金属液在重力作用下能克服充型过程中流动阻力，在规定时间内充满型腔。直浇道一般不具有除渣能力。金属液在直浇道内充满的高度越高，则流入型腔的速度越快，可改善铸型的填充性。

金属液进入直浇道后，在重力的作用下流速会越来越快，即单位面积上的流量会越来越大。金属液的速度在直浇道底部达到最高值，转而流向横浇道，如图 3-7 所示。为减少金属液流对铸型的冲击，降低直浇道-横浇道拐弯处的局部阻力系数和压头损失，一般在直浇道底部设置直浇道窝。

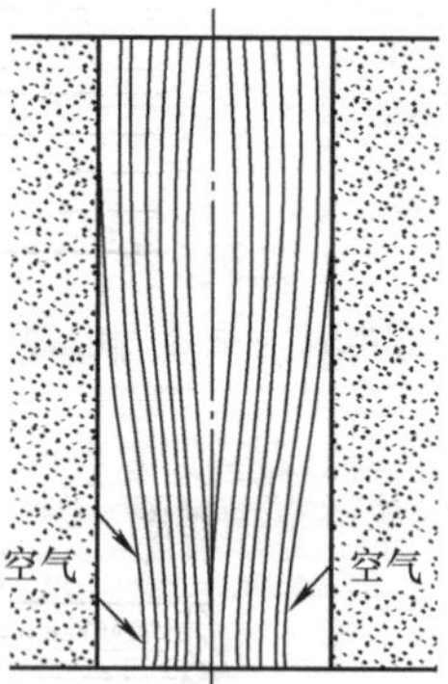

图 3-7 直浇道中金属液的流动

3.2.3 液态金属在横浇道中的流动

横浇道是将金属液从直浇道引入内浇道的通道。除了向内浇道分配金属液流之外，横浇道还能起到挡渣、补缩、调节铸件凝固温度场以及储存最初浇入的含有气体和夹杂的低温金属液的作用。

横浇道截面通常呈梯形、圆形、圆顶梯形（半圆形）等形式。初始金属液进入横浇道后，在惯性的作用下以较大的速度沿着长度方向往前流动，直至到达横浇道的末端，并冲击型壁，使液流的动能变为位能而在末端处液面升高，形成金属液浪返回移动，与后续金属液流相遇后，液面将上升到横浇道充满为止。

横浇道又称捕渣道。其另一重要作用是挡渣，将混入金属液的熔渣和砂粒等杂质挡在横浇道，以免进入型腔。熔渣等杂质的密度通常比金属液小，随着金属液在横浇道中流动，熔渣等杂质逐渐上浮，如图 3-8 所示。实践表明，横浇道挡渣效果好应具备以下条件：

1）横浇道必须呈充满状态，熔渣能吸附于横浇道顶面。只有这样熔渣才不会随着液流流入内浇道。

2）横浇道内液流的湍流搅拌作用要尽量小，熔渣或夹杂物能上浮。

3）横浇道内熔渣或夹杂物有足够的时间上浮到横浇道金属液顶面。

4）横浇道的顶面应高出内浇道吸动区一定距离，末端应加长，防止熔渣或夹杂物被吸入内浇道。

5）内浇道与横浇道应有正确的相对位置，使熔渣或夹杂物不易进入内浇道。对于封闭式浇注系统，内浇道应位于横浇道的下部，且和横浇道具有同一底面；开放式浇注系统内浇道应位于横浇道的上方，且搭接面积要小，但应大于内浇道的截面积，如图 3-9 所示。

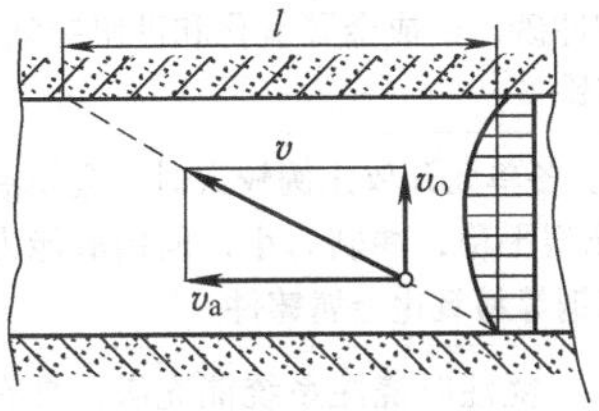

图 3-8　熔渣在横浇道中上浮示意图

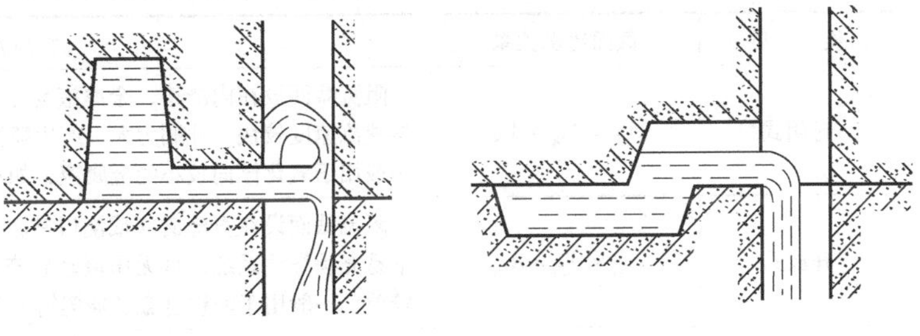

a)　b)

图 3-9　金属液充型时的两种流态
a）封闭式　b）开放式

3.2.4　液态金属在内浇道中的流动

内浇道是将金属液直接导入型腔的通道。其功能是控制充型速度和方向，分配进入型腔的金属液流量，调节铸件各部位的温度和凝固顺序，有时还能使浇注系统中金属液通过内浇道对铸件进行补缩。

内浇道通常比较短，不具备挡渣功能，但内浇道金属液的流态和流速对铸件质量有很大的影响。如果内浇道金属液充型速度过快，对铸型产生冲刷，易造成冲砂、夹砂、粘砂等缺陷；若产生金属液喷射或飞溅，易产生大量二次氧化，造成新的氧化夹渣。

金属液进入型腔的流速和流态主要取决于金属液在内浇道中的压力和流态。内浇道应有一定的长度，对金属液的流动起导向作用；内浇道出口处金属液的压力要小，避免金属液充型时因流速过快对铸型产生冲刷或造成金属液喷射和飞溅。

当采用多道内浇道时，不同位置内浇道的流量是不同的，往往远离直浇道的流量大，接近直浇道的流量小。不同位置内浇道的流量主要取决于内浇道附近横浇道中的金属液压力和横浇道长度等。一般情况下，当金属液压力高、横浇道不太长时，在接近横浇道末端处的金属液压力最高，远离直浇道的内浇道的流量大；而当金属液压力低、横浇道很长时，金属液压力沿程损失较大，金属液的压力沿着流动方向逐步降低，则大部分金属液流将分流到靠近直浇道或处于中间位置的内浇道。

3.3 浇注系统的基本类型

浇注系统的类型直接关系到金属液充型状态的优劣和铸件凝固温度分布情况，对铸件质量有很大影响，必须根据铸造合金、铸造方法、铸件结构和质量要求等进行合理选择。浇注系统的分类方法有两种，即按浇注系统各组元截面的比例关系分类和按内浇道在铸件上的相对位置（引入位置）分类。

3.3.1 按浇注系统各组元截面比例分类

根据浇注系统各组元的截面比例关系，浇注系统可分为封闭式、半封闭式、开放式和封闭开放式四种类型，其特点及应用见表3-1。

表3-1 浇注系统按各组元截面比例分类的类型、特点及应用

类　型	截面比例关系	特点及应用
封闭式	$A_{直}>A_{横}>A_{内}$	阻流截面设在内浇道，金属液易于充满浇注系统，挡渣能力较强，但充型液流速度较快，冲刷力大，产生喷溅和冲砂，造成金属氧化和砂眼缺陷。一般用于氧化倾向较小的金属液，如灰铸铁
开放式	$A_{直}<A_{横}<A_{内}$	阻流截面设在直浇道（或浇口杯底孔）。各单元开放比例较大时，金属液不易充满浇注系统，呈无压流动状态，充型平稳，冲刷力小，但挡渣能力较差。一般用于非铁合金、球墨铸铁及铸钢等易氧化金属铸件
半封闭式	$A_{横}>A_{直}>A_{内}$	阻流截面设在内浇道，横浇道截面最大。浇注时浇注系统能充满，具有较好的挡渣能力。由于横浇道截面大，金属液在横浇道中流速减小，故又称“缓流封闭式”。充型的平稳性优于封闭式，适用于各类灰铸铁件及球墨铸铁件
封闭开放式	$A_{横}>A_{阻}$ $A_{直}>A_{阻}$ $A_{阻}<A_{内}$	阻流截面设在横浇道与内浇道连接处，既有利于挡渣，又使充型平稳，兼有封闭式与开放式的优点，适用于各类合金

注：表中$A_{直}$、$A_{横}$、$A_{阻}$、$A_{内}$分别指直浇道、横浇道、阻流片、内浇道各组元最小处的总截面积。

传统理论将金属液视为理想流体，“封闭”式是“充满”式浇注系统，“开放式”为“不充满”式浇注系统。而液体金属实际上是黏性流体，各组元的截面积比值只是表征了浇注系统的如下特征：或者朝着铸件方向总的截面积缩小，产生阻流效应，使浇注系统易于充满；或者朝着铸件方向总的截面积增加，使浇注系统中的金属液流动趋于平缓。

直浇道、横浇道和内浇道的截面积之比称为浇口比。当$A_{直}>A_{横}>A_{内}$时，称为封闭式浇注系统，以内浇道为阻流面，横浇道呈充满状态，挡渣能力较好。同时，金属液流动呈有压流动状态，内浇道压力高，金属液进入型腔时速度高，易产生喷射效应（见图3-9a）。当$A_{直}<A_{横}<A_{内}$时，称为开放式浇注系统，金属液流动呈无压流动状态，内浇道压力低，充型平稳（见图3-9b）。开放式浇注系统呈非充满状态，挡渣效果差；封闭开放式浇注系统（也称为减压内浇口）兼有封闭式与开放式的优点，其阻流截面设在横浇道与内浇道连接处，既能挡渣，又能使充型平稳，广泛应用于各类铸件。

3.3.2　按内浇道在铸件上的位置分类

1. 顶注式浇注系统

顶注式浇注系统的特点是内浇道设在铸件顶部，其结构形式如图 3-10 所示。

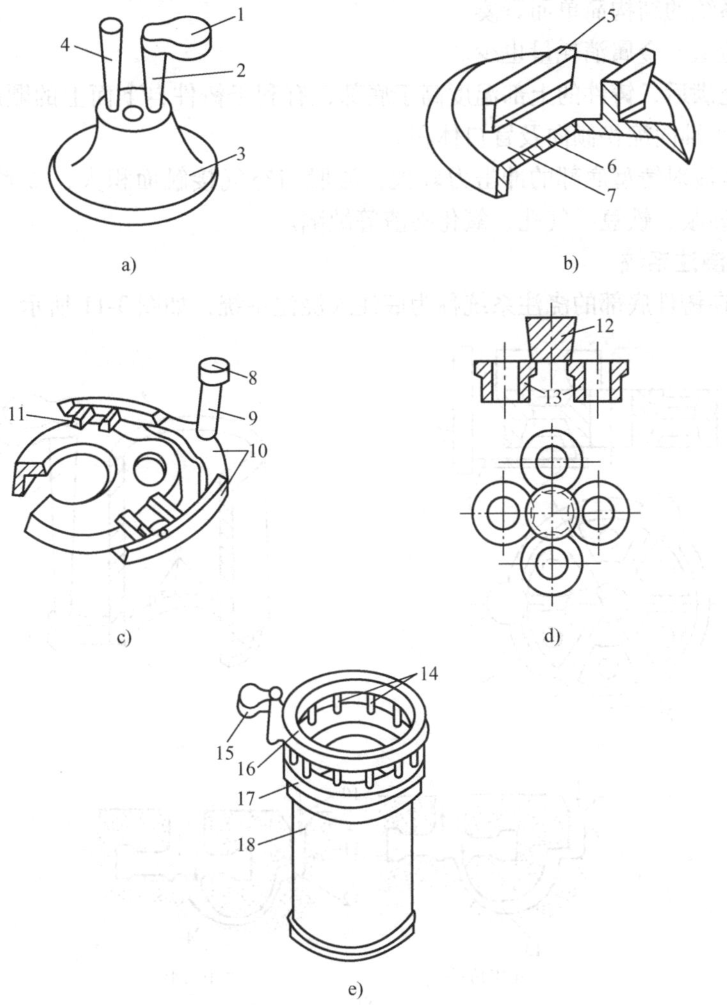

图 3-10　顶注式浇注系统

a）一般形式浇口　b）楔形浇口　c）搭边浇口　d）压边浇口　e）雨淋浇口

1、8、12、15—浇口杯　2、9—直浇道　3、7、13、18—铸件　4—出气孔　5—楔形口

6—缝隙内浇道　10、16—横浇道　11、14—内浇道　17—冒口

（1）顶注式浇注系统的形式　顶注式浇注系统具有以下几种形式：

1）一般形式浇口，用于要求不高的简单小件。

2）楔形浇口，浇道窄而长，截面积大，适用于薄壁类铸件。

3）搭边浇口，金属液沿型壁流入，充型快而平稳，适用于薄壁铸铁件和铝合金铸件。

4）压边浇口，金属液经压边窄缝进入型腔，充型慢，有一定的补缩和挡渣作用，结构简单，易于清除，多用于中小型厚壁铸铁件。

5）雨淋浇口，金属液经型腔顶部许多小内浇道进入型腔，与其他顶注式浇注系统相比，对型腔的冲击力小，广泛用于要求较高的筒类铸件，如缸套、机床卡盘等。

（2）顶注式浇注系统的特点 顶注式浇注系统具有如下特点：

1）易于充满型腔，可避免薄壁铸件浇不足、冷隔等缺陷。

2）浇注系统的结构简单而紧凑。

3）便于造型，金属消耗量也少。

4）型腔充满后，铸件的上部温度高于底部，有利于铸件自下而上的顺序凝固和冒口的补缩，可以减小轴向缩松倾向及冒口体积。

5）充型液流对铸型底部的冲击力较大，流股与空气接触面积大，金属液会产生激溅、氧化，易造成砂眼、铁豆、气孔、氧化夹渣等缺陷。

2. 底注式浇注系统

内浇道设在铸件底部的浇注系统称为底注式浇注系统，如图3-11所示。

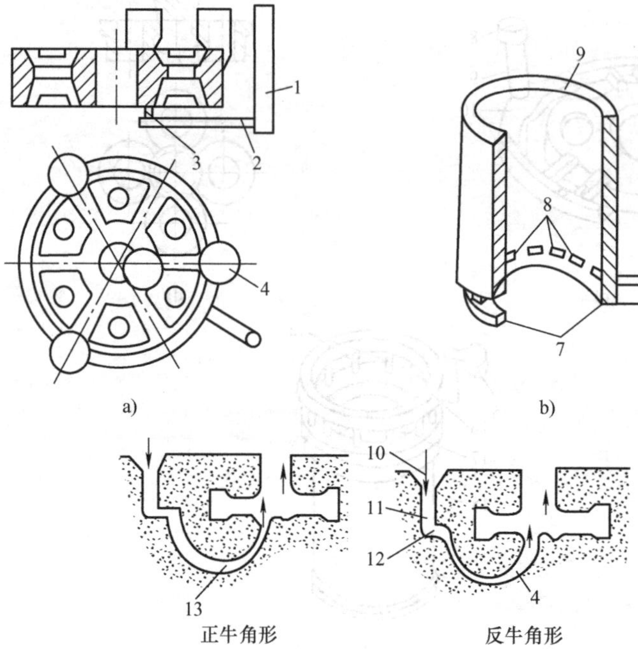

图3-11 底注式浇注系统

a）一般形式浇口 b）底雨淋式浇口 c）牛角式浇口

1、6、11——直浇道 2、7、12—横浇道 3、8——内浇道 4—冒口 5、10—浇口杯 9—铸件 13—牛角浇道

（1）底注式浇注系统的形式 底注式浇注系统有如下几种形式：

1）一般形式浇口，内浇道在铸件底部，金属液引入平稳，冲击力小，有利于型腔排气，但铸件下部温度高，不利于补缩，对于凝固体收缩率大的合金，一般要设置补充浇冒口。适用于高度不大的铸钢件、铝合金铸件、无锡青铜和黄铜铸件，也用于质量要求较高、形状复杂的铸铁件。

2）底雨淋式浇口，型内金属液上升平稳且不发生旋转运动，可减少金属液氧化和飞溅，熔渣不易黏附在侧壁上，但不利于补缩。适用于要求较高、形状复杂的板类和大型机床床身等铸铁件，也广泛用于黄铜和无锡青铜蜗轮、轴衬、球墨铸铁活塞等铸件。

3）牛角式浇口，常与过滤网配合使用，金属液平稳地充型。常用于有色金属铸件以及有砂芯的盘形铸件。为避免出现“喷泉”现象，将牛角倒置，采用反牛角形浇注系统。

（2）底注式浇注系统的特点　底注式浇注系统具有如下特点：

1）内浇道基本上在淹没状态下工作，充型平稳，可避免金属液发生激溅、氧化及由此而形成的铸件缺陷。

2）无论浇口比多大，横浇道基本处于充满状态，有利于挡渣和型腔内气体排出。

3）型腔充满后，金属的温度分布不利于顺序凝固和冒口补缩，内浇道附近易过热，导致缩孔、缩松和晶粒粗大等缺陷。

4）金属液面在上升过程中容易结皮，难以保证高大的薄壁铸件充满，易形成浇不到、冷隔等缺陷。

5）金属消耗较大。

为了克服底注式浇注系统的缺点，采用快浇和分散的多内浇道，使用冷铁、安放冒口或用高温金属液补浇冒口等措施，常可收到满意的结果。

3. 中间注入式浇注系统

两箱造型是生产中、小型铸件最常用的造型方法，横浇道和内浇道开设在分型面，铸件位于上、下铸型中，如图3-12所示。这种浇注系统称为中间注入式浇注系统。中间注入式浇注系统的内浇道一般开设在分型面，造型方便，在实际生产中广为应用。其特点是上型充型类似于底注式浇注系统，下型充型则类似于顶注式浇注系统。

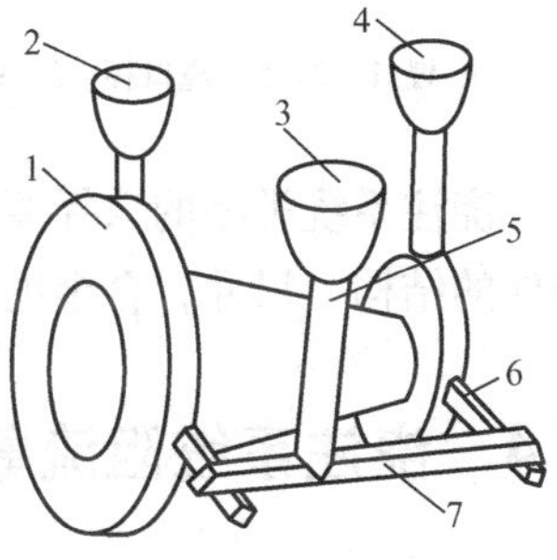

图3-12　中间注入式浇注系统

1—铸件　2、4—出气口　3—浇口杯　5—直浇道　6—内浇道　7—横浇道

4. 分层注入式浇注系统

分层注入式浇注系统在充型过程中金属液自下而上分层进入型腔（见图3-13），金属液的冲击力小、充型平稳。适用于高度大的中、大型铸件，垂直分型的中、大件可优先采用。分层注入式浇注系统主要有阶梯式浇注系统和垂直缝隙式浇注系统两种形式。

（1）阶梯式浇注系统　沿铸件不同高度开设多层内浇道的浇注系统称为阶梯式浇注系统，如图3-13a所示。

1）阶梯式浇注系统具有以下优点：

① 金属液首先由最底层内浇道进入型腔，随着型内液面上升，自下而上、顺序地流经各层内浇道，充型平稳，型腔内气体排出顺利。

② 充型后上部金属液温度高于下部，有利于顺序凝固和冒口的补缩，铸件组织致密，能避免缩孔、缩松、冷隔及浇不到等铸造缺陷。

③ 利用多内浇道，可减轻内浇道附近的局部过热现象。

2）阶梯式浇注系统的主要缺点如下：

① 结构复杂，有时要求多个水平分型面，造型和清理工作量大。

② 要求正确的计算和结构设计，否则易出现上下各层内浇道同时进入金属液的“乱浇”现象，或底层进入的金属液过多，形成下部温度高的温度分布。

（2）垂直缝隙式浇注系统　垂直缝隙式浇注系统是阶梯式浇注系统的特殊形式，中间直浇道截面较大，最后充满，如图3-13b所示。充型平稳，有利于排气和顺序凝固，铸件组织致密；适用于小型、质量要求高的非铁合金及铸钢件，也适用于高度较大的铸铁实体件和垂直分型铸件。

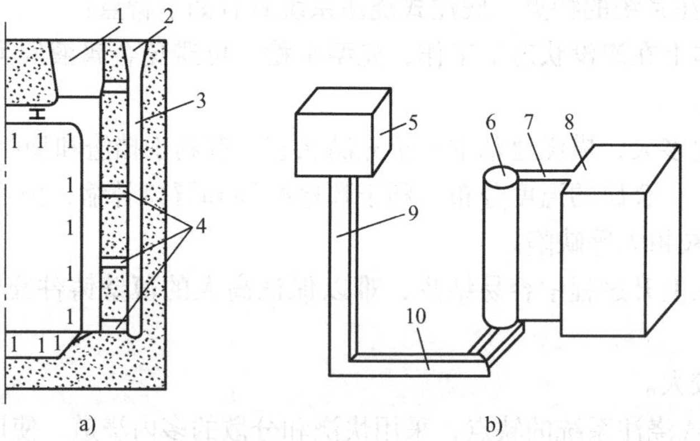

图3-13 分层注入式浇注系统

a）阶梯式浇注系统 b）垂直缝隙式浇注系统

1—冒口 2、5—浇口杯 3、9—直浇道 4—内浇道 6—中间直浇道 7—缝隙浇口 8—铸件 10—横浇道

浇注系统类型的选择要综合考虑多种因素，包括铸件的浇注位置，分型面，造型工艺，铸件的结构、尺寸，合金的铸造性能，是否应用冒口、冷铁等。

3.4 浇注系统阻流截面积计算

在浇注系统类型及结构形式确定之后，需要设计浇注系统各组元的尺寸。一般先确定浇注系统的最小截面（阻流面积）面积，然后按比例关系确定其他组元面积，并根据浇注系统类型及结构形式确定各组元的尺寸。浇注系统的设计校核主要是浇注时间与液面上升速度校核、剩余压头高度校核。

浇注系统各组元的尺寸随着铸件材质和结构及生产条件的不同而变化。浇注系统设计中常用的计算公式和图表，大多以流体力学原理为基础，与铸造生产条件下的实际充型过程存在一定差异。因此，浇注系统各组元的尺寸通常是用经验公式或选取经验系数按近似的公式进行设计计算的，至今还没有精确、统一的理论计算方法。计算公式和图表都有其局限性，使用时一定要与生产实践结合，才能获得满意的结果。

浇注系统设计方法可分为三类：①基于流体力学原理推导提出的公式法；②基于实践经验总结提出的经验设计法；③基于理论设计和实践经验的简化图表法。

3.4.1 阻流面积计算

阻流组元截面（又称阻流面积）设计法认为浇注系统各组元中截面面积最小单元为阻流截面。对于封闭式浇注系统，最小阻流面积是内浇道截面；对于开放式或半开放式浇注系统，最小阻流面积则是内浇道前的某个阻流截面。阻流面积的大小实际上决定了浇注时间的长短。在一定的压头下阻流截面面积越大，浇注时间越短。

生产中有多种确定阻流面积的方法和实用图表，但大多以水力学原理为基础。根据小孔出流托里拆利定律，计算阻流面积，具体计算公式（奥赞公式）如下

$$A_{阻}=\frac{m}{\rho\mu\tau\sqrt{2gH_p}} \tag{3-1}$$

式中　$A_{阻}$——浇注系统最小横断面积（m^2）；

m——流经$A_{阻}$断面的金属液总质量（kg）；

ρ——金属液密度（$kg\cdot m^{-3}$）；

μ——流量系数；

τ——浇注时间（s）；

g——重力加速度，$g=9.8m/s^2$；

H_p——平均静压力头高度（m），计算公式见表3-2。

浇注系统中金属液的流量系数受浇注系统形式、铸件结构和铸型条件以及浇注条件等因素的影响，流量系数μ值的确定将在后面章节中详细叙述。

表3-2　不同浇注形式的平均静压头高度的计算公式

浇注形式	图　例	公　式
顶注式	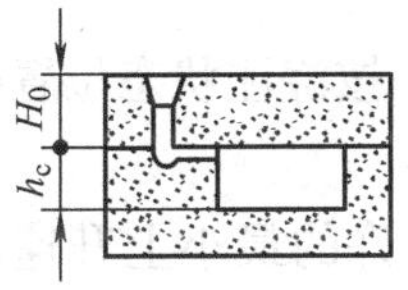	$P=0$ $H_p=H_0$
中间注入式	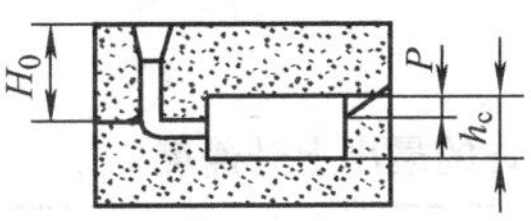	$P=0.5h_c$ $H_p=H_0-0.125h_c$
底注式	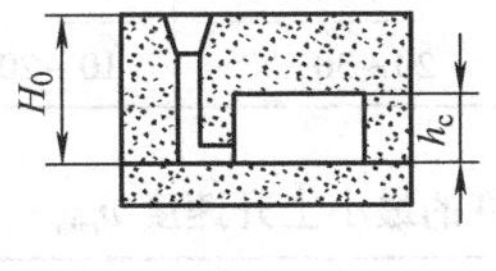	$P=h_c$ $H_p=H_0-0.5h_c$

3.4.2　浇注时间的确定

液态金属从开始进入铸型到充满铸型所需的时间称为浇注时间，用τ表示。浇注时间对铸件质量影响很大，尤其对大、中型铝合金和镁合金铸件质量的影响更为明显。浇注时间过短，则流速太快，金属液在型腔中流动不平稳，易造成涡流，卷入气体，产生氧化夹渣；浇注时间过长，金属液充型能力下降，易造成浇不到和冷隔缺陷，在金属液引入位置的附近造成局部过热，不利于铸件自下而上的顺序凝固，造成铸件组织粗大和缩孔、缩松缺陷。

合适的浇注时间与铸件结构、铸型工艺条件、合金种类及选用的浇注系统类型等有关，浇注时间一般根据经验公式计算确定。对于质量小于450kg、壁厚为2.5~15mm铸铁件的浇注时间τ(s)可按式（3-2）计算

$$\tau=S_1\sqrt{m} \tag{3-2}$$

式中 m——浇注金属液总质量（kg）（包括浇注系统和冒口）；

S_1——系数，取决于铸件壁厚，可参见表3-3。

表3-3 系数 S_1 和铸件壁厚的关系

铸件壁厚/mm	2.5~3.5	3.5~8.0	8.0~15
系数 S_1	1.63	1.85	2.19

计算所得的浇注时间是否合适，通常用型内金属液面的上升速度来验证，因为经验公式计算的浇注时间没有考虑铸件结构和工艺因素。

3.4.3 金属液在型内的上升速度

浇注时间应小于形成浇不到和冷隔的最大允许浇注时间，还应小于形成夹砂、结疤类缺陷的极限允许时间；浇注时间应大于气体从型内逸出的最小允许时间等。显然，这些都和型内金属液的上升速度密切相关。

型内金属液上升速度 v 可表示为浇注时间与铸件高度的比值，按式（3-3）计算

$$v=\frac{H}{\tau} \tag{3-3}$$

式中 H——铸件最低点到最高点的距离（mm），按浇注状态位置确定；

τ——浇注时间（s）。

按式（3-3）求得的金属液面上升速度小于允许的最小上升速度时，要缩短浇注时间或调整铸件浇注位置，使上升速度达到或高于规定值。表3-4和表3-5分别给出了铸型内铸铁和铸钢液允许的最小上升速度值 v_{min}。

表3-4 型内铸铁液面允许的最小上升速度 v_{min}

铸件壁厚 δ/mm	>40mm，水平浇注大平板铸件	>40mm，上箱有大平面	10~40	4~10	<4
最小上升速度值 v/（mm/s）	8~10	20~30	10~20	20~30	31~100

表3-5 型内铸钢液面允许的最小上升速度 v_{min} （单位：mm/s）

铸件质量/t	铸件结构		
	复　杂	一　般	简　单
<5	25	20	15
>5~15	20	15	10
>15~35	16	12	8
>35~55	14	10	6
>65~100	12	8	5
>100	10	7	4

表3-5中的数值一般适用于普通铸钢件。浇注位置较高的铸件，钢液上升速度应适当增快；浇注位置较低的铸件，钢液上升速度可允许适当减小。齿轮、轴承座类铸钢件的钢液上升速度可按表3-5中简单件数值选取；平板、平台类铸钢件的钢液上升速度可按表3-5中的简单件数值，甚至可降低20%~30%；大型合金钢铸件、汽轮机汽缸体和泵压件、阀体类铸钢件的钢液上升速度可按表3-5中复杂件的数值加30%~50%。

高度很低、长度和宽度较大的铸钢件，虽经调整钢液上升速度仍很难达到表3-5的要求时，可考虑倾斜浇注：按1∶10的斜度单面垫高，旨在改变影响钢液上升速度的条件。但铸件长度超过3000mm时，单面垫高极限不可大于400mm。

3.4.4 流量系数的确定

流量系数μ值的准确程度关系计算所得的阻流面尺寸合适与否。准确地计算其数值十分困难。流量系数与浇注系统中各部分的阻力及型腔内流动阻力大小有关，如浇注系统的结构及尺寸和浇口比、铸件结构复杂程度、铸型条件、合金种类和浇注温度等。一般根据铸件合金种类、浇注温度和铸件结构的经验数据，确定浇注系统的流量系数μ值。

1）合金种类不同，应取不同的μ值。铸钢件和铸铁件μ值的确定可参照表3-6。根据不同的浇注条件和铸型条件，流量系数μ值要修正，修正值见表3-7。

表3-6 铸钢件及铸铁件的流量系数μ值

种类		铸型阻力		
		大	中	小
湿型	铸铁	0.35	0.42	0.50
	铸钢	0.25	0.32	0.42
水玻璃砂型	铸铁	0.41	0.48	0.60
	铸钢	0.30	0.38	0.50

表3-7 流量系数μ的修正值

影响流量系数μ值的因素	修正值
浇注温度升高，从1280℃起，每提高50℃，μ值增大	+0.05以下
出气口和明冒口，减少型腔内气体压力，μ值增大。当$(\Sigma A_{出气口}+\Sigma A_{明冒口})/\Sigma A_{阻}=1\sim1.5$时	+0.05~0.20
直浇道和横浇道的截面积比内浇道大得多，流动阻力减少，μ值增大。当$(\Sigma A_{直}/\Sigma A_{内})>1.6$；$\Sigma A_{横}/\Sigma A_{内}>1.3$时	+0.05~0.20
阻流断面后浇注系统截面积扩大较多，μ值增大	+0.05~0.20
阻流断面设在内浇道，当总面积一定，但内浇道数量增加时，μ值减小	
2个内浇道	-0.05
4个内浇道	-0.10
型砂透气性差，且无出气口和明冒口，μ值减小	-0.05以下
顶注式浇注系统，μ值增大	+0.10~0.20
底注式浇注系统，μ值减小	-0.05~-0.20

注：封闭式浇注系统μ的最大值为0.75，如计算大于此值，仍取0.75。

2）浇注温度对μ值的影响有一定的规律性。随着浇注温度的提高，合金液黏度减小，浇注系统中实际流量增大，流量系数μ值也随之增大。实验表明，铝合金浇注温度从680℃提高到800℃，μ值可增加0.1。

3）浇注系统结构对μ值影响很大。浇注系统结构复杂，流程长，流动阻力大，流量系数μ值小。金属液在浇注系统中压头损失主要集中于直浇道、横浇道和过滤网。镁合金常采用较复杂的浇注系统，并使用过滤网，以保证液流流动平稳，滤除氧化渣，但增大了局部阻力，一般应取较小的μ值。在具体选择μ值时，还应考虑浇口比，μ值随着浇注系统开放程度的增大而增大。

4）铸件结构对μ值影响很大。铸件结构越复杂，流量系数μ值越小。在航空产品中，镁合金铸件按结构特点可分为机匣、盖板和框架三大类。机匣类铸件一般壁厚较小，几何形状复杂，型芯较多，金属液充型流动阻力大，一般取较小的μ值。盖板类铸件形状比较简单，金属液流动阻力较小，其μ值大于机匣类铸件。框架类铸件形状一般较简单，壁厚较大，对金属流动阻力小，所以其μ值应取大些。

铸件结构对μ值的影响还与铸件壁厚有关。航空产品铝合金、镁合金铸件主体壁厚一般在5～11mm之间，大部分在7～9mm之间；当壁厚小于6mm时，其μ值要减少5%～7%，当壁厚超过10mm时，μ值要增加5%左右。

3.4.5 金属液充型临界速度

液态金属在充型过程中前端被一层氧化薄膜所包围，随着液态金属的推进，氧化薄膜不断往两边移动，往两边移动的氧化膜成为铸件的表皮，同时又有新的氧化薄膜不断形成，以保证整个过程的连续性。如果充型过程中液态金属自由表面受到破坏，则金属液表面氧化膜破裂并被卷入金属液形成氧化夹渣。保持金属液自由表面不被破坏的临界速度v(m/s)为

$$v_c = 2(\gamma / r\rho)^{1/2} \tag{3-4}$$

式中 ρ——金属液密度（kg/m^3）；

γ——金属液自由表面张力（N/m）；

r——自由表面半径（m）。

当充型速度小于临界速度时，充型过程液态金属流动平稳，表面氧化膜不会破裂，氧化膜未被卷入金属液形成氧化夹渣。当充型速度大于或等于临界速度时，液态金属表面氧化膜破裂、折叠，有可能卷入液态金属内部，形成氧化夹渣，如图3-14所示。

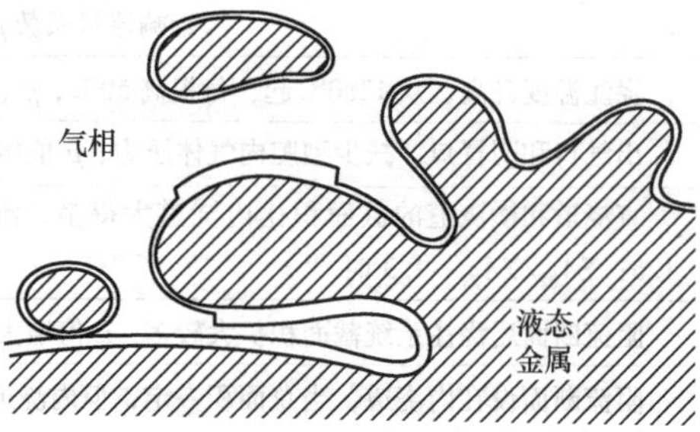

图3-14 金属液扰动表面产生氧化膜示意图

铝合金液的临界速度$v_c = 0.4 \sim 0.6$m/s，钢铁和高温合金的临界速度$v_c = 0.5$m/s。大量研究表明，常见金属液的临界速度均在0.5m/s左右。

对于大多数铸件，金属液最大流速主要取决于阻流断面与浇口杯之间的高度差及铸件高度，很难控制最大流速低于0.5m/s。因此，对于高而大的铸件，应采取减压式内浇道，降低内浇道出口处金属液压力，防止金属液充型过程中产生喷射或飞溅。减压式内浇道的形式将在后文讲述。

3.5 浇注系统结构设计

3.5.1 浇注系统各组元截面积计算

基于式（3-1）求得阻流面积后，可根据合金和铸件特点所确定的浇口比，计算确定浇

注系统各组元截面积。浇注系统设计必须根据铸件合金种类和铸件结构特点及质量要求等确定各组元的截面积比例。理想的浇注系统应能平稳地把金属液输送到型腔各处，不吸气，能挡渣，并能调节铸件凝固温度场。

在设计浇注系统、确定各组元截面积时，应考虑能尽量使浇注系统快速充满，使其形成正压，避免浇注系统吸气，又能起到挡渣功能。浇注系统截面比没有统一规范，一般根据生产经验确定，不同合金铸件常用浇注系统各组元截面比可参考表 3-8。

表 3-8 常用浇注系统各组元截面比

$A_{直}$:	$\Sigma A_{横}$:	$\Sigma A_{内}$	应用范围
2 :	1.5 :	1	大型灰铸铁件砂型铸造
1.4 :	1.2 :	1	中、大型灰铸铁件砂型铸造
1.15 :	1.1 :	1	中、小型灰铸铁件砂型铸造
1.11 :	1.06 :	1	薄壁灰铸铁件砂型铸造
1.5 :	1.1 :	1	可锻铸铁件砂型铸造
(1.2~1.6) :	(1.1~1.3) :	1	铸钢件转包浇注
(1.1~1.2) :	(1.3~1.5) :	1	中、小型铸铁件
1.2 :	1.4 :	1	重型机械铸铁件
1.1 :	1.5 :	1	铸铁件表干型铸造
4 :	8 :	3	薄壁小型球墨铸铁件
1 :	2~4 :	1.5~4	厚壁球墨铸铁件
1 :	2~5 :	1.5~6	铝合金，大件取上限，小件取下限
(1.2~3) :	(2~5) :	1.5~8	镁合金，大件取上限，小件取下限

3.5.2 浇注系统各组元结构设计

1. 浇口杯

浇口杯的作用是承接来自浇包的金属液，防止金属液飞溅和溢出，便于浇注；减轻液流对型腔的冲击；分离渣滓和气泡，阻止其进入型腔；增加充型压力。只有浇口杯的结构正确，并配合恰当的浇注操作，才能实现上述功能。

浇口杯应根据铸件大小和质量要求等选择合适的结构类型（见图 3-5）。漏斗形浇口杯的结构简单，挡渣作用差，用于一般要求的铸件。内在质量要求高的铸件应采用挡渣效果较好的池形浇口杯，或中间设置隔板的池形浇口杯。浇注重大铸件时常采用拔塞浇口杯。

浇口杯的流出口取决于直浇道直径，流出口应与直浇道对齐，两者连接处一定要设有圆角，采用圆滑过渡，以避免液流引起冲砂。

浇口杯必须超出铸件和冒口一定高度，并保证压头不低于最小剩余压头。剩余压头 H_M 是指浇口杯内的液面与铸件浇注位置最高点之间的高度差（见图 3-15），为了保证金属液能够充满距离直浇道最远的铸件最高部位，剩余压头必须大于或等于某一临界值——最小剩余压头，即 $H_M \geq L\tan\alpha$。其中，L 为铸件最高最远点与直浇道中心线之间的水平距离（mm）；α 为最小压力角，可根据铸件壁厚等由相关手册查取。

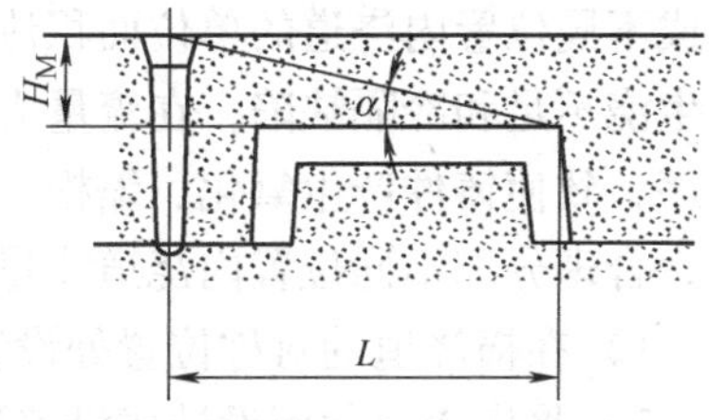

图 3-15 剩余压头与铸件的最小压力角

2. 直浇道

直浇道的形状通常为上大下小的圆锥形，有时为等截面的圆柱形、上小下大的倒圆锥形、蛇形或片状等。直浇道最小截面积按与阻流面积的比例计算获得。例如，对于圆锥形直浇道，$A_{直}:A_{横}:A_{内}=2:1.5:1$，设阻流断面内浇道$A_{内}=500\text{mm}^2$，则$A_{直}=1000\text{mm}^2$，计算可得直浇道最小直径为$\phi35.7\text{mm}$。

为了防止浇注时直浇道吸气，尽量采用由上至下横截面逐渐缩小的结构，以形成正压并使直浇道始终处于充满状态；铝合金和镁合金等易氧化金属一般用蛇形直浇道，以增大流动阻力，减缓金属液的流动速度，使直浇道尽快充满并处于正压状态。

在实际生产中，有时受到机械化造型设备的限制，难以做到直浇道上大下小，甚至只能是上小下大，以便于起模，这时应尽量减少起模斜度，尽可能减少浇注过程中吸入气体。直浇道高度应保证剩余压头不低于最小剩余压头，以保证金属液具有良好的充型能力。

金属液从直浇道流向横浇道时，存在一个急转弯（见图3-16a），将加剧金属液的湍流和搅动。因此，直浇道与横浇道连接应采用圆滑过渡，一般在直浇道底部设置直浇道窝，如图3-16b所示。直浇道窝可减少金属液流对铸型的冲击，并缓冲、缩短直浇道-横浇道拐弯处的高度湍流区，改善内浇道的流量分布，降低直浇道-横浇道拐弯处的局部阻力和压头损失，有利于浮出金属液中的气体，增大熔渣的上浮速率。

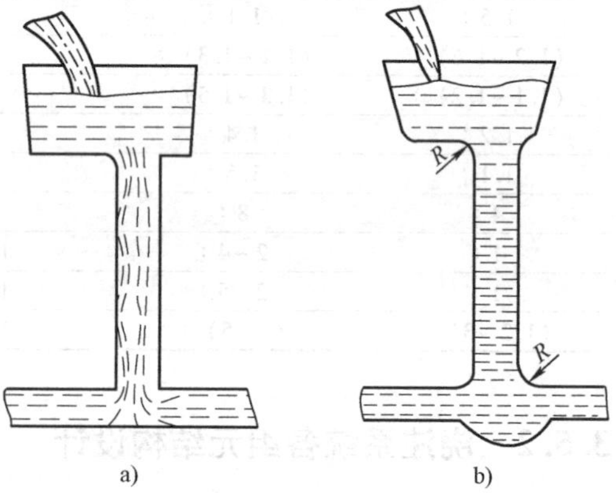

图3-16 直浇道与其他浇注组元的连接

a）不合理 b）合理

直浇道窝的大小、形状应适宜，砂型应坚实。直浇道窝常做成半球、圆锥台等形状。基于水和铝合金浇注系统的模拟试验，直浇道窝直径应为直浇道底部直径的2～2.5倍，其深度不小于横浇道的深度。

3. 横浇道

横浇道一般设在分型面处，呈梯形；铸钢件和大型铸件，横浇道常用耐火材料预制件制作，呈圆形。横浇道截面积按与阻流面积的比例计算获得。例如，$A_{直}:A_{横}:A_{内}=2:1.5:1$，设阻流面内浇道$A_{内}=500\text{mm}^2$，则$A_{横}=750\text{mm}^2$，若采用圆柱形横浇道，直径约为$\phi30\text{mm}$。

横浇道的主要作用之一是将金属液从直浇道引入内浇道，合理分配金属液流量是横浇道设计的关键。当采用多个内浇道时，由于不同位置内浇道与横浇道连接处的压力是不同的，造成不同位置内浇道的单位面积流量不同，流量不均匀现象导致大型复杂铸件和薄壁铸件易产生浇不足和冷隔缺陷，在流量大的内浇道附近造成铸件局部过热、破坏所预计的铸件凝固次序，致使铸件产生氧化、缩松、缩孔和裂纹等缺陷。为了减少流量不均匀对铸件质量的影响，合理分配不同位置内浇道流量，通常采取以下措施：

1）在横浇道的对称位置处设置内浇道。

2）将横浇道截面设计成沿着液流方向逐渐缩小的形式。

3）根据横浇道沿程阻力情况，缩小或增加远离直浇道的内浇道截面面积。

横浇道另一重要作用是挡渣。为了保证横浇道的档渣效果，横浇道结构设计要求如下：

1）横浇道一般采用高梯形断面，使其顶面尽量高出内浇道吸动区。

2）横浇道截面积应足够大，减少金属液的流速，使熔渣有足够的时间上浮。

3）横浇道从直浇道到内浇道有足够的距离，一般为横浇道高度的4～5倍，以保证熔渣或夹杂物能上浮到横浇道金属液顶面。

4）横浇道末端应远离内浇道一定的距离，避免先期进入的金属液进入型腔，一般是横浇道高度的2～3倍。

5）横浇道结构要通顺、流畅，避免金属液在流动过程中产生湍流。

在实际生产中有时横浇道应有的长度常受到砂箱限制，扩大横浇道截面积和提高横浇道高度，将大大降低铸件出品率。为了保证横浇道的挡渣作用，需要在横浇道结构上采取工艺措施。常见的方法有以下几种：

① 设置集渣包的浇注系统。横浇道上局部加高、加大的部分称为集渣包，如图3-17所示。当金属液流入集渣包时，流速因断面积突然增大而降低，并在集渣包内产生旋涡，致使密度较小的熔渣向旋涡中心集中、浮起而留滞在集渣包顶部。当金属液以切线方向进入圆形的集渣包时，称为离心集渣包。离心集渣包的出口截面积应小于入口截面积，且方向必须与液流旋转方向相反（见图3-17b），以保证金属液流能快速充满集渣包且使浮起的渣团不致流出集渣包。离心集渣包还可以兼起冒口作用，此时其结构与大小应按补缩要求设计，出口截面积应按冒口颈的尺寸来确定。

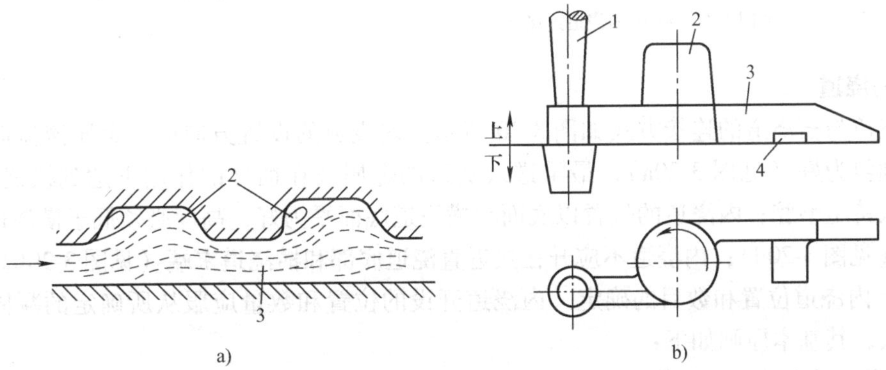

图3-17　设置集渣包的浇注系统

a）齿形集渣包　b）离心集渣包

1—直浇道　2—集渣包　3—横浇道　4—内浇道

② 设置滤网的浇注系统。在浇注系统中设置滤网，滤网对金属液进行过滤，起到挡渣的作用。滤网或过滤片一般设置在直浇道底部与横浇道连接处，也可以设置在横浇道处，或设置在横浇道与内浇道连接处，如图3-18所示。

根据金属的熔点和铸件的大小，可选择不同材料的滤网。目前，铝合金、镁合金、铜合金常采用玻璃纤维滤网；铸钢件通常用多孔陶瓷或泡沫陶瓷滤网；铸铁件根据具体情况可选用玻璃纤维滤网或多孔陶瓷或泡沫陶瓷滤网。

③ 缓流式浇注系统。在相同金属液压头情况下，横浇道中设置拐弯可使金属液流速明显降低，如图3-19所示。此种浇注系统通过液态金属在横浇道中转弯（横浇道是曲折的，两段在上箱，一段在下箱），改变金属液流方向，增大局部阻力，降低流动速度，挡渣效果

较好，但加剧了金属液在流动过程中的扰动，易产生二次氧化。

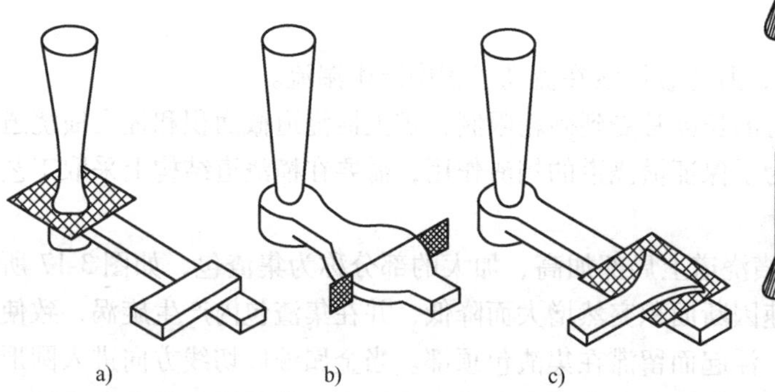

图 3-18 设置滤网的浇注系统

a）滤网设在直浇道-横浇道连接处 b）滤网设在横浇道

c）滤网设在横浇道-内浇道连接处

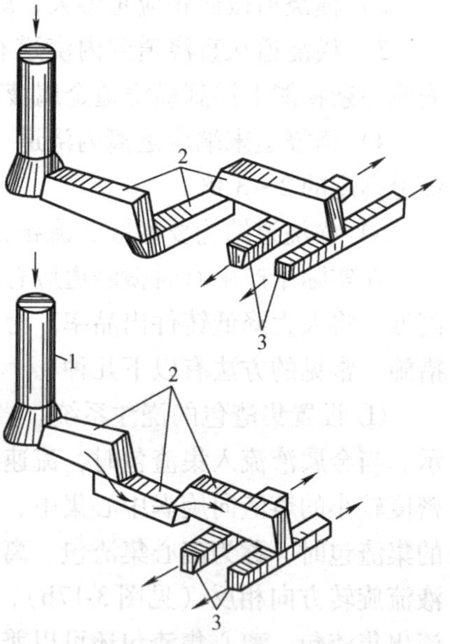

图 3-19 缓流式浇注系统

1—直浇道 2—横浇道 3—内浇道

4. 内浇道

内浇道与横浇道的连接方式如图 3-20 所示。内浇道的设置方向应与金属液流向成一定的逆向倾斜为好（见图 3-20a），最早进入浇道的金属液在惯性的作用下达到横浇道末端，不易进入铸型型腔；内浇道的位置以底面与横浇道底面平为好，高度必须低于横浇道顶面一定距离（见图 3-20d）；内浇道不应开在接近直浇道底部和横浇道末端（见图 3-20h）。

（1）内浇道位置和数目的确定　内浇道开设的位置和数量应服从所确定的凝固原则或补缩方法，其基本原则如下：

1）内浇道在铸件上的位置和数量必须保证金属液能平稳顺利地充到型腔各部位，尽可能减少金属液充型过程中在型腔内产生的扰动。

2）对要求同时凝固的铸件，内浇道应开在铸件薄壁处，数量宜多，分散布置，使金属液快速均匀地充满型腔，避免内浇道附近铸型局部过热。

3）对要求顺序凝固的铸件，内浇道应开设在铸件厚壁处并设有冒口，如使内浇道通过冒口，让金属液先流经冒口再引入型腔，则能提高冒口的补缩效果。

4）对结构复杂的铸件，往往采用顺序凝固和同时凝固相结合的原则安排内浇道。即对每一个补缩区域依顺序凝固原则设置内浇道，而对整个铸件则按同时凝固原则采用多内浇道分散充型。这样，既可使铸件的各个厚大部位得到充分补缩而避免出现缩孔、缩松，又可减小铸件的铸造应力和变形。

（2）设计内浇道的要点　内浇道设计应根据铸件技术要求、铸件结构特点和确定的凝固原则，选择合适的位置和数量，避免金属液流入型腔时产生喷射和飞溅，尽量不要冲刷型芯、型壁、冷铁和芯撑。对于环形或圆筒形铸件，切线引入金属液会引起型内金属液的回转

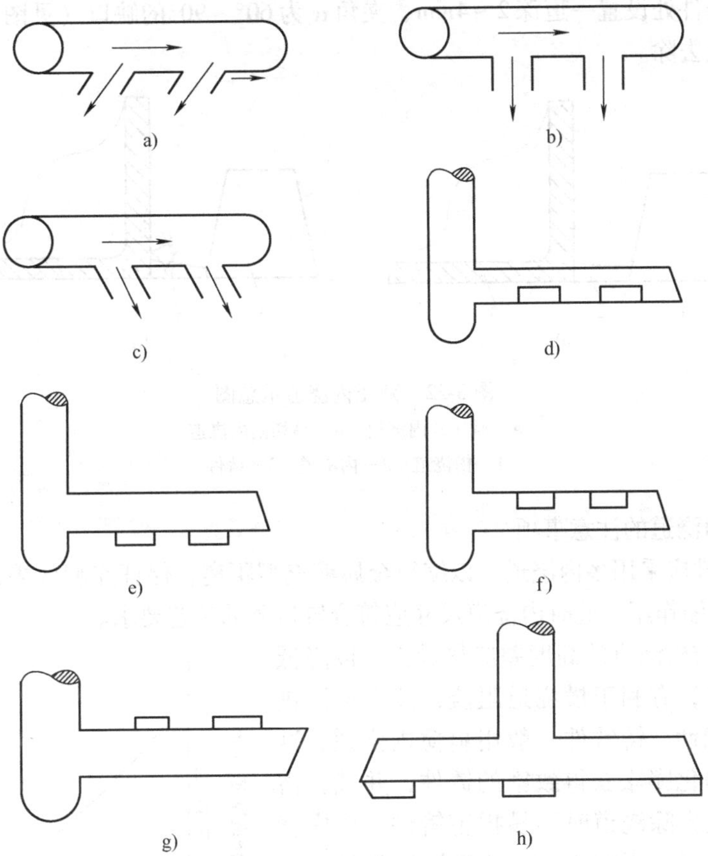

图3-20　内浇道与横浇道的连接方式
a)、d) 优　b)、e) 一般　c)、f)、g)、h) 劣

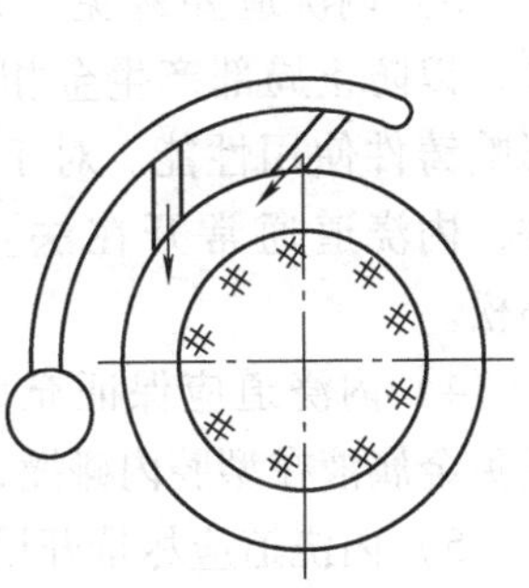

图3-21　圆筒形铸件内浇道布置

运动（见图3-21），熔渣等杂质在离心力的作用下被推向型腔内表面而黏附于砂芯表面。因此，对外表面要求高的筒形铸件可采用切向内浇道，有利于提高铸件外表面质量；而对内表面要求高的筒形铸件则应避免金属液回转，不宜采用切向内浇道，而应采用雨淋式浇注系统。

内浇道形状及大小应根据具体铸件结构而定。其中以扁平梯形内浇道最为常用，扁平梯形内浇道增大了横浇道的高度差，有利于横浇道的挡渣，且与铸件连接处不易产生缩松和易于清除。高梯形内浇道常用于从铸件的垂直壁上注入金属液；方梯形内浇道具有一定的补缩作用，常用于厚壁铸件或铸钢件；圆形内浇道的优点是散热慢，常用于铸钢件，一般用浇口耐火砖管形成。内浇道长度较短（一般为20~50mm），对金属液流动影响不大。

内浇道截面尺寸一般不变，但为了缓流，减少内浇道内金属液的压力，防止充型时金属液产生喷射和飞溅，最好采用减压式内浇道，即横截面向型腔方向逐渐扩大，如图3-22所示；为便于铸件清理，特别是连接内浇道处铸件壁厚与内浇道横截面高度之比小于1.5时，在内浇道临近铸件处设置一道深2~4mm、夹角α为60°~90°的缺口（见图3-22b），清理铸件时易将内浇道去除。

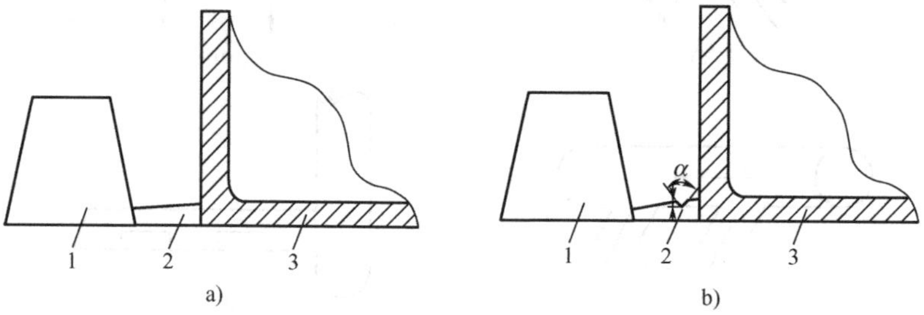

图3-22 减压内浇道示意图

a）减压式内浇道 b）易切割内浇道

1—横浇道 2—内浇道 3—铸件

（3）设计内浇道的注意事项

1）薄壁铸件应采用多内浇道，以缩短金属液充型距离，保证充型效果，且浇注系统还可起到一定的补缩作用，此时内浇道尺寸应符合冒口颈的工艺要求。

2）内浇道与横浇道的高度差应尽量大，以降低内浇道的吸动区，有利于横浇道阻渣，减少熔渣进入内浇道的可能性。铸铁件一般用扁薄内浇道，这有助于利用石墨化膨胀获得致密的铸件，并减轻清理工作量，清理去除浇道时不易损害铸件。但内浇道不能过薄，否则会影响充型，球墨铸铁件最小内浇道厚度与浇注温度的关系如图3-23所示。

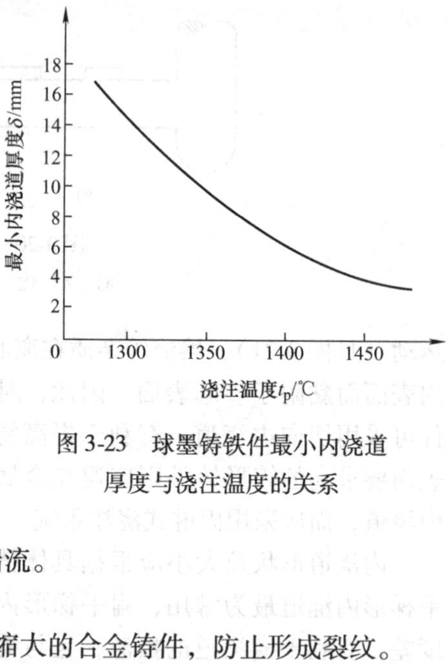

图3-23 球墨铸铁件最小内浇道厚度与浇注温度的关系

3）内浇道要避免开设在铸件质量要求高的部位，以防止局部产生金相组织粗大或组织不致密而影响铸件使用性能。对于要求耐压、防渗漏的管类件，内浇道通常开在法兰处，以防止管壁处出现缩松。

4）内浇道应保证充型金属液流向顺畅、一致，避免金属液在型腔内碰撞，造成流向混乱而出现过度湍流。

5）内浇道应尽量开设在分型面上，方便造型。

6）内浇道的开设尽量不阻碍铸件收缩，尤其是收缩大的合金铸件，防止形成裂纹。

3.5.3 阶梯式浇注系统设计

阶梯式浇注系统适用于高度大的中、大型铸件，其设计的关键是要保证自下而上分层逐层进入金属液，防止出现“乱浇”或底层进入金属液过多，形成铸件下部温度高等现象。阶梯式浇注系统一般有五种形式，如图3-24所示。

（1）多直浇道型阶梯式浇注系统 各层内浇道由专用直浇道连接（见图3-24a），采用依次浇注不同直浇道的方法实现分层浇注。这种工艺需要较大的砂箱，造型工作量大，一般用于重要的铸件。

(2) 用塞球法控制型阶梯式浇注系统　直浇道呈非充满状态浇注，型内液面上升到接近上层内浇道时，向直浇道内投放一枚金属球，塞住下层直浇道通路，使金属液从上层内浇道注入型腔，实现分层浇注，如图3-24b所示。

为有效地控制分层浇注顺序，直浇道采用特制耐火砖管或型芯管，上层的管径大于下层的，上层金属塞球也相应加大直径。其优点是能较可靠地控制浇注顺序，并获得有利的金属温度分布；缺点是需要特制耐火砖管和金属塞球。

(3) 控制各组元比例型阶梯式浇注系统　各层内浇道在相连接的分配直浇道之前设置阻流，造成分配直浇道内金属液呈非充满流态，并使 $H_{有效} < H_0$（见图3-24c），从而实现分层引入。这是一种先封闭后开放的浇注系统，一般用于转包浇注的各种铸件。

其主要优点是结构简单，占用砂型体积小；缺点是底层内浇道进入金属液量过多，在获得有利于冒口补缩的温度场方面不如上述两种类型。

(4) 带缓冲或反直浇道型阶梯式浇注系统　金属液经直浇道进入宽大的缓冲或反直浇道内，如图3-24d、e所示，直浇道未充满并使 $H_{有效} < H_0$，从而实现逐层充型。对具有反直浇道型阶梯式浇注系统，当下层内浇道都被淹没时，上层内浇道流量较大，易实现顺序凝固，有利于补缩，适用于中大型的铸钢件。

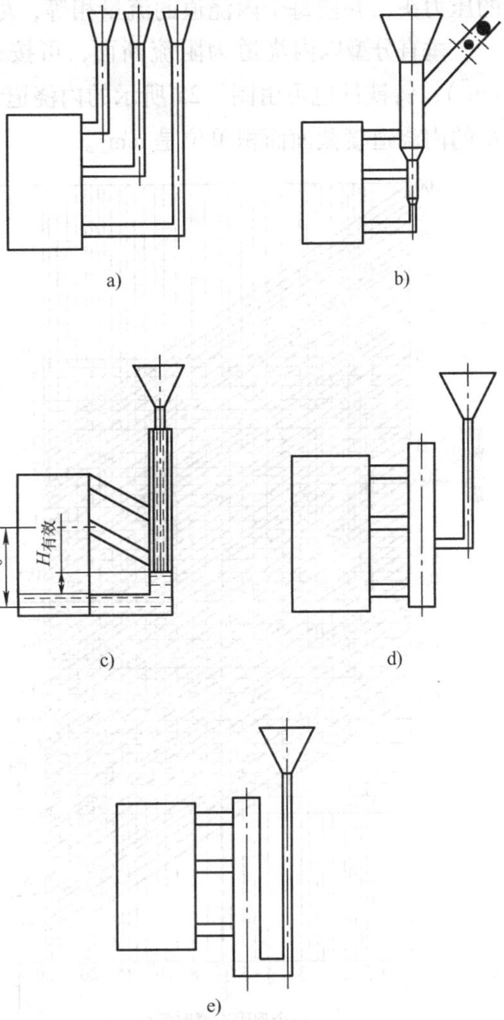

图3-24　阶梯式浇注系统
a) 多直浇道型　b) 用塞球法控制型　c) 控制各组元比例型　d) 带缓冲直浇道型　e) 带反直浇道型

3.5.4 垂直分型浇注系统设计

1. 计算原理

垂直分型特点是在造型、浇注和冷却过程中分型面均呈垂直状态。对于一型多铸的小件，分布有多层（多的可达六层），浇注系统呈树枝状，底部铸件的充型压力比顶部的高几倍。有的研究者主张用底注开放式浇注系统，而有的研究者则主张用恒压等流量浇注系统——强封闭式浇注系统。实践表明，恒压等流量浇注系统有较多的优点：①上下各层铸件质量比较一致；②浇注系统占用模板面积小；③铸件出品率高。

恒压等流量浇注系统是充满式浇注系统，每层铸件的内浇道（阻流）充型时保持恒定的压力头，并使每个内浇道的流量相等，尽量使各层型腔同时充满。

垂直分型以内浇道为阻流断面，可按式（3-1）计算每个铸件的内浇道横截面面积 A_c（m^2）；铸铁件也可由图 3-25 所示的内浇道计算诺谟图查得。图 3-25 中 H_0 的单位是 mm，查得的内浇道横截面面积单位是 mm^2。

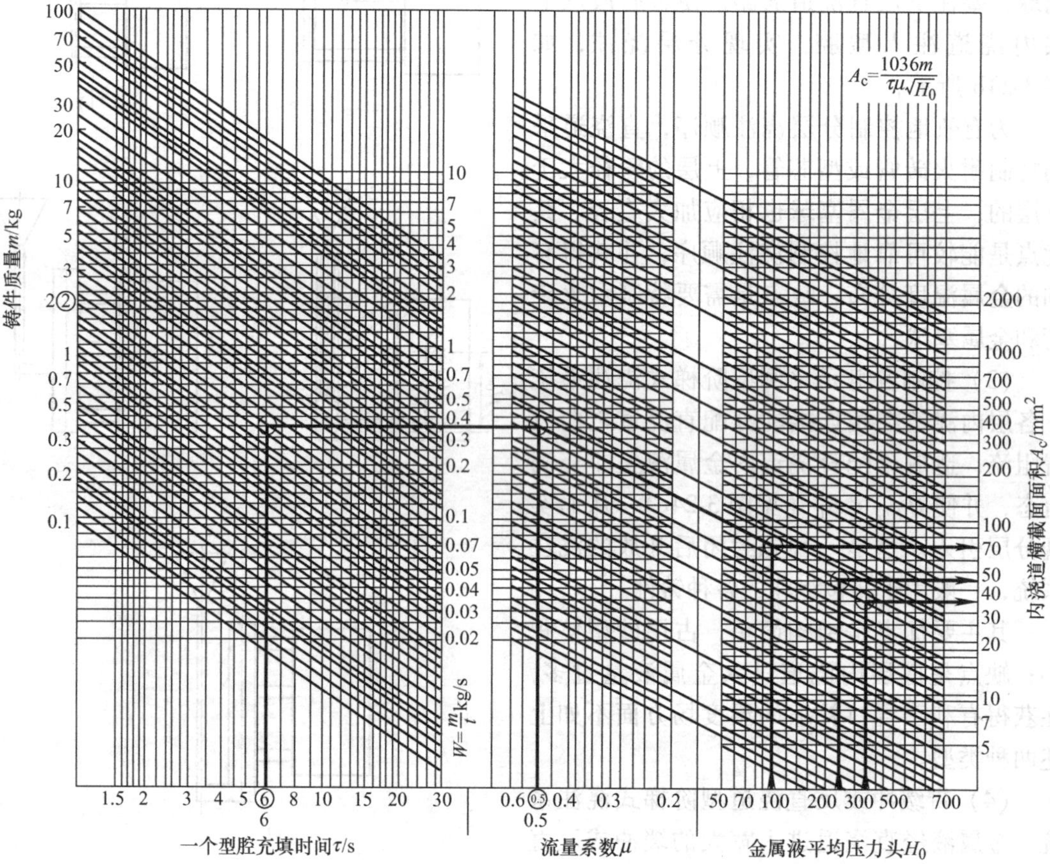

图 3-25 铸铁件垂直分型工艺内浇道计算诺谟图

2. 设计要点

1）以内浇道为阻流断面的强封闭式浇注系统，目的是保证各层内浇道充型时金属液压力头恒定，使每个型腔同时充满，浇口杯应足够大。

2）严格控制浇注时间。浇注时间应服从造型机节拍并严格地控制。根据经验，浇注时间的变化如超过 1s，废品就会大幅度增加。

3）小型薄壁件可用浇注系统当“冒口”。薄壁小型铸件可用浇注系统作为冒口进行补缩。对较大的热节或铸件，则另设冒口，内浇道连接冒口，以提高冒口的补缩效率。

3.6 常用铸造合金浇注系统设计

浇注系统设计的主要内容是选择浇注系统类型，设计计算浇注系统各组元的结构和尺寸。浇注系统设计方法及主要步骤如下：

1. 选择浇注系统类型

根据铸造合金种类和铸件结构特点及造型方法，选择并确定浇注系统类型。

2. 草拟出浇注系统布置图

根据浇注系统类型和造型机标准模板尺寸或砂箱轮廓尺寸，按照所确定的造型工艺、浇注位置和分型面，依据铸件结构特点、尺寸大小和质量要求以及选择的凝固原则和吃砂量，确定砂箱（型）中铸件数目及排列方式、内浇道的位置及数目和金属液引入方向、直浇道的位置和高度，布置横浇道，草拟出浇注系统布置图。

3. 浇注系统设计计算

根据砂箱（型）中铸件数量，先依据生产经验或查阅相关手册，确定铸件工艺出品率，初步计算每型浇注金属质量；也可根据初步设计的铸造工艺，计算通过阻流断面的金属液质量，也称为铸件浇注质量，包括浇注系统和补缩冒口系统等。

浇注系统横截面积确定方法分为两类：一是借助于理论计算的公式法；二是借助于经验归纳的图表法（包括查表法和查图法）。

（1）公式法　根据铸件浇注质量，计算浇注时间和浇注系统截面积。确定浇注时间时应校核金属液面上升速度，并使之满足要求。再利用式（3-1）计算阻流面面积，然后根据浇注系统类型，确定各组元截面比，设计计算直浇道、横浇道和内浇道等组元的截面积及结构和尺寸。

（2）图表法　图表法是借助于由生产经验归纳出的图表来查取浇注系统各组元的尺寸和横截面积。由经验归纳的图表查取阻流面面积，根据浇道截面比设计计算各组元的截面积及结构和尺寸，然后再核算型内金属液的上升速度。

4. 绘出浇注系统图

在零件图上，按JB/T 2435—2013规定的铸造工艺符号表示出浇注系统并标注相关尺寸，绘制各组元横截面图等。

3.6.1　灰铸铁件浇注系统

灰铸铁一般采用封闭式或封闭开放式浇注系统，大型铸件采用阶梯式浇注系统。

1. 确定浇注时间

浇注时间对铸件质量有重要的影响，合适的浇注时间与铸件结构和大小、铸型工艺条件以及选用的浇注系统类型等因素有关，通常用经验公式确定浇注时间。

1）对于质量小于450kg，壁厚为2.5～15mm的形状复杂的铸铁件，浇注时间可用式（3-2）计算，其中系数 S_1 由表3-3查得。

2）对于质量小于1000kg的铸件，其浇注速度由式（3-5）计算

$$v = \left(A + \frac{\delta}{25.4B}\right)\sqrt{2.25m} \tag{3-5}$$

式中　v——浇注速度（kg/s）；

m——铸件浇注质量（kg）；

A——系数（铸铁为0.9）；

B——系数（铸铁为0.833）；

δ——铸件的主要壁厚（mm）。

对于壁厚为3.7~38.1mm的铸铁件，其浇注速度也可从图3-26中查得。在浇注速度确定后，便可计算出浇注时间。

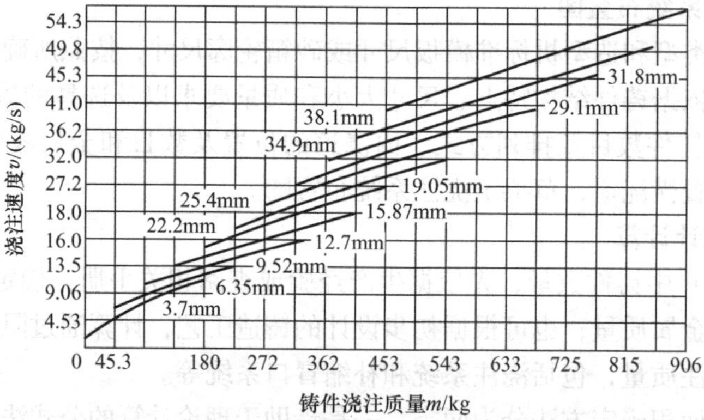

图3-26 浇注速度与铸件壁厚、浇注质量的关系

3）对于质量小于10000kg的中、大型铸铁件，浇注时间可按式（3-6）计算

$$\tau = S_2 \sqrt[3]{\delta m} \tag{3-6}$$

式中 m——铸件浇注质量（kg）；

S_2——经验系数，一般情况下取 $S_2=2.0$，当铁液流动性较差、或浇注温度较低、或用较多冷铁时，取 $S_2=1.7\sim1.9$；

δ——铸件平均壁厚（mm），对于宽度大于厚度4倍的铸件，δ 可取铸件壁厚，对圆形或正方形的铸件，δ 取其直径或边长的一半，而对壁厚不均匀的铸件，δ 取主要部分的壁厚。

4）对于重型铸铁件，浇注时间可按式（3-7）计算

$$\tau = S_3 \sqrt{m} \tag{3-7}$$

式中 m——铸件浇注质量（kg）；

S_3——系数，与铸件壁厚有关，见表3-9。

表3-9 系数 S_3 与铸件壁厚的关系

铸件壁厚/mm	<10	10~20	20~40	>40~80
系数 S_3	1.1	1.4	1.7	1.9

2. 校核型腔内铁液液面的上升速度

在计算确定浇注时间后，还必须校验型腔内铁液液面的上升速度。对于铸铁件，一般只校核铁液液面最小上升速度，当液面上升速度小于表3-4中规定值时，则必须缩短浇注时间，以满足液面上升速度要求。

3. 计算阻流面积

利用水力学公式计算浇注系统的最小横截面面积，即阻流面积。灰铸铁的铁液密度 ρ 通常取 $7.0\times10^3\text{kg/m}^3$，代入式（3-1），得

$$A_{阻} = \frac{m}{3.1\times10^5 \mu\tau\sqrt{H_\rho}} \tag{3-8}$$

式中　$A_{阻}$——阻流总截面积；

m——经过阻流截面的金属液质量；

τ——浇注时间，根据式（3-2）、式（3-5）、式（3-6）及式（3-7）和图3-26确定；

H_p、μ——分别由表3-2和表3-6、表3-7确定。

4. 确定浇道截面积比并计算各组元截面积

根据铸件质量要求、大小和结构特点，依据实际生产经验或查阅相关手册，确定浇注系统类型和浇道截面积比，再计算确定内浇道、横浇道和直浇道等组元的截面面积。浇注系统各浇道的截面积比可参考表3-8。

5. 设计各组元的结构和尺寸

根据铸件质量要求、尺寸大小、造型工艺方法等，选择浇口杯类型，确定形状和尺寸。

基于浇注系统类型、内浇道与直浇道的位置关系、铸件凝固原则和冒口补缩、铸件清理等方面考虑，设计直浇道、直浇道窝、横浇道和内浇道等组元的结构及尺寸。为了充分利用铸铁凝固因石墨化膨胀而形成的自补缩能力，内浇道不宜太大，应适当分散，尤其是中大型铸件或板形铸件。铸铁件内浇道厚度一般应小于其所在部位的铸件壁厚，使内浇道能早于铸件凝固，保证在铸件凝固发生石墨化膨胀时内浇道已完全凝固。

3.6.2　球墨铸铁件浇注系统

球墨铸铁件浇注系统一般可采用开放式或半开放式浇注系统。其设计可参照灰铸铁件浇注系统，主要差异如下：

1）球墨铸铁铁液经过球化、孕育处理后温度下降较多，因此要求铁液能快速充型。通常，球墨铸铁件浇注系统的最小截面积较普通灰铸铁大一些。

2）球墨铸铁铁液经过球化、孕育处理后，产生较多的渣，且氧化性增加，易产生夹渣缺陷，因此要求球墨铸铁件的浇注系统应具有更好的挡渣能力。

3）球墨铸铁呈糊状凝固特性，易产生缩松缺陷，设计浇注系统时要更多地考虑其补缩功能，特别是铸件液态收缩时的补缩。

球墨铸铁件浇注系统阻流截面的截面积可采用查表法和式（3-8）所示的水力学公式计算法计算。其中μ值可取0.35～0.5，具体μ值视铸型条件和浇注条件等因素选择，其μ值的修正见表3-7。浇注时间τ(s)可按下式计算

$$\tau = (2.5 \sim 3.5)\sqrt[3]{m} \tag{3-9}$$

式中　m——经过阻流截面的金属液质量（kg）。

球墨铸铁件浇注系统的截面积比随铸件结构而异，常见的截面积比如下：

一般球墨铸铁件：$A_{内}:A_{横}:A_{直}=0.8:(1.2\sim1.5):1$

厚壁球墨铸铁件：$A_{内}:A_{横}:A_{直}=(1.5\sim3):(2\sim3):1$

对于壁厚比较均匀的球墨铸铁件，一般采用同时凝固原则设计补缩系统，内浇道设计基本与灰铸铁件类同，即内浇道应适当分散，且内浇道厚度应小于其所在部位的铸件壁厚，确保内浇道早于铸件凝固，以充分利用球墨铸铁件凝固过程中的自补缩能力。

对于壁厚差异比较大的球墨铸铁件，浇注系统一般按顺序凝固原则设计。若内浇道设置在厚大部位，则内浇道可以相对集中；若内浇道作为冒口颈（见图3-27），其内浇道模数$M_{内}$可以适当大于铸件模数$M_{铸}$（$M_{内}:M_{铸}=(1.1\sim1.2):1.0$），也可以小于铸件模数

（$M_{内} : M_{铸} = 0.7 \sim 0.9 : 1.0$），后者是利用球墨铸铁的石墨化膨胀造成的自补缩能力。

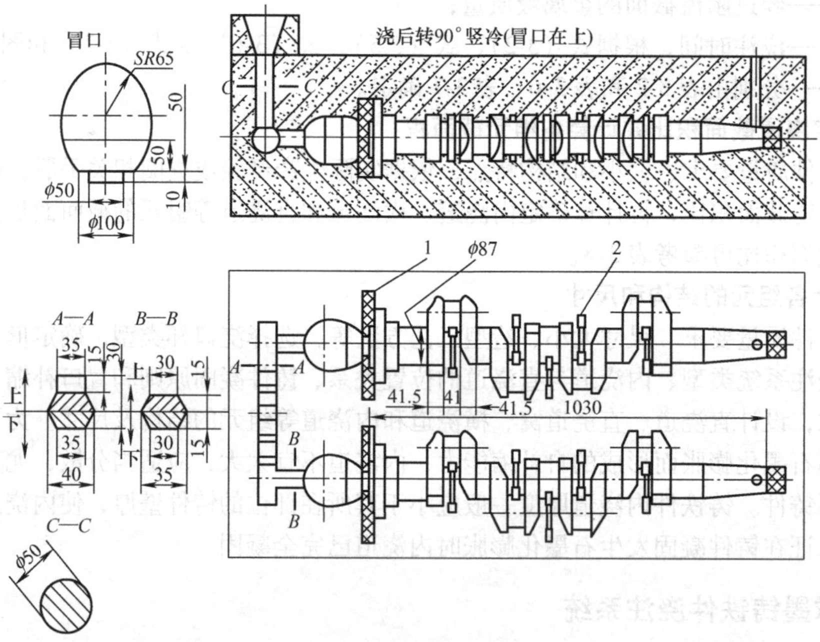

图 3-27　4110 球墨铸铁曲轴浇冒口系统

1—易割片　2—冷铁

3.6.3　铸钢件浇注系统

在铸钢件的生产中，除生产线及小铸件浇注使用转包外，大多用底注包浇注。底注包的保温性好，流出的钢液夹杂物少，无需采用结构复杂的浇注系统挡渣。用底注包浇注时钢液压头高，对浇注系统的冲刷作用大，故中、大型铸钢件的直浇道往往使用耐火材料管构筑，而内浇道和横浇道则用耐火砖管构筑。

1. 铸钢件浇注系统的特点

1）铸钢的熔点高，浇注温度高，钢液对砂型的热作用大，且冷却快，流动性差，所以要求用较短的时间以较低的流速浇注。

2）钢液容易氧化，应避免流股分散、激溅和涡流，保证钢液平稳地充满型腔。

3）铸钢件体收缩率大，易产生缩孔，尽可能按定向凝固的原则设计浇注系统和冒口补缩系统（壁厚均匀的薄壁件除外）。

4）铸钢件线收缩率约为铸铁的 2 倍，铸造应力大，铸件热裂、变形倾向大，故浇注系统的设置应尽量减小对铸件收缩的阻碍。

5）杂质严重影响铸钢件的力学性能，应严格挡渣，当使用转包浇注时，更需要发挥浇注系统的挡渣能力。

2. 铸钢件浇注系统的设计原则

1）保证钢液平稳地注入型腔，避免钢液流互相撞击或乱流。

2）内浇道的位置应尽量缩短钢液在型内流动的路程，以避免铸件产生冷隔等缺陷。

3）形状复杂的薄壁铸件内浇道的设置，应避免钢液直接冲击型壁或砂芯。如果必须正对型壁或砂芯开设内浇道，则应使钢液沿切线方向进入型腔或使内浇道向型腔方向扩大以减小钢液进入型腔时对型壁或砂芯的冲击作用。

4）内浇道应避免开在芯头边界及靠近内冷铁、外冷铁、芯撑的地方。

5）圆筒形铸件的内浇道应沿切线方向开设，使钢液在型腔内旋转，以利于将钢液内的夹杂物上浮。

6）需要补缩的铸件，内浇道的设置应尽量促使其形成顺序凝固。薄壁均匀、不设冒口的铸件，内浇道的设置应促使其形成同时凝固。内浇道位置应尽量减少铸件产生内应力，以免导致变形或开裂。

7）对高度超过600mm的铸件，应采用多层内浇道，以防止浇不到、冷隔、裂纹、粘砂和缩孔等缺陷，多层内浇道的设置应保证钢液自下而上地进入型腔。下层内浇道距铸件底面一般不超过200～300mm。相邻两层内浇道距离一般在400～600mm之间。为了防止钢液过早地从上层内浇道进入型腔，可使上层内浇道向上倾斜。

3. 铸钢件浇注系统的形式

铸钢件的浇注方式与铸铁件不同，大批量生产线上或生产小型铸钢件时，一般采用转包浇注或茶壶包浇注；生产大、中型铸钢件时，一般采用漏包浇注。浇注方式不同，所设计的浇注系统也完全不同。

（1）漏包浇注的浇注系统　漏包的保温性能好，钢液从钢包底部流出，夹杂物少，无需考虑采用结构复杂的浇注系统来挡渣。因此，实际生产中，漏包浇注的浇注系统是开放式的，即浇注包的注口（也称浇包包孔）是最小阻流面积。

铸钢件浇注采用漏包时，首先是确定漏包注口直径，然后按经验比例确定浇注系统各组元的面积。最后检验型腔内液面上升速度是否符合要求。

1）注口直径的选择。钢包注口直径必须与钢包的容量相匹配，以确保在规定时间内浇完。常用钢包容量与注口直径的关系见表3-10。

表3-10　钢包容量与注口直径的关系

钢包容量/t	3	5	8	10	15	30	40	60	90
注口直径/mm	30	35	35	35	35	40	40	40	40
	50	40	40	40	40	45	45	45	45
	—	45	45	45	45	50	50	50	50
	—	—	50	50	50	55	55	55	55
	—	—	—	55	55	60	60	60	60
	—	—	—	—	—	—	70	70	70
	—	—	—	—	—	—	—	80	80
	—	—	—	—	—	—	—	—	100

2）浇注时间和液面上升速度。中、大型铸件，如果浇注时间长，铸型长时间受高温钢液辐射热的作用，表面会开裂、脱落，造成夹砂、包砂等缺陷，浇注速度过低还会形成冷隔、折皱等缺陷。但是，浇注速度过快会产生涡流，卷入气体，也容易产生铸造缺陷。每个铸件有一个合适的浇注时间和液面上升速度。浇注时间的计算公式为

$$\tau = \frac{m}{nv_G} \tag{3-10}$$

式中 m——铸件浇注质量（kg）；

n——注口数量，一般 $n=1$；

v_G——注口钢液流量（kg/s），钢液流量取决于钢包注口直径和钢包内液面高度，若将液面高度的变化简化，则钢液流量与注口直径的关系见表3-11。

表3-11 钢液流量与注口直径的关系

浇注口直径/mm	30	35	40	45	50	55	60	70	80	100
钢液流量/(kg/s)	10	20	27	42	55	72	90	120	150	190

根据式（3-10）求得的浇注时间是否合适，需要用浇注时钢液在型腔内的液面上升速度来验算。钢液在型腔内的液面上升速度按式（3-3）计算，应满足表3-5规定的最小值。

3）浇注系统各组元截面积计算。漏包浇注的浇注系统一般采用开放式，各组元截面积的比例可为

$$\sum A_{注口} : \sum A_{直} : \sum A_{横} : \sum A_{内} = 1.0 : (1.8 \sim 2.0) : (1.8 \sim 2.0) : (2.0 \sim 2.5)$$

（2）转包浇注的浇注系统 大批量生产小型铸钢件时，常用转包浇注。多采用可充满式浇注系统，既能挡渣，又能防止金属液产生喷射，浇注系统截面积比为

$$\sum A_{内} : \sum A_{阻} : \sum A_{横} : \sum A_{直} = 1.0 : (0.8 \sim 0.9) : (1.2 \sim 1.5) : (1.1 \sim 1.2)$$

浇注系统最小阻流截面的截面积的计算可采用式（3-1），其中浇注时间为

$$\tau = C\sqrt{m} \tag{3-11}$$

式中 m——铸件浇注质量（kg）；

C——系数，其值见表3-12，系数 C 取决于铸件相对密度 K_V。

$$K_V = m/V \tag{3-12}$$

式中 m——铸件浇注质量（kg）；

V——铸件最大轮廓尺寸的体积。

根据式（3-11）求得的浇注时间是否合适，需要用浇注时钢液在型腔内的液面上升速度来验算，应满足表3-5规定的最小值。

表3-12 铸钢浇注时间系数 C 与铸件相对密度 K_V 值

K_V	≤1.0	1.1~2.0	2.1~3.0	3.1~4.0	4.1~5.0	5.1~6.0	>6.0
C	0.8	0.9	1.0	1.1	1.2	1.3	1.4

3.6.4 轻合金铸件浇注系统

轻合金是铝、镁合金和钛合金的统称。其化学性质活泼，极易氧化和吸收气体，产生非金属夹杂物，且非金属夹杂物难以上浮去除；冷却速度快，易产生浇不到和冷隔等缺陷；体收缩率和线收缩率大，易产生缩孔、缩松以及裂纹、变形等缺陷；吸气倾向大，易产生气孔。因此，轻合金铸件对浇注系统的要求是保证充型过程平稳，不发生涡流、飞溅和冲击现象，最好以近乎层流的方式充型；尽可能缩短充型时间，撇渣能力要强，并有利于补缩。

轻合金铸件浇注系统尺寸的计算方法可参照铸铁件、铸钢件，但通常是根据各种表格和数据来确定铸件浇注系统的尺寸。由于影响铸件质量的因素较多，不论采用哪种方法确定浇注系统尺寸，都应根据具体生产实际做必要的修正。在设计轻合金铸件的浇注系统时，除了应根据各牌号合金的特点，合理地选择浇注位置，恰当地设置冒口和使用冷铁，建立有利的温度梯度以避免产生因收缩而引起的缺陷外，对浇注系统本身也有其具体要求。轻合金铸件浇注系统还有一些特殊要求：

1）为了保证浇注系统能实现金属液快速平稳充满型腔，不产生飞溅和涡流，一般采用各组元逐渐扩大的开放式浇注系统（各组元常用的截面比可参阅相关设计手册），而且多为底注式或缝隙式浇注系统，如图 3-28 所示。

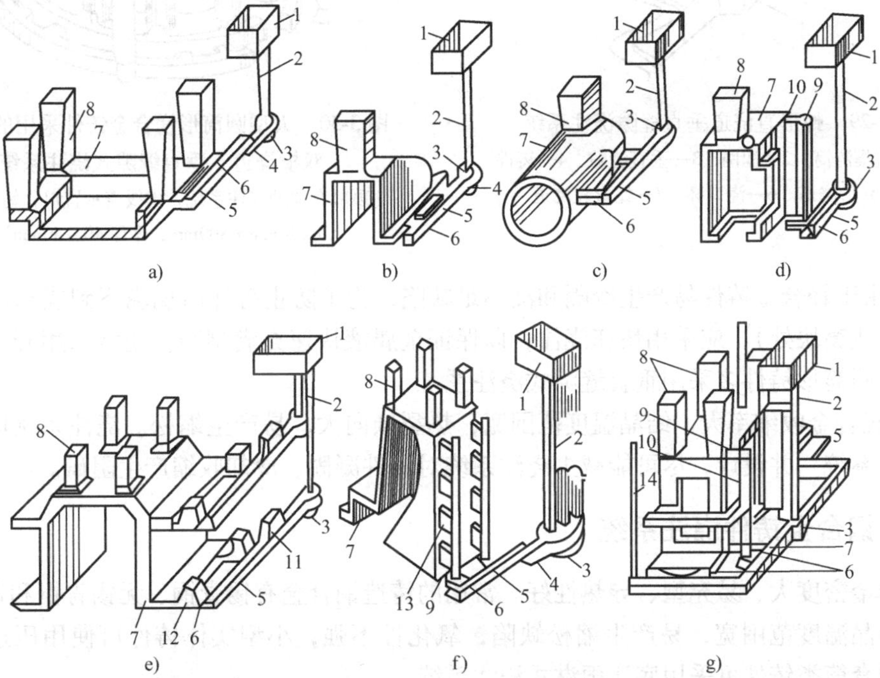

图 3-28　铝合金浇注系统的类型

a）顶注式　b）底注式　c）侧注式　d）垂直缝隙式　e）、f）阶梯式　g）组合式

1—浇口杯　2—直浇道　3—直浇道窝　4—下横浇道　5—上横浇道　6—内浇道　7—铸件
8—冒口　9—集渣窝　10—垂直缝隙　11—集渣包　12—输液包　13—垂直内浇道　14—出气孔

底注式浇注系统有许多优点，是广泛应用于轻合金的浇注系统，但不能保证充满表面较大、薄而高的铸件。因此，当铸件的自身高度与铸件平均壁厚的比值大于 50 时，为了保证充满型腔，多采用垂直缝隙式或由多种形式组合成的组合式浇注系统。高大的和大型薄壁铸件可采用阶梯式浇注系统。

2）浇注系统要有强的撇渣能力，以滤去氧化物夹渣。除高度小于 100mm 的不重要的小件外，一般不采用顶注式浇注系统。

对于壁薄而高度较大的轻合金铸件多采用垂直缝隙式浇注系统，如图 3-29 和图 3-30 所示。该系统中的垂直缝隙部分通常是与底注式浇注系统相连接的，可以把该垂直缝隙的部分当作铸件的一部分，进行底注式浇注系统设计。

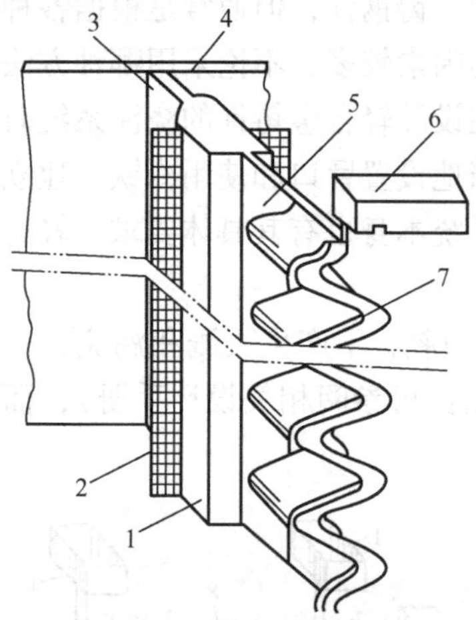

图 3-29　蛇形直浇道垂直缝隙浇注系统
1—垂直集渣筒　2—滤网　3—垂直缝隙　4—铸件
5—异形浇道　6—浇口杯　7—蛇形直浇道

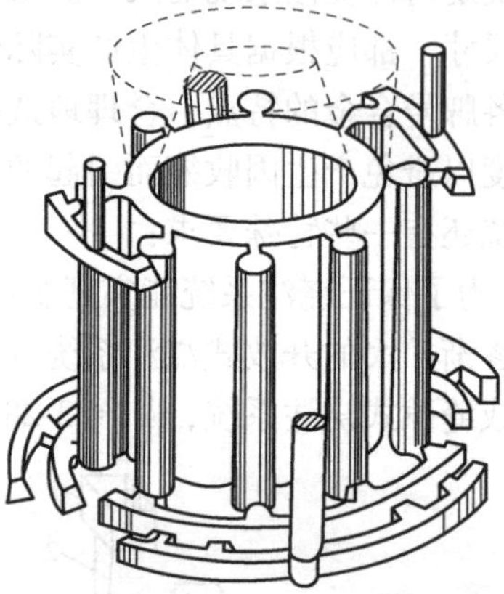

图 3-30　大型圆筒形镁合金铸件采用的底注、双横浇道、垂直缝隙式浇注系统
（顶部有辅助浇注系统，虚线表示冒口，铸件尺寸 ϕ500mm×800mm，壁厚 40～50mm）

3）由于轻合金铸件易产生冷隔和浇不足缺陷，为了防止铸件出现浇不到或未浇满（尤其是薄壁或突块处），应采用快速浇注，以保证金属液快速充满型腔。通常采用开放式浇注系统。对圆筒形铸件多采用垂直缝隙式浇注系统。

4）轻合金收缩率大，结晶温度范围宽，热裂倾向大，易产生缩松。浇注系统应结合铸件的补缩系统一并设计，尽可能减少浇注系统对铸件凝固、冷却收缩产生阻碍。

3.6.5　铜合金铸件浇注系统

铜合金密度大、易充型、导热性好。常用的铸造铜合金有锡青铜、无锡青铜和黄铜。锡青铜的结晶温度范围宽，易产生缩松缺陷，氧化性不强，小型实体铸件可使用压边浇注系统，大型套筒类铸件可采用底注雨淋式浇注系统。

铜合金因成分不同而有很多牌号，在铸造工艺性能上有差异。锡青铜及磷青铜氧化倾向小，要求不高的铸件可以不用滤网或滤片。对于大中型复杂件，可考虑用带滤网或滤片的浇注系统，长的套筒铸件可用雨淋式浇注系统，短小的圆筒、圆盘及轴瓦类铸件可采用压边浇注系统。锡青铜的结晶范围较宽，铸件的厚部易产生分段缩孔或缩松，一般锡青铜铸件不采用大的补缩冒口，而对于厚薄不均的铸件，应在厚壁处设冷铁，铸件的加工余量尽可能小，以减少或防止出现分散性缩孔甚至缩裂。根据实际经验，厚度大于 40mm 的齿轮圈最好在铸件外周放冷铁，壁厚小于 15mm 而高度为 200mm 的铸件以及壁厚大于 20mm 而高度在 300mm 以上的铸件，最好采用垂直缝隙式浇注系统。

铝青铜是最为常用的无锡青铜，结晶温度范围窄，流动性好，收缩率较大，易产生集中缩孔，应按顺序凝固原则设计浇注系统和补缩系统，采用较大的补缩冒口，以强化补缩效果。由于铝青铜氧化倾向较大，易形成氧化渣（铸件中心出现夹渣缺陷是常见的问题），浇注系统应以底注开放式为主，并设置离心集渣包（见图 3-31），也可设置滤网进行撇渣。

锰黄铜的结晶范围小，体收缩率大，易产生集中缩孔，需设置大的补缩冒口。由于锰黄铜中含有大量的锌，容易产生锌的氧化夹渣，为了防止氧化夹渣进入型腔，常采用底注式浇注系统，也可以采用阻流式横浇道进行撇渣。同时，要对铸型的排气予以足够的重视，以防止锌蒸发时产生的白烟影响合金液对铸型的充填而导致铸件产生未浇满的缺陷。

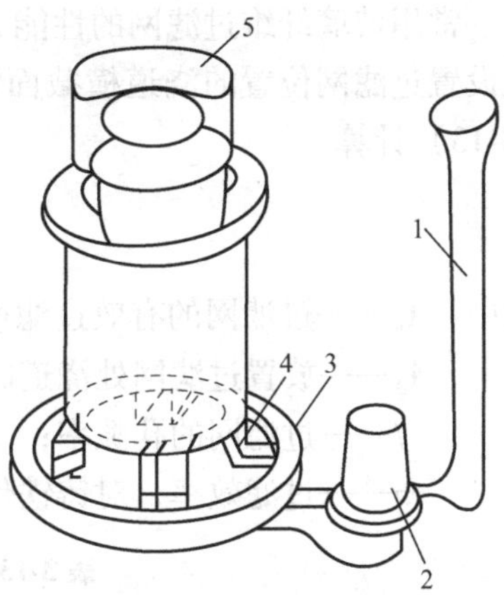

图3-31　圆筒形铝青铜铸件的浇注系统

1—直浇道　2—离心集渣包

3—横浇道　4—内浇道　5—冒口

3.7　过滤网在浇注系统中的应用

金属液过滤技术的应用可减少非金属夹杂物进入型腔，防止铸件夹渣缺陷；改善铸件本体的力学性能，特别是疲劳强度；改进加工性能，延长刀具的使用寿命；提高铸件的表面质量，减小加工余量；简化浇注系统结构，提高铸件的工艺出品率。

目前市场供应的过滤元器件主要有两类：玻璃纤维过滤网和多孔陶瓷过滤网。过滤元器件在浇注系统中的安放位置如图3-32所示。

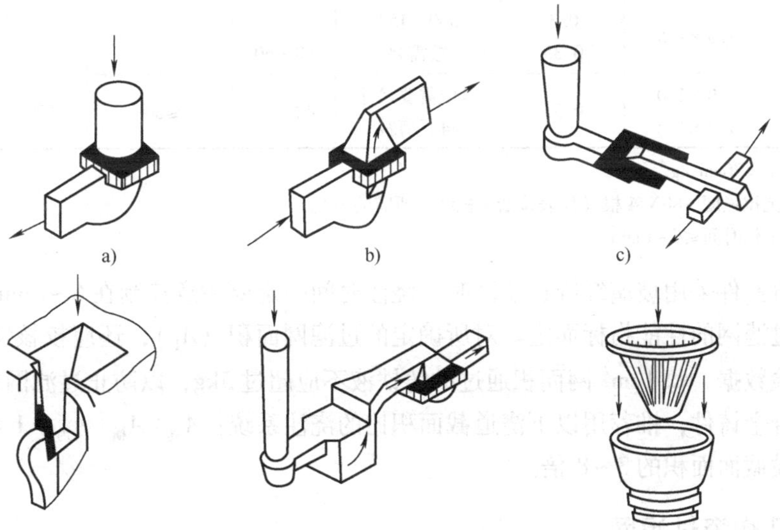

图3-32　过滤元器件在浇注系统中的安放位置

a）直浇道下端　b）上横浇道搭接处　c）下横浇道搭接处　d）垂直分型的浇口杯中

e）型内球化或孕育反应室　f）浇口杯中放置成型滤网

3.7.1　玻璃纤维过滤网

玻璃纤维过滤网的耐火度低、价格低廉，一般用于小型铸铁件和有色合金铸件。为提高高硅氧玻璃纤维过滤网的刚度和耐火度，可预先经过浸涂耐火涂料及烘干处理。近年来，随着人们对玻璃纤维过滤网特性的认识和应用技术的提高，玻璃纤维过滤网也常应用于数十吨的大型铸铁件。

常用玻璃纤维过滤网的性能、规格见表3-13。过滤网使用时必须考虑其孔隙率，相应扩大设置过滤网位置的浇道横截面面积。对于铸铁件，设置过滤网处浇道横截面面积可按式（3-13）计算

$$A_F = \frac{A_0}{f\eta} \tag{3-13}$$

式中 A_F——过滤网的有效过滤面积；

A_0——放置过滤网处浇道的原有横截面面积；

f——过滤网的孔隙率；

η——过滤效率，对铸铁件取0.85～0.90。

表3-13 常用玻璃纤维过滤网的规格、性能

过滤网种类	网孔尺寸/mm	厚度/mm	尺寸/mm	孔隙率(%)	工作温度/℃	软化点/℃	适用范围
高硅氧玻璃纤维过滤网	1.6×1.6	0.3 0.35	50×50 70×70 100×100 150×150	40～50	1400～1450	1710	铸铁 铸铜 铸铝
	1.5×1.5	0.3 0.35	300×150 按需要	50～60			
普通玻璃纤维过滤网	1.0×1.0 1.2×1.2	0.35	可依需要尺寸自行剪裁	40～55	≤800	1000	铸铝

注：1. 发气量＜$30cm^3/g$。

2. 常温抗拉强度＞80N/4根（代表拉断4根纤维所需的力）。

3. 持续工作时间≤6～8min。

当大型铸铁件采用玻璃纤维过滤网时，浇注时间一定要注意控制在6～8min以内，具体视玻璃纤维过滤网的性能指标而定。对所确定的过滤网面积（A_F），还应校核铸铁液的通过量，根据经验数据，每$1cm^2$网面积通过的铸铁液不应超过5kg，以防止过滤网破损。

对于轻合金铸件，推荐用以下浇道截面积比的浇注系统：$A_{直}:A_{横}:A_{内}=1:1.5:2$，$A_F$取原有浇道横截面面积的3～8倍。

3.7.2 多孔陶瓷过滤网

多孔陶瓷过滤网的耐火度高，但价格也高，一般用于浇注温度较高的铸铁件、铸钢件和其他合金铸件。多孔陶瓷过滤网可分为直孔式陶瓷过滤片和泡沫陶瓷过滤片。多孔陶瓷过滤网的材质分为高铝、碳化硅和氧化锆，具体材质按铸造合金选用，其选用的原则一般是：用于非铁合金铸件的为高铝；用于铸铁件的为高铝或碳化硅；用于铸钢件的为高铝或氧化锆基耐火材料。

陶瓷过滤片通常添加有氧化钙、氧化钇或尖晶石等材料，以改善其耐热冲击的能力。美国还研制了一种以碳为粘结剂的高铝质泡沫陶瓷过滤网，以降低过滤元器件的热容量，减少金属液通过时的温降。

1. 直孔式陶瓷过滤片

直孔式陶瓷过滤片是由不定形耐火材料挤压成型，再经高温烧结制成的，其尺寸和特性

见表3-14。在设计带有过滤片的浇注系统时，过滤片应容易安放在砂型中，使金属液全部穿过过滤片后进入型腔；过滤片尽量靠近型腔，浇注系统结构宜简化；过滤片可以水平、倾斜或垂直放置；对于球墨铸铁件，过滤片的过滤面积只有为原有浇道横截面面积的4~8倍，才能保证正常的浇注速度。过滤片四周的压砂深度应不低于3mm，并同砂型紧密接触，以免金属液从四周缝隙流过而起不到过滤作用。

表3-14 直孔式陶瓷过滤片的尺寸和特性

过滤片尺寸/mm	最大过滤面积/mm²	最大安放尺寸/mm			最大浇注速度/kg·s⁻¹		最大浇注质量/kg	
		x	y	z	球墨铸铁	灰铸铁	球墨铸铁	灰铸铁
38×38×12.5	960	31	40	13.5	1.0~2.5	1.5~3.75	9~23	23~45
55×55×12.5	2300	48	57	13.5	2.5~3.75	3.75~5.5	23~68	68~135
67×67×12.5	3600	60	68	13.5	3.75~5.5	5.5~8.0	45~110	110~275
83×83×12.5	5800	76	84	13.5	5.5~10	8~14	68~180	180~450
133×133×19	15600	125	136	20.6	18~23	27~40	225~681	450~4800

注：1. 过滤片边长尺寸偏差为±1.3mm，厚度偏差为±0.9mm。
2. 最大安放尺寸是指砂型型腔相应部位的尺寸。

陶瓷过滤片与玻璃纤维过滤网相比，不仅能过滤颗粒比较大的熔渣，而且能吸附一些颗粒比较小的熔渣或夹杂。由于陶瓷过滤片具有一定厚度，当金属液通过过滤片时，一些颗粒细小的熔渣和夹杂能吸附于陶瓷过滤片，起到进一步净化金属液的作用。

2. 泡沫陶瓷过滤片

泡沫陶瓷过滤片的孔洞曲折，比直孔式陶瓷过滤片具有更好的吸附细小熔渣和夹杂的能力。泡沫陶瓷过滤片是将聚氨酯泡沫材料浸泡于陶瓷浆料中，取出后，挤去多余的浆料，再经烘干、焙烧而制成的，是多孔性的泡沫陶瓷。当金属液流经泡沫陶瓷过滤片时，其中的夹杂物与孔壁接触的概率大为增加，强化了孔壁对夹杂物的吸附，能显著提高金属液的清洁度。用于各种铸钢件、铸铁件的过滤片的有效过滤面积$A_{过}$由式（3-14）确定

$$A_{过}=KA_{横} \tag{3-14}$$

式中 $A_{过}$——有效过滤面积；

$A_{横}$——横浇道断面积；

K——系数，铸件质量<5.0kg时，$K=2.5$，铸件质量为50~100kg时，$K=3$。

铸钢件用过滤片面积主要与铸件质量相对应，过滤面积应至少为原有浇道截面面积或阻流面积的4倍。允许流过每1cm²过滤面积的金属液质量和流速决定于合金的类型以及金属液的温度、清洁度，表3-15中数据可供参考。

表3-15 允许流过每1cm²过滤面积的金属液质量和流量

合金类型	允许流过的金属液质量/kg	允许的金属液流速/kg·s⁻¹
碳钢、低合金钢	≤1.15	≤0.1
不锈钢	≤1.5	≤0.15

小 结

本章介绍了金属液的流动性和充型能力等基本概念，介绍了浇注系统的基本构成和结构

形式；分析了充型过程中液态金属在浇口杯、直浇道、横浇道和内浇道中的流动特点，在此基础上提出了浇注系统的设计思路和设计理论依据。

本章介绍了浇注系统的关键参数设计计算，包括阻流面积、浇注时间、金属液在型内的上升速度、流量系数以及浇注系统各组元比例和面积的确定；介绍了浇注系统各组元结构设计、浇注系统不同组元的连接方式等。

本章介绍了常用铸铁件、铸钢件、轻合金铸件和铜合金铸件的浇注系统设计，还介绍了过滤网在浇注系统中的应用。浇注系统的合理性直接关系到铸件的质量。通过本章的学习，应掌握浇注系统设计的基本原则和一些关键参数的计算方法，并能理解一些铸件缺陷与浇注系统设计的联系。

复习思考题

3-1 浇注系统通常由哪几部分组成？简要分析各部分的作用。

3-2 砂型铸造常用浇注系统的类型有哪些？其特点和应用情况如何？

3-3 浇注系统的功能是什么？

3-4 试分析从哪些方面采取措施可以减少铸件产生夹渣的可能性。

3-5 怎样才能防止浇口杯内出现水平涡流？

3-6 简述浇注系统的主要设计内容及设计步骤。

3-7 怎样才能有利于发挥横浇道的挡渣作用？

3-8 灰铸铁铸件浇注系统内浇道的位置如何确定？

3-9 球墨铸铁件的浇注系统与灰铸铁有什么不同？

3-10 铸钢件浇注系统设计应注意什么？

3-11 为什么铝合金铸件浇注系统要把防渣、挡渣的要求放在非常重要的地位？为了防渣、挡渣，在设计浇注系统时应注意哪些方面？

3-12 什么样的浇注系统有利于提高铸铁的自补缩能力？为什么？

3-13 阶梯式浇注系统设计应注意防止哪些不良现象出现？怎样防止？

3-14 垂直浇注系统设计要点有哪些？

3-15 为什么要根据铸件合金特性设计浇注系统，而不能采用统一形式的浇注系统？

3-16 目前常用的过滤网有哪几种？不同的铸造合金如何选用过滤网？

第4章 补缩系统设计

铸件成形要经历合金的液态收缩、凝固收缩和固态收缩三个阶段。在铸件成形过程中，合金的液态收缩和凝固收缩会使铸件产生缩孔和缩松缺陷。缩孔、缩松是铸件最常见的缺陷。根据铸件结构特点及合金的凝固和收缩特性，设计补缩系统（包括冒口、工艺补贴和冷铁）是消除缩孔和缩松缺陷的主要方法。

4.1 铸件凝固及缩孔和缩松缺陷

纯金属和共晶成分合金在一个恒定温度凝固结晶，而一般合金则在一个温度范围内凝固结晶。因此，铸件在凝固过程中断面上会出现三个区域，即固相区、液相区和凝固区（即液-固两相共存区）。凝固区宽度及其向液/固界面向中心的推进直接影响到铸件的收缩缺陷，对铸件质量有很大的影响。

4.1.1 铸件凝固方式及其影响因素

根据铸件在凝固过程中断面上的凝固区宽度，将铸件的凝固方式分为三种类型：逐层凝固、糊状凝固（又称体积凝固）和中间凝固。铸件的凝固方式主要取决于合金的结晶温度范围和铸件断面上的温度场分布。图4-1所示为三种不同成分的合金在同一温度场下的凝固方式，合金1、2、3分别表示共晶合金、窄结晶温度范围合金和宽结晶温度范围合金。

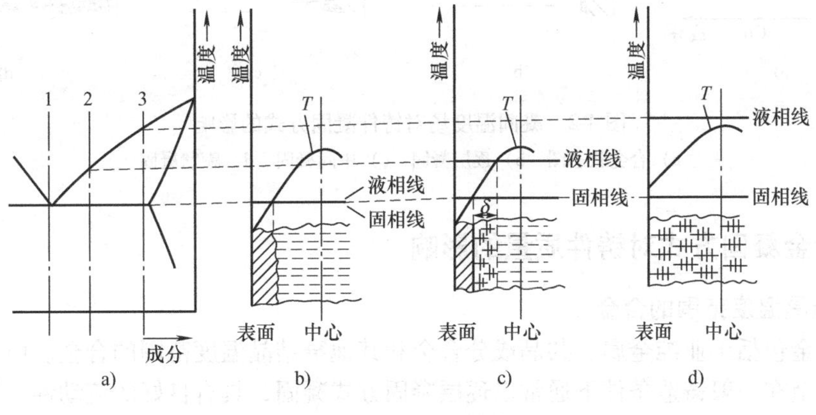

图4-1 合金成分对铸件凝固方式的影响

a）合金状态图 b）逐层凝固方式 c）中间凝固方式 d）糊状凝固方式

图4-1a所示为合金状态图的一部分，图4-1b所示为共晶合金或接近共晶成分合金铸件断面凝固情况和温度场分布示意图，凝固区宽度很窄或接近于零。铸件在凝固过程中，固-液界面几乎整齐地由表向内推进，这种凝固方式称为逐层凝固。而图4-1d所示铸造合金的凝固区宽度很宽，在某一时刻整个铸件断面为固-液两相共存区，这种凝固方式称为糊状凝

固。对于大多数合金，凝固区域宽度介于逐层凝固和糊状凝固之间，称为中间凝固方式，如图 4-1c 所示。

合金成分对铸件凝固方式的影响可以根据合金状态图上液相线与固相线之间的结晶温度范围来判断。由图 4-1 可知，合金的液相线和固相交叉在一起，或间距很小，则趋于逐层凝固；若两条相线之间的距离很大，则趋于糊状凝固；如果两条相线间距离较小，则趋于中间凝固方式。

铸件的凝固方式不仅与合金成分有关，而且与铸件冷却条件有关。当合金成分确定之后，即合金的结晶温度范围确定后，铸件的凝固方式则受到铸件冷却条件的影响。图 4-2a 所示为合金状态图的一部分，对于成分为 Co 的合金，其液相线温度为 $T_{液}$，固相线温度为 $T_{固}$。当铸件断面温度梯度非常大时，铸件凝固区较窄，呈逐层凝固，如图 4-2b 所示；当铸件断面温度梯度较小时，铸件凝固区变宽，凝固区宽度逐步增大，铸件呈中间凝固方式，如图 4-2c 所示；当铸件断面温度梯度非常小时，铸件凝固区域宽度贯穿铸件断面，即铸件呈糊状凝固，如图 4-2d 所示。因此，对于成分一定的合金，铸件凝固过程中断面温度梯度越大，凝固区宽度越小；反之，铸件凝固过程中断面温度梯度越小，凝固区宽度越大。一般来说，铸型冷却速度越大，凝固过程中断面温度梯度越大；铸型冷却速度越小，凝固过程中断面温度梯度越小。加快铸件凝固冷却速度，增大温度梯度，可使合金的凝固方式由糊状凝固向逐层凝固转化；反之，铸件的凝固方式由逐层凝固向糊状凝固转化。

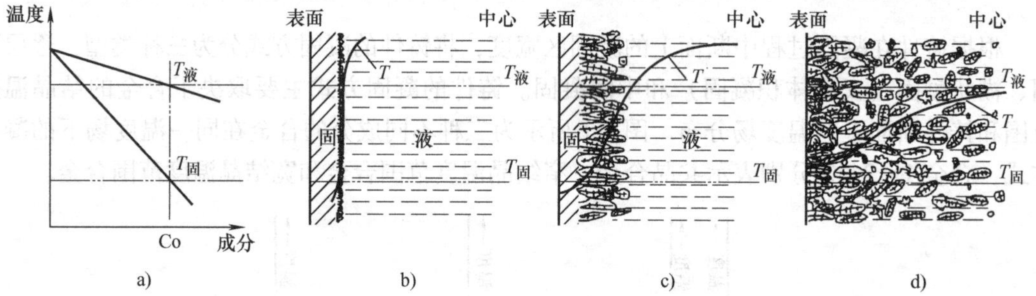

图 4-2　凝固温度场对铸件凝固方式的影响

a）合金状态图　b）逐层凝固　c）中间凝固　d）糊状凝固

4.1.2　合金凝固方式对铸件质量的影响

1. 窄结晶温度范围的合金

这类合金包括工业纯金属、共晶成分合金和其他窄结晶温度范围的合金。由于结晶温度范围窄，合金在一般铸造条件下通常以逐层凝固方式凝固，具有良好的流动性。铸件凝固时可不断地得到液态金属的补充，产生分散性缩松的倾向性小，在铸件最后凝固的部位形成集中的缩孔。由于集中缩孔容易消除，因而补缩性好。此外，铸件在凝固受阻产生晶间裂纹时也容易得到液态金属的充填，使裂纹愈合，故铸件的热烈倾向性小。

2. 宽结晶温度范围的合金

铝铜合金、铝镁合金、镁合金、球墨铸铁、高碳钢、锡青铜和某些黄铜等为常用的宽结晶温度范围的合金。这类合金倾向于糊状凝固方式，流动性较差，其液态金属的过冷度很小，凝固时易形成树枝发达的粗大等轴晶组织。当粗大的等轴晶相互连接以后（固相大约占70%)，便将未凝固的液态金属分隔成一个个不沟通的小“熔池”，最后在铸件中形成分散的缩孔，即缩松。由于采用普通冒口难以消除缩松，常采取其他措施以提高铸件的致密性，如增加冒口的补缩压力，采用冷铁加速铸件冷却等方法。

3. 中等结晶温度范围的合金

中碳钢、高锰钢、一部分特种黄铜和白口铸铁等工业上常用的合金为中等结晶温度范围的合金。这类合金倾向于中间凝固方式，其补缩特征、热裂倾向性和流动性介于逐层凝固方式合金和糊状凝固方式合金之间。铸件凝固的控制主要通过调整有关工艺参数，建立有利于获得健全铸件的温度梯度。当合金成分和铸件结构确定之后，可控因素主要是铸型的蓄热系数、合金的浇注温度和铸型的初始温度。通过提高温度梯度缩小铸件截面上的凝固区域，使中间凝固方式转变为逐层凝固方式，是提高铸件质量的重要途径。

4.1.3　铸件凝固与缩孔类缺陷

由于合金的液态收缩和凝固收缩，往往在铸件最后凝固的部位出现孔洞，称为缩孔。容积大而集中的孔洞，称为集中缩孔，简称缩孔；细小而分散的孔洞，称为分散性缩孔，简称缩松。

缩松按其大小可分为宏观缩松和显微缩松两类，一般用肉眼可直接观察到的缩松称为宏观缩松；用放大镜或显微镜才能观察到的微小孔洞称为显微缩松。缩松按其分布特点又可分为分散性缩松、轴线缩松和局部缩松三种。分散性缩松的特点是缩松分布在整个铸件断面上；轴线缩松产生在铸件壁的中心区域，局部缩松只出现在铸件局部范围内，如铸件局部厚大部位、冒口根部和内浇道附近。

1. 缩孔和缩松的形成原因

图4-3所示为缩孔和缩松形成原理示意图，型腔开始处于充满状态，随着金属液温度下降和铸件的凝固，金属液产生液态收缩和凝固收缩，金属液面下降，在金属液上部产生集中孔洞，如图4-3a所示，孔洞大小取决于铸件的液态收缩量和凝固收缩量；随着凝固不断进行，金属液面的继续下降，上部的孔洞越来越大，如图4-3b所示。同时，凝固区域从不同的方向不断向铸件断面中心推进，直至不同方向的凝固区域相遇，这时凝固区域处于液-固两相共存。随着温度下降，凝固继续进行，凝固区内的液-固两相产生收缩，收缩如不能及时得到液态金属的补充，则形成分散性小孔，即缩松，如图4-3c所示。

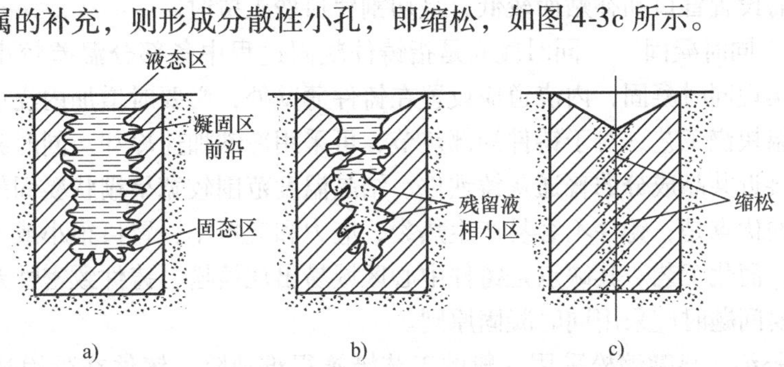

图4-3　铸件缩孔、缩松形成原理示意图

a）凝固开始　b）凝固过程中　c）形成缩孔、缩松缩孔或缩松的倾向性与铸件凝固方式有关。合金的结晶温度范围窄、铸件冷却速度高或断面上温度梯度大，有利于逐层凝固方式凝固，倾向于形成缩孔（集中缩孔）。合金的结晶温度范围宽、铸件冷却速度低或断面上温度梯度小，有利于糊状凝固方式凝固，倾向于形成缩松（分散性缩孔）。对某一铸件而言，可能出现不同凝固方式的组合。例如，铸件外表层以逐层凝固方式凝固，中心部位可能以糊状凝固方式凝固；缩孔、缩松均有可能产生，且缩孔和缩松的容积可能因铸件冷却条件、凝固方式不同而彼此转化。

铸件中产生集中缩孔、缩松的根本原因是，合金的液态收缩和凝固收缩值大于固态收缩值，内浇道凝固冻结后，铸件外壳内合金的液态收缩和凝固收缩的体积之和大于铸件外壳固态收缩所减小的体积。

铸件产生缩孔的基本条件是合金呈逐层凝固方式，缩孔产生在铸件最后凝固部位。铸件产生缩松的基本条件是合金呈糊状凝固或中间凝固方式凝固，在凝固后期，分散在晶粒之间或树枝晶之间的液体凝固时得不到外来合金液的补充。显微缩松在一般合金铸件中或多或少都有，分布在树枝晶及分枝之间，非常微小，对一般要求的铸件往往不当作缺陷，但是，对气密性、力学性能和使用性能（如耐蚀性）有特殊要求的铸件，则应采取工艺措施防止和减少显微缩松，以防渗漏或达不到性能要求。

2. 缩孔和缩松的防止方法

防止铸件产生缩孔和缩松的基本原则是，依据合金的凝固和收缩特性及铸件结构特点，制订正确的铸造工艺，控制铸件的凝固过程，通过实现顺序凝固或同时凝固、加压补缩等工艺措施消除缩孔、缩松缺陷。

（1）实现“顺序凝固” 顺序凝固也称方向凝固，是使铸件按要求的方向依次凝固的原则，建立以冒口或浇口为凝固终点的由远及近的铸件凝固顺序，按照远离冒口或浇口部位先凝固，然后是靠近冒口或浇口部分，最后才是冒口或浇口本身凝固的次序进行，即在铸件上远离冒口或浇口的部分到冒口或浇口之间建立一个递增的温度梯度，保证铸件凝固产生的收缩可不断地得到冒口或浇口内液态合金的补给。

顺序凝固的优点是，冒口补缩效果好，可防止产生缩孔和缩松，铸件致密。对于凝固收缩较大，结晶温度范围窄的合金，常采用顺序凝固原则，消除缩孔和缩松缺陷。同时也可以采用各种措施，实现顺序凝固，如浇注系统的引入位置设在铸件厚壁处、高温慢浇工艺、冷铁和补贴等工艺措施。顺序凝固的缺点是，铸件各部分温度差大，易产生热裂和变形；铸件工艺出品率因需设置冒口和补贴而较低，且切割冒口费工费时。

（2）实现“同时凝固” 同时凝固是指铸件凝固过程中各部分温差较小，铸件各部分同时凝固。为实现同时凝固，内浇道应设置在铸件薄壁处；必要时增加内浇道数目，使热量分散；采用低温快浇工艺；对于铸件局部热节，可采用冷铁加速冷却。同时凝固原则主要用于薄壁铸件、接近共晶成分的普通灰铸铁件、结晶温度范围较宽呈糊状凝固的合金铸件。

同时凝固的优点是，铸件不容易产生热裂，应力和变形小；冒口很小或不用冒口，铸件工艺出品率高，简化工艺。其缺点是铸件中心区域易出现缩松，铸件致密性差。当热裂和变形成为铸件主要问题时应采用同时凝固原则。

（3）加压补缩 显微缩松采用一般的工艺措施很难消除，铸件在凝固过程中增加补缩压力可减少显微缩松。将铸型置于压力室中，浇注后迅速关闭浇注孔，使铸件在压力下凝固，可以消除或减少显微缩松。压力越高，补缩效果越好，若在很高的压力下浇注和凝固，则可以得到无缩孔和无缩松的致密铸件。压力作用可减少或抑制溶解于金属液中的气体析出，从而能减轻铸件中显微气孔的形成。

此外，悬浮浇注可防止缩松或减少缩松，使缩孔容积减小；机械振动、电磁场和离心力对消除显微缩松也有一定的效果。

4.2 冒口的分类及设计内容

冒口是设置在铸型内储存供补缩铸件用熔融金属液的空腔，以防止铸件产生缩孔和缩松缺陷，有时还能起到排气、集渣及调节温度场分布的作用。习惯上把该空腔中充填的金属也称为冒口。

4.2.1 冒口的分类

根据冒口补缩原理的差异，冒口可分为通用冒口（又称传统冒口）和铸铁件的实用冒口两大类。冒口按其在铸件上的位置分为顶冒口和侧边冒口，按其顶部是否被型砂所覆盖分为明冒口和暗冒口。冒口的分类如图4-4所示。

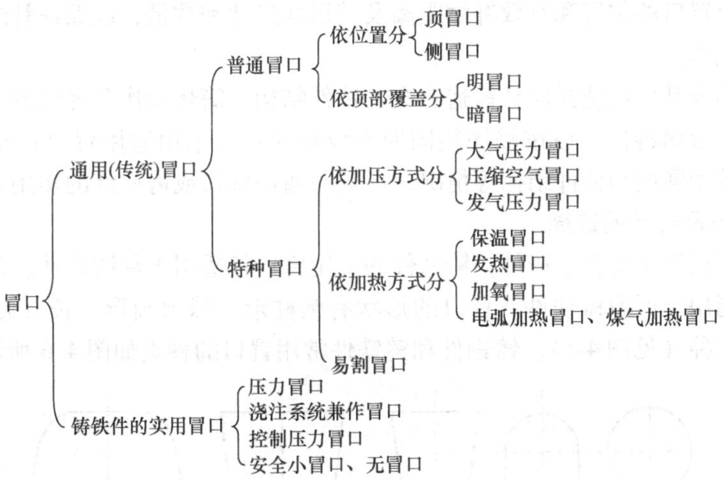

图4-4　冒口的分类

1. 通用冒口

通用冒口是按照顺序凝固原则，在铸件上远离冒口到冒口之间建立一个递增的温度梯度，使铸件凝固时能够不断地得到冒口内金属液的补给，以达到消除缩孔和缩松缺陷的目的。通用冒口在铸件凝固过程中应能不断地提供金属液进行补缩，其设计基本要求如下：

1）冒口的凝固时间应不小于铸件（被补缩部分）的凝固时间。

2）冒口所能提供的补缩金属液量应不小于铸件的液态收缩、凝固收缩和型腔的扩大量之和。

3）在铸件凝固过程中，冒口和铸件被补缩部位之间始终存在金属液补缩通道，且扩张角向着冒口。

4）冒口内应有足够的补缩压力，以克服流动阻力，使金属液能定向流动到被补缩部位，保证冒口在铸件凝固过程中一直处于正压状态，即补缩过程终止时，冒口中还有一定高度的残余金属液。

2. 铸铁件的实用冒口

铸铁件的实用冒口主要是补偿铸铁件液态收缩，冒口颈在铸件共晶石墨化膨胀时适时凝固，使铸件形成一个封闭系统，利用全部或部分的共晶石墨化膨胀量在铸件内部建立压力，实现自补缩，从而消除缩孔和缩松缺陷。铸铁件的实用冒口设计基本要求如下：

1）对于压力冒口，冒口颈应在铸件液态收缩结束或共晶石墨化膨胀开始之时及时冻结（凝固）；而对于控制压力冒口，冒口颈应在共晶石墨化膨胀初期适时凝固冻结。

2）冒口的有效体积应大于铸件的液态收缩。冒口高于铸件最高点的体积称为冒口的有效体积，只有该部分冒口才能起到补缩作用。

3）冒口内应有足够的补缩压力，保证冒口在铸件液态收缩过程中一直处于正压状态，使冒口能不断地提供金属液进行补缩。

4.2.2 冒口的设计内容

冒口设计的主要内容是依据铸件的结构特点及铸件材料的凝固和收缩特性，合理选择冒口的种类，确定冒口的位置和有效补缩距离及其形状尺寸和数量，以保证补缩效果良好，节约金属，减少成本。

冒口的种类及其形状选择应从铸造合金、铸件结构、简化操作和降低成本等方面综合考虑。铸钢和有色金属铸件一般按顺序凝固原则设计冒口，采用通用冒口；球墨铸铁等铸铁件，则要根据铸型强度和铸件结构等情况，可选择通用冒口或铸铁件的实用冒口。

1. 冒口种类及形状的选择

通用冒口可用于所有合金铸件；铸铁件的实用冒口仅适用于灰铸铁件、球墨铸铁件和蠕墨铸铁件，不能用于可锻铸铁件。冒口的形状有圆柱形、球顶圆形、长（腰）圆柱形、球形和扁球形等多种（见图4-5）。铸钢件和铸铁件常用冒口的种类如图4-6所示。

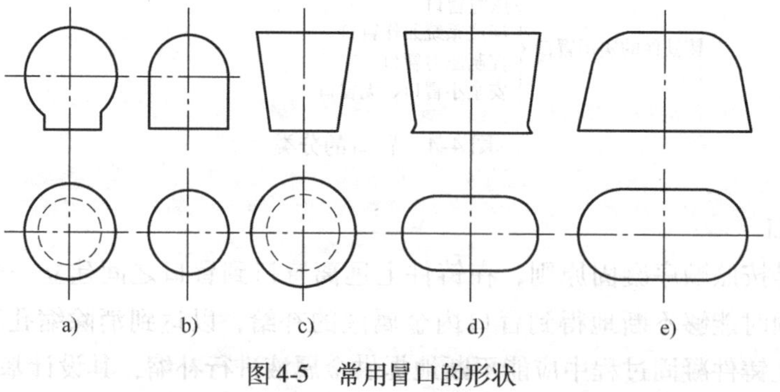

图4-5 常用冒口的形状

a）球形（暗冒口） b）球顶圆柱形（暗冒口） c）圆柱形（明冒口）
d）腰圆柱形（明冒口） e）腰圆柱形（暗冒口）

冒口的形状直接关系到补缩效果。在设计冒口时，应从体积相同的不同形状冒口中选用散热面积最小的，冒口凝固时间因散热慢而较长，可提高冒口的补缩效果。这要根据生产条件灵活运用。球形冒口的相对散热面积小，是最理想的冒口形状，但造型起模困难，使其应用受到限制。实际生产中应用最多的是圆柱形、球顶圆形和腰圆柱形冒口。在选择冒口形状时，要根据铸件或铸件热节的形状而定，例如，轮类铸件在轮缘处热节形状为长条形，通常采用压边的腰圆柱形冒口较好。

2. 冒口位置的确定

冒口位置的确定应从冒口类型、凝固时间、充型能力、铸件性能和清理等方面考虑。冒口位置选择不当，不仅不能消除铸件的缩孔和缩松，反而可能导致铸件产生裂纹，造成冒口切割和打磨清理等工序操作不便。通用冒口位置的确定一般遵守以下原则：

1）冒口应设在铸件热节的上方（顶冒口）或旁侧（侧冒口）。

2）冒口应尽量设在铸件最高、最厚的部位。对低处的热节增设补贴或使用冷铁，以保证顺序凝固和补缩通道畅通，形成补缩的有利条件。

3）冒口不应设在铸件重要的、受力大的部位，防止力学性能因组织粗大而降低。

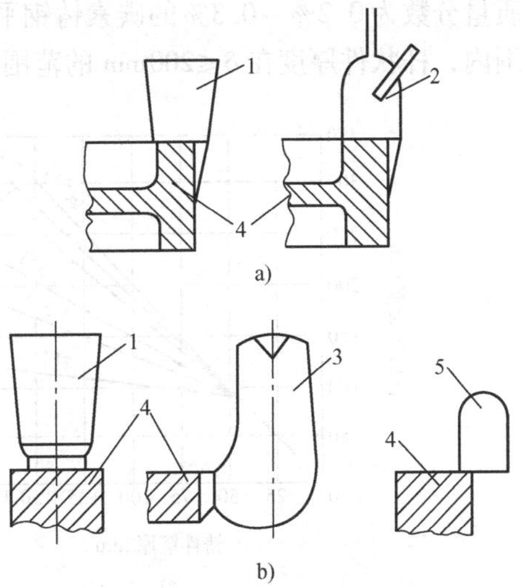

图4-6 常用冒口的种类

a）铸钢件冒口 b）铸铁件冒口

1—明顶冒口 2—大气压力顶冒口 3—边（侧）冒口 4—铸件 5—压边冒口（暗顶冒口）

4）冒口不要选在铸造应力集中处，应注意减轻对铸件的收缩阻碍，以免产生裂纹。

5）尽量用一个冒口同时补缩几个热节或铸件，提高铸件工艺出品率，简化生产操作。

6）在满足补缩的前提下，冒口应便于铸件清理，尽可能将其设在铸件加工面上，以减少清理冒口根部的工作量。

铸铁件的实用冒口位置的确定原则与通用冒口基本相同，但铸铁件的实用冒口主要补偿铸铁件液态收缩，要设在铸件最高的部位，以利于液态补缩，减少冒口体积；另一方面，铸铁件的实用冒口采用同时凝固的设计原则，冒口的设置应适当离开铸件的几何热节，以免形成接触热节。

3. 冒口有效补缩距离的确定

冒口有效补缩距离为冒口区与末端区长度之和，简称冒口补缩距离。冒口有效补缩距离是确定冒口数目的依据。若铸件被补缩的距离超出冒口的有效补缩距离，则在冒口区和末端区之间的中间区会产生缩松，如图4-7所示。

冒口的有效补缩距离与铸件结构、合金成分、冷却条件、冒口的补缩压力等因素有关。结晶温度范围较宽的合金，冒口补缩距离较小；安放冷铁及在铸件上设置金属补贴或在铸型上安放保温补贴，可增加冒口补缩距离。

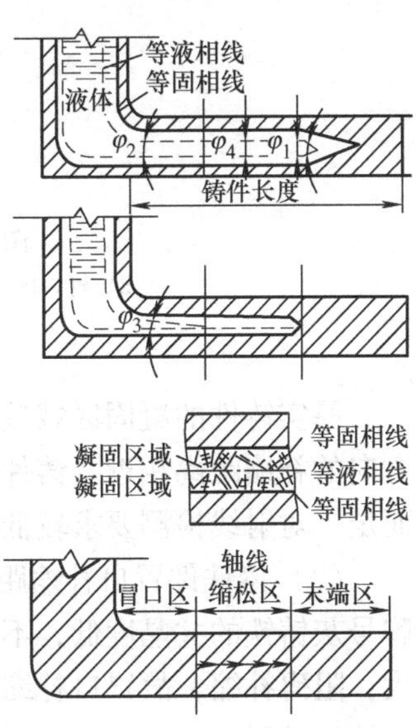

图4-7 冒口的有效补缩距离

（1）铸钢件冒口补缩距离 铸钢件冒口补缩距离随着铸件壁厚的增加而增加，并随着铸件截面宽厚比的减小而减小，发热冒口能增加冒口区长度，如图4-8和图4-9所示。上述图中5∶1等为铸件截面宽厚比（宽度与厚度之比），曲线是用碳的质量分数为0.2% ~0.3%的碳素铸钢平板件和杆件试验获得的，板件厚度在$\delta\leqslant175$mm 的范围内，杆状件厚度在$\delta\leqslant200$mm 的范围内。

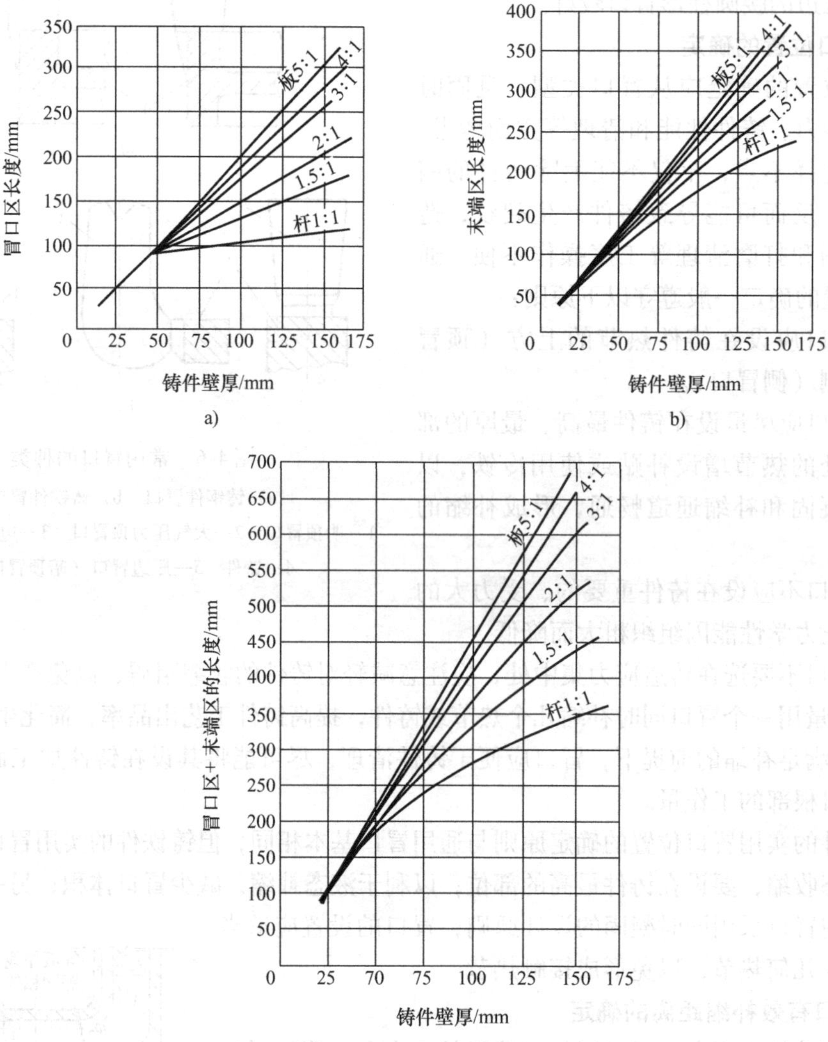

图4-8 板形及杆状铸钢件冒口的有效补缩距离

a）冒口区长度与铸件厚度的关系 b）末端区长度与铸件厚度的关系

c）冒口区+末端区的长度与铸件厚度的关系

厚实铸件的凝固区域较宽，冒口补缩距离相对较小。冒口在垂直方向的补缩距离与水平方向的补缩距离相近。铸件上设置冒口的数量需根据冒口所能够补缩的范围及铸件质量要求而定；对射线检测要求较低的铸件，冒口补缩距离可适当增加。

（2）铸铁件冒口补缩距离 灰铸铁件冒口补缩距离可根据共晶度确定（见图4-10）。高牌号灰铸铁的共晶度低，不仅收缩量大，而且结晶温度范围宽，共晶转变前析出的奥氏体量大，阻碍补缩，故冒口补缩距离较小。一般灰铸铁件冒口有效补缩距离$L=(5\sim8)T$，T为铸件壁厚。

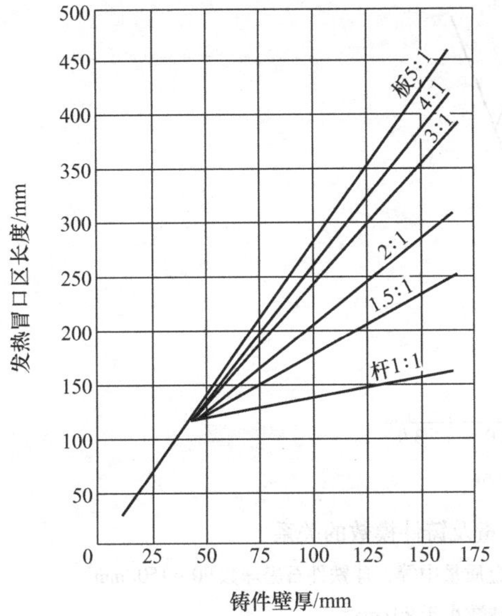

图4-9　发热冒口区长度与铸件厚度的关系

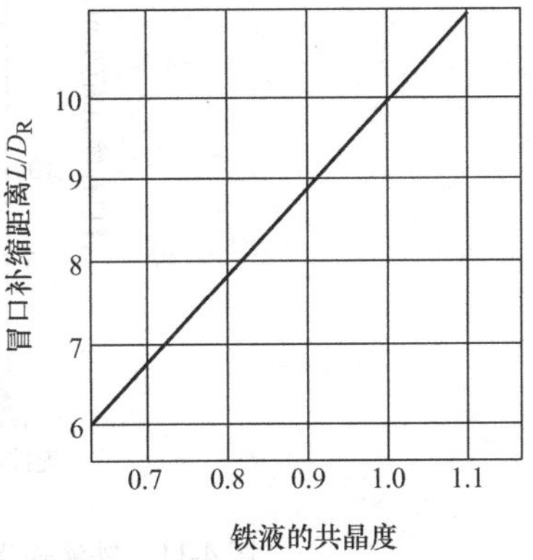

图4-10　灰铸铁件冒口补缩距离与共晶度的关系
D_R—冒口直径　L—冒口补缩距离

球墨铸铁件冒口补缩距离可参考表4-1中的试验数据。可锻铸铁冒口补缩距离为铸件壁厚的4～4.5倍。对于球墨铸铁件压力冒口，利用石墨化膨胀所形成的内压来补偿二次收缩，有效补缩距离可视为无限长；控制压力冒口的有效补缩距离为由凝固部位向冒口回填铁液的最远距离，即铁液输送距离，取决于铸件模数和冶金质量，如图4-11所示。铸件模数大，冶金质量好，铁液输送距离大。

表4-1　球墨铸铁件冒口补缩距离　（单位：mm）

铸件壁厚	水平补缩			垂直补缩
	湿型1	湿型2	湿型3	壳型
6.35	—	31.75	—	—
12.70	101.6～114.3	101.6	88.9	88.9
15.86	—	—	127.0	—
19.05	—	—	—	199.4
25.40	101.6～127.0	114.3	127.0	165.1
38.10	139.7～152.4	—	—	228.6
50.80	—	228.6	—	—

注：表中三组湿型数据是在不同试验条件下得到的；铸型性能不同时，球墨铸铁冒口的补缩距离是会产生明显差异的。

（3）有色金属铸件冒口补缩距离　大多数铝合金、镁合金的结晶温度范围较宽，冒口补缩距离较小。砂型铸造共晶型铝合金冒口补缩距离为铸件壁厚的4.5倍，非共晶型铝合金冒口补缩距离为铸件壁厚的2倍。对于镁合金，几乎难以确定冒口补缩距离，不论板件长度如何，均存在不同程度的缩松，一般采用冒口和冷铁配合使用的方法来消除铸件整个断面上分散的缩松缺陷。

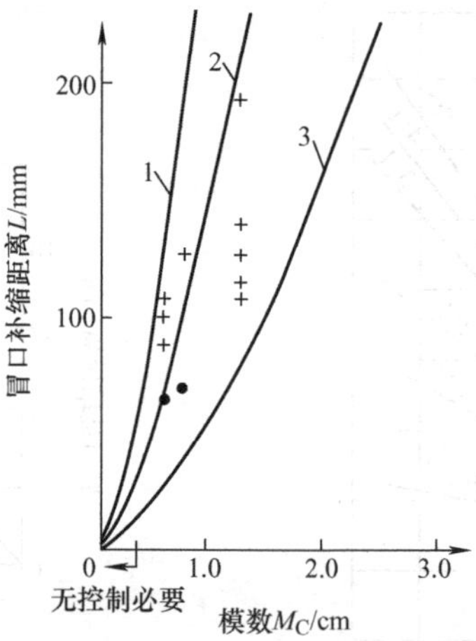

图 4-11 铁液输送距离与冶金质量及铸件模数的关系

1—冶金质量好，球铁件石墨球数大于 150/mm² 2—冶金质量中等，球铁件石墨球数 90～150/mm²
3—冶金质量差，球铁件石墨球数小于 90/mm²

锡青铜和磷青铜类合金的凝固范围一般较宽，呈糊状凝固特性，冒口补缩距离较短，铸件易产生分散性缩松；无锡青铜及黄铜的凝固范围较窄，其冒口补缩距离较大。据相关资料，黄铜冒口补缩距离为铸件壁厚的 5～9 倍，铝青铜和锰青铜的冒口补缩距离为铸件壁厚的 5～8 倍。铜合金板件及杆件冒口补缩距离与铸件壁厚的关系见表 4-2。

表 4-2 铜合金板件及杆件冒口补缩距离与铸件壁厚的关系

合金种类	铸件形状	末端区长度	冒口区长度	补缩距离
锡锌青铜 ($w_{Sn}=8\%$，$w_{Zn}=4\%$)	板件 杆件	$4T$ $10\sqrt{T}$	0	$4T$ $10\sqrt{T}$
锰铁黄铜 ($w_{Cu}=55\%$，$w_{Mn}=3\%$，$w_{Fe}=1\%$)	板件	$5T$	$2.5T$	$7.5T$
铝铁青铜 ($w_{Al}=9\%$，$w_{Fe}=4\%$)	板件	$5.5T$	$3T$	$8.5T$

注：表中数据是在干型、水平浇注条件下测出的。表中 T 为铸件壁厚。

（4）工艺条件对冒口补缩距离的影响

1）冷铁。安放冷铁可增大冒口有效补缩距离，并受冷铁位置的影响。当冷铁置于铸件末端时，使末端区长度略有增加；而在两个冒口之间安放冷铁时，相当于铸件中间增加了激冷端，使冷铁两端向着两个冒口方向的温度梯度增大，形成两个冷铁末端区，可显著增大冒口补缩距离。

2）冒口补缩压力。冒口补缩压力的增大有利于促进金属液流动，从而增加冒口补缩距离。在实际生产中，常采用增大冒口高度或大气压力冒口等方法，以保证冒口的补缩效果，消除铸件缩孔和缩松缺陷。

3）补贴。为了实现顺序凝固，在靠近冒口的铸件壁上补加倾斜的金属块称为金属补贴（又称衬补或增肉）。补贴按其在铸件上的位置又可分为水平补贴和垂直补贴，如图 4-12 和图 4-13 所示。

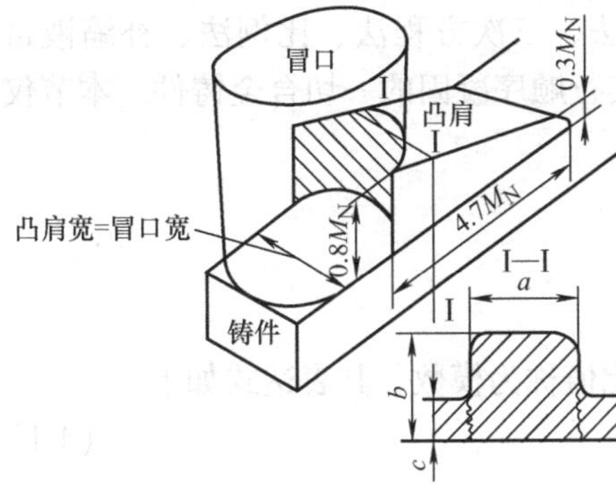

图4-12　水平金属补贴的尺寸

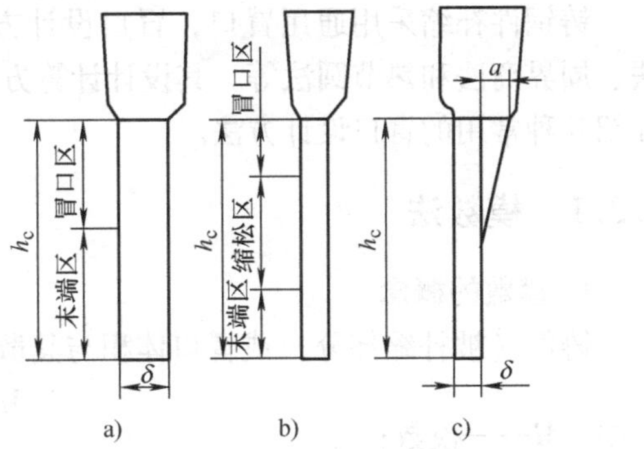

图4-13　应用垂直金属补贴增加补缩距离

a）h_c = 补缩距离　b）h_c > 补缩距离　c）用补贴消除缩松缺陷

h_c—铸件高度　δ—铸件壁厚　a—补贴厚度

当冒口附近有热节或铸件尺寸超过冒口补缩距离时，利用补贴可形成扩张角向着冒口的补缩通道，从而延长冒口的补缩距离。水平补贴（冒口凸肩，见图4-12）最大长度为冒口颈模数 M_N 的4.7倍，I—I断面处补贴模数应按 $M_I = ab/[2(a+b-c)]$（冒口颈模数）计算。垂直补贴的尺寸与铸件高度和壁厚有关，其厚度可按照图4-14确定。该图是对板形碳钢铸件进行顶注、立浇试验，后经X光透视检查而总结出来的补贴厚度 a 与铸件高度 h_c 和壁厚 δ 之间的关系曲线。对于杆状类铸件，冒口在垂直方向的补缩距离比板状件要小，需要有较大的补贴厚度造成有利的补缩通道，以获得致密的铸件。

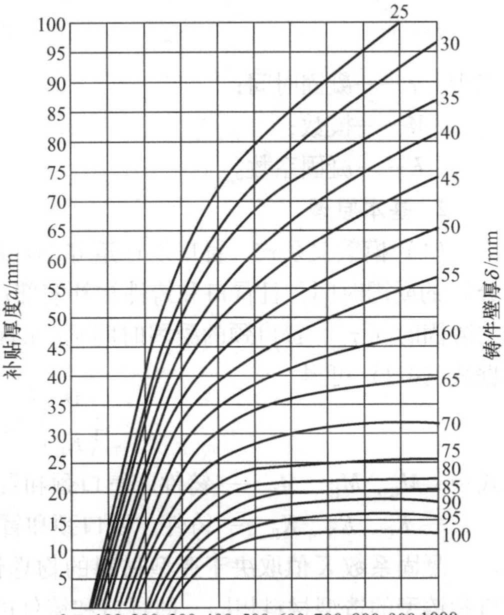

图4-14　板形碳钢铸件补贴厚度

金属补贴便于造型操作，但会增加金属液消耗量，造成清理切割困难，增加铸件清理及机械加工成本。为克服金属补贴的不足，可在铸型上安放保温补贴、加热补贴、发热补贴，以降低铸件局部冷却速度，保证冒口和铸件被补缩部位之间的补缩通道畅通。加热补贴主要用于铸钢件，其耐火隔片至少要被加热到1480℃才能发挥作用。发热（保温）补贴所用材料与发热（保温）冒口的材料相类似。

4.3　铸钢件冒口设计

铸钢液态收缩和凝固收缩的体收缩率高，缩孔形成的倾向性大。因此，铸钢件的冒口设计十分重要，需确保铸件的顺序凝固和冒口的体积足够大，对计算出的冒口尺寸要进行铸件工艺出品率校核，防止产生缩孔类缺陷。

铸钢件补缩采用通用冒口，冒口设计方法有模数法、三次方程法、比例法、补缩液量法、周界商法和热节圆法等，其设计计算方法适用于实行顺序凝固的一切合金铸件。本节仅介绍几种常用的冒口设计方法。

4.3.1 模数法

1. 模数的概念

铸件（被补缩部分）或冒口体积与其散热面积的比值称为模数，其表达式如下

$$M = V/A \tag{4-1}$$

式中 M——模数；

V——体积；

A——散热面积。

根据契诺夫（Chvorinov）公式（即平方根定律）$M = K\sqrt{\tau}$，可得

$$\tau = \left(\frac{M}{K}\right)^2 \tag{4-2}$$

式中 τ——凝固时间；

M——模数；

K——凝固系数。

2. 基本原理

（1）模数关系式　冒口设计遵守顺序凝固原则，即凝固时间应不小于铸件（被补缩部分）的凝固时间，且冒口和铸件被补缩部位之间补缩通道畅通。因此，铸件（被补缩部分）的凝固时间 τ_C、冒口颈的凝固时间 τ_N 和冒口的凝固时间 τ_R 依次增大，即 $\tau_C \leqslant \tau_N \leqslant \tau_R$。根据式（4-2）可得

$$\left(\frac{M_C}{K_C}\right)^2 \leqslant \left(\frac{M_N}{K_N}\right)^2 \leqslant \left(\frac{M_R}{K_R}\right)^2 \tag{4-3}$$

式中 M_C、M_N、M_R——铸件、冒口颈和冒口的模数；

K_C、K_N、K_R——铸件、冒口颈和冒口的凝固系数。

凝固系数 K 值取决于造型材料的物理性能、合金成分和浇注温度。对于普通铸造，冒口和铸型的造型材料相同，即冒口和铸件的凝固条件相同，此时 $K_C = K_N = K_R$，由式（4-3）可得 $M_C \leqslant M_N \leqslant M_R$。因此，冒口与铸件（被补缩部分）的模数关系式可表达为

$$M_R = fM_C \tag{4-4}$$

式中 f——冒口的安全系数（或称比例系数），$f \geqslant 1$。

在铸件凝固过程中，冒口内金属液因补给铸件而逐渐减少，顶面形成缩孔使冒口散热面积增大，冒口模数不断减小；铸件（被补缩部分）则因不断得到高温金属液的补充，模数保持不变。为了保证补缩效果，冒口应有足够的安全系数，一般取安全系数 $f = 1.1 \sim 1.2$，明冒口可取上限，顶暗冒口可取下限。安全系数过大，会降低铸件工艺出品率。

对于碳钢、低合金钢铸件，其冒口、冒口颈和铸件（被补缩部分）的模数关系可按下列公式选取：

顶冒口 $$M_R = (1.1 \sim 1.2)M_C \tag{4-5}$$

侧冒口 $$M_C : M_N : M_R = 1 : 1.1 : 1.2 \tag{4-6}$$

内浇道通过冒口 $$M_C : M_N : M_R = 1 : (1 \sim 1.03) : 1.2 \tag{4-7}$$

（2）体积关系式　冒口应能提供足够的金属液，以补偿铸件和冒口在铸件凝固完成前的体积收缩及铸型因型壁的移动而扩大的型腔体积，冒口体积与铸件（被补缩部分）体积及因铸型的型壁移动而扩大的体积之间应满足下列关系：

$$\varepsilon(V_C + V_R) + V_e \leqslant V_R\eta \quad (4\text{-}8)$$

式中　V_C、V_R、V_e——铸件（被补缩部分）体积、冒口体积和因铸型的型壁移动而扩大的型腔体积，V_e值可根据实际情况确定，对于刚性或紧实度较大的铸型，V_e值很小，一般忽略不计；

ε——金属从浇注完成到凝固完成的体收缩率；

η——冒口的补缩效率，即冒口的补缩体积与其实际体积的比值，$\eta_{max}<1$。

碳钢体收缩率 ε 的大小与碳含量和浇注温度有关，如图4-15所示。合金钢的体收缩率比碳钢大，它既与碳含量和浇注温度有关，又受合金元素及其含量的影响。合金元素对铸钢体收缩率的影响见表4-3。

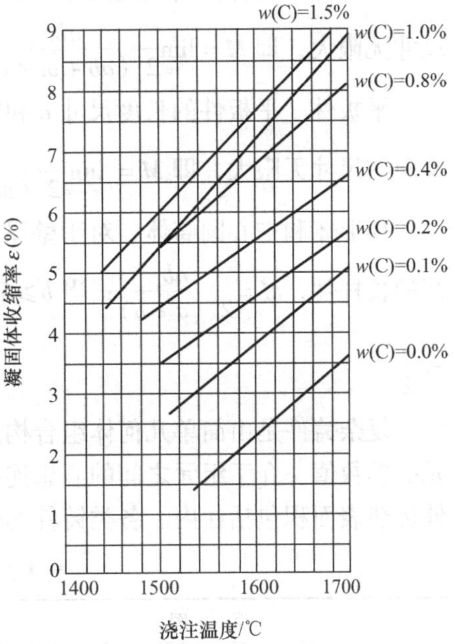

图4-15　碳含量和浇注温度对碳钢体收缩率的影响

表4-3　合金元素对铸钢体收缩率的影响

合金元素	W	Ni	MN	Cr	Si	Al
体收缩系数	-0.53	-0.0354	+0.0585	+0.12	+1.03	+1.70

注：体收缩系数是合金元素质量分数为1%引起的体收缩率变化；仅适用于低于1600℃的体收缩率。

冒口的补缩效率 η 值取决于冒口的种类及工艺条件，既与冒口的几何形状、大小和造型材料有关，还与铸件的几何形状、大小和造型材料有关。冒口的补缩效率具体数值一般由试验得出，不同冒口的补缩效率 η 值可参考表4-4。

表4-4　不同冒口的补缩效率

冒口种类、形状或工艺条件	圆柱形或腰圆柱形冒口	球形冒口	补浇冒口时	内浇道通过冒口时	保温冒口	发热保温冒口	大气压力冒口
补缩效率 η（%）	12~15	15~20	15~20	30~35	25~45	30~50	15~20

（3）铸件模数的计算　对于结构简单、形状规则的铸件，可直接根据体积与散热表面积的比值进行计算，获得模数 M 的表达式。

球形件　$M=\dfrac{\dfrac{4\pi r^3}{3}}{4\pi r^2}=\dfrac{r}{3}$，$r$ 为球体半径。

长方体　$M=\dfrac{abc}{2(ab+bc+ca)}$，$a$、$b$、$c$ 为三边长。

圆柱体　$M=\dfrac{\pi r^2H}{2\pi r^2+2\pi rH}=\dfrac{rH}{2\ (r+H)}$，$r$ 为圆柱半径，H 为圆柱体高度。

长杆件　长杆件的长度尺寸 c 远大于其宽度尺寸 a 和厚度尺寸 b，可以认为长度方向的尺寸无限大，即 $M=\lim\limits_{c\to\infty}\dfrac{abc}{2\ (ab+bc+ca)}=\dfrac{ab}{2\ (a+b)}$。

平板件　平板件的长度尺寸 c 和宽度尺寸 b 远大于其厚度尺寸 a，可以认为长度和宽度方向的尺寸无限大，即 $M=\lim\limits_{b,c\to\infty}\dfrac{abc}{2\ (ab+bc+ca)}=\dfrac{a}{2}$。

环形体和空心圆筒体　对于壁厚为 a、高度为 b 的环形体和空心圆筒体，可将其视作展开的长杆件，$M=\dfrac{ab}{2\ (a+b)}$；当 $b\geqslant 5a$ 时，将环形体和空心圆筒体可视作展开的平板件，$M=\dfrac{a}{2}$。

复杂铸件是由简单几何体组合构成的，需按其结构特征分成几个组元，然后计算每一组元的模数值。介于组元之间的假想连接面是一非向外传热面，计算散热表面积时不应将非向外传热表面积包括在内。各类铸件的模数计算方法见表 4-5。

表 4-5　各类铸件的模数计算方法

简　图	模　数
杆（环行体）-板（大法兰）连接 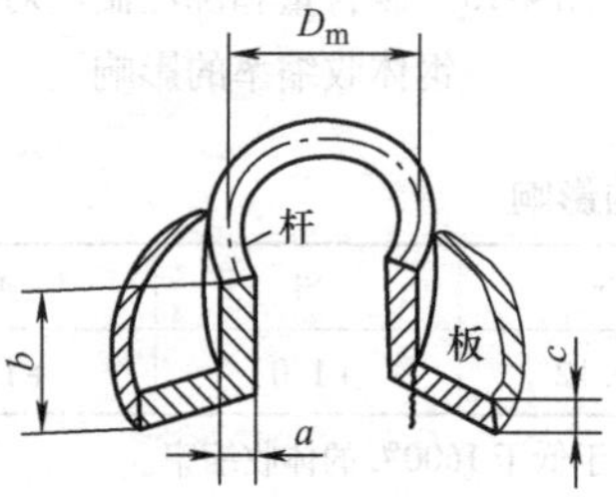 	一般情况：带有厚度 c 法兰的环形体模数： 设 $D_m=na$，则 $V=D_m ab\pi=a^2bn\pi$ $A=2a^2n\pi+a\pi(n+1)(b-c)+a\pi(n-1)b$ $\quad=a\pi(2an+2bn-cn-c)$ $M=\dfrac{V}{A}=\dfrac{ab}{2(a+b)-\dfrac{c(n+1)}{n}}$
杆-板连接的 L 形接头 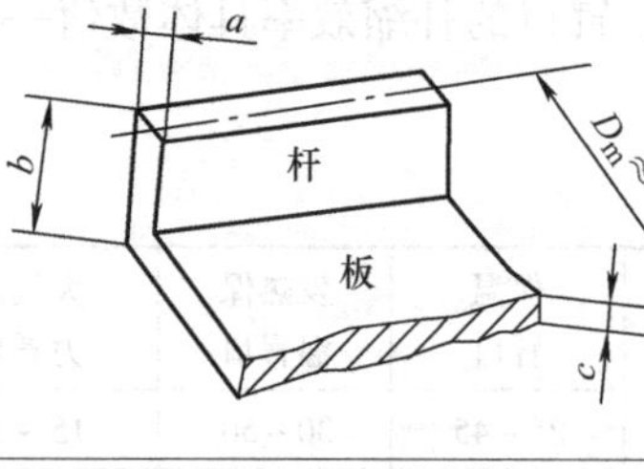 	特殊情况：$D_m\to\infty$，环形体变为杆 $\dfrac{n+1}{n}=\dfrac{\infty+1}{\infty}\to 1$，则 $M=\dfrac{ab}{2(a+b)-c}$
杆-板连接的 L 形接头 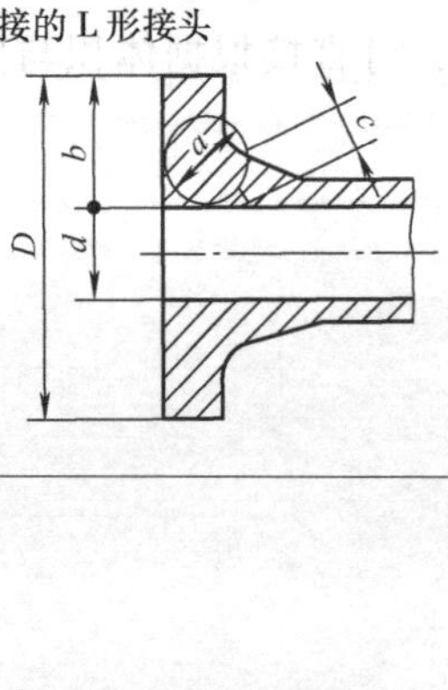 	特殊情况： $M=\dfrac{ab}{2(a+b)-c}$

（续）

简　图	模　数
板上凸起 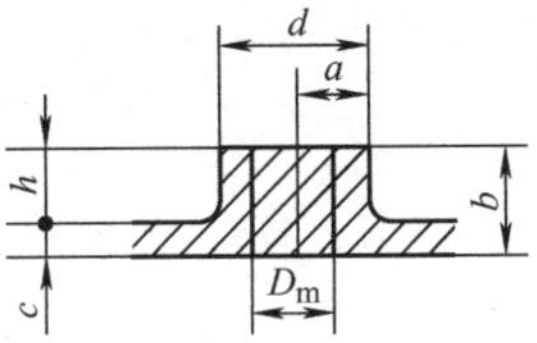	特殊情况： $n=1$，$\frac{n+1}{n}=2$，则 $M=\frac{ab}{2(a+b-c)}=\frac{d(h+c)}{2(d+2h)}$
杆-板连接 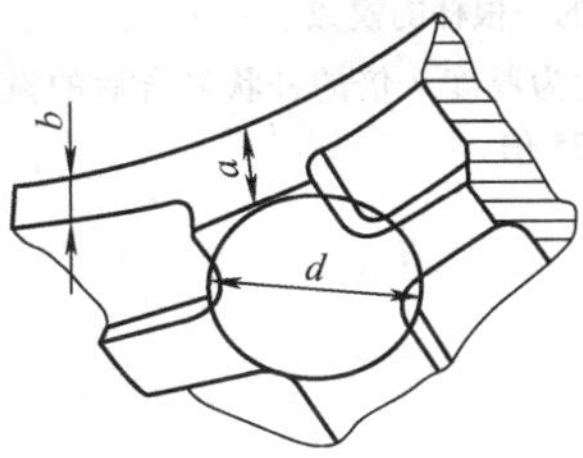	特殊情况： $M=\frac{da}{2(d+a-b)}$
T 形接头、十字接头、L 板接头 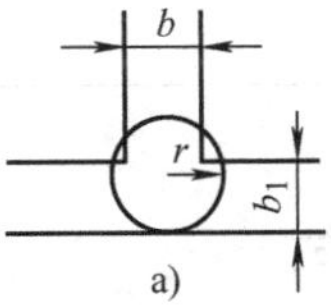 a) 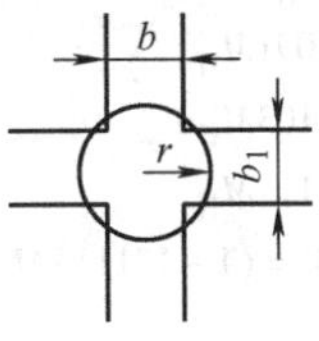 b) 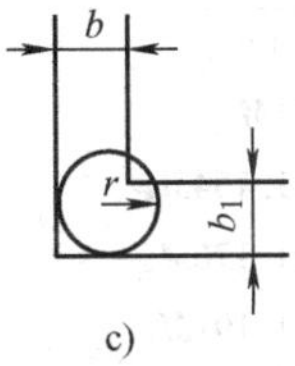 c) 考虑到砂型尖角的影响，将热节圆扩大	a) T 形板接头 $M=\frac{2b_1^2+bb_1+b^2}{4b_1+3b}$ 当 $b=b_1$ 时，则 $M\approx r$ b) 十字板接头 $M=\frac{2b_1^2+bb_1+2b^2}{4(b_1+b)}$ 当 $b=b_1$ 时，则 $M\approx r$ c) L 形板接头 $M=\frac{b_1}{1.957}\sim M=\frac{b_1}{1.738}\approx r$

（续）

简　图	模　数
十字杆、T形杆、L形杆的复合体 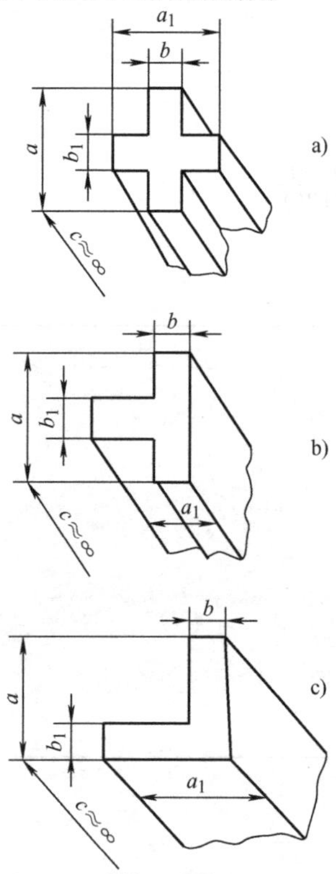 $a<5b, a_1<5b_1, c\to\infty$	这三种杆接头的模数均为： $M=(1\sim1.125)M_{主}$ 式中　$M_{主}$——模数最大的一根杆的模数 两个模数相等，且宽度为厚度2倍的杆状复合后的模数最大，它等于杆状体模数的1.125倍
T形板、十字板、L形板接头（不同于上一类型的杆接头） 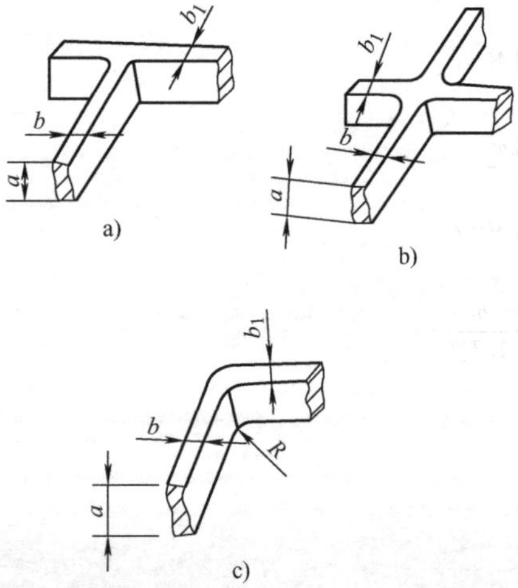 	a）T形板接头 $M=\dfrac{(2b_1^2+bb_1+b^2)a}{(4b_1+3b)a+2(b_1^2+bb_1+b^2)}$ 当$b=b_1=a$时，则$M=1.066M_{杆}$ 当$b=b_1$，$a=2b$时，则$M=1.091M_{杆}$ 当$b=b_1$，$a=3b$时，则$M=1.103M_{杆}$ 当$b=b_1$，$a=4b$时，则$M=1.111M_{杆}$ 当$0.5b_1\leqslant b\leqslant1.236b_1$时，则$M=(1\sim1.111)M_{主}$ b）十字板接头 $M=\dfrac{(2b_1^2+bb_1+2b^2)a}{4a(b_1+b)+2(2b_1^2+bb_1+b^2)}$ 当$b=b_1=a$时，则$M=1.111M_{杆}$ 当$b=b_1$，$a=2b$时，则$M=1.154M_{杆}$ 当$b=b_1$，$a=3b$时，则$M=1.176M_{杆}$ 当$b=b_1$，$a=4b$时，则$M=1.191M_{杆}$ 当$0.5b_1\leqslant b\leqslant2b_1$时，则$M=(1\sim1.191)M_{主}$ c）L形板接头 $M=\dfrac{(b^2+2bR+0.2146R^2)a}{(3.571R+2b)+2(b^2+2bR+0.2146R^2)}$

3. 模数法冒口设计基本步骤

根据铸件（被补缩部分）的模数，依据冒口种类及模数关系式，设计计算冒口尺寸。模数法冒口设计基本步骤如下：

1）划分铸件补缩区域，计算各补缩区域的铸件模数。

2）确定冒口的位置和类型，根据冒口和冒口颈的模数与铸件模数的关系，计算冒口和冒口颈的模数。

3）确定冒口的形状和尺寸（尽量采用标准系列的冒口尺寸）。

4）检查顺序凝固条件，依据冒口的有效补缩距离，确定冒口的数量。

5）根据合金体收缩率和冒口补缩效率，校核冒口的最大补缩能力。

4. 模数法冒口设计举例

图4-16所示为双法兰铸钢件，材质是ZG310-570，铸件质量为710kg，上、下法兰均需要补缩。用模数法设计计算冒口尺寸。

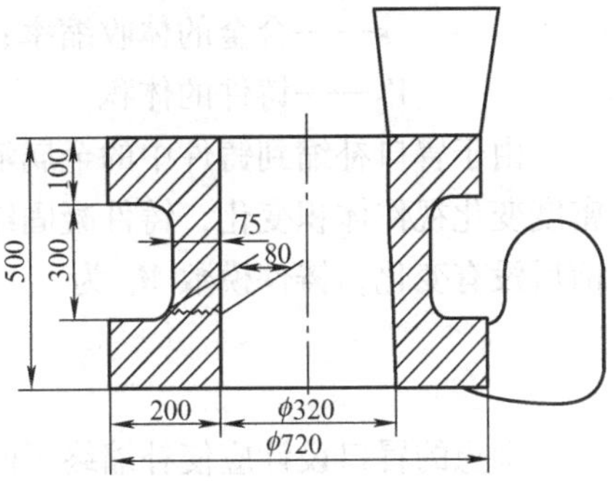

图4-16 双法兰铸钢件冒口设计

解:（1）求补缩区域的铸件模数 由于铸件尺寸较大、上下法兰较厚，因此，上、下法兰均需要设计冒口补缩。根据铸件结构特点，上、下法兰各设置2个冒口，每个冒口的补缩区域是半个法兰，可视为长杆件，但80mm假想连接面是一非向外传热面，其模数为

$$M_C=\frac{ab}{2(a+b)-c}=\frac{10\times 20}{2(10+20)-8}\text{cm}=3.84\text{cm}$$

（2）计算冒口和冒口颈的模数 M_R、M_N 顶部采用顶明冒口，冒口模数 $M_R=1.2M_C=1.2\times 3.84\text{cm}=4.6\text{cm}$；底部为侧暗冒口，冒口颈模数 $M_N=1.03M_C=1.03\times 3.84\text{cm}=4.0\text{cm}$，冒口模数 $M_R=1.2M_C=1.2\times 3.84\text{cm}=4.6\text{cm}$。

（3）确定冒口具体形状和尺寸 根据有关手册查出，顶部明冒口选取 $M_R=4.5\text{cm}$ 的长腰圆柱形冒口，其根部宽和长分别是 $a=170\text{mm}$、$b=380\text{mm}$，单个冒口质量是129kg，补缩效率取 $\eta=12\%$。对于铸钢件，一般不考虑型壁移动的影响，当钢液的体收缩率为5%时，由式（4-8）计算可得每个冒口的最大补缩能力为310kg。

底部侧暗冒口选取 $M_R=4.5\text{cm}$ 的圆形冒口，根部直径 $d=240\text{mm}$，高 $H=360\text{mm}$，冒口颈宽 $a=240\text{mm}$，冒口颈高 $b=127\text{mm}$，单个冒口质量是95kg，补缩效率取 $\eta=13\%$。当钢液的体收缩率为5%时，由式（4-8）计算可得每个冒口的最大补缩能力为247kg。

（4）校核冒口数目 上、下法兰均可视为厚100mm、宽200mm的杆件，近似地用圆筒周长 $\pi D(400\text{mm}\times\pi=1256\text{mm})$ 代替法兰热节中心周长，查阅有关手册，冒口的作用总距离是 $(240+2\times 150)\text{mm}\times 2=1080\text{mm}$，略小于1256mm，说明冒口数目不足。但对于没有气密性要求的铸件来说，4个冒口基本上可以满足要求；而对于气密性要求的铸件来说，可以通过在两个冒口中间设置冷铁的办法来增加补缩距离。

（5）校核冒口的最大补缩能力 上述4个冒口最大补缩能力的总质量 $m=(2\times 310+2\times 247)\text{kg}=1114\text{kg}$，而铸件质量为710kg，显然冒口有足够的金属液供铸件补缩。

4.3.2 三次方程法

三次方程法利用解析方法求解冒口尺寸，是模数法的延伸，主要用于铸造工艺计算机辅助设计。其原理是冒口在补缩铸件的过程中，质量向铸件转移，冒口体积不断减小，到凝固结束时，体积由 V_R减小到 $V_R - \varepsilon V_C$。冒口的散热表面积由于中间缩孔总是位于冒口中间位置，可以认为冒口侧面总的散热面近似等于冒口顶面散热面的效果，即可近似认为冒口凝固结束时的散热表面积等于冒口凝固初始时的散热表面积 A_R，冒口模数 M_R 为

$$M_R = \frac{V_R - \varepsilon V_C}{A_R} \tag{4-9}$$

式中 V_R、A_R——冒口的体积及散热表面积；

ε——合金的体收缩率；

V_C——铸件的体积。

由于冒口补缩到铸件中的金属液最终转化为铸件密度的增大，而铸件体积不变。将上述密度变化视作体积变化，铸件凝固结束时当量体积为$(1+\varepsilon)V_C$。铸件散热表面积 A_C 在凝固前后没有变化，铸件模数 M_C 为

$$M_C = \frac{V_C + \varepsilon V_C}{A_C} \tag{4-10}$$

理想的冒口设计应使补缩终了时冒口模数等于铸件模数，即 $M_R = M_C$，则

$$\frac{V_R - \varepsilon V_C}{A_R} = \frac{V_C + \varepsilon V_C}{A_C} \tag{4-11}$$

对不同形式的冒口，都可把冒口体积和表面积化为冒口几何尺寸的函数。例如，对圆柱形冒口有 $V_R = \pi h_R d_R^2/4$，$A_R = \pi d_R^2(h_R + 1/4)$；其中，$h_R$ 是冒口高度，d_R 为冒口直径。

令 $h_R = f_1 d_R$ 并代入式（4-11）中得

$$d_R^3 - K_1 M_C d_R^2 - K_2 V_C = 0 \tag{4-12}$$

式中，K_1、K_2 为常数，与冒口形式和合金体收缩率 ε 有关。对圆柱形冒口 $K_1 = 4[(f_1 + 1/4)(1+\varepsilon)/f_1]$，$K_2 = 4\varepsilon/\pi f_1$；一般地，$f_1 = 1.0$、$1.5$、$2.0$。

式（4-12）就是计算冒口直径的三次方程。三次方程法中冒口直径的代数解析计算式是一种仅用简单计算工具即可计算得到的解析解，方便、准确、实用。同时，准确的数学模型更有利于铸造工艺设计 CAD 和 CAE 等技术的使用与推广。

4.3.3 比例法

比例法是在分析、统计大量工艺资料的基础上，总结出的冒口尺寸经验确定法。通过直接查取相关图表确定冒口尺寸，不需要进行烦琐的设计计算，简单易行。比例法是一种经验性较强的冒口的设计方法，缺点是不够精确，且需要有丰富的实践经验。

根据长期生产实践经验，铸造工程技术人员总结出了冒口尺寸相对于铸件壁厚或热节圆半径的比例关系，汇编成各种冒口尺寸计算的图表，详见有关铸造手册。现以常见的轮形铸钢件（见图4-17）为例，介绍比例法设计冒口的方法及步骤。

1. 热节圆直径 d_y 的确定

根据零件图尺寸，加上加工余量和铸造收缩率作图（最好按 1 : 1 的比例），量出或算

出热节圆直径 d_y。一般热节处内切圆直径 d_Q 可视为热节圆直径 d_y，但砂型尖角处散热慢，热节圆直径 d_y 比热节处内切圆直径 d_Q 应加大 10～30mm，即 $d_y = d_Q + (10 \sim 30)\text{mm}$。

2. 按比例确定冒口尺寸

根据铸件材质和结构特点，选择冒口的类型和形状；对应于不同结构铸件的冒口形式，可通过铸造手册中有关图表查取，确定冒口尺寸与铸件壁厚或热节圆半径的比例关系，并按比例计算冒口尺寸。

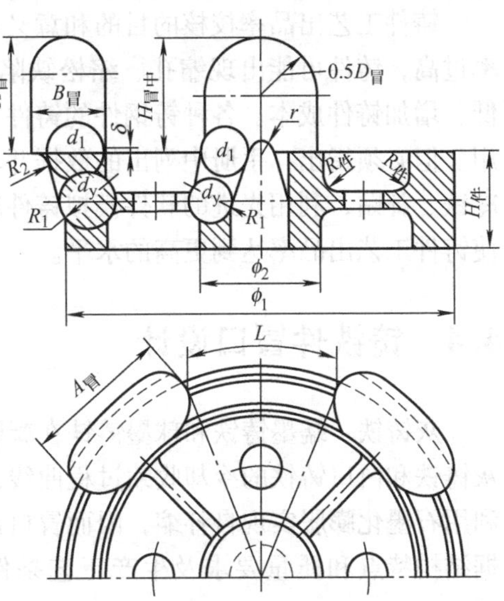

图4-17　比例法确定的轮形铸钢件冒口尺寸

（1）轮缘冒口尺寸

1）冒口补贴。按下列经验比例关系确定：

$$d_1 = (1.3 \sim 1.5)d_y$$

$$R_1 = R_件 + d_y + (1 \sim 3)\text{mm}$$

$$R_2 = (0.5 \sim 1)d_y$$

$$\delta = 10 \sim 15\text{mm}$$

2）冒口尺寸。用下述经验比例关系计算：

暗冒口宽　$B = (2.2 \sim 2.5)d_y$

明冒口宽　$B = (1.8 \sim 2.0)d_y$

冒口长　$A = (1.5 \sim 1.8)B$

暗冒口高　$H = B + (0 \sim 50)\text{mm}$，$H_件$ 大于500mm应采用明冒口。

明冒口高　$H = (0.6 \sim 1.5)H_件$，比例系数随着 $H_件$ 增大而减小，可通过有关铸造手册查取确定具体比例系数。

3）冒口补缩距离 L。$L = 4d_y$，当两冒口之间距离超过此值时，应设置冷铁或水平补贴。

（2）轮毂冒口尺寸

1）冒口补贴。轮毂冒口补贴比例系数比轮缘冒口补贴略小，按下列比例关系确定：

$$d_1 = (1.1 \sim 1.3)d_y$$

2）冒口尺寸。当轮毂尺寸较小时设置一个冒口，按下述经验比例关系计算：

冒口直径　$D = \phi_2 - (10 \sim 20)\text{mm}$，$\phi_2$ 是轮毂直径。

冒口高度　$H = (2 \sim 2.5)d_1 + r$，r 的值待 d_1 确定后，然后按图作出。

当轮毂直径较大，需要设置两个或更多的冒口以节约金属时，轮毂冒口尺寸应按轮缘冒口的确定方法计算。

3. 铸件工艺出品率校核

由于各地区、各企业的生产条件不同，铸件出品率是不同的，所给出的经验值也不完全一致。参照应用经验数据时，一定要注意生产条件、铸件类型和合金成分等尽量一致。用比例法确定了冒口尺寸之后，需利用铸件工艺出品率校核冒口补缩能力。铸件工艺出品率是一项重要的技术指标，可用式（4-13）表示为

$$铸件工艺出品率 = \frac{铸件质量}{铸件质量 + 冒口总质量 + 浇注系统质量} \times 100\% \tag{4-13}$$

铸件工艺出品率校核的目的和意义在于：防止设计出现明显偏差。一种是铸件工艺出品率过高，铸件可能出现缩孔、缩松缺陷；另一种是工艺设计偏于保守，铸件工艺出品率过低，增加铸件成本。各种铸钢件的铸件工艺出品率已列于相关手册中，可供冒口设计校核之用。但必须指出：手册中列出的数据并非是不可超越的，采用补缩效率高的冒口，适当应用冷铁、补贴，利用先进的软件模拟铸件凝固过程并改进冒口设计，提高工厂管理水平，都能使铸件工艺出品率达到更高的水平。

4.4 铸铁件冒口设计

灰铸铁、蠕墨铸铁和球墨铸铁在凝固过程中会产生独特的石墨化膨胀。图 4-18a 所示为灰铸铁和白口铸铁的冷却收缩过程曲线，可见灰铸铁的收缩量明显小于白口铸铁。铸铁件可利用石墨化膨胀实现自补缩，因而冒口设计也更加多样化。除了通用冒口外，铸铁件还可根据结构特点和质量要求及生产工艺条件，选择压力冒口、控制压力冒口和无冒口补缩等工艺。

4.4.1 铸铁件凝固与收缩的特点

铸铁件在冷却凝固过程中发生共晶石墨化膨胀，所经历的体积变化（收缩行为）不同于工业上使用的其他金属与合金。铸件在凝固过程中表现出来的收缩值是胀缩相抵后的结果，如图 4-18b 所示。曲边三角形 *ABC* 为铸件的液态收缩与凝固收缩之和，曲边三角形 *ADC* 为铸件的石墨化膨胀，曲边三角形 *AB′P* 为铸件胀缩相抵的净结果，称为铸件的表观收缩，也是铸件表现出来的并能被测量到的收缩值；*P* 为均衡点，对应的时间是铸件收缩量等于膨胀量的时间，*AP* 与 *AC* 的比值称为铸件收缩时间分数。

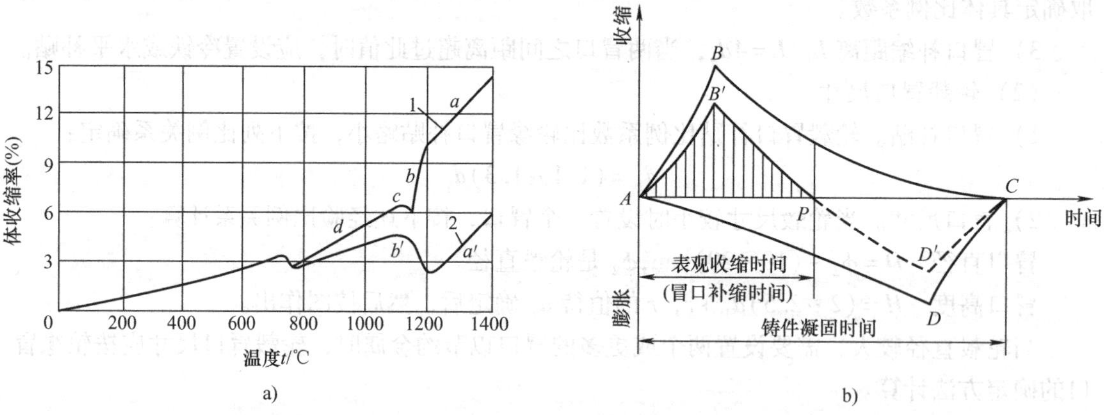

a) b)

图 4-18 铸铁（件）冷却收缩与石墨化膨胀的叠加

a）铸铁冷却收缩过程曲线 b）铸铁件冷却收缩与石墨化膨胀的叠加

1—白口铸铁 2—灰铸铁

铸铁件的收缩值不仅与化学成分有关，而且随铸件结构和工艺条件的变化而变化。对于小型铸铁件，冷却速度快，石墨化膨胀延迟，均衡点 *P* 也相应地后移，单位时间的收缩量（收缩速度）大，即收缩来得集中，相应地表观收缩加大，必须加强补缩，补缩措施可以利用浇注系统，也可以利用冒口。

从图4-18中可看出，对*AP*段，必须用外部浇口或冒口来补充铸件本身自补不足的差额，到均衡点*P*时，表现收缩为零，冒口的补缩作用终止；均衡点*P*之后，铸件进入自补缩阶段。因此，铸铁件的冒口不必晚于铸件凝固，模数可以小于铸件（补缩部位）的模数。对于厚大铸铁件，冷却缓慢，石墨化膨胀提前，有利于胀缩的早期叠加和均衡点*P*前移，单位时间的收缩容易被石墨析出产生的膨胀所抵消，使铸件整体表现出来的收缩值减小，提高铸型强度可实现小冒口或无冒口铸造。

4.4.2　铸铁件通用冒口

铸铁件通用冒口设计方法与铸钢件冒口相同，按照顺序凝固的设计原则，从工艺上采取措施，使铸件远离冒口处先凝固，接近冒口处后凝固，冒口最后凝固。铸钢件冒口设计所用模数法、三次方程法和比例法等方法，原则上都适用于铸铁件通用冒口。

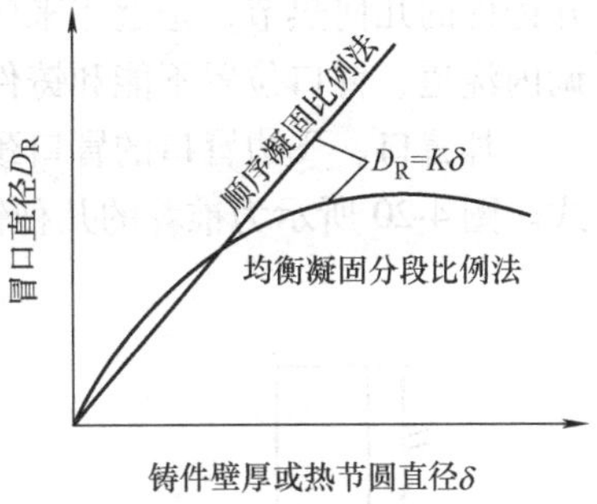

图4-19　冒口直径与铸件壁厚或热节圆直径的关系

比例法是可锻铸铁件、灰铸铁件和球墨铸铁件通用冒口设计的常用方法。对于灰铸铁件，冒口直径与铸件壁厚或热节圆直径的关系如图4-19所示。均衡凝固分段比例法与顺序凝固比例法的区别在于，前者根据铸件大小和厚薄分段地选取比例系数，即比例系数*K*按大件、中件、小件及铸件壁厚选取，根据铸件大小及冒口类型查阅有关手册确定。

通用冒口对铸型强度和铸件模数无特殊要求，对铁液浇注温度要求不严格，设计计算容易，适应性强，可用于各种铸铁件。但是，通用冒口不能有效地解决铸铁件的显微缩松问题，铸件出品率低。

4.4.3　铸铁件实用冒口

除了可锻铸铁件以外，灰铸铁件、蠕墨铸铁件和球墨铸铁件既可以采用通用冒口，也可以采实用冒口，这主要取决于铸件结构特点和铸型强度等生产工艺条件。实用冒口利用全部或部分的共晶膨胀量在铸件内部建立压力，实现自补缩，有利于消除显微缩松缺陷，且铸件工艺出品率比通用冒口高。

实用冒口按其应用条件的不同分为压力冒口（包括浇注系统当冒口）、控制压力冒口和无冒口（安全小冒口）。实用冒口的应用对铸型强度和铸件模数等有相应的要求体。球墨铸铁件实用冒口的种类与应用条件可参考表4-6。

表4-6　球墨铸铁件实用冒口种类与应用条件

铸型强度	铸件模数 M_C/cm	冒口种类
铸型强度低	≤0.48	浇注系统当冒口
	0.48～2.5	控制压力冒口
铸型强度高	≤2.5	压力冒口
	>2.5	无冒口补缩（安全小冒口）

实用冒口设计应按照同时凝固原则，从工艺上采取措施，使铸件凝固时各部分之间的温差很小，冒口和冒口颈凝固冻结先于铸件，铸件最后凝固；提高铸型强度，充分利用共晶石墨化膨胀实现自补缩。其设计要点是：

1）冒口仅是补充铸件的液态收缩和自补缩不足的差额。冒口要设置在铸件最高的部位，其有效体积应大于铸件的液态收缩。

2）冒口不必晚于铸件凝固，冒口模数可以小于铸件（被补缩部位）的模数。事实上，内浇道和冒口颈应先于铸件凝固冻结，以充分利用共晶石墨化膨胀实现自补缩。

3）浇冒口的开设要避免形成接触热节。冒口不要放在铸件热节处，但要靠近热节，以利于补缩。设置冒口处的凝固时间只要大于或等于 *AP* 时间（见图 4-18）即可。冒口适当离开铸件的几何热节，是近年来应用较广泛的均衡凝固工艺的关键之一。均衡凝固工艺特别强调内浇道、冒口位置不能和铸件热节重合。

耳冒口、飞边冒口的冒口颈短、薄、宽，是溢流冒口和无冒口铸造安全小冒口的理想形式。图 4-20 所示为推荐的几种铸铁件冒口类型和结构。

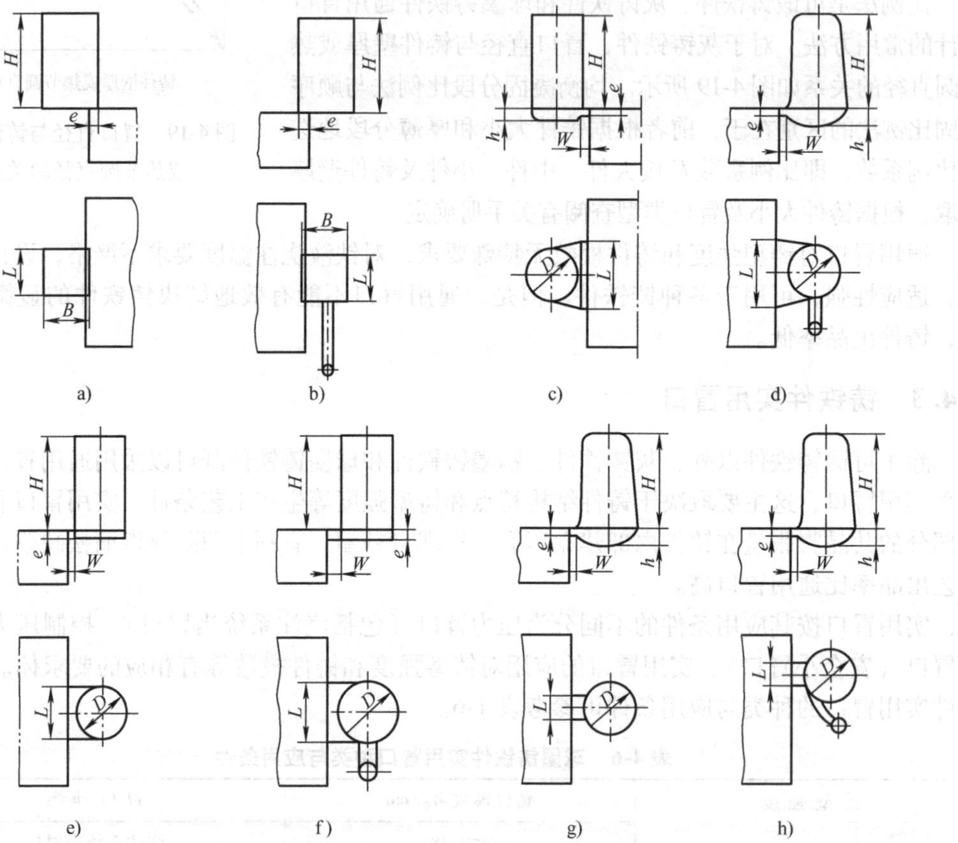

图 4-20　推荐的几种铸铁件冒口类型及结构

a）压边冒口　b）压边浇冒口　c）飞边冒口　d）热飞边冒口

e）耳冒口　f）热耳冒口　g）侧冒口　h）热侧冒口

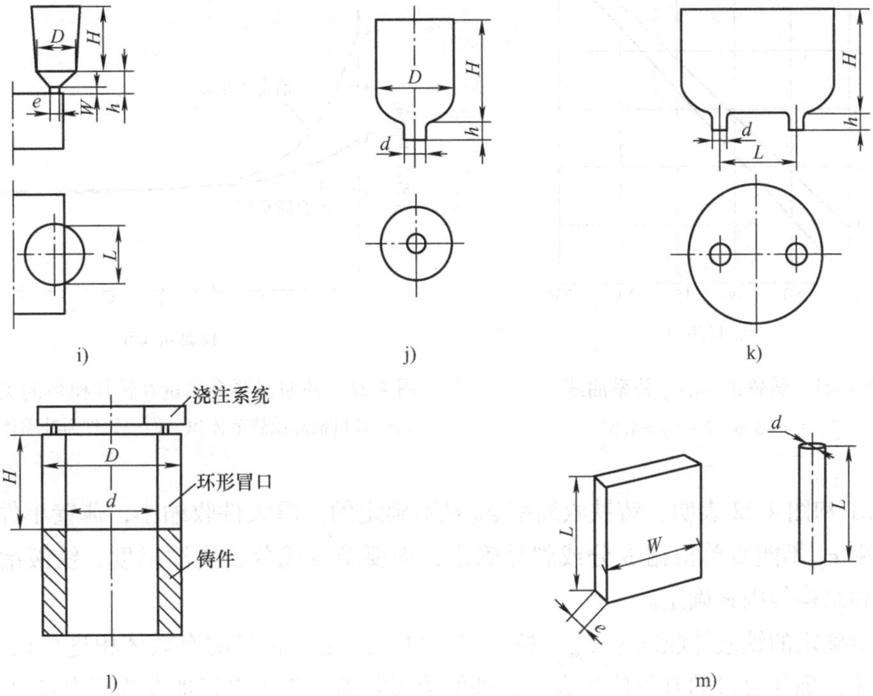

图 4-20　推荐的几种铸铁件冒口类型及结构（续）

i）鸭嘴冒口　j）单缩颈顶冒口　k）双缩颈顶冒口　l）环形冒口　m）出气冒口、冷肋冒口

1. 压力冒口（包括浇注系统当冒口）

压力冒口又称直接实用冒口，仅补给铸件的液态（一次）收缩，冒口颈在液态收缩终止或共晶石墨化体积膨胀开始时及时凝固冻结，利用全部共晶膨胀量及膨胀压力补偿铸件的二次收缩以消除缩松缺陷。

（1）冒口数量及体积

压力冒口补缩在铸件处于连续的液相条件下进行，补缩距离一般不受限制，理论上一个冒口可满足工艺要求，实际生产中以单冒口、双冒口为主，较少应用多冒口。由于只有高于铸件最高点水平面的那部分冒口体积才能对铸件进行补缩，因此，冒口的有效体积不得小于铸件的液态收缩，即

$$V_{R有效} \geqslant \varepsilon_{液} V_C \tag{4-14}$$

式中　$V_{R有效}$——冒口的有效体积；

$\varepsilon_{液}$——铁液体收缩率；

V_C——铸件的体积。

铸件液态收缩取决于铁液体收缩率 $\varepsilon_{液}$，而铁液体收缩率 $\varepsilon_{液}$ 受浇注温度、冷却速度和铁液碳当量 C_E 和冶金质量影响。平衡状态下可近似认为铸铁共晶温度是 1150℃，铁液体收缩率 $\varepsilon_{液}$ 与浇注温度 t_p 和铁液碳当量 C_E 的关系曲线如图 4-21 所示；实际生产中铸件是在非平衡状态下凝固的，冷却速度增大，有大量初生奥氏体析出，加大液态收缩，如图 4-22 所示。铸件模数小，铁液冶金质量差，补缩需要的金属量相应增大。

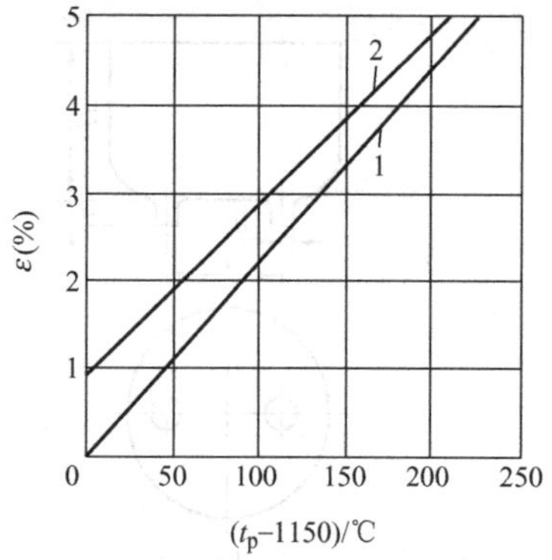

图 4-21 铸铁的 $\varepsilon_{液}$-t_p 关系曲线

1—C_E=3.6 2—C_E=4.3

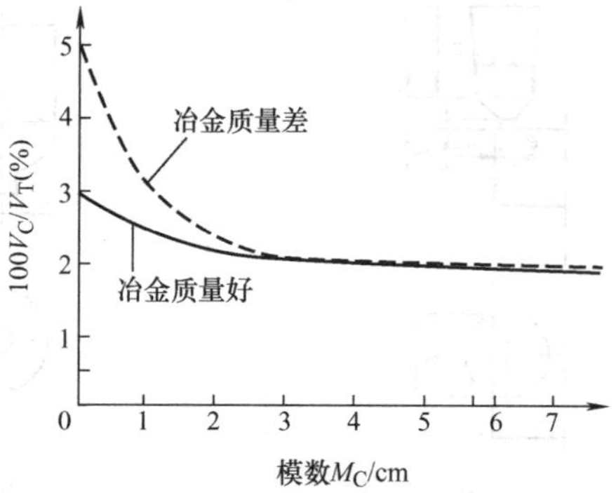

图 4-22 补缩需要金属量和铸件模数的关系

V_T—冒口根部或热节体积 V_C—铸件需补缩体积

图 4-21 和图 4-22 表明，铸铁收缩率 $\varepsilon_{液}$是不确定的，厚大件收缩小，薄壁小件收缩大；铸铁收缩率 $\varepsilon_{液}$不能简单根据成分或牌号确定，需要结合成分、浇注温度、铁液冶金质量、铸件大小和结构等因素确定。

根据所确定的铁液体收缩率 $\varepsilon_{液}$，按式（4-14）对压力冒口的有效体积进行校核，计算冒口的尺寸，确保冒口的有效体积大于铸件的液态收缩。为了更好地发挥压力冒口的补缩作用，可采用大气压力冒口。

（2）冒口颈模数 对于压力冒口，冒口颈应在共晶石墨化体积膨胀开始时及时凝固冻结，根据铸件由浇注温度 t_p冷却到共晶温度（1150℃）单位表面积释放的热流量等于冒口颈从浇注温度冷却到完全凝固通过单位表面积的热流量，可导出冒口颈模数的计算公式

$$M_N = M_C \frac{t_p - 1150}{t_p - 1150 + \frac{L}{c}} \tag{4-15}$$

式中 M_N——冒口颈模数；

M_C——设置冒口部位的铸件凝固模数，也称铸件关键模数；

c——铁液的比热容，与铁液温度有关，在 1150～1350℃范围内为 835～963J/(kg·K)；

L——铸铁结晶潜热，为(193～247)×10^3J/kg。

考虑到浇注时的温度损失、铸件外壳薄层凝固的热损失和冒口热量等对冒口颈凝固阶段的影响，将式（4-15）修正成图 4-23 所示的关系曲线。由图 4-23 查出的冒口颈模数值比用式（4-15）计算的冒口颈模数值略大。冒口颈截面形状可选用圆形、正方形或矩形。

（3）浇注系统当冒口 对于所有灰铸铁件、蠕墨铸铁件和球墨铸铁件，理论上都能用浇注系统兼起压力冒口的作用。因为压力冒口仅补给铸件的液态收缩，但是，当铸件较厚时将冒口和浇注系统分开，专门设置冒口，可提高铸件工艺出品率。因此，浇注系统当冒口主要用于薄壁件。由于湿型的强度不高，在球墨铸铁件模数 $M_C \leqslant 0.48$cm 和灰铸铁件 $M_C \leqslant 0.75$cm，适宜采用浇注系统当冒口，这样不仅可简化模具制造和生产操作，而且可提高铸件工艺出品率。球墨铸铁件浇注系统当冒口的应用实例如图 4-24 所示，铸件壁厚为 9.5mm，铸件关键模数为 0.47cm，内浇道模数为 0.4cm，浇注温度为 1420℃。

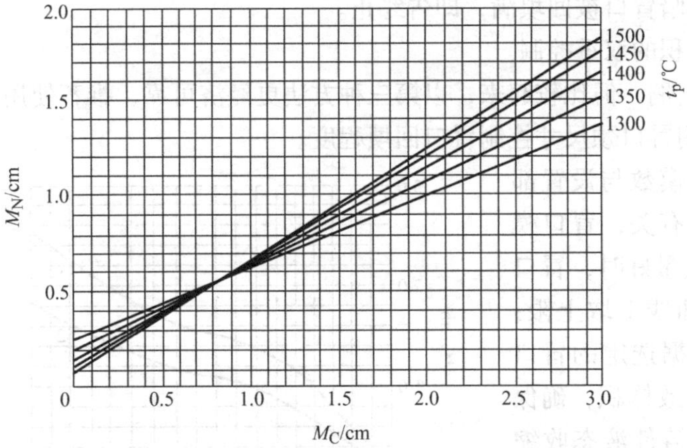

图 4-23　冒口颈模数与铸件凝固模数的关系曲线

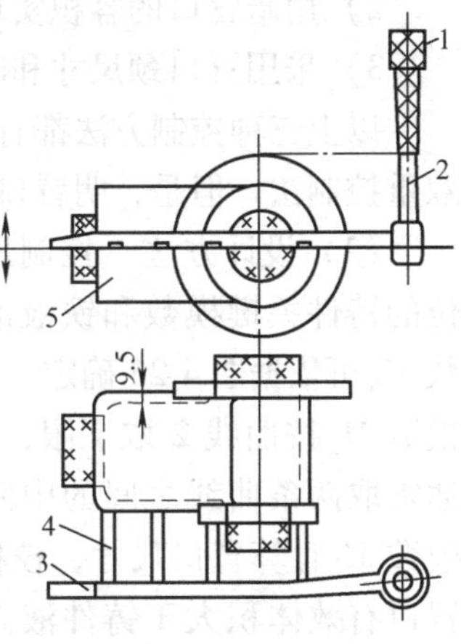

图 4-24　浇注系统当冒口（网线部分）的应用实例

1—浇口杯　2—直浇道　3—横浇道　4—内浇道（冒口颈）　5—铸件

对于薄壁铸铁件，用浇注系统当冒口，所需补缩量由超过铸件最高点的浇口杯和直浇道中的金属液来补充，超过铸件最高点的浇口杯与直浇道部分的容积之和实质上就是压力冒口的有效体积，因而设计时要按容积大于铸件的液态收缩进行校核。除了按浇注工艺要求及同时凝固原则设计浇注系统外，内浇道尺寸按压力冒口的冒口颈设计，以最低的浇注温度计算内浇道的模数。因为薄壁铸铁件冷却速度快，浇注温度和浇注结束后型内铁液温度显著不同，后者明显低于前者，而式（4-15）和图 4-23 中浇注温度是指型内铁液温度，对厚大件浇注温度和浇注结束后型内铁液温度差异则不大。

（4）压力冒口的优缺点　压力冒口主要优点是：铸件出品率高，可消除缩松缺陷，铸件品质好；冒口位置便于选择，冒口颈可长、可短；冒口便于去除，减少清理工作量。但是，压力冒口应用要求铸型强度高，模数超过 0. 48cm 的球墨铸铁件，要求使用自硬砂型等高强度铸型；浇注温度范围要严格控制，一般为 ±25℃，以保证冒口颈凝固冻结时间准确；对于形状复杂的铸件，关键模数不易确定，需要进行试验以验证冒口颈计算是否正确。

2. 控制压力冒口

控制压力冒口又称释压冒口或减压冒口，在共晶膨胀初期冒口颈畅通，可使铸件内部铁液回填冒口，控制回填程度使铸件内建立适中的内压，利用部分共晶膨胀量消除二次收缩缺陷——缩松，如图 4-25 所示。在铸型强度不够高时使用控制压力冒口，既能消除缩孔、缩松，又能避免铸件胀大变形。

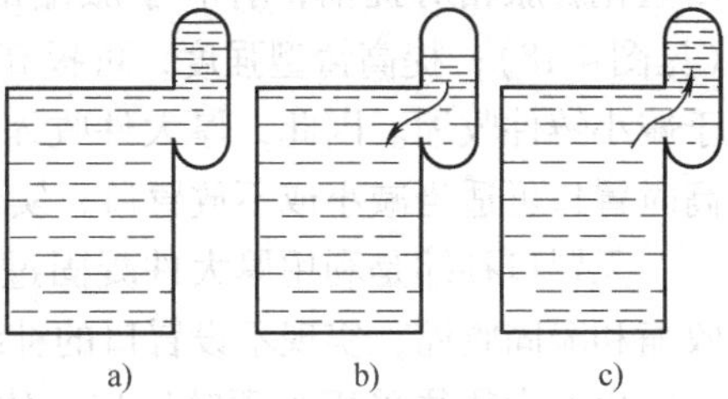

图 4-25　控制压力冒口不同阶段作用示意图

a）浇注结束　b）液态收缩　c）膨胀回填

（1）回填控制　控制压力冒口要在铸件内建立适中的内压，必须将铸件保留的共晶膨胀量控制在合适的范围内，但实际生产中，这种回填控制是非常困难的。冒口回填有三种控制方法：

1）冒口颈在共晶膨胀初期适时凝固冻结。

2）用暗冒口的容积实现控制，暗冒口被回填满，即告终止。

3）采用冒口颈尺寸和暗冒口容积的双重控制。

以上三种控制方法都有成功的实例，但比较起来，以第三种方法更经济可靠，推荐使用双重控制法。但是，明冒口只能采用冒口颈尺寸控制冒口回填程度。

（2）设计方法 控制压力冒口模数与设置部位的铸件关键模数和铁液冶金质量有关，冒口模数 M_R 可依据图4-26确定。当冶金质量好时，冒口模数 M_R 按曲线2取下限，反之按曲线1取上限；通常取两条曲线之间的中间值。根据选定的冒口模数 M_R 计算冒口尺寸，校核冒口有效体积，确保冒口有效体积大于铸件液态收缩，铸件液态收缩可由图4-22确定。

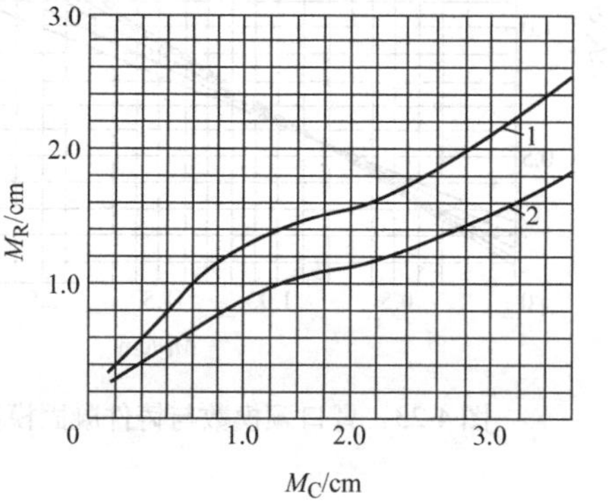

图4-26 控制压力冒口和铸件关键模数的关系

1—冶金质量差，石墨球数小于90/mm²

2—冶金质量好，石墨球数大于150/mm²

控制压力冒口应靠近铸件厚大部位设置，以暗边冒口为宜（如压边暗冒口），采用短冒口颈。冒口颈可选用圆形、正方形或矩形，冒口颈模数 M_N 按下式计算确定

$$M_N = 0.67M_R \tag{4-16}$$

控制压力冒口的有效补缩距离与传统冒口的补缩概念不同，不是冒口将铁液输送到铸件凝固部位的距离，而是铸件凝固部位向冒口回填铁液能输送的距离。铸件凝固部位超出了可输送的距离，铸件内膨胀压力过大，可导致型壁变形，致使铸件胀大变形，内部可能产生缩松。冒口设计应根据回填铁液输送距离（即冒口补缩距离，见图4-11）计算冒口数目，以免铸件胀大和产生缩松。

控制压力冒口适用于湿型铸造模数为0.48～2.5cm的球墨铸铁件和模数为0.75～2.0cm的灰铁件，要求铸型硬度应大于85。为了发挥冒口的最大作用，要高温快浇，浇注温度控制在[(1370～1427)±25]℃；尽量采用内浇道通过边冒口的引入方式，扁薄内浇道的长度至少为其厚度的4倍，以便浇道迅速凝固冻结。

（3）无冒口补缩（安全小冒口） 对于厚大件，冷却速度慢，石墨化膨胀相对提前，有利于胀缩的早期叠加，使均衡点 P 前移（见图4-18）；提高铸型强度，可提高石墨化膨胀的利用程度，有利于减小铸件收缩。因此，厚大件收缩有减小的趋势，铸型强度足够高时冒口可适当减小或不放冒口，实现小冒口或无冒口铸造。

无冒口补缩是利用厚大件凝固过程中石墨化膨胀完全补偿液态收缩和凝固收缩，实现不设冒口的补缩工艺。为了保证工艺稳定性，实际生产中往往采用小顶暗冒口，体积不超过铸件体积的2%，通常称为安全小冒口。其作用仅是为弥补工艺条件的偏差，当铁液呈现轻微的液态收缩时可以补给，避免铸件上表面凹陷；在膨胀期它会被回填满。这仍属于无冒口补缩范畴。图4-27所示为拖拉机前盖板下压模工艺简图，铸件材质为QT450-10，铸件质量为3070kg，模数 M_C =11.5cm，两个压边冒口起安全冒口作用。

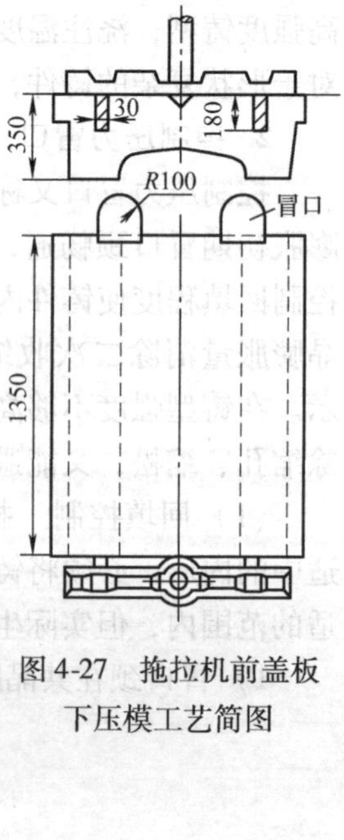

图4-27 拖拉机前盖板下压模工艺简图

无冒口补缩是一种高经济效益的工艺方法，适用于自硬砂型等高强度铸型生产模数大于2.5cm的球墨铸铁件。其缺点是浇注温度低，金属液的二次夹杂物不易上浮，铸件力学性能偏低。为了保证利用共晶石墨化膨胀能消除铸件缩孔、缩松缺陷，无冒口补缩应满足的条件如下：

1）铁液冶金质量好，减少铁液的一次和二次收缩量。

2）铸件的平均模数应在2.5cm以上，铸件的模数大，可获得很高的膨胀压力。

3）采用高强度、高刚性的铸型，防止型壁变形和抬型。

4）低温快浇，浇注温度控制在1300～1350℃，以减小液态收缩。

5）采用扁薄内浇道分散引入铁液，每个内浇道截面积不超过15mm×60mm，使之尽早凝固，促使铸件内部尽快建立起共晶膨胀压力。

6）设置明出气孔并均匀布置。

4.5　有色金属铸件冒口设计

4.5.1　铝合金铸件冒口

铝合金铸件一般用明顶冒口，冒口尺寸计算见表4-7。砂型铸造时共晶型铝合金冒口补缩距离为铸件壁厚的4.5倍，非共晶型铝合金冒口补缩距离为铸件壁厚的2倍。大多数铝合金冒口补缩距离较小，常采用冒口和冷铁配合使用，以消除铸件的缩松缺陷。

表4-7　铝合金铸件典型热节处明顶冒口尺寸计算

序号	冒口名称	示　图	确定冒口尺寸的原则
1	圆柱形铸件的顶冒口	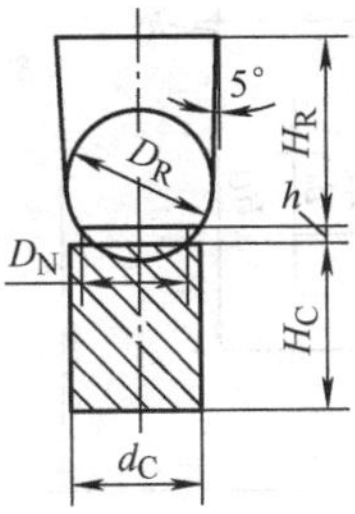	1. $D_R=1.2d_C$ 式中　D_R——冒口根部直径 d_C——铸件热节圆直径 2. $H_R=1.2\sim1.5D_R$ 或 $H_R=1.4\sim1.8d_C$ 式中　H_R——冒口高度 冒口向上有5°倾斜，也可按1∶10斜度设计 3. h为冒口根的切割余量，一般取$h=5\sim8$mm 4. 为了便于切割冒口，可将冒口根的切割余量处做成缩颈，并取：$D_N=0.9d_C$ 式中　D_N——冒口根的缩颈直径
2	圆柱形铸件的顶冒口	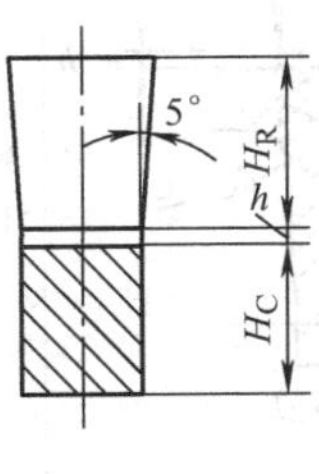	1. 在与铸件连接处直接向上外斜5°而做出冒口 2. 冒口的其余尺寸的确定原则同序号1

（续）

序号	冒 口 名 称	示 图	确定冒口尺寸的原则
3	矩形截面铸件的顶冒口	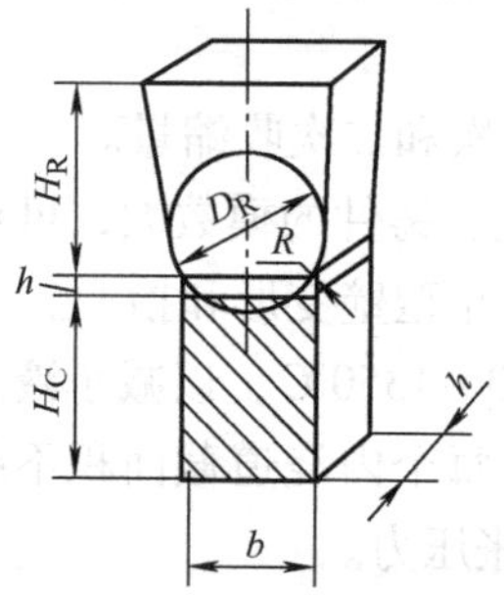	1. 确定冒口尺寸的原则同序号1，其d_C以b代之 2. 若设细长的冒口时，可参照序号2 3. 冒口的棱角应倒圆
4	T形热节处的明冒口	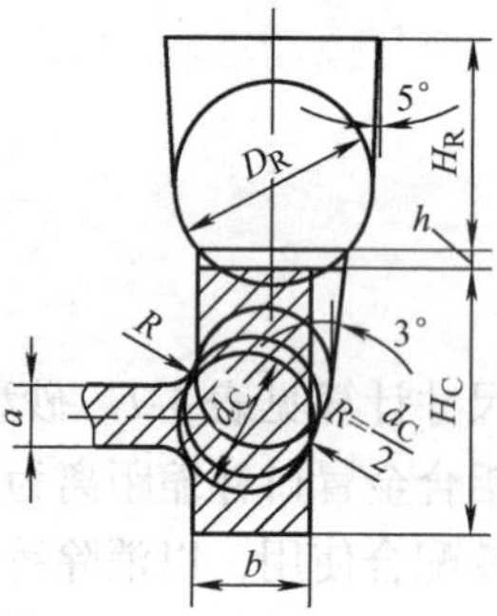	1. 用画热节圆法给热节以上铸壁补贴 2. 确定冒口尺寸的方法同序号1 3. 若设细长的冒口时，可参照序号2
5	十字形热节处的明冒口	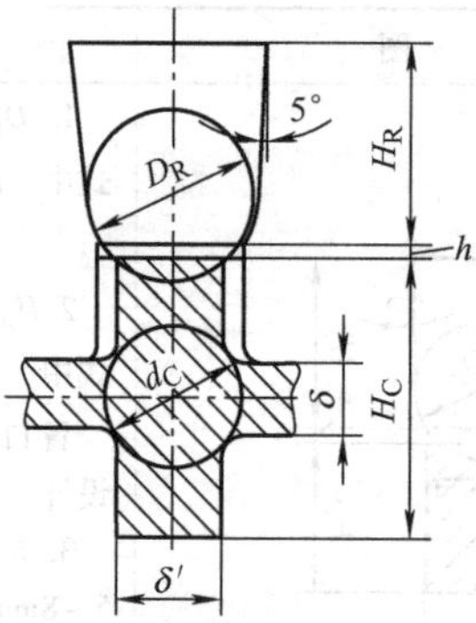	1. 用画热节圆法给热节以上铸壁补贴，δ、δ'分别为铸件十字形热节处壁厚 2. 确定冒口尺寸的原则同序号1 3. 若设细长的冒口时，可参照序号2
6	L形热节处的明冒口	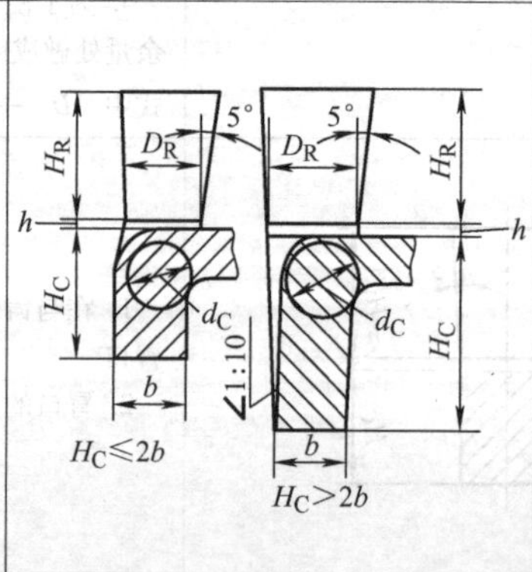	确定冒口尺寸的原则同序号2，但对有补贴者，应以补贴的热节内切圆直径为计算冒口尺寸的基础

（续）

序号	冒口名称	示图	确定冒口尺寸的原则
7	套缘处的明冒口	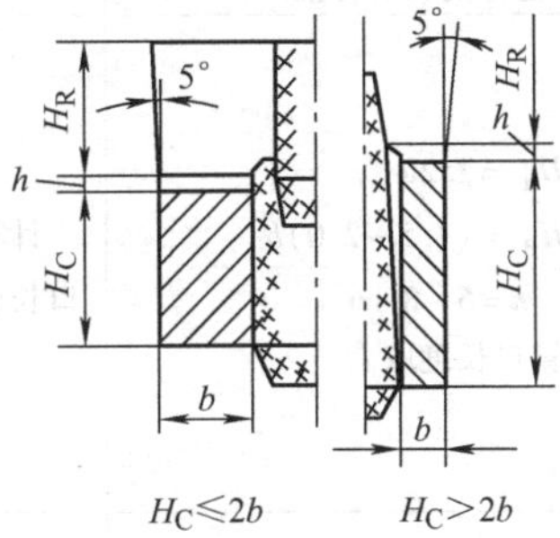	1. 确定冒口尺寸的原则同序号2 2. 示图系环形顶冒口，大直径的套缘应按冒口补缩距离采用2个或几个单独明冒口，以节省金属
8	法兰处的明冒口	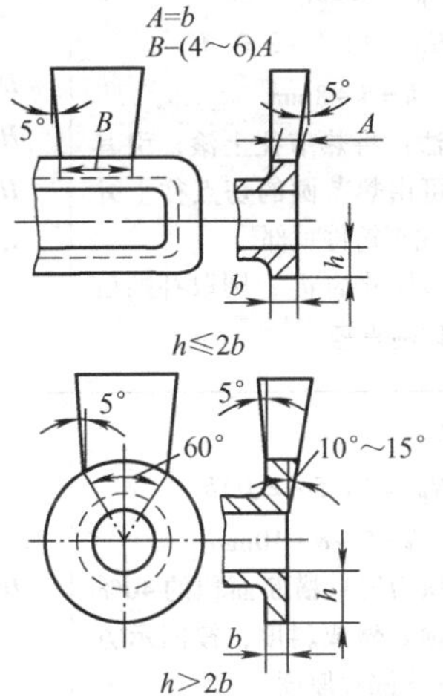	冒口的其余尺寸的确定原则同序号2

4.5.2　铜合金铸件冒口

铜合金铸件冒口设计多采用经验方法，部分铜合金冒口补缩距离见表4-2。锡青铜和磷青铜及铝青铜和黄铜冒口尺寸的计算见表4-8，锡青铜套类铸件及黄铜和铝青铜阀门件等冒口规格可参考有关资料。

表4-8　铜合金铸件热节圆法计算冒口尺寸

<table>
<tr><th rowspan="2">铸件类别</th><th colspan="3">冒口尺寸</th></tr>
<tr><th>锡青铜和磷青铜</th><th colspan="2">铝青铜和黄铜</th></tr>
<tr><td rowspan="5">圆柱形铸件
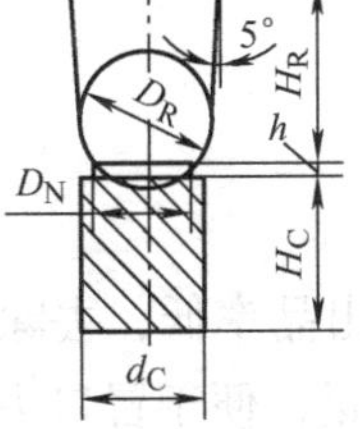</td><td rowspan="5">$D_R=1.2d_C$
$H_R=(1.5\sim2.0)d_C$
$h=5\sim8\text{mm}$</td><td colspan="2">$D_R=(1.3\sim1.5)d_C$
$H_R\geqslant2d_C$
H_R也可按D_R计算</td></tr>
<tr><td>D_R/mm</td><td>H_R</td></tr>
<tr><td><100</td><td>$1.5D_R$</td></tr>
<tr><td>100～200</td><td>$1.3D_R$</td></tr>
<tr><td>>200</td><td>$1.0D_R$</td></tr>
</table>

（续）

铸件类别	冒口尺寸	
	锡青铜和磷青铜	铝青铜和黄铜
矩形铸件 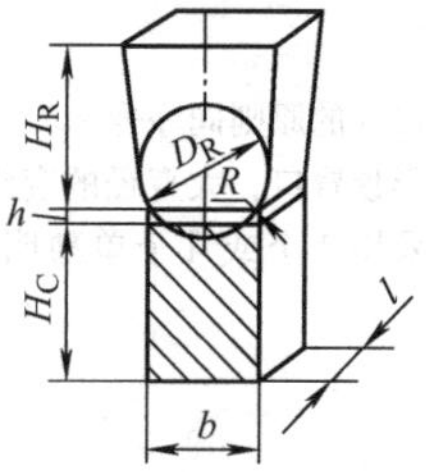	$D_R=1.2b$ $H_R=(1.5\sim2.0)b$ $h=5\sim8\text{mm}$ 冒口长度取 l	计算方法同上，以 b 取代 d_C 即可，冒口长度取 l
T 形截面铸件 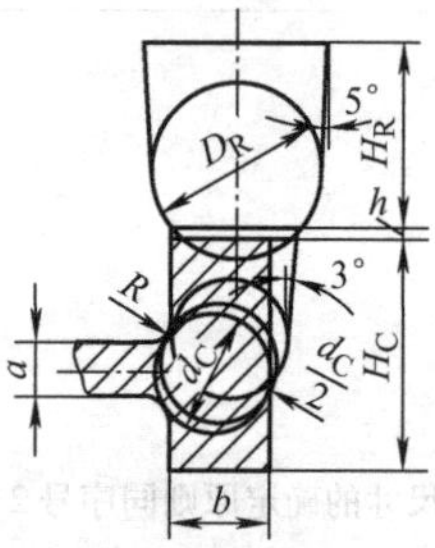	$D_R=1.2d_C$ $H_R=(1.5\sim2.0)d_C$ $h=5\sim8\text{mm}$ 补贴方法：将热节往上滚，引其切线。也可由热节圆的切点往上外斜3°画直线至铸件顶部 计算冒口尺寸的 d_C，则取补贴后的热节内切圆直径	$D_R=(1.3\sim1.5)d_C$ $H_R=1.5D_R$（当 $D_R<100\text{mm}$ 时） $H_R=1.3D_R$（当 $D_R=100\sim200\text{mm}$ 时） $H_R=D_R$（当 $D_R>200\text{mm}$ 时）
易割冒口 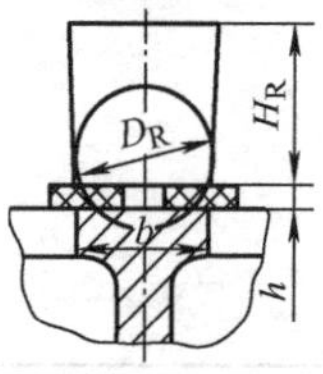	$D_R=1.2b$ $H_R=(1.5\sim2.0)b$ $h=5\sim8\sim10\text{mm}$ 缩颈面积为冒口横断面积的40%左右，缩颈处做成斜度，按图示方向放置，h 为隔片厚度	$D_R=(1.3\sim1.5)b$ H_R 的计算方法同 T 形截面铸件
轮和套类 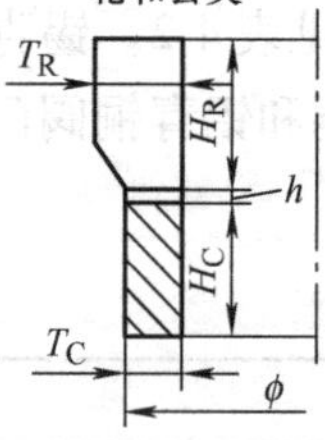	1. 轮类（$\phi>H_C$） 当 $\phi>500\text{mm}$，$H_C>150\text{mm}$ 时， $T_R=1.5T_C$ $H_R=(1.5\sim2.0)T_R$ H_R 最大不超过150mm $h=5\sim8\text{mm}$ 2. 套类（$H_C>\phi$） 当 $\phi>200\text{mm}$，$H_C>500\text{mm}$ 时， $T_R=1.5T_C$ $H_R=(1.5\sim2.0)T_R$ H_R 最小70mm，最大150mm $h=5\sim8\text{mm}$	

注：h 为切割冒口用的留量。

4.6 特种冒口

普通冒口的质量为铸件质量的50%～100%，耗费金属多，铸件出品率低，去除冒口的工作量大。因此，铸件生产中应努力提高冒口补缩效率，减小冒口质量，便于冒口去除，以节约金属，降低铸件成本。

铸件生产可通过增加冒口中金属液的补缩压力（如大气压力冒口）和延长冒口中金属液的凝固时间（如保温冒口、发热冒口等）提高冒口补缩效率；采用易割冒口，可使冒口便于去除。本节仅对常用的特种冒口做简要介绍。

4.6.1　大气压力冒口

在暗冒口顶部插放砂芯，或造型时做出锥顶砂，伸入冒口中心区，这种冒口称为大气压力冒口，如图4-28所示。浇注后虽然冒口表面结壳，但外界大气压力可通过砂芯或锥顶砂的孔隙作用在冒口内部金属液上，从而增加冒口的补缩压力。

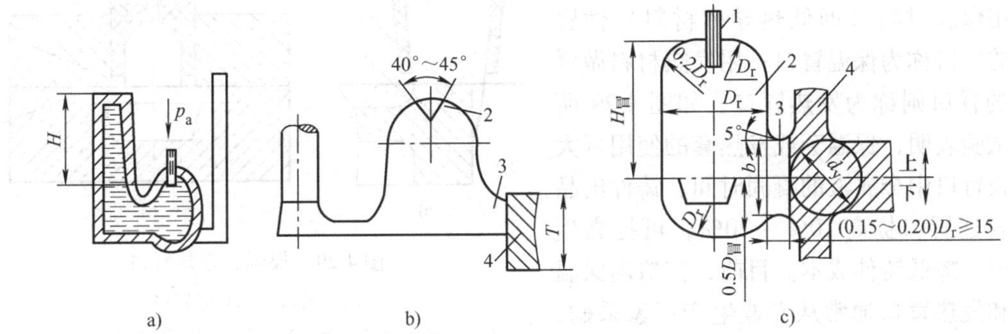

图4-28　大气压力冒口

a）大气压力冒口补缩原理　b）带锥顶砂的大气压力冒口　c）带砂芯的大气压力冒口

1—大气压力砂芯　2—冒口　3—冒口颈　4—铸件

铸钢件大气压力冒口可按普通冒口确定尺寸，高度取允许的最小值；大气压力侧冒口直径 D_r、冒口颈最小尺寸 b 与铸件热节圆直径 d_y 之间有下列经验关系

$$b=(1.3\sim1.7)d_y \tag{4-17}$$

$$D_r=(2.0\sim2.5)d_y \tag{4-18}$$

冒口颈截面采用椭圆形，短轴长为 b，长轴等于（1.2～1.5）b。

机器造型生产中、小铸铁件大多采用带锥顶砂的大气压力暗冒口；大件，特别是铸钢件则常采用带砂芯的大气压力暗冒口。砂芯或锥顶砂要尽量伸入冒口热中心；对于大气压力冒口用透气砂芯尺寸，可根据冒口尺寸从表4-9中选取。

表4-9　大气压力冒口砂芯的结构和尺寸

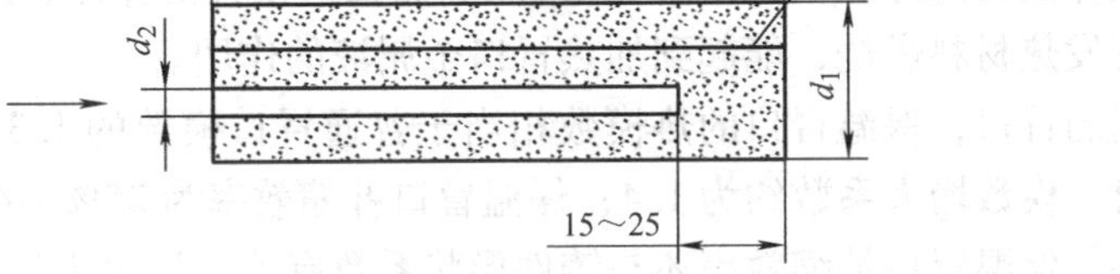

冒口直径 d 和宽度 b	砂芯直径 d_1		砂芯长 l		气眼直径 d_2	冒口出气孔直径
	圆柱形冒口	腰形冒口	总长	芯头长		
≤120	ϕ15	ϕ20	90	45	3	ϕ20
121～200	ϕ20	ϕ25	120	50	3～4	ϕ25

（续）

冒口直径 d 和宽度 b	砂芯直径 d_1		砂芯长 l		气眼直径 d_2	冒口出气孔直径
	圆柱形冒口	腰形冒口	总长	芯头长		
201～300	$\phi25$	$\phi25\times2$ 个	140	60～70	3～4	$\phi25\times2$ 个
>300	$\phi35$～$\phi50$	$\phi35\times2$ 个	180～250	80～100	4～5	$\phi30\times2$ 个

4.6.2 保温冒口和发热冒口

用保温材料（即低热导率材料）做冒口套的冒口称为保温冒口；用发热材料做冒口套的冒口则称为发热冒口，如图 4-29 所示。试验表明，保温套或发热套的使用可大大延长冒口中金属液的凝固时间，铸件出品率比普通冒口提高 10%～20%，可提高生产效率，降低铸件成本。目前，铸造用保温冒口和发热冒口通常从专业生产厂家采购，保温冒口和发热冒口设计应从市售标准冒口中选择。

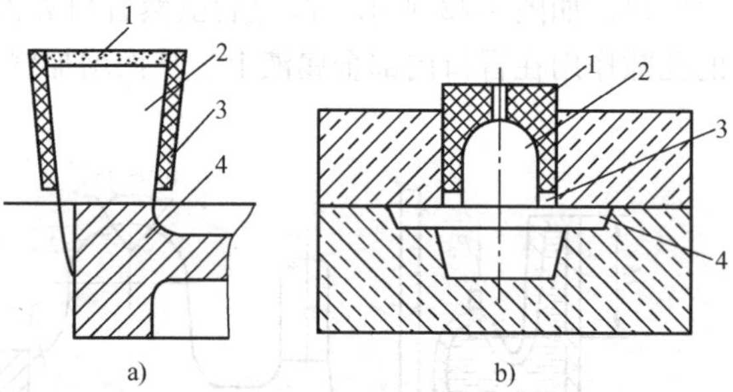

图 4-29 保温、发热冒口

a）明冒口 b）暗冒口

1—保温（发热）套 2—冒口 3—隔离砂 4—铸件

1. 保温冒口

普通冒口和铸件铸型材料相同，可以认为两者的凝固系数相同；而保温冒口采用堆积密度和热导率非常小的保温材料作为造型材料，使 $K_R<K_C$，由式（4-2）可知，模数相同时保温冒口比普通冒口的凝固时间长，这就是保温冒口的原理。

冒口保温套的保温性能主要取决于保温材料蓄热系数，影响保温套蓄热系数最大因素是堆密度和热导率。保温材料堆积密度和热导率越小，冒口保温性能越好。目前，保温套主要分为珍珠岩复合型保温套、纤维复合型保温套、空心微珠复合型保温套和陶粒保温套。在保温材料成分固定的条件下通过调整堆密度可在一定范围内改变其保温能力，保温套堆密度一般控制在 0.6～0.8g/cm^3。此外，保温套的保温能力还与其厚度 δ 有关，从保温效果和经济效益等方面综合考虑，一般取保温套厚度 δ 等于保温冒口模数 M_R 的 1～1.5 倍，即 $\delta=(1\sim1.5)M_R$，保温性能好的取下限。

为了减少明冒口顶面的热损失，应在冒口顶面覆盖一层发热保温剂或保温剂（炭化稻壳或柳毛石墨粉或保温套的碎片）。保温剂起到减少热辐射损失的作用，发热保温剂除了起保温作用外，还有发热材料燃烧，能起到加热冒口金属液的作用。

对于尺寸相同的冒口，保温冒口的热模数相当于普通冒口模数的 1.3～1.4 倍；当冒口直径与高度相同时，模数增大系数约为 1.4；保温冒口补缩效率为 25%～45%，保温性能好的取较大值。此外，保温冒口补缩效率还与铸件形状系数有关，见表 4-5。

根据保温冒口的热模数和补缩效率，简易法可按式（4-19）和式（4-20）计算保温冒口。若按式（4-19）求出的冒口同时又满足式（4-20），则该冒口是合适的冒口。

$$M_E=\frac{M_R}{E}=1.2M_C/(1.3\sim1.4)=(0.92\sim0.85)M_C \tag{4-19}$$

$$V_C = \eta V_R = (0.25 \sim 0.45) V_R \tag{4-20}$$

式中　M_E、M_R 和 M_C——保温冒口热模数、普通冒口模数、铸件（被补缩部位）模数；

η——冒口补缩效率；

V_C——补缩铸件体积；

V_R——保温冒口初始体积。

2. 发热冒口

发热套冒口和发热剂冒口统称发热冒口。发热剂冒口是在冒口顶部覆盖发热剂的冒口，如图4-30所示。发热剂冒口补缩效率与发热套冒口相同，适用于中、大型铸件。理想的发热材料化学反应生成物的温度高达2300℃以上。为延长化学反应时间，常用Al_2O_3和硅砂作为延缓剂、填充剂加入到发热剂中。发热剂组成见表4-10。对于铸钢件，一般取发热剂质量占冒口中钢液质量的20%。

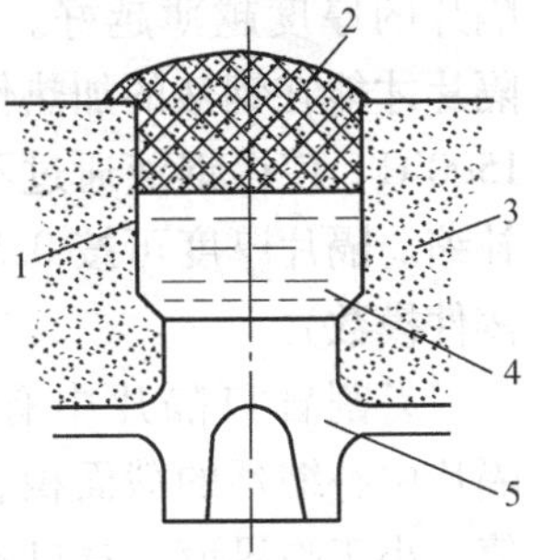

图4-30　发热剂冒口
1—冒口　2—发热剂　3—砂型
4—冒口中金属液　5—铸件

表4-10　发热剂组成（质量分数，%）

材料名称	第一组	第二组	第三组	备注	第四组（做成套）
三氧化二铁粉	45	70	48	粒度1.5~2mm	铝粉（1~2mm）　19 氧化铁皮（1~2mm）　43 铝镁合金（1~2mm）　4.8 耐火砖粉　7 硅砂　19 黏土　3.6 纸浆　3.6
铝粉	30	17	18	粒度1.5~2mm	
硅砂	20	10	30		
三氧化二铝粉	5	3	—		
氧化镁粉	—	若干	—		
硝酸钾	—	—	4		

发热套冒口和发热剂冒口的计算方法相同。简便计算方法是先计算出合金的凝固体收缩率和采用普通冒口的模数M_R，然后根据铸件结构特征，查阅资料选择合适的冒口类型，再通过式（4-21）计算。

当金属液进入冒口与发热材料接触后，发生放热化学反应，加热冒口中的金属液。因此，发热冒口在补缩能力相同的条件下模数小于普通冒口，两者关系可表示为

$$M_{RH} = \frac{M_R}{1.43} \tag{4-21}$$

式中　M_{RH}和M_R——发热冒口热模数、普通冒口模数；

1.43——关系系数（即发热冒口模数扩大系数）。

4.6.3　易割冒口

为了便于铸件清理，减少去除冒口的工作量，常采用易割冒口，即在冒口根部放置由覆膜砂、耐火材料或耐火陶瓷制成的带孔隔片，冒口中金属液通过隔片孔对铸件补缩，冒口易于从铸件上去除。易割冒口与铸件的连接形式如图4-31所示。对于小冒口可直接用锤敲打掉；而对于高韧性的镍合金钢铸件，可采用切割砂轮等机械工具方便去除，去除冒口的工作量和费用大大降低。特别是对于不易用机械方法切除冒口，而使用气割又容易引起裂纹的高合金钢具有重要意义。

易割冒口尺寸的计算方法与普通冒口相同。在保证隔片有足够强度的前提下，隔片的厚度越薄越好。因为只有厚度小，隔片才能在钢液的加热作用下达到1400～1500℃，使得钢液通过不易凝固，有利于补缩。隔片厚度可按0.56M_C计算（M_C为铸件模数）。

易割冒口隔片中有一个“补缩颈”。隔片中补缩颈的截面积有一个最小的临界值，小于临界值，冒口不能起到良好的补缩作用。如果隔片的厚度和补缩颈的截面积设计得不合理，即使冒口尺寸结构合理，也将导致铸件产生缩孔缺陷。对圆形补缩颈孔径$d=2.34M_C$；而对长方形补缩颈，其模数$M_N=0.59M_C$（M_N和M_C分别为补缩颈模数、铸件模数）。

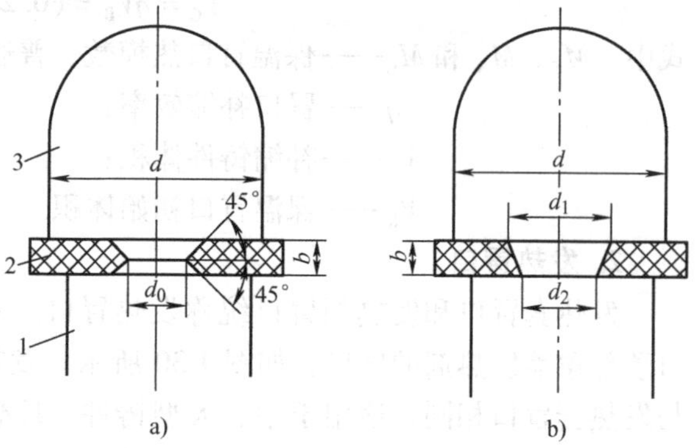

图4-31 易割冒口与铸件的连接形式
a）第一种隔片形式 b）第二种隔片形式
1—铸件 2—隔片 3—冒口

4.7 冷铁设计

为增加铸件局部冷却速度，在型腔内部及工作表面安放的激冷材料称为冷铁。冷铁分为外冷铁和内冷铁两大类。放置在型腔内部并与铸件熔合为一体的金属激冷块称为内冷铁；放置在铸型（砂芯）表面的激冷材料称为外冷铁。冷铁的作用如下：

1）消除热节，防止缩孔、缩松缺陷。

2）提高铸件局部凝固速度，特别是壁厚交叉部和壁厚急剧变化部位，防止产生裂纹。

3）与冒口配合使用，强化铸件的顺序凝固条件，扩大冒口补缩距离或范围，减少冒口数量或体积。

4）造成同时凝固条件，防止或减轻铸件变形，提高铸件工艺出品率。

5）改善铸件局部的金相组织和力学性能，减轻或消除厚壁铸件中心的偏析，如细化晶粒和基体组织，提高铸件表面硬度和耐磨性能等。

4.7.1 外冷铁

根据铸件材质和激冷能力的强弱，可采用钢、铸铁、铜和铝等材质的外冷铁，也可采用蓄热系数比石英砂大的非金属材料，如石墨、锆砂、碳素砂、铬镁砂、铬砂、镁砂等作为激冷物使用。

1. 外冷铁的种类

外冷铁分为直接外冷铁和间接外冷铁两类。直接外冷铁与铸件表面直接接触，激冷作用强；直接外冷铁又称明冷铁，可分为无气隙外冷铁（设在铸件底面和内侧的外冷铁，在重力和收缩力作用下同铸件表面紧密接触）和有气隙外冷铁（设在铸件顶部和外侧的外冷铁，同被激冷铸件接触表面在收缩力作用下产生气隙）两种，无气隙外冷铁比有气隙外冷铁的激冷作用强。

对于厚实铸件，一般不宜用直接外冷铁，以避免铸件产生皱皮、裂纹和冷铁与铸件熔合。为了消除铸件局部厚实部位的缩孔、缩松，可采用铸件与冷铁之间设置一个隔离层来实现，这种冷铁称为间接外冷铁。间接外冷铁又称隔砂冷铁、暗冷铁，间接外冷铁与被激冷铸件表面之间有10～15mm厚的砂层隔离。因此，间接外冷铁的激冷作用弱，铸件外观平整，不会出现同铸件熔接等缺陷，可避免灰铸铁件表面因明冷铁的激冷作用过强而产生白口层或过冷石墨层，也可避免铸件因明冷铁的激冷作用过强而造成的裂纹。

2. 外冷铁设计

冷铁设计的主要内容是确定冷铁放置的位置、冷铁的材质及其形状和尺寸。

（1）设置外冷铁的注意事项

1）外冷铁的位置和激冷能力的选择不应破坏顺序凝固条件。

2）每块冷铁勿过大、过长，冷铁之间应留间隙，避免铸件产生裂纹和因冷铁受热膨胀而毁坏铸型。

3）尽量把外冷铁放在铸件底部和侧面。顶部外冷铁不易固定，且影响型腔排气。

4）冷铁不宜太厚，激冷能力不能过强，避免铸件在冷铁和砂型连接处产生裂纹。

5）外冷铁工作表面应平整光洁，去除油污和锈蚀，否则铸件易产生气孔缺陷。

6）冷铁表面应刷涂料，特别是厚大铸件用冷铁，防止冷铁与铸件产生熔合。

（2）外冷铁的厚度　目前，外冷铁厚度主要根据铸件材质、冷铁的作用及其安放处铸件热节的大小等确定，可参照表4-11中的经验数据选取。

表4-11　外冷铁的厚度

铸　　件	厚度δ	铸　　件	厚度δ
灰铸铁件	$\delta=(0.25\sim0.50)T$	铸钢件	$\delta=(0.3\sim0.8)T$
球墨铸铁件	$\delta=(0.3\sim0.8)T$	铜合金铸件	铸铁冷铁$\delta=(0.25\sim0.50)T$ 铜冷铁$\delta=(0.25\sim0.50)T$
可锻铸铁件	$\delta=1.0T$	轻合金铸件	$\delta=(0.8\sim1.0)T$

注：T为铸件厚度或热节圆直径。

（3）外冷铁的工作面积

1）直接外冷铁。直接外冷铁的使用缩短了铸件的凝固时间，相当于使铸件模数由原模数M_C减小为M_1，对于直接外冷铁工作面积可按下列公式计算

无气隙外冷铁
$$A_{C1}=\frac{V_C(M_C-M_1)}{2M_CM_1}\tag{4-22}$$

有气隙外冷铁
$$A_{C2}=\frac{V_C(M_C-M_1)}{M_CM_1}\tag{4-23}$$

$$M_1=\frac{V_C}{A_C+A_{C2}+2A_{C1}}\tag{4-24}$$

式中　V_C——铸件（被激冷处）的体积；

A_{C1}、A_{C2}——无气隙和有气隙外冷铁的工作表面积；

A_C——铸件的表面积；

M_C、M_1——铸件原模数、使用冷铁后铸件的等效模数。

铸造工艺设计时应根据铸件结构和凝固原则，确定等效模数M_1的大小，然后计算外冷

铁的工作面积。当实现同时凝固时，M_1 等于热节四周薄壁部分的模数；当实现顺序凝固时，$M_1=(0.83\sim0.91)M_p$，M_p 为热节旁补缩壁的模数。经验证明，只有在满足 $M_p\geqslant0.67M_C$ 的条件下，才能用外冷铁消除热节影响。

2）间接外冷铁。间接外冷铁影响铸件温度场的因素是冷铁厚度、挂砂层厚度和激冷面积。当间接外冷铁达到一定厚度时（一般取冷铁厚度为铸件厚度的50%～100%），可以选择不同挂砂厚度和激冷面积，以实现对铸件凝固顺序的控制。

间接外冷铁的挂砂层厚度应控制在一定值之内。试验表明，当挂砂层厚度超过40mm时，间接外冷铁对铸件凝固的控制几乎不起作用。对于间接外冷铁，可根据挂砂层和铸件的厚度用模数法计算工作面积，具体可参考有关资料。

（4）外冷铁的质量　为防止外冷铁被铸件熔接，应计算或校核外冷铁的质量。计算原理为：铸件（热节部分）的质量为 m_0，用外冷铁激冷后，铸件原模数 M_C 减小为等效模数 M_1，对应 M_1 的铸件质量为 m_1，则质量差（m_0-m_1）所含的过热热量和结晶潜热应为外冷铁吸收并使之升温。设 c_L、c_S 为金属液、固体的比热容，铸件凝固结束时允许外冷铁最高温度为600℃，依据平衡原理可导出外冷铁的质量 m_c 为

$$m_c=\frac{(L+\Delta tc_L)(M_C-M_1)}{600c_S}\frac{}{M_C}m_0 \tag{4-25}$$

式中　Δt——金属液的过热度；

L——金属的结晶潜热。

4.7.2　内冷铁

内冷铁成为铸件的一部分，其激冷作用比外冷铁强，可有效地防止厚壁铸件中心部位缩松、偏析。但压力容器铸件和重要铸件不宜采用内冷铁，应根据铸件的结构特点，分别或同时采用外冷铁和补贴，或增设冒口，以控制顺序凝固，获得健全的铸件。

内冷铁表面不能有油污、锈斑、水气和渣粒等，使用前要用喷砂、滚筒清理等方法清除其表面附着物，也可以镀锡防锈。内冷铁应在组芯、合型时才装入铸型；湿型铸造时，应在内冷铁插入后3～4h内浇注完毕，否则，内冷铁表面易聚集水分，导致铸件产生气孔缺陷。

1. 内冷铁的种类

内冷铁分为熔接内冷铁和非熔接内冷铁两类。通常铸件生产用内冷铁是熔接内冷铁，内冷铁的表层被高温金属液所熔融，铸件凝固以后，内冷铁能与铸件熔合成一体。只有在内冷铁能被机械加工去除的铸件或内在质量要求不高的铸件，才采用非熔接内冷铁，即内冷铁的表层不要求被高温金属液所熔融。

2. 内冷铁设计

由于熔接内冷铁与铸件合金要相互融合，成为铸件的一部分。因此，熔接内冷铁的材质应与铸件相同或相近。内冷铁的设计包括两方面内容：一是冷铁质量的计算，二是冷铁形状尺寸的计算。

（1）熔接内冷铁　当体积为 V_C 的铸件采用内冷铁（体积是 V_{ch}）后，两者体积差 V_a（即 V_C-V_{ch}）为真正需要凝固铸件的体积。根据热平衡原理，金属液由浇注温度降至固相线温度所释放的热量等于内冷铁与铸件熔合所需吸收的热量，并设铸件密度与内冷铁密度相同，由此可导出计算熔接内冷铁质量的公式为

$$m_c = f\rho V_C\left(\frac{M_C - M_1}{M_C}\right) \tag{4-26}$$

其中

$$f = \frac{\frac{1}{3}L + q_S}{c_S T_S + \frac{5}{6}L + q_S} \tag{4-27}$$

式中　m_c——熔接内冷铁的质量；

ρ——铸件密度；

q_S——金属液由浇注温度降至液相线温度所释放的热量；

L——凝固潜热；

f——铸造合金和浇注温度有关的系数，可参考相关资料确定，对于铸钢件 f 值如图 4-32a所示；

c_S——内冷铁的固态比热容；

T_S——合金固相线温度；

V_C、M_C 和 M_1 等符号如前所述。

除了上述模数法外，熔接内冷铁质量 m_c 还可依据经验公式计算，关于确定熔接内冷铁质量和形状尺寸的各种有关数据可参考相关资料。对于铸钢件的 L、T 和 X 形接头圆钢内冷铁尺寸可参照图 4-33 确定。

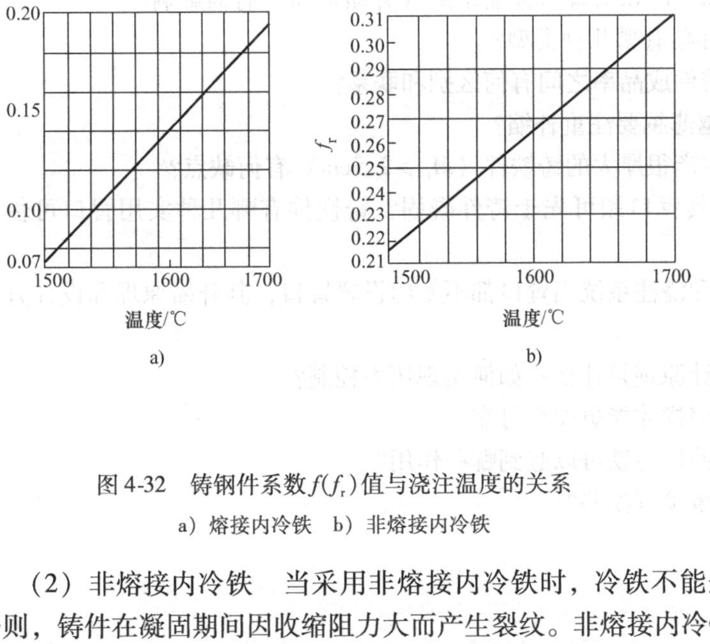

图 4-32　铸钢件系数 $f(f_r)$ 值与浇注温度的关系

a）熔接内冷铁　b）非熔接内冷铁

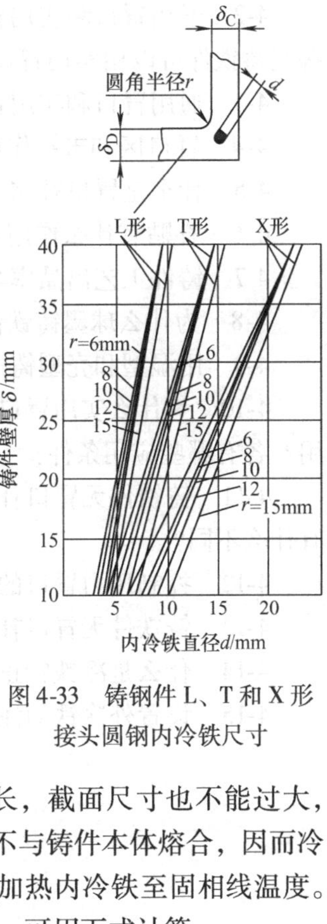

图 4-33　铸钢件 L、T 和 X 形接头圆钢内冷铁尺寸

（2）非熔接内冷铁　当采用非熔接内冷铁时，冷铁不能过长，截面尺寸也不能过大，否则，铸件在凝固期间因收缩阻力大而产生裂纹。非熔接内冷铁不与铸件本体熔合，因而冷铁表层不被熔化，金属液在冷却凝固过程中释放的总热量仅用于加热内冷铁至固相线温度。为此，将式（4-26）中系数由 f 改为 f_r，则非熔接内冷铁质量可 m_c 可用下式计算

$$m_c = f_r \rho V_C \left(\frac{M_C - M_1}{M_C}\right) \tag{4-28}$$

式中 f_r——铸件浇注温度和铸造合金有关的系数，对于铸钢件 f_r 值如图 4-32b 所示；

m_c、ρ、V_C、M_C 和 M_1 等符号如前所述。

小 结

本章介绍了铸件凝固方式及其影响因素、合金凝固方式与铸件质量的关系、缩孔和缩松的形成原因及防止方法，介绍了冒口的概念及其作用和分类，分析了通用冒口和实用冒口的补缩原理及基本要求和应用条件，着重介绍了铸钢件冒口、铸铁件冒口、铝合金铸件冒口和铜合金铸件冒口的设计方法，并对大气压力冒口、保温冒口、发热冒口和易割冒口等常用特种冒口做了简要介绍。

本章介绍了冷铁的作用及分类，冷铁使用注意事项，着重介绍了外冷铁和内冷铁的选材及设计方法。缩孔、缩松是铸件实际生产中最常见的缺陷，铸件冷却凝固过程控制是获得高质量铸件的关键，合理设置冒口和冷铁是消除铸件收缩缺陷的主要方法。

复习思考题

4-1 什么是冒口？冒口的功用是什么？常用的冒口种类有哪些？

4-2 通用冒口和实用冒口的补缩原理有何不同？为什么通用冒口可用于各种合金铸件？哪些铸铁件可以用实用冒口实现自补缩，而不遵守顺序凝固条件？

4-3 通用冒口和实用冒口的位置确定原则有何异同？

4-4 冒口区和末端作用区是如何形成的？

4-5 什么是冒口补缩距离？冷铁对冒口补缩距离（补缩范围）有何影响？

4-6 补贴有什么作用？补贴有哪几种类型？

4-7 铸件工艺出品率与铸件成品率之间有何区别和联系？

4-8 为什么球墨铸铁件越薄越要注重补缩？

4-9 用湿型和壳型铸造生产很厚大的铸铁件（$M_C > 2.5\text{cm}$）有何缺点？

4-10 为什么实用冒口及其冒口颈可先于铸件凝固？铸铁件有哪几种实用冒口可供选用？各有哪些应用条件？

4-11 铸铁件无冒口补缩和浇注系统当冒口都不专门设置冒口，其补缩原理和设计方法有什么不同？

4-12 控制压力冒口的设计原理是什么？如何实现压力控制？

4-13 铸铁件无冒口补缩怎样才能更安全可靠？

4-14 什么是冷铁？正确使用冷铁可以起到哪些作用？

4-15 设置外冷铁的注意事项有哪些？

第 5 章　铸造应力、变形和裂纹

铸件在凝固冷却过程中由于铸件各部位冷却速度的差异以及铸件收缩受到铸型、砂芯等外界因素阻碍，铸件内部会产生应力，铸件会产生变形甚至裂纹，严重影响铸件质量。

铸造裂纹一般分为两类：热裂和冷裂。

热裂是在铸件凝固组织已形成骨架，当铸件收缩应力超过合金的极限强度或合金应变来不及响应铸件收缩速率时，铸件产生的裂纹。这种裂纹在铸件凝固末期的高温阶段形成，故称为热裂。

冷裂是铸件已冷却至弹性状态，当铸造应力超过合金的强度极限而产生的裂纹。冷裂一般出现在铸件受拉应力部位，特别是存在应力集中的部位，如内角处、铸造缺陷处。铸造应力是导致铸件产生冷裂的根源，在讨论铸件冷裂机理时，首先必须了解铸造应力和铸件变形的产生机理和影响因素。

5.1　热裂

热裂是铸钢件，特别是合金钢铸件，常见的一种铸造缺陷。热裂可以分为外裂和内裂两种。

在铸件表面就可以看到的热裂纹称为外裂，如图 5-1a 所示，裂纹由表面开始，逐步延伸到铸件内部，一般表面宽内部窄，裂纹有时会贯穿铸件断面。外裂纹常出现在铸件拐角处、截面厚度突变处、局部凝固缓慢处等。裂纹曲折且不规则，错综复杂，裂纹表面呈氧化色（钢铁铸件呈黑色，铝合金铸件呈暗色）。这是因为热裂是在高温阶段产生的，裂纹表面与空气接触产生氧化所致。内裂产生在铸件内部最后凝固部位或局部最后凝固部位，常出现在缩孔附近或冒口根部，如图 5-1b 所示，裂纹曲折且不规则，错综复杂。

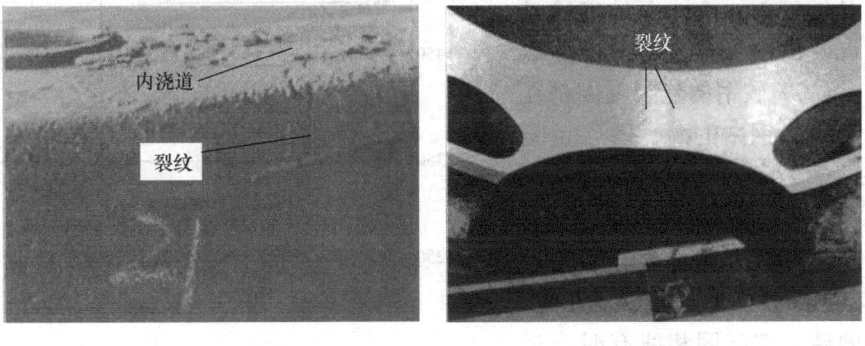

a)　　　　b)

图 5-1　铸件热裂纹形貌

a）铸钢摇枕的热裂纹　b）牵引定子压圈的热裂纹

一般外裂用肉眼能观察到，细小的外裂则需要用磁粉检测或着色检测等其他方法检查。

内裂需要用射线或超声检测等方法检查。

裂纹大幅度降低铸件强度，如不及时处理，使用时会因裂纹的存在而出现早期断裂，发生事故。外裂一般容易发现，而内裂隐藏在铸件内部，不易发现，它的危害性更大。随着无损检测技术的提高，检查铸件内裂的方法和手段也越来越多，应用也越来越普遍。一旦发现铸件存在裂纹，必须及时处理。焊接性能好的铸件，则可以将裂纹铲除，焊修后使用；焊接性能差的铸件就得报废。

5.1.1 热裂形成机理

在讨论热裂的形成机理之前，先了解一下热裂的形成温度范围。

1. 热裂形成的温度范围

关于热裂形成的温度范围还没有统一的认识，归纳起来有以下两种观点：

1）热裂是在凝固温度区间但邻近固相线温度时形成的，此时合金仍处于固液两相，但只剩下少量液相，甚至只有少量存在于晶间的液膜。

2）热裂是在稍低于固相线温度时形成的，此时合金已全部凝固。

有人对含碳质量分数为 0.03% ~ 1.0% 的碳钢进行热裂形成温度范围研究。一边测定铸件凝固冷却过程的温度变化，一边用 X 射线拍摄铸件凝固冷却过程，每间隔一定时间拍摄一张 X 射线照片，测试结果如图 5-2a 所示，图中“○”“□”和“△”表示为出现热裂前的最后一张照片所对应的温度，“×”“■”和“▲”表示为拍摄到出现热裂照片所对应的温度，实际产生热裂的温度应该是在 ○—×、□—■和△—▲之间，其中□—■是含硫量偏高的情况，△—▲是含磷量偏高的情况。由图可知，碳质量分数为 0.03% ~1.0% 碳钢的热裂温度都在固相线附近，当钢中的硫、磷含量偏高时，热裂温度下降到固相线以下。

必须指出，在实际铸造条件下，铸件是非平衡凝固，加上合金中不可避免地会存在一些低熔点相形成元素，如碳钢中的磷，实际固相线有时会远低于合金状态图上的固相线温度（平衡状态的固相线温度）。

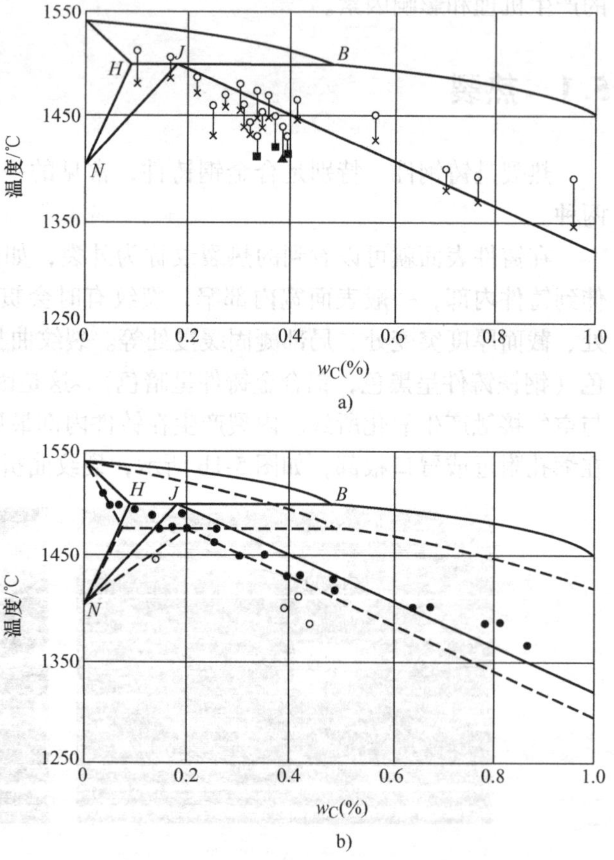

图 5-2 碳钢出现热裂的温度范围

图 5-2b 所示是另一组试验结果，图中“●”是热裂形成温度，“○”是含硫量偏高时热裂形成温度，虚线表示非平衡状态凝固条件下的液相线和固相线。

两组试验结果基本上是一致的，由此可以看出，热裂是在接近固相线温度区间形成的，此时大部分合金已凝固，晶体已形成骨架，在骨架之间或晶粒之间还可能存在少量液相，也可能刚刚完全凝固，其温度非常接近固相线。

2. 热裂的形成机理

关于热裂的形成机理至今也没有统一的共识，归纳起来有三种观点：强度理论、液膜理论和应变集中理论。

(1) 强度理论　铸件在凝固末期，当晶体已形成骨架或刚刚完全凝固，此时合金开始具有强度，同时线收缩也已开始，铸件因线收缩受阻而产生应力和变形，当应力或变形超过合金在该温度下的抗拉强度或断后伸长率时，铸件发生开裂。试验证明，合金在高温（尤其接近固相线温度）时强度和塑性都很低，例如，含碳质量分数为0.3%的碳钢，室温时抗拉强度$R_m \geqslant 480$MPa，断后伸长率$A \geqslant 17\%$，但在1410~1385℃时，抗拉强度R_m只有0.75~2.15MPa，断后伸长率A仅为0.23%~0.44%。因此，钢在接近固相线温度时，很小的铸造应力或变形就可能超过其抗拉强度或断后伸长率，导致铸件产生热裂。强度理论不能解释为什么接近固相线温度的金属只有很小的断后伸长率，在应力作用下为什么金属基本上不产生塑性变形。

(2) 液膜理论　铸件冷却到固相线附近温度时，少量的液体构成一层液膜存在于晶粒之间，随着温度下降，液膜厚度越来越薄，最后铸件完全凝固，薄膜消失。在薄膜存在期间，液膜因铸件收缩受阻而被拉长，当液膜拉长速度超过某一极限值时，液膜则被拉裂（见图5-3）。液膜理论比较容易被接受，因为铸件在完全凝固之前肯定有一段时间在晶粒之间存在液膜，此时的强度和塑性又极低，较小的收缩阻力就可能将该部位拉裂；液膜理论能较好地解释热裂断口表面形貌特征，但不能解释为什么铸件完全凝固后还会产生热裂。

(3) 应变集中理论　图5-4所示是产生热裂的应变集中理论模型。当铸件晶体形成骨架或刚刚完全凝固，此时合金开始具有强度，其强度分布曲线为$\sigma_{合金}$。此时铸件线收缩也开始，由于收缩受阻，铸件内部将产生应力，用$\sigma_{收缩}$表示。随着温度下降，$\sigma_{合金}$和$\sigma_{收缩}$都将上升，如$\sigma_{合金}$上升较快，铸件在收缩应力的作用下产生变形，使应力得到释放，不会产生热裂。

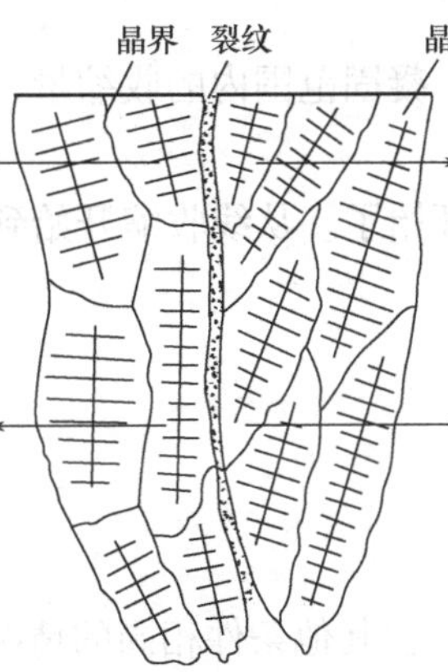

图5-3　产生热裂的液膜理论模型

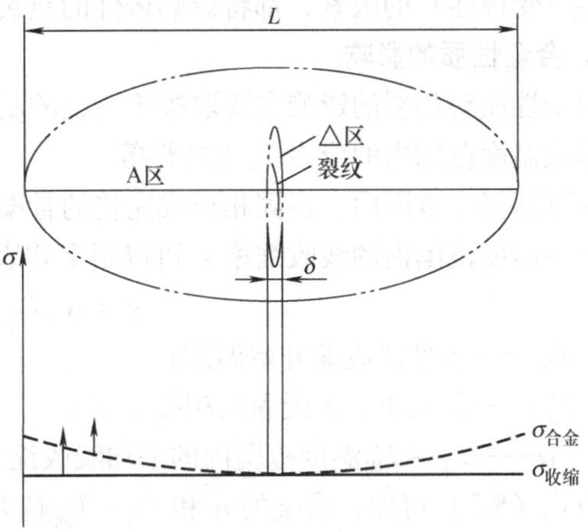

图5-4　产生热裂的应变集中理论模型

在同一时刻，由于铸件各部位的温度不同，因此各部位的强度也不同，在同一应力作用下各部位所产生的应变不同，强度越低，应变越大。随着温度下降，合金强度 $\sigma_{合金}$ 上升，如果在 A 区域出现一个高温度区或低 $\sigma_{合金}$ 区（用△区表示），当该区域的合金强度 $\sigma_{合金}$ 接近收缩应力 $\sigma_{收缩}$ 时，将产生集中变形。

设合金的线收缩率（或膨胀系数）为 α，A 区的长度为 L，在单位时间内平均温度下降 ΔT，则合金的线收缩量将为

$$\Delta L = \alpha L \Delta T \tag{5-1}$$

在不考虑铸型退让的情况下，在 A 区域将产生 ΔL 的变形；当 A 区域范围内出现一处宽度为 δ 的薄弱区△，并且△区的合金强度与 A 区其他部位的合金强度出现较大差异时，则 A 区的变形量 ΔL 将主要在△区产生，其他部位只产生少量变形。假设 A 区域内强弱差异足够大，高强度部位产生的变形可以忽略不计，则薄弱区△的应变 ε 为

$$\varepsilon = \frac{\Delta L}{\delta} \tag{5-2}$$

由式（5-2）可知，当 A 区的收缩量 ΔL 全部集中由一个微小的△区来承担时，△区需产生非常大的应变 ε。进一步对△区分析，其晶界或晶间液膜是最薄弱的，应变集中在△区的晶界或晶间液膜处产生，而晶粒产生的变形很小。由于晶界或晶间液膜厚度非常微小，集中应变使其不能响应合金收缩需求时，便会在薄弱的晶界或晶间液膜处产生裂纹。

应变集中理论不仅可以解释热裂断口表面形貌特征，还可以很好地解释为什么热裂产生的温度在固相线上下，为什么接近固相线温度的金属只有很小的断后伸长率，在应力的作用下为什么基本上不产生塑性变形等。因为在高温下，晶界、晶间液膜都是薄弱区域，且厚度及其微小。如合金与晶界、晶间液膜存在较大的强度差异时，在收缩应力作用下，应变集中在晶界或晶间液膜，也就是说，晶界或晶间液膜必须产生非常大的应变，否则就会产生裂纹。

5.1.2 热裂的影响因素

凡是影响合金在热裂形成温度范围内线收缩、收缩阻力、凝固顺序、合金力学性能（应力-应变特性）的因素，都将影响铸件的热裂倾向。

1. 合金性质的影响

合金性质对热裂的影响主要取决于合金的凝固温度区间、凝固范围内的收缩量、合金在热裂形成温度范围内的应力-应变特性等。

在凝固温度范围内，当固相形成完整的骨架，线收缩便开始了。从线收缩开始到完全凝固，这一温度范围内的线收缩率 ε' 可以用下式表示

$$\varepsilon' = \alpha(T_{始} - T'_{固}) \tag{5-3}$$

式中 $T_{始}$——铸件线收缩开始温度；

$T'_{固}$——合金非平衡凝固固相线温度；

α——$T_{始} - T'_{固}$ 温度范围内的平均线收缩系数。

由式（5-3）可知，合金的 α 和 $T_{始} - T'_{固}$ 越大，ε' 就越大。在其他条件相同的情况下，ε' 越大，表示在 $T_{始} - T_{固}$ 范围内铸件内应力越大，产生的应变也越大。图 5-5 所示是有限固溶体的共晶类型状态图与热裂倾向的示意图，$T_{始} - T'_{固}$ 温度范围越小，合金的热裂倾向就越小，

对于具有共晶组织的合金，成分越接近共晶点，合金的热裂倾向就越小。图 5-6 所示是 Al-Si 合金成分与热裂倾向的关系，凝固温度范围越宽，热裂倾向越大；合金成分越接近共晶点，热裂倾向就越小。含 Si 质量分数在 4.5% ~13.0% 的 Al-Si 合金，一般不易产生热裂。

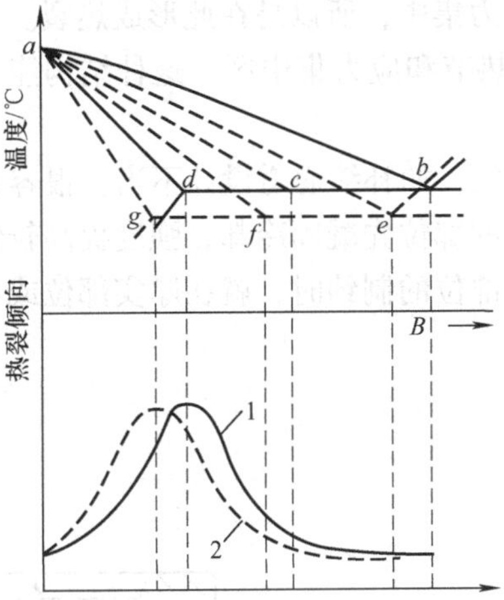

图 5-5　有限固溶体的共晶类型状态图与热裂倾向的示意图

a-c-b—平衡凝固线收缩开始温度线

a-f-e—铸造条件下的线收缩开始温度线

a-d-b—平衡凝固固相线　*a-g-e*—铸造条件下的固相线

1—平衡凝固时热裂倾向　2—铸造条件下的热裂倾向

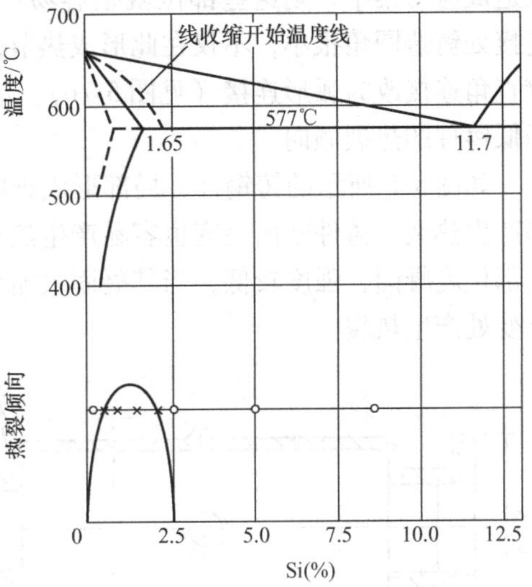

图 5-6　Al-Si 合金成分与热裂倾向的关系（○—未裂；×—已裂）

大多数合金的 $T_{始}-T'_{固}$ 温度范围难以查到，也很难测定。合金的 $T_{始}-T'_{固}$ 温度范围与合金的凝固温度范围（液相线与固相线之间的温差）有着密切的关系，一般合金的凝固温度范围越大，$T_{始}-T'_{固}$ 温度范围也越大，热裂倾向也越大。所以人们习惯用合金的凝固温度范围来判定合金的热裂倾向。

凡是扩大合金凝固温度范围的元素，都将增大合金的热裂倾向。例如钢中的硫和磷元素，它们一方面在钢中形成低熔点共晶体（$Fe\text{-}Fe_3P$ 共晶的熔点为 1050℃，Fe-FeS 共晶的熔点为 985℃），降低钢的固相线温度，也就是扩大了凝固温度范围；另一方面，这些低熔点共晶体沿晶界呈网状分布，大大削弱了钢的高温强度和塑性变形性能。

凡是能够减少合金凝固期间线收缩量的元素，都将减少合金的热裂倾向。灰铸铁、蠕墨铸铁和球墨铸铁在凝固过程中会产生石墨化膨胀，使线收缩量大幅度较少，白口铸铁和铸钢则没有石墨化膨胀，线收缩量较大。所以，灰铸铁、蠕墨铸铁和球墨铸铁一般不易产生热裂，而白口铸铁和铸钢较容易产生热裂。

铸件的初晶组织也对热裂倾向产生影响。在相同的冶金质量下，粗大枝晶组织不仅晶间偏析比细小枝晶的要大，而且由于晶界数量减少，应变更加集中，更容易产生热裂；同理，柱状晶组织的热裂倾向大于等轴晶组织。不少合金钢铸件往往是因为产生了粗大的柱状晶组织而产生热裂。铸件的初晶组织是细等轴晶，可以提高其抗热裂倾向。

分布于晶间的氧化夹杂物、硫化物和磷共晶等，降低晶间强度，使铸件裂纹倾向增大。

2. 铸件结构的影响

铸件结构对是否产生热裂影响很大，如果铸件结构设计不合理，使局部产生厚大的热节或造成应力集中，则这些部位就很容易产生热裂。图5-7a所示铸钢件的两壁为直角连接，连接处铸造圆角很小，不仅在此形成热节，且造成应力集中，所以易在此形成热裂。若将两壁直角连接改为弧形连接（见图5-7b），消除了铸造热节和应力集中区，这种结构能有效地降低铸件的热裂倾向。

如图5-8所示的铸钢件，局部形成难以补缩的部位，如补缩通道设计不当，很容易在局部产生热裂。铸件断面突变也容易产生热裂。铸件薄的部位先凝固冷却，强度提高较快；厚实部位晚凝固，强度较低，当其凝固收缩受到先凝固部位的制约时，就在厚实部位或在断面突变处产生热裂。

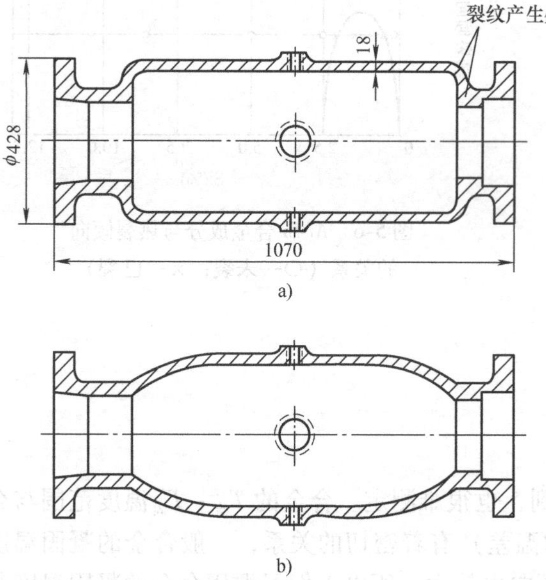

图5-7 铸钢件结构设计对热裂倾向的影响
a）设计不合理 b）设计合理

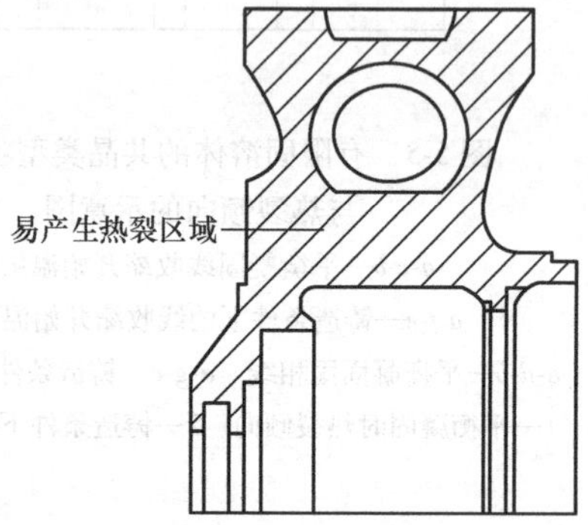

图5-8 铸钢件易产生热裂的部位

铸件结构多种多样，难以一一举例说明，但有一点必须指出，存在应力集中的热节处，一般易产生热裂。

3. 铸型的影响

铸件凝固后期线收缩时，将受到来自铸型（芯）的阻力，铸型（芯）阻力越大，铸件产生的内应力越大，铸件越易开裂。铸型的阻力主要反映在铸型（芯）的退让性上，铸型（芯）退让性越好，铸件收缩时受到的阻力就越小，铸件形成裂纹的可能性就越小。铸型（芯）的退让性与型（芯）砂所用的粘结剂种类、加入量以及粘结剂的添加剂有关。水玻璃砂的退让性比树脂砂好，酚醛树脂砂的退让性比呋喃树脂砂好。同种粘结剂，一般加入量越低，铸型退让性越好，所以在保证铸型使用强度的前提下，尽量减少型砂粘结剂加入量。

铸件的热裂倾向与型砂的高温特性密切有关。如黏土砂有一个随着温度升高而急剧升高的现象，达到最高强度后迅速下降，只有当温度达到1250℃时，才基本失去强度，表现出较好的退让性，如图5-9所示。呋喃树脂砂在浇注初期不仅强度降低很少，而且还会发生体积膨胀，增加铸件的铸造应力，使铸件热裂倾向加剧。

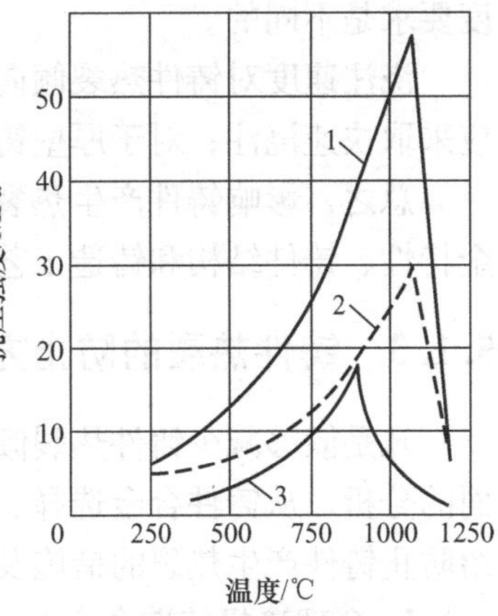

图5-9　黏土砂强度与温度的关系
1—石英砂+15%耐火土+6%水
2—石英砂+10%黏土+4%水
3—石英砂+3.5%膨润土+1.5%水

型砂粘结剂中的组分也会影响铸件的热裂倾向。如呋喃树脂用固化剂中的硫，含硫固化剂会造成铸钢件表面渗硫，增大铸钢件表层的热裂倾向。

除型砂影响铸件收缩外，砂箱箱挡、砂芯芯骨等都会影响铸件的收缩，即也会影响铸件的热裂倾向。箱挡和芯骨离铸件太近时，同样会阻碍铸件收缩，使之产生热裂。

4. 浇注系统和冒口的影响

1）浇注系统和冒口的布置位置会直接影响铸件的热裂倾向，铸件靠近冒口和内浇道部位的凝固和冷却速度都比较慢，强度比较低，这些部位容易产生热裂。

2）采用多道内浇道充型时，浇注系统会阻碍铸件收缩，导致铸件产生热裂的现象，如图5-10所示。

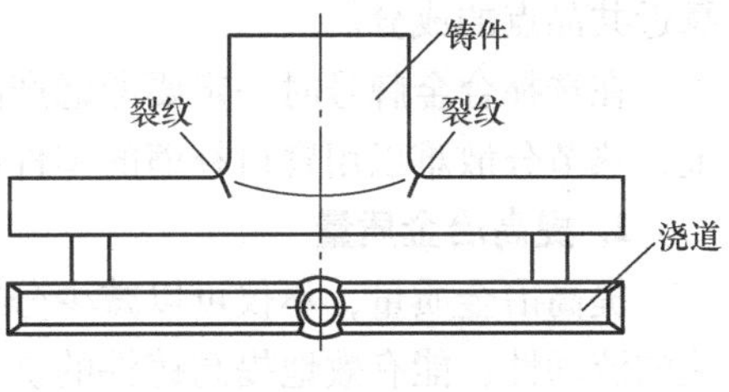

图5-10　浇注系统阻碍铸件收缩造成的热裂

3）为了创造顺序凝固的条件或消除铸造热节，经常采用局部激冷的措施。如果局部激冷工艺不当，如冷铁太厚，造成局部激冷能力过强，局部凝固、冷却收缩太快，邻近的高温区域因强度不足会被拉裂。

5. 浇注工艺的影响

浇注温度和浇注速度影响铸件的热裂倾向，但其对铸件热裂的影响没有一个简单的规律，针对不同的合金、不同结构的铸件、不同的铸造条件，浇注温度和浇注速度对铸件热裂的影响存在差异。

图5-11所示是浇注温度对铸钢ZG230-450热裂倾向的影响。当浇注温度在1500～1550℃范围内，提高浇注温度能减小热裂倾向；在1550～1620℃范围内，提高浇注温度使热裂倾向增大；进一步提高浇注温度，热裂倾向又会增大。

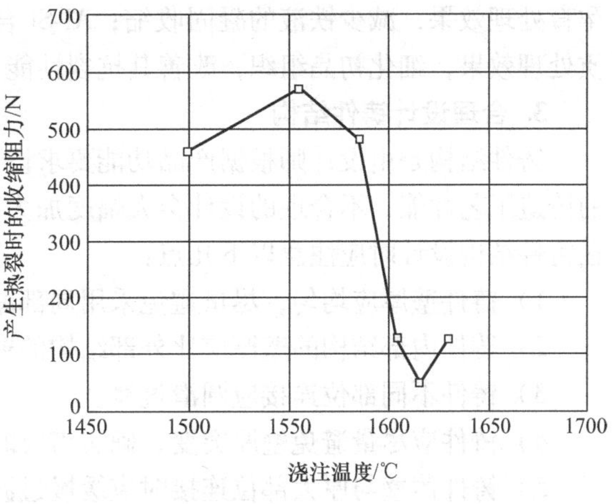

图5-11　浇注温度对铸钢ZG230-450热裂倾向的影响

一般来说，提高浇注温度有利于减少薄壁铸件的热裂倾向（其作用与增加铸件壁厚类似），一方面可以减缓铸件凝固和冷却速度，从而降低铸件的收缩速度；另一方面，增加高温金属液对型砂的作用时间，使之较快地失去强度，提高铸型的退让性。对于厚壁铸件，由于提高浇注温度会增加金属液对铸型的加热热量，使铸件凝固、冷却速度下降，使初晶粗化和偏析加重，热裂倾向增加。所以，对于厚壁铸件，应适当降低浇注温度。因此不同类型的铸件，对采用的浇注温度要求是不同的。

浇注速度对铸件热裂倾向的影响也比较复杂。对于薄壁铸件，应建立同时凝固的条件，应采取快速浇注；对于厚壁铸件，一般应建立顺序凝固的条件，浇注速度应慢一些。

总之，影响铸件产生热裂的因素很多，在分析铸件形成热裂的原因时，必须综合考虑合金特性、铸件结构和铸造工艺等各方面的因素，才可能得出正确的结论。

5.1.3 铸件热裂的防止方法

凡是能够减少铸件热裂倾向的因素都是制订防止铸件热裂措施的依据。本小节将根据前面的分析，从铸件合金选择、冶金质量、结构设计、造型（芯）材料和铸造工艺等方面介绍防止铸件产生热裂的措施及理由。

1. 合理选择铸造合金

铸件材质是由设计师根据产品服役功能和服役环境确定的，在确定铸件材质时一定要注意铸件材质的铸造性能。铸造性能好的合金易于获得稳定的产品质量，铸造性能差的合金产品质量难以稳定。在满足产品基本使用性能要求的前提下，尽量选择铸造性能好的合金。选择结晶温度范围窄、凝固冷却收缩小的合金，以减少热裂倾向，如铸铁、铝硅合金尽量选择靠近共晶点的成分。

在选择合金牌号时一定要考虑产品的结构特点，如大型薄壁件应选择流动性好的铸造合金，热节分散难以用冒口补缩的零件应采用液态收缩率小的合金等。

2. 提高冶金质量

提高冶金质量，不仅可以减少分布于晶间的低熔点共晶体和夹杂物，而且可以提高金属液的流动性，能有效地提高铸件的抗热裂性能。如采用精炼工艺，减少钢铁中硫、磷等有害元素和杂质的含量，能显著减少分布于晶间的低熔点磷共晶体，同时还可以有效地提高钢液的流动性，提高了铸钢件的抗热裂性能。

加强对金属液的处理，改善凝固结晶组织。如铸铁采用多次孕育或瞬时孕育处理，提高孕育处理效果，减少铁液的凝固收缩；Al-Si 合金采用长效变质剂或复合变质处理，提高变质处理效果，细化初晶组织，改善其抗裂性能。

3. 合理设计铸件结构

铸件结构是由设计师根据产品功能要求设计的，在产品结构设计时一定要注意产品结构的铸造工艺性能，不合理的设计会大幅度加大铸造难度，增加铸件废品率，提高铸件成本。在铸件结构设计时应注意以下几点：

1）铸件壁厚应均匀，尽量避免采用局部厚大结构。

2）铸件内部结构的壁厚应比外部结构的壁厚薄一些，便于实现同时凝固。

3）铸件不同部位连接应圆滑过渡。

4）铸件应尽量避免壁厚突变，确实需要时，则应平稳逐步过渡。

5）铸件薄壁与厚大部位连接时应缓慢过渡，或采用加强筋。

当设计师对铸造工艺不熟悉时，应请铸造技术人员对设计产品结构进行铸造工艺性评审，以提高铸件产品质量。

4. 提高铸型（砂芯）的退让性

1）选择高温退让性好的型（芯）砂。水玻璃砂高温下容易失去强度，具有良好的退让性。呋喃树脂砂不仅高温强度高，而且在高温下会产生体积膨胀，高温退让性差。这一点对铸件的热裂倾向影响很大。

2）减少粘结剂加入量。一般粘结剂加入量越低，铸型退让性越好，所以在保证铸型使用强度的前提下，应尽量减少型砂粘结剂加入量。

3）对型（芯）砂进行改性，在型（芯）砂中或粘结剂中添加一些组元，能使铸型（砂芯）在高温下尽快失去强度或降低体积膨胀，减少铸件的热裂倾向。

4）采用壳型壳芯，也可以局部掏空铸型（砂芯），减少铸型（砂芯）对铸件凝固收缩的阻力，提高铸型（砂芯）的退让性。

5）防止粘结剂中有害元素侵入铸件表面，增大铸件的热裂倾向。如铸钢件，特别是碳素钢或低合金钢铸件，一定要注意呋喃树脂砂用固化剂的硫含量，应选择无硫固化剂。

型砂退让性对铸件热裂倾向的影响十分显著。图5-12所示是铁路车辆用低合金钢侧架，薄壁，框架结构，铸件热裂倾向大。用水玻璃砂工艺能生产出合格的产品，用呋喃树脂砂生产的铸件产生大量热裂纹。

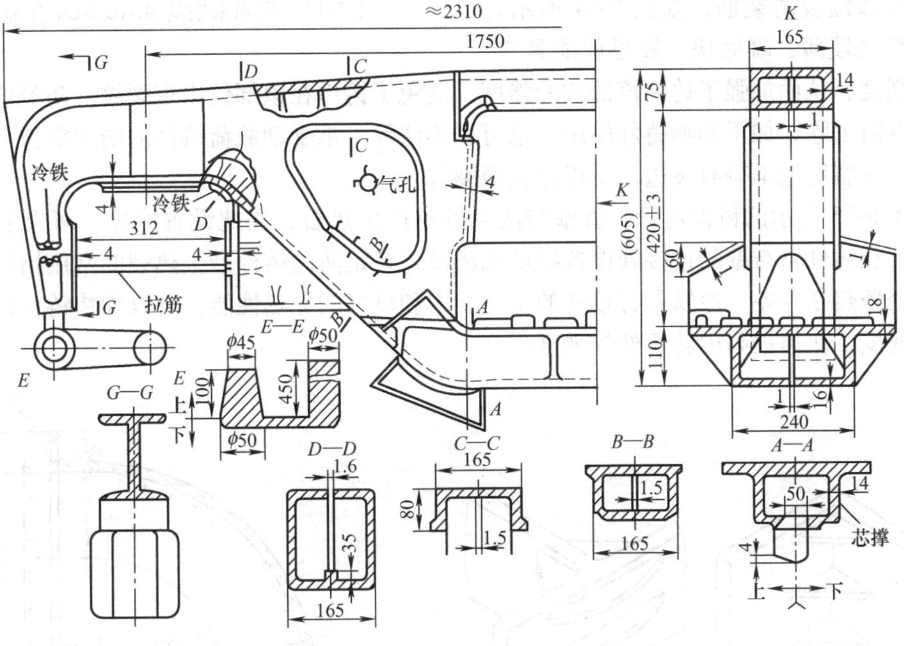

图5-12　铁路车辆用低合金钢侧架

必须指出，铸件对型砂性能要求往往是矛盾的，型砂退让性好了，铸件收缩阻力小，热裂倾向会减小，但铸件尺寸精度和几何形状精度就差了。所以，选择型砂时一定要考虑具体铸件的质量要求。

5. 铸造工艺措施

采取什么工艺措施，必须根据具体铸件结构、铸件材质等确定。一般可归纳为以下几方面：

（1）改变铸件凝固温度场　热裂一般出现在铸件最后凝固部位，往往与缩凹一起出现。有时可采用冷铁或其他激冷铸型材料，消除热节，建立同时凝固的条件，使铸件凝固收缩基本同时进行，消除铸件的局部薄弱部位，提高铸件抗热裂能力；有时可以按顺序凝固原则，采用补贴和冷铁，使铸件先凝固部位与冒口铸件形成良好的补缩通道，冒口最后凝固，避免铸件产生热裂。

图 5-13 所示是凝固末期的 Al-10% Cu 合金，枝晶间还存在液相，随着凝固过程的进行，铸件产生收缩，枝晶间的液相将逐步减少，有可能在枝晶间形成裂纹。但如果铸件的收缩和枝晶间液相的凝固收缩能及时得到液态金属的补充，枝晶间将不可能形成裂纹。保劳伊（Paray）等人研究表明，对于有些热裂缺陷，通过改善其补缩效果则能解决。

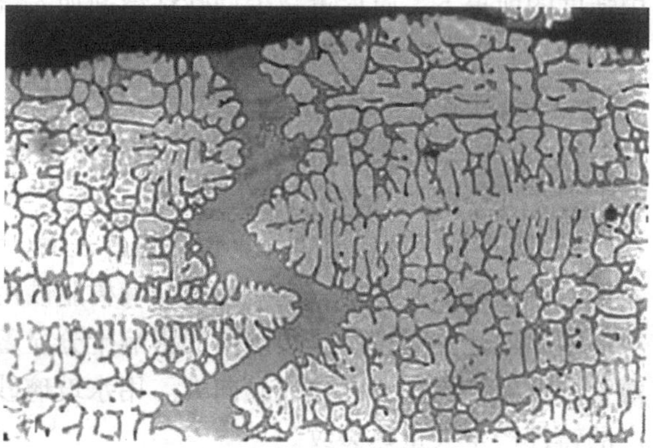

图 5-13 凝固末期的 Al-10% Cu 合金

（2）提高热裂部位强度　在铸件易出现裂纹的部位设防裂筋，如图 5-14 所示，由于防裂筋较薄，凝固快，较早就能具有较高的强度，从而加强了铸件该部位的强度，避免了铸件在该部位出现裂纹。防裂筋可以在清理铸件时去除，如不影响铸件使用，也可以不清除。承受动载荷铸件的防裂筋保留时，一定要注意防裂筋上不得有飞边，不得存在微裂纹。

如图 5-15 所示的铸钢弯管，管壁与法兰处易产生热裂，在此设置冷铁，可以避免裂纹的产生。在铸件壁与壁的连接处设置冷铁或激冷材料是防止铸件产生热裂的常用措施。由于内转角处散热条件差，冷铁具有较高的蓄热能力和良好的导热性能，可以加快铸件内转角处的冷却速度，快速提高内转角处的强度。

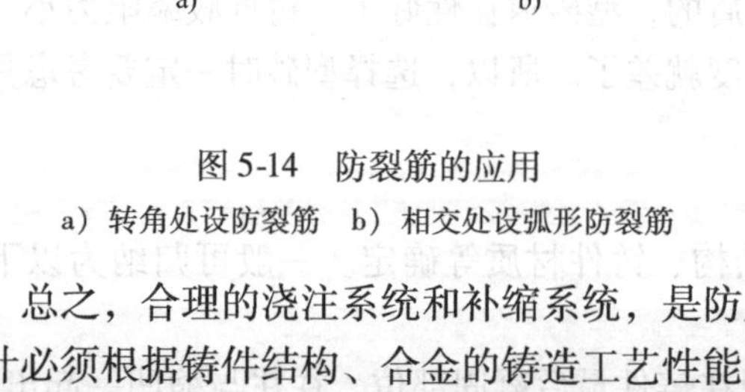

图 5-14 防裂筋的应用

a）转角处设防裂筋　b）相交处设弧形防裂筋

图 5-15 铸钢弯管

总之，合理的浇注系统和补缩系统，是防止铸件产生热裂的基本保障。因此，铸造工艺设计必须根据铸件结构、合金的铸造工艺性能以及造型材料性能特点等，设计合理的浇注系统和补缩系统。在此基础上，结合采取一系列工艺措施，减少铸件的收缩、变形阻力，改善铸件凝固温度场，消除铸件局部薄弱部位，防止铸件产生热裂。

5.2　铸造应力

铸件在凝固后的冷却过程中，由于温度下降而产生收缩，有些合金还会发生相变，使铸件尺寸或体积发生变化。当这些变化受阻时，便会在铸件中产生应力，这种应力称为铸造应力。

铸造应力按其产生机理可分为三类：铸造热应力、相变应力和机械阻碍应力。

铸件在冷却过程中，各部分冷却速度不一致，会造成同一铸件在同一时期各部分收缩量不一致。由于铸件各部分是一个整体，相互之间存在制约，这样便产生应力。这种由于铸件本身各部分冷却速度不一致而产生的铸造应力称为铸造热应力。

铸件在冷却过程中，由于各部分冷却速度不一致，铸件各部分发生相变的时间就不一致。相变使铸件的体积或尺寸发生变化。由于铸件是一个整体，当各部分的相变时间不一致时，便会产生相互制约，结果产生应力。这种由于铸件各部分相变时间不一致而产生的铸造应力称为相变应力。

铸件冷却过程中，当铸件的收缩受到铸型、泥芯、浇冒口和飞边的阻碍时，便会在铸件内部产生应力，这种应力称为机械阻碍应力。

铸造合金在高温时处于塑性状态，在应力的作用下很容易发生塑性变形，使应力松弛，甚至彻底消失。随着温度下降，铸造合金弹性增强，直至由塑性状态转变为弹性状态。当合金处于弹性状态时，铸造应力使铸件产生弹性变形和塑性变形。塑性变形使应力松弛，但弹性变形使应力保存下来，即形成所谓的残余应力。

铸造应力可能是临时的，即造成铸件产生应力的原因消除后，铸件应力也随之消失，这种应力称为临时应力。例如铸件在冷却过程中因受到铸型、泥芯、浇注系统或飞边的阻碍而产生的应力，一般在铸件落砂清理后便消失。如果铸造应力在铸件落砂清理后仍存在，这种应力称为残余应力。铸造热应力往往会导致存在残余应力，铸造相变应力要根据铸件材质情况，可能是临时应力，也可能是残余应力。

铸造应力对铸件的质量影响很大。如果铸造应力超过铸造合金的屈服强度，使铸件产生塑性变形，改变铸件的尺寸和形状；如果铸造应力超过铸造合金的极限强度，铸件即会产生裂纹；如果铸造应力小于合金的弹性极限，则应力留存于铸件中，即所谓的残余应力。铸件的残余应力在随后的切削加工或使用过程中，会产生应力释放，使工件产生变形，危及工件的几何尺寸精度。另外，当铸造残余应力与工件的工作应力方向相同时，应力叠加，使工件的承载能力降低；在腐蚀介质中，残余应力会使材料产生应力腐蚀，加速工件的损坏。因此，应尽量减小铸造应力，消除铸件的残余应力。

5.2.1　铸件冷却过程中产生的热应力

1. 残余热应力的形成

铸件在冷却过程中产生热应力的原因是铸件各部分的冷却速度不一致，导致铸件各部分收缩量的不一致。而铸件是一个整体，相互关联，不一致的收缩和相互关联的制约，使铸件产生应力。现以图5-16所示的T字形铸件来说明铸造热应力的产生过程。该铸件可视为由杆

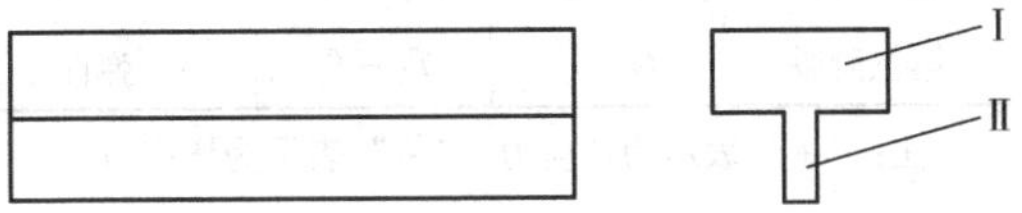

图5-16　T字形铸件

Ⅰ和杆Ⅱ组成，杆Ⅰ截面较厚，杆Ⅱ截面较薄。为简化并做如下假设：

1）杆Ⅰ和杆Ⅱ从同一温度(T_0)开始冷却，最后冷却到室温(T_r)。

2）铸件材料的弹塑性转变温度为一定值(T_k)。

3）铸件在冷却过程中没有发生相变。

4）铸件收缩时不受限制。

5）杆Ⅰ和杆Ⅱ与铸型的热交换条件相同。

6）杆Ⅰ和杆Ⅱ的温度各自呈均一分布。

7）铸件的线膨胀系数α为常数。

图5-17a所示是杆Ⅰ和杆Ⅱ的冷却曲线(t-T曲线)，开始冷却时($t_0=0$)，杆Ⅰ和杆Ⅱ的初始温度相同，为T_0。杆Ⅰ较厚，而杆Ⅱ较薄，因此杆Ⅰ冷却速度较杆Ⅱ慢。随着杆Ⅰ和杆Ⅱ之间温差的产生，两杆件之间将产生热交换，杆Ⅰ冷却速度变快，杆Ⅱ的冷却速度较慢。最后，两杆件同时达到室温(T_r)。所以，铸件冷却初期，杆Ⅰ冷却速度较杆Ⅱ慢，但在冷却后期，杆Ⅰ冷却速度较杆Ⅱ快。

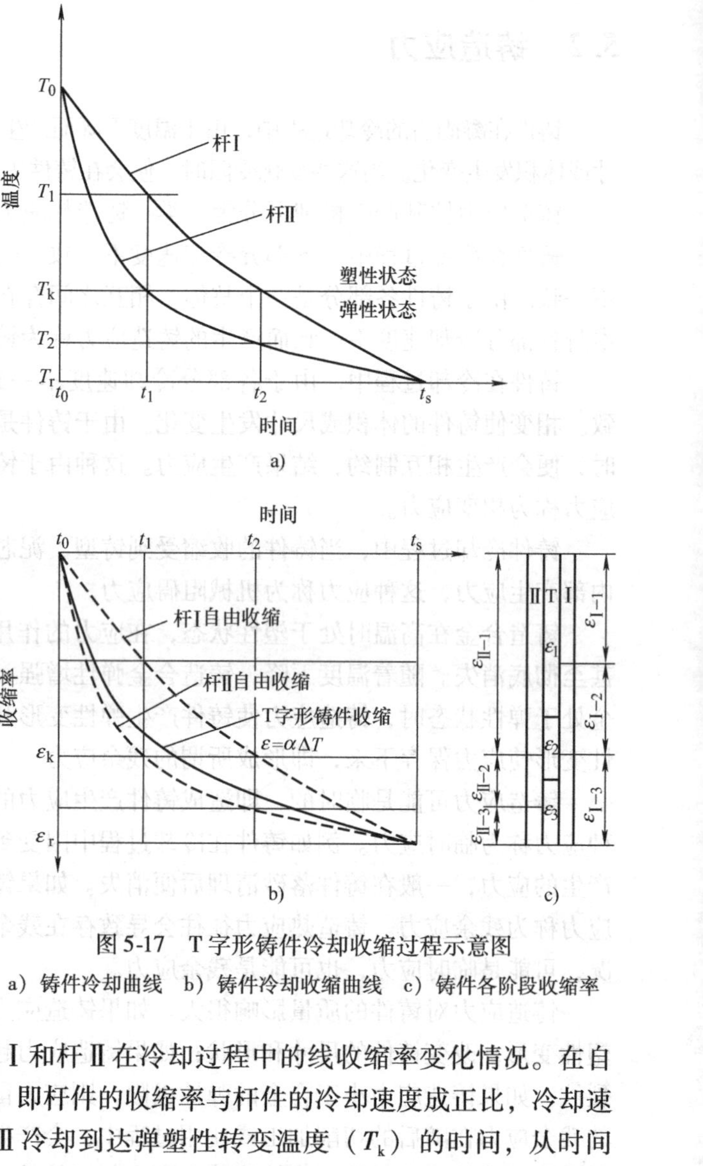

图5-17 T字形铸件冷却收缩过程示意图

a）铸件冷却曲线 b）铸件冷却收缩曲线 c）铸件各阶段收缩率

图5-17b、c所示是T字形铸件和杆Ⅰ和杆Ⅱ在冷却过程中的线收缩率变化情况。在自由收缩的情况下，铸件的收缩率$\varepsilon=\Delta T$，即杆件的收缩率与杆件的冷却速度成正比，冷却速度越快，收缩速率越大。根据杆Ⅰ和杆Ⅱ冷却到达弹塑性转变温度（T_k）的时间，从时间上把杆件整个冷却过程中所对应的收缩、应变和应力变化分成三个阶段，这三个阶段的划分见表5-1。

表5-1 T字形铸件冷却过程的三个阶段

阶段	时间	杆Ⅰ			杆Ⅱ		
		温度	弹塑性状态	应力状态	温度	弹塑性状态	应力状态
第一阶段	$t_0\sim t_1$	$T_0\sim T_1$	塑性	0	$T_0\sim T_k$	塑性	0
第二阶段	$t_1\sim t_2$	$T_1\sim T_k$	塑性	0	$T_k\sim T_2$	弹性	0
第三阶段	$t_2\sim t_s$	$T_k\sim T_r$	弹性	$+\sigma$	$T_2\sim T_r$	弹性	$-\sigma$

注：“+”表示为拉应力，“-”表示为压应力。

第一阶段冷却时间为$t_0\sim t_1$，杆Ⅰ和杆Ⅱ温度均高于T_k。在此期间内，杆Ⅱ的冷却速度大于杆Ⅰ，当杆Ⅱ冷却到T_k时，杆Ⅰ的温度为T_1。在自由收缩的情况下，杆Ⅱ的收缩率为$\varepsilon_{\text{Ⅱ}-1}=\alpha(T_0-T_k)$，杆Ⅰ的收缩率为$\varepsilon_{\text{Ⅰ}-1}=\alpha(T_0-T_1)$，杆Ⅱ的收缩率大于杆Ⅰ。但杆Ⅰ和杆Ⅱ是一个整体，相互之间将产生制约，其实际收缩率均为ε_1。收缩率较大的杆Ⅱ受收缩率较小的杆Ⅰ的牵制，则杆Ⅱ的实际收缩量将小于其自由收缩量。同样，杆Ⅰ的实际收缩量在杆Ⅱ的作用下将大于其自由收缩量，以保持长度一致。由于此阶段杆Ⅰ和杆Ⅱ均处于塑性状态，这种相互牵制造成的应力随着杆件的变形而消失。

第二阶段冷却时间为$t_1 \sim t_2$，杆Ⅰ的温度高于T_k，处于塑性状态，杆Ⅱ温度低于T_k，处于弹性状态。此阶段，杆Ⅰ的自由收缩率为$\varepsilon_{\text{Ⅰ}-2}$，其大小等于$\alpha(T_1-T_k)$；杆Ⅱ的自由收缩率为$\varepsilon_{\text{Ⅱ}-2}$，其大小等于$\alpha(T_k-T_2)$。此阶段，杆Ⅱ已处于弹性状态，合金在弹性状态时的强度比塑性状态时高得多，塑性状态的杆Ⅰ的收缩率将取决于弹性状态的杆Ⅱ。同时，杆Ⅰ的塑性变形使杆Ⅰ和杆Ⅱ的应力得到释放。

第三阶段冷却时间为$t_2 \sim t_s$，杆Ⅰ和杆Ⅱ的温度分别由T_k和T_2冷却至室温T_r，两杆均处于弹性状态。此阶段，杆Ⅰ的自由收缩率为$\varepsilon_{\text{Ⅰ}-3}$，其大小等于$\alpha(T_k-T_r)$；杆Ⅱ的自由收缩率为$\varepsilon_{\text{Ⅱ}-3}$，其大小等于$\alpha(T_2-T_r)$。由图5-17a可以看出，在此阶段，由于杆Ⅰ的起始温度T_k远高于杆Ⅱ的起始温度T_2，因此其自由收缩率$\varepsilon_{\text{Ⅰ}-3}$远大于杆Ⅱ的自由收缩率$\varepsilon_{\text{Ⅱ}-3}$。因为杆Ⅰ和杆Ⅱ是一个整体，其实际收缩受到相互制约，若不考虑产生弯曲变形，则其几何长度必须保持一致，因此其实际收缩率为ε_3。杆Ⅱ必须产生比自由收缩率更大的变形，杆Ⅰ的变形量则比自由收缩率要小，结果是T字形铸件内部产生应力。

T字形铸件残余应力的产生可用图5-18所示的两根长度不等的弹簧来说明。在第三阶段开始时，T字形铸件不存在残余应力，杆Ⅰ和杆Ⅱ的长度相同。在第三阶段冷却过程中，杆Ⅰ的自由收缩率$\varepsilon_{\text{Ⅰ}-3}$大于杆Ⅱ的自由收缩率$\varepsilon_{\text{Ⅱ}-3}$，在不受制约的情况下，杆Ⅰ的长度应小于杆Ⅱ，其单位长度分别为$[1-\alpha(T_k-T_r)]$和$[1-\alpha(T_2-T_r)]$，如图5-18a所示。用两根长度不等的弹簧来表示杆Ⅰ和杆Ⅱ（见图5-18b），要保持两根弹簧的长度一致，只有把长弹簧压短，把短弹簧拉长（见图5-18c），结果才能使长弹簧受压应力，短弹簧受拉应力。若应力小于材料的屈服强度，T字形铸件仅产生弹性变形，不会产生应力松弛，这种应力将被保留在铸件内部，故称为铸造残余应力。

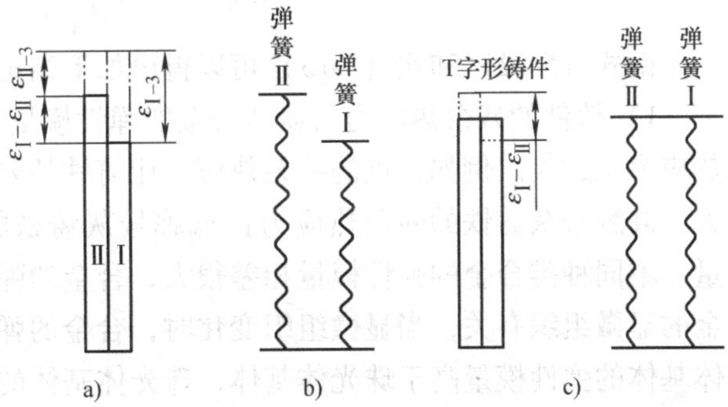

图5-18　T字形铸件残余应力的产生示意图

2. 残余应力大小的影响因素

从分析T字形铸件的铸造残余应力产生的情况，可推知影响铸件残余应力的因素。

杆Ⅰ所受的力为

$$F_{\text{Ⅰ}}=\sigma_{\text{Ⅰ}}A_{\text{Ⅰ}} \tag{5-4}$$

杆Ⅱ所受的力为

$$F_{\text{Ⅱ}}=\sigma_{\text{Ⅱ}}A_{\text{Ⅱ}} \tag{5-5}$$

式中　$\sigma_{\text{Ⅰ}}$、$\sigma_{\text{Ⅱ}}$——杆Ⅰ和杆Ⅱ的内应力；

A_{I}、A_{II}——杆Ⅰ和杆Ⅱ的截面积。

如果T字形铸件不发生弯曲，则 $F_{\mathrm{I}}+F_{\mathrm{II}}=0$，将式（5-3）和式（5-4）代入，得

$$\frac{\sigma_{\mathrm{I}}}{\sigma_{\mathrm{II}}}=-\frac{A_{\mathrm{II}}}{A_{\mathrm{I}}} \tag{5-6}$$

假设铸件材料的拉伸弹性模量和压缩弹性模量相等，其值为 E。根据胡克定律有

$$\sigma_{\mathrm{I}}=E\varepsilon_{\mathrm{I}} \tag{5-7}$$

$$\sigma_{\mathrm{II}}=E\varepsilon_{\mathrm{II}} \tag{5-8}$$

式中，ε_{I}、$\varepsilon_{\mathrm{II}}$ 分别为杆Ⅰ和杆Ⅱ在第三阶段产生的单位长度的弹性应变量，其中，杆Ⅰ为拉伸变形（+），杆Ⅱ为压缩变形（-）。由图5-18可知，总变形量为

$$\varepsilon_{\mathrm{I}}-\varepsilon_{\mathrm{II}}=\varepsilon_{\mathrm{I}-3}-\varepsilon_{\mathrm{II}-3} \tag{5-9}$$

因为 $\varepsilon_{\mathrm{I}-3}=\alpha(T_k-T_r)$，$\varepsilon_{\mathrm{II}-3}=\alpha(T_2-T_r)$，将其代入式（5-6），得

$$\varepsilon_{\mathrm{I}}-\varepsilon_{\mathrm{II}}=\alpha(T_k-T_2) \tag{5-10}$$

整理式（5-7）、式（5-8）和式（5-10）可得

$$\sigma_{\mathrm{II}}=\sigma_{\mathrm{I}}-E\alpha(T_k-T_2) \tag{5-11}$$

将式（5-11）代入式（5-6），可得

$$\sigma_{\mathrm{I}}=E\alpha\frac{A_{\mathrm{II}}}{A_{\mathrm{II}}+A_{\mathrm{I}}}(T_k-T_2) \tag{5-12}$$

$$\sigma_{\mathrm{II}}=-E\alpha\frac{A_{\mathrm{I}}}{A_{\mathrm{II}}+A_{\mathrm{I}}}(T_k-T_2) \tag{5-13}$$

由式（5-12）和式（5-13）可以得出如下结论：

1）铸件的残余热应力与铸造合金的弹性模量 E 成正比。弹性模量 E 越大，铸件的残余热应力也越大。例如，钢的残余热应力比铸铁的要大，球墨铸铁的残余热应力比灰铸铁的要大，高牌号灰铸铁的残余热应力比低牌号灰铸铁的要大。表5-2是常用铸造合金的弹性模量。不同种类合金的弹性模量相差很大，合金的弹性模量不仅与其化学成分有关，而且与合金的显微组织有关，当显微组织变化时，合金的弹性模量会发生明显变化。例如钢铁，马氏体基体的弹性模量高于珠光体基体，珠光体基体的弹性模量高于铁素体基体，铁素体基体球墨铸铁的弹性模量高于铁素体基体灰铸铁。

表5-2 常用铸造合金的弹性模量

合金类别	碳素钢	低合金钢	球墨铸铁	蠕墨铸铁	灰铸铁	铝合金	铜合金
E/GPa	172~202	206~210	169~176	130~160	75~110	67~84.4	112~134

2）铸件的残余热应力与铸造合金的线收缩率 α 成正比。线收缩率 α 越大，铸件的残余热应力也越大。表5-3是常用铸造合金的线膨胀系数（线收缩率 α），合金的冷却线收缩率与合金的化学成分有关，不同合金存在很大差异。一般来说，铸铝合金的收缩率大于钢铁，铸钢的收缩率大于铸铁；在铸铁材料中，析出石墨越多，合金的线收缩量就越小。图5-19所示是15Cr不锈钢、30Cr不锈钢和Cr18Ni9不锈钢铸件从0~600℃的线膨胀率；Cr19Ni8不锈钢的线膨胀率最大，15Cr不锈钢的线膨胀率最小。相应地，Cr18Ni9不锈钢铸件的残余应力也将大于15Cr不锈钢铸件和30Cr不锈钢铸件。

表5-3 常用铸造合金的线膨胀系数（$\times 10^{-6}$/K）

碳素钢	球墨铸铁	蠕墨铸铁	灰铸铁	铝合金	铜合金
11.5～13.8	11.5～13.5	11.0～12.5	10.1～13.5	19.0～25.0	17.2～20.9

3）铸件的残余应力与铸件厚大部位达到弹塑性转变温度时，厚薄两部位的温差（$T_k - T_2$）成正比。$T_k - T_2$与下列因素有关：

① 与铸件壁厚差有关。铸件壁厚差越大，厚大部位和薄壁部位的散热情况的差异就越大，$T_k - T_2$值越大。

② 与合金的热导率 λ 有关。合金的热导率 λ 越大，铸件各部位的温度就越均匀，$T_k - T_2$值越小。例如，铸钢的热导率随着碳、硅、锰等元素含量的增加而减小，高碳钢铸件的残余热应力大于低碳钢铸件。铸铁析出石墨量随着碳含量增加而增加，不仅铸件线膨胀系数减小，而且导热性能提高，高碳铸铁件的残余应力将小于低碳铸铁件。

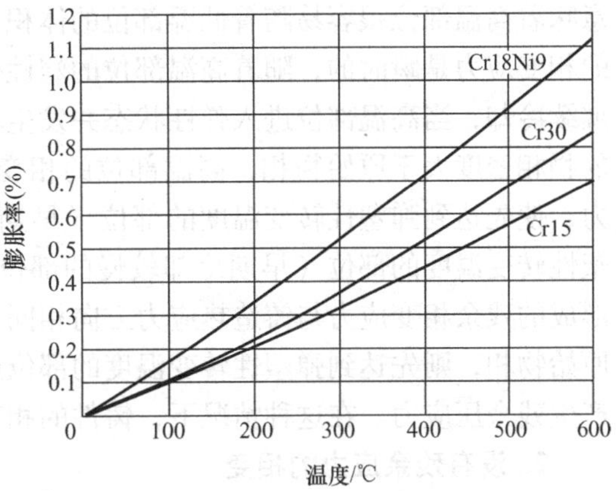

图5-19 三种常见不锈钢的线膨胀率

③ 与铸件的冷却条件有关。凡是能影响铸件冷却的因素，都将影响铸件冷却温度场，使铸件不同部位的 $T_k - T_2$值产生变化，最终影响铸件的残余热应力。影响铸件冷却条件的因素很多，如铸型条件、浇注系统、冒口布置、浇注温度以及铸件摆放位置等。凡是能使铸件冷却速度减慢、使铸件温度场均衡的因素，都会减小 $T_k - T_2$值，使铸件残余热应力下降。如在厚大部位设置冷铁、在薄壁部位设置内浇道、采用快速浇注等，都有利于铸件温度场均匀，有利于减少铸件残余热应力。

本小节从T字形铸件存在断面厚度差的角度来分析铸件产生残余热应力的原因，事实上，并非一定要有厚度差异，铸件才会有残余热应力，一般铸件均存在残余热应力。因为铸件在冷却过程中，开始时铸件外表层冷却速度快，相当于T字形铸件的薄壁杆件，先进入弹性状态；铸件内部冷却速度慢，相当于T字形铸件的厚壁杆件，当其达到弹性状态温度时，铸件外表层的温度已低于其弹塑性转变温度 T_k，即内外部位存在温差。这样，铸件内外部位收缩不一致，相互制约，结果产生残余热应力。另外，铸件摆放位置也影响铸件的残余热应力状态，其原因在于铸件摆放位置影响铸件不同部位的冷却速度。

5.2.2 铸件冷却过程中产生的相变应力

很多金属材料在加热、冷却过程中会发生固态相变，如钢铁的奥氏体→铁素体相变、Fe_3C 分解等，铸件在冷却过程中如果发生相变，则会产生相变应力。因为不同晶体结构的原子密度是不同的，相变会使晶体产生体积变化。

如果铸件各部位温度相同，相变同时发生，铸件各部位同时膨胀或收缩，则铸件不会产生应力。事实上，铸件各部位的冷却条件不可能是完全一致的，也就是铸件温度场不可能是均一的，同一铸件各部位的相变发生时间会有先后。相变不同时发生，意味着铸件各部位的体积变化会瞬时产生不协调，相互制约，结果产生相变应力。根据相变发生的时间，相变应力可能是临时应力，也可能是残余应力。

1. 产生残余应力的相变

铸件温度低的部位（如铸件外表层）发生相变时，铸件温度高的部位（如铸件中心或厚大部位）还处于塑性状态。相变使低温部位发生体积变化，由于高温部位处于塑性状态，意味着高温部位很容易随着低温部位的体积变化而产生相应的塑性变形，这时铸件内部出现的相变应力是瞬时的，随着高温部位的塑性变形而消失，铸件不会存在残余应力。随着铸件继续冷却，当高温部位进入弹性状态并发生相变时，铸件将产生残余相变应力。如果新形成的物相密度大于原始物相，高温部位的相变产生局部体积收缩，对相邻的低温部位产生拉力，使先达到弹塑性转变温度的部位（早期冷却较快的部位）产生残余压应力，后达到弹塑性转变温度的部位（早期冷却较慢的部位）产生残余拉应力。在这种情况下，铸件内部形成的残余相变应力与铸造热应力方向相同，残余应力相互叠加。如果新形成物相密度小于原始物相，则先达到弹塑性转变温度的部位产生残余拉应力，后达到弹塑性转变温度的部位产生残余压应力。在这种情况下，铸件的相变应力与铸造热应力方向相反。

2. 没有残余应力的相变

当铸件发生相变时，铸件高温部位和低温部位均处于塑性状态。低温部位发生相变时，铸件各部位均随着低温部位的体积变化而产生相应的塑性变形，铸件内部出现的相变应力随着铸件各部位的塑性变形而消失。随着铸件继续冷却，当铸件高温部位发生相变时，铸件低温部位也会产生相应的塑性变形，使应力得到释放，铸件不会存在残余应力。

当铸件发生相变时，铸件高温部位和低温部位均处于弹性状态，这种情况也不会产生残余相变应力。当铸件低温度部位发生相变时，低温部位会产生局部体积变化（收缩或膨胀），而周围高温部位未发生相变，保持体积不变，对低温部位的体积变化产生制约。如果新形成的物相密度大于原始物相，则低温部位相变时产生局部体积收缩，形成拉应力，周围未相变部位产生压应力。由于这时铸件处于弹性状态，相变产生的拉应力和压应力不会使铸件产生塑性变形，使应力得到释放，而是使铸件局部产生弹性变形，保持应力不变。随着铸件温度下降，未相变部位将逐步发生相变，相变区域逐步扩大，体收缩量增加，使相变区域的拉应力增大。但另一方面，后相变部位的体积收缩减缓了对先相变部位的制约，使先相变部位的拉应力减少。这种情况下，铸件相变应力的变化过程是：铸件局部因相变而产生内应力，随着温度下降，应力值逐步增大，达到一最大值后，逐步减小，当铸件相变完成后，铸件相变应力即消失。

由于铸件各部位的冷却速度不可能相同，因此，铸件各部位的相变不可能同时发生，因而必定会产生相变应力，其相变应力有以下特点：

1）相变应力可能残留在铸件中，也可能是临时存在于铸件中，当铸件相变完成后，相变应力即消失。不论相变应力是临时的，还是残留的，它对铸件质量的影响是同样不可忽视的，因为瞬时的高应力同样可能使铸件产生裂纹。

2）相变应力是临时的还是能残留到室温，主要取决于合金的弹塑性转变温度与相变温度关系，即取决于铸造合金的化学成分和凝固组织。实际生产中，相变应力难以通过工艺手段来控制，因为铸件的化学成分是由铸件使用要求来确定的，是不能随意调整的。

3）相变应力大小取决于铸件各部位的温差、相变形成的产物与原始物相的密度比值以及相变量等。

4）相变应力的方向，形成拉应力还是压应力，取决于相变形成的新相与原始相的密度比。相变应力可能与热应力同向，也可能相反。前者产生应力叠加，增加铸件开裂或产生变形的倾向；后者则可以减轻其不利影响。

5.2.3　铸件冷却过程中产生的机械阻碍应力

铸件冷却收缩受到铸型、砂芯、浇冒口和飞边的阻碍时，便会在铸件内部产生应力。当铸件处于塑性状态时，这种应力会随铸件产生相应的塑性变形而消失。当铸件处于弹性状态时，这种应力会使铸件产生弹性变形；当阻碍铸件收缩因素去除（如落砂清理、去除浇冒口），应力也随之消失，所以，机械阻碍应力是一种临时应力。由于金属材料一般都呈热胀冷缩，所以，机械阻碍应力一般都呈拉应力。

铸造应力是铸造热应力、相变应力和机械阻碍应力三者的代数和。表5-4汇总了铸造热应力、相变应力和机械阻碍应力三者的应力方向。由此可见，根据不同的铸件部位、不同的相变类型，有时会相互叠加，有时会相互抵消。

表5-4　铸造应力方向

部　位	铸造热应力	相变应力		机械阻碍应力	
		收缩型相变	膨胀型相变	落砂清理前	落砂清理后
快冷部位	$-\sigma$	$+\sigma$	$+\sigma$	$+\sigma$	0
慢冷部位	$+\sigma$	$-\sigma$	$-\sigma$	$+\sigma$	0

注：“+”表示为拉应力，“-”表示为压应力。

5.2.4　减少铸造应力的方法

铸件产生铸造应力的根源是铸件各部位冷却速度不一致以及铸型、浇注系统等因素阻碍铸件收缩的结果。因此，要减少铸造应力，必须从降低铸件冷却过程中各部位的温差、改善铸型（芯）的退让性、减少浇注系统对铸件收缩阻碍等方面着手。

1. 降低铸件冷却过程中各部位温差

1）从提高铸造工艺性的角度去优化铸件结构，减小铸件壁厚差。

2）砂型铸造时在铸件厚大部位设置冷铁或用蓄热能力大的特种砂造型，如铬铁矿砂、镁砂、锆砂等，加快厚大部位的冷却速度。特种铸造时在铸件厚大部位的铸型内设置水冷管道，通水强制冷却。这一措施在金属型铸造、压力铸造和低压铸造生产中经常采用。

3）将内浇道开设在铸件薄壁处，减缓铸件薄壁处的冷却速度，以减少铸件在冷却过程中各部位的温差。

4）中断冷却，保温缓冷工艺。铸件在高温下开箱，并迅速装入保温炉缓冷，使铸件以预先设定的温度缓慢冷却。如铸钢火车轮，由于其含碳量高，导热性能差；加之壁厚差大，冷却过程中将产生很大的铸造热应力，若不采取缓冷措施，铸件很容易开裂。又例如合金钢轧辊，虽然不存在壁厚差问题，但其碳含量和合金含量高，材料的导热性能差；加之铸件断面大，内外温差大，铸造热应力很大，必须采取提前开箱并入炉缓冷的措施。铸件的开箱温度和保温温度必须视铸件的材质成分和产品结构而定。

总之，只要是降低铸件冷却过程中各部位温差的措施，就可以降低铸造热应力。

2. 改善铸型（芯）的退让性

1）合理设计砂箱结构，防止箱挡阻碍铸件收缩。在工艺设计时，一定要考虑砂箱箱挡可能对铸件，包括浇注系统和冒口的阻碍，对于收缩量大的铸件，可局部去除箱挡或采用大吃砂量，以保证有足够的退让性。

2）选用退让性较好的型（芯）砂。型（芯）砂的退让性好，铸（芯）型对铸件冷却收缩的阻力就小，因此铸件内产生的铸造应力就小。例如，水玻璃砂的退让性比碱酚醛树脂砂要好，碱酚醛树脂砂的退让性比呋喃树脂砂要好，湿型砂的退让性比呋喃树脂砂好。

3）在型砂中添加能提高铸型退让性的材料，如木屑、泡沫粒子等。

4）在保证铸型（芯）使用强度的前提下，应降低型（芯）砂粘结剂加入量，提高铸型（芯）的退让性。为了操作方便，减少铸型（芯）的破损，实际铸型（芯）的强度往往偏高。

5）对铸型（砂芯）局部进行掏空处理或局部放退让性好的松散料，如干砂、碎焦炭，或放置易烧损的材料，如草绳、泡沫塑料等，减少铸件冷却过程中铸型对铸件收缩产生的阻力。

3. 减少浇注系统对铸件收缩的阻碍

为了减少铸件浇注过程中的局部过热，避免因充型距离过长而造成冷隔缺陷，浇注系统常常需要采用多个内浇道，使铸件充型温度场均匀，以缩短充型距离。图5-20所示是一环形铸件，浇注系统布置在中间砂芯，金属液通过两个内浇道进入型腔。由于铸件与浇道的冷却速度一般不可能一致，这样在冷却过程中，浇注系统和铸件就会相互制约，产生铸造应力。图5-20示意了两种不同的浇道布置方式。图5-20a所示的浇道沿径向直线布置，浇道和铸件成刚性结构，在冷却过程中，不管是铸件冷却快于浇道，还是浇道冷却快于铸件，铸件和浇道中都将产生很大的铸造应力。图5-20b所示的浇道呈“S”形，具有一定的伸缩弹性，在冷却过程中，“S”形浇道易产生变形，能有效地降低铸件和浇道的铸造应力。

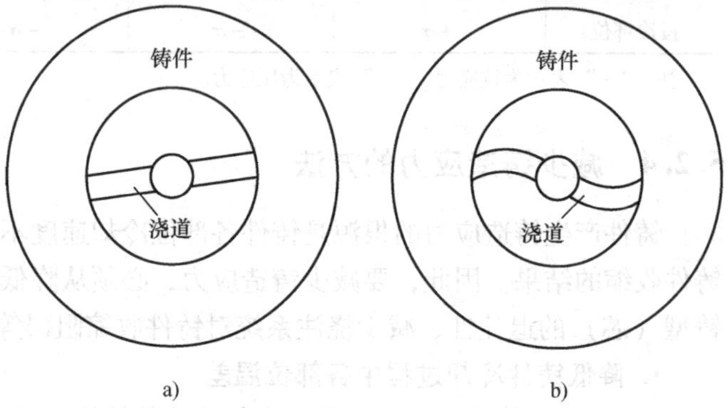

图5-20 环形铸件的浇注系统

图5-21所示是一长条形铸件，金属液通过两个内浇道进入型腔，横浇道与铸件平行。在冷却过程中，浇注系统和铸件会相互制约，产生铸造应力。在采用这类浇注系统时，一定要考虑分散浇注的利弊。在保证充型的前提下，应尽可能采用一道内浇道，或尽可能缩短两道内浇道之间的距离。

减少铸造应力的措施很多，必须根据具体铸件的材质特点、结构特点以及铸造方法来选择。另外，有些措施可能与防止其他铸造缺陷（如缩孔、缩松、气孔、夹砂等）是矛盾的，因此必须综合考虑这些措施的利弊，抓住主要矛盾，实际生产以铸件达到质量标准为目标。对于一般铸件，铸造应力不是主要问题，只要不产生铸造裂纹，铸造应力可以通过后续工序解决，如自然时效、人工时效和振动时效等。

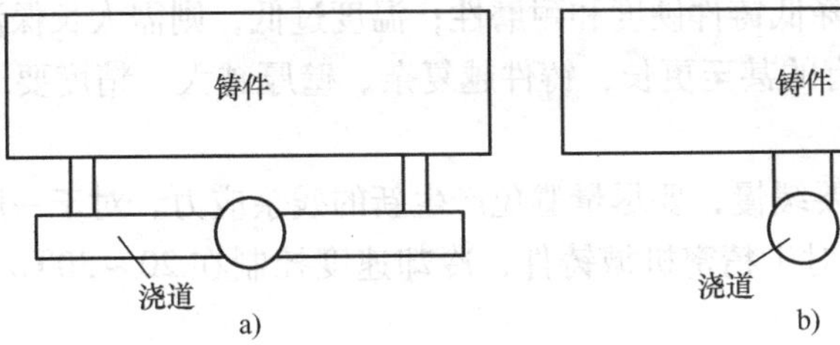

图 5-21　多道内浇道浇注系统对铸件收缩的阻碍

5.2.5　消除铸造残余应力的方法

铸件残余应力会随着时间的延长或经切削加工后释放，导致铸（零）件变形，降低几何精度。对于一些精度要求高的零件，如机床床身、发动机机体、活塞环等，必须采取措施，消除铸件残余应力。消除铸件残余应力的方法有自然时效、人工时效和振动时效等。

1. 自然时效

将铸件长时间置于露天半年、一年、甚至更长时间，日晒雨淋，让其自然地、缓慢地变形，使其残余应力逐步得到释放，这种方法称为自然时效。自然时效不需要任何设备、不需要消耗能源，但占地面积大，生产周期长，资金占有量大，且应力消除不彻底。

2. 人工时效

铸件加热到其合金的弹塑性温度范围保温，使铸件的残余应力逐步得到释放，然后随炉缓慢冷却到常温。这种方法称为人工时效，也称为热时效、去应力热处理或去应力退火等。图 5-22 所示是灰铸铁中小件人工时效曲线，加热速度、时效温度、保温时间和冷却速度等工艺参数，必须根据合金成分、铸件结构和原始组织特点以及产品要求来确定。

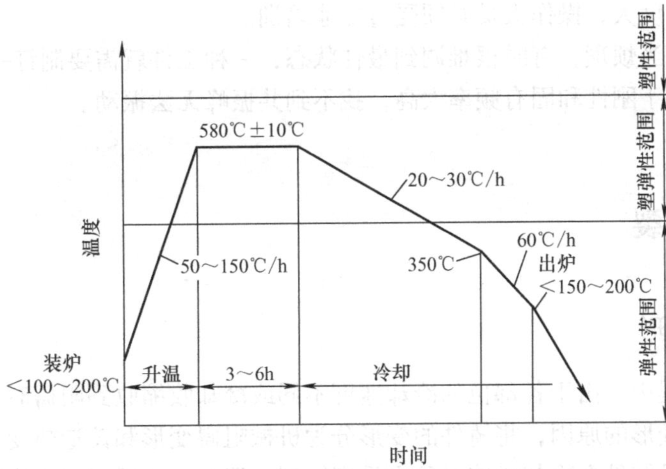

图 5-22　灰铸铁中小件人工时效曲线

人工时效的加热速度不能太快，一般控制在 50～150℃/h。因为铸件加热时，产生的热应力与铸造热应力方向一致。如加热速度太快，产生大的热应力，可能使铸件开裂。合金导热性越差、铸件断面越大、结构越复杂，铸件的加热升温速度就应越慢。

人工时效温度应控制在铸件材料的弹塑性状态。铸铁一般控制在 550～600℃，温度过高可能会诱发渗碳体分解，降低铸件硬度和耐磨性；温度过低，则需太长保温时间。人工时效保温时间一般为3~8h，有的甚至更长，铸件越复杂、壁厚越大、精度要求越高，保温时间越长。

人工时效冷却速度一定要缓慢，要尽量避免产生新的残余应力。对于一般精度铸件，冷却速度控制在30~40℃/h，对于精密机械铸件，冷却速度控制在20~30℃/h。铸件出炉温度控制在150~200℃以下。

对于具体铸件的时效工艺参数，可通过试验或参考实际经验数据，制订既能消除铸造应力，满足铸件质量要求，又能提高生产效率的工艺参数。

人工时效可以在铸件毛坯状态进行，也可以在粗加工后进行。对于精度要求高的零件，人工时效最好在粗加工后进行，这样既可以消除铸造残余应力，也可以消除因粗加工而产生的切削加工应力。

3. 振动时效

借助外加激振器，使铸件产生低频共振，在共振过程中铸件应力得到释放，实现消除铸件残余应力的目的，这种方法称为振动时效。

从微观上分析，振动时效可视为一种以循环载荷的形式施加于零件上的一种附加应力。当工件受到振动，施加于零件上的交变应力与零件中的残余应力叠加。当应力叠加的结果达到一定的数值后，在应力最严重部位就会超过材料的屈服极限而发生塑性变形。塑性变形降低了该处残余应力峰值，并强化了金属基体。后续的振动又在另一些应力集中较严重的部位上产生同样作用，直至振动附加应力与残余应力叠加的代数和不能引起任何部位的塑性变形为止。因此，振动时效能消除和均化残余应力，并能强化金属。

振动时效的优点是效率高，能耗低；铸件不需要加热，无氧化问题；铸件尺寸不受设备限制，时效处理大型铸件时显得尤为优越。但振动时效也存在一些不足：

1）振动时效难度大，操作人员必须受过专业培训。

2）参数调整相当烦琐，有时很难调到最佳状态，一种工件就需要制订一种工艺。

3）有些工件由于刚性和固有频率太高，找不到共振峰无法振动。

4）噪声过大。

5.3 变形和冷裂

5.3.1 铸件的变形

铸件在冷却过程中，由于各部位的冷却速度不同或冷却收缩收到阻碍时，铸件将产生变形。根据铸件产生变形的原因，将铸件的变形分为机械阻碍变形和铸造热变形两类。

机械阻碍变形是铸件在冷却收缩过程中受到铸型、泥芯、浇冒口和飞边等阻碍，导致铸件产生的变形。

铸造热变形是在铸造应力作用下，包括铸造热应力和铸造相变应力，铸件产生的变形。

事实上，大量铸件的变形是上述两种因素共同作用的结果。

1. 机械阻碍变形

图5-23a所示是薄壁箱形铸件的型腔，呈规则矩形。铸件浇注凝固后，随着温度下降，

铸件 AB、BC、CD 和 DA 四边将产生收缩。以 AB 边和 BC 边为例，当 BC 边缩短，AB 边将向内侧移动。但由于受到砂芯的阻碍，AB 边的位移是不自由的，其位移量取决于铸型的退让性以及作用于铸型上的力。如铸型的退让性为零（如金属型），则 AB 边就不会产生移动。砂型铸造时，一般砂型（芯）都有一定的退让性，随着温度下降，AB 边会向内移动。假设砂芯各部位的退让性一样的，这时 AB 边各部位的位移量取决于作用于砂芯上力的大小。对力的分析可知，BC 边的收缩力等于作用于 AB 边砂芯上力总和的 1/2；离 A 点、B 点越近，作用于砂芯上的力越大，离 A 点、B 点越远，作用于砂芯上的力越小，其结果是 AB 边产生弧形变形，如图 5-23b 所示，箱体中间出现“鼓起”现象。同理，BC 边、CD 边、DA 边都会产生变形。当铸件处于塑性状态时，铸件产生的变形为塑性变形，这种变形将保留到常温；当铸件处于弹性状态时，产生的变形为弹性变形，一旦变形的阻力去除，其弹性变形随即消失。

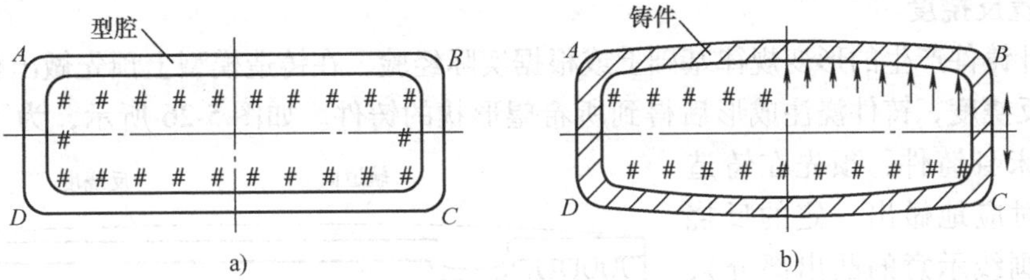

图 5-23 薄壁箱形铸件的变形

薄壁箱形铸件壁厚均匀，铸件各部位的冷却速度相差不大，铸造应力较小，由铸造应力导致的变形也较小。但对于一般铸造合金，在铸型（芯）阻力的作用下，处于高温塑性状态的铸件很容易发生塑性变形。因此，薄壁箱形铸件的变形是典型的机械阻碍变形。

2. 铸造热变形

机床床身的轨道面较厚，其侧壁较薄，类似于“T”字形断面铸件。在床身铸件冷却过程中，轨道部位冷却较慢，侧壁较快，因此，轨道面受拉应力，侧壁受压应力，其变形结果是轨道面下凹，侧壁下凸，如图 5-24 所示。

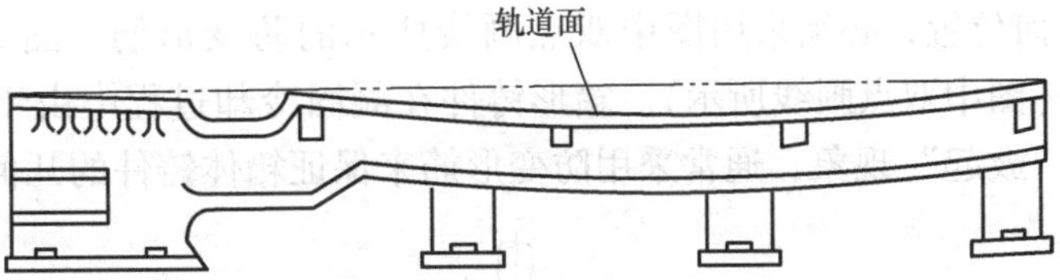

图 5-24 铸造热应力使机床床身产生的挠曲变形示意图

在机床床身凝固冷却过程中，侧壁受到的机械阻碍较小，由机械阻碍产生的变形很小，完全可以不计，其轨道面的下凹主要是由于铸件壁厚差导致的冷却速度不一致造成的，因此，机床床身侧壁的下凹是典型的铸造热变形。

铸造热变形并非只在铸件有壁厚差的条件下才会产生。图 5-25 所示是均匀壁厚板形铸件的变形示意图。由于平板中心部分比四周冷却慢，中心部分产生拉应力，周边产生压应力；另外，事实上，平板铸件上下表面的散热条件是不一致的，因此上下表面存在温差，平板铸件将产生翘曲变形。

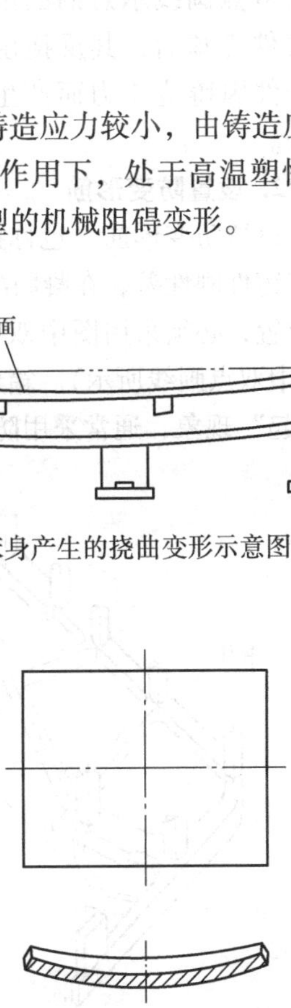

图 5-25 铸造热应力使平板铸件产生的翘曲变形示意图

对薄壁箱形铸件、机床床身铸件和平板铸件等典型铸件变形的分析表明，铸件变形与铸件结构、浇注位置有着密切关系。一般来说，铸件刚性越差，铸件变形量就越大；铸件壁厚差越大，越容易产生变形；铸件冷却收缩过程中受到的阻碍越大，铸件变形量就越大。影响铸件变形量大小的另一个重要因素是铸件成分，铸造合金收缩量越大，铸件变形越大，如铸钢件比铸铁件易产生变形，合金铸铁件比普通灰铸铁件易产生变形。

5.3.2 减少铸件变形的措施

铸件的翘曲变形可能会导致机械加工余量不足，或报废，或加大加工余量，增加生产成本。对于具有较好塑性的材料，如铸钢、铝合金，可以采用机械的方法矫正铸件变形，但对于脆性材料，则必须在铸造工艺上采取相应的措施。主要措施有：

1. 设置反挠度

在统计铸件产生的形变规律基础上或根据实际经验，在铸造模型上预先做出相当于铸件变形量的反挠度，铸件浇注成形后得到所希望形状的铸件。如图 5-26 所示，为了得到轨道面平整的床身铸件，预先在铸造模型上就对应地做出一定的反挠度（双点画线示意的凸出部分），待铸件冷却后，其反挠度正好弥补铸件因铸造应力而产生的凹陷部分。

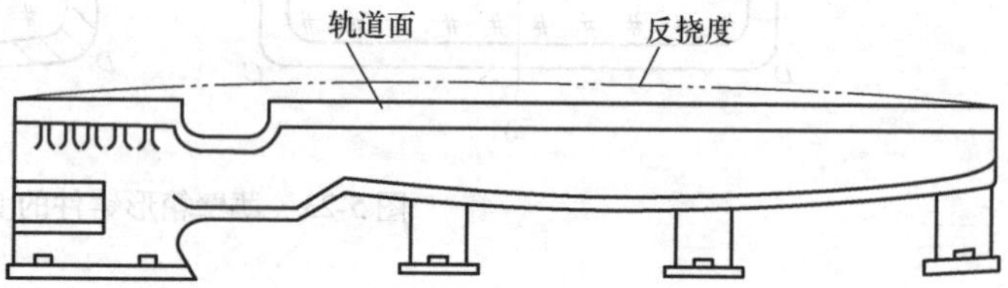

图 5-26 机床床身的反挠度

2. 设置防变形筋

设置防变形筋（也称拉筋）是防止铸件产生铸造变形的常用措施。图 5-27 所示的 L 形机架铸件刚性差，在凝固冷却过程中铸件的两端易向外扩张，为了保证 A、B、C 三点的几何位置，必须采用图中双点画线所示的防变形筋。图 5-28 所示是箱形铸件的防变形拉筋（图中双点画线所示）。箱形铸件在凝固冷却过程中由于受到砂芯的阻碍，箱体中部会出现“鼓起”现象，通常采用防变形筋来保证箱体铸件的几何形状。

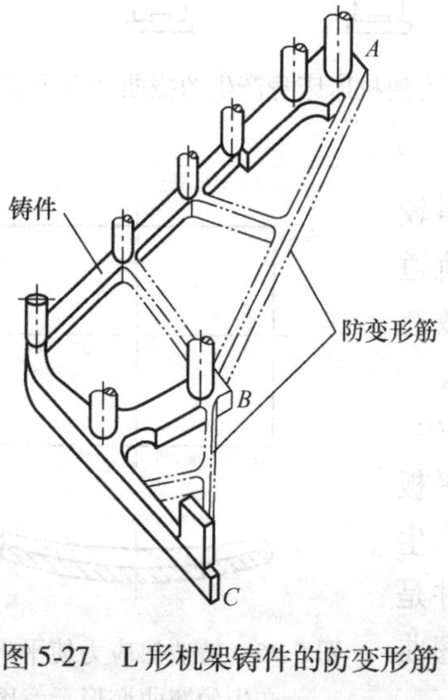

图 5-27 L 形机架铸件的防变形筋

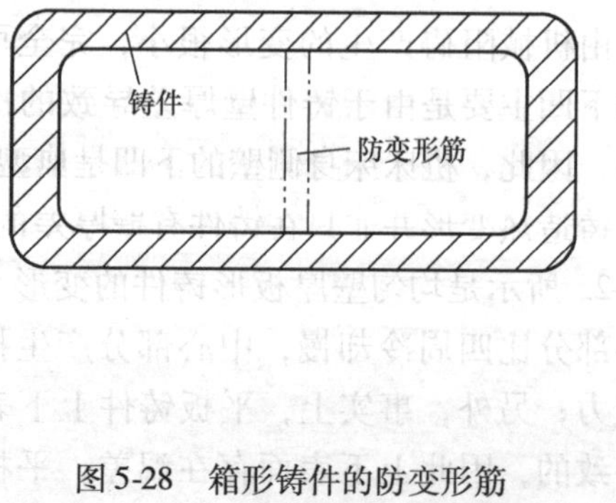

图 5-28 箱形铸件的防变形筋

由于铸件热处理也可能导致铸件产生变形，所以铸件的防变形筋，特别是刚性差的铸件，一般要待铸件热处理后才去除。

3. 改变浇注位置

改变铸件浇注位置将改变铸件凝固和冷却过程的温度分布，从而改变铸件的变形规律。对于一些特殊类型的铸件，如柱状零件，一个方向刚性很好，其余两个方向刚性较差，则可以通过改变浇注位置，达到控制铸件变形的目的。图5-29所示的柱形铸件，水平浇注产生翘曲变形，这是因为铸件上下面的散热条件不一致；如采用垂直浇注，铸件轴向四周的散热条件一样，不会产生变形，铸件其他两个方向的刚性很好，也不会产生变形。

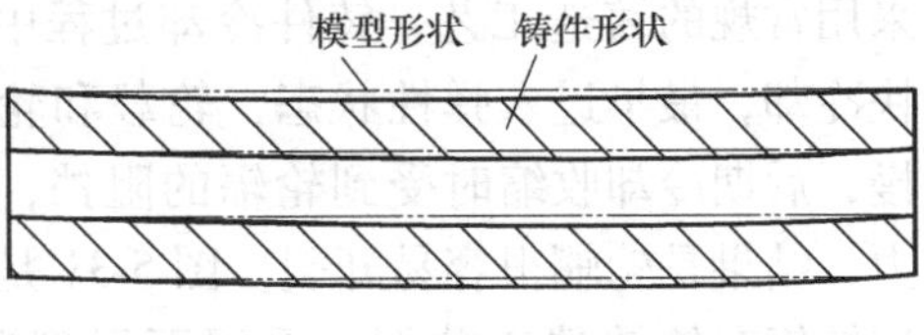

图5-29 水平浇注圆柱形铸件的变形

由前面典型铸件的防变形措施可知，防变形措施可以归纳为以下几方面：

1）从铸件结构上采取措施，如提高铸件刚度，有利于减少铸件变形；改进铸件结构，减少冷却收缩的机械阻力；减小铸件断面厚度差，降低铸造热应力。

2）从铸型上采取措施，如提高铸型的退让性，局部掏空铸型（芯），减少铸件收缩阻力。

3）从铸造工艺上采取措施，如设置防变形筋，强制性地阻止铸件变形，设置反挠度，改变浇注位置或加冷铁等，通过控制铸件冷却温度场，以达到控制铸件变形的目的。

5.3.3 铸件的冷裂与防止措施

由前面分析可知，由于铸件各部位冷却速度不一致，铸件内部会产生应力，当应力小于铸件材料的屈服强度时，铸件产生变形；当应力超过铸件材料的极限强度时，铸件将会开裂。冷裂一般出现在铸件受拉应力部位，特别是存在应力集中的部位，如铸件内角处、铸造缺陷处。

铸件冷裂纹的形貌特征与热裂纹不同，一般呈连续直线或弧线，断口表面整齐，具有金属光泽或轻微氧化色。因为冷裂是在较低温度下产生的，氧化程度较轻或基本看不出来。

由于铸件冷裂是由铸造应力导致的，因此，铸造应力越大，铸件的裂纹倾向越大。冷裂是由铸造应力导致的，凡是使铸造应力增大的因素都会增大铸件的冷裂倾向。这里结合一些易产生冷裂的铸件，介绍采取的相应措施。

1. 箱形铸件冷裂

图5-30所示是出现冷裂的铸铁后桥壳体，为箱形结构，铸件材料为HT250。为了保证壳体内腔的尺寸精度，砂芯采用树脂砂制作，强度高，但退让性差。壳体为薄壁铸件，强度比较低，铸件在冷却过程中，由于砂芯的阻碍，铸造应力超过了铸件的极限强度，铸件产生裂纹。通过严格控制铁液的化学成分，控制铸件的收缩量；适当降低型砂的强度，提高铸型退让性；结合适当地提高浇注温

图5-30 铸铁后桥壳体的冷裂

度，解决了后桥壳体的开裂问题。

2. 铸钢车轮冷裂

铸件壁厚差越大，冷却过程中的温度差越大，产生的铸造应力越大，铸件容易产生裂纹。如铁道货车用铸钢车轮，其化学成分见表5-5，结构特点是轮辋和轮毂厚，轮辐薄。如采用常规的铸造工艺，铸件冷却过程中，轮辐最快冷却，最早进入弹性状态，轮毂和轮辋冷却较慢，后期冷却收缩时受到轮辐的阻挡，产生拉应力，结果是轮辋很容易开裂。图5-31是铁道货车用铸钢车轮铸造工艺图，采用石墨型覆砂造型，轮缘和轮毂部分采用蓄热性能和导热性能优异的石墨型，对厚实的轮缘和轮毂进行激冷，增加其前期冷却速度；用导热性能较差的砂型形成轮辐，通过控制覆砂层厚度，控制轮辐的冷却速度。实现了铸钢车轮的均匀冷却，解决了铸钢车轮的开裂问题。

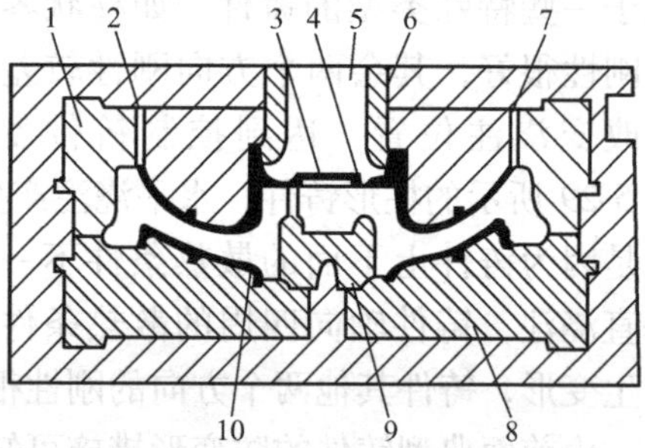

图5-31　铁道货车用铸钢车轮铸造工艺示意图
1—上石墨型　2—排气孔　3—浮动砂芯
4—多孔浇口片　5—冒口　6—冒口套　7—排气孔
8—下石墨型　9—轴孔砂芯　10—砂衬

表5-5　铁道货车用铸钢车轮的化学成分（质量分数，%）

C	Mn	Si	S	P
0.57～0.67	0.60～0.85	≥0.15	≤0.040	≤0.035

3. 大型铸钢轧辊冷裂

厚大铸件虽然不存在明显的壁厚差异，但也会产生大的铸造应力。如大型铸钢轧辊，由外表面向四周散热，开始冷却时外部冷却速度快，先期达到合金的弹塑性转变温度；由于铸件热容量很大，中部冷却速度缓慢，内外形成很大的温差。当轧辊全部进入弹塑性转变温度时，轧辊中部的温度远高于外部温度，因此轧辊冷却后期，中部收缩量将大于外部，在轧辊中部形成拉应力；加之轧辊中部组织粗大，力学性能差，容易产生裂纹。图5-32所示是ϕ1300mm大型铸钢轧辊冷裂断口照片。该轧辊采用合金钢铸造，冷却过程中没有及时采取缓冷措施，在铸造冷却过程中内外部形成很大的温差，在轧辊中部形成了很大拉应力，中部产生了冷裂纹，铸件粗加工后自然断裂，断口平齐，呈鲜艳的金属光泽。

针对大型铸钢轧辊的冷裂问题，采取强制缓冷是比较有效的措施。即铸件浇注凝固后，在高温状态开箱，并迅速将其送入保温炉，使其严格按设定的工艺保温或缓慢冷却，使铸造应力得到有效释放。

图5-32　ϕ1300mm大型铸钢轧辊冷裂断口照片

4. 轮形铸件冷裂

图5-33所示是产生冷裂的带轮和飞轮铸件。带轮的轮缘和轮辐比轮毂薄，冷却较快，前期收缩量比轮毂大，对轮毂产生压应力，处于弹塑性温度以上的轮毂很容易产生塑性变形，应力随即消失，这种状态一直维持到轮毂冷却

到弹性状态，此时轮缘和轮辐温度低于轮毂温度。如铸件继续冷却到室温，这阶段轮毂的收缩量将大于轮缘的收缩量，轮毂的收缩受到先冷却轮缘的阻碍，在轮辐中产生拉应力，一旦出现拉应力大于轮辐极限强度，就会产生断裂，如图5-33a所示。飞轮的结构与之相反，轮缘厚，轮毂和轮辐薄，轮毂和轮辐先冷却，轮缘后冷却，即轮缘后期冷却收缩时受到轮毂和轮辐的阻碍，轮缘出现拉应力，轮辐出现压应力，当应力太大时，不是把轮辐压垮，就是把轮缘拉裂，如图5-33b所示。对这类铸件，较好的办法是修改铸件结构设计，改善其铸造工艺性；也可以采取对厚实部位激冷，对薄壁部位缓冷的措施，调整铸件冷却温度分布，控制铸造应力，防止铸件产生裂纹。

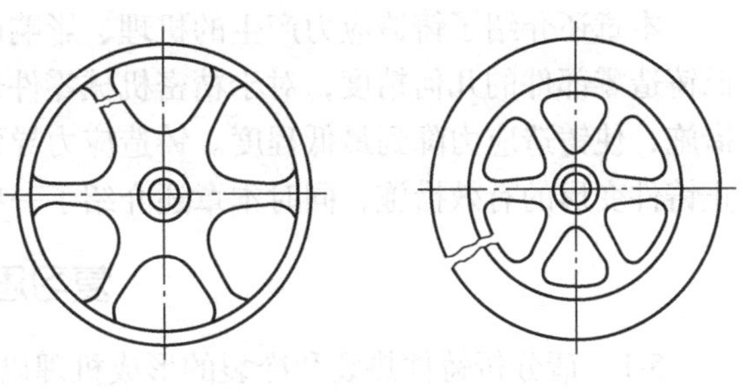

图5-33 带轮和飞轮铸件的冷裂
a）带轮铸件 b）飞轮铸件

铸件的冷裂倾向与铸造应力和合金的力学性能密切相关，影响铸件冷裂倾向的因素与影响铸造应力的因素是一致的，凡是增大铸造应力的因素，都将增大铸件冷裂倾向。

5. 合金成分对冷裂的影响

合金成分对铸件的冷裂倾向影响很大，简单地归纳为以下几点：

1）凡是增加材料脆性、降低材料塑性的因素，都将增大铸件冷裂倾向，如钢中的硫、磷，都会使材料的冲击韧性降低，裂纹倾向增大；又如高锰钢（高碳奥氏体钢）和镍铬耐酸钢（低碳奥氏体钢），都是奥氏体钢，且都会产生较大的铸造热应力，但前者的塑性较差，屈服强度较高，后者塑性好，且屈服强度低，容易产生塑性变形。所以前者容易产生冷裂，后者不易产生冷裂。

2）降低合金热导率的元素将增大合金的裂纹倾向，如钢中的碳、铬、钼、钒等元素，虽然它们能提高钢的强度，但同时降低钢的导热性能，使裂纹倾向增大，所以，一般高碳钢和高合金钢的铸造裂纹倾向很大，如不采取适当措施，很容易产生铸造裂纹。

3）增大合金凝固、冷却收缩量的因素将增大裂纹倾向，如铸钢比铸铁容易产生裂纹，这主要是因为铸钢凝固过程中没有石墨析出，凝固体收缩量大；合金铸铁比普通铸铁易产生裂纹，也主要是因为体收缩量较大，将增大铸造应力，使铸件裂纹倾向增大。

铸件成分是根据产品使用要求确定的，一般是难以更改的。铸造工作者主要通过提高金属液的冶金质量、采用退让性能好的型砂、采取工艺措施控制铸件冷却过程等一系列方法，解决铸件的裂纹缺陷。凡是能降低铸造应力的措施，都能降低铸件裂纹倾向，都可以作为解决铸件冷裂纹的措施。如何降低铸造应力在本章前面已有详细论述，这里不再重复。

小　结

本章介绍了铸件热裂和冷裂的基本概念、产生的原因、形成机理、形貌特征以及影响因素等。裂纹是铸件的严重缺陷，一旦产生裂纹，轻则可以焊修，重则必须报废。事实上，很多铸件的铸造裂纹是难以修复的。因此必须在铸件结构设计、合金选择、冶炼工艺、铸造工艺等方面采取综合措施，预防铸造裂纹的产生。

本章还介绍了铸造应力产生的机理、影响因素以及减少铸造应力的措施。铸造应力会降低铸造零部件的几何精度，对于精密机械零件来说，必须严格控制铸造应力，并采取必要的措施，使铸造应力降到最低程度。铸造应力导致铸件变形，凡能降低铸造应力的措施都是防止铸件变形的有效措施，同时本章还介绍了一些常见的防止铸件变形的工艺措施。

复习思考题

5-1 请分析铸件热裂和冷裂的形成机理以及断口形貌特征。

5-2 一般金属材料在高温下均具有良好的塑性，请分析为什么金属材料在接近固相线温度时的断后伸长率很小。

5-3 请分析为什么粗晶组织的抗热裂能力比细晶组织差。

5-4 一根截面对称的杆形铸件或一块板形铸件，请分析采用垂直浇注和水平浇注时的应力、变形情况。

5-5 请简述防止机床床身变形有哪些可采取的措施及理由。

5-6 如图5-34所示的轮形铸件，壁厚比较均匀，但在轮毂和轮辐连接处出现铸造裂纹，请分析原因，并提出相应的措施。

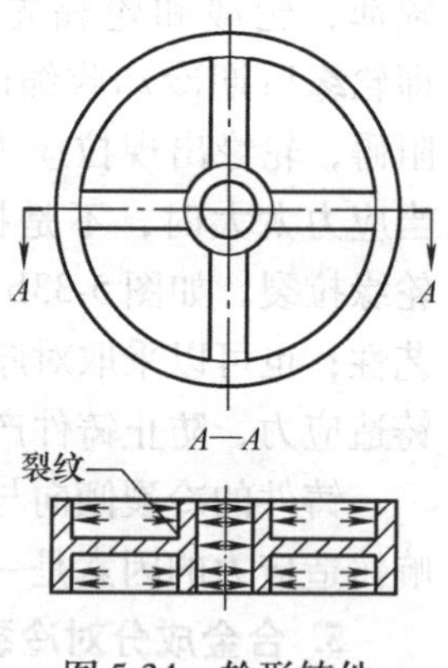

图5-34 轮形铸件

5-7 请分析图5-35所示槽形碳钢铸件的铸造应力情况。

(1) 哪些是自由收缩？哪些是受阻收缩？

(2) 铸件各部分是否会形成应力？属于哪类应力？是拉应力还是压应力？

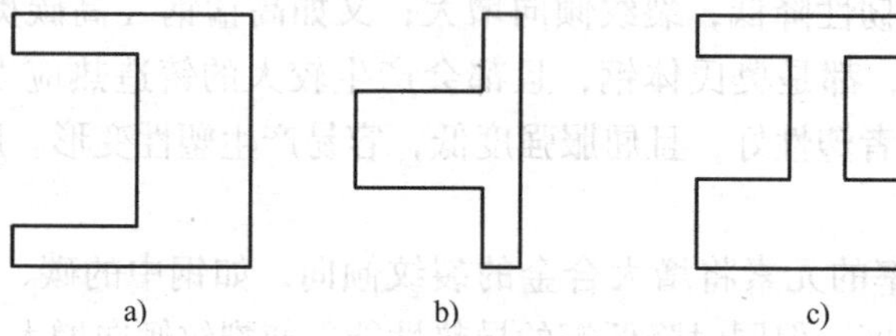

图5-35 槽形碳钢铸件

5-8 请分析图5-36所示轨道形断面铸钢件的热应力情况，并用双点画线表示出铸件的变形方向。

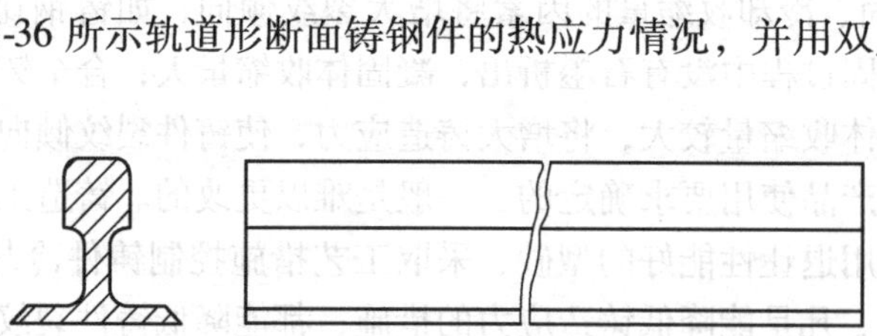

图5-36 轨道形断面铸钢件

5-9 某铸钢件产生铸造裂纹缺陷，请问如何鉴别裂纹的性质？如属于热裂，应该采取哪些措施？如属于冷裂，则应该采取哪些措施？

第6章　铸造工艺装备设计

铸造工艺装备是铸造生产过程中所用模具和装置的总称，简称铸造工装。砂型铸造工艺装备主要包括模样、模板、模板框、砂箱、砂箱托板、芯盒、烘干板（器）、砂芯修整磨具、组芯及下芯夹具、量具及检验样板、套箱、砂箱紧固卡、压铁等。

铸造工艺装备设计是铸造工艺设计的重要组成部分。其主要依据是铸件生产纲领（指铸件生产类型，即单件生产、成批生产和大量生产）及铸造工艺图和铸件图、造型和制芯方法及相关设备、铸造车间的生产条件和能力等，并考虑加工能力、加工要求和使用要求及制造成本等。

铸造工艺装备设计是实现铸造工艺设计的重要手段，是否合理与正确，对铸件质量、生产效率、铸件成本和工人劳动条件等都有着重要的影响。近年来，计算机辅助设计CAD、CAE和CAM等数字化技术在铸造工艺装备设计制造中获得了广泛的应用，这不仅缩短了设计制造周期，而且提高了工艺设计水平。本章仅介绍模样、模板、芯盒和砂箱等铸造工艺装备设计方面的基本知识。

6.1　模样

模样是在造型过程中用来形成铸型型腔和芯头座等结构的，它通常包括形成铸件外形的铸件本体模样、芯头座模样和浇冒口模样等。模样设计包括材料选择、结构设计、尺寸确定和技术要求制订等内容。

模样对铸件的几何形状、尺寸精度和表面粗糙度等有着重要的影响，并直接关系到铸件的生产效率和生产成本。铸件本体模样外形和铸件外形基本相同，但要考虑补偿铸件凝固后冷却线收缩量，有时还要考虑铸件冷却过程中产生的变形量。模样应有足够的强度和刚度、良好的表面质量和尺寸精度，同时还要结构合理，便于制造和使用，并且成本适当。

6.1.1　模样的分类及选材

1. 模样的分类

模样通常按其材质、结构进行分类，其分类和适用范围见表6-1。

表6-1　模样的分类和适用范围

分类方法	名　　称	适用范围
按模样材质	木模样	用于单件、小批量或成批生产的各种模样
	塑料模样	用于小批量、成批大量生产的中、小模样，特别适用于形状复杂、难以加工的模样
	泡沫塑料模样	单件、小批量和大量生产，特别适用于普通砂型铸造难以起模的部分
	金属模样	用于成批、大量生产的各种模样
	组合模样	用于有局部要求的成批、大量生产用模样，用两种材料组合而成，如用耐磨金属镶在模样上以避免局部磨损过快，或为了便于起模用更光滑的材料镶在难以起模处

（续）

分类方法	名　　称	适用范围
按模样结构	整体模样	用于形状简单或小批量生产的铸件
	分体模样	铸件生产大多采用此结构的模样
	刮板	用于外形简单的回转体铸件的单件、小批量生产

2. 模样的选材

模样表面要光滑，模样材料应具有如下性能：耐磨性高，强度高，不易吸潮变形。模样设计必须根据造型方法、铸件的结构特点和技术要求及产量，从使用性能、工艺性能和经济性三个方面综合考虑，选择合适的材料。

（1）木模样　我国木模样常用木材有松木（红松、落叶松、白松等）、杉木、柏木、桂木、银杏木、柚木等。桂木、银杏木、柚木一般纹理平直、质地细腻、不易变形，是优质的木模材料，但因其资源较少，价格较贵，只用于高级木模样或制作木模样上的一些精细部分。松木、杉木等大都质地较松软或者容易变形，主要用于普通木模样或低级木模样。

木材在用于制造木模样前要进行干燥处理，存放期不少于 20 天，其含水量应控制在 8%～16%（质量分数）。坯料拼接时，同层木板的纹理应正反交叉排列，相邻层木纹相互垂直，可使木材不同方向的变形相互抵消，减小整体木模的变形。木模样具有自重轻，加工容易，制模周期短，价格便宜等优点，但强度低，精度低，易吸潮变形，使用寿命短（1000 次左右），适用于单件、小批量生产的手工造型或一般机器造型。

（2）塑料模样　大多采用环氧树脂塑料加固化剂、增韧剂、稀释剂和填料制作而成，有时为了增加模样的刚度而在其中加入木质或金属骨架。塑料模样通常简称塑料模，制作、修理方便，表面光洁，不吸潮，变形小，较耐磨，使用寿命较长（0.8～1.2 万次），成本为金属模的 20%～50%，但耐热性较差，不能加热，不宜在型砂周转快、砂温高的流水生产线上应用，多用于小批或成批生产的中、小模样。

（3）泡沫塑料模样　泡沫塑料模样一般由可发性聚苯乙烯珠粒用压型发泡成形方法直接制成，或制成泡沫塑料板，然后采用机械加工方法制作模样。泡沫塑料模样主要用于消失模铸造，一般采用真空干砂造型法，造好型后不取出模样就浇入金属液，泡沫塑料模样在金属液的热作用下燃烧、气化、消失。因此，泡沫塑料模样是一次性的，要求模样材料密度小，气化速度快，气化温度低，发气量和残留物少。适用于单件、小批量和大量生产。对于单件生产或大型模样，可采用机械加工方法制作模样；而小批量和大量生产的中、小模样则采用压型发泡成形方法。

（4）金属模样　金属模样表面光洁，尺寸精确，强度高，耐磨性好，使用寿命长，但制造成本高、周期长，适用于成批、大量生产的各种铸件。常用材料有铝合金、铸铁和铸钢。

铝合金模样加工容易，自重轻，不锈蚀，常用合金牌号为 ZAlSi12、ZAlSi9Mg、ZAlCu5Mn 等；主要用于成批生产的手工造型和普通机器造型，尤其是中小型铸件，使用寿命为 9～13 万次。铸铁模样一般用灰铸铁和球墨铸铁制造，常用牌号有 HT150、HT200 和 QT500-7；价格便宜，比较笨重，易生锈，但比铝合金耐磨性好，能承受更高的压实力；适用于机器造型成批大量生产的铸件，使用寿命为 20～30 万次。铸钢模样一般用普通碳素钢制造，常用牌号有 ZG230-450，能承受更高的压实力，便于修复，适用于机器造型批量生产的铸件。

6.1.2　金属模样的结构设计与尺寸计算

金属模样通常简称金属模。一般金属模样应尽量采用机械加工，减少钳工工作量。对于形状复杂、难以加工的模样，可采用陶瓷型铸造方法、电铸法等。模样结构设计的原则是在满足铸造工艺要求、保证铸件质量的前提下，尽量使模样的结构简单，便于加工制造，减轻模样自重。

1. 模样本体结构类型

模样本体结构类型可参照表6-2选择。平装式结构模样的底面（或分模面）为平面（装配时将其平放在模底板上加以定位和紧固，如图6-1所示），结构简单，容易加工，便于装配，最为常用。嵌入式结构在一些特殊条件下应用，例如，模样部分表面凹入分型面以下（见图6-2a）；分型面以上模样过薄，加工、固定困难（见图6-2b）；分型面通过模样圆角（见图6-2c）；模样很小（见图6-2d），以便于加工、定位和固定等。

表6-2　模样本体结构类型

分类方法	名　称	主要特点	适用范围
有无分模面	整体式	模样为一整体，无分模面	非常简单的铸件
	分体式	模样分为两块或多块	各种铸件
是否装配	整体模板	模样与模底板整体制造	简单的小型铸件模板
	装配模板	模样安装在模底板上	一般模样或复杂模样的模板

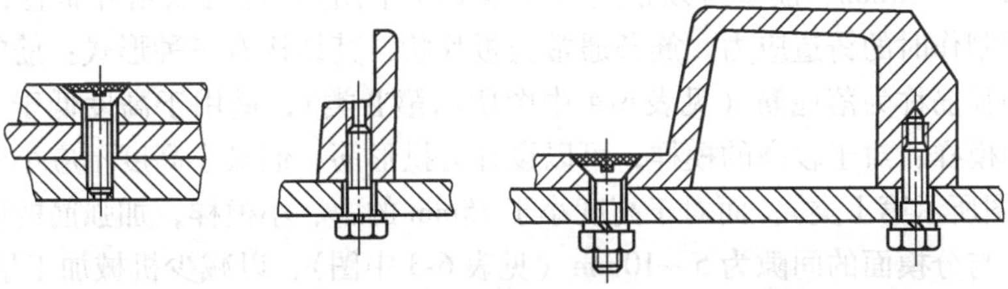

图6-1　平放式模样及其安装方式

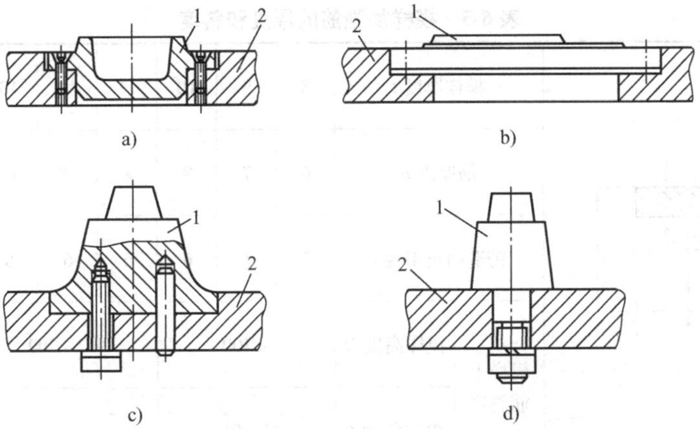

图6-2　嵌入式模样及其安装方式
1—模样　2—底板

2. 模样的壁厚和加强筋

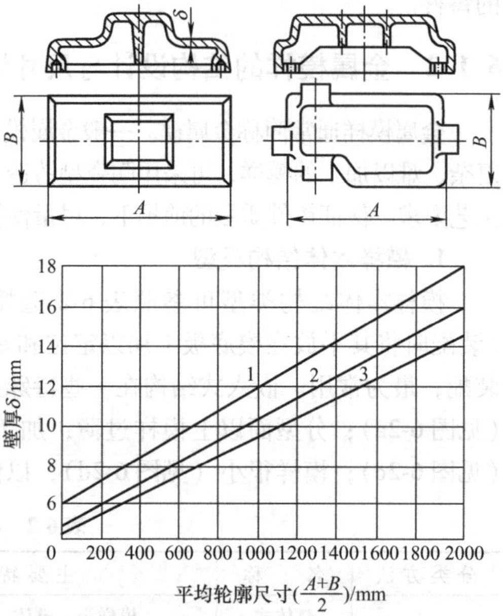

图 6-3 模样壁厚的确定

1—铝合金 2—铸铁 3—青铜

除了薄小模样（外形轮廓尺寸小于 50mm × 50mm，高度小于 30mm）可采用实心结构以外，一般模样都应制成空心结构，以减轻模样自重。尺寸较大（平均轮廓尺寸大于 150mm）的模样应设置加强筋，以增加强度和刚度。金属模样的壁厚和加强筋形式可参照图 6-3 确定。模样的壁厚也可由下式求得

$$\delta = \alpha(1 + 0.0008L) \tag{6-1}$$

式中 α——系数，铸铝模样取 6，铸铁与铸钢模样取 5；

L——模样平均轮廓尺寸（mm），$L = (A + B)/2$；

δ——模样壁厚（mm），其值取整数，对于安装螺钉的部位，模样的壁厚可适当加厚，也可设计出凸台。

加强筋的厚度可按壁厚的 80% ~100% 选取，还可参照表 6-3 确定。加强筋分布要均匀，筋距一般为 150 ~400mm；筋条可以正交（见表 6-4 中图），也可以错开布置，错开布置有利于减小模样制作时的铸造应力。筋条通常为板片状，其结构有三种形式：筋的底部抵达至分模面上的加强筋称为落地筋（见表 6-4 中图所示第Ⅱ类），适用于高度低于 100mm 且长、宽尺寸较大的模样；对于较高的模样，可以设计为拱形筋，但最小高度不应小于壁厚的 5 倍（见表 6-4 中图所示第Ⅰ类）；而对于高度小于 75mm 的中、小模样，加强筋的底部可不与分模面相接触，与分模面的间隙为 5 ~10mm（见表 6-3 中图），以减少机械加工量。

高压造型用的模样壁其厚应比图 6-3 所给的加大 50% ~100%，加强筋应采用落地筋，筋的数量也应适当增多，以便提高模样的刚度。

表 6-3 模样加强筋的厚度和斜度 （单位：mm）

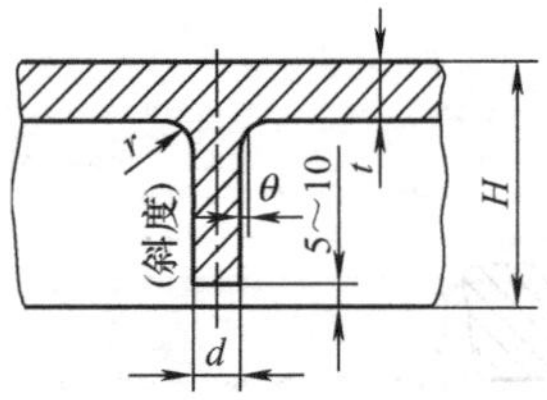

<table>
<tr><td colspan="2">模样厚度 t</td><td>8</td><td>9</td><td>10</td><td>11</td><td>12</td><td>13</td><td>14</td><td>15</td><td>16</td></tr>
<tr><td colspan="2">筋厚度 d</td><td>6</td><td>7</td><td>8</td><td>8</td><td>10</td><td>10</td><td>10</td><td>12</td><td>12</td></tr>
<tr><td colspan="2">铸造圆角半径 r</td><td>5</td><td>5</td><td>6</td><td>6</td><td>6</td><td>8</td><td>8</td><td>8</td><td>10</td></tr>
<tr><td rowspan="2">模样上筋斜度</td><td>模样高度 H</td><td colspan="3"><100</td><td colspan="3">100 ~200</td><td colspan="3">>200</td></tr>
<tr><td>模样斜度 θ</td><td colspan="3">1°30′</td><td colspan="3">1°</td><td colspan="3">0°30′</td></tr>
</table>

表 6-4　模样加强筋的布置及其间距　　　　（单位：mm）

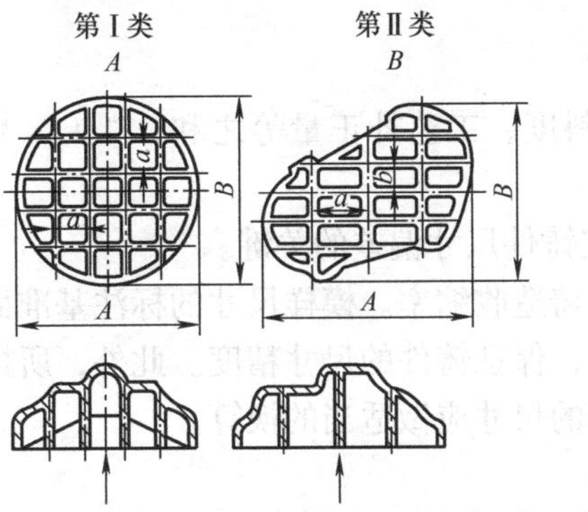

模样平均轮廓尺寸 $(A+B)/2$	第Ⅰ类 a	第Ⅱ类 $A/B=1.25$ a	$A/B=1.25$ b	$A/B=1.5$ a	$A/B=1.5$ b	$A/B=2.0$ a	$A/B=2.0$ b
250～500	160	140	175	130	195	105	210
500～750	200	180	225	160	240	135	270
750～1100	250	220	275	200	300	170	340
1100～1500	320	280	350	260	390	215	430
1500～2000	400	360	450	320	480	270	540

3. 模样的活块结构

为了便于造型起模，模样上有时要设置活块。模样的活块结构见表 6-5。

表 6-5　模样的活块结构

活块名称	图　例	结构设计要点	应用场合
燕尾连接活块	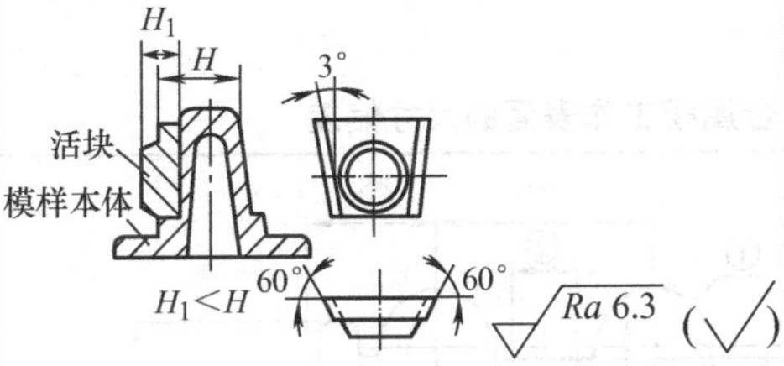	1. 燕尾与槽的滑脱面斜率的确定：活块长度＜50mm，取 1/10；活块长度＞50 mm，取 1/12 2. 燕尾与槽间的配合采用 H9、f9（间隙配合）	用于侧面活块（如凸缘、凸台等）
滑销连接活块	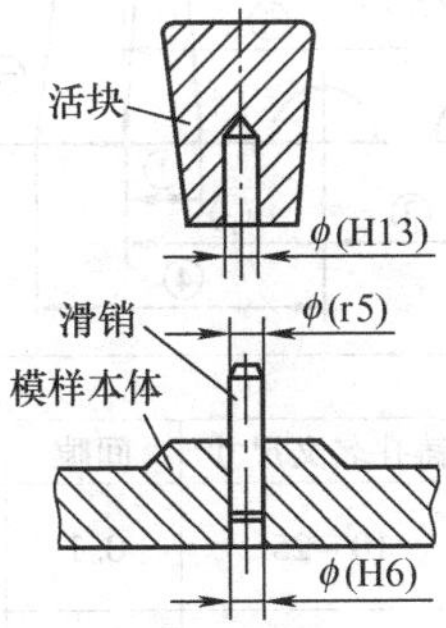	直径较大的冒口和有方向要求的活块；有时采用销套，以提高使用寿命	用于起模前取出的活块，如直浇道、冒口、凸台等
榫连接活块	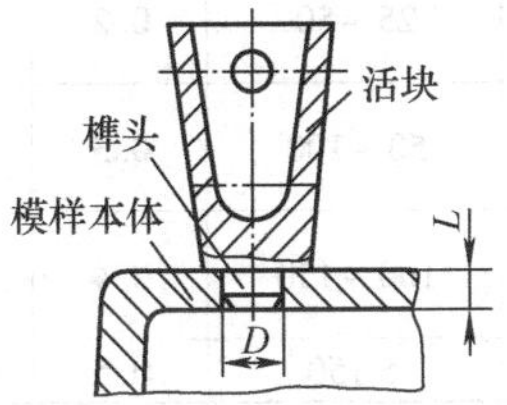	定位部分可在活块上，也可做在模样上	用于起模前取出的活块，如冒口等

4. 模样尺寸的计算与标注

模样的尺寸有两类：一类是与铸件有关的尺寸，如铸件本体模样上的各种尺寸；另一类为非关联尺寸，如芯头座尺寸、冒口尺寸和浇注系统尺寸等。凡与铸件有关的尺寸，都应根据铸件尺寸，按铸造收缩率加以放大，并精确到 0.1mm。模样的工作尺寸可按下式计算

$$L = (L_j \pm L_y)(1 + K) \tag{6-2}$$

式中　L——与铸件有关的模样尺寸；

L_j——零件尺寸；

L_y——铸造工艺尺寸，如机械加工余量、起模斜度、工艺补正量等之和，“+”号用于凸体尺寸，“-”号用于凹体尺寸；

K——铸件的铸造收缩率（也称缩尺），是决定铸件尺寸偏差的关键。

非关联尺寸按铸造工艺图上的尺寸标注，不加放铸造收缩率。模样尺寸的标注基准面应与零件加工基准面一致，以减少加工误差带来的影响，保证铸件的尺寸精度。此外，所标注的尺寸还应便于加工时测量，对于某些无法直接测量的尺寸应做适当的换算。

5. 模样的技术要求

模样工作表面粗糙度一般为 $Ra6.3 \sim Ra3.2\mu m$；分模面机器造型时为 $Ra12.5 \sim Ra\ 3.2\mu m$，手工造型时为 $Ra\ 12.5\mu m$；模样定位销孔为 $Ra\ 3.2 \sim Ra1.6\mu m$；活块配合面为 $Ra12.5 \sim Ra3.2\mu m$。

浇冒口模样的尺寸偏差应符合如下要求：对于内浇道模样的尺寸偏差，有箱造型时为 ±0.3mm，无箱造型时为 ±0.15mm；对于冒口等模样的尺寸偏差，有箱造型时为 ±0.7mm，无箱造型时为 ±0.5mm。

对于大量生产的定型产品，金属模工作表面的尺寸偏差要求见表6-6，金属模分模面的平面度要求见表6-7。

表6-6　金属模工作表面的尺寸偏差　　（单位：mm）

图例	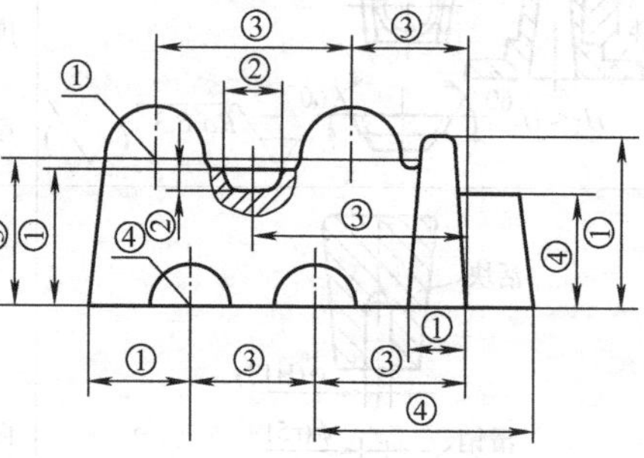						
测量尺寸	关联尺寸			芯头④			
	凸体①	凹体②	基准线/中心线③	铸孔名义尺寸	间隙	模样芯头偏差	芯盒芯头偏差
<300	+0.2 -0.1	-0.2 +0.1	±0.1	10~25	0.1	+0.1	-0.1
301~500	+0.25 -0.1	-0.25 +0.1	±0.1	25~50	0.2	+0.15	-0.15
501~1000	+0.3 -0.12	-0.3 +0.12	±0.1	50~100	0.3	+0.15	-0.15
>1000	+0.4 -0.15	-0.4 +0.15	±0.1	100~150	0.4	+0.2	-0.2
注：凸体的正偏差，凹体的负偏差，用于新模样检验时参考				>150	0.5	+0.2	-0.2

表6-7　金属模分模面的平面度要求　　（单位：mm）

分模面平均轮廓尺寸(长+宽)/2	平面度	分模面平均轮廓尺寸(长+宽)/2	平面度
<300	<0.05	501~1000	<0.12
301~500	<0.1	>1000	<0.15

6.2 模板

模板是由模底板、模样（包括铸件本体模样、浇冒口模样、芯头座模样）和定位销等组合而成的，组合快换模板还有模板框及其定位和固定元件。通常模底板的工作面形成铸型的分型面，铸件本体模样和浇冒口模样分别形成铸件的型腔和浇冒口型腔。图6-4所示为套上砂箱后的模板结构图。

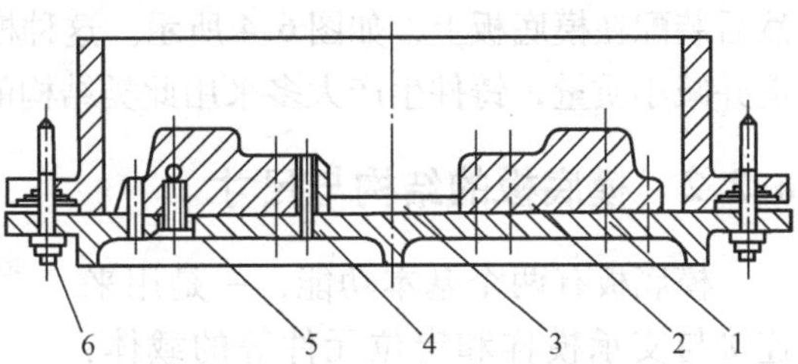

图6-4　套上砂箱后的模板结构图

1—模底板　2—模样　3—内浇口模样　4—销钉　5—沉头螺钉　6—定位销

模板造型可简化操作，提高生产效率，保证铸件尺寸精度，广泛应用于铸件成批大量生产。为了提高铸件质量，有时单件小批生产手工造型也采用模板。机器造型模板尺寸要与所用造型机相匹配。模板应有足够的强度、刚度和耐磨性，易于制作，使用方便，尽量标准化；模板和砂箱应有准确的定位，以免发生错型。

6.2.1 模板的分类

模板的分类方法有多种。常用模板的分类及其应用见表6-8。

表6-8　常用模板的分类及其应用

类别			特点	应用范围
垂直分型用模板			垂直分型无箱射压造型机的专用模板，装在机前的称为反压模板，装在机后的称为正压模板。按机器要求设计模板尺寸	大量生产的小型铸件
水平分型用模板	双面模板		有平面和曲面两种。模板两面都有模样，同时造出上、下砂型，主要用于无箱造型	成批大量生产的小型铸件
	普通单面模板	顶杆式	模板直接固定在造型机工作台上。造型机起模顶杆直接顶起砂箱实现起模。模板上留有顶杆孔	成批大量生产的中型铸件
		顶框式	顶杆通过顶框间接顶起砂箱实现起模。要求模底板高度大于或等于顶框高度	成批大量生产的中型铸件
		漏模式	模板上套装一块漏模板，其内孔形状和模样外廓一致。起模时漏板相对向上运动，顶起砂箱	各种批量、起模困难的铸件
		翻转式	砂型紧实后，砂箱和模板一起翻转180°，起模，砂型在下，模板在上，不易损坏砂型。要求模板上设有卡紧砂箱的机构	成批大量生产的中、大型件，特别适于造下箱
	快换单面模板	普通式	模板装在模板框内或顶面。模板框固定在造型机工作台上。更换模板省时、省力	小批、成批或大量生产的中、小型件
		组合式	模板框内，可配置多块小模板块，可组合各种小铸件的生产，任意更换其中一块或几块模板块，即可实现多品种铸件的生产，便于组织管理、平衡生产	批量小、品种多的小型铸件

模板造型一般用单面模板，两半模样分别处于上、下模底板上。模板按结构可分为整体式和装配式。整体式模板是模样和模底板一体加工成形。此类模板制造精度高、刚性好，使用寿命长，大量用于批量生产简单的小型铸件。装配式模板是模底板和模样分别单独制造，然后装配在模底板上，如图6-4所示。这种模板对机械加工设备要求简单，便于模样加工制造并减小质量，铸件生产大多采用此类结构的模板。

6.2.2　模底板的结构与尺寸

模底板有两个基本功能，一是用来连接与支承模样和定位元件等的载体；二是与砂箱接触的表面用以形成铸型的分型面，同时还承担着实现模板与造型机之间的连接以及模板与砂箱之间的定位等功能。图6-5所示为普通单面模底板的典型结构。

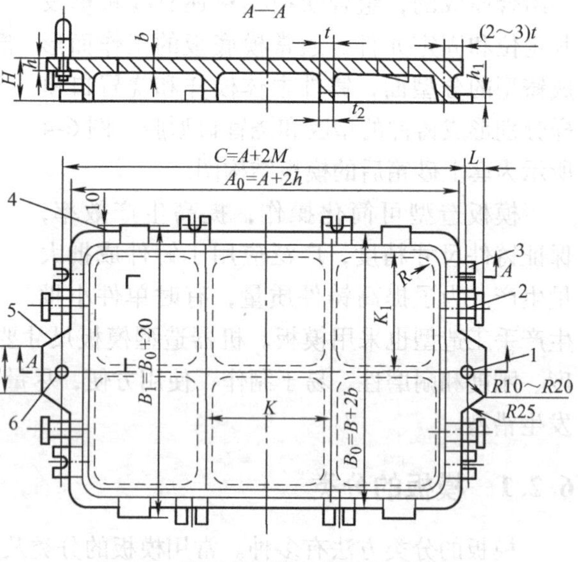

图6-5　普通单面模底板的典型结构

1—导向销　2—吊轴　3—紧固耳　4—楔形块　5—定位销凸耳　6—定位销

模底板设计的主要内容：①确定模底板的结构类型并选择材料；②确定模底板基本尺寸，包括平面尺寸、高度、砂箱定位导向销的中心距；③确定模底板的壁厚和加强筋的厚度、形状及布置设计；④模底板与砂箱定位装置设计；⑤模底板搬运结构设计；⑥模底板在造型机工作台上安装的结构设计。

模底板的结构类型应根据铸件大小、所选用造型机和造型方式等因素来确定。模底板材料应具有足够的强度、刚度、硬度和良好的耐磨性，抗震耐压，还要有较好的铸造和机械加工性能。常用模底板材料有铸铝、铸铁、铸钢和木材等。铸铝模底板主要用于模底板尺寸较小（800mm×600mm以下）的中、小铸件成批大量生产，对于大于500mm×400mm的大、中型件，模底板常用铸铁制造，高压造型可用球墨铸铁或铸钢模底板以提高强度和刚度；对于手工造型和树脂自硬砂造型一般采用木质模底板。

1. 模底板的尺寸

（1）模底板的平面尺寸　模底板的平面尺寸根据所选用的造型机和砂箱内框尺寸确定。造型机一般都给出了最大允许的砂箱内框尺寸，实际生产中则按照所生产铸件的需要确定合适的砂箱内框尺寸。通常模底板外廓和砂箱外廓一致，因此，模底板的平面尺寸A_0和B_0分别等于砂箱内框尺寸A和B各加上分型面上砂箱两边缘的宽度b，如图6-6所示。若采用模板框，则按上述关系确定模板框的平面尺寸，而模底板则根据定位方法进行设计（见图6-8）。

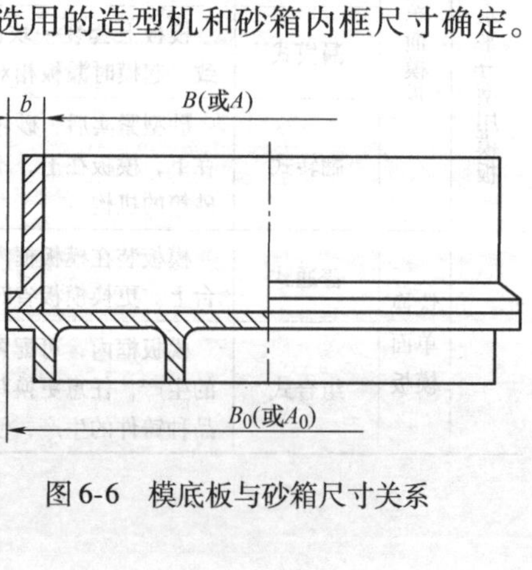

图6-6　模底板与砂箱尺寸关系

（2）模底板的高度　模底板的高度根据使用要

求和选用的造型机确定。对于普通平面式模底板，铸铁模底板的高度为80～150mm，铸铝模底板的高度为30～90mm。普通凹面式模底板的高度应根据模样下凹的深度决定。

顶杆式造型机用的模板上的模样，其高度应小于顶杆的最大起模行程，整个模板的高度要保证起模后砂箱分型面高出模样最高处5～10mm，如图6-7所示。对于顶框式造型机用模底板，其高度要求与顶杆式相同。

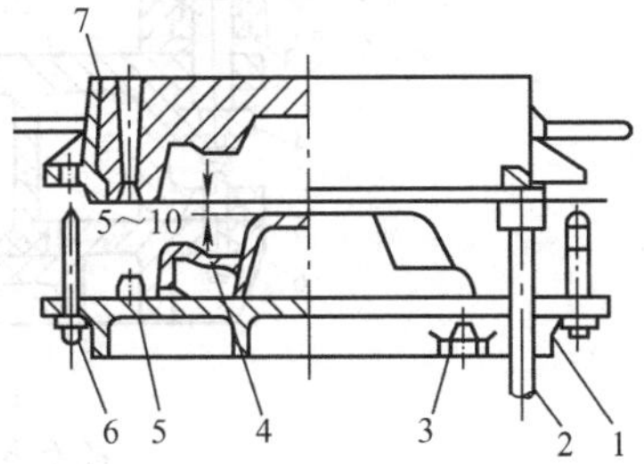

图6-7　顶杆式造型机起模示意图

1—模底板　2—顶杆　3—紧固螺钉　4—模样　5—横浇道模样　6—定位销　7—上砂箱

对于手工造型用模底板，在保证强度和刚度的要求下，应使其高度尽量低，以减轻模板的自重。

(3) 模底板的壁厚和加强筋　模底板在保证强度和刚度足够高的前提下，应尽量减小壁厚，高比压造型用模底板的壁厚要适当加大。模底板通常要设置加强筋，以提高强度和刚度。加强筋的布置应尽量规则有序和间距均匀，同时还应避开模样装配时螺钉和定位销。加强筋的间距取决于模底板的平面轮廓尺寸及其材质，一般为200～400mm。当模底板高度较小时，加强筋的高度可与模底板的底平面取平（即采用落地筋），但要适当增加加强筋的数量，以尽量增加刚性。

模底板的壁厚与其平均轮廓尺寸及所选用的材料有关。普通单面模底板的高度、壁厚和加强筋的有关尺寸参见表6-9，铸铝模底板的结构尺寸可参考使用。

表6-9　普通单面模底板的高度、壁厚和加强筋的有关尺寸　（单位：mm）

砂箱平均轮廓尺寸	铸铁模底板				铸钢模底板			
（长+宽）/2	高度	壁厚	筋厚	筋距	高度	壁厚	筋厚	筋距
≤750	80	14	16/12	250/300	70	10	14/10	300
751～1000	90	16	18/14	300	80	12～14	14/12	400
1001～1500	120	18	20/16	350/300	90	14～16	16/12	400
1501～2000	160	22	24/20	400/350	110	18	20/16	450
2001～2500	190	25	30/24	450/400	130	22	24/20	500
2501～3000	220	28	30/24	450/400	150	25	27/23	500
≥3001	250	32	32/26	500/400	160	28	30/26	500

2. 模底板与砂箱间的定位

模底板与砂箱的定位有直接定位和间接定位两种。直接定位是通过模底板上的定位销直接插入砂箱上的销套实现定位（见图6-8a）。这种定位的优点是结构简单，定位精度高；缺点是模底板为整体结构，不便于大、中型模板的加工制造和更换保存，主要用于大批量铸件生产。间接定位是模底板先与模板框定位，然后模板框再与砂箱定位的方法，如图6-8b所示。其优点是模底板可做成大小不等的长方形，采用专门装置将其拼装起来再与模板框定位和紧固，便于组织多品种、小批量铸件的生产；缺点是多了一次定位误差，对模底板和模板框之间的定位精度要求高，定位销孔中心距偏差应小于±0.3mm。快换、组合模板大多采用间接定位，以简化模板结构，便于模板更换和储存。

(1) 模底板定位销孔中心距　模底板与砂箱之间采用直接定位法定位时，在模底板两端设置定位销孔安装定位销（见图6-5）。模底板定位销孔中心距应与所配用砂箱的定位孔中心距相一致。模底板定位销孔中心距 C 可由砂箱内框尺寸 A 和箱耳尺寸 M 计算确定，即

$$C = A + 2M \tag{6-3}$$

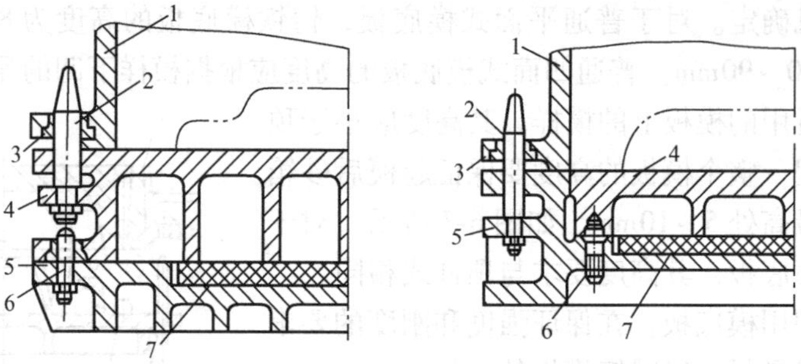

a)　　　　b)

图 6-8　模底板、模板框和砂箱之间的定位

a）直接定位　b）间接定位

1—砂箱　2—砂箱定位销　3—销套　4—模底板　5—模板框　6—模板定位销　7—加热器

式中，M 值可从砂箱设计图中查得。若采用铸铁砂箱，当砂箱平均轮廓尺寸 $(A+B)/2<750\text{mm}$ 时，M 值为 75mm；当砂箱平均轮廓尺寸 $(A+B)/2=750\sim1000\text{mm}$ 时，M 值可取 85mm。

（2）定位销和导向销的结构形式及技术要求　模底板与砂箱之间的定位元件有定位销和导向销，其结构形式如图 6-9 所示。为了避免砂箱被卡死，同一模板上往往采用一个圆柱形定位销和一个带有侧平面的导向销，装配时要保证导向销的两导向平面与定位销和导向销的中心连线平行。

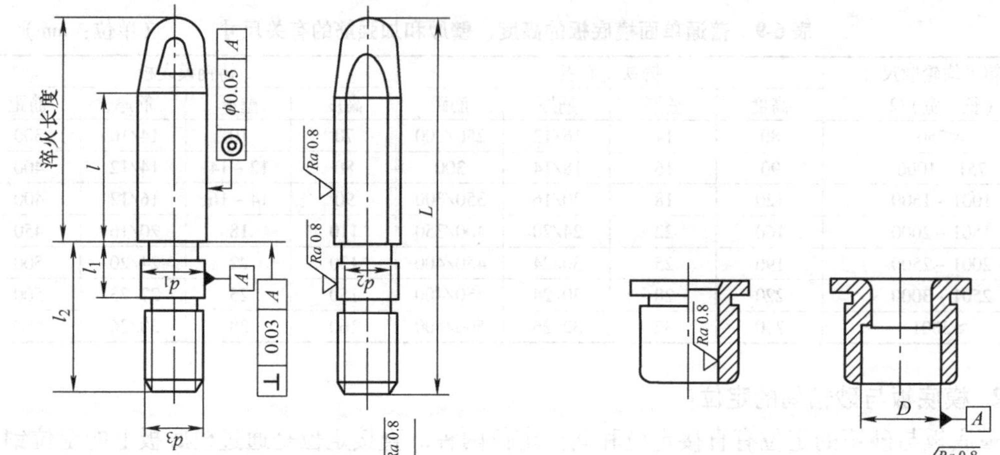

a)　　　　b)　　　　c)

技术条件：材质20钢，工作表面渗碳0.8～1.0mm，淬火58～62HRC(如工厂不具备渗碳条件，可用45钢代替，表面淬火42～50HRC)。

图 6-9　模板和砂箱间的定位元件

a）定位销和导向销　b）圆形销套　c）椭圆销套

模底板用定位销和导向销的尺寸可参考表6-10。定位销与销套的配合精度在大批大量生产时采用H8/d8，成批生产时采用H9/d9，单件小批生产时采用H10/d10。根据砂箱公称尺寸，定位销及销套的公称直径可分别选用20mm、25mm、30mm、35mm、40mm等。

表6-10　模底板用定位销和导向销的尺寸　（单位：mm）

平均轮廓尺寸	d(d9)	d_1(H8)	d_2	d_3	D	S	l_1	l_2		l	L
≤500	20	18	13	M16	23	12	20	45	25	50	$l+60$
501～750	25	20	13	M16	30	16	23	50	30	50	$l+75$
751～1500	30	24	16	M20	36	20	28	60	50	70	$l+90$

当模样较高，要求定位销较长时，为了保证定位销的稳定性，模底板的定位销销耳要做成上、下两层，此时模底板应考虑加高，如图6-10所示。对于双层销耳模底板，高度不得低于100mm。

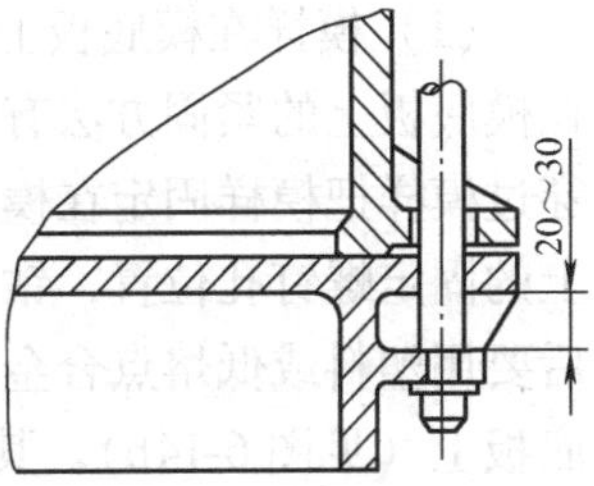

图6-10　双层销耳结构示意图

3. 模底板在造型机工作台上的安装结构

模底板或模板框通常用螺栓固定在造型机工作台上，模底板上应设置紧固耳，其结构如图6-11所示。紧固耳的位置要与造型机工作台面上的T形槽或安装孔相对应，不可任意设置。

紧固耳的数量一般可取4个，布置在模底板两侧。大型模底板可以增加数量，沿长度和宽度方向布置。尺寸小于750mm的模底板，允许只在两端设置坚固耳，其形状可做成梯形，如图6-12所示。垂直分型射压造型机的模底板，常用4个螺栓固定在造型机正反压头上。

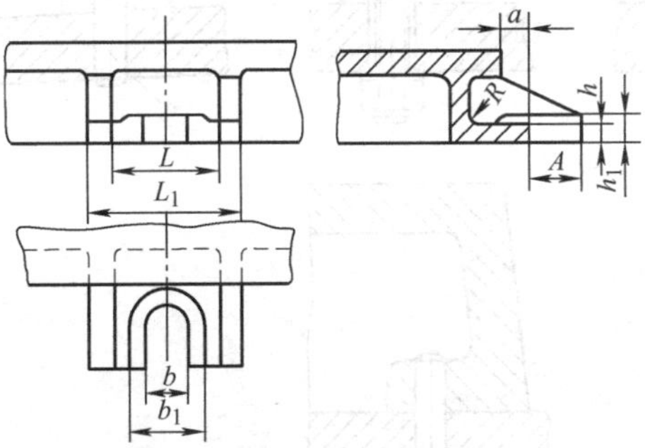

图6-11　铸铁模底板上的紧固耳

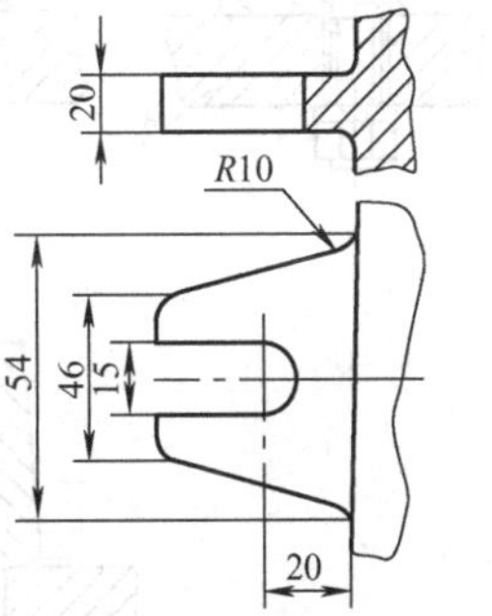

图6-12　梯形紧固耳

4. 模底板搬运结构

对于中、大型模底板或模板框，为了安装和搬运的方便，常设置吊轴或起重孔，吊轴也可作为铸型起模时翻转砂箱之用。同时也可设置手柄，作为人工协助翻箱的抓手。对于模底板平面尺寸≤500mm的小型模底板，可不设吊轴，只设手柄。手工脱箱造型用模底板常用销耳作为抓手。

常用的吊轴结构有整铸式和铸接式两种，如图6-13所示。铸钢模底板一般用整铸式，铸铁和铸铝模底板用铸接式，铸接式吊轴或手柄的常用材料为Q235、20和45钢。

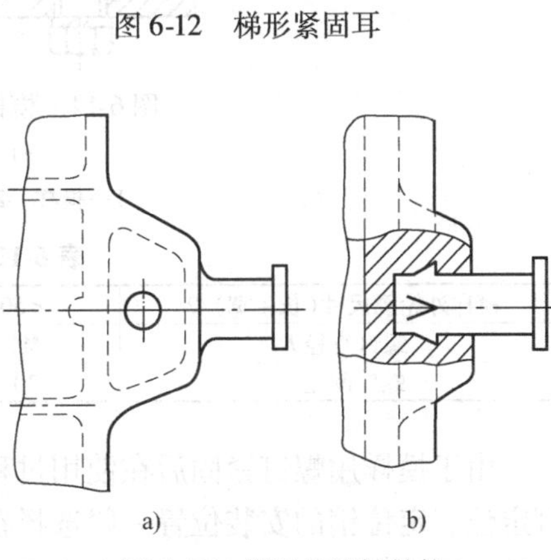

图6-13　模底板吊轴结构

a）整铸式结构　b）铸接式结构

6.2.3 模样在模底板上的布置与装配

1. 模样在模底板上的布置

铸件本体模样和浇注系统模样在模底板上的布置要与铸造工艺设计一致，并考虑冒口和出气孔等排气装置模样布置，保证合理吃砂量的要求，以免影响砂型硬度的均匀性。当模底板上布置不同铸件本体模样时，铸件材质和成分等要求要相同，且壁厚相近，同时还应考虑各种铸件数目与所需要的铸件数目成一定的比例。

2. 模样在模底板上的装配

（1）模样在模底板上的紧固和定位　模样在模底板上的安装方式分为平装式和嵌入式，在模底板上的紧固方法有上固定法和下固定法两种。上固定法是螺钉从模样上面自上而下地穿过模样把模样固定在模底板上（见图6-14a）。此种方法的优点是便于选择模样在模底板上的固定螺钉孔位置，钻孔和模样安装调整方便；缺点是模样工作表面被螺钉孔破坏，紧固后要用塑料或低熔点合金填满修平。下固定法是螺钉从模底板下部穿过模板将模样固定在模底板上（见图6-14b）。其优点是不破坏模样工作表面，铸件表面质量易于保证；缺点是固定螺钉的位置要避开模底板下面的筋条，还要有足够的扳手空间，不便于安装操作。紧固螺钉的直径和间距根据模样的大小选取，可参考表6-11。

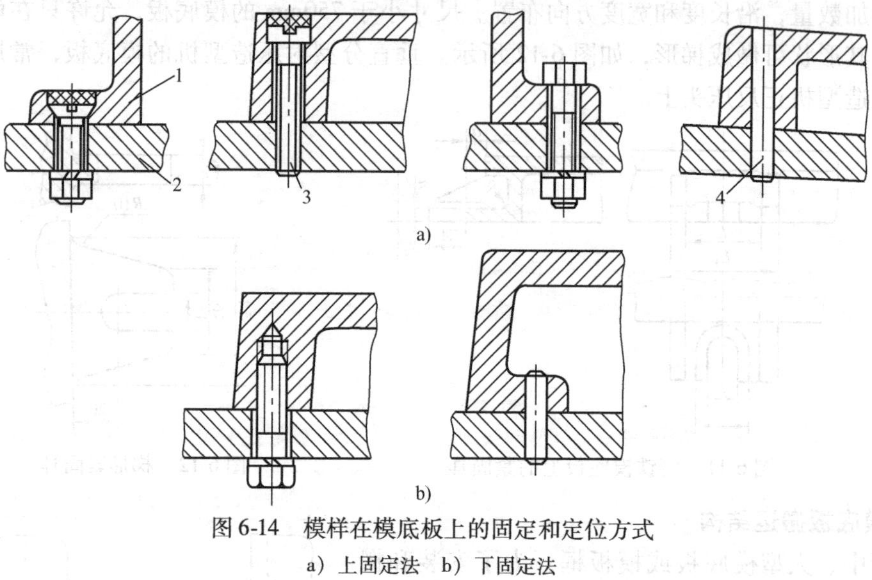

图6-14　模样在模底板上的固定和定位方式

a）上固定法　b）下固定法

1—模样　2—模底板　3—螺钉　4—定位销

表6-11　紧固螺钉的直径和间距　（单位：mm）

模样外轮廓尺寸(长+宽)/2	<50	51~100	101~200	201~400	>400
螺钉直径 D	M4	M6	M8	M10	M12
螺钉间距 S	30	50	100	150	200

由于模样用螺钉紧固后在使用过程中仍有可能发生松动和移位，因此，模样还必须用销钉定位。定位销的安装位置一般选择在模样高度较低且平整的部位，在模样打入定位销的位置处应设置凸台，销钉间的距离应尽量大些，以保证定位的可靠性。

定位销的数量和大小取决于模样的尺寸及安装方式。对于平装式安装的模样，每个模样上应至少有两个定位销，最多不超过四个；对于嵌入式装配的模样，定位销的数量应根据嵌入情况而定，数量可以减少甚至不用。

定位销的尺寸根据模样壁厚选择，一般取模样壁厚的 75%。定位销一般为圆柱销，也可用圆锥销。当模样与模底板要经常拆卸时应采用圆柱销，模样和模底板与定位销间的配合应一方为过盈配合，另一方为间隙配合；当模样和模底板不经常拆卸时，则采用过盈配合。

模样在模底板上的定位尺寸标注应以定位销和导向销为基准，以便于装配。一般取定位销的中心线和定位销与导向销中心线的连线作为基准线，模样上的定位尺寸在模板装配图上都以这两条基准线进行标注，如图 6-15 所示。

（2）浇冒口和芯头座模样在模底板上的装配　对于直浇道、冒口和出气孔等模样，若必须在起模前单独从铸型顶部取出，模样和模底板之间常用定位销进行活动连接而不紧固（见图 6-16）。表 6-12 为直浇道模样滑动销钉的尺寸规格。高压造型等机器造型时直浇道和出气孔等模样安装紧固在模底板上，为了便于起模采用上小、下大的结构形式。出气孔模样的紧固如图 6-17 所示。冒口模样的装配也可与直浇道模样相同。图 6-18 所示为冒口模样定位实例。

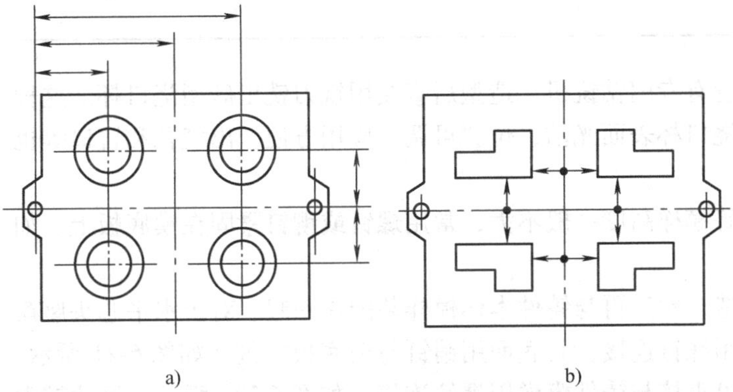

图 6-15　模样定位尺寸的标注基准线

a）正确　b）不正确

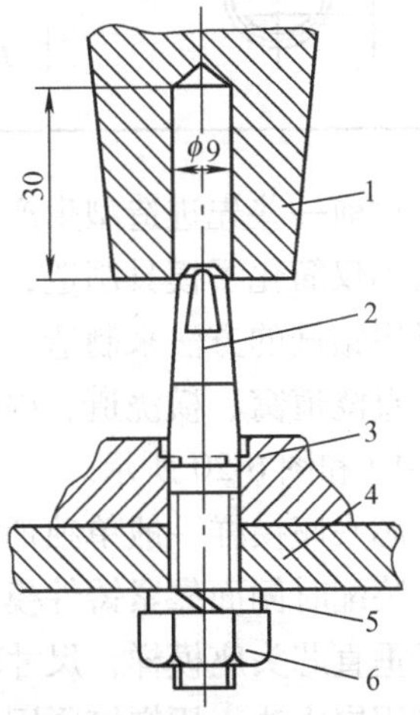

图 6-16　直浇道模样的定位实例

1—直浇道模样　2—滑动销钉　3—浇口座　4—模底板　5—弹簧垫圈　6—螺母

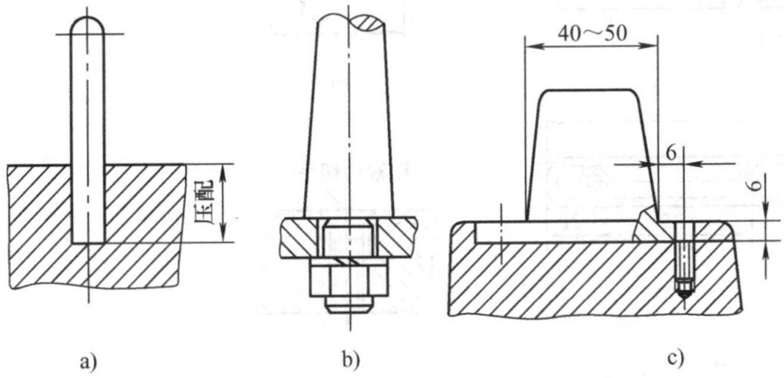

图 6-17　出气孔模样的紧固

a）压配出气销　b）紧固出气销　c）出气片

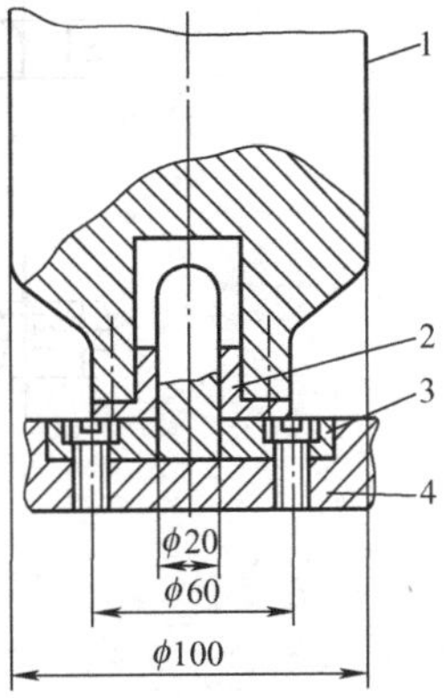

图 6-18　冒口模样定位实例

1—冒口　2—销套　3—冒口销　4—模样

表 6-12　直浇道模样滑动销钉的尺寸规格　　（单位：mm）

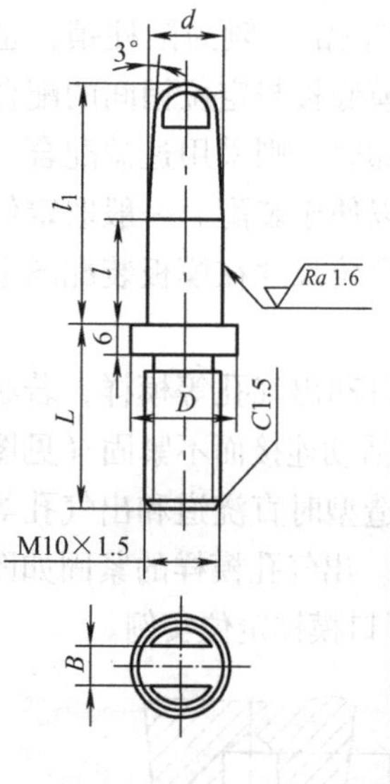

d	$6^{-0.035}_{-0.085}$	$8^{-0.035}_{-0.085}$	$10^{-0.045}_{-0.105}$	$12^{-0.045}_{-0.105}$
D	$12^{\ 0}_{-0.1}$	$16^{\ 0}_{-0.1}$	$16^{\ 0}_{-0.1}$	$16^{\ 0}_{-0.1}$
l	6	8	10	12
l_1	20	25	30	30
B	4	5	7	9
L	25	25	25	25

目前一些先进造型生产线设置有专门钻铣机，造型后直接用铣刀铣出砂型浇口杯。这种方法不仅简化了模具制造，而且浇口杯表面光洁，位置可调，应用方便。出气孔和冒口等也可以用钻铣的方法来制造。

直浇道窝、横浇道、内浇道等模样高度一般不大，常用螺钉或铆钉紧固在模底板上，如图 6-19 和图 6-20 所示。

芯头座模样一般单独加工制造，然后再与铸件本体模样装配在一起。对于水平芯头座模样，装配时侧面靠紧铸件模样并用螺钉连接；其底面用销钉与模底板定位，如图 6-21 所示。对于垂直芯头座模样，尺寸较小可直接与铸件模样用螺纹连接，如图 6-22a 所示；尺寸较大则采用嵌入法，用螺钉紧固，如图 6-22b 所示。

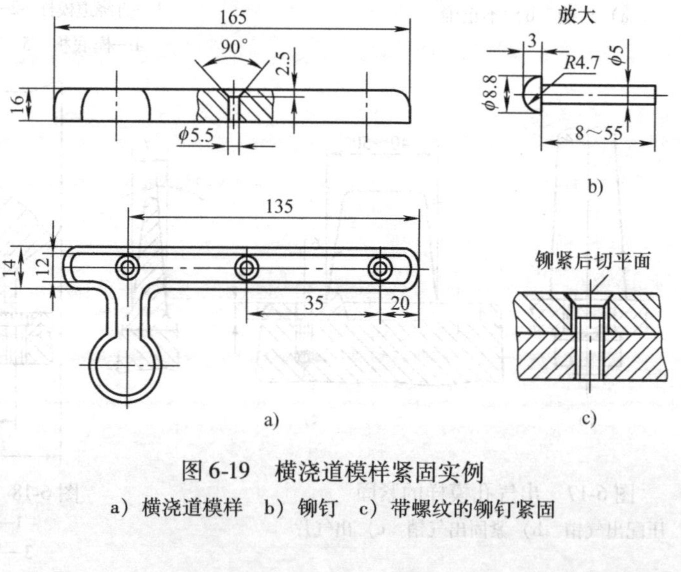

图 6-19　横浇道模样紧固实例

a）横浇道模样　b）铆钉　c）带螺纹的铆钉紧固

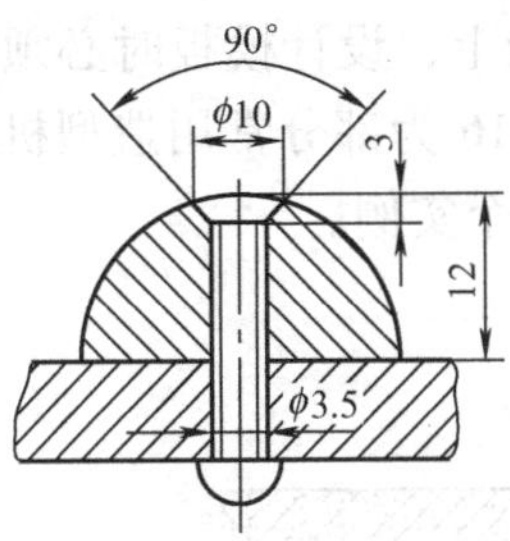

图 6-20　直浇道窝模样的铆钉紧固

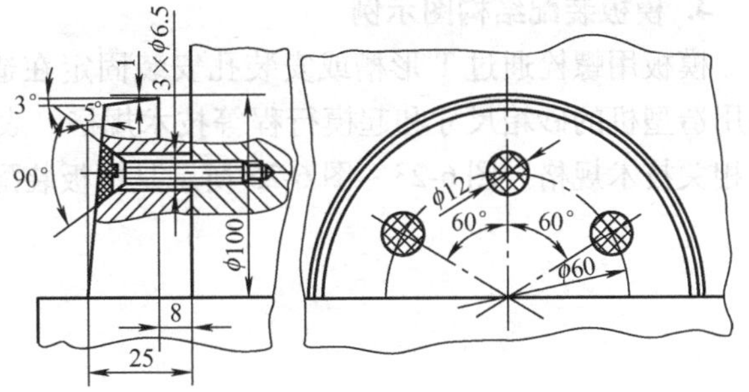

图 6-21　水平芯头安装实例

注：材料为铸铝合金，用沉头螺钉与模样本体紧固

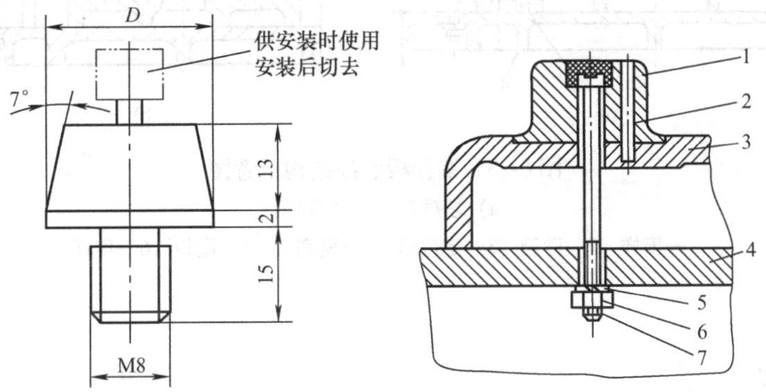

a)　　b)

图 6-22　垂直芯头安装实例

a）螺纹连接式　b）嵌入式

1—芯头　2—定位销　3—模样本体　4—模底板　5—垫圈　6—螺母　7—螺钉

3. 模板装配的技术要求

模板装配的技术要求一般包括：定位销（导向销）与模底板工作表面垂直度的允许偏差，模样在模底板上位置的允许偏差，上、下模样中心重合度的允许偏差，模样与模底板装配间隙的允许偏差，模样在模底板装配的平行度的允许偏差等。

在保证上、下模样的装配相对位移偏差不大于 0.1mm 的条件下，模样在模板上的位置偏差（指上、下模样向同一方向位移的偏差）应满足以下要求：双面模板≤0.5mm，单面模板≤0.7mm。

当浇冒口模样被分装在上、下模板上，并要求相应部分重合的条件下，浇冒口模样在模底板上的装配偏差要求不大于 ±0.1mm。

模样分模面与模底板之间的配合间隙，可根据分模面处轮廓尺寸按表 6-13 选取。

表 6-13　模样与模底板之间的配合间隙　（单位：mm）

模样分模面最大轮廓尺寸	<300	300～500	>500
间隙	0.1	0.15	0.2

4. 模板装配结构图示例

模板用螺栓通过T形槽或安装孔安装固定在造型机工作台上，设计模板时必须了解所选用造型机的砂箱尺寸和起模行程等技术规格。表6-14～表6-16为部分常用造型机的型号及相关技术规格。图6-23～图6-25所示是模板装配结构图的几个实例。

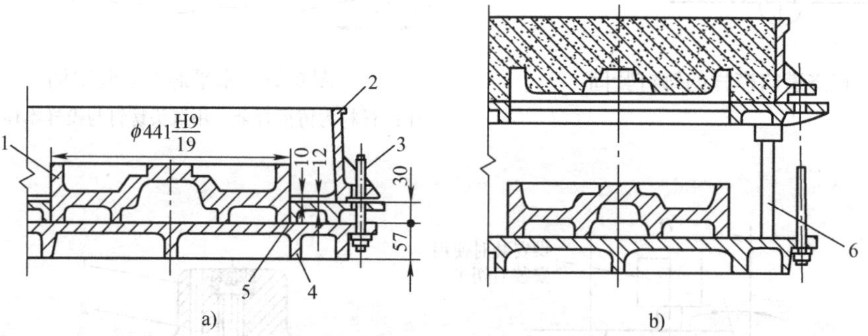

图6-23 漏模板装配结构示意图

a）填砂前 b）漏模后

1—模样 2—砂箱 3—定位销 4—模底板 5—漏板 6—顶杆

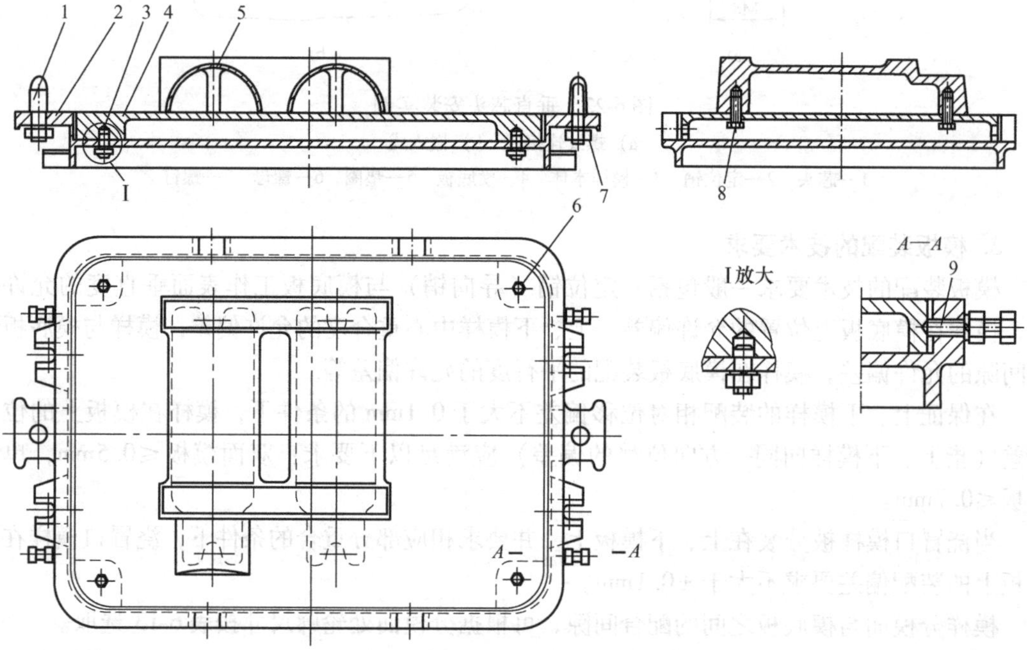

图6-24 中大型金属快换模板装配图

1—砂箱定位销 2—模板框 3—模板定位销

4—模底板 5—模样 6—紧固螺栓 7—导向销

8—紧固螺栓 9—紧定螺钉

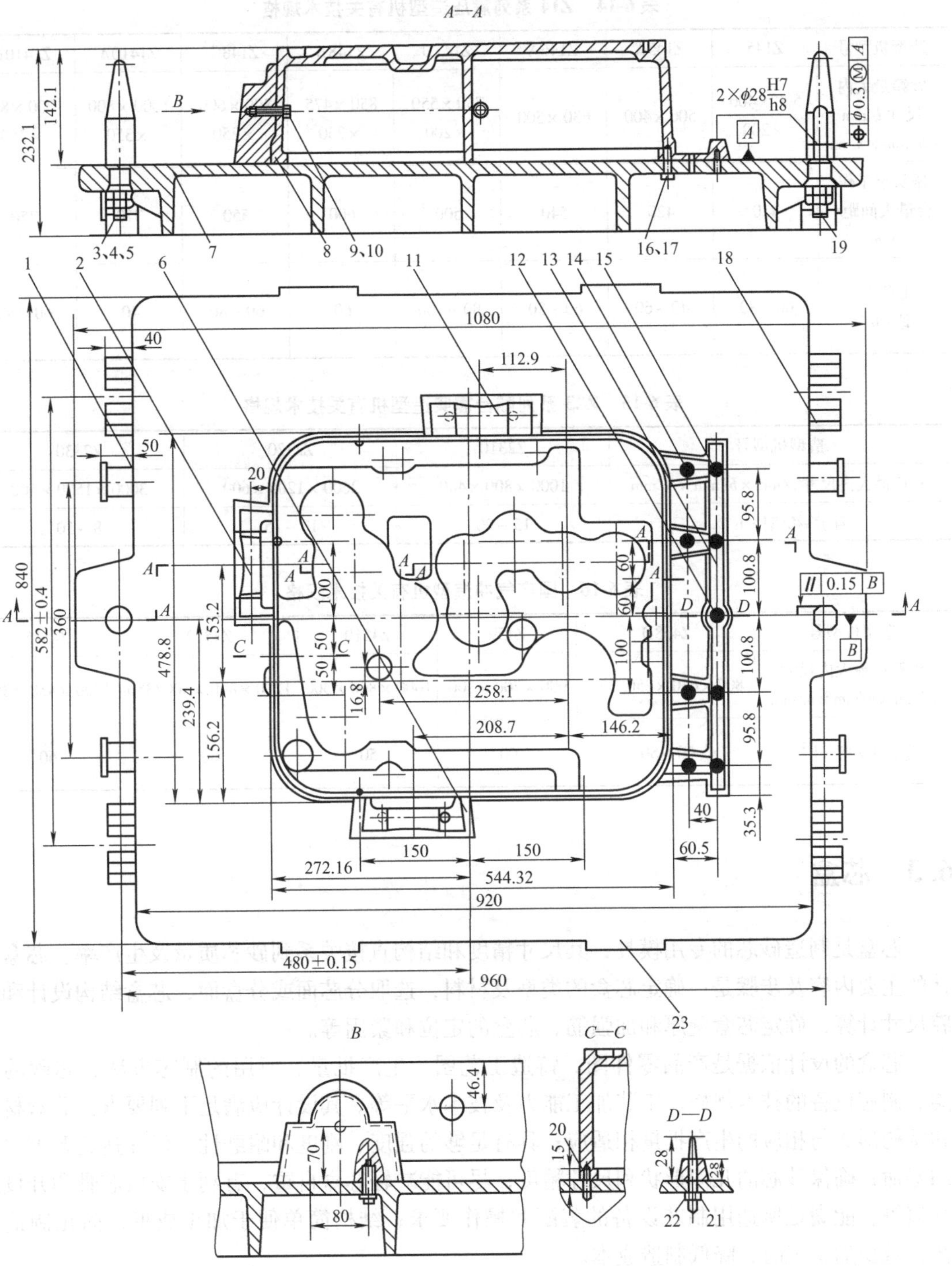

图6-25　翻台式造型机用模板装配图

1—吊轴　2、6、11—芯头模样　3、19—定位销　4、17—垫圈　5、22—六角螺母　7—模底板　8—模样　9、16—螺栓　10、21—弹簧垫圈　12—直浇道滑动销钉　13—浇注系统模样　14、15—沉头螺钉　18—紧固凸耳　20—圆柱销　23—楔形紧固耳（固定砂箱用）

表 6-14 Z14 系列震压造型机有关技术规格

造型机型号	Z145	Z145A	Z146A	Z147D	Z148B	Z148C	Z1410A	Z1410B
砂箱最大内尺寸 l/mm × b/mm × h/mm	500 × 400 × 200	500 × 400	630 × 500	750 × 550 × 200	850 × 475 × 250	800 × 600 × 250	1000 × 800 × 350	1000 × 800 × 350
压头至工作台最大间距/mm	420	420	540	500	600	550	710	750
生产率/型 · h^{-1}	60 ~ 80	40 ~ 60	60 ~ 80	80 ~ 100	60	60 ~ 80	40	60 ~ 80

表 6-15 Z23 系列翻台震实造型机有关技术规格

造型机型号	Z2310	Z2320	Z2330
砂箱最大内尺寸 l/mm × b/mm × h/mm	1000 × 800 × 400	2600 × 1200 × 600	3000 × 1500 × 500
生产率/型 · h^{-1}	15 ~ 20	10 ~ 15	8 ~ 10

表 6-16 国产气冲造型机有关技术规格

造型机型号	Z458D	Z459	Z4510	Z4512	Z4515
砂箱内最大内尺寸 l/mm × b/mm × h/mm	800 × 630 × 250/350	900 × 700 × 300	1000 × 800 × 300	1200 × 800 × 300/350	1500 × 850 × 350
生产率/型 · h^{-1}	60 ~ 80	60	50	60	60

6.3 芯盒

芯盒是制造砂芯的专用模具，其尺寸精度和结构直接关系到砂芯质量及生产率。芯盒设计的主要内容及步骤是：确定芯盒的类型及材料，选取分芯面或分盒面，芯盒结构设计和型腔尺寸计算，确定芯盒壁厚和加强筋、芯盒的定位和紧固等。

芯盒的设计依据是产品零件图、铸造工艺图、生产批量、所用的制芯方法、芯砂的种类、制芯设备的技术规格、工装加工能力及技术水平等。其设计应满足下列要求：芯盒材料和结构形式与相应的生产批量相适应；具有足够的强度、刚度和耐磨性，保证达到要求的使用寿命；确保砂芯的几何形状和尺寸精度；尽可能减轻芯盒自重，有利于安放芯骨和开设通气道等；能满足所选用制芯设备的装配和操作要求；结构简单便于加工成形，简化制造工艺，减少加工工时，降低制造成本。

6.3.1 芯盒的分类

芯盒的种类较多，通常按芯盒材料、制芯方法和芯盒结构等进行分类。

1. 按芯盒材料分类

根据芯盒材料的不同，芯盒分为金属芯盒、木质芯盒、塑料芯盒和金木结构芯盒四类。

金属芯盒又分为铝合金芯盒、铸铁芯盒和其他金属芯盒等。

木质芯盒的特点是自重轻，制造周期短，易于加工，成本低；但其强度和硬度较低，易吸潮变形、不耐磨损、使用寿命短，尺寸精度低，表面较粗糙，适用于单件或小批量生产中的手工制芯、振动制芯和自硬法制芯等。

塑料芯盒成本低，制造周期短，易于复制，尺寸精度较高，不易变形，表面光洁，耐磨性和耐蚀性好，但塑料较脆，更改修复困难，适用于手工、射砂、冷芯盒，机械震击以及自硬砂等制芯方法的单件、小批生产，尤其是形状复杂、机械加工困难的芯盒。

金木结构芯盒是以木质材料作为主体，以金属材料制作定位、加固结构和耐磨护板的组合结构芯盒。它除具有木质芯盒特点外，还在一定程度上提高和改善了木质芯盒的刚度、强度、耐磨性，并延长了使用寿命，但其尺寸精度、表面粗糙度仍然不及金属芯盒，适用于手工、射砂、机械震击及自硬砂等制芯方法的单件小批生产。

金属芯盒中，灰铸铁芯盒机械强度和硬度高，耐磨性好，尺寸精度高和表面光洁，且易于加工。但铸铁易生锈，密度较大，芯盒较为沉重，适用于机械震击、热芯盒，壳芯盒以及冷芯盒等多种制芯方法的成批和大量生产；铝合金芯盒自重轻、尺寸精度高、表面光洁，具有一定的强度和硬度，使用寿命长、不生锈，适用于手工、射砂、机械震击以及自硬砂等多种制芯方法的成批和大量生产。

2. 按制芯方法分类

根据制芯方法的不同，芯盒分为手工制芯用芯盒和机器制芯用芯盒两大类。机器制芯用芯盒有射砂制芯用芯盒、振动制芯用芯盒、挤压制芯用芯盒等。目前，最常用的机器制芯方法是射砂制芯（简称射芯），按射砂后砂芯硬化方式的不同，射砂制芯用芯盒分为热芯盒、壳芯盒和冷芯盒等。

3. 按芯盒结构分类

按芯盒结构可将其分为单面敞开芯盒（用于制作简单砂芯）、单面脱落芯盒（用于周围或大部分都需要活块的砂芯）、垂直对开芯盒、水平对开芯盒和曲折分盒面芯盒等，如图6-26所示。

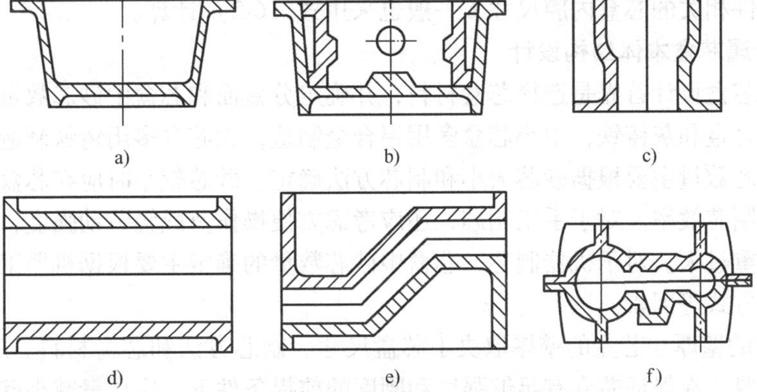

图6-26　普通金属芯盒结构示意图

a）单面敞开芯盒　b）单面脱落芯盒　c）垂直对开芯盒　d）、f）水平对开芯盒　e）曲折分盒面芯盒

6.3.2 普通金属芯盒的设计

普通金属芯盒主要用于手工制芯和普通机器制芯。普通金属芯盒的基本要求是：芯盒应有足够的强度、刚度和耐磨性，芯盒材料选择与相应的生产批量相适应；对手工芯盒应尽量减轻自重，对机器制芯用芯盒要考虑在制芯机上的安装固定以及操作要求；芯盒应尽量结构简单、便于加工制造等。

普通金属芯盒设计的主要内容是：选择芯盒材料、确定分盒面及每盒砂芯数量、计算芯盒内腔尺寸、设计芯盒结构、制订芯盒的技术要求等。芯盒结构设计包括芯盒本体结构设计和外围结构设计。芯盒本体结构包括芯盒壁厚和加强筋、边缘及耐磨护板、芯盒中活块或镶块等；外围结构是指芯盒的定位/夹紧装置、搬运装置（如手柄和吊轴）、安装固定装置等。

1. 分盒面的确定

芯盒的分盒面是指两半芯盒相互接触的面。分盒面设置得是否合理对于砂芯能否顺利、完整地从芯盒中脱出有很大关系，影响到制芯效率和芯盒结构等。通常以砂芯的最大截面作为分盒面，对于特殊或复杂形状的砂芯，有时也可采用多个分盒面。确定分盒面时应注意考虑下列基本原则：

1）尽量使砂芯的分盒面和砂型的分型面一致，以使砂芯的起模斜度和模样的起模斜度大小和方向一致，从而保证铸件壁厚均匀。

2）尽量采用平直分盒面，但有时为了适应砂芯的形状，也需要采用曲面或折面分盒。

3）应使芯盒有较大的敞开面，以利于芯砂的充填与紧实，也便于安放芯骨和开设通气道。

4）尽可能使砂芯的支承面为一平面，以简化芯板的结构。

5）尽量将砂芯上尺寸要求高的部分放在同一半芯盒中，以便于保证砂芯的精度。

2. 芯盒内腔尺寸的确定

芯盒内腔形成砂芯，芯盒内腔尺寸就是砂芯的尺寸。芯盒内腔尺寸直接影响铸件的尺寸精度，芯盒与铸件相关的尺寸应考虑铸造收缩率，对于芯头长度等非关联尺寸则不考虑铸造收缩率。与铸件相关的芯盒内腔尺寸 L 一般也采用式（6-2）计算。

3. 普通金属芯盒本体结构设计

普通金属芯盒设计首先是选择芯盒材料，并确定分盒面和芯盒中砂芯数量。芯盒本体材料一般选择铝合金和灰铸铁，中小芯盒多用铝合金制造，大芯盒多用铸铁制造。

芯盒中砂芯数量主要根据砂芯大小和制芯方法确定。砂芯较小时应在芯盒中放置多个砂芯，以便提高制芯效率。对于手工制芯，还应考虑方便操作及减轻劳动强度，砂芯数量不可过多，以免自重过大。对于机器制芯，芯盒中砂芯数量的确定主要根据机器工作台尺寸、出芯方式及填砂方式等因素。

（1）芯盒的壁厚　芯盒的壁厚取决于芯盒尺寸、制芯方法和芯盒材料。表 6-17 列出了金属芯盒的壁厚。在保证芯盒有足够强度和刚度的前提条件下，应尽量减小壁厚，以减轻自重。当芯盒的壁厚确定后，芯盒外壁一般按相同壁厚的方式依砂芯轮廓随形而就，壁的连接处要注意避免过大的热节。

表 6-17　金属芯盒的壁厚　　（单位：mm）

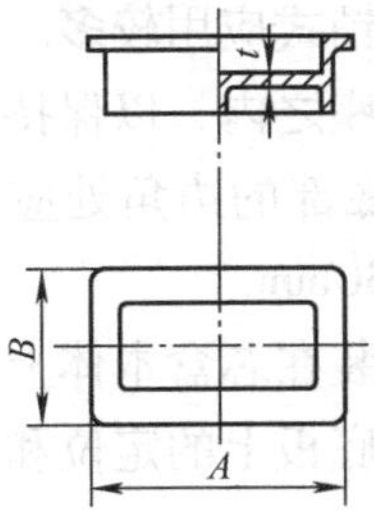

芯盒平均轮廓尺寸(A+B)/2	芯盒厚度 t	
	铸铝	铸铁
<300	6~8	6
300~500	8~10	7~8
500~800	10~12	10
800~1250	12~14	12

（2）芯盒的加强筋　芯盒外壁通常设置加强筋，以增加芯盒的强度和刚度。加强筋一般沿芯盒周边布置，分布要合理，以便于芯盒的制造和使用。芯盒加强筋的布置见表 6-18，其壁厚一般取芯盒壁厚的 80%~100%，高度不得小于自身壁厚的 3 倍，底部可与支承面取平（以利用加强筋扩大支承面积，使芯盒在工作台上放置平稳）。有时还可利用加强筋来增加芯盒高度，以便安放手柄等。

表 6-18　芯盒加强筋的布置　　（单位：mm）

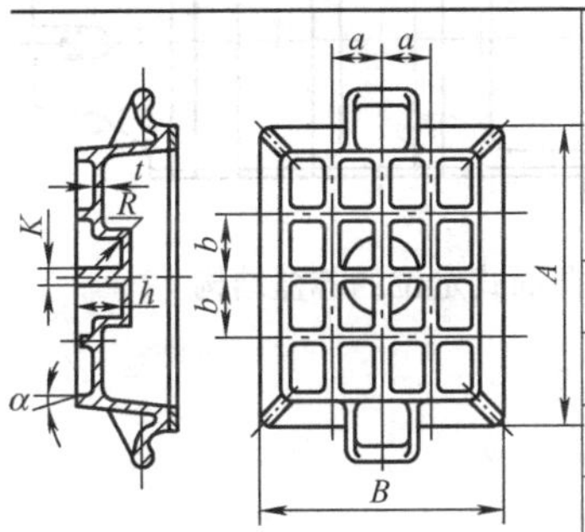

芯盒平均轮廓尺寸(A+B)/2	A/B = 1.0~1.5	A/B = 1.5~2.0	A/B >2.0		筋高 h 最小值
	A 和 B 方向筋条数	A 和 B 方向筋条数	A 方向筋条数	B 方向筋条数	
100~300	2~3	1~2	1~2	1	5
300~500	3~4	2~3	2~3	1~2	5
500~800	4~5	3~4	3~4	2~3	10
800~1250	5~7	4~5	4~5	3~4	15

注：1. 比较高的筋可设有斜度，范围在 0.5°~1.5°。

2. 加强筋高度依芯盒形状大小而定，一般可取与下底平齐。

（3）芯盒的凸缘及耐磨护板　芯盒的分盒面处通常需要加宽加厚，形成凸缘，以提高芯盒本体的强度与刚度，便于芯盒的开合以及填砂、刮砂和出芯等操作。凸缘的尺寸可根据芯盒尺寸大小及壁厚选取，一般控制在 20~40mm 之间。在凸缘上表面还应加装用钢板制造的耐磨护板（厚度 3~4mm），用沉头螺钉固定，如图 6-27 所示。

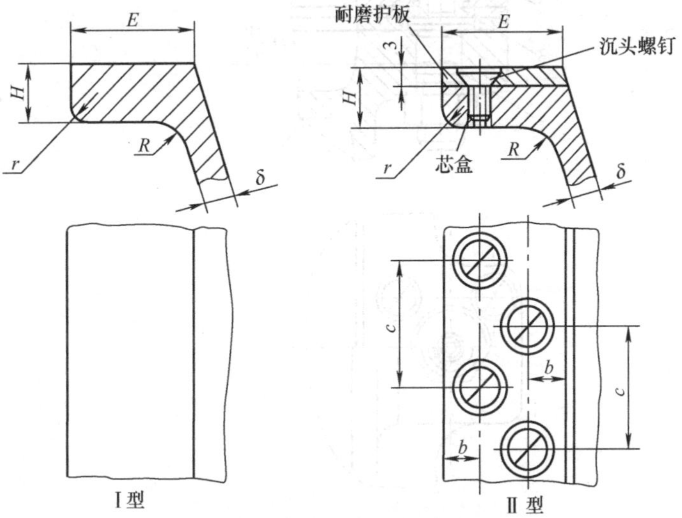

图 6-27　芯盒凸缘和耐磨护板

（4）芯盒中的活块与镶块　芯盒中妨碍出芯或难以出芯的部分可设计和制作成活块，在砂芯出盒前或出盒后从砂芯上取出。活块应尽可能设计成框形结构，活块同芯盒本体之间常用的连接形式有滑座式、定位销式和燕尾槽式三种，其中滑座式和定位销式应用较多。滑座式活块的定位和固定依靠在芯盒本体上设置的窝座，活块重心应处于窝座之内，以保持活块的稳定；活块与窝座之间的配合间隙一般在 0.2mm 以内，在活块窝座底部的边角处应开设除砂沟槽；沟槽个数依据活块大小确定，宽度为 5 ~ 6mm，长度为 20 ~ 30mm。

为了便于芯盒的制造，有时将芯盒内某些部分单独加工，然后镶装在芯盒本体上，这些单独加工部分称为镶块。镶块在芯盒本体上的定位和紧固与模样在模底板上的定位和紧固相似，可参考进行设计。

4. 普通金属芯盒外围结构设计

（1）芯盒的定位装置　凡有分盒面的芯盒都需设置定位装置，以使两半芯盒闭合定位准确。常用的芯盒定位方式有凹凸面式结构定位（也称止口定位，见图 6-28）和定位销定位（其结构形式有螺母紧固式和过盈配合式两种，见图 6-29 和图 6-30）。定位销定位应用较多，定位销的位置应尽可能放在距离较远的中心线上或对角线上。定位销与销套用工具钢制作，工作部分淬火后硬度为 40 ~ 45HRC，销的直径有 8mm、10mm、12mm 等几种，可依据芯盒大小选用。

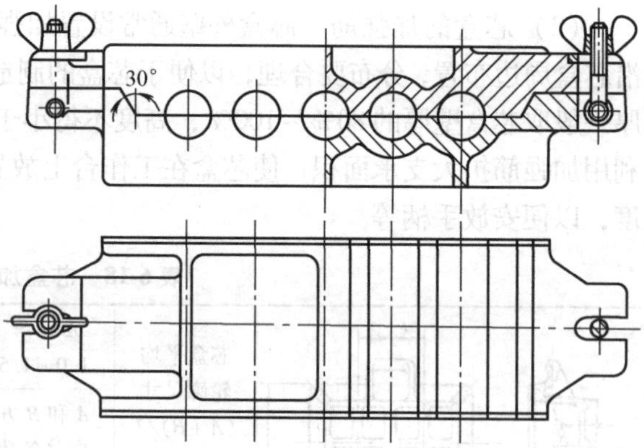

图 6-28　凹凸面式定位的芯盒结构

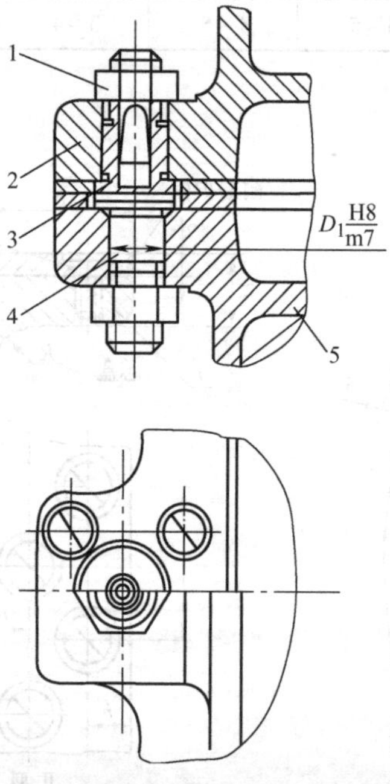

图 6-29　螺母紧固式定位销（套）

1—六角螺母　2—上芯盒　3—定位销套　4—定位销　5—下芯盒

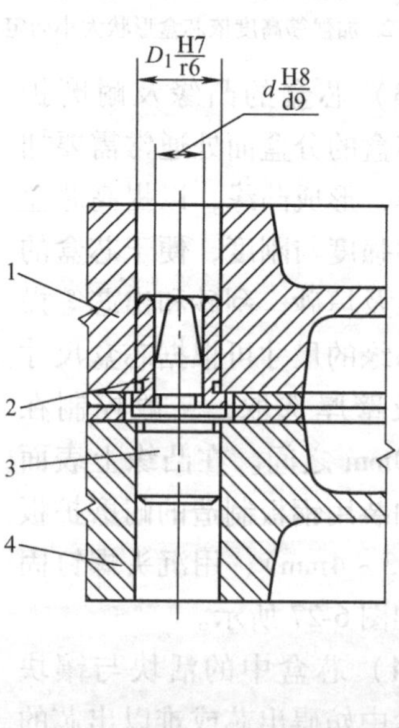

图 6-30　过盈配合式定位销（套）

1—上芯盒　2—定位销套　3—定位销　4—下芯盒

（2）芯盒的夹紧装置　芯盒的夹紧装置用于将闭合的两半芯盒加以锁紧，以确保在填砂与紧实时其不会发生位移。夹紧装置的结构应简单、紧凑，并方便操作和维修。手工制芯芯盒常用的夹紧装置有蝶形螺母铰链式、双螺母铰链式和铰链卡板式三种。蝶形螺母铰链夹紧装置的结构简易可靠，使用方便，适用于较小的芯盒。铰链卡板夹紧装置的工作部分长度较长，锁紧力较大，可用于较大的芯盒。

（3）芯盒的手柄和吊轴　为了方便芯盒的操作使用和搬运，对小型手工芯盒应设置手柄（或利用凸耳当作手柄），对中、大型芯盒应设置手柄和吊轴。手柄和吊轴可采用铸接式、整铸式或装配式，如图 6-31 所示。

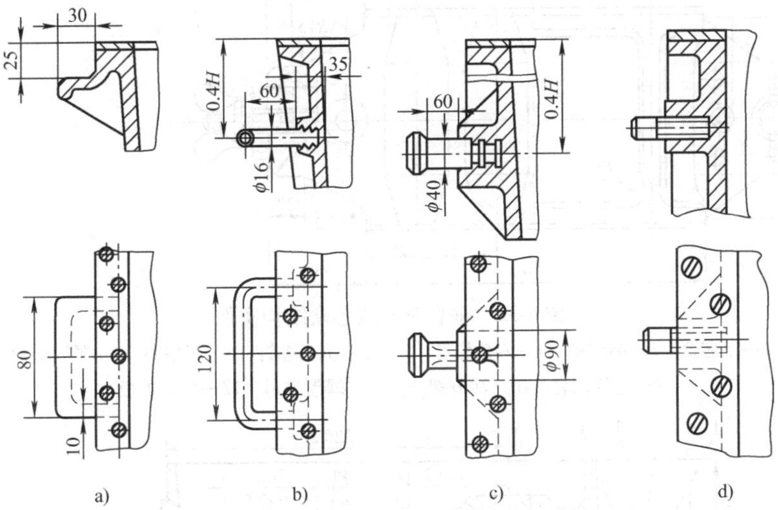

图 6-31　芯盒手柄和吊轴的形式

a）整铸凸耳　b）铸接式吊环　c）铸接式吊环　d）装配式吊轴

（4）芯盒在制芯机上的固定　用于机器制芯的芯盒上应设有连接制芯机工作台的安装固定装置，常用的是凸耳和螺栓孔，其位置应与制芯机工作台上的 T 形槽位置相对应。

5. 普通金属芯盒结构示例

图 6-32 所示为用于制作小型圆柱砂芯的垂直对开式芯盒结构实例。该芯盒采用垂直对开式分盒，一次可制作四只砂芯，图中 B、d 为砂芯尺寸；使用两只定位销定位，夹紧机构为蝶形螺母铰链式装置。

图 6-33 所示是用于制作缸体配电盘砂芯的水平对开式芯盒结构实例。其分盒方式为水平对开式，制芯时先分别在两半盒内填砂并加以紧实，再将芯盒闭合起来合成完整的砂芯，因此不需要设置夹紧机构。对于封闭式水平对开芯盒，为使砂芯合盒后能得到良好的紧实度，常采用填砂板。图中的件 10 即为填砂板，用 Q235 钢制成，依靠定位销与芯盒定位，填砂紧砂时装上，合盒时取下。该芯盒上还安装有两只通气针，在砂芯制作完成后抽出通气针，即可形成型芯内的通气孔。

6. 普通金属芯盒的技术要求

1）芯盒加工尺寸偏差按 IT11 级精度要求，见表 6-19。

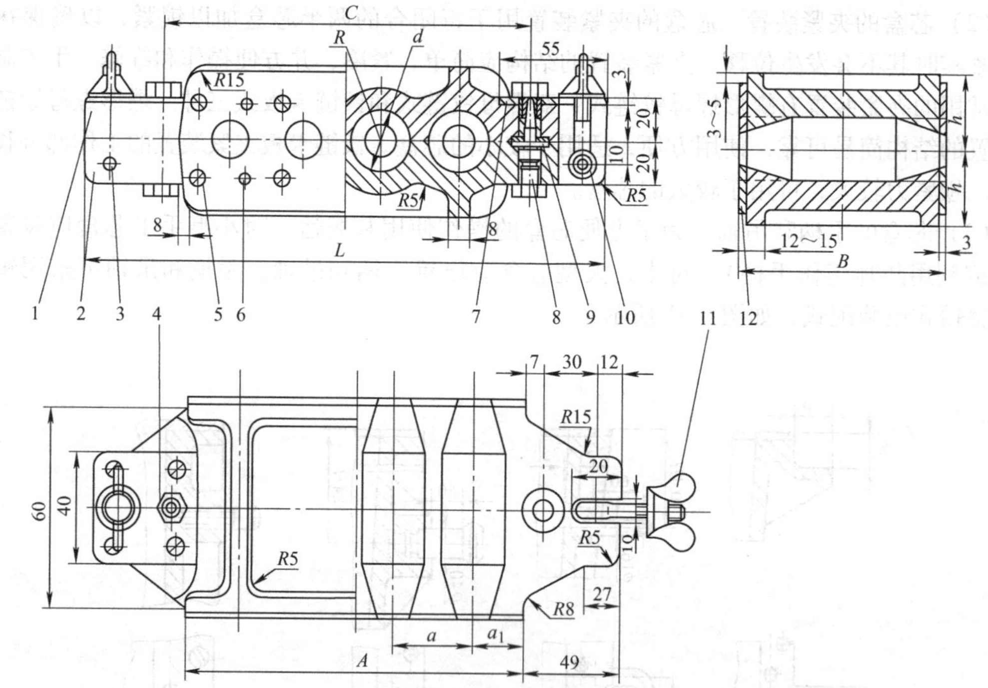

图 6-32 垂直对开式芯盒结构实例

1—上芯盒 2—下芯盒 3—圆柱销 4—六角螺母 5—开槽沉头螺钉 6—圆柱销 7—紧固垫片 8—定位销 9—定位销套 10—活节螺栓 11—蝶形螺母 12—耐磨护板

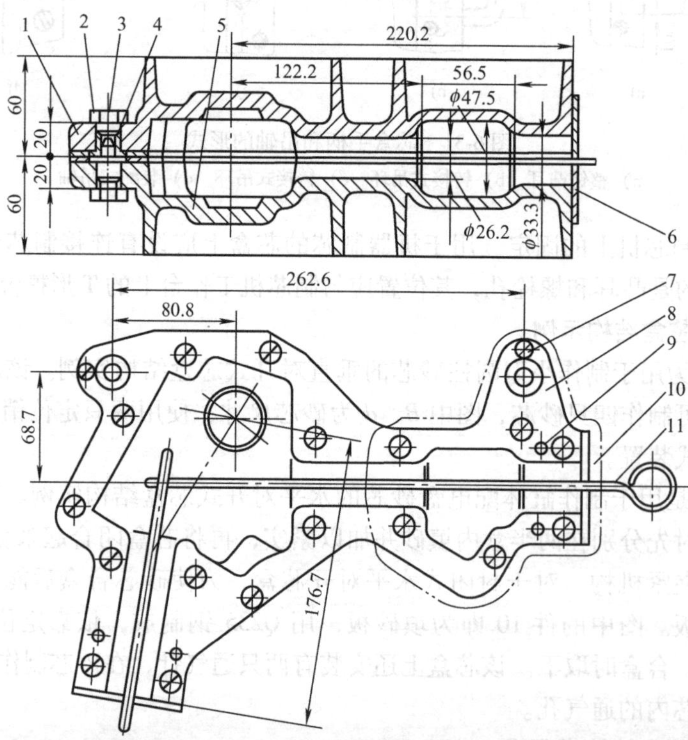

图 6-33 水平对开式芯盒结构实例

1—上芯盒 2—六角螺母 3—定位销 4—定位销套 5—下芯盒 6—盖板 7—开槽沉头螺钉 8—耐磨护板 9—圆柱销 10—填砂板 11—通气针

表6-19　芯盒加工尺寸偏差

芯盒尺寸/mm	芯盒尺寸偏差/mm	芯盒起芯部分高度/mm	起芯斜度偏差
<200	±0.15	10~20	25′
200~500	±0.15	20~35	20′
500~800	±0.15	35~50	17′
800~1200	±0.15	50~70	15′
1200~1800	±0.15	70~100	12′
1800~2500	±0.15	100~150	10′
2500~3000	±0.15	150~200	8′
注：此栏数据主要指芯盒工作面的偏差值，一般情况下取负值；只有对装配型芯的装配部分，外芯内尺寸用正值，而内芯外尺寸用负值		200~300	6′
		>300	5′

2）芯盒内腔工作面及各配合面的表面粗糙度为 $Ra3.2 \sim Ra1.6\mu m$。

3）对开式芯盒分盒面间隙≤0.1mm，活块与芯盒窝座间隙≤0.2mm（采用配合加工）。

4）芯盒定位销位置偏差≤±0.25mm。

5）芯盒耐磨护板的紧固螺钉头应低于工作表面。

6.3.3　热芯盒的设计

热芯盒是安装在热芯盒射芯机上使用的专用芯盒。制芯时芯盒需加热到200~260℃，且受到芯砂冲刷。在设计之前，必须熟悉所用射芯机的特性及其对芯盒的有关要求，如射芯机最大射芯质量、芯盒最大尺寸、分盒面的位置、砂芯的出芯方式等。热芯盒射芯机一般都附有标准射砂头。设计热芯盒时，通常还需要设计射砂板、射头内的导砂块等与射砂头装配在一起使用，如图6-34所示。

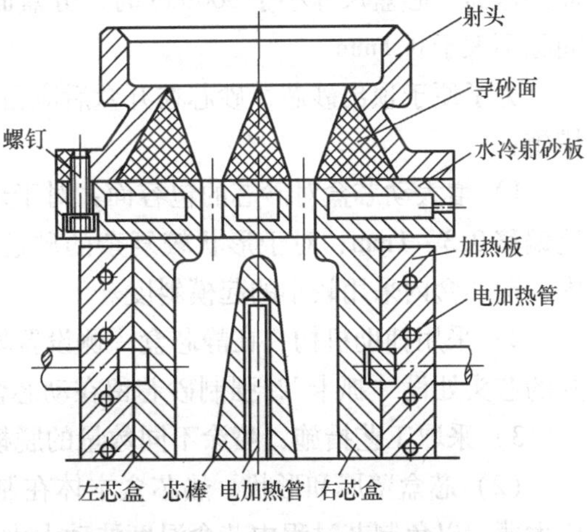

图6-34　射头、导砂面、水冷射砂板和芯盒

热芯盒结构较为复杂。图6-35所示为采用顶杆出芯方式的热芯盒结构，它由芯盒本体、定位装置和出芯机构等组成。芯盒本体上设置有内腔、射砂口、排气装置等。

1. 热芯盒的材料选择

热芯盒材料应具有良好的耐热性及导热性，较大的比热容，较小的热膨胀系数，较高的强度，较好的耐磨性和耐蚀性，并且价格便宜，易于加工制造。热芯盒本体一般采用灰铸铁制作，镶块用钢或导热性高的铜合金，定位销及套、顶芯杆、复位导杆等可用45钢、T8或T10钢，淬火后硬度为45~55HRC。

2. 热芯盒的本体结构设计

（1）分盒面　热芯盒分盒形式有垂直分盒、水平分盒和多向分盒等几种。垂直分盒主要应用于小砂芯，水平分盒和多向分盒主要应用于中、大砂芯。芯盒的分盒面应根据砂芯的形状决定，并且要与射芯机相匹配，例如，ZZ863、ZZ8612及K87、K89等型号的射芯机须采用垂直分盒，ZZ8612、ZZ8625及ZZ8640等机型适用水平分盒。

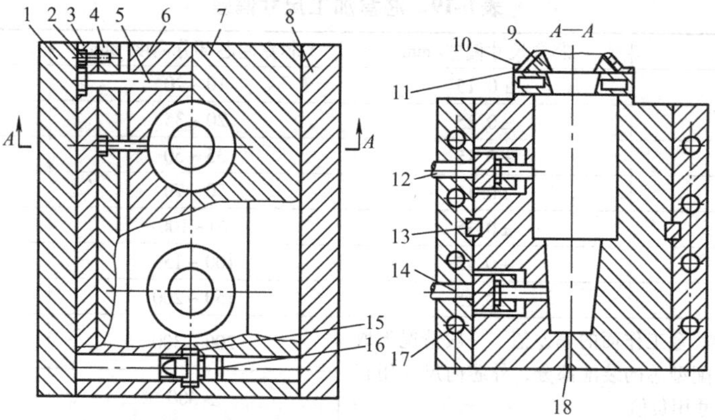

图 6-35 采用顶杆出芯方式的热芯盒结构

1、8—加热板 2—螺钉 3—盖板 4—固定板 5—回位导杆 6—动芯盒 7—定芯盒 9—导砂块 10—射头 11—水冷射砂板 12—顶芯杆 13—定位键 14—顶杆 15—销套 16—定位销 17—电热管 18—排气槽

根据确定分盒面的基本原则，按照砂芯形状选择平面分盒面或曲折分盒面，尽量采用平面分盒面。芯盒尺寸小于 500mm 时，分盒面间隙不大于 0.05mm；芯盒尺寸大于 500mm 时，间隙不大于 0.1mm。

为了便于顶出砂芯，砂芯在开盒后应留在动芯盒中，可根据不同条件选择性地采取以下措施：

1）增大动芯盒对砂芯的包容面：对于形状简单、对称的砂芯，可将分盒面向静芯盒一侧偏移 0.3～1mm；对于形状较复杂的砂芯，可将其形状复杂的半边或大半边置于动芯盒内；动芯盒内采用较小的起模斜度。

2）采用辅助机构：在静芯盒一侧设置辅助推杆，开盒时使砂芯留在动芯盒内；在动芯盒的芯头处设“抓卡”，强制砂芯留在动芯盒一侧。

3）采取工艺措施：喷涂不同数量的脱模剂，动芯盒少喷些脱模剂。

（2）芯盒壁厚和形状　热芯盒本体在制芯时起着保存热量和稳定温度的作用，壁厚不应太薄，以免制芯过程中芯盒温度波动太大，造成加热不均和芯盒变形。当采用电加热时，热芯盒多采用实体结构，其最小壁厚为 20～30mm（不包括加热板）。当电加热管直接安装在芯盒本体内时，加热管边缘与芯盒内腔的距离应不小于 10mm。为了方便芯盒的制造，减少散热面和增加热容量，通常将垂直分盒的热芯盒做成立方体或长方体的实体。对于较大的水平分盒的芯盒，可设计成装配式的（即将芯盒分解成几个部分，分开进行加工，再组装成整体），以方便加工制造。

（3）芯盒内腔尺寸　热芯盒内腔尺寸的确定通常只考虑铸造收缩率。对于中、小砂芯，可粗略地认为芯盒升温引起的内腔尺寸扩大与砂芯出盒后冷却导致的尺寸缩小相互抵销，芯盒内腔尺寸可不考虑加热引起的尺寸变化。实际上芯盒的热膨胀量稍大于砂芯冷却至室温的收缩量。因此，对于尺寸较大的砂芯及薄壁铸件的砂芯，为了补偿砂芯的尺寸增大，设计芯盒内腔所用的铸造收缩率应略小于模样的收缩率。例如，铸铁件模样用 1% 的缩尺，热芯盒用 0.8%～0.9% 的缩尺进行设计计算。若需要较精确地确定砂芯尺寸的变化，则应通过试验的方法进行测定。

（4）射砂口　射砂口是芯砂进入芯盒的通道。其位置的选取应使射入芯盒的砂流畅通，减少窝气死角，便于排气，减少砂芯修整工作量，优先选择在芯头处，设在砂芯的大端，如图6-36所示。若芯头部分需用于定位，则不可作为射砂口位置。

为了防止射头内的芯砂因受热硬化而堵塞射孔，一般采用中空结构的水冷射砂板。水冷射砂板设计要尽量通用，射口尺寸应保证射出的砂流具有足够的动能，不发生砂流回弹现象。为此，要求射口面积不大于芯盒内腔的最小横截面积，在此前提下射口尽量选取得大一些，以便缩短射砂时间，如图6-37所示。射口形状常用圆形或长方形。射砂板的射口尺寸至少应小于芯盒射口尺寸1～2mm。

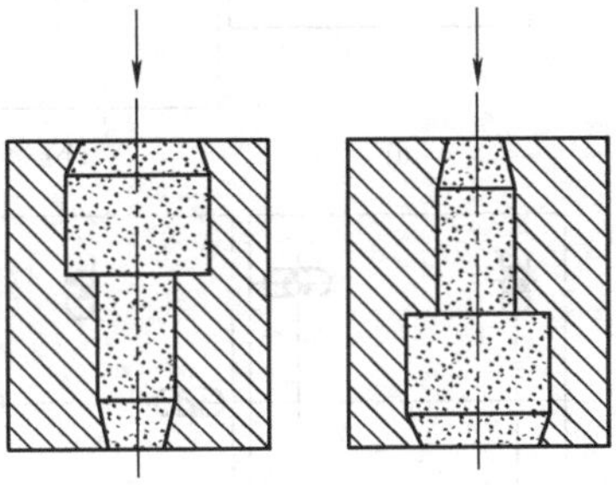

图6-36　芯盒射砂口位置示意图

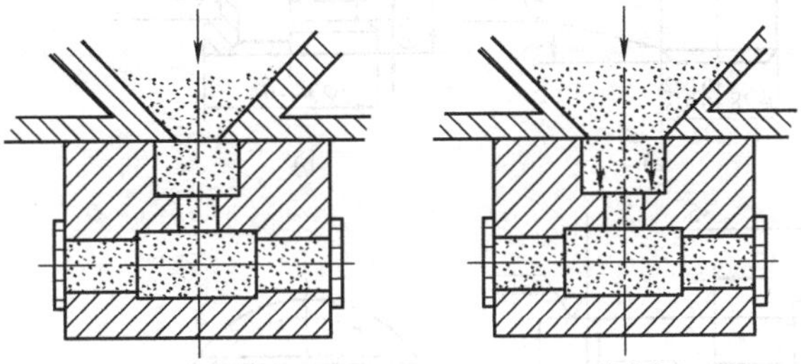

图6-37　射口面积大小的影响

（5）排气装置　热芯盒的排气装置有两方面的作用：一是保证射砂时芯盒内的空气能够顺利及时地排出，二是引导射入砂流的充填方向。排气装置应设计在热芯盒以下部位：芯盒憋气的死角、芯盒最后充填部分、芯盒转角或砂流不易达到的狭长通道处、分盒面处、多射孔的芯盒中砂流干扰处等。根据生产经验，芯盒内的总排气面积至少应达到射砂口总面积的10%～20%。

常用的热芯盒排气方式有排气塞排气、排气槽排气和间隙排气。排气塞排气，是利用尺寸大小不同的排气塞，装在芯盒内表面处，其后连通排气孔，使气体排除。排气槽排气，是在分盒面、射砂面、镶块以及底板等的接合面上开设排气槽进行排气。排气槽制造容易，清理方便，效果较好。间隙排气，是在芯盒本体与活块、顶杆间的配合面上制作出间隙（为0.1～0.3mm）进行排气。为使排气顺利，应在活块背后芯盒壁上钻出排气孔，如图6-38所示。排气间隙加工比较容易，是常采用的一种排气方法。

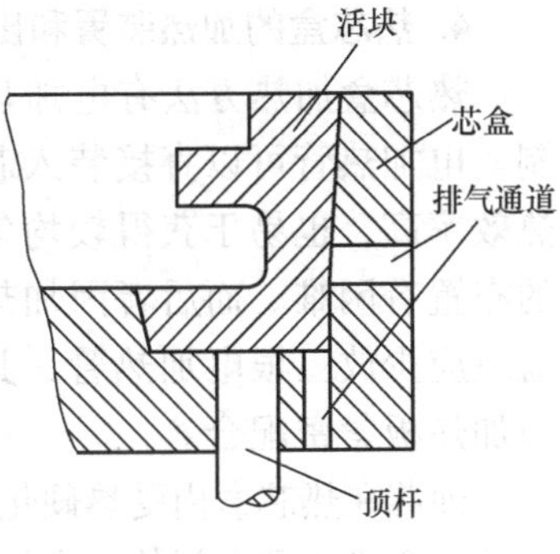

图6-38　间隙排气

3. 热芯盒的定位

为了保证砂芯的尺寸和形状的准确，通常在静芯盒上设置定位销，将定位销套安装在动芯盒上。由于热芯盒工作时两半芯盒温度有波动，对定位销的要求与一般芯盒稍有不同。定位销固定端的配合要紧，可采用H7/r6；定位端要松，可采用D8/9c，以免因芯盒受热不均而造成销子与销套“咬死”的情况。一般小芯盒用两个定位销，一个采用圆销套，另一个采用椭圆形，如图6-39和图6-40a所示。平均轮廓尺寸大于450mm的大芯盒，定位销的数量为3个或4个，销套全为椭圆形，定位销的布置如图6-40b～d所示。定位销中心应布置在芯盒接近最大轮廓的方向上，以保证定位精度。

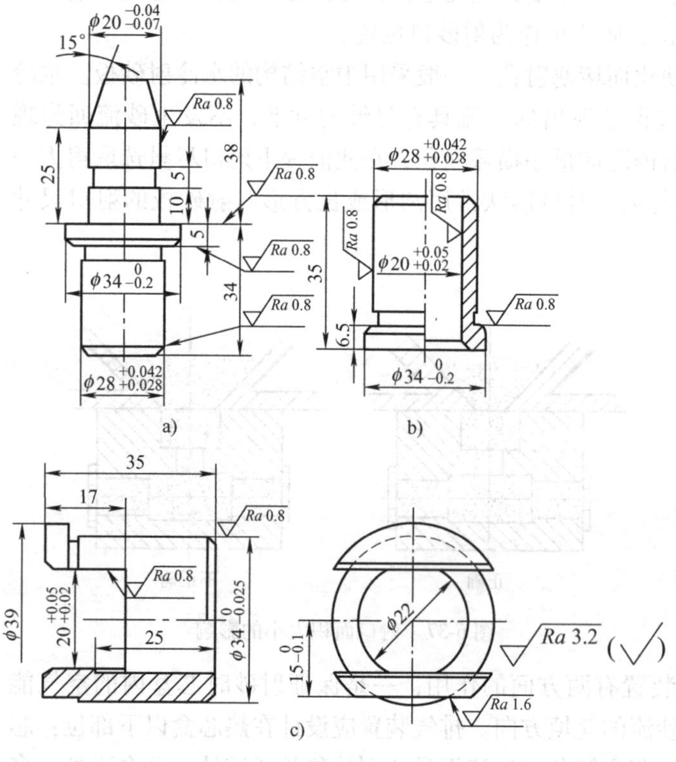

图 6-39　热芯盒用定位销和套

a）定位销　b）圆形销套　c）椭圆销套

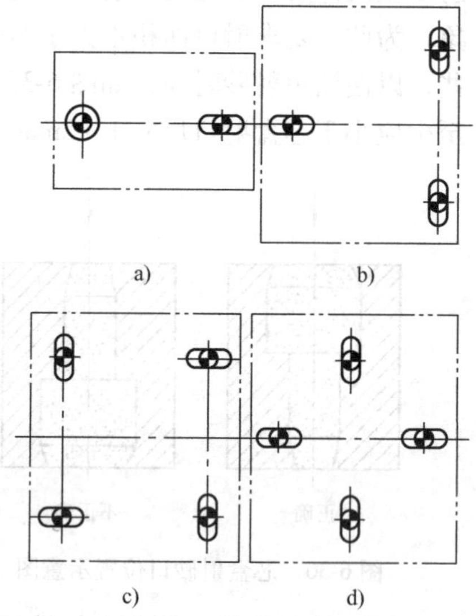

图 6-40　定位销布置位置示意图

4. 热芯盒的加热装置和出芯机构

热芯盒加热方法有电加热和燃气加热。电加热均匀、清洁高效，且温度易于自动控制。电加热管可以直接装入芯盒本体内，也可以装在芯盒外附设的电加热板上；前者加热效率高，也易于获得较均匀的温度，但有时因受到芯盒内某些部件的限制，加热管孔的布置有困难。而后者因加热管布置与芯盒本身无关，具有一定的通用性。一般每半芯盒最应少放三根电加热管，其布置应力求使芯盒受热均匀。采用电加热板时，应使芯盒与加热板紧密配合。

砂芯在热芯盒内受热硬化到一定程度后即可取出。垂直分盒热芯盒的出芯主要靠射芯机上的开盒机构和专门的顶出机构来实现，主要方法有移动托板出芯法、顶杆出芯法和旋转出芯法等。

6.3.4　壳芯盒的设计

壳芯盒制芯所用的工艺设备和工作条件与热芯盒制芯类似，热芯盒的设计原则一般都可用于壳芯盒的设计。但这两种制芯方法所用制芯机的结构和砂芯的成形硬化过程有所不同，因此，壳芯盒的结构设计也有一些自身的特点和要求。壳芯盒的组成部分包括芯盒本体、定位装置和顶出机构等，如图 6-41 所示。

1. 壳芯盒本体结构设计

(1) 壳芯盒壁厚与加强筋　壳芯盒壁厚的选择依据与热芯盒相同。当采用燃气加热时，通常燃气管安装在加热板内，芯盒做成均匀壁厚的结构，壁厚可取 20 ~ 25mm。为保证砂芯加热均匀，在芯盒中高度大的凸起部分，可用热导率高的材料（如铜合金）制成镶块。芯盒应设计有适当高度（一般为 45 ~ 60mm）的空腔作为燃气燃烧室。芯盒加强筋的布置不应分割燃烧室，还应适当设计进气口和烟火逸出口。当采用电加热时，芯盒一般多设计为实体结构，以增强蓄热和方便加工。

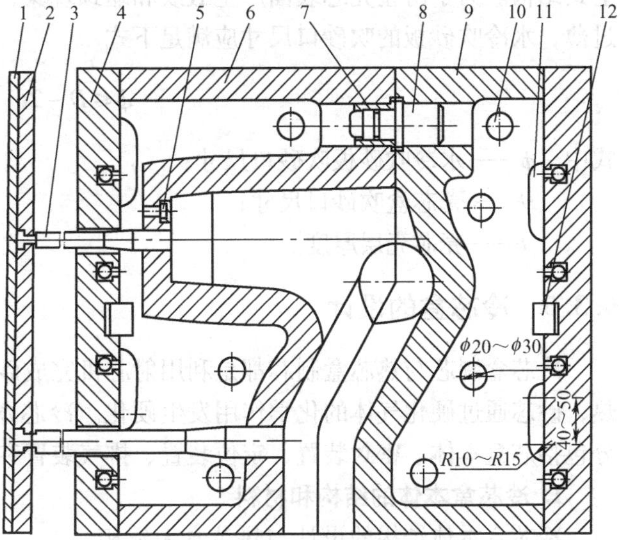

图 6-41　燃气加热壳芯盒结构

1—顶出板　2—固定板　3—顶芯杆　4—加热板　5—排气塞　6—定芯盒　7—定位销套　8—定位销　9—动芯盒　10—跑火孔　11—空气进口　12—定位键

(2) 吹砂口　覆膜砂进入壳芯盒的通道称为吹砂口。对于形状复杂的壳芯，应设计多个吹砂口，以保证壳芯质量。为了减少砂芯修整工作量，有利于未硬化的余砂能顺利地排出，壳芯盒的吹砂口一般开设在芯头处。对于顶吹式壳芯机，常设计较大的吹砂口，以保证有足够的芯砂能顺利地吹入芯盒，并使未固化的芯砂能全部地倒回吹砂斗。底吹式壳芯机的吹砂口不宜过大，以保证向上喷射的砂流具有一定的速度。

(3) 排气装置　壳芯盒大多采用排气槽排气，排气槽设置在分盒面或镶块配合面上，排气槽深度为 0.2 ~ 0.3mm。由于壳芯制芯使用的吹砂压力较低，且覆膜砂流动性很好，壳芯盒的排气面积可小于热芯盒。

2. 顶出机构设计

壳芯盒常用的砂芯顶出机构有固定板紧固式和垫圈销钉紧固式两种机构，前者多用于顶吹摇摆式壳芯机，后者多用于底吹式壳芯机。与热芯盒不同的是，壳芯盒的顶出机构一般多设置在定芯盒上。因此，分盒面和动、定芯盒设计要采取相应的措施，确保开盒后砂芯留在定芯盒中，然后通过顶出机构将其顶出。

3. 壳芯机转向开盒尺寸的设计

对于顶吹摇摆式壳芯机用芯盒，砂芯高度以及在加热板上的安装尺寸，应根据砂芯最高点在加热板上的位置按照有关公式进行验算，以免壳芯在开盒后打开机门时与壳芯机门的外框相碰。具体验算方法可壳查阅有关资料。

壳芯盒制芯所使用的工艺装备除壳芯盒之外，还有加热装置和吹砂板等。加热方式有燃气加热和电加热。燃气加热装置由加热板、燃气输送管和芯盒测温装置等组成。电加热装置由加热板、电加热元件和测温装置构成。

吹砂板安装在壳芯机砂斗上，吹砂时与壳芯盒贴紧。吹砂板通常设计成带有水冷腔的中

空式结构。为了防止壳芯表面产生皱纹和缩颈现象，避免吹砂口附近的砂子脱落而导致壳层过薄，水冷吹砂板的吹砂口尺寸应满足下式

$$\phi \leqslant D-2t \tag{6-4}$$

式中 ϕ——水冷吹砂板吹砂口尺寸；

D——壳芯盒吹砂口尺寸；

t——壳芯壳层厚度。

6.3.5 冷芯盒的设计

冷芯盒制芯与热芯盒制芯都是利用射芯机完成砂芯的充填和紧实的，但冷芯盒制芯不加热，砂芯通过硬化气体的化学作用发生硬化。冷芯盒的典型结构如图6-42所示，其组成部分包括芯盒本体、密封装置、定位装置、排气装置和顶出机构等。

1. 冷芯盒本体的结构和材料

冷芯盒本体结构的设计与热芯盒大致相同，可以设计成壁厚均匀的、带有加强筋的框形结构，也可设计成正方体或长方体形的实体结构。但冷芯盒是在常温下工作的，无须考虑热容量等要求，故冷芯盒的壁厚和加强筋的尺寸可适当小于热芯盒的。冷芯盒本体可选用各种材料，如铸铁、铝合金、环氧树脂塑料、木材等。

2. 冷芯盒的密封装置

冷芯盒工作时必须确保密封性。在芯盒分盒面、吹气板（罩）与芯盒接触面、顶芯板与顶芯杆的接触面、芯盒与排气腔盖板的配合面等处都应加设密封元件。分盒面、吹气板（罩）与芯盒接触面、顶芯板与顶芯杆的接触面通常采用密封环，芯盒与排气腔盖板或底框配合面采用密封胶或垫片。

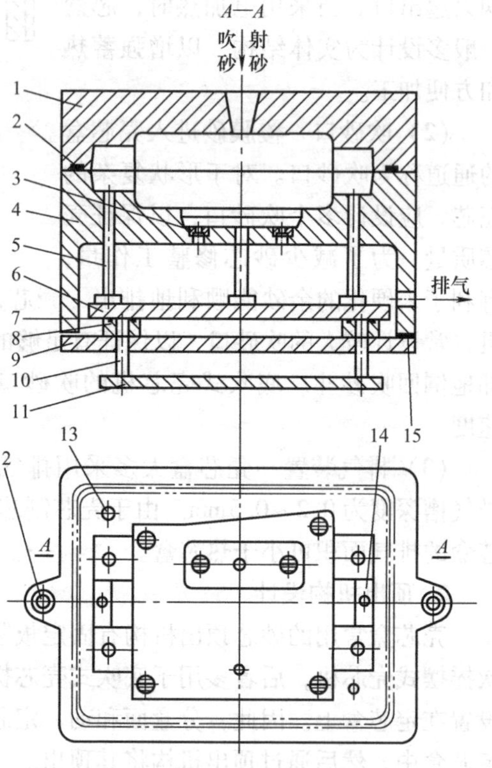

图6-42 冷芯盒的典型结构

1—上芯盒 2—密封圈 3—排气塞 4—下芯盒 5—顶芯杆 6—顶芯板 7—O形密封圈 8—支撑柱 9—排气腔盖板 10—顶出杆 11—顶出板 12—定位销（套） 13—回位顶杆 14—排气槽与排气孔 15—密封胶或密封垫片

3. 冷芯盒的射砂口

冷芯盒的射砂口不仅是芯砂进入芯盒中的通道，而且在通常情况下还用作吹气硬化的吹气口。为了保证砂芯获得良好的硬化效果，应尽可能增大射砂口面积。为了使硬化气体在砂芯中均匀扩散，射砂口应设置在砂芯深凹处或厚实的部位。

4. 冷芯盒的排气

冷芯盒排气装置的作用：一方面是射砂紧实形成压力差，以提高砂芯的紧实度；另一方

面也是吹气硬化，保证砂芯硬化质量和速度的必要条件。冷芯盒排气装置结构形式有排气塞、排气槽和顶芯杆间隙三种，其中排气塞排气应用较多。为了确保吹入芯盒的硬化气体在砂芯中的渗透效果，排气面积应小于进气面积，实际生产中，排气面积通常为进气面积的50%～70%。

5. 吹气装置与射砂板的结构

冷芯盒吹气装置的作用是引导硬化气体进入芯盒。常用的吹气装置有吹气板和吹气罩两种结构形式。吹气罩结构简单，加工方便，通用性好，便于实现密封，在实际生产中应用较普遍。由于冷芯盒在常温下使用，冷芯盒射砂板不需要水冷，从而简化了射砂板的结构。

6.4 砂箱

砂箱是造型、运输、浇注、冷却等过程中砂型的“保持器”，并且具有帮助上、下砂型准确合型的定位作用。砂箱的结构一般包括箱壁、箱带（箱挡、箱肋）、定位装置、搬运及翻箱结构和紧固机构等。图6-43所示为手工造型和普通造型机用中型砂箱的结构。砂箱设计或选用是否合理，对铸件质量、生产效率和劳动强度有很大影响。砂箱设计的主要内容是：选择砂箱的类型及材质，确定砂箱的尺寸、结构、定位和紧固等。

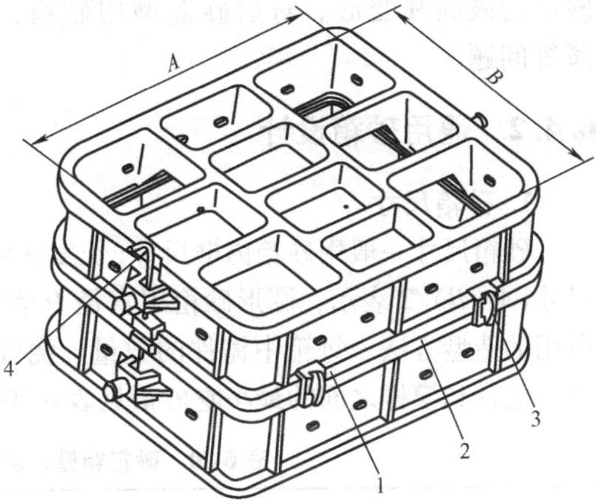

图6-43 手工造型和普通造型机用中型砂箱的结构

1—上砂箱 2—下砂箱 3—箱卡 4—合箱销

6.4.1 砂箱的分类及选择

1. 砂箱的分类

1）按照砂箱的用途，可分为专用砂箱和通用砂箱。专用砂箱是指专为某一类型铸件设计的砂箱，例如某发动机缸体的专用砂箱。通用砂箱是指只要模样尺寸合适的各种铸件均可使用的砂箱，一般为长方形结构。

2）按照砂箱的制造方法，可分为整铸式、焊接式和装配式。整铸式砂箱是指用铸铁、铸钢或铸铝整体铸造而成的砂箱。焊接式砂箱是指用钢板或特殊轧材焊接成的砂箱，也可用铸钢元件焊接而成。装配式砂箱是指由铸造的箱壁、箱带等元件，用螺栓组装而成的砂箱。

3）按照造型方法及使用条件，砂箱可分为手工造型用砂箱、机器造型用砂箱及高压、气冲造型用砂箱等。

2. 砂箱的选择

砂箱的选择和使用应注意的基本原则如下：

1）砂箱的结构与尺寸应满足铸造工艺要求，如砂箱和模样间应有足够的吃砂量，箱带不会妨碍浇冒口的安放、不严重阻碍铸件收缩等。

2）砂箱的结构与尺寸应符合造型机、造型辅助机械、运输设备等的要求。

3）砂箱要有足够的强度和刚度，使用中保证不断裂或发生过大变形。

4）对型砂有足够的附着力，使用中不掉砂或塌箱，但又要便于落砂。为此，只在大的砂箱中才设置箱带。

5）砂箱要尽可能标准化、系列化和通用化，便于制造。

对于在一般机器造型生产线（即压实比压在0.7MPa以内的震击造型、压实造型和微震压实造型生产线），设计砂箱时首先应对所要生产的铸件进行工艺分析，选择合适的砂箱尺寸，并尽可能使砂箱内框尺寸接近于造型机所允许的最大砂箱内框尺寸。

对于高压、射压造型生产线用砂箱，在造型过程中承受较大的压力，砂箱的选择和使用应着重考虑强度和刚度，保证压实过程中砂箱侧壁变形量在许可范围内，以防止砂型的破裂和变形。对射砂造型用砂箱，还要考虑砂箱内壁的过度磨损，使砂箱壁减薄等问题。

6.4.2 通用砂箱设计

1. 砂箱尺寸

砂箱尺寸一般用砂箱内框尺寸(长度 $A\times$宽度 $B\times$高度 H)表示。砂箱大小常用平均内框尺寸$(A+B)/2$表示，圆形砂箱用直径 D 表示。确定砂箱尺寸时要考虑铸件的形状和尺寸、所用的造型方法、每箱中铸件的数量、浇冒口的布置和尺寸以及必要的吃砂量等。砂箱箱壁、箱带和模样之间的最小吃砂量见表6-20。

表6-20 砂箱箱壁、箱带和模样之间的最小吃砂量 （单位：mm）

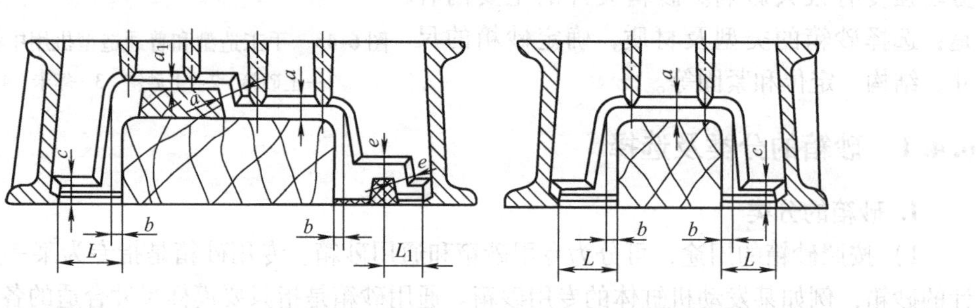

砂箱内框平均尺寸 $(A+B)/2$	a	a_1	b	分型面吃砂量 c	侧壁吃砂量 L	浇口一侧吃砂量 L_1	e
≤500	15	15	20	—	20~40	50	—
501~750	20		25		25~45		
751~1000	25	20	30	20	30~50	90	
1001~1500	30	25	35		50~70	120	$e=1.5a$
1501~2000	35	30	40	30	60~80	150	

砂箱高度应满足直浇道的最小剩余压头要求。机器造型用砂箱尺寸还要与造型机工作台、起模高度、最大举升力等相适应，设计计算的砂箱尺寸应进行标准化和系列化。通用砂箱规格系列见表6-21（可取最接近的数值）。大批量生产的专用砂箱尺寸可不受表6-21的限制。

表 6-21　通用砂箱规格系列　（单位：mm）

长度A	宽度B																																		高度H														
	200	250	300	350	400	450	500	550	600	650	700	750	800	900	1000	1100	1200	1400	1500	1600	1800	2000	2200	2400	2500	2600	2800	3000	3250	3500	3750	4000	4500	5000	100	125	150	175	200	250	300	350	400	450	500	550	600	700	800
300		●	●																																		●	●												
350		●		●																																		●		●										
400		●	●		●																														●	●			●										
450		●		●		●																														●												
500			●		●		●																												●	●		●										
550			●		●	●																															●	●										
600						●	●		●																											●		●										
650					●					●																										●		●										
700				●					●																												●	●	●									
750					●					●																												●	●	●								
800							●				●																											●	●									
900							●			●		●																										●	●	●								
1000													●	●	●																									●	●								
1100													●	●	●																								●	●									
1200										●			●		●		●																						●	●	●								
1400														●																										●		●						
1500															●		●		●																						●	●	●						
1600																																																		
1800														●			●				●																				●	●	●						
2000																	●		●		●																			●	●	●	●	●					
2200																																																		
2400																																																		
2500																			●		●	●			●																●	●	●	●		●			
2600																				●		●																						●	●				
2800																				●							●																●	●	●	●			
3000																			●			●			●			●														●	●		●	●			
3250																																																		
3500																					●						●			●													●		●				
3750																																																		
4000																						●			●			●			●												●		●			●	
4500																					●				●																		●		●		●		
5000																									●			●		●													●		●				
5500																																																		
6000																												●				●												●	●		●		
6500																																																		
7000																																																		
7500																																																		
8000																																																		

注：表中粗实线框内为砂箱尺寸系列范围，其中有●点的是生产中应用较多的规格。

2. 箱壁的结构形式和尺寸

砂箱壁的断面形状和尺寸是影响砂箱强度和刚度的重要因素，要根据砂箱的使用条件、砂箱内框尺寸大小和砂箱所用材质来确定。普通砂箱箱壁的断面形式如图 6-44 所示，高压造型和气冲造型用砂箱箱壁的断面形式如图 6-45 所示。

选择砂箱箱壁形式时，可参考以下经验：

1）简易手工造型砂箱，常用直箱壁，不设内外突缘，制造简便，容易落砂。

2）普通机器造型砂箱，常用向下扩大的倾斜壁，底部设凸缘，以防止塌箱，保证刚性，便于落砂，箱壁上留有出气孔。

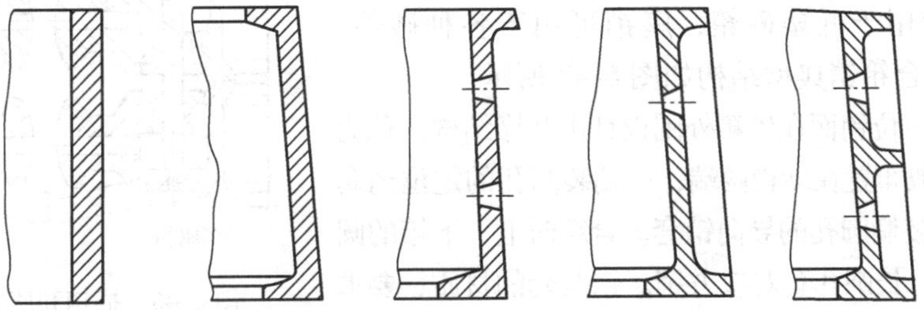

a)　b)　c)　d)　e)

图 6-44　普通砂箱箱壁的断面形式

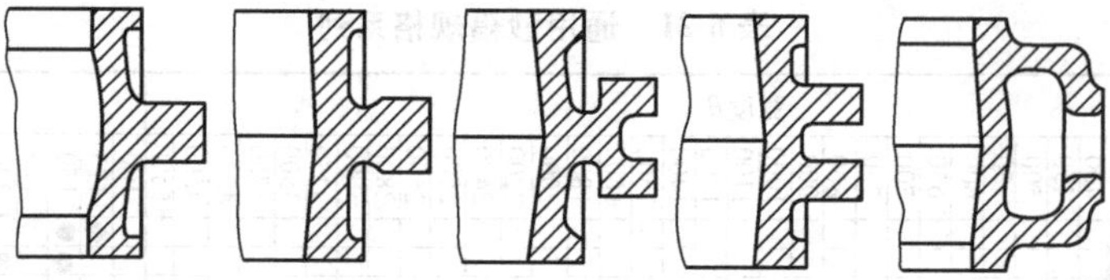

a)

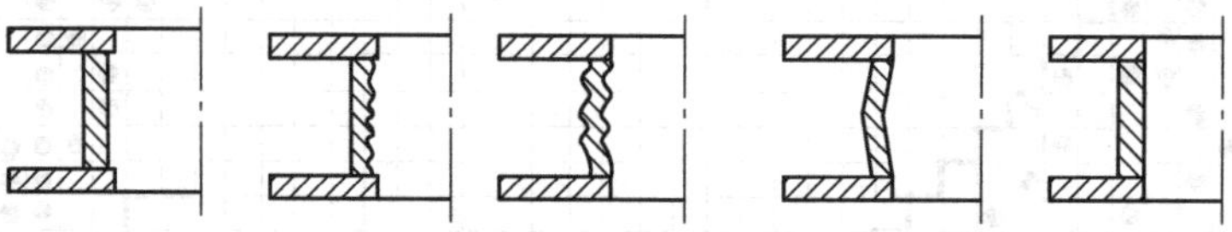

b)

图 6-45　高压造型和气冲造型用砂箱箱壁的断面形式

a）整铸式　b）焊接式

3）中型砂箱箱壁多为直壁，上下都设凸缘。大砂箱内应有箱带以防止塌箱。中型砂箱因无贯通的箱带，刚度小，故箱壁应加厚。

4）高压造型和气冲造型用砂箱，尽量不加箱带，以便落砂。由于造型受力大，要求砂箱刚度大。小砂箱用单层壁，大砂箱用双层壁。箱壁上不设出气孔。

5）必要时可在砂箱壁外侧面设置纵向和横向加强筋，筋板厚度一般取箱壁厚度的 80% ~100%。

3. 箱带

箱带也称箱挡、箱肋，其主要作用是增加型砂对砂箱的附着面积和附着力，提高砂型总体强度和刚度，防止塌箱和掉砂；增加砂箱整体强度和刚度，延长砂箱使用期限。但箱带会使型砂紧实和落砂困难，限制浇冒口的布局，故一般用于中、大型砂箱。平均内框尺寸小于 500mm 的普通砂箱和平均内框尺寸小于 1250mm 的高压造型用砂箱可不设箱带。

通用箱带高度取砂箱高度的 25% ~30%，以适应不同模样。箱带至冒口、浇口杯的距离应大于 30 ~40mm。长度长而宽度小于 500mm 的砂箱，只设横向箱带，箱带间距一般为 150 ~200mm。大型砂箱箱带可做成方格形或长方格形，圆砂箱箱带可布置成扁格形式，大砂箱箱带也可用装配式，箱带间距一般为 120 ~600mm。

专用砂箱的箱带随模样形状而起伏，箱带至模样表面距离（吃砂量）可按表 6-20 选取。

4. 砂箱的定位装置

上、下箱之间的定位方法有多种：泥号、楔榫、箱垛、箱锥、止口及定位销等。机器造型时只用定位销定位，如图 6-46 所示。定位销分为插销和座销两种，插销一般用于低矮砂箱，座销可用于各种砂箱。普通砂箱用的合箱销典型结构如图 6-47 所示。

为了安装定位销而在砂箱外围设计出凸缘结构，称为箱耳。箱耳一般布置在砂箱两端，一端装圆孔的定位销套（或销），一端装椭圆孔的导向销套。合箱时上、下箱的圆孔套对应圆销，长圆孔套对应方销。销与套的材质、要求和模板销、套相同。对于手工造型和抛砂造型用砂箱，则不装销套，直接在箱耳上钻孔和切槽用于定位。

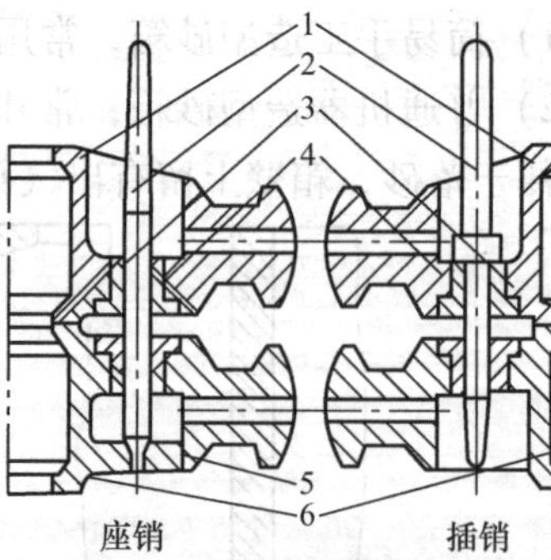

图 6-46　插销和座销定位合箱

1—上砂箱　2—定位销　3—销套

4—定位箱耳　5—附加箱耳　6—下砂箱

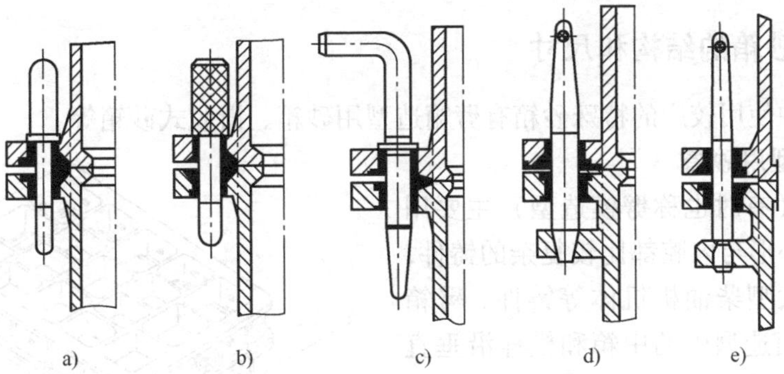

图6-47　合箱销的典型结构

a)、b)、c）插销　d)、e）座销

5. 砂箱的搬运装置

手把用于小型砂箱，吊轴广泛用于各种中、大型砂箱，吊环主要用于重型砂箱。吊运结构应使吊运平衡，翻箱方便；特别强调安全可靠，要考虑最大的载荷，应以一次起吊一叠铸型的最大质量作为计算吊轴或吊环的依据，应给出较大的安全系数。

吊环、吊轴和手把一般用钢材制造，用铸接法同砂箱相连接。小手把也可用螺纹连接。铸接必须牢靠。吊轴、吊环上的铸接部分应加工出沟槽或倒刺。吊轴、吊环也可以与砂箱整铸，但应保证无缩孔、裂纹等缺陷。

6. 砂箱的紧固装置

为防止铸型浇注时发生抬箱、跑火等现象，上、下之箱间应紧固。常用的紧固方式有：上箱自重法、压铁法、手工夹紧（箱卡）法和自动卡紧法等。上箱自重法和压铁法多用于小件，机器造型时用悬链和机械手搬放压铁。箱卡有楔形箱卡和摆动式箱卡等几种，楔形箱卡用手工夹紧法，应用较广；自动卡紧法用摆动式箱卡。图6-48和图6-49所示为箱卡紧固法的示例。

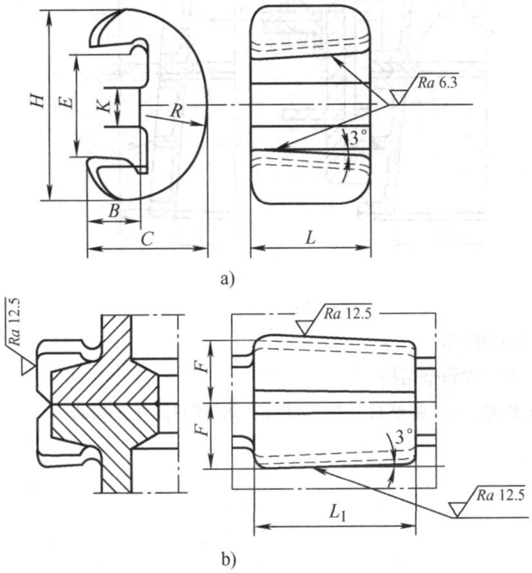

图6-48　楔形箱卡

a）楔形箱卡　b）箱卡在砂箱上的安装

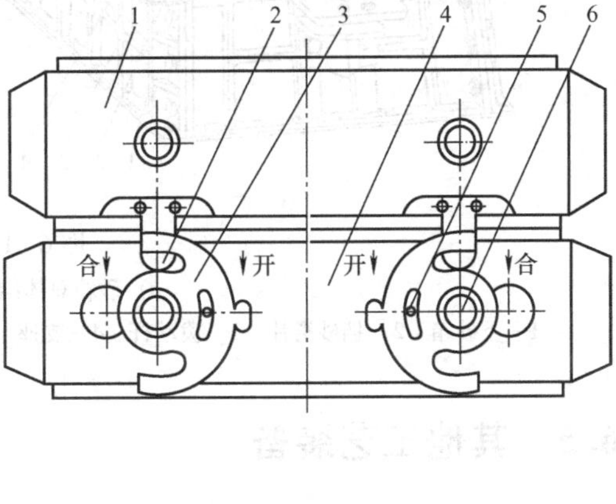

图6-49　带有摆动式箱卡的砂箱

1—上砂箱　2—凸块　3—卡环

4—下砂箱　5—限位螺钉　6—转轴

6.4.3 特殊砂箱的结构和尺寸

铸造生产中使用较广的特殊砂箱有劈箱造型用砂箱、滑脱式砂箱等。

1. 劈箱造型用砂箱

劈箱造型（有时也称劈模造型）主要用于尺寸较大、外形与内腔都比较复杂的铸件，如机床床身、大型柴油机机体等铸件。劈箱造型往往将三箱造型中的中箱和模样沿垂直方向劈成几个部分，分别造型后再组装在一起。中箱通常劈成两部分或四部分，两端的称为端箱板，两侧的称为侧箱板。砂芯在合型平台上装配，吊装侧箱板和端箱板，将其紧固，最后放上上箱，形成一个完整的铸型。图6-50所示为劈箱造型用砂箱。

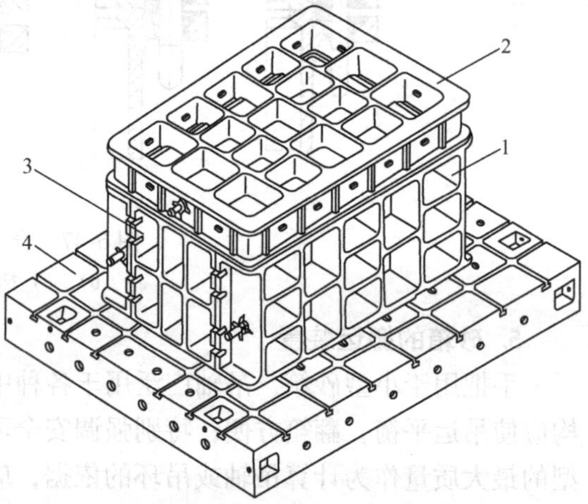

图6-50 劈箱造型用砂箱

1—侧箱 2—上箱 3—端头 4—合型平台

2. 滑脱式砂箱

滑脱式砂箱多用于小型铸件的大批量生产，通常与双面模板配套使用。其内框尺寸一般在400mm×300mm内，以减轻人工造型和搬运铸型时的劳动强度。图6-51所示为滑脱式砂箱。

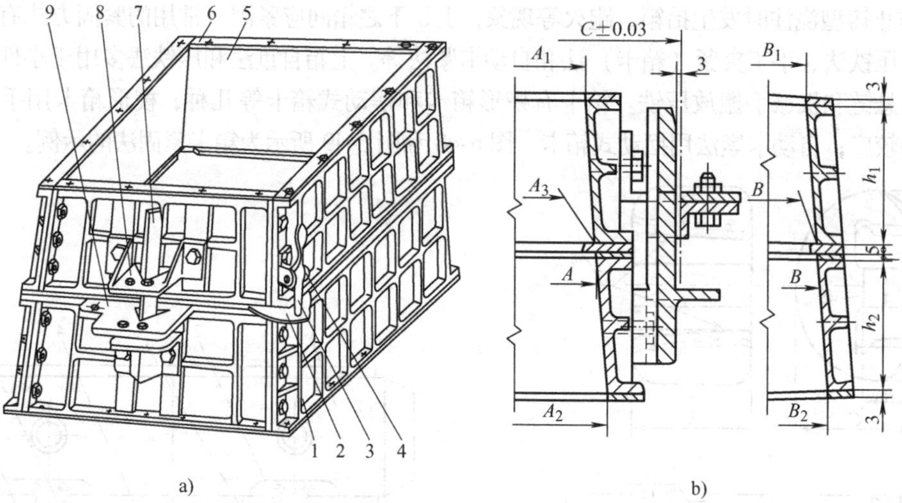

图6-51 滑脱式砂箱

a）砂箱总体结构图 b）砂箱壁结构

1—下砂箱 2—挡砂滑片 3—拨动杆 4—支座 5—上砂箱 6—耐磨片 7—定位销 8—箱耳 9—模板

6.5 其他工艺装备

6.5.1 浇注系统模具

浇注系统模具一般是指直浇道模和浇口杯模。图6-52所示为自动弹簧直浇道模，它可用于自动造型机上，不需要人工取放。

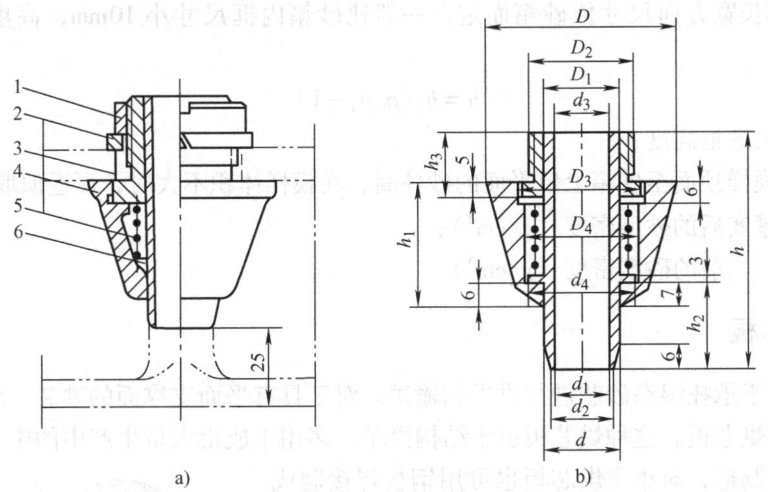

图6-52　自动弹簧直浇道模

a）在压板上的装配形式　b）结构图

1—锁紧螺母　2—弹簧垫圈　3—紧固套　4—浇口杯模样　5—弹簧　6—直浇道模样

6.5.2　压砂板和填砂框

1. 压砂板

压砂板是固定在造型机的压头上，用来压实砂箱中型砂的工艺装备。当砂箱无箱带时可用平压砂板，当模样高低相差较大或有箱带时可采用成型压头。压头应避开箱带及直浇道、通气棒等。图6-53所示为一成型压头的结构。尺寸 a、b 应比箱带间距离小30～40mm，尺寸 C、D、h 根据造型机决定。

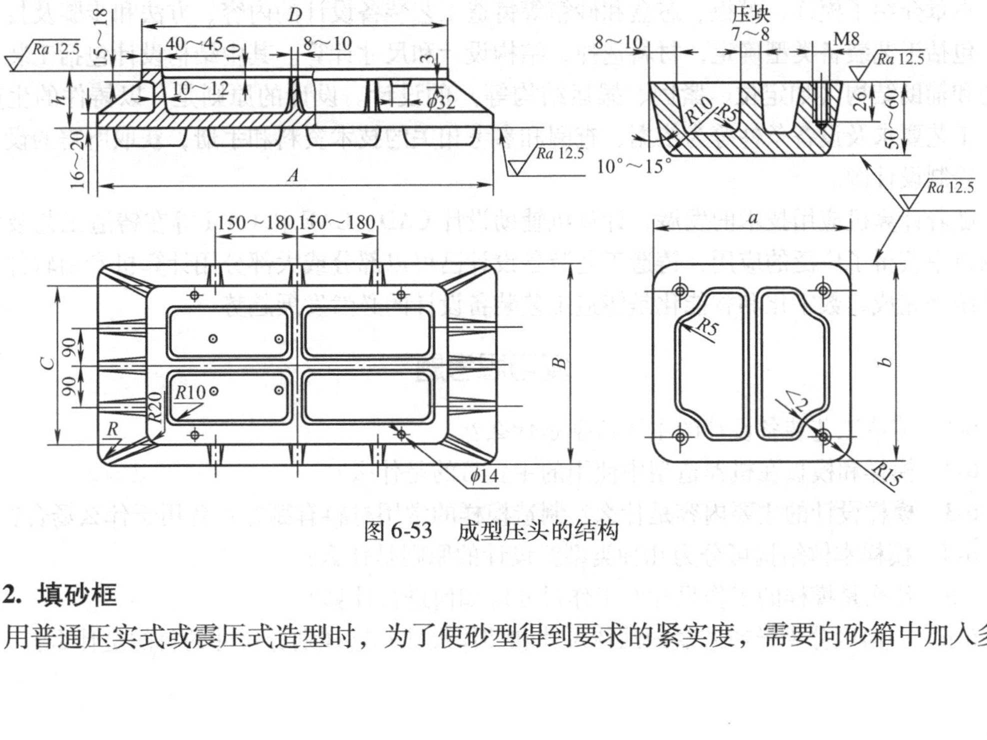

图6-53　成型压头的结构

2. 填砂框

用普通压实式或震压式造型时，为了使砂型得到要求的紧实度，需要向砂箱中加入多于砂箱本身容积的松散型砂，为此，填砂时要在砂箱上方放置一填砂框。填砂框可采用钢板或木材制造，其长宽方向尺寸依砂箱而定，一般比砂箱内框尺寸小10mm，高度可依据下式计算

$$h = h_1(\rho/\rho_0 - 1) \tag{6-5}$$

式中 h——填砂框高度；

h_1——模样顶面至砂箱上口平面的砂柱高，在模样体积不大时，可近似取砂箱高度；

ρ——紧实后的砂型密度（g/cm^3）；

ρ_0——紧实前的砂型密度（g/cm^3）。

6.5.3 烘芯板

烘芯板用于承托湿态砂芯进行烘干和输送。对于具有平面支撑面的砂芯一般都用平板式烘芯板，简称烘芯板。这种烘芯板由于结构简单，多用于成批大量生产中的中、小砂芯，大多选用铝合金制造，对小型烘芯板也可用钢板焊接制成。对中、大型砂芯为了保证强度和刚度要求，烘芯板可用铸铁制造。

对于具有一定形状且本身没有足够大的平直表面用以承托的砂芯，必须使用随砂芯形状予以支撑的成形烘干器，称为烘芯器。烘芯器的结构与半边芯盒相似，如图6-54所示。为了防止砂芯垂直面被烘干器擦坏，在砂芯垂直面方向上要留出0.5～1mm的间隙，对圆柱砂芯，一般需托住其2/3以上（约150°）的圆弧面即可。

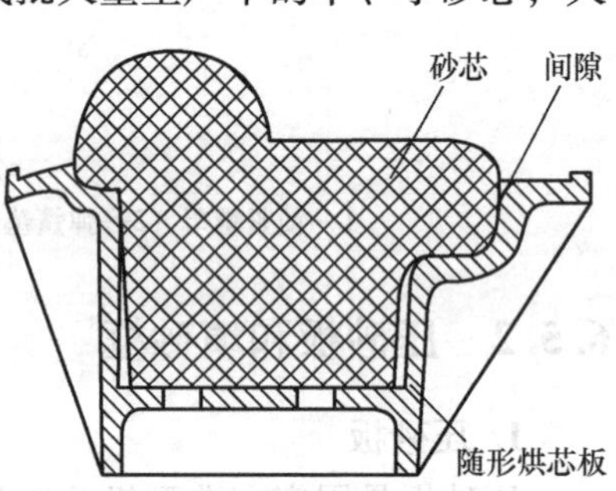

图6-54 烘芯器的结构

小　结

本章介绍了模样、模板、芯盒和砂箱等铸造工艺装备设计的内容、方法和步骤及技术要求，包括工艺装备类型确定，材料选择，结构设计和尺寸计算。其中结构设计包括工装本体结构和辅助结构（如定位、紧固、搬运结构等）的设计。设计的原则是：以铸件的生产纲领、工艺要求及设备条件等为依据，查阅和参考相关的技术资料和手册，获取所需的设计参数，绘制设计图。

随着计算机应用技术的发展，计算机辅助设计CAD、CAE和CAM等在铸造工艺装备设计制造中获得了广泛的应用，铸造工艺装备设计已可以部分或大部分用计算机专用软件或专家系统来完成，数字化和智能化是铸造工艺装备设计的必然发展趋势。

复习思考题

6-1 铸造工艺装备设计的主要依据是什么？

6-2 模样和模板在机器造型中使用的主要目的是什么？

6-3 模样设计的主要内容是什么？制造模样的常用材料有哪些？各用于什么场合？

6-4 模样本体结构可分为几种类型？设计的原则是什么？

6-5 什么是模样的工作尺寸？工作尺寸应如何进行计算？

6-6 如何区分模样或芯盒的凸体尺寸和凹体尺寸？这样划分尺寸的目的是什么？

6-7　模样在模板上怎样固定？怎样定位才能防止错箱？

6-8　怎样根据模样材料和结构尺寸来选择加强筋和模样壁厚？

6-9　分析模样在模底板上的装配形式以及模样在模板上定位、紧固时应遵循的原则。

6-10　金属芯盒设计的主要依据是什么？金属芯盒设计的主要内容是什么？对金属芯盒的主要要求是什么？

6-11　如何确定芯盒分盒面？芯盒内腔尺寸如何计算？

6-12　芯盒本体结构包括哪几部分？在确定芯盒本体材料、壁厚、加强筋、凸缘、镶块等时应注意什么？

6-13　热芯盒和壳芯盒各有何特点？设计时应注意哪些问题？

6-14　简要说明砂箱的种类及设计和选用砂箱的基本原则。

6-15　试分析设计砂箱尺寸、箱壁、箱带、定位和紧固时的注意事项。

6-16　什么是吃砂量？它在砂箱设计中有何用途？

6-17　砂箱内框尺寸如何确定？

6-18　模板与砂箱之间以及上、下砂箱之间的定位方式有哪几种？试分别举例说明。

第7章 特种铸造

特种铸造是指在铸型材料、充型和凝固等方面与砂型铸造有显著差别的铸造方法的统称。目前，特种铸造方法有20多种，常用的有熔模铸造、消失模铸造、金属型铸造、压力铸造、低压铸造、离心铸造、差压铸造和连续铸造等铸造方法。

随着科学技术的发展，现代装备制造业对铸件尺寸精度和外观质量的要求越来越高，铸件近净形技术是特种铸造的发展方向。特种铸造作为一种铸件成形技术，将向精密化、薄壁化、轻量化、节能化方向发展，并得到了日益广泛的应用，铸件产值从20世纪80年代占铸件总产值的10% ~20%提升到当今的20%~30%。

7.1 熔模铸造

7.1.1 概述

1. 熔模铸造的原理

熔模铸造是用易熔材料制造模样，在易熔模样表面涂覆多层耐火材料，待其硬化干燥后，将模样熔化去除而制成型壳，型壳经高温焙烧后进行浇注，从而获得铸件的铸造方法。由于这种铸造方法早期所用的模样为石蜡，因此又称石蜡铸造，也称失蜡铸造。

熔模铸造主要工序包括设计压型、制造蜡模、上涂料和撒砂制造型壳、型壳硬化和干燥、脱蜡、型壳焙烧、金属熔炼和浇注、铸件凝固冷却、铸件脱壳清理和精整等。其本质类似于砂型铸造，通常铸件也是在重力下充型和凝固的，只是造型材料和造型方法与砂型铸造不同。熔模铸造生产工艺流程如图7-1所示。

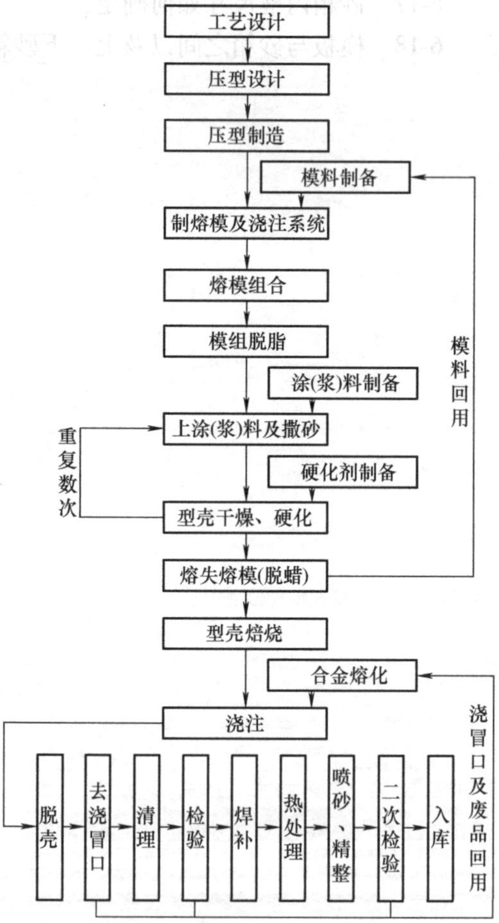

图7-1 熔模铸造生产工艺流程

2. 熔模铸造的特点

熔模铸造采用可熔化的石蜡模样（简称蜡模），型壳为整体而无分型面，具有以下特点：

1）由于铸型精密又无分型面，铸件精度高，表面质量好，尺寸公差等级为CT4 ~ CT7，表面粗糙度 Ra 值可达1.6 ~12.5μm。

2）工装设备简单，可生产形状十分复杂的铸件和薄壁铸件，最小壁厚仅0.3mm，铸出孔最小直径为0.5mm。

3）铸造合金和铸件生产批量基本不受限制，尤其适用于生产高熔点和难以加工的合金铸件。

4）工序复杂，生产周期长，原材料较贵，铸件成本较高；铸件不宜过大，多用于小型零件（从几十克到几千克），一般不超过25kg。

熔模铸造是少、无切削加工工艺方法之一，最适用于生产形状复杂、难切削加工的高熔点合金铸件及有特殊要求的精密铸件。目前，熔模铸造大量用于汽轮机、燃气轮机叶片、切削刀具、仪表元件、汽车和拖拉机及机床等零件的生产。

7.1.2 浇冒口设计

熔模铸造铸件的浇注系统和补缩系统设计的基本原理可参见本书第3章、第4章，但通常熔模铸造铸件的浇注系统与铸件的补缩系统是密切相关的，即浇注系统一般必须具有补缩的功能。

1. 熔模铸造浇冒口系统分类

熔模铸造时，按合金液引入铸型部位的不同，其浇冒口系统结构形式可分为以下几种。

（1）顶注式　合金液从型腔顶部注入，铸件自下而上凝固，适用于高度较低的铸件。图7-2a所示为熔模铸造顶注式浇注系统，浇注时合金液易飞溅，排气不畅，组合工艺时必须考虑排气和挡渣措施。

（2）底注式　合金液从型腔底部平稳注入。图7-2b所示为熔模铸造底注式浇注系统。底注式充型平稳，不易产生夹渣和气孔类缺陷，但不利于铸件顺序凝固，需增大补缩冒口，降低了铸件出品率。

（3）侧注式　合金液从型腔侧面某些部位注入。图7-2c所示为熔模铸造侧注式浇注系统。侧注式工艺铸件补缩效果较好，铸件出品率比底注式高，在熔模铸造中应用较广。

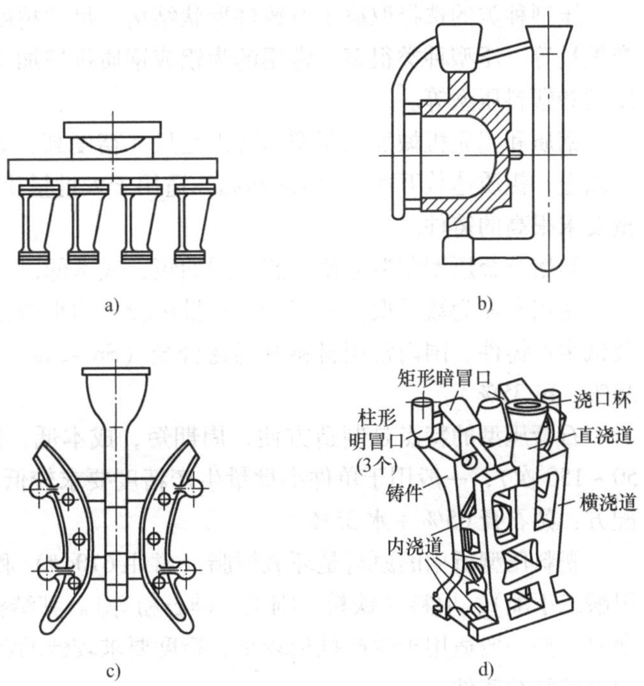

图7-2　熔模铸造浇注系统结构简图

a）顶注式　b）底注式　c）侧注式　d）混合式

（4）混合式　混合式是上述三种方式的组合应用，兼有三种方式的优点，运用灵活，兼容性好，但组合工艺繁琐、结构复杂，在熔模铸造中应用也较广。图7-2d所示为熔模铸造混合式浇注系统。

2. 浇冒口系统设计注意事项

1）熔模铸造的浇注系统和补缩系统也用易熔材料制作，浇冒口系统应保证模组有足够的强度，使模组在运输、涂挂时不会断裂。结构应尽量简单，以便于制作、组装、制壳和切割清理。

2）浇冒口系统与铸件之间的相互位置应保证铸件的变形和应力最小，冷却过程中发生线收缩时尽可能不互相妨碍。

3）为防止脱模时因模料不易逸出而产生的型壳膨胀，保证浇注时使型腔内气体易于外逸，可在模组适当的位置处设置排蜡口和出气口。

4）浇冒口系统消耗的金属要尽可能少，以提高铸件出品率。冒口和直浇道等应尽可能标准化、系列化，以便于生产管理。

7.1.3 压型设计

压型是用来制造蜡模的模具，其材料可以是金属材料（易熔合金、钢、铜合金、铝合金等），也可以是非金属材料（石膏、塑料、橡胶等）。钢、铜合金、铝合金的压型主要用机械加工方法制成，故压型型腔尺寸精度较高（公差等级达IT6～IT7），表面粗糙度值较小（Ra0.8～1.6μm），必要时还可镀铬抛光，使用寿命也长，但制造周期长，成本高，适用于批量大、精度高、结构复杂铸件的生产。

1. 压型材料的选择

压型种类的选择取决于对铸件形状结构、尺寸精度和表面粗糙度、模料特性以及铸件生产批量等。压型种类很多，常用的为铝或钢质机械加工压型，此外还有易熔合金压型、石膏压型和塑料压型等。

钢质和铝质机械加工压型的特点是尺寸精度高，表面光洁，寿命长（钢质使用达10万次以上，铝质达数万次），但成本高，适用于大批量生产或批量虽不大但尺寸精度和表面质量要求很高的铸件。

易熔合金压型制造方便，制造周期短，成本低，有较好的导热性，压型报废后材料可回用，使用寿命为数千次，适用于生产批量较大的小型精密铸件，或加工困难且复杂的压型以及试生产铸件。国内常用材料有锡铋合金（Sn 42%，Bi 58%），铅锡铋合金（Pb 30%，Sn 35%，Bi 35%）。

石膏压型的特点是制造方便，周期短，成本低，但强度低，脆性大，寿命短（仅能用50～150次），一般用于单件小批量生产精度要求较低的铸件及试生产件。石膏压型的常用配方：熟石膏65%＋水35%。

塑料压型所用的原料是环氧树脂（常用6104#）和固化剂（乙二胺）、增塑剂（邻苯二甲酸二丁酯）、填料（铁粉、刚玉、硅石粉等）。其结构分全塑料压型和塑金组合压型两种。塑料压型一般适用于生产批量较小、精度要求较低的铸件或试生产铸件，也常用于制作加工困难的复杂铸件。

2. 压型分型面的确定

为使蜡模能从压型中顺利取出，将密封的压型分成若干个型块，这些型块的接合面称为分型面。正确选择压型分型面是获得优质蜡模的前提，关系到压型的结构合理性和制造经济性。确定分型面应遵循以下几个原则：

1）分型面应尽可能在同一平面上，如果曲线分型面不可避免，则应采用规则的曲面分型。这样既可减少压型加工工时，提高压型精度，也便于分型面的吻合和压型清理。

2）尽可能减少压型可拆件（活块）的数量。过多的可拆件不仅使压型结构复杂，而且会影响压型的几何精度，降低压型寿命和降低生产率。用稍许复杂的分型面比用过多的活块更加合理，尤其是易于磨损的铝制压型。

3）分型面应尽量取在蜡模的某个完整面上，以便于蜡模的修整。因为分型面不可避免地会在蜡模上留下分型痕迹和铸造斜度。

4）对于设有起模装置的压型，蜡模应留在有起模装置的压型内。

5）上压型内型腔体积应尽量小，以减小上压型的体积和自重，从而减轻劳动强度。

在实际生产中，分型面的选择很难同时满足上述要求，在保证铸件质量的前提下，应使压型结构尽可能简单，以便于压型制造和压制蜡模，降低生产成本。

3. 压型的结构组成

压型的结构形式多种多样，一般由型腔、注模料口、内浇道、型芯固定机构、压型定位机构、压型锁紧机构和排气道等组成。图7-3所示为一种手工操作的压型结构示意图。该压型由上、下两个半型组成，即上压型3和下压型10。其主要组成部分如下：

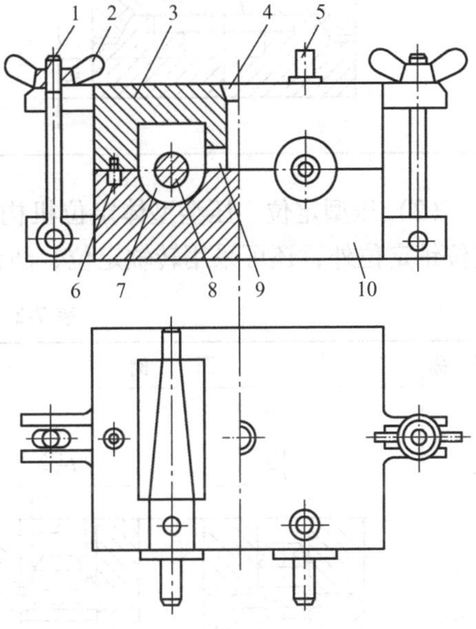

图7-3 手工操作的压型结构示意图

1—活节螺栓 2—蝶形螺母 3—上半压型 4—注模料口 5—型芯销 6—定位销 7—型腔 8—型芯 9—内浇道 10—下半压型

1）型腔：模料在此形成蜡模。

2）注模料口：模料由此口进入型腔。

3）内浇道：压注蜡模时的浇道，也可以是浇注铸件时的内浇道。

4）型芯：形成蜡模内腔，如蜡模内腔是弯曲的或内腔壁不平直，则金属型芯在蜡模形成后不能从蜡模内取出，可采用可溶性型芯。

5）型芯固定机构：用型芯销5固定型芯在压型中的位置，也可用其他方法固定型芯。

6）压型定位机构：定位销6，防止合型时上、下压型发生错位。

7）压型锁紧机构：用活节螺栓1和蝶形螺母2将压型各部分连接为一个整体，防止压注蜡模时，压型上的零件移位，或压型被胀开。

8）排气道：利用压型分型面和型芯头与压型的接触面上的缝隙进行排气，以有利于压制蜡模时模料的注入和充型。此外，排气也可在分型面上开深度为0.3～0.5 mm排气槽的方式。有时还可改变型腔结构，以便于型腔中某部位的排气。

由于制蜡模用压型结构形式的不同，各部分所用零件也多种多样。对于复杂的压型还需增添如下机构：

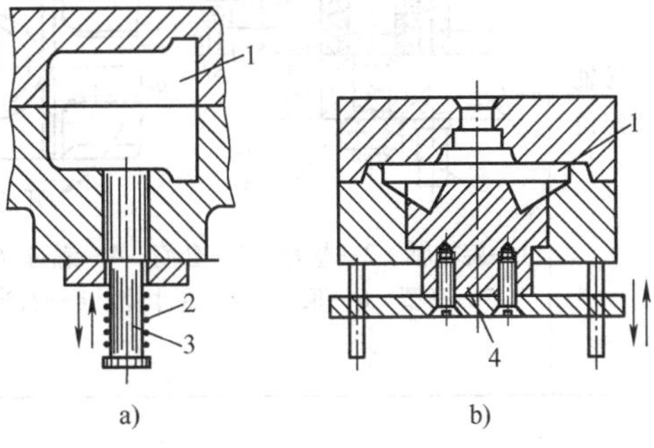

图7-4 压型起模机

a）顶杆起模机构 b）顶板起模机构

1—型腔 2—弹簧 3—顶杆 4—顶板

1）起模机构：一般用顶板或顶杆自压型中顶出蜡模（见图7-4）。此时应保证在开型后，蜡模留在起模机的半型中。

2）冷却系统：大量生产时可在压型中设冷却

水通道，以加速蜡模的冷却和提高蜡模的质量。

4. 压型和型芯设计

（1）压型壁厚　在保证强度和刚度的前提下，压型壁厚应尽可能小，以减轻自重，便于操作。常用铝合金和钢质压型壁厚可参考表 7-1 选取。

表 7-1　常用铝合金和钢质压型壁厚　　（单位：mm）

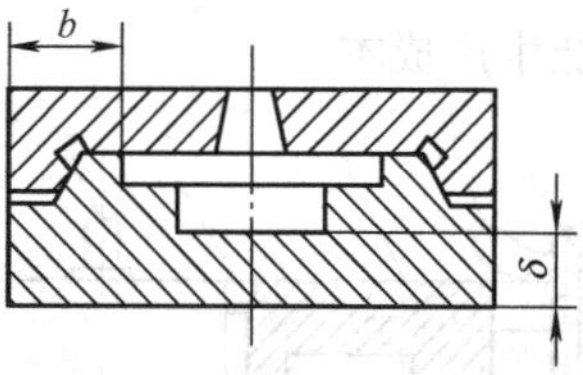

压型材料	δ	b
钢	10 ~ 20	15 ~ 25
铝合金	15 ~ 25	20 ~ 30

（2）压型定位　压型型体定位机构是保证型腔尺寸精度的重要构件，型体定位除采用定位销定位外，还可采用转轴定位、凸台定位及复合定位。压型常见的定位方式见表 7-2。

表 7-2　压型常见的定位方式

<table>
<tr><th>名　称</th><th>图　例</th><th>名　称</th><th>图　例</th></tr>
<tr><td>定位
销定位</td><td>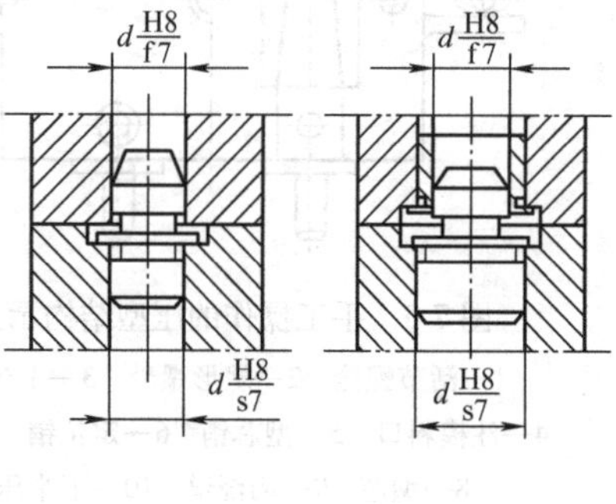
</td><td>凸台
定位</td><td>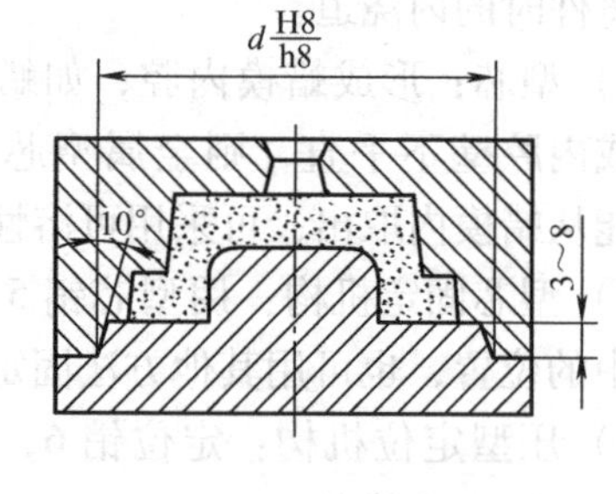
</td></tr>
<tr><td>转轴
定位</td><td>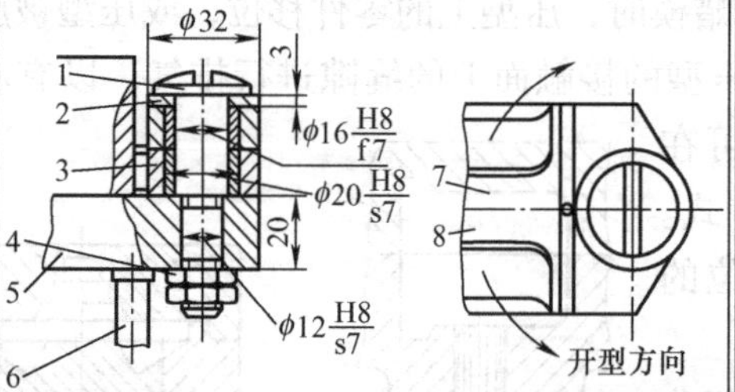

1—旋转轴　2—垫片　3—套筒　4—螺母（M20）
5—底型　6—顶足　7—左半型　8—右半型</td><td>复合
定位</td><td>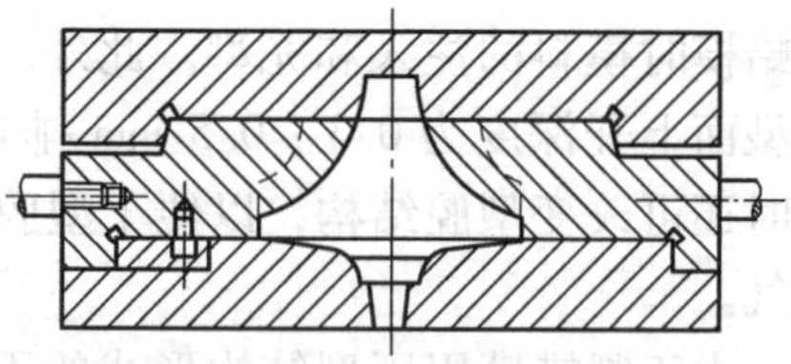</td></tr>
</table>

（3）压型锁紧　压型锁紧机构的作用在于保证分型面闭合，保证压蜡时不胀开，不错位，不跑蜡。常用的锁紧机构有活节螺栓锁紧、偏心锁紧等，见表 7-3。

表7-3 压型常见锁紧机构

类型	图例	名称	图例
活节螺栓	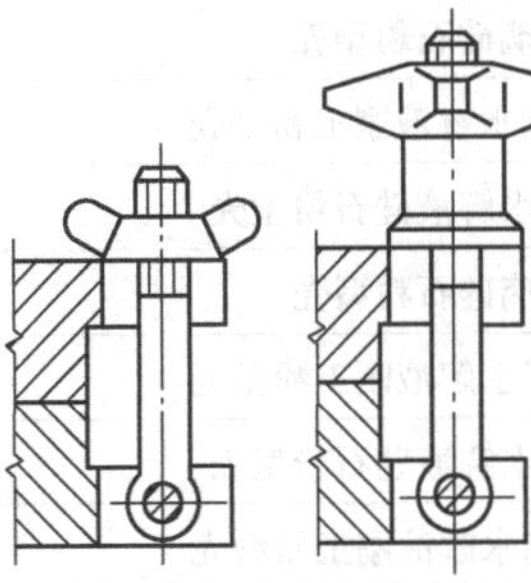	摩擦夹	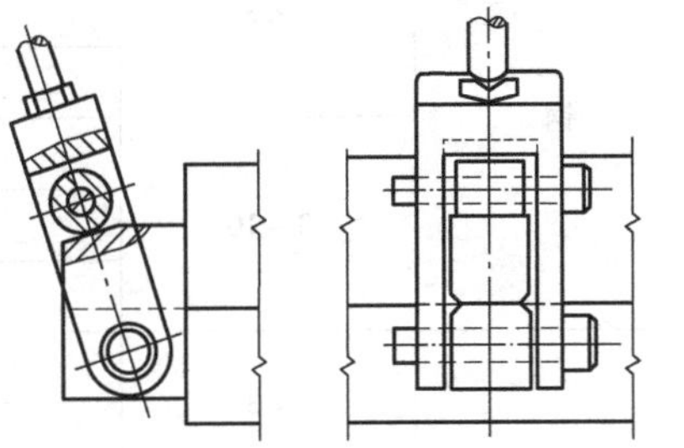
螺钉夹	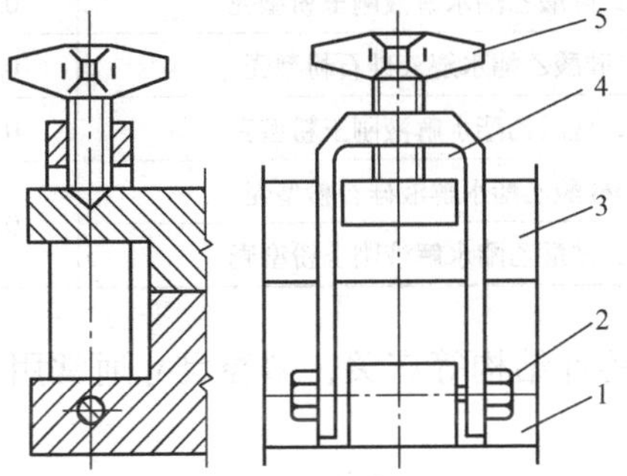 1—下压型 2—螺栓 3—上压型 4—套钳； 5—星形螺钉	偏心手柄夹	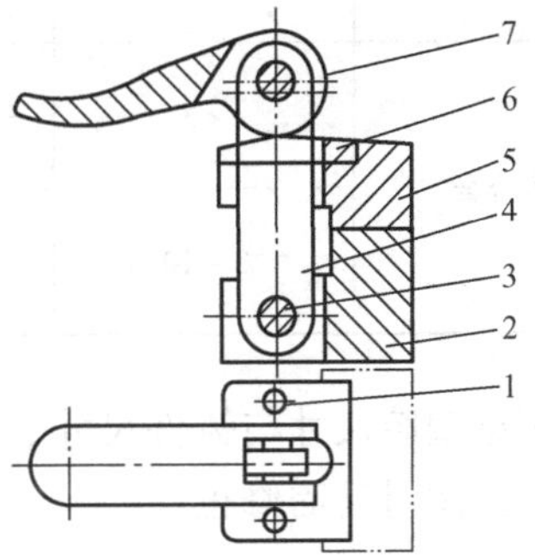 1—沉头螺钉 2—下压型 3—圆柱销 4—键板 5—上压型 6—垫块 7—偏心手柄

（4）压型工作尺寸计算　从制造蜡模开始到形成铸件，型腔和型芯的尺寸要经历三次变化：

1）模料在复制压型型腔尺寸后的冷却收缩 ε_1。

2）型壳在复制蜡模尺寸后在焙烧加热过程中的膨胀 ε_2。

3）铸件的冷却收缩 ε_3。

因此，设计计算型腔和型芯尺寸时应综合考虑模料线收缩率 ε_1、型壳线膨胀率 ε_2 和铸件线收缩率 ε_3，则铸件的综合收缩率 ε 为

$$\varepsilon = \varepsilon_1 - \varepsilon_2 + \varepsilon_3 \tag{7-1}$$

ε_1 值与模料成分和制模工艺有关，如蜡基模料的 ε_1 大于松香基模料；液态浇注或压铸制模的 ε_1 大于糊状模料压注。ε_1 值变动范围较大，一般为 0.38% ~2.05%；ε_2 值与型壳材料组成、制壳工艺、浇注时型壳温度有关，如铝矾土型壳的 ε_2 小于硅石粉型壳，水玻璃型壳的 ε_2 小于硅酸乙酯型壳。一般 ε_2 值在 0.50% ~1.20% 范围波动。ε_3 值与合金成分和铸件形状结构等因素有关。

铸件综合收缩率影响因素多，一般根据经验或查阅有关手册选择。不同合金铸件在不同模料和型壳条件下的综合收缩率 ε 值见表7-4。自由收缩部位的综合收缩率取上限，收缩受阻部位则取下限。

表 7-4　不同合金铸件在不同模料和型壳条件下的综合收缩率 ε 值

铸件合金	铸件壁厚/mm	模料、型壳条件	ε（%）
钢	<3	蜡基模料，硅酸乙酯水解液硅石粉型壳	0.2~1.2
		蜡基模料，水玻璃硅石粉型壳	0.8~1.8
		松香基模料，硅酸乙酯水解液刚玉粉型壳	1.1~2.2
	3~10	蜡基模料，硅酸乙酯水解液硅石粉型壳	0.4~1.4
		蜡基模料，水玻璃硅石粉型壳	1.0~2.0
		松香基模料，硅酸乙酯水解液刚玉粉型壳	1.3~2.4
锡青铜	<3	蜡基模料，硅酸乙酯水解液硅石粉型壳	0.4~1.3
		松香基模料，硅酸乙酯水解液刚玉粉型壳	0.8~1.5
	3~10	蜡基模料，硅酸乙酯水解液硅石粉型壳	0.8~1.8
		松香基模料，硅酸乙酯水解液刚玉粉型壳	0.9~2.0
铝合金	<3	蜡基模料，硅酸乙酯水解液硅石粉型壳	0.3~1.2
		松香基模料，硅酸乙酯水解液刚玉粉型壳	0.3~1.3
	3~10	蜡基模料，硅酸乙酯水解液硅石粉型壳	0.5~1.5
		松香基模料，硅酸乙酯水解液刚玉粉型壳	

压型型腔尺寸与铸件尺寸、综合收缩率、铸件结构等有关，型腔尺寸通常用式（7-2）计算，试制时尚需修正。

$$L^{\pm a'}=\left[\left(l\pm\frac{1}{2}\Delta\right)(1+\varepsilon)\pm\frac{1}{2}a'\right]^{\pm a'} \tag{7-2}$$

式中　L——型腔尺寸；

l——铸件的公称尺寸；

Δ——铸件公差；

ε——铸件的综合收缩率；

a'——压型制造公差。

制造公差 a' 由压型的制造精度等级来决定，一般为铸件尺寸公差的 1/4~1/6，型芯的制造偏差取正值，型腔的制造偏差取负值。

（5）压型各部位的加工精度及表面粗糙度　压型的加工精度和表面粗糙度视铸件的技术要求而定，型腔的表面粗糙度应比铸件表面粗糙度小 3~4 级。压型各部位的加工精度和表面粗糙度分别见表 7-5 和表 7-6。

表 7-5　压型各部位的加工精度

压型部位	尺寸公差等级
型腔及型芯成型部位	IT6~IT10
活块、镶块、顶杆等配合部位	IT6~IT9
自由尺寸	IT12~IT14

表 7-6　压型各部位的表面粗糙度 Ra

压型部位	型腔、型芯	芯头、活块配合面、定位面	分型面	浇冒口系统	非工作表面
Ra/μm	0.2~0.8	0.8~3.2	0.6~1.6	1.6~6.3	6.3~12.5

7.1.4 蜡模制造

蜡模是用来形成型壳中型腔的模型，要获得尺寸精度高和表面粗糙度值小的铸件，首先蜡模本身就应具有高的尺寸精度和小的表面粗糙度值。为获得高质量的蜡模，必须选择合适的制模材料（简称模料）和合理的制模工艺。

1. 模料分类

模料通常由两种或两种以上的原材料组成。模料种类很多，通常按熔点高低分为三类：①低温模料，熔点低于60℃，如石蜡-硬脂酸模料；②中温模料，熔点为60~120℃，如松香-川蜡基模料；③高温模料，熔点高于120℃，如由50%松香、30%聚苯乙烯和20%地蜡组成的模料。模料按其主要组成和性能分为蜡基模料、松香基模料、系列模料及其他模料四大类。

（1）蜡基模料　蜡基模料主要是以各种矿物蜡或动植物蜡为主体的材料。国内常用蜡基模料的成分和性能见表7-7。

表7-7　国内常用蜡基模料的成分和性能

序号	成分（质量分数,%）							性能			
	石蜡	硬脂酸	褐煤蜡	地蜡	松香	低分子聚乙烯	EVA	滴点/℃	热稳定性/℃	线收缩率（%）	抗弯强度/MPa
1	50	50	—	—	—	—	—	50~54	31~35	0.8~1.0	2.5~3.5
2	95	—	—	—	—	5	—	66	34	1.04	3.3
3	70~90	—	2~10	2~15	3~20	—	0.5~4.0	71~76	36	0.6~0.7	5.0~6.0
4	95	—	2	—	3	—	—	62	32	0.82	4.7
5	98.5	—	—	—	—	—	1.5	58	31	0.85	4.4

1）石蜡-硬脂酸模料。石蜡和硬脂酸能互溶，在石蜡中加入硬脂酸可提高模料的软化点、流动性、涂挂性和表面硬度。但当模料中硬脂酸超过80%时，模料的强度特别低；当硬脂酸含量低于20%时，蜡模表面易起泡，涂挂性也不好；当硬脂酸含量在20%~80%时，随硬脂酸增多，模料强度略有下降。生产中广泛采用石蜡和硬脂酸各为50%的配比。这种模料互溶性良好，配制简单，制模容易，回收处理简单，复用性好，采用糊状模料压制蜡模时的线收缩率为0.6%~0.8%，但这种模料的软化点（约31℃）和强度（1.25×10^5Pa）较低。有的工厂通过调整配比适应不同季节，如夏季增加硬脂酸5%~10%，改善热稳定性；冬季增加石蜡，提高强度并克服蜡模开裂倾向。

这种模料广泛用于制造精度要求一般的小型铸件蜡模，制壳和制模场地必须保持在15~25℃范围内，否则，蜡模易变形。

2）石蜡-低分子聚乙烯模料。用低分子聚乙烯代替硬脂酸，可配制成石蜡-低分子聚乙烯模料，石蜡的熔点和低分子聚乙烯的相对分子质量都会影响模料的性能。目前，熔模铸造常用石蜡-低分子聚乙烯模料的组成为95%石蜡和5%低分子聚乙烯。

与石蜡-硬脂酸配制的模料相比，石蜡-低分子聚乙烯模料具有强度高、韧性好、焊接性好、蜡模表面光洁、脱蜡回收方便、复用性好等优点。用5%低分子聚乙烯代替硬脂酸，可以节约大量硬脂酸。同时，使模料具有良好的化学稳定性，在制模、制壳及脱蜡回收时不发生皂化反应，不易变质，便于控制模料的质量。石蜡-低分子聚乙烯模料配制和制模工艺与石蜡-硬脂酸模料相似。

3）石蜡-褐煤蜡基模料。以石蜡-褐煤蜡为模料基体，再添加适量的松香、低分子聚乙烯等，取代硬脂酸，组成的石蜡-褐煤蜡基三元、四元系模料，具有松香基模料的性能（见后面介绍）。用褐煤蜡和低分子聚乙烯取代硬脂酸配制的模料，热稳定性好，在400℃下保温2h，模料试样变形挠度<2mm。用褐煤蜡、精制地蜡和松香组成的褐煤蜡基模料，其强度、硬度和稳定性提高显著，压制的蜡模表面光洁。

4）石蜡-热塑性高聚物模料。热塑性高分子聚合物作为模料强化剂已经得到普遍的应用。由于高聚物分子长链具有较高的强度和柔韧性，并能与蜡的低分子化合物形成稳定的混合物，从而增加模料的韧性及弹性，提高强度和发热稳定性，起到强化基体的作用。但是，长分子链在熔融状态时易成无规则线团状，降低模料的流动性。一般作为强化剂的热塑性材料，其熔点不宜过高，收缩率要小，且与蜡基模料的互溶性要好。

目前常用的热塑性材料有聚乙烯、乙基纤维素及乙烯与醋酸乙烯酯共聚物（即EVA）等。试验表明，在石蜡中加入10%聚乙烯，其滴点从50℃提高到80℃，强度提高1.5 MPa，但收缩率增加，流动性降低。从综合性能考虑，聚乙烯在模料中的添加量不应超过15%。

聚乙烯和乙基纤维素的结晶度大，熔点高，溶解度小。用它们配制模料时，化蜡温度高，高温停留时间长，蜡料容易发生分解、炭化而变质。目前生产中已开始采用EVA作强化剂。与聚乙烯相比，EVA结晶度小、溶解度大、溶解速度快、与蜡料互溶性较好。采用70℃石蜡，添加7% EVA时，模料配制简单，使用方便，复用性较好。与石蜡-硬脂酸模料相比，这种模料具有较高的弹性、强度和热稳定性，并具有较小的表面粗糙度值，它适用于制作形状复杂的小型蜡模，采用液态浇注或液态压注成型。

（2）松香基模料　松香基模料是以松香为主要成分配制成的模料，属于中温模料，用于生产精度要求高、形状复杂的薄壁铸件。

松香具有比蜡高的强度和表面硬度，比蜡小的线收缩率，比热塑性高聚物低的熔点及良好的涂挂性。但松香性脆易碎，黏性大，流动性和成型性差，热稳定性不好。由于蜡具有良好的流动性、成型性和塑性，并能与松香互溶，因而松香基模料中常加入适当比例的蜡，与松香组成复合基体。可供选择的蜡有川蜡、褐煤蜡、地蜡或它们的混合物，有时还需添加一种或几种附加组元，以进一步提高和改善模料的性能。松香基模料的成分及性能见表7-8。

表7-8　松香基模料的成分及性能

序号	成分（质量分数,%）								性　能			
	松香	聚合松香	改性松香	石蜡	地蜡	褐煤蜡	虫白蜡	聚乙烯或EVA	滴点/℃	热变形量 ΔH_{40-2}/mm	线收缩率（%）	抗弯强度/MPa
1	75	—	—	—	5	—	15	5	94	1.75	0.95	10.0
2	60	—	—	—	5	—	30	5	90	1.07	0.88	6.0
3	—	30	25	30	5	—	5	5	80	1.07	0.55	6.4
4	—	17	40	30	—	10	—	3	81	0.55	0.76	5.4

在松香基模料成分中，用EVA代替聚乙烯、石蜡和褐煤蜡代替川蜡、聚合松香和改性

松香代替松香配制的模料性能良好，可用作精铸无余量叶片等零件的模料。

（3）系列模料 系列模料是由专门模料工厂研制的模料，供熔模铸造生产企业按不同要求选用。国产WMⅡ系列模料的性能和适用范围见表7-9。

表7-9 国产WMⅡ系列模料的性能和适用范围

牌号＼性能	熔点/℃	压注温度/℃	抗拉强度/MPa	线收缩率(%)	灰分(%)	使用状态	适用范围	颜色
WMⅡ-1	95	70~75	2.5~3.0	0.3~0.5	<0.05	液态	叶片	深色
WMⅡ-2	90	50~70	3.0~4.0	0.5~0.6	<0.05	液态	一般蜡模件	浅色
WMⅡ-3	80~90	55~70	2.5~3.0	0.4~0.6	<0.05	液态	大件	浅绿
WMⅡ-4	70~80	60~70	4.5~5.0	0.4~0.6	<0.05	液态	薄壁件钛合金件	橘红
WMⅡ-5	55~70	55~65	3.0~3.05	0.6~0.8	<0.05	液态	代替石蜡-硬脂酸模料	深绿
WMⅡ-6	65~75	55~65	3.5~4.5	0.3~0.5	<0.05	液态	填料模料	大红
WMⅡ-7	45~60	—	2.0~3.5	—	<0.05	液态	修补蜡模	深红
WMⅡ-8	55~65	—	2.0~3.0	—	<0.05	液态	粘结蜡模	黄
WMⅡ-9	45~60	—	3.4~4.5	0.6~0.7	<0.05	液态	工艺美术品	红
WMⅡ-10	—	60	1.0~1.5	0.1~0.2	<0.05	液态	制水溶芯	草绿

在选用系列模料时应注意，制造浇道模料的熔点应低于铸件蜡模本体的模料，并具有更好的流动性，以保证脱模时浇道部分先于蜡模本体熔失，减小型壳被胀裂的可能性；粘接蜡模用模料在液态时应有较大黏度，在凝固后应有较强黏结力和较好的韧性；用于修补蜡模的模料应熔点低，塑性好，借手温即可捏成形，便于堵塞蜡模表面孔洞、疤痕等缺陷。

（4）填料模料 为减小模料收缩，防止蜡模变形和表面缺陷，提高模料表面质量和尺寸精度，可在模料中加入填料，这类模料称为填料模料，在国外应用相当普遍。可用于制备填料模料的粉料有聚乙烯粉、聚苯乙烯粉、聚氯乙烯粉、异苯二甲酸粉、季戊四醇粉、己二酸粉、脂肪酸粉、尿干粉（尿素加热至120℃保温5h后粉碎得到的）、苯四酸酐二亚胺、酞酣亚胺、萘、淀粉等。加入量可为模料总质量的10%~45%。

2. 模料的配制

配制模料的目的是将原材料按规定的配比混成均匀的一体，使模料的状态符合压注蜡模的要求。配制模料是一道重要工序，配制工艺正确与否直接影响模料的性能，从而影响蜡模和铸件的质量。配制蜡基模料和松香基模料常用加热熔化和搅拌的方法，把模料熔成液态充分搅拌，滤去杂质，保温情况下静置，让液态模料中的气泡逸出。如果模料的使用状态为液态，则可送去压蜡机中供压制蜡模用；若模料的使用状态为糊状（固液态），则熔化后的模料需在过滤后，通过边冷却边搅拌的方法制成糊状供压制蜡模使用。

（1）蜡基模料的配制 蜡基模料的熔点低于100℃，为防止模料因加热温度过高而出现分解、碳化变质等现象，常通过热水槽、油槽、甘油槽或水蒸气对模料加热。图7-5所示为熔化蜡基模料加热桶。通过电热器7把水加热，以水为媒介，把热量通过化料桶传给

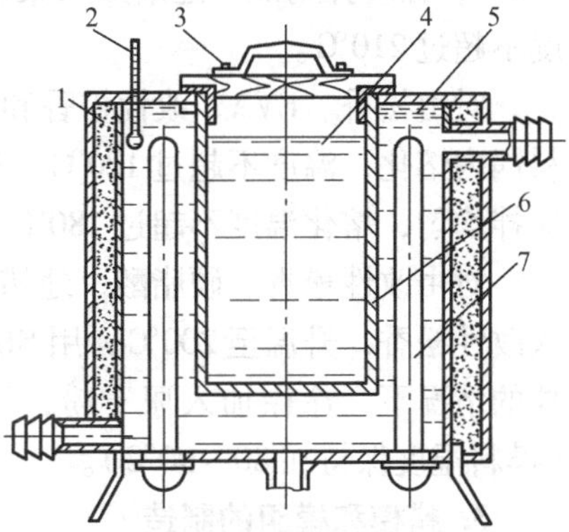

图7-5 熔化蜡基模料加热桶

1—绝热层 2—温度计 3—盖 4—模料 5—水 6—化料桶 7—电热器

模料4，将模料熔化，若将该装置中电热器和水除去，在水箱中通入压力蒸汽，便可将此装置改装成通气熔化模料的装置。

熔化蜡基模料时，可以把所有原材料一起加入化料桶中熔化，并搅拌均匀，最后用11号筛（270目）过滤去除固态杂质。模料的搅拌大多采用旋转桨叶的搅蜡机，如图7-6所示。搅拌过程中桨叶一边旋转，一边又可在蜡料中上下移动，以使模料中固液相分布均匀。固相颗料应尽可能小，以减小蜡模的表面粗糙度值。搅拌时应使模料自由表面平稳，防止卷入过多空气，在模料中形成大的气泡，造成蜡模表面因气泡外露而出现孔洞。

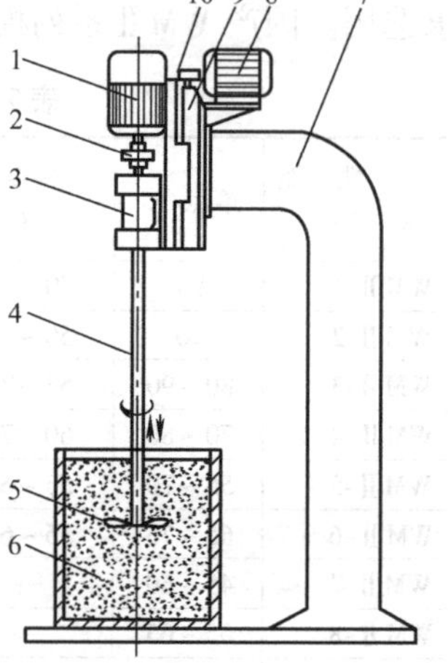

图7-6 搅蜡机

1—电动机 2—弹簧联轴器 3—轴承座 4—轴 5—叶轮 6—模料 7—支座 8—升降电动机 9—支座 10—滑板

为减小模料在压型中收缩，防止蜡模产生收缩性缺陷，提高制模效率，一般用糊状蜡基模料压制蜡模。对于石蜡-硬脂酸模料而言，糊状模料温度为42～48℃。糊状模料可在连续冷却和保温的情况下，通过搅拌直接制成糊状，也可在液态模料搅拌过程中，通过加入小块状、屑状或粉状模料的方法制备糊状蜡基模料。此外，还可用活塞机螺杆调蜡机将液态模料制成糊状模料。

（2）松香基模料的配制　松香基模料熔点较高，一般用不锈钢电热锅熔化，电加热锅可转动，以便倾倒液态模料。电加热锅用温度控制器控温，防止模料温度太高氧化、分解变质。熔化后的模料需经11号筛（270目）过滤去除杂质，滤过的模料保温静置。模料在液态使用时，在规定温度保温静置后即可用来制模；若模料在糊状使用，则需自然冷却成糊状或在边冷却边搅拌情况下制成糊状备用。

由于松香基模料原材料组成复杂，它们之间有的不能互溶，需借助第三组分使之溶合；有的组分之间只能部分溶解，配制熔化松香基模料时要注意加料次序，以获得成分均匀的模料，几种配比的模料熔化加料次序如下：

对含有松香、聚乙烯和石蜡、川蜡、地蜡的松香基模料，先熔化蜡料，升温至约140℃，在搅拌情况下逐渐加入聚乙烯，再升温至约220℃，加入松香熔化，最后的熔化温度不超过210℃。

对由松香、EVA、改性松香和石蜡、地蜡组成的松香基模料，先将石蜡和EVA放进化料锅内熔化，温度不超过120℃，然后在搅拌情况下加入松香和改性松香，最后加入地蜡，搅拌均匀，熔化温度不超过180℃。

对由改性松香、硬脂酸、地蜡和尿干粉的填料模料而言，先熔化硬脂酸和地蜡，然后加入改性松香，升温至200℃，用SBS11号筛过滤。待过滤物冷却至120～135℃时，在不断搅拌的情况下，徐徐加入尿干粉，继续搅拌20～30 min，直至模料混合均匀，无气泡为止（模料温度保持在80～90℃）。

3. 蜡模和模组的制造

（1）蜡模的制造　生产中大多采用压力将糊状模料压入压型制造蜡模。压制蜡模之前，需先在压型表面涂薄层分型剂，以便于从压型中取出蜡模。压制蜡基模料时，分型剂可为机油、松节油等；压制树脂基模料时，常用麻油和酒精的混合液或硅油作分型剂。分型剂越薄越好，使蜡模能更好地复制压型的表面，减小蜡模的表面粗糙度值。压制蜡模的方法一般有三种，即柱塞加压法、气压法和活塞加压法。

（2）蜡模的组装　蜡模的组装是把形成铸件的蜡模和形成浇冒口系统的蜡模组合在一起，主要方法有两种。第一种为焊接法，用薄片状的烙铁，将蜡模的连接部位熔化，使蜡模焊在一起，此法应用较为普遍。第二种为机械组装法，在大量生产小型蜡模铸件时，国外已广泛采用由机械组装法组合模组，采用此种模组可使模组组合效率大大提高。

7.1.5 型壳制造

熔模铸造的铸型可分为实体型和多层型壳两种，目前普遍采用的是多层型壳，将模组浸涂耐火涂料后，撒上粒状耐火材料，再经干燥、硬化，如此反复多次，使耐火涂挂层达到需要的厚度为止，这样便在模组上形成多层型壳。在熔失蜡模时，型壳会受到体积正在增大的熔融模料的压力；在焙烧时，型壳各部分会产生相互牵制而又不均匀的膨胀或收缩；型壳在浇注时会受到高温金属液的热冲击和金属液产生的压力的作用，型壳材料还可能与金属发生高温化学反应。因此，对型壳有一定的性能要求，如小的膨胀率和收缩率，高的机械强度、抗热震性、耐火度和高温下的化学稳定性；型壳还应具有良好的透气性，以便浇注时型壳内的气体能顺利外逸。这些都与制造型壳时所采用的耐火材料、粘结剂以及工艺有关。

1. 制壳用材料

制造型壳用材料可分为两种类型：一种是用来直接形成型壳，如耐火材料、粘结剂等；另一类是为了获得优质的型壳，简化操作、改善工艺用的材料，如熔剂、硬化剂、表面活性剂等。

（1）耐火材料　目前熔模铸造中所用的耐火材料主要为石英和刚玉，以及硅酸铝耐火材料，如耐火黏土、铝矾土、焦宝石等，有时也用锆砂、镁砂（MgO）等。

（2）粘结剂　最常用的粘结剂是硅酸胶体溶液（简称硅酸溶胶），如硅酸乙酯水解液、水玻璃和硅溶胶等。其主要组成物质为硅酸（H_2SiO_3）和溶剂，有时也含有稳定剂，如硅溶胶中的 NaOH。硅酸乙酯水解液是硅酸乙酯经水解后所得到的硅酸溶胶，是铸造中用得最早、最普遍的粘结剂；水玻璃壳型易变形、开裂，铸件尺寸精度较差，表面粗糙度值较大，主要用于生产精度要求较低的碳素钢铸件和熔点较低的有色合金铸件。硅溶胶稳定性好，可以长期存放，制型壳时不需专门的硬化剂，铸件精度好，表面粗糙度值小，但硅溶胶对蜡模的润湿性稍差，型壳硬化时间较长。

2. 制壳工艺

（1）模组的除油和脱脂　在用蜡基模料制蜡模时，为了提高涂料润湿模组表面的能力，需将模组表面的油污去除。

（2）涂挂涂料和撒砂　涂料应在涂挂前搅拌均匀，尽可能减少涂料桶中耐火材料的沉淀，调整好涂料的黏度或比例，以便涂料能很好地充填和润湿蜡模。挂涂料时，应将模组浸泡在涂料中，并左右上下晃动，使涂料均匀覆盖在模组表面。模组上不应有涂料局部堆集和缺料的现象，且不包裹气泡，可用毛笔涂刷模组表面，以改善涂料的涂覆质量。

涂料涂好后，即可进行撒砂。撒砂是指在涂料层外面粘上一层粒状耐火材料，常用的撒砂方式为雨淋式撒砂和流态化（沸腾床）撒砂两种。第一和第二层型壳用砂的粒度较细，以后各层（加固层）用砂的粒度则较粗。第一和第二层砂的粒度较细是为了减小铸件表面粗糙度值，而外层采用粗砂的目的是提高型壳的透气性。

撒砂层数主要取决于铸件大小，以保证型壳有足够的强度，防止浇注时型壳开裂。对于小型铸件，涂料撒砂层为5~6层，大型铸件型壳层数可为6~9层。

（3）型壳干燥和硬化　每涂覆好一层型壳层后，就要对它进行干燥和硬化，使涂料中的粘结剂由溶胶向冻胶、凝胶转变，把耐火材料颗粒连在一起。所用粘结剂不同，其干燥和硬化方法也不同。

1）硅溶胶型壳的干燥硬化。硅溶胶型壳的干燥是让型壳水分蒸发，硅溶胶浓度达到胶凝临界浓度时，硅溶胶则凝胶，干燥过程中必须严格控制温度、相对湿度及空气流速等，以确保型壳干燥。但型壳面层一般是较容易干透的，经常出现的问题是干燥过快，需要防止因蜡模阻碍涂层收缩而造成面层型壳开裂。背层的情况则不同，上层型壳干燥后涂下层涂料时，下层涂料中水分会渗透到已干燥的型壳中，故背层的主要矛盾是干燥时间过长，生产效率低。因此，制壳干燥工艺参数面层和背层是不同的。干燥过程中硅溶胶型壳工艺参数可参考表7-10。

表7-10　干燥过程中硅溶胶型壳工艺参数

时间/h	层数/层	干燥温度/℃	相对湿度（%）	风速/（m/s）
≥4	1~2	20~25	60~70	不宜吹风
≥6	3~5	≥30	40~60	6~8
≥8	6	≥30	40~60	6~8

注：当环境温度和相对湿度不易调整时，可控制为一定相对稳定数值，即温度为22~25℃，湿度为45%~70%。

2）硅酸乙酯型壳的干燥硬化。硅酸乙酯涂料分面层、过渡层和背层。硅酸乙酯型壳的干燥硬化包括风干、氨干、去味（抽风除氨）。为防止型壳在氨干过程中出现裂纹，一般要使型壳在空气中干燥一段时间，再进行氨气干燥。一般面层在20~25℃空气中干燥0.5~2h；加固层在空气中干燥的时间可以短些，一般为0.5~1h。

型壳在空气中干燥一段时间后，将型壳置于密闭的氨干箱中，箱内氨气的体积分数控制在3%~5%，应按要求控制通入箱内的氨气流量和时间，一般流量控制在3~5 L/mim，通入时间为1~2 min。在氨干结束后，必须通过抽排风系统及时排出箱内氨气。

为了尽可能缩短型壳硬化周期，可采用风干和氨干交替进行的方式，在空气中风干一段时间后，再在氨气中干燥和硬化。有时为了提高型壳强度，在涂挂3~4层后或制壳完成后要进行型壳强化处理，即将型壳浸入专用强化剂中。常用强化剂配比见表7-11（强化剂在配制好放置一周后使用，效果更好）。强化工艺是：待前一层涂料充分干燥后将型壳浸入强化剂中数分钟，然后在空气中风干3h以上，最后氨干40 min左右。表7-12为国内常用的硅酸乙酯型壳干燥硬化工艺参数，型壳层数由所生产铸件大小确定。

表7-11　常用强化剂配比

硅酸乙酯32	蒸　馏　水	95.5%精馏酒精	盐酸（d=1.19）
1000mL	60~70 mL	150 mL	15~17mL

表7-12 国内常用的硅酸乙酯型壳干燥硬化工艺参数

层数/层	空气+氨气硬化			
	风干时间①/h	氨固化时间/min		抽风时间/min
		氨气②	氨水③	
1	≥2	15~25	30~50	10~15
2	1~3	15~25	30~50	10~15
3层以后	1~3	15~25	30~50	10~15
浸加固剂	≥3	20~30	40~60	10~15

① 室温20~28℃，微风1~3m/s，相对湿度为65%~75%。
② 氨气流量3~5L/min，通入时间1~2min，箱内氨气浓度（体积分数）为3%~5%。
③ 对于能容纳30个模组的氨干箱，加入氨水体积约250mL。

3）水玻璃型壳的干燥硬化。水玻璃型壳硬化是制壳工序中重要的一环，要经过空干、硬化、晾干三个过程。空干即硬化前的干燥，是指水玻璃型壳脱除部分自由水的过程。空干可减少水玻璃制壳过程中的胶凝收缩，使硅凝胶有良好的连续性、致密性，显著改善型壳的高温性能，减少型壳和铸件表面缺陷。除面层外，背层在撒砂后就立即硬化，以缩短制壳周期。

水玻璃型壳只有经过化学硬化才能形成不可逆转的硅凝胶，将型壳浸泡在硬化剂溶液中进行，两者完全接触，所以表面硬化进行得很快，但硬化剂向型壳渗透与扩散时硬化进行得很缓慢。影响扩散硬化的因素有硬化剂种类、硬化产物、涂料层的性质及其他工艺因素。

晾干即硬化后干燥，其作用是继续扩散硬化，并流尽残留的硬化剂，防止下层与上层型壳分离。晾干时间的长短与温度、湿度、硬化剂种类、硬化工艺以及蜡模结构等因素有关。

水玻璃是强碱弱酸盐，pH值为11~13。所用硬化剂多为强酸弱碱盐，如氯化铵、结晶氯化铝、聚合氯化铝、结晶氯化镁等，常用硬化剂的最佳工艺参数及硬化液控制见表7-13。

表7-13 常用硬化剂的硬化工艺参数及硬化液控制

项目 / 硬化剂种类	硬化工艺参数				硬化液控制项目
	硬化剂浓度（质量分数,%）	硬化温度①/℃	硬化时间/min	干燥时间/min	
氯化铵	22~25	20~25	3~10	30	氯化铵浓度，氯化钠≤6.5%
结晶氯化铝	31~33	20~25	5~15	30~45	密度为1.16~1.17g/cm³，pH值为1.4~1.7
结晶氯化镁	28~34	20~25	0.5~3	30~45	密度为1.24~1.30g/cm³，pH值为5.5~6.5

① 面层用20~25℃，从第二层起可逐步提高温度，但最外层温度应低于45℃。

（4）脱蜡　型壳完全硬化后，需从型壳中熔去模组，此工序称为脱蜡。根据加热方式不同，有很多脱蜡方法，应用较多的是热水法和高压蒸汽法。必须注意：采用热水脱蜡时，脱蜡口要朝上，使熔化后的模料能顺利浮出，另外水温应尽可能高，但又不能沸腾。采用高压蒸汽脱蜡时，脱蜡口要朝下，使熔化后的模料能顺利排出。

（5）型壳焙烧　将脱模后的型壳进行焙烧。焙烧时逐步增加炉温，将型壳加热至800~1000℃。一般硅酸乙酯水解液型壳焙烧温度较高，水玻璃型壳的焙烧温度较低，保温一定时间，取出型壳进行浇注。在焙烧时，型壳内的残余模料、杂质、水玻璃型壳上的部分 NaCl 都被烧去；型壳中的吸附水、结晶水全部逸走；硅胶进一步分解为 SiO_2。通过焙烧，型壳强度增加，其内腔更为干净。

在整个熔模铸造工艺过程中，型壳的制造占时最长，劳动强度大，劳动条件较差，型壳制造的机械化和自动化可改善工作条件和提高生产率。目前，用得较多的制壳机械有悬链式连续制壳流水线和脉动式制壳机两种。

7.1.6 脱壳清理

熔模铸造生产小批量铸件时，清除型壳可用锤子或风锤敲打浇冒口系统，使铸件组振动，脆性的型壳便从铸件上碎落。铸件产量较大时，清除型壳可采用机械脱壳、电液压清砂和高压水清砂，如图 7-7 ~ 图 7-9 所示。

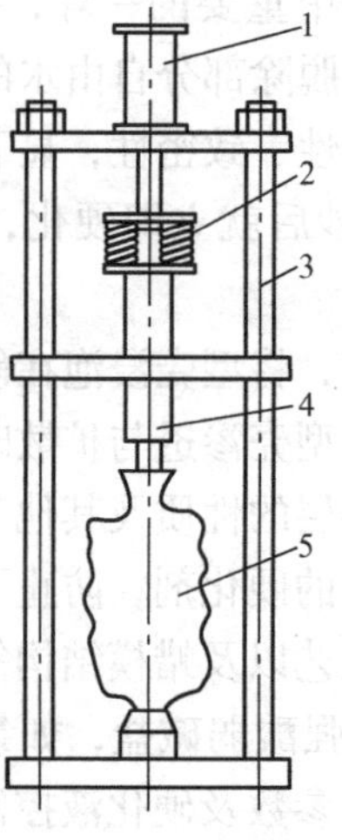

图 7-7 震击式脱壳机

1—气缸 2—弹簧 3—导柱 4—风锤 5—铸件组

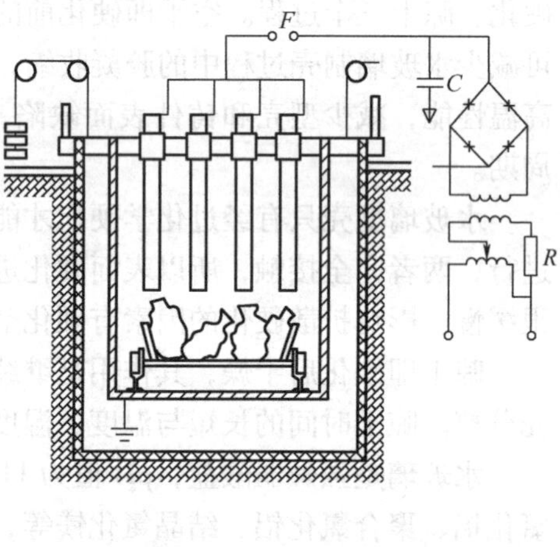

图 7-8 电液压清砂装置示意图

1. 机械脱壳

图 7-7 所示为脱壳机的一种，将带有型壳的铸件组 5 直浇道的一端放在脱壳机的机座上，开动气缸 1 将风锤 4 压下，顶住直浇道的另一端，启动风锤，震击铸件组使型壳脱落。如果在内浇道上做一凹槽(易割浇口)，则在风锤敲击下，铸件本身的震动会引起凹槽处应力集中，最后发生内浇道的疲劳断裂，铸件从直浇道上掉下。对于性能较脆的高碳钢铸件，震击 3min，铸件就能脱落。

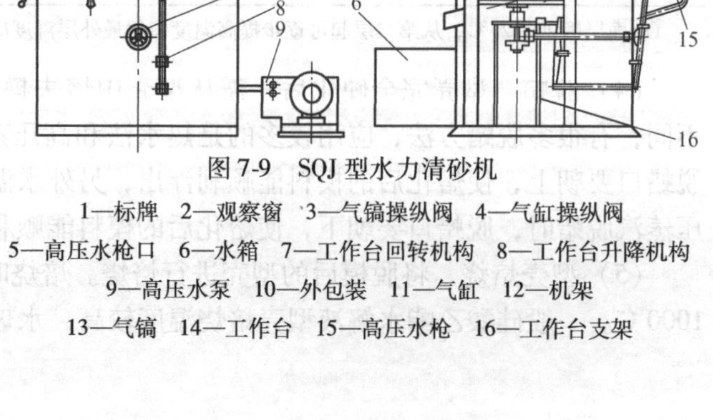

图 7-9 SQJ 型水力清砂机

1—标牌 2—观察窗 3—气镐操纵阀 4—气缸操纵阀 5—高压水枪口 6—水箱 7—工作台回转机构 8—工作台升降机构 9—高压水泵 10—外包装 11—气缸 12—机架 13—气镐 14—工作台 15—高压水枪 16—工作台支架

震击式脱壳生产效率较高，但

劳动条件差，噪声和粉尘均较大。对有小孔、深槽及复杂内腔的铸件，难清除干净。这种方法在国内应用较广。

2. 电液压清砂

图7-8所示为电液压清砂装置示意图，利用水中电极和铸件间的高压放电产生冲击波和冲击压力将型壳去除。这种方法效率高、无粉尘、劳动条件好，但设备一次投资大，复杂、薄壁的精密铸件在清砂中易变形。

电液压清砂主要用于普通砂型铸钢件清理，蜡模铸件使用不多。

3. 高压水清砂

高压水清砂是利用喷嘴将20~136MPa高压水射到铸件表面型壳及型芯上进行清砂。这种方法生产效率高、无粉尘、劳动条件好，对铸件有光饰作用。图7-9所示为SQJ型水力清砂机。高压水清砂在国外广泛使用，从环保和铸件质量等方面考虑，高压水清砂是值得推广的方法。

7.2 消失模铸造

7.2.1 概述

1958年，美国人H. F. Shroyer取得了消失模铸造的专利，首先应用于生产金属雕像等艺术铸件。20世纪80年代以来，消失模铸造主要采用真空负压干砂造型，已成为改造传统铸造产业的高新技术，被国内外铸造界誉为“21世纪的铸造技术”和“铸造工业的绿色革命”。

1. 消失模铸造的原理

消失模铸造是用涂有耐火材料涂层的泡沫塑料模样代替普通模样；在用干砂或自硬砂等型砂充填紧实后，模样不取出就浇入金属液，泡沫塑料模样在金属液的高温热作用下消失，金属液取代模样所占据的空间，最终获得所需铸件的铸造方法。消失模铸造的原理如图7-10所示。由于消失模铸造在造型后不取出模样，浇注时铸型没有型腔，模样在高温热作用下消失的主要原因是气化。因此，消失模铸造又称实型铸造，有时也称气化模铸造。

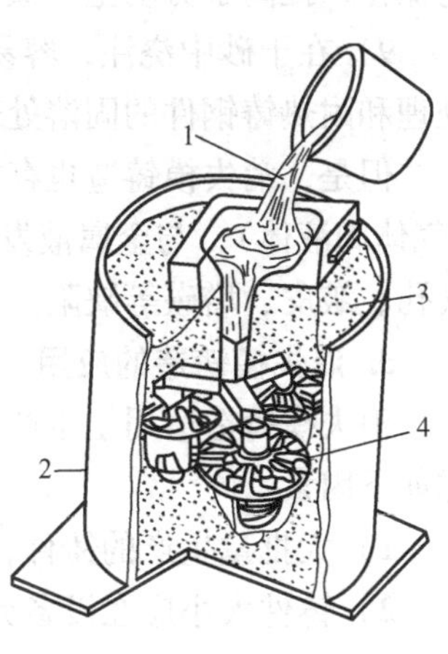

图7-10 消失模铸造的原理

1—金属液 2—砂箱 3—干砂 4—发泡聚苯乙烯

干砂消失模铸造的生产工艺流程如图7-11所示。首先制作泡塑白模，组合浇注系统，消失模表面刷、喷或浸渍耐高温涂料并烘干；然后将烘干的消失模置于特制砂箱，填满干砂，微振适当时间刮平箱口；用塑料薄膜覆盖，放上浇口杯，接真空系统抽真空，干砂紧固成型后浇注。最后释放真空，待铸件冷却凝固后翻箱，从松散的干砂中取出铸件。

2. 消失模铸造的特点

与传统砂型铸造比较，消失模铸造主要有以下优点：

1）铸件尺寸形状精确，重复性好，铸件的表面粗糙度值小，具有精密铸造的特点。

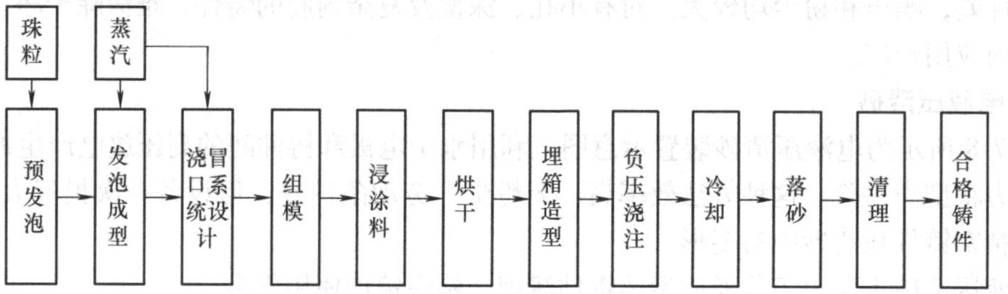

图 7-11　干砂消失模铸造的生产工艺流程

2）取消了砂芯和制芯工步，根除了由于砂芯、下芯造成的铸造缺陷和废品；简化了造型工艺，消除了因取模、合箱引起的铸造缺陷和废品。

3）采用无粘结剂、无水分、无任何添加物的干砂造型，根除了由于水分、添加物和粘结剂引起的各种铸造缺陷和废品。

4）大大简化了砂处理系统，型砂可全部重复使用，取消了型砂制备工步和废砂处理工步；铸件落砂极其容易，大大降低了落砂的工作量和劳动强度。

5）负压浇注，更有利于液体金属的充型和补缩，提高了铸件的组织致密度；可在理想位置设置合理形状的浇冒口，不受分型、取模等传统因素的制约，有利于减少铸件的内部缺陷。

6）铸件无飞边毛刺，清理打磨工作量减少50%以上；方便组合浇注，一箱多件，提高了铸件工艺出品率和生产效率。

7）易于实现机械化自动流水线生产；生产线弹性大，可在一条生产线上实现不同形状和大小铸件的生产。

8）减少了粉尘和噪声污染，改善了铸造工人的劳动环境，降低了劳动强度，简化了工艺操作，提高了劳动生产效率。

9）在干砂中浇注，容易落砂，可利用铸件余热进行热处理。特别是高锰钢铸件的水韧处理和耐热铸钢件的固溶处理，效果非常理想，能够节约大量能源，缩短加工周期。

但是，消失模铸造也存在一些缺点，浇注过程中金属液的流动前沿是消失模的热解产物（气体和液体），与金属液发生反应，若在金属充型过程中热解产物不能顺利排除，易引起气孔、皱皮、增碳等缺陷。

3. 消失模铸造的应用

消失模铸造适用于生产各种材质的铸件。真空负压干砂造型消失模铸造工艺的应用要考虑如下因素：

1）大批量生产的铸件，批量越大，经济效益越好。

2）铸件大小应在设备允许的范围以内（如震实台、砂箱和真空系统）。

7.2.2　浇冒口设计

消失模铸造的消失模没有分型面，造型时不需起模，一般也不用砂芯，简化了铸造工艺设计。消失模铸造工艺方案的确定原则在很多方面与砂型铸造相同，但有其特殊性，在有些方面与砂型铸造不同，必须加以考虑，否则，铸件易产生缺陷。

1. 铸件的浇注位置

铸件浇注位置正确与否关系到液态金属能否顺利充型，并将气化产物及浮渣排除到浇冒口中，以获得优质铸件。在确定浇注位置时，应考虑以下原则：

1）尽量立浇、斜浇，避免大平面向上浇注，以保证金属液有适当的上升速度。

2）浇注位置应使金属充型与消失模热解速度相同，防止浇注速度慢或出现断流，否则，易引起塌箱、对流缺陷。

3）消失模在砂箱中的位置应有利于干砂充填，尽量避免水平向下的盲孔。

4）浇注位置应有利于多层铸件的排列，便于上涂料和干砂充填紧实时支撑和搬运，使消失模某些部位可以加固以防止变形。

2. 浇注系统设计

由于消失模的存在对金属液充型产生阻力，消失模铸造浇注系统设计应考虑到金属液充型行为与砂型铸造有很大不同，最小阻流面的面积要略大于砂型铸造。浇注系统结构力求简单，长度尽量短，弯道尽量少，以减小金属液热量损失，提高充型能力。浇注系统应具有良好的挡渣能力，通常采用带塞子或闸门式的浇口杯，在横浇道中设置集渣包等。内浇道不宜集中，应均匀地分散分布。对于大中型铸件，内浇道之间距离一般为200~400 mm，要防止金属液充填铸型时存在死角。对于形状复杂的薄壁铸件，液体金属不要直接冲击型壁，应沿着型腔切线方向引入。

消失模铸造液体金属在型腔中的上升速度要合适；浇注系统尺寸应比砂型铸造大，铸钢件一般大10%~20%，铸铁件大20%~50%。对于铸铁件，当浇注温度为1320~1380℃，消失模密度为0.01~0.024g/cm^3时，液体金属在型腔中上升速度在8~5cm/s为宜。铸钢件的上升速度应比铸铁件大些，铝合金铸件上升速度应比铸铁件小些。

3. 冒口设计

普通砂型铸造冒口的设计原则及方法，一般也适用于消失模铸造，差异在于消失模铸造的冒口形状及安放位置所受限制较少，基本上可以根据铸件结构特点和工艺技术的需要设置，而不必考虑如何取出冒口模样等问题。消失模铸造冒口设计需注意以下几点：

1）按顺序凝固的原则选择冒口的位置，可以采用顶冒口或侧冒口，但都必须是暗冒口，以便使产生的大量烟气能从冒口排出，减少环境污染。

2）冒口以球形冒口为佳。

3）充分利用补贴的作用，尽量不用冷铁，以方便操作。

7.2.3 消失模的制造及其材料

消失模材料及成模技术是消失模铸造的关键技术之一，合适的消失模材料及制造工艺是获得优质铸件的前提。为保证铸件质量，对消失模有如下要求：

1）形状正确、尺寸准确、表面光洁。

2）具有一定的强度和刚度，以保证生产过程中消失模形状尺寸稳定。

3）消失模材料的密度小（0.016~0.025g/cm^3），气化速度快，气化温度低，发气量和残留物少，防止铸件产生气孔、浇不到、冷隔和皱皮等缺陷。

4）材料的强度及表面刚性和加工性能较好，消失模表面易于挂涂料（铸型采用无粘结剂的干硅砂制备)，确保铸件尺寸精度和表面质量较高；

5) 消失模不含杂物、干燥无水等。

1. 常用消失模材料

目前，消失模铸造用消失模由泡沫塑料制成，是以合成树脂为母材制成的内部具有无数微小气孔结构的泡沫塑料。消失模用泡沫塑料发气量要小、热解残留物要少，现生产中用作消失模的泡沫塑料有可发泡聚苯乙烯（EPS)、可发泡聚甲基丙烯酸甲酯（EPMMA）和共聚料（STMMA)。

(1) 可发泡聚苯乙烯　聚苯乙烯是碳氢聚合物，其分子结构式如图7-12所示，由92%碳和8%氢组成的长链状分子。在其外表面包覆着一层戊烷发泡剂，又称可发泡聚苯乙烯，为保证发泡模样质量，对原材料有下列要求：

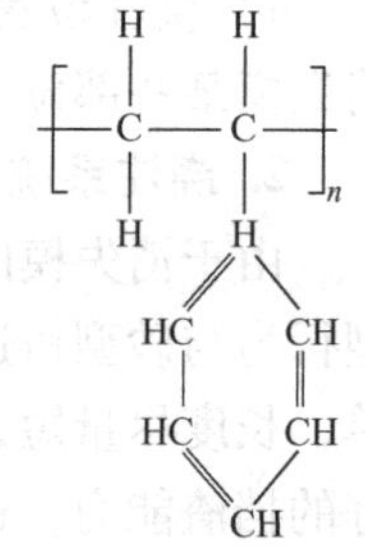

图7-12　聚苯乙烯的分子结构式

1) 发泡剂含量6.0%~6.5%，最少不得低于5.5%，以获得低密度模样。

2) 有足够的相对分子质量（18万~27万)，使低密度模样有一定的强度和刚度。

3) 粒径合适，为铸件最小壁厚的1/10~1/9，使发泡模样表面光洁，即发泡模样的壁厚至少由三个珠粒组成。

聚苯乙烯在加热过程中先由固态转变为熔融态，继续加热会产生高分子聚合物解聚、低分子聚合物裂解，从理论上讲，如完全燃烧会生成CO、CO_2和H_2。但在铸造条件下，消失模被砂填充在砂箱中，处于半密闭状态，不可能完全燃烧。浇注铝合金铸件时，铝液温度仅720℃左右，聚苯乙烯分解的主要产物是液态；浇注铸铁和铸钢件时，金属液温度在1350~1600℃，聚苯乙烯将分解出大量气体，但同时会产生大量固体碳。固体碳将造成铸铁件碳缺陷，铸钢件表面增碳。

(2) 可发泡聚甲基丙烯酸甲酯和共聚料　由于聚苯乙烯分子中含碳量高，热解后产生的炭渣多，易引起铸钢件增碳和铸铁件出现炭黑缺陷。针对上述问题研制出可发泡聚甲基丙烯酸甲酯，其分子结构式如图7-13所示。在EPMMA中碳的质量分数只占60%，每一个甲基丙烯酸甲酯中含两个氧原子。因此，EPMMA高温分解充分，分解产物主要为气体，总发气量较大，但液相、固相产物很少，即残留物很少，有利于消除碳质缺陷。同时EPMMA的发泡剂储存期也长，模样收缩小于EPS模样，制模后尺寸会迅速稳定，从而使模样在干燥后可马上组装使用。

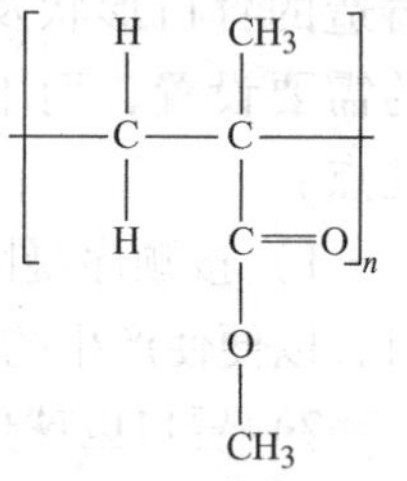

图7-13　聚甲基丙烯酸甲酯的分子结构式

EPMMA的发气量和发气速度都比较大，浇注时容易产生反喷。用EPS和EPMMA按一定比例配合的共聚料STMMA（ST：苯乙烯，MMA：甲基丙烯酸甲酯）在解决碳缺陷和发气量大引起的反喷缺陷两方面都取得了较好的效果，成为目前铸钢和球墨铸铁件生产中广泛采用的新材料。但EPMMA和STMMA发气量均大于EPS，工艺上也应有所不同，需做一些调整。

(3) 消失模材料的选择　消失模铸造应根据铸造合金合理选择消失模材料。消失模材料的性能及其应用见表7-14。

表7-14 消失模材料的性能及其应用

材料种类	性能				成本	应用
	外观	发泡剂	发气量	残碳量		
聚苯乙烯（EPS）	无色半透明珠粒	戊烷	量少，速度慢	多	低	铝合金、铜合金、灰铁、一般钢铸件
共聚料（STMMA）	半透明乳白色珠粒	戊烷	居中	居中	高	球铁、低碳钢、低碳合金钢及不锈钢件
聚甲基丙烯酸甲酯（EPMMA）	乳白色珠粒	甲基戊烷	量大，速度快	少	高	与共聚料相同，国内少用

2. 模样的制造

气化模的制造方法分为用压型发泡成型和用泡沫板加工制造两种。一般说来，对于大量和成批生产用的中、小型铸件气化模，采用压型发泡成型方法；对单件和小批量生产用的大、中型铸件消失模，采用泡沫板加工方法制造。气化模制造工艺过程如图7-14所示。

本小节重点介绍气化模压型发泡成型方法。压型发泡成型方法的制造主要分为两个步骤：第一步是珠粒的预发泡及熟化，获得所需的容积密度；第二步是发泡成型。预发泡是一个关键的操作，基本确定珠粒的容积密度和成型。预发泡工艺控制得不合适，聚苯乙烯的容积密度和尺寸精度就会受到影响。

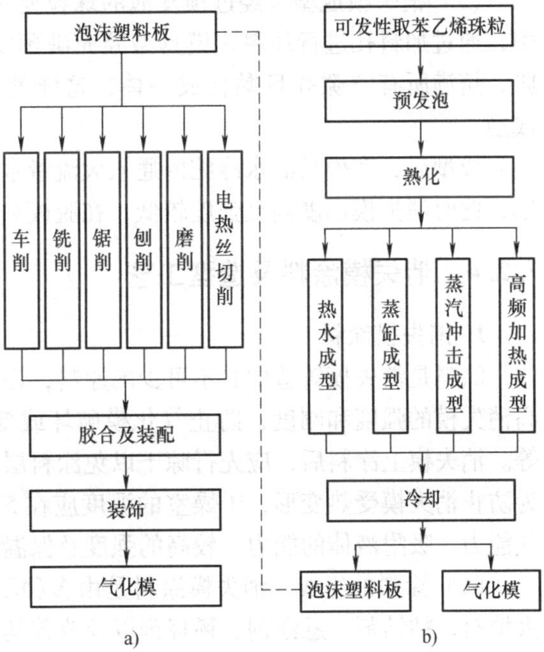

图7-14 气化模制造工艺过程

a）用泡沫板加工制造 b）压型发泡成型

（1）预发泡 为了获得密度低、表面光洁、质量优良的泡沫模样，可发性珠粒在成型发泡之前必须经过预发泡和熟化处理。预发泡方法有热水预发泡、蒸汽预发泡和真空预发泡三种，广泛采用的是蒸汽预发泡。将可发性聚苯乙烯珠粒置于预发泡机中，通入蒸汽，将其加热到100～110℃进行预发泡。用蒸汽作热源，不仅是因为其方便易得，而且蒸汽本身也起发泡剂的作用。珠粒加入预发泡机中之后，应不断搅拌，使其受热均匀，防止结块。通常采用分批作业的大气开放式预热机，发泡倍率由料位计控制；也有连续作业的预发泡机和真空预发泡机等，预发泡倍率由发泡工艺过程控制。预发泡时的发泡倍率一般为4～5。此时，预发泡珠粒的直径大致是原珠粒的3倍。为使发泡模的表面状态良好，成型时成品壁厚最小的部位应能排3个以上的预发泡珠粒。基于上述两点，可确定对可发性珠粒直径的要求，即珠粒直径的最大允许值＝铸件最小壁厚×1/10。

当铸件最小壁厚为5mm时，所用可发性聚苯乙烯珠粒的直径通常不大于0.55mm。对于薄壁铸铁件，预发泡时发泡20倍左右，制成坚固的发泡模，也是可行的。薄壁铸件要用细珠粒，但细珠粒的比表面积大，浸含的发泡剂易于挥发逸散，最高发泡倍率的限值较低。而对于厚壁铸件，经预发泡的珠粒充填成型模没有困难，发泡模的强度也相当高，采用直径较大的珠粒，也能得到表面质量良好的铸件。

（2）熟化处理　经过预发泡的珠粒，由于骤冷造成泡孔中发泡剂和渗入蒸汽的冷凝，使泡孔内形成真空。如果立即送去发泡成型，珠粒压扁以后就不会再复原，消失模质量很差，必须贮存一段时间，让空气渗入泡孔中，使残余的发泡剂重新扩散、分布均匀，从而消除泡孔内部分真空，保持泡孔内外压力的平衡，使珠粒富有弹性，增加消失模成型时膨胀能力和成型后抵抗外压变形、收缩的能力，这个必不可少的过程称为熟化处理。熟化处理合格的珠粒干燥而有弹性，同时残存发泡剂的含量要符合要求（质量分数在3.5%以上）。

熟化温度过高，发泡剂的损失增大；熟化温度过低，减慢了空气渗入和发泡剂扩散的速度。最合适的熟化温度是20～25℃，而最佳熟化时间则取决于熟化前预发珠粒的湿度和密度。一般来讲，预发珠粒的密度越小，熟化时间越长；预发珠粒的湿度越大，熟化的时间也越长。

（3）消失模成型　经过预发泡的珠粒要先进行稳定化处理，然后再送到成型机的料斗中，通过加料孔进行加料，模具型腔充满预发的珠粒后，开始通入蒸汽，使珠粒软化、膨胀，挤满所有空隙并且黏合成一体，这样就完成了消失模的制造过程，此阶段称为蒸压成型。

成型后，在模具的水冷腔内通入大流量水流对消失模进行冷却，然后打开模具取出消失模，此时消失模温度高且强度较低，在脱模和贮存期间必须谨慎操作，防止变形及损坏。

7.2.4　消失模涂料及造型工艺

1. 消失模涂料

涂料是消失模铸造中必不可少的原料，许多铸造厂采用自制涂料。涂料的主要作用是提高消失模的强度和刚度，防止气化模破坏或变形，隔离金属液和铸型，保证铸件表面质量等。消失模上涂料后，应先行晾干以免涂料层开裂，然后再在低温干燥室内使其充分干燥。为防止消失模受热变形，干燥室的温度应在55℃以下。大体上来说，涂料应具备适当的透气能力、吸附液体的能力、较高的强度及保温隔热等性能。

（1）涂料的组成　消失模涂料是由多种不同性质的材料组成的分散体系，通常包括耐火填料、粘结剂、悬浮剂、稀释剂以及改善其性能的添加物等。

1）耐火填料。耐火填料是涂料的重要组成部分，常用的耐火填料有石英粉、刚玉粉、镁砂、高岭石熟料粉、滑石粉和锆石粉等。耐火材料的选用原则见表7-15。

表7-15　耐火材料的选用原则

铸件材质	耐火填料										
	刚玉粉	锆石粉	氧化镁粉	棕刚玉粉	硅石粉	高铝矾土熟料粉	高岭石熟料粉	硅藻土粉	滑石粉	珠光粉	云母粉
铸钢件	+	+	+	−	−	×	×	×	×	×	×
铸铁件	×	×	×	+	+	+	+	×	×	∧	∧
铸铝件	×	×	×	×	×	×	×	+	+	∧	∧

注：“+”表示常用，“−”表示有时用，“×”表示基本不用，“∧”表示常与别的耐火填料配合使用。

耐火填料及其粒度分布是影响涂层透气性和致密度的重要因素。粒度粗，粒度分布集中，粒形趋于球形，涂料的透气性高。合理的耐火填料及其粒度分布可在保证涂层具有一定致密度的前提下，获得较好的透气性，以便浇注时气化模在高温下的分解产物及时地通过涂层排出。

2）粘结剂。为了提高涂料层的强度，加强涂料层与消失模表面的结合强度，在涂料中必须加入粘结剂。常用的粘结剂有硅溶胶聚醋酸乙烯乳液、水溶性酚醛树脂。粘结剂的加入量和耐火填料细度有关。颗粒越细，表面积增加，则粘结剂加入量要增加。粘结剂加入量要适当，过少则附着强度不够，过多则涂层易产生开裂或脱落。

3）悬浮剂。为了防止涂料溶液中固相颗粒沉淀，保持涂料的均匀性，提高涂挂能力，涂料中常加入悬浮剂。悬浮剂对调节涂料的流变性和改善涂料的工艺性能具有重要作用，使涂料润湿消失模，易于涂敷。常用的悬浮剂有活化膨润土、凹凸棒土、CMC 纤维素和聚乙烯醇缩丁醛等，应根据粘结剂种类和耐火填料进行合理选择。

4）稀释剂。稀释剂的作用是稀释粘结剂，使涂料保持合适的黏度和密度，便于涂刷或喷涂。常用的稀释剂有水和有机溶剂如乙醇、甲醇、丙酮等。用水作为稀释剂的涂料在涂刷后应烘干，操作时间长，成本低；用有机溶剂作为稀释剂的快干涂料，涂挂后不必烘干，操作方便，时间短，但成本较高。稀释剂的选择应首先考虑水，水是最便宜、最常用的载体，安全可靠、无毒无味。

5）其他附加物。涂料中除了上述耐火填料、粘结剂、悬浮剂和稀释剂外，有时为了改变某些性能需要加入一些特殊附加物。附加物种类很多，如表面活性剂、增稠剂、消泡剂、防腐剂、防潮剂、着色剂、芳香剂等。

（2）涂料配方 根据成分组成不同，涂料可分为水基涂料和有机涂料两大类。消失模铸造有机涂料的粘结剂和稀释剂均为有机物质，故又称有机耐火涂料。

1）聚乙烯醇缩丁醛快干涂料。这种涂料是以聚乙烯醇缩丁醛为粘结剂，用乙醇作稀释剂配制成的涂料。其特点是悬浮性及涂挂性好，干燥速度快，涂料层的强度及透气性高，但价格较贵，主要用于技术要求较高的大中型铸件。聚乙烯醇缩丁醛快干涂料的配方见表 7-16。

表 7-16 聚乙烯醇缩丁醛快干涂料的配方（质量分数,%）

序号	耐火填料								粘结剂	稀释剂	应用
	石英粉	锆砂粉	刚玉粉	铝矾土	镁砂粉	石墨粉		滑石粉	聚乙烯醇缩丁醛	乙醇	
						黑铅粉	白铅粉				
1	40~50			10~20					3.0~3.5	35~45	普通碳钢
2		40~50		10~20					3.0~3.5	35~45	厚大的碳钢件及合金钢件
3			40~50	10~20					3.0~3.5	35~45	
4				10~20	40~50				3.0~3.5	35~45	高锰钢件
5						40~50	10~20		3.0~3.5	40~50	铸铁件
6		10~20	15~20			5~10			3.0~3.5	30~40	厚大的铸铁件
7								42	2.5	55.5	有色合金件

2）树脂系快干涂料。树脂系快干涂料是以酚醛树脂为粘结剂，以有机溶剂为稀释剂配

制成的涂料。这种涂料的性能良好，使用方便，但价格较贵，主要用于技术要求较高的中小型铸件。树脂系快干涂料的配方见表 7-17。

表 7-17 树脂系快干涂料的配方（质量分数,%）

序号	硅砂粉	锆砂粉	铝矾土	白乳胶	硅溶胶	膨润土	酚醛树脂	乌洛托品	异丙醇	洗衣粉	松香	工业酒精	水	应用
1	10		90	2		3	2		0.1	0.1			适量	铸铁
2		100			4	1.5	2	0.3			1	适量		铸钢

3）水溶性涂料。水溶性涂料是指以水为稀释剂，糖浆、纸浆废液和黏土为粘结剂的耐火涂料，其缺点是烘干时间较长，性能较差；其优点是工艺简单、成本较低，目前国内广泛采用。常用水溶性涂料的配方见表 7-18。

表 7-18 常用水溶性涂料的配方（质量分数,%）

序号	耐火填料							膨润土	纸浆	糖浆	白胶	洗涤剂	木安碳酸钙	石棉纤维	水	应用
	石英粉	锆砂粉	铝矾土	刚玉粉	黑铅粉	白铅粉	铅粉膏									
1	20~30						70~80						3		适量	铸钢件
2	10						90		10							
3	10				80	10		6						2		
4			70~80		10~20			6~8								
5			10		60~70	20~30		4~6								
6		100						1.5	6							铸铁件
7		100						2		4~5		0.5				
8		80		10				4		5	1					

（3）涂料的涂敷与干燥　消失模涂料的涂敷在铸造生产中大都采用浸淋法，浸淋法生产效率高、涂层均匀。由于消失模密度小，浸涂时浮力大，为防止变形可采用舀子淋浇，然后悬挂静置，待不滴淌后移至干燥室。若涂料要求在搅拌下进行涂敷，搅拌应慢速，注意防止卷气。涂敷好涂料的消失模悬挂于干燥室，干燥室温度控制在 40~55℃。烘干过程除要控制温度外，还应注意控制湿度，干燥室应有良好的排风，若湿度≤30%，即视为烘干。浸淋涂料一般需要进行两遍，视铸件情况而定，厚大件需要三遍，只有头遍涂料彻底干透（4~6h）才可浸淋第二遍，否则铸件将有表面缺陷。两遍涂料需干燥 12~24h 才能出干燥室进行埋箱。

2. 造型工艺

消失模铸造一般采用干砂造型，即用干砂将消失模埋入砂箱中，在振动台上进行振动紧实，保证消失模周围干砂充填到位并获得一定的紧实度，使型砂具有足够的强度抵抗金属液的冲击和压力。

干砂造型第一步是向砂箱中加入干砂，加砂时为保证干砂充填到位，首先在砂箱中加入一定厚度的底砂并振动紧实；然后放入消失模，加入一定厚度的干砂，将消失模埋入 1/3~

1/2，再进行适当振动，以促使干砂向模型周围充填；最后填满砂箱进行振动，振动时间不宜过长，以免消失模出现损坏和变形，保证涂料层不产生脱落和裂纹。

根据铸件结构和消失模形式选择振动参数。对于多数铸件，一般采用垂直单向振动；对于结构比较复杂的铸件，可考虑采用单向水平振动或二维和三维振动。振动强度对干砂造型影响很大，用振动加速度表示其大小。对于一般复杂程度的消失模，振动加速度为10~20m/s^2。振幅也是影响消失模保持一定刚度的重要振动参数，消失模铸造振幅通常是0.5~1.0mm。振动时间应结合铸件和消失模结构进行选择，总体上控制在1~5min为宜；底砂、消失模埋入一半时的振动时间尽量要短，可选择1~2min，消失模全部埋入后的振动时间一般控制在2~3min。

7.3 金属型铸造

7.3.1 概述

1. 金属型铸造的原理及应用

金属型铸造是用金属材料制造铸型，并在重力作用下将熔融金属浇入铸型获得铸件的工艺方法。金属型铸造俗称硬模铸造、铁模铸造、冷硬铸造等。金属型可以浇注几百次至几万次，因此，金属型铸造又称为永久型铸造。金属型铸造生产工艺过程如图7-15所示。

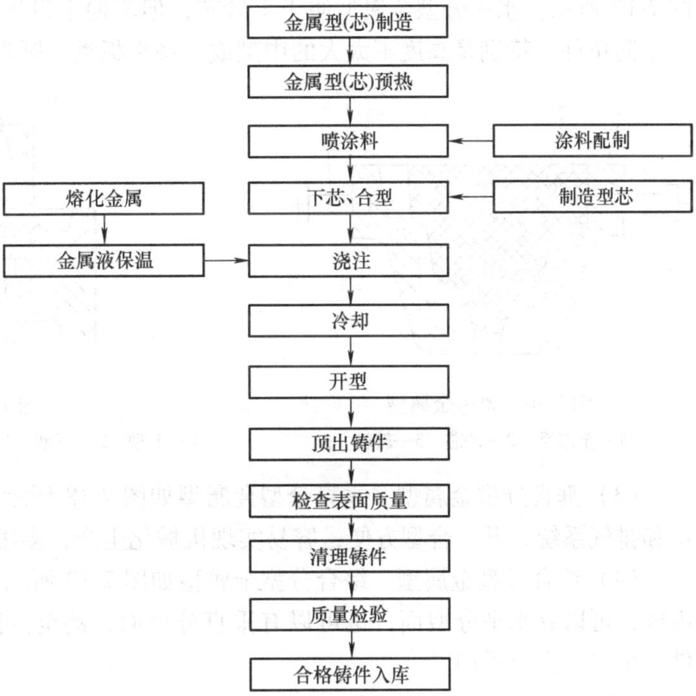

图7-15 金属型铸造生产工艺过程

2. 金属型铸造的特点

（1）金属型铸造的优点 与砂型铸造相比，金属型铸造主要有以下优点：

1）由于金属型冷却速度快，铸件晶粒细化，组织致密，力学性能较高。铝合金铸件抗拉强度采用金属型铸造比用砂型铸造提高20%~25%，断后伸长率可提高约1倍。

2）生产率高，有利于改善劳动条件，减轻对环境的污染，符合“绿色”铸造的理念。

3）金属型尺寸准确，表面光洁。金属型可反复浇注成千上万件铸件，能保持铸件尺寸的稳定性。

4）工序简化，所需控制的工艺因素少，容易实现机械化、自动化。

（2）金属型铸造的缺点

1）金属型制造加工周期长，成本高。

2）金属型激冷作用大，无退让性，无透气性，铸件易出现冷隔、浇不足及裂纹等缺陷。

3）不适宜生产大型、薄壁和形状复杂的铸件及高熔点合金铸件。

目前，金属型铸造主要用于铝合金、铜合金和锌合金等有色金属铸件的大批量生产，如活塞、气缸盖、缸体等铸件；有时也用于生产形状简单的中、小型铸铁件和铸钢件，如电熨斗底板等。

7.3.2 金属型设计

金属型设计的内容主要包括确定金属型的结构、尺寸、型芯、排气系统和顶杆机构等。金属型应结构简单，加工方便，选材合理，安全可靠。

1. 金属型的结构形式

（1）整体金属型　整体金属型如图7-16所示。其结构简单，无分型面，易于加工，结实耐用，成本低廉，操作方便。整体金属型主要应用于具有较大锥度的简单铸件。

（2）水平分型金属型　水平分型金属型具有一个分型面，且分型面为水平面，如图7-17所示。水平分型金属型便于下砂芯，但不便于设置浇冒口系统。水平分型金属型适用于简单件，特别是高度不太大的中型或大型平板类、圆盘类、轮类铸件。

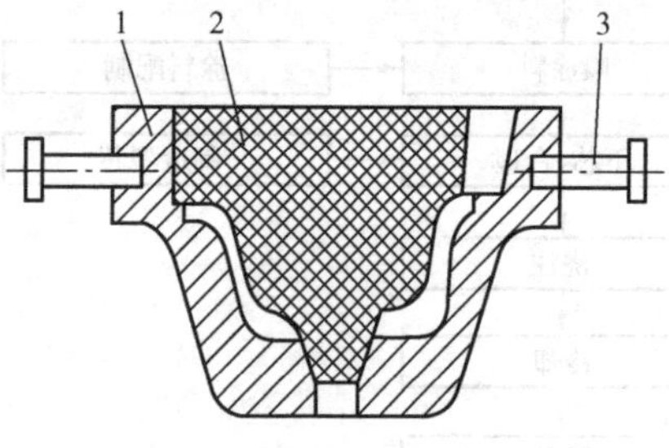

图7-16　整体金属型

1—金属型　2—砂芯　3—转轴

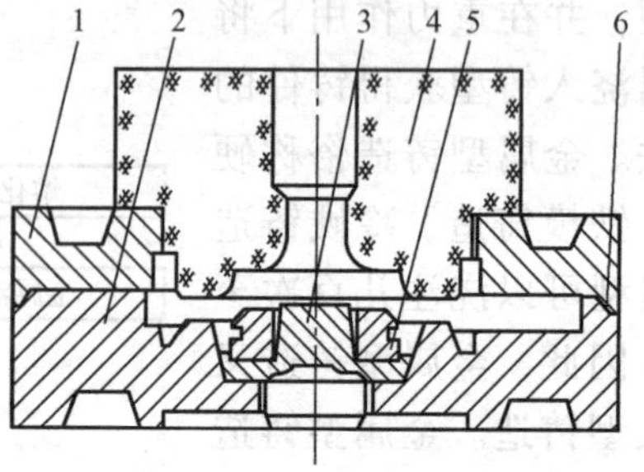

图7-17　水平分型金属型

1—上型　2—下型　3—型块　4—砂芯　5—嵌件　6—止口定位

（3）垂直分型金属型　垂直分型金属型如图7-18所示。这类金属型便于开设浇口、冒口和排气系统，开、合型方便，容易实现机械化生产，多用于生产简单的小铸件。

（4）综合分型金属型　综合分型金属型如图7-19所示，它由两个或两个以上的分型面组成，可以有水平分型面，也可以有垂直分型面，甚至由活块组成，一般用于生产复杂铸件，生产中广泛采用。

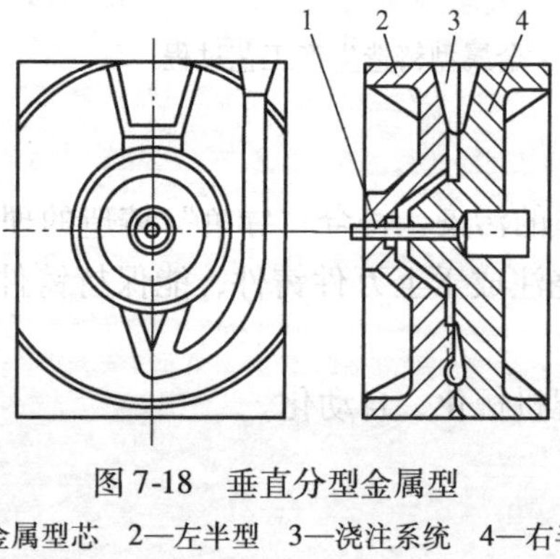

图7-18　垂直分型金属型

1—金属型芯　2—左半型　3—浇注系统　4—右半型

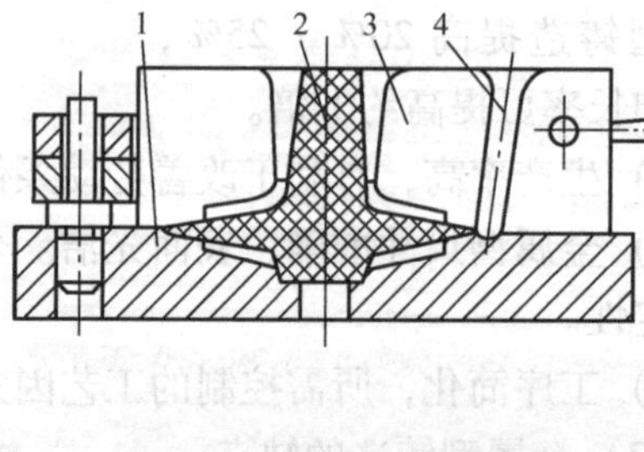

图7-19　综合分型金属型

1—底板　2—型芯　3—上半型　4—浇注系统

2. 金属型和型芯设计

金属型型腔用于形成铸件的外形部分。主体结构与铸件大小、浇注位置、分型面以及合金的种类等有关，在保证尺寸准确的条件下，应便于开设浇注系统和排气系统及铸件出型，具有足够的强度和刚度等。

（1）型腔和型芯尺寸计算　金属型型腔和型芯尺寸的确定，除铸件公称尺寸及偏差外，还应考虑铸件从固相线冷却到室温的收缩，涂料厚度和金属型材料从室温升至预热浇注温度的膨胀。金属型型腔和型芯尺寸的确定如图7-20所示，计算公式如下

$$A_x = (A + A\varepsilon + 2\delta) \pm \Delta A_x \tag{7-3}$$

$$D_x = (D + D\varepsilon - 2\delta) \pm \Delta D_x \tag{7-4}$$

式中　A_x、D_x——型腔和型芯尺寸；

A、D——铸件外形和内孔的公称尺寸；

ε——铸件材料的线收缩率；

δ——涂料层厚度，一般取0.1～0.3mm，型腔凹处取上限，凸处取下限；

ΔA_x、ΔD_x——金属型加工公差，可查阅有关手册。

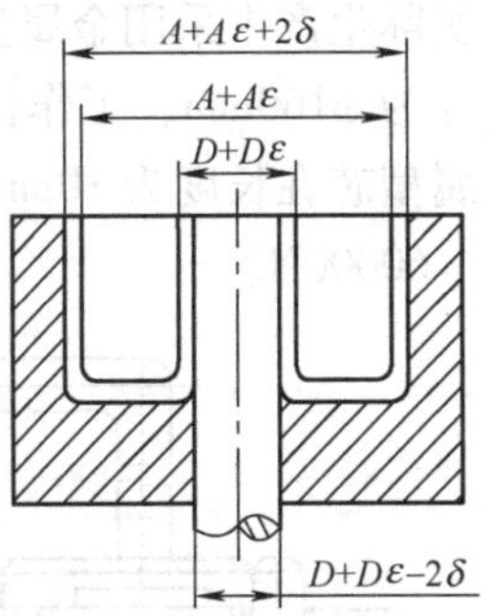

图7-20　金属型型腔和型芯尺寸的确定

（2）金属型壁厚的确定　金属型的壁厚过大，会增加铸型自重，手工操作时劳动强度增大；壁厚过薄，铸型温度不均匀，易发生变形，使用寿命短。壁厚的确定与金属型材质、铸件壁厚、铸件材质、铸件外轮廓尺寸有关，对于确定不同条件下最适合的金属型壁厚，至今还没有简便可靠的方法。当金属型材料为铸铁时，其壁厚可参考图7-21确定。生产铝合金铸件时，壁厚一般不小于12 mm，而铜及黑色金属铸件的金属型壁厚不小于15 mm。

图7-21所示壁厚为经验值，在确定壁厚时应留有修正余地，如铸件可能产生缩孔或缩松的部位，应留有可开设冒口或安放冷铁的位置，以免金属型在投产试制时因铸件出现缺陷不能修正而不得不报废。

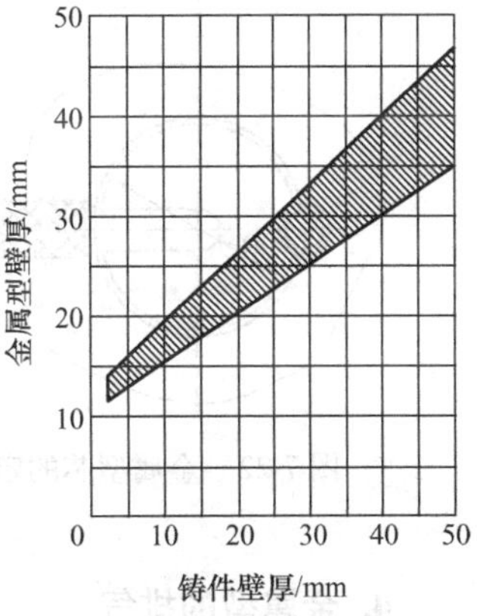

图7-21　铸铁金属型壁厚与铸件壁厚的关系

3. 金属型芯的定位和抽芯

金属型铸造可用金属型芯或砂芯或两者同时使用，应尽量采用金属型芯。金属型芯一般是活动的，以便在铸件凝固进入塑性区时能及时拔出，防止铸件产生裂纹。因此，金属型芯设计需注意以下两点：

（1）定位　型芯定位和固定的可靠性与芯头的定位长度、导向和配合间隙大小有关。如芯头直径为d，定位长度为H（见图7-22），则它们的关系可由下式决定

垂直型芯定位长度

$$H = (0.3 \sim 0.8)d \tag{7-5}$$

侧向型芯定位长度

$$H = (0.5 \sim 1)d \tag{7-6}$$

芯头与芯座间的公差配合应适当，间隙过大，液体金属会进入间隙，阻碍型芯运动；间

隙过小，型芯的安放和取出困难，适宜的芯头、芯座间隙配合为 H12/h12。直径大于 50mm 的金属型芯，应制成空心，型芯壁厚取 15～20mm。

（2）抽芯　无论采用哪种方式（手工、机械、液压或气动）抽芯，都要保证有足够的抽芯力。抽芯力与金属型芯的大小、金属型芯的斜度等有关。图 7-23 所示是铝合金铸件在实际生产中采用金属型芯时抽芯力的实测结果，可供设计参考。例如，铝合金铸件的型芯尺寸为 ϕ160mm，工作长度为 100mm，起模斜度为 2°，从图 7-23 中可得，直径 ϕ160mm 的金属型芯在长度为 10mm 时抽芯力是 6000N，在长度为 100mm 时抽芯力是 6000N ×（100/10）= 60000N。

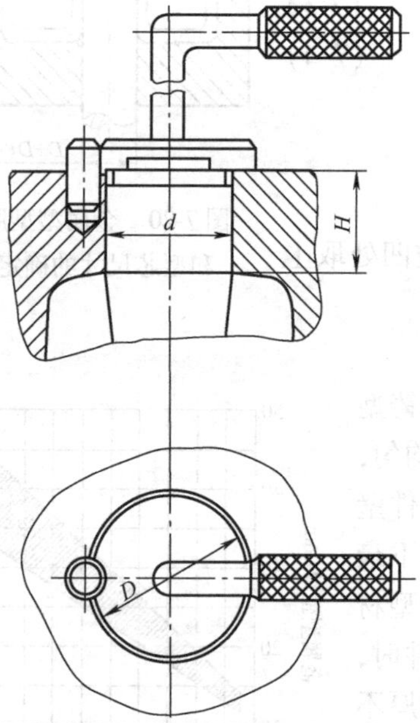

图 7-22　金属型芯的定位

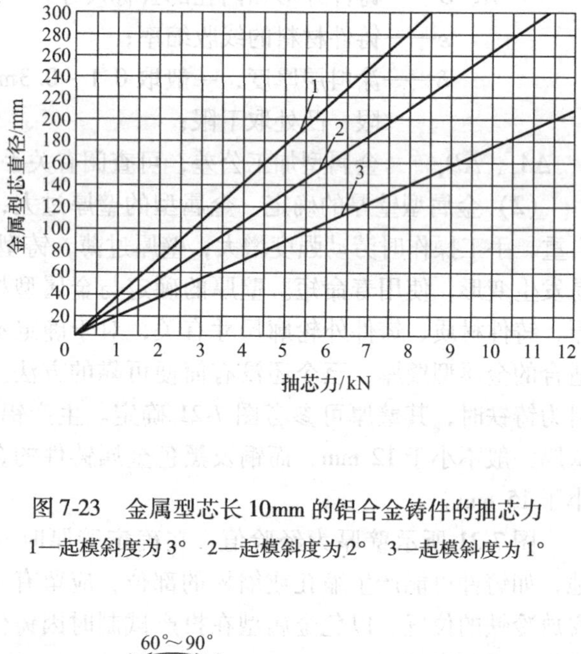

图 7-23　金属型芯长 10mm 的铝合金铸件的抽芯力

1—起模斜度为 3°　2—起模斜度为 2°　3—起模斜度为 1°

4. 金属型的排气

金属型本身不透气，必须设有排气通道，其排气方式主要有以下几种：

1）利用分型面或型腔零件组合面的间隙进行排气。

2）开排气槽，即在分型面或型腔零件的组合面上，芯座或顶杆表面上开排气槽，如图 7-24 所示。这种排气槽既能排气，又能阻止金属液流入，在金属型铸造和金属型低压铸造中得到广泛应用。

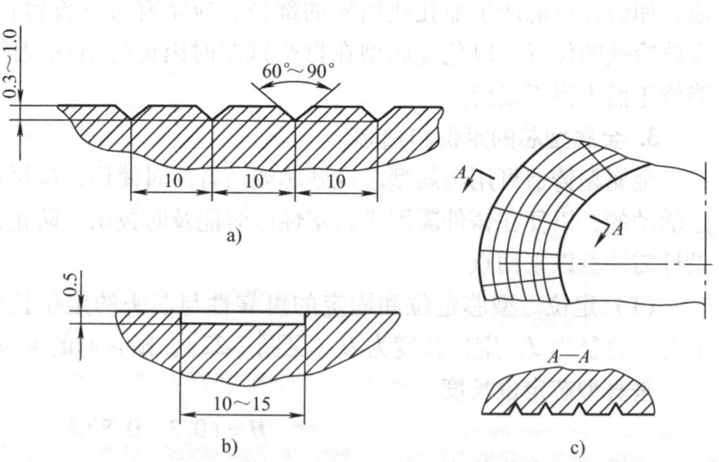

图 7-24　金属型采用的排气槽

a）V 形排气槽　b）扁平排气槽　c）利用排气槽储气和排气

3）设排气孔，排气孔一般开设在金属型的最高处或型内可能产生“气阻”的地方，如图7-25所示。

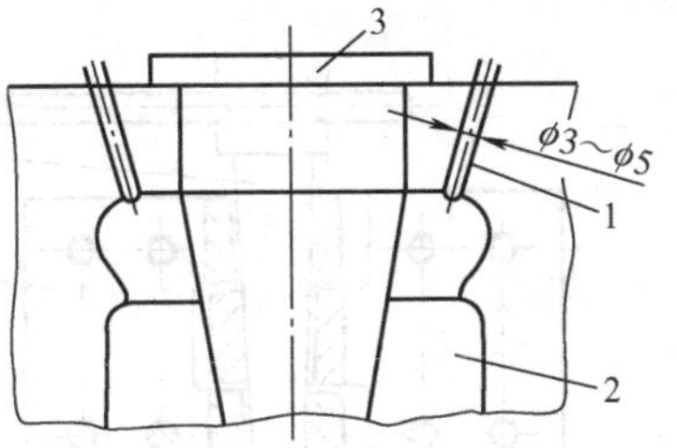

图7-25 排气孔的开设

1—排气孔 2—型腔 3—型芯

4）排气塞是金属型常用的排气设施，一般用钢或铜合金制成，形状有图7-26中的A型、B型等。排气塞通常设置在型腔中易聚集气体的部位。

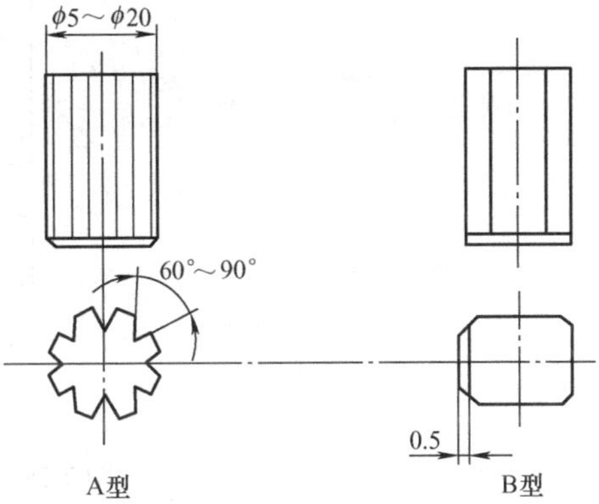

图7-26 排气塞

5. 金属型的定位、导向及锁紧机构

金属型合型时，两半型定位要准确，一般采用定位销定位和“止口”定位。对于上下分型，分型面为圆形时，可采用“止口”定位；对于矩形分型面大多采用定位销定位（见图7-27），定位销应设在分型面轮廓之内。当金属型本身尺寸较大，而自重也较大时，为保证开合型定位方便，可采用导向机构定位形式（见图7-28）。

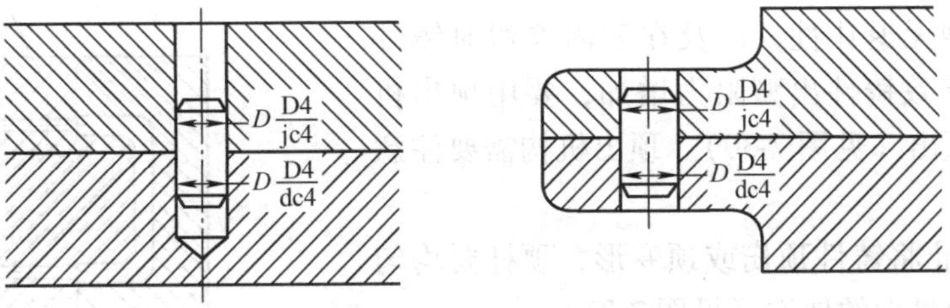

图7-27 金属型定位销定位

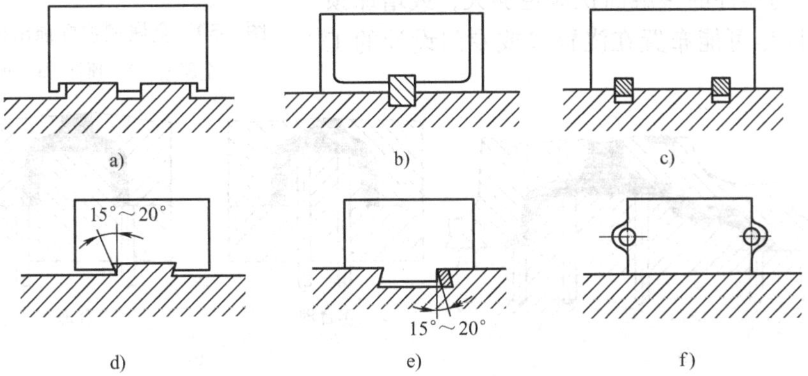

图7-28 导向机构定位形式

a）滑块定位 b）滑块定位 c）滑块定位 d）燕尾槽定位 e）燕尾槽定位 f）导柱定位

对于手工操作的手动金属型，为防止液态金属进入分型面，合型后必须采用锁紧机构进行锁紧。手动金属型常用锁紧机构如图 7-29 所示。

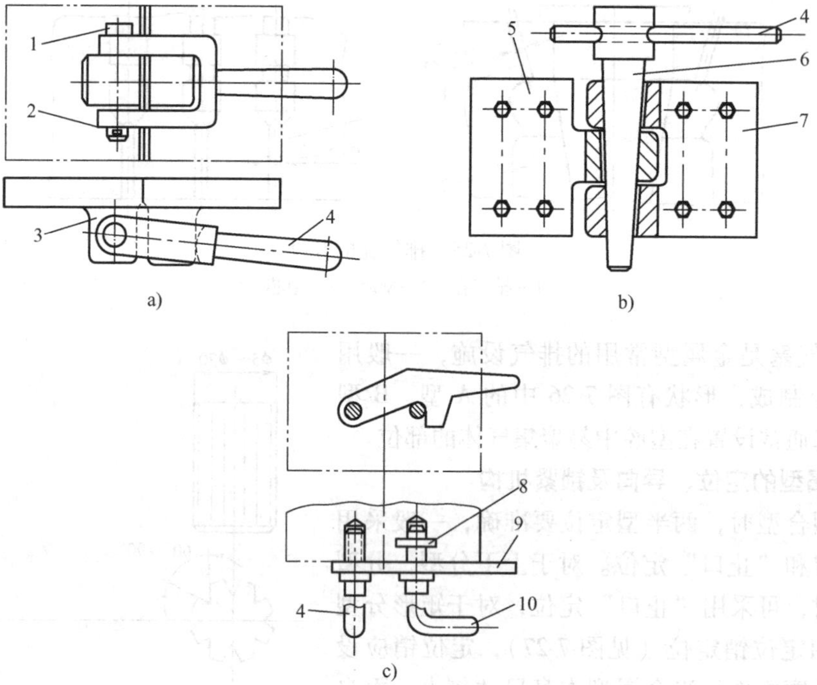

图 7-29　手动金属型常用锁紧机构

1—轴销　2—开口销　3—型耳　4—把手　5—左锁扣　6—楔销　7—右锁扣　8—圆柱销　9—锁扣　10—偏心把手

6. 顶出机构

由于金属型无退让性，以及在型内停留时铸件的收缩受阻，导致铸件出型阻力增加，要用顶出机构才能将铸件顶出（见图 7-30）。顶出机构需要注意以下几点：

1）为了防止将铸件顶伤或顶变形，顶杆要均匀布置在出型阻力最大的地方（见图 7-31）。

2）顶杆与铸件的接触面积应足够大，或增加顶杆数目，顶杆尽可能布置在浇冒口或专门设计的工艺凸台上。

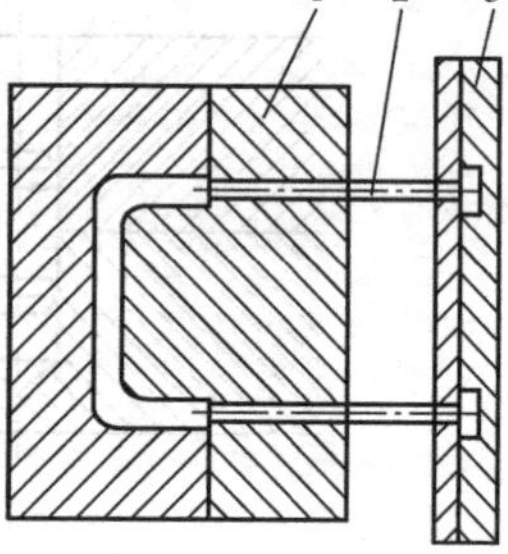

图 7-30　金属型顶杆顶出机构示意图

1—金属型　2—顶杆　3—顶杆固定板

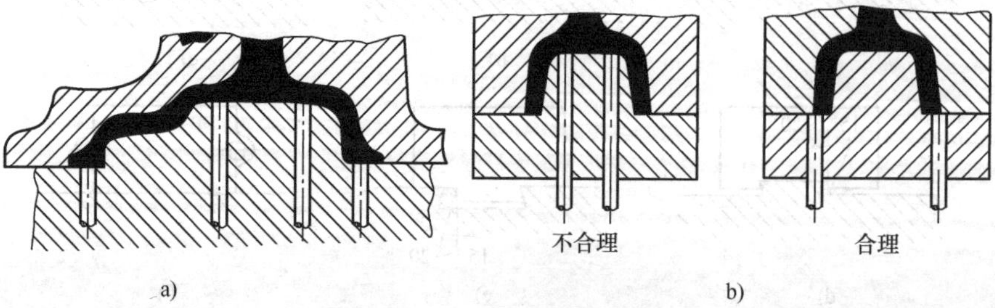

图 7-31　顶杆分布示意图

a）顶杆均匀分布　b）顶杆设在阻力较大的部位

3）为防止顶杆卡死，顶杆和顶杆孔的配合间隙要合适。根据经验，适宜的间隙公差一般为D4/dc4，另外，顶杆材料的热膨胀系数应小于金属型材料的热膨胀系数。

7.3.3 金属型铸造工艺

为保证获得优质铸件和延长金属型的使用寿命，应制订合理的铸造生产操作工艺规程并严格执行。金属型铸造工艺规范包括预热、浇注、出型、涂料等。

1. 预热

金属型在喷刷涂料前一般要加热到一定温度，称为预热。金属型预热后再喷刷涂料，涂料应喷刷得均匀并使水分迅速蒸发，以便获得致密的涂料层。喷刷涂料前金属型预热温度一般为250~300℃，温度过高，涂料容易剥落。

金属型在浇注前也应预热到一定温度，因为金属型导热性能好，金属液冷却速度快，充型能力差，铸件易出现冷隔、浇不足等缺陷。此外，未预热的金属型在浇注时因受到较强烈的热冲击而应力倍增，易损坏。预热温度取决于浇注合金的种类、铸件结构和大小，可通过试验确定，也可参照表7-19选取。对于薄壁铸件可取上限，对于厚壁简单件可取下限。

表7-19 合金对金属型预热温度要求

合金种类	预热温度/℃	合金种类	预热温度/℃
灰铸铁	250~350	铅黄铜	350~400
可锻铸铁	150~250	锡青铜	150~250
铝合金	200~300	铅青铜	50~125
镁合金	200~250		

金属型预热方法一般有以下几种：

1）用喷灯或煤气火焰预热。

2）采用电阻加热器。

3）采用烘箱加热，其优点是温度均匀，只适用于小件的金属型。

4）先将金属型放在炉上烘烤，然后浇注金属液体将金属型烫热。这种方法既浪费金属液，也会降低铸型寿命。

2. 涂料

金属型工作表面喷刷涂料。涂料的作用是调节铸件的冷却速度，利用涂料层蓄气排气，防止高温金属液对型壁的冲蚀和热冲击以保护金属型等。

金属型用涂料应具有一定黏度，以便于喷涂，在金属型表面上能形成均匀的薄层；涂料干后不发生龟裂或脱落，且易于清除；具有高的耐火度；高温时不会产生大量气体；不与合金发生化学反应（特殊要求者除外）等。

涂料主要由耐火材料（如氧化锌、滑石粉、锆砂粉、硅藻土粉等）、粘结剂（水玻璃、糖浆或纸浆废液等）、溶剂（水）、附加物组成。金属型铸造常用涂料的配方见表7-20。

表 7-20　金属型铸造常用涂料的配方（质量分数,%）

浇注合金	氧化锌	白垩粉	石棉粉	石墨粉	二氧化钛	滑石粉	松香	硼酸	水玻璃	水
铝合金	10								6	其余
		17.5	8.7						3.5	其余
				10～15					6	其余
	6	4			3				6	其余
镁合金		5				5		2	2	其余
						18		2.5	2.5	其余
		20	25					6.5		其余
铜合金				14			28			其余

3. 浇注

一般金属型浇注温度比砂型铸造高，可根据合金种类、化学成分、铸件大小和壁厚等因素确定。各种合金的浇注温度见表 7-21。

表 7-21　各种合金的浇注温度

合金种类	浇注温度/℃	合金种类	浇注温度/℃
铅锡合金	350～450	黄铜	900～950
锌合金	450～480	锡青铜	1100～1150
铝合金	680～740	铝青铜	1150～1300
镁合金	715～740	铸铁	1300～1370

由于金属型的排气条件差，且具有激冷作用，开始浇注时，速度宜慢，以防止金属液飞溅，然后加快浇注速度以使液态金属尽快充满型腔，浇注后期宜放慢速度，防止金属液溢出型外。

4. 铸件的出型和抽芯时间

浇注完毕至从金属型中取出铸件的间隔时间称为铸件的出型时间。从铸件中抽出金属芯的时间称为铸件的抽芯时间。金属型芯在铸件中停留时间越长，由铸件收缩产生的抱紧力越大，需要的抽芯力也越大。金属型芯在铸件中最适宜的停留时间是，当铸件冷却到塑性变形温度范围内，并有足够的强度时，是最好的抽芯时机。铸件在金属型中停留时间过长，增加铸件的开裂倾向，使金属型壁温度升高，冷却时间加长，降低金属型的生产率。合适的抽芯与铸件出型时间，一般经验是当浇冒口基本凝固完毕时，铸件即可出型、抽芯。最合适的抽芯与铸件出型时间可参阅有关手册，一般用试验方法确定。

7.4　压力铸造

7.4.1　概述

1. 压力铸造的原理及分类

压力铸造是将液态或半液态金属在高压作用下，以极高的速度填充压铸模型腔，并在压力下快速凝固而获得铸件的一种铸造方法，简称压铸。压力铸造的分类见表7-22。

表7-22 压力铸造的分类

压铸的分类		说明	压铸的分类		说明
按铸件材料分	铝合金压铸	主要用于低熔点合金	按压铸机分	热室压铸	压室浸在保温坩埚中
	锌合金压铸			冷室压铸	压室与保温炉分开
	镁合金压铸		按合金状态分	液态压铸	常规压铸
	铜合金压铸			半固态压铸	一种压铸新技术

2. 压力铸造的工艺过程

压力铸造的工艺过程类似于金属型铸造，不同的是金属液在压力下高速充型和凝固结晶。冷室压铸生产工艺过程如图7-32所示。

3. 压力铸造的特点及应用

压铸时常用压力为几兆帕到几十兆帕，有时高达200 MPa；充型速度高，填充初始速度通常在0.5～75m/s的范围内，有时可达100 m/s以上；充型时间很短，充型时间一般为0.01～0.2s。高压和高速是压力铸造与其他铸造方法的根本区别，也是其重要特征。

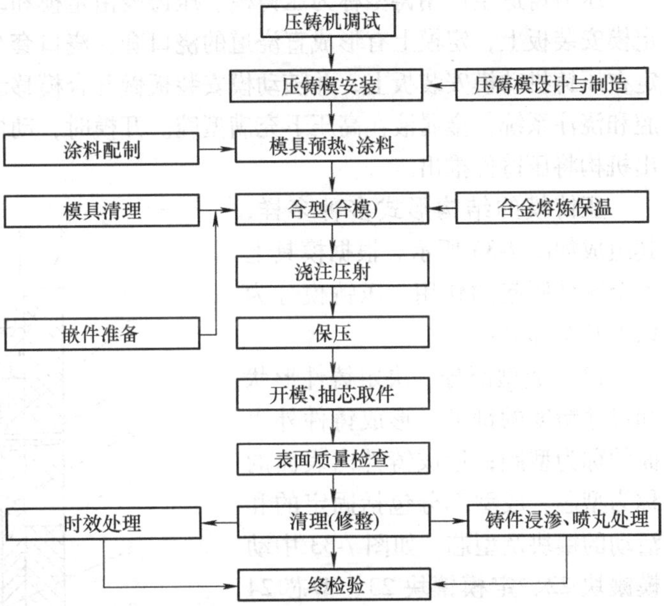

图7-32 冷室压铸生产的工艺过程

(1) 压力铸造的优点

1) 生产率高，易于实现机械化和自动化，可以生产形状复杂的薄壁铸件。压铸锌合金最小壁厚仅为0.3mm，压铸铝合金最小壁厚约为0.5mm，最小铸出孔径为0.7mm。

2) 铸件尺寸精度高，表面粗糙度值小。压铸件尺寸公差等级可达CT3～CT6，表面粗糙度一般为$Ra0.8 \sim 3.2\mu m$。

3) 压铸件中可嵌铸零件，既节省贵重材料和机加工工时，也替代了部件的装配过程，可以省去装配工序，简化制造工艺。

(2) 压力铸造的缺点

1) 压铸时液体金属充填速度高，型腔内气体难以完全排除，铸件易出现气孔和裂纹及氧化夹杂物等缺陷，压铸件通常不能进行热处理。

2) 压铸模的结构复杂、制造周期长，成本较高，不适合小批量铸件生产。

3) 压铸机造价高、投资大，受到压铸机锁模力及装模尺寸的限制，不适宜生产大型压铸件。

4) 合金种类受限制，不适宜高熔点合金铸件，目前主要适用于低熔点合金，如锌、铝、镁、铜等有色合金。

(3) 压力铸造的应用 随着压铸技术日趋完善，特别是热室压铸技术的应用，大幅度提高了压铸件产品的内在质量，压铸件在汽车、摩托车、拖拉机、电气仪表、电信器材、航空航天、医疗器械、轻工产品、日常用品等方面获得了越来越广泛的应用。其中，汽车和摩托车制造业是最主要的应用领域，汽车约占70%，摩托车约占10%。用铝合金压铸件代替传统的钢铁件，可使汽车质量减小30%以上。目前，压力铸造主要用于铝合金、锌合金和铜合金等有色金属中小型铸件的大批量生产，如发动机气缸体、气缸盖、变速器箱体、仪器仪表壳体和照相机的壳体与支架、管接头、齿轮等；压铸件最小的只有几克，最大的铝合金铸件达50kg，最大直径可达2m。

7.4.2 压铸模设计

1. 压铸模的组成

压力铸造生产用铸型称为压铸模。压铸模由定模和动模两部分组成。定模固定在压铸机定模安装板上，定模上有形成直浇道的浇口套，浇口套与压铸机的喷嘴或压室相接；动模固定在压铸机动模安装板上，并随动模安装板做开合模移动。合模时，动模与定模闭合构成型腔和浇注系统，金属液在高压下充满型腔。开模时，动模与定模分开，借助设在动模上的推出机构将压铸件推出。

压铸模的结构形式多种多样，其组成如图7-33所示。根据模具上各个零件所起的作用，压铸模分为以下几个部分：

（1）成型部分　决定铸件形状和尺寸精度的部分，形成铸件外表面的称为型腔；形成铸件内表面的称为型芯。成型部分包括固定的和活动的镶块及型芯，如图7-33中动模镶块22、定模镶块23、型芯24和侧型芯21。

（2）浇注系统　连接压铸模型腔与压室的部分，即引导金属液进入型腔的通道。它由直浇道、横浇道、内浇道及余料组成。图7-33中浇口套25、浇道镶块26等构成浇注系统。

（3）导向零件　引导动模开合模时可靠地按一定方向进行运动并确保动定模准确定位的零件。导向零件一般由导柱和导套组成，如图7-33中导柱28、导套30。

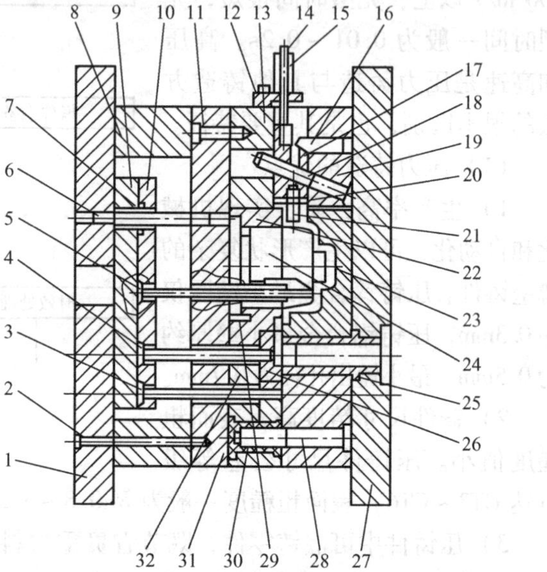

图7-33　压铸模的结构组成

1—动模座板　2、11、13—螺钉　3—复位杆　4—浇道推杆　5—推杆　6—推板导柱　7—推板导套　8—垫块　9—推块　10—推杆固定板　12—挡块　14—螺杆　15—弹簧　16—楔紧块　17—滑块　18—斜导柱　19—定模套板　20—圆柱销　21—侧型芯　22—动模镶块　23—定模镶块　24—型芯　25—浇口套　26—浇道镶块　27—定模座板　28—导柱　29—止转销　30—导套　31—支承板　32—动模套板

（4）推出机构　铸件成型后动、定模分开，把铸件从模具中推出的装置。推出机构一般由推杆、复位杆、推杆固定板、推板以及用于推出机构导向的推板导柱、推板导套等组

成，如图7-33中零件4、5、3、10、9及6、7。

（5）抽芯机构 铸件侧面有凹凸或孔穴时，需用侧型芯来成型。侧型芯应在铸件脱模前抽出，使侧型芯移动的机构称为抽芯机构或侧向抽芯机构。抽芯机构形式很多，图7-33所示的抽芯机构为斜导柱抽芯机构，由斜导柱18、滑块17、楔紧块16、挡块12、弹簧15、螺杆14等组成，由斜导柱驱动侧型芯移动，完成侧向抽芯。

（6）排溢系统 根据金属液在型腔中充填情况设计的溢料槽和排气槽，其作用是排除型腔中的气体、涂料残渣以及冷污金属液。溢料槽的设置要与浇注系统相配合，以便更好地发挥作用。溢料槽一般开设在成型零件上，位于最先流入型腔的金属液流的末端；排气槽设置在分型面上，也可以用通孔套板的型芯头间隙、推杆间隙等排气。

（7）冷却系统 为了平衡模具温度，使压铸模在要求的温度下工作，防止型腔温度急剧变化而影响铸件质量，模具常设置冷却系统。冷却系统一般是在模具上开设冷却水道。

（8）模架部分 是将压铸模各部分按一定规律和位置加以组合和定位后，使压铸模能够安装在压铸机上的构架，包括定模座板、定模套板、动模座板、动模套板、支承板、垫块等，如图7-33中零件27、19、1、32、31、8等。

除上述部分之外，压铸模还有加热系统以及紧固用的螺钉、圆柱销等紧固零件。

2. 压铸模的设计原则

（1）合理地选择压铸机 设计压铸模时，必须熟悉压铸机的特性和技术规格，通过必要的设计计算，选用合适的压铸机。

（2）满足铸件的基本要求 压铸模必须能够生产出符合几何形状、尺寸精度、力学性能和表面质量等技术要求的铸件。

（3）具有良好的使用效果 模具结构合理，动作可靠，便于维修，符合压铸生产的工艺要求；选择适宜的模具材料、配合适当的制造质量，使压铸模具有安全可靠、操作方便、较长的使用寿命和较高的生产效率。

（4）要求有合理的经济性 合理地提出模具的技术条件、模具零件的热处理方法及硬度、公差配合、尺寸精度和表面粗糙度，尽可能地考虑到有利于标准化、系列化、通用化的实施。

3. 分型面的设计

（1）分型面的类型 根据分型面的形状，压铸型分型面可分为平直分型面、倾斜分型面、阶梯分型面、曲面分型面、直分型面五种，如图7-34所示。其中，平直分型面结构简单、制作方便，应用最广；阶梯分型面一般把浇注系统设置在其中一个阶梯面上，排溢系统设置在另外的阶梯面上，以便于金属液的充填和排气。

1）平直分型面：分型面为一个平行于压铸机动、定模安装板的平面，如图7-34a所示。

2）倾斜分型面：分型面与压铸机动、定模安装板成一角度，如图7-34b所示。

3）阶梯分型面（又称折线分型面）：分型面处于不同平面上，由几个阶梯（折线）平面组成，如图7-34c所示。

4）曲面分型面：分型面由压铸件外形圆弧面或曲面构成，如图7-34d所示。

5）直分型面：分型面垂直压铸机动、定模安装板平面。图7-34e所示两个分型面，分型面A与动、定模安装板平行，分型面B则垂直于它们。

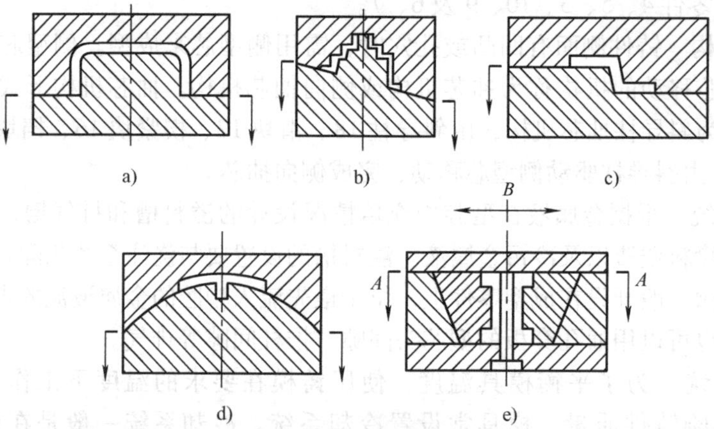

图7-34　分型面的类型

a）平直分型面　b）倾斜分型面　c）阶梯分型面　d）曲面分型面　e）直分型面

（2）分型面的选择原则　分型面的选择需要对压铸件结构特点、浇注系统安排形式、压铸模的加工工艺和装配工艺以及压铸件的脱模条件等诸多因素进行统筹考虑。分型面的确定原则如下：

1）分型面应选在压铸件外形轮廓尺寸最大的截面处。这是选择分型面最基本的一个原则，否则，开模后压铸件无法从模具型腔中取出。

2）选择的分型面应使压铸件在开模后留在动模，以便于从模腔中取出。由于压铸模动模部分设有推出装置，因此，开模后必须保证压铸件脱出定模随着动模移动。为此，设计时应使动模部分被压铸件包住的成形表面多于定模部分。若采用图7-35a所示的分型面，压铸件凝固冷却后包住定模样芯的力大于包住动模样芯的力，分型时压铸件会留在定模而无法脱出；若改用图7-35b所示的分型面，就能满足脱出定模型腔的要求。

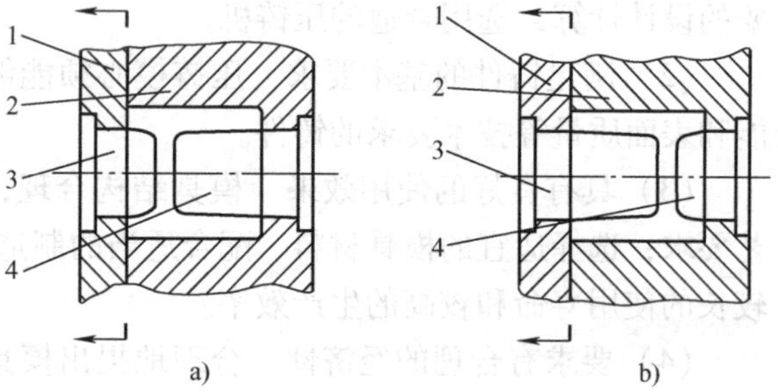

图7-35　分型面对脱模的影响

1—动模　2—定模　3—动模型芯　4—定模型芯

3）分型面选择应保证压铸件的尺寸精度和表面质量。同轴度要求高的压铸件选择分型面时最好把有同轴度要求的部分放在模具的同一侧。

4）由于分型面不可避免地会使压铸件表面留下合模痕迹，严重的会产生较厚的飞边，因此，一般不在表面质量要求比较高的面或带圆弧的转角处分型。

5）分型面的设置应有利于开设浇注系统、排溢系统，便于清理毛刺、飞边、浇口等，便于刷涂料。

6）分型面选择应便于模具加工。分型面选择应考虑模具加工工艺的可行性、可靠性及方便性，尽量选择平直分型面，对于是否需要曲面分型应慎重考虑。图7-36所示压铸件的底部端面是球面，图7-36a所示为曲面分型面形式，动、定模板的加工十分困难；而图7-36b所示为平直分型面形式，只需在动模镶块上加工出球面，动、定模板的加工简单方便。

除了以上原则外，还应尽量减小压铸件在分型面上投影面积，以避免此面积与压铸机最大许用压铸面积接近而产生溢料现象。在几个方向有型芯的情况下，应尽量将抽芯距短的、投影面积小的型芯用作侧向型芯，以便有效地采用简单的斜导柱侧向抽芯机构，减少金属液对侧向型芯的压力。分型面的选择还应考虑到金属液的流程不宜太长等。

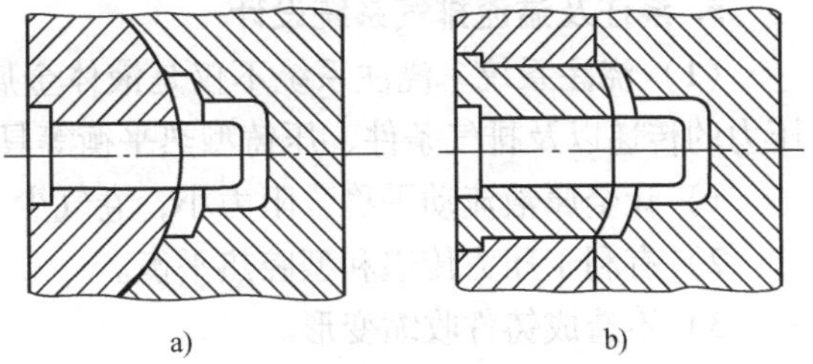

图7-36　分型面对模具加工的影响

4. 成型尺寸计算

压铸模内形成压铸件形状的零件称为成型零件，成型零件尺寸称为成型尺寸。成型尺寸的确定一般要考虑压铸件尺寸公差和综合收缩率、压铸模具制造公差以及压铸模加热膨胀等因素；压铸模热膨胀、压铸件结构及合金收缩因素通过综合收缩率考虑。压铸件不同部位成型尺寸计算方法也有差别，一般将成型尺寸分为型腔尺寸、型芯尺寸以及两孔之间的中心距尺寸三种类型，参照图7-37，可分别按式（7-7）~式（7-9）计算。

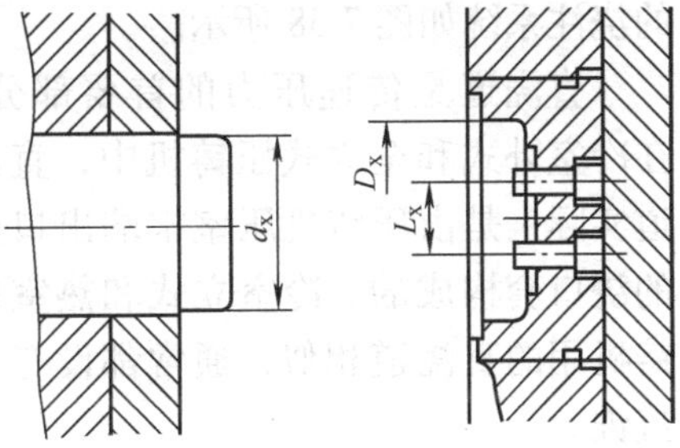

图7-37　型腔尺寸计算参考图

型腔尺寸　$D_X=(D_{max}+D_{max}K-n\Delta)+\Delta D_X$　（7-7）

型芯尺寸　$d_X=(d_{min}+d_{min}K+n\Delta)-\Delta d_X$　（7-8）

中心距尺寸　$L_X=(L+LK)\pm\Delta L_X$　（7-9）

式中　D_X、d_X、L_X——压铸模的型腔、型芯及中心距的尺寸；

ΔD_X、Δd_X、ΔL_X——压铸模的型腔、型芯及中心距的制造公差；

D_{max}——铸件外形的最大极限尺寸；

d_{min}——铸件内腔的最小极限尺寸；

L——铸件上中心距的平均尺寸；

K——综合收缩率；

n——磨损系数，一般取0.7；

Δ——铸件公称尺寸的公差。

压铸模成型部分尺寸计算十分复杂，设计、制造完成后还要在试生产中加以调整。综合线收缩率K是成型零件设计的重要参数。常用压铸合金的综合线收缩率K可参照表7-23选取。

表7-23　常用压铸合金的综合线收缩率 *K*（%）

合　金	*K*	
	自由收缩	受阻收缩
锌合金	0.5~0.65	0.4~0.6
镁合金	0.5~0.75	0.45~0.65
铝合金	0.6~0.85	0.5~0.75
铜合金	0.7~1.0	0.6~0.85

5. 浇注及溢流排气系统设计

(1) 浇注系统　浇注系统不仅是液体金属充填压铸型的通道，还对金属流态、速度和压力的传递以及排气条件、压铸型热平衡等具有调节作用。浇注系统设计应遵循以下原则：

1) 让金属液流动平稳，阻力小，卷气少。

2) 有利于压力传递和型腔热平衡。

3) 不造成铸件收缩变形。

4) 浇道不应离镶件太远。

5) 重要面不应设置浇道。

6) 浇道清除方便和不损坏铸件。

为保证铸件质量，浇注系统和排溢系统应统一加以考虑。各种压铸机的浇注系统如图7-38所示。

直浇道是传递压力的首要部分。在冷室卧式和全立式压铸机中，直浇道实际上是由压铸机压室末端出口处的浇口套构成的。冷室立式和热室压铸机用的直浇道相似，通常都设有分流锥。

横浇道是将直浇道金属液引入内浇道的。为防止金属液裹气或出现涡流，横浇道截面积应保持均匀，或缓慢过渡，不宜有突然的扩大和缩小。

内浇道的位置和方向影响着金属液的流态，其截面大小则关系到金属液的充填速度。内浇道应设置在铸件较厚的部位，金属液进入型腔后，不正面冲击型壁和型芯，尽量采用单个内浇道，少用分支内浇道，充型过程中不过多改变方向、流程尽量短，同时内浇道不应引起铸件收缩时变形。

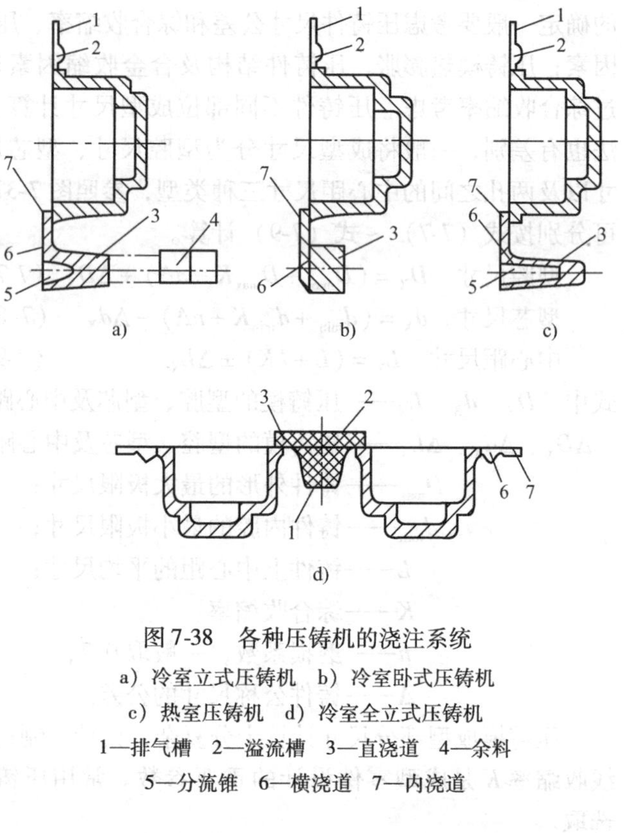

图7-38　各种压铸机的浇注系统

a) 冷室立式压铸机　b) 冷室卧式压铸机　c) 热室压铸机　d) 冷室全立式压铸机

1—排气槽　2—溢流槽　3—直浇道　4—余料　5—分流锥　6—横浇道　7—内浇道

(2) 溢流槽和排气槽　溢流槽除接纳型腔中气体、夹杂物及冷金属外，还有调节型腔局部温度，改善充填条件等作用。溢流槽应根据所要起的作用确定位置和容积的大小，一般设置在金属液最初冲击或最后充填部位，或两股及以上金属流汇合处，或铸件较厚、较薄处等。溢流槽设在金属液最初冲击部位，以排除端部流动金属前沿的冷金属，容积应比需排除的冷金属流大；溢流槽设在两股或多股金属流汇合处以消除铸件冷隔，容积应相当于出现冷隔范围部位的金属容积。

排气槽在填充过程中排除浇道、型腔及溢流槽内的混合气体，以利于充型，减少铸件缺陷，获得轮廓清晰和致密度高的铸件。排气槽往往与溢流槽配合在一起，设在溢流槽后面以加强排气效果（见图7-39），但也可单独设置，尽量设在便于加工和清理模具的表面上，也可在型芯头上开设排气道或特设推杆排气。

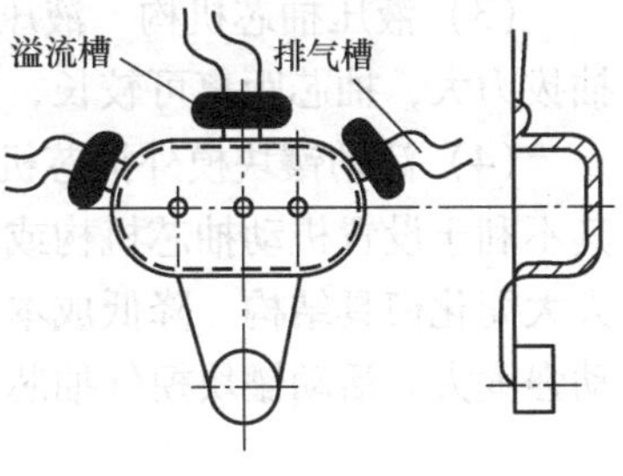

图7-39 溢流槽及尾部排气槽

6. 抽芯机构

模具内构成铸件形状的成型型腔的位置确定后，凡是阻碍铸件沿模具垂直于分型面方向取出的成型部分都必须做成活动的型芯或活块。在开模前或开模过程中，活动的成型部分先行脱离铸件，或随同铸件一起出模并便于拆除脱开。带动活动的成型部分脱出铸件的机构称为抽芯机构。常见的抽芯机构有斜销抽芯机构、斜滑块抽芯机构、齿轮齿条抽芯机构、液压抽芯机构、活动镶块抽芯机构等。

（1）斜销抽芯机构　斜销抽芯机构是一种最常用的抽芯机构，如图7-40所示。斜销5固定在定型板7和定型压板8内，开型时带有活动型芯的滑块4随动型座板1移动，同时又沿着斜销的斜角按箭头方向在动型座板的导滑槽内移动（见图7-40b），移动距离在斜销有效长度内。当斜销与滑块上的斜孔脱离时，滑块4便与限位块2接触，由于弹簧3的作用，使得滑块4不能因自重或惯性发生移动（见图7-40 c），合型时斜销便能顺利地进入滑块上的斜孔。压块6用于合型后压紧滑块4，防止压射时型芯移动。

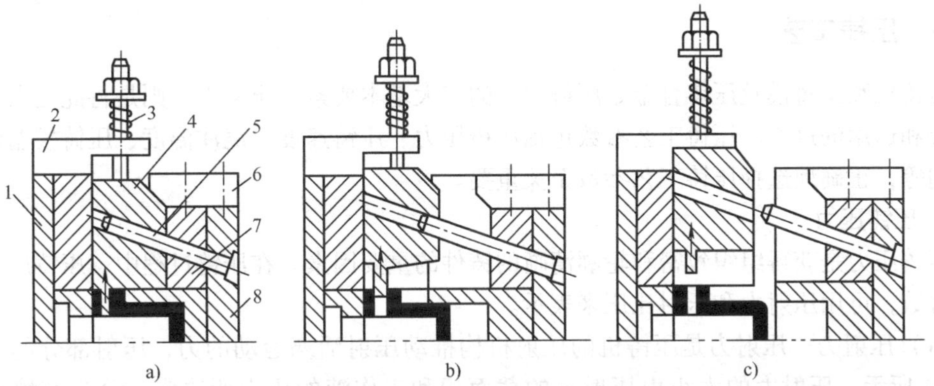

图7-40　斜销抽芯机构组成及动作过程

a）合型状态　b）开型过程　c）抽芯结束

1—动型座板　2—限位块　3—弹簧　4—滑块　5—斜销　6—压块　7—定型块　8—定型压板

斜销抽芯机构结构简单、制造方便、安全可靠，生产效率高，有较大的抽芯力，使用广泛，但抽芯距离短。

（2）齿轮齿条抽芯机构　齿轮齿条抽芯机构如图7-41所示。开型时安装在动模上的传动齿轮8受到固定板1上的齿条2作用而转动，同时带动活动齿条3运动，从而完成抽芯动作。此类抽芯机构型芯与活动齿条常制成一体，适用于抽芯距离较长、抽芯方向与分型面成一角度、斜销无法抽动的型芯。

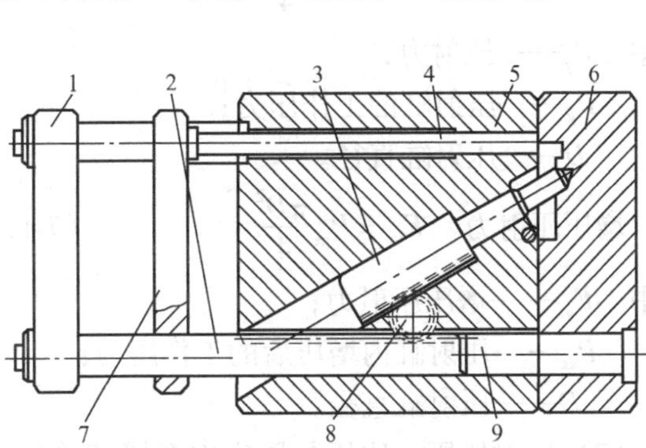

图7-41　齿轮齿条抽芯机构

1—齿条固定板　2—齿条　3—活动齿条　4—推杆　5—动模　6—定模　7—推杆固定板　8—传动齿轮　9—复位杆

（3）液压抽芯机构　液压抽芯机构如图7-42所示。该抽芯机构能抽出任何方向的型芯，抽拔力大，抽芯距离可较长，并可随时开动，传动平稳，使用较方便、灵活。

（4）活动镶块模外抽芯机构　活动镶块模外抽芯机构是对于比较复杂的成型部分，因其不利于设置机动抽芯机构或液压抽芯机构而采用的方法。常用于生产批量较小的场合，可大大简化模具结构，降低成本。其缺点是需备有一定数量的活动镶块供轮换使用，且工人劳动强度大。活动镶块模外抽芯结构如图7-43所示。

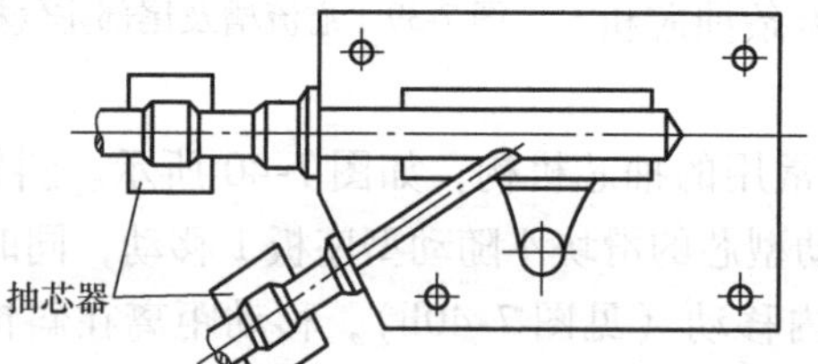

图7-42　液压抽芯机构

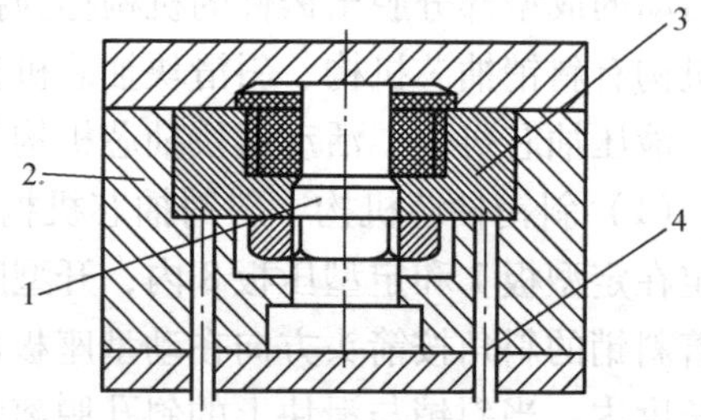

图7-43　活动镶块模外抽芯机构

1—型芯　2—动模　3—活动型芯　4—推杆

7.4.3　压铸工艺

压铸机和压铸模及压铸合金是压铸生产的三大基本要素，压铸工艺则是将此三大要素有机组合和运用的过程。压铸工艺参数包括压铸压力、压铸速度、浇注温度、压铸模温度、充填时间等，正确地选择压铸工艺参数至关重要。

1. 压铸压力

压铸压力是获得组织致密和轮廓清晰的铸件的重要因素。在压铸过程中，压铸压力不是一个常数，可用压射力和压射比压来表示。

（1）压射力　压射力是压铸机的压射机构推动压射活塞运动的力，压射部分的结构如图7-44所示。压射力的大小由压射缸的截面积和工作液的压力所决定，分为充填压射力（压铸机无增压机构）和增压压射力（压铸机有增压机构）。

充填压射力　$$F_y = P_g \frac{\pi D^2}{4} \tag{7-10}$$

式中　F_y——压射力；

P_g——压射缸的工作压力；

D——压射缸直径。

增压压射力　$$F_{yz} = P_{gz} \frac{\pi D^2}{4} \tag{7-11}$$

式中　F_{yz}——增压压射力；

P_{gz}——压射缸内增压后的工作压力；

D——压射缸直径。

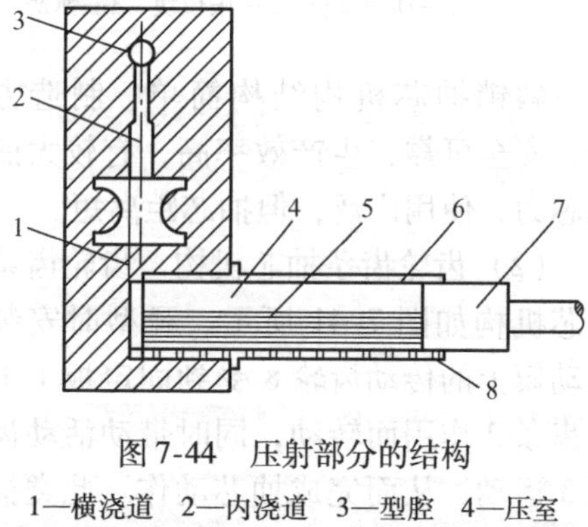

图7-44　压射部分的结构

1—横浇道　2—内浇道　3—型腔　4—压室　5—金属液　6—加料口　7—压射冲头　8—压射缸

（2）压射比压　比压是压室内金属液单位面积上所受的压力，即压铸机的压射力与压射冲头截面积之比。比压有压射比压和增压比压之分。充填时的比压称压射比压，增压时的比压称为增压比压（压铸机无增压机构，即没有增压比压），用于克服金属液在浇注系统及型腔中的流动阻力，特别是内浇道口处的阻力，使金属液在内浇口处达到需要的速度。压射比压和增压比压计算公式如下：

压射比压
$$P_b = \frac{4F_y}{\pi d^2} \tag{7-12}$$

式中　P_b——压射比压；

F_y——充填压射力；

d——压射冲头（或压室）直径。

增压比压
$$P_{bz} = \frac{4F_{yz}}{\pi d^2} \tag{7-13}$$

式中　P_{bz}——增压比压；

F_{yz}——增压压射力；

d——压射冲头（或压室）直径。

压射比压的确定主要依据合金种类和铸件结构。常用压铸合金的压射比压推荐值见表7-24。

表7-24　常用压铸合金的压射比压推荐值　（单位：MPa）

合　金	铸件壁厚<3mm		铸件壁厚>3mm	
	结构简单	结构复杂	结构简单	结构复杂
锌合金	30	40	50	60
铝合金	30	35	45	60
铝镁合金	30	40	50	65
镁合金	30	40	50	60
铜合金	50	70	80	90

2. 压铸速度

压铸速度是获得轮廓清晰、表面光洁压铸件的工艺参数，通常用压射速度和内浇道速度来表示。

（1）压射速度　压射速度是指压室内压射冲头推动合金液移动的速度，也称为冲头速度。压射速度太快，容易将气体卷入金属液；速度太慢，铸件轮廓不清晰。压射速度有慢压射速度和快压射速度两个阶段。冲头前进封住浇料口阶段为慢压射阶段。压射冲头以最大速度前进，使合金液充满整个型腔与排溢系统阶段为快压射阶段，其目的是将合金液以高速填满型腔。慢压射速度根据压室内合金液的充满度进行选择，见表7-25。

表7-25　慢压射速度的选择

压室充满度（%）	≤30	30～60	>60
慢压射速度/（cm/s）	30～60	20～30	10～20

快压射速度可按式（7-14）计算

$$v_{yn} = \frac{4V}{\pi d^2 t[1+(n-1)\times 0.1]} \tag{7-14}$$

式中 v_{yn}——快压射速度；

V——型腔容积；

n——型腔数目；

d——压射冲头直径；

t——充填时间，参考表7-26选取。

表7-26 不同情况下的充填时间值 （单位：s）

合金种类		铅合金、锡合金	锌合金	铝合金	镁合金、铜合金
铸件壁厚	均匀	0.072	0.060	0.054	0.048
	不均匀	0.108	0.090	0.081	0.054

利用式（7-14）计算所得到的速度为获得最佳铸件质量的最低速度，一般需要提高1.2倍。对有较大镶嵌件或者用大压铸模生产小铸件时可提高1.5~2倍。

（2）内浇道速度 内浇道速度是指合金液通过内浇道进入型腔的线速度，又称充填速度。内浇道速度高有利于获得轮廓清晰的铸件，但速度过高合金液呈雾状充填型腔，易卷气或黏附型壁，并形成表面缺陷和氧化夹杂，加速压铸模磨损。充填速度推荐值见表7-27。铸件壁薄、表面质量要求较高时选用较大值；强度、致密度要求较高时选用较小值。

表7-27 充填速度推荐值 （单位：m/s）

合金种类	铝合金	锌合金	镁合金	黄铜
充填速度	20~60	30~50	40~90	20~50

3. 温度

（1）浇注温度 合金液的浇注温度是指合金液从压室进入型腔时的平均温度。根据合金种类，综合考虑压射压力、压射速度和模具温度等确定浇注温度。在保证充满铸型的前提下，应采用较低的浇注温度，通常比砂型铸造低，比金属型铸造低得多，以细化晶粒、减少缩孔和裂纹等缺陷，提高铸件质量。各种合金的浇注温度见表7-28。

表7-28 各种合金的浇注温度 （单位：℃）

合金		铸件壁厚≤3mm		3mm＜铸件壁厚＜6mm	
		结构简单	结构复杂	结构简单	结构复杂
锌合金	含铝	420~440	430~450	410~430	420~440
	含铜	520~540	530~550	510~530	520~540
铝合金	含硅	610~630	640~680	590~630	610~630
	含铜	620~650	640~700	600~640	620~650
	含镁	640~660	660~700	620~660	640~670
黄铜	普通黄铜	850~900	870~920	820~860	850~900
	硅黄铜	870~910	880~920	850~900	870~910
镁合金		640~680	660~700	620~660	640~680

（2）压铸模温度 压铸模在压铸生产前应预热到一定温度，通常在150~250℃。压铸模在生产过程中要始终保持在合适的温度范围内，该温度范围就是压铸模的工作温度。压铸

模工作温度过高，容易导致黏模、压铸件顶出变形、压铸模具活动部件卡死、开模时间延长等，通常压铸模工作温度控制在浇注温度的1/3左右。

4. 时间

（1）充填时间　液体金属开始进入型腔到充满型腔所需要的时间称为充填时间。充填时间长短取决于铸件体积的大小和铸件形状的复杂程度。对大而简单的铸件，充填时间可相对长些；对复杂和薄壁铸件充填时间要短些。充填时间与内浇道的截面积大小或内浇道的宽度和厚度有密切关系。铸件的平均壁厚与填充时间、内浇道速度的关系见表7-29。

表7-29　铸件的平均壁厚与填充时间、内浇道速度的关系

铸件平均壁厚/mm	1	1.5	2	2.5	3	3.5	4	5	6	7	8	9	10
填充时间/s	0.010~0.014	0.014~0.020	0.018~0.026	0.022~0.032	0.028~0.040	0.034~0.050	0.040~0.060	0.048~0.072	0.056~0.084	0.066~0.100	0.076~0.116	0.088~0.138	0.100~0.160
内浇道速度/(m/s)	46~55	44~53	42~50	40~48	38~46	36~44	34~42	32~40	30~37	28~34	26~32	24~29	22~27

（2）持压时间　合金液充满型腔之后，在压力作用下，使铸件完全凝固的这段时间，称为持压时间。持压的作用是使压力传递给未凝固的金属，使铸件在压力下结晶，以获得致密的组织。持压时间不足，铸件易产生缩孔、缩松等缺陷，但过长会影响生产率。持压时间应根据合金种类和铸件壁厚进行选择。各种合金常用持压时间见表7-30。

表7-30　各种合金常用持压时间　（单位：s）

合金种类		锌合金	铝合金	镁合金	铜合金
铸件壁厚	≤2.5	1~2	1~2	1~2	2~3
	2.5~6	3~7	3~8	3~8	5~10

（3）留模时间　留模时间是指从持压作用完成起到开模顶出铸件为止的时间。留模时间影响铸件的出型温度，时间短，铸件出型温度高，铸件强度较低，可能在铸件顶出和从压铸型落下时导致变形，对强度差的合金还可能因为内部气孔的膨胀而产生表面气泡；时间长，铸件可能因其收缩大而引起铸件开裂或顶出困难。留模时间应根据合金性质、铸件壁厚和结构特性确定。各种合金常用留模时间见表7-31。对于热室压铸机，生产薄壁（<3mm）件时，留模时间可再短些。

表7-31　各种合金常用留模时间　（单位：s）

合金种类		锌合金	铝合金	镁合金	铜合金
铸件壁厚	<3mm	5~10	7~12	7~12	8~15
	3~6mm	7~12	10~15	10~15	15~20
	>6mm	20~25	25~30	15~25	25~30

7.5 低压铸造

7.5.1 概述

1. 低压铸造的原理

低压铸造是将液态合金在压力作用下由下而上压入铸型型腔，并在压力作用下凝固获得铸件的铸造方法。低压铸造的原理如图7-45所示，密封的坩埚内通入干燥的压缩空气或惰性气体，借助于作用于金属液面上的压力，使金属液沿升液管自下而上通过浇道平稳地充满铸型，充型压力一般为20～60kPa。当铸件完全凝固后，解除液面上的气体压力，使升液管和浇道中没有凝固的金属液靠自重流回坩埚中，然后打开铸型，取出铸件。

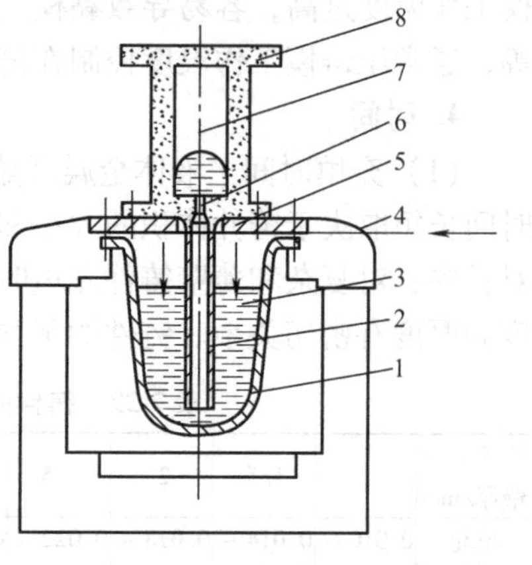

图7-45 低压铸造的原理

1—坩埚 2—升液管 3—金属液 4—进气管 5—密封盖 6—浇道 7—型腔 8—铸型

低压铸造生产工艺过程包括以下四道基本工序：

1）金属熔炼及模具或铸型的准备。

2）浇注前的准备：包括坩埚密封（装配密封盖），升液管中的扒渣，测量液面高度，密封性试验，配模，紧固模具或铸型等。

3）浇注：包括升液、充型、增压、凝固、卸压和冷却等。

4）脱模：包括松型脱模和取出铸件。

2. 低压铸造的特点

低压铸造可以采用砂型、金属型、石墨型等，充型过程既与金属型铸造和砂型铸造等重力铸造有区别，也不同于高压高速充型的压力铸造，具有如下优点：

1）纯净金属液充型，提高了铸件的纯净度。由于熔渣一般浮于金属液表面，而低压铸造由坩埚下部的金属液通过升液管实现充型，彻底避免了熔渣进入铸型型腔的可能性。

2）金属液充型平稳，减少或避免了金属液在充型时的翻腾、冲击、飞溅现象，从而减少了氧化渣的形成。

3）铸件成型性好，金属液在压力作用下充型，可以提高金属液的流动性，有利于形成轮廓清晰、表面光洁的铸件，对于大型薄壁铸件的成型更为有利。

4）铸件在压力作用下结晶凝固，能得到充分地补缩，铸件组织致密。

5）提高了金属液的收得率，一般情况下不需要冒口，并且升液管中未凝固的金属可回流至坩埚，重复使用，使金属液的收得率大大提高，收得率一般可达90%。

6）生产操作方便，劳动条件好，生产效率高，易实现机械化和自动化。

低压铸造也有一些缺点，装备和模具投资较大；在生产铝合金铸件时，坩埚和升液管长期与金属液接触，易受侵蚀而报废，也会使金属液增铁而性能恶化。

3. 低压铸造的应用

低压铸造是最早的反重力铸造技术，20世纪40年代开始用于工业生产。目前，低压铸造主要用于生产铝合金、镁合金件，如汽车工业的汽车轮毂、内燃发动机的气缸体、气缸盖、活塞、导弹外壳、叶轮、导风轮等形状复杂、质量要求高的铸件。当采用低压铸造生产铸钢时，如铸钢车轮，升液管需采用特种耐火材料。低压铸造也可应用于小型铜合金铸件，如管道装置接头，浴室中的旋塞龙头等，该技术在国外已实现工业化生产。

7.5.2 浇冒口系统设计

1. 铸件顺序凝固过程控制

为充分发挥低压铸造工艺的优势，获得致密的铸件，应保证铸件按顺序凝固，即离浇道最远处先凝固，离浇道近处后凝固，浇道最后凝固，如图7-46所示。

为保证铸件顺序凝固，在工艺设计时需采取下列措施：

1）尽量使铸件厚处接近浇道，薄处远离浇道。

2）对壁厚比较均匀的铸件，可通过用上、下不同的加工余量，使铸件毛坯壁厚上薄下厚，以利于顺序凝固。砂型可上、下采用不同厚度的冷铁；金属型可将金属型壁厚上、下做得不一样，以保证铸件得到顺序凝固。

3）对壁厚差很大的特殊结构铸件，往往需采用特殊的方法。如对铸件很厚处，可在低压铸型对应部分局部镶铜，并吹风强制冷却；对复杂的缸盖，可采用水冷，局部用空气冷却。也可对复杂铸件不同部位采用不同涂料及厚度来控制铸件的冷却速度。

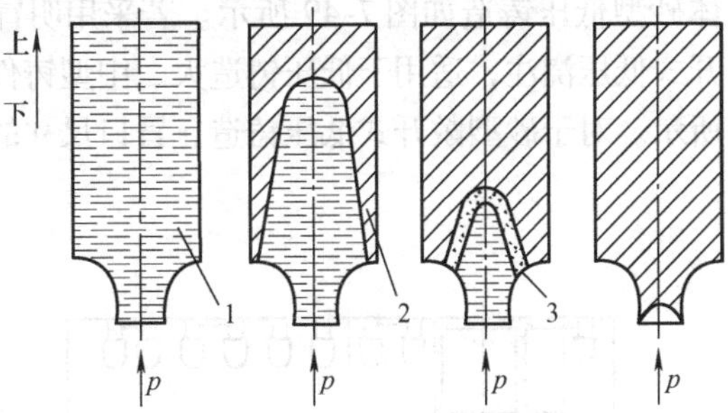

图7-46　低压铸造时铸件的凝固过程

1—铝液　2—凝固层　3—糊状层

2. 浇注系统设计

浇注系统设计包括浇注方式选择、内浇道设计、横浇道及升液管（直浇道）设计。

低压铸造多采用底注式浇注系统，铸件薄处朝上，厚处朝下，内浇道开设在下部厚处。在选择浇注系统类型后，确定内浇道尺寸，然后按比例计算横浇道及升液管（直浇道）尺寸。内浇道尺寸可采用“热节圆法”“模拟法”“经验法”等计算方法确定，并用式(7-15)核算

$$A_g = \frac{W}{\rho v t} \tag{7-15}$$

式中　A_g——内浇道截面积；

W——铸件质量；

ρ——合金密度；

v——内浇道合金液流速，当$v \leq 15\text{cm/s}$时，可实现合金液平稳充型；

t——充型时间，$t = h/v_{升}$，h为铸件型腔高度，$v_{升}$为合金液升液速度，一般$v_{升} = 1 \sim 6\text{cm/s}$，复杂薄壁件取上限。

内浇道尺寸还需在试生产中修正。对于不易氧化的金属，可采用封闭式浇注系统；而对于易氧化的金属，应采用开放式浇注系统，$A_g > A_{横} > A_{升液管出口}$，其具体比例关系可用式(7-16)表示

$$A_g : A_{横} : A_{升液管出口} = (2 \sim 2.3) : (1.5 \sim 1.7) : 1 \tag{7-16}$$

对有多处热节的铸件，可采用多个内浇道，使每个热节都能得到良好的补缩，如图7-47所示的气缸盖采用升液管（直浇道）、横浇道和五个内浇道。箱、壳体类铸件也可采用类似的浇注系统，铸件外尺寸较小时，可使用一个升液管；当铸件外尺寸较大时，则可采用两个升液管，如图7-48所示。

3. 冒口设计

低压铸造时，合金液在压力作用下顺序凝固，有较好的补缩能力，如果铸件厚壁部位在铸件的一端，常可经内浇道进行补缩，铸件一般不设冒口。但对于某些结构复杂的铸件，浇

注系统不能完全满足铸件补缩的要求，则需另设置冒口，通常采用暗冒口。潜水泵铝合金壳体砂型低压铸造如图7-49所示。若采用明冒口，则浇注过程中无增压阶段，这种工艺称为敞开式低压浇注，适用于低压铸造大、中型铸件。大、中型螺旋桨砂型敞开式低压铸造如图7-50所示。对于砂型敞开式低压铸造，冒口尺寸的设计和计算，可参考砂型铸造有关内容。

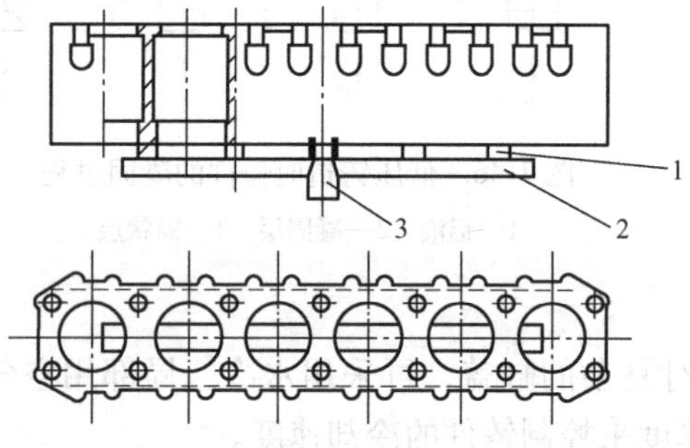

图7-47 气缸盖浇注系统示意图
1—升液管 2—横浇道 3—内浇道

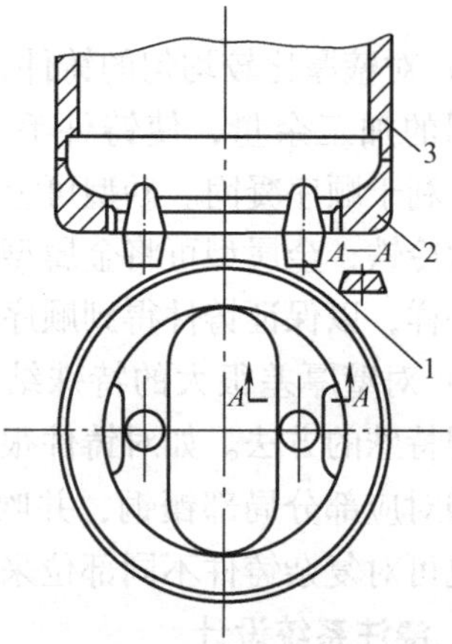

图7-48 壳体件浇注系统示意图
1—升液管 2—环形浇道 3—铸件

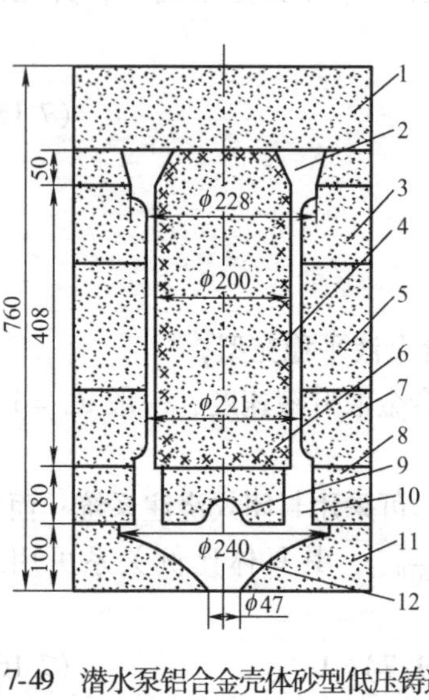

图7-49 潜水泵铝合金壳体砂型低压铸造
1—箱盖 2—冒口 3—上型 4—铸件型腔
5—中箱 6—型芯 7—下型 8—内浇道型
9—集渣包 10—内浇道 11—底型
12—喇叭形浇道

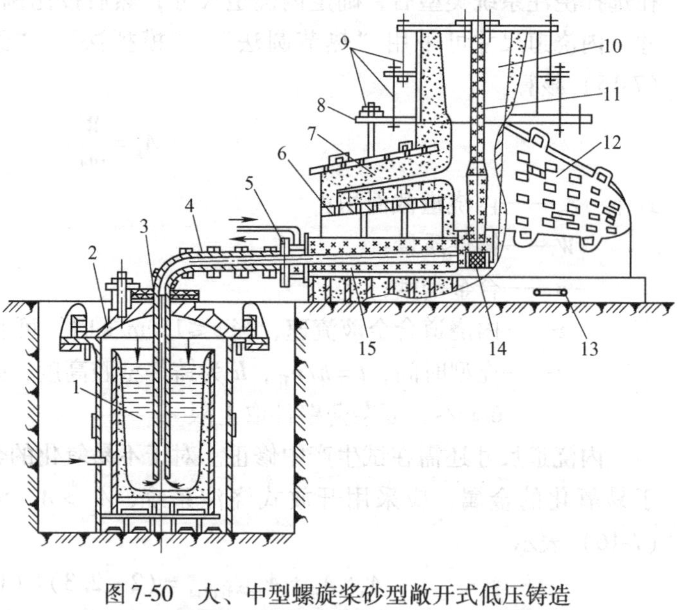

图7-50 大、中型螺旋桨砂型敞开式低压铸造
1—铜液包 2—压力罐 3—升液管 4—弯管
5—石墨套 6—托板 7—砂型 8—压板
9—紧固螺栓 10—冒口 11—型芯 12—箱盖
13—底砂箱 14—内浇道型芯 15—横浇道型芯

7.5.3 低压浇注工艺

低压铸造工艺规程包括升液管和保温坩埚的准备、铸型准备、浇注温度、加压规范等。

1. 升液管和保温坩埚的准备

升液管上部与铸型连接，下部浸泡在液体金属中，是液体金属流入型腔的通道。保温坩埚除了耐高温外，还要承受压力，工作条件恶劣。升液管和保温坩埚的准备见表7-32。提高升液管和保温坩埚寿命的措施见表7-33。低压铸型、升液管和保温坩埚用涂料配方见表7-34。

表7-32　升液管和保温坩埚的准备

名　称	准备工作
无缝管焊接升液管	先将表面粘附的残渣及氧化皮清理干净，然后预热，涂涂料，再加热到暗红色装入坩埚中
外搪型砂内砌耐火砖管的升液管	要长时间进行烘烤，以去除型砂和耐火砖中的水分，然后装入坩埚中
保温坩埚	在装配前也应清理干净，预热，刷涂料

表7-33　提高升液管和保温坩埚寿命的措施

名　称	措　施	工艺要点
升液管	表面涂料	用等离子喷涂工艺
	表面渗铝	见本表保温坩埚渗铝处理
	硫化处理	将铸铁升液管表面去油，在碘酒溶液中浸泡6h后，晾干，再放在140℃熔融硫中浸泡3h，最后在200℃下退火3h
保温坩埚	外表面喷铝后进行高温扩散退火处理	先喷砂处理。然后用金属喷枪，借助氧乙炔焰的高温将铝丝熔化喷涂在保温坩埚表面，厚度0.5～0.8mm，喷涂参数：乙炔压力0.05～0.08MPa，氧气压力0.08～1.2MPa，空气压力0.45～0.5MPa。最后炉温由400～500℃升到1000℃保温40～50min，进行扩散处理，随炉冷至400～500℃。渗铝层厚度0.1～0.13mm
	液体渗铝处理	先喷砂处理。然后液体渗铝：在150℃下，在坩埚内表面涂一层 w（耐火泥）97% + w（水玻璃）3%的保温层；将 w（Al）90% + w（铁屑）8%组成的渗铝剂加热熔化到840～860℃；将预热至350～400℃的坩埚浸入渗铝剂中，降温至780℃±10℃保温50min，将坩埚提出渗铝剂，冷到室温，去除表面多余的铝糊，涂上水玻璃加黄砂的保护层，自然冷却一昼夜。最后进行扩散处理：于300～400℃入炉，升到1000℃±20℃保温5h；随炉冷至600℃以下出炉空冷

表7-34　低压铸型、升液管和保温坩埚用涂料配方

序号	成分（质量分数,%）												应用
	二氧化钛	氧化锌	碳酸镁	滑石粉	石墨粉	硼酸	硼砂	黏土	铝矾土	糖浆	水玻璃	热水	
1		7		7			5.7					余量	铝合金
2			55									适量	
3	3	5									5	余量	
4						3					3	余量	镁合金
5								2	90	8		适量	铸铁
6					87			8		5			

2. 铸型温度和浇注温度

低压铸造可采用各种铸型，对非金属型的工作温度一般都要求为室温，无特殊要求；而对金属型的工作温度就有一定的要求。如低压铸造铝合金时，金属型的工作温度一般控制在200～250℃，浇注薄壁复杂件时，可高达300～350℃。

由于低压铸造金属液的充型能力较好，且在密封条件下浇注充型，温度降低较小，故低压铸造的浇注温度比相同条件的重力铸造的浇注温度低10～20℃。

3. 加压规范

低压浇注过程分为升液、充型、增压、保压和卸压延时冷却五个阶段。低压铸造过程中各阶段压力变化见表7-35。

表7-35　低压铸造过程中各阶段压力变化

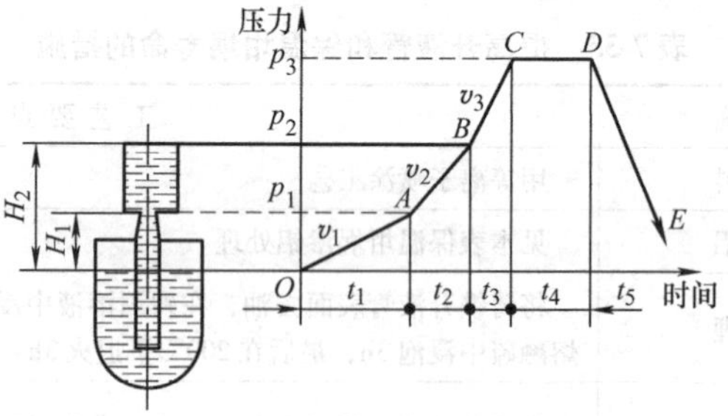

参数 / 阶段	加压过程的各个阶段				
	OA升液阶段	AB充型阶段	BC增压阶段	CD保压阶段	DE放气阶段
时间	t_1	t_2	t_3	t_4	t_5
压力/MPa	p_1	p_2	p_3（根据工艺要求）		趋于0
加压速度/（MPa/s）	$v_1=p_1/t_1$	$v_2=(p_2-p_1)/t_2$	$v_3=(p_3-p_2)/t_3$	—	—

（1）升液速度　为有利于排除型腔中气体，升液速度不能过快。铝合金升液速度为5～15cm/s，加压速度是1.27～1.75kPa/s。镁合金的加压速度可提高20%～30%。

（2）充型压力　充型压力可按式（7-17）计算

$$p_2=h_2\rho K/10200 \tag{7-17}$$

式中　p_2——充型压力；

h_2——金属液上升至铸件顶面的高度；

ρ——金属液密度；

K——充型阻力系数，$K=1\sim1.5$。

（3）充型速度　充型速度取决于通入坩埚内气体压力增加的速度，可按式（7-18）计算

$$v_2=\frac{p_2-p_1}{t_2} \tag{7-18}$$

式中　p_1、p_2——升液和充型压力；

t_2——充型时间。

充型速度过慢易造成铸件轮廓不清晰、冷隔和浇不足等缺陷，充型速度过快则造成金属液涡流、卷气，一般充型速度在5~10cm/s之间。

（4）增压压力　增压压力又称结晶压力，增压压力越大，铸件的补缩效果越好。用砂型和砂芯时，增压压力以不产生机械粘砂和胀砂为前提，在0.04~0.07MPa之间。对于用金属型芯的特别厚大件，增压压力可达0.2~0.5MPa。

（5）保压时间　保压时间与铸件结构、合金种类、浇注温度、铸型温度、冷却条件等因素有关，可根据铸件质量和浇道位置参考图7-51确定保压时间。另外，也可按铸件浇道残留长度为20~50mm来确定保压时间。在批量生产中，首件冷却较快，保压时间可缩短1~2min。

（6）卸压延时冷却　一般在卸压后1~2min再开型。适宜的卸压时间是铸件已完全凝固，但升液管内的金属液未凝固。

（7）加压规范　一般铝合金低压铸造的加压规范可参见表7-36。

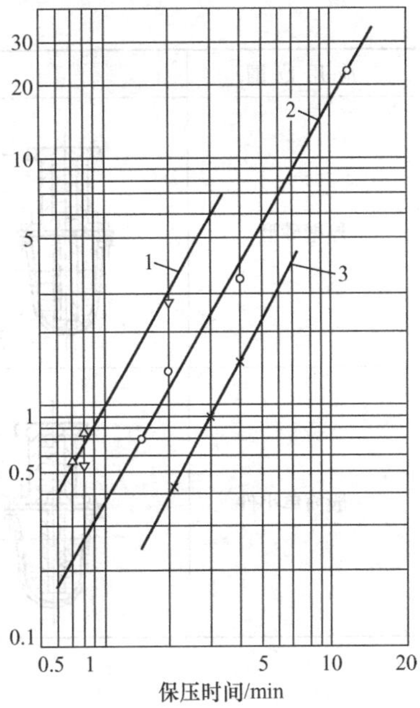

图7-51　铸件质量与保压时间的关系
1—浇口开在薄处　2—浇口开在中等壁厚处　3—浇口开在厚处

表7-36　一般铝合金低压铸造的加压规范

应用范围	加压规范	说　明
金属型薄壁铸件	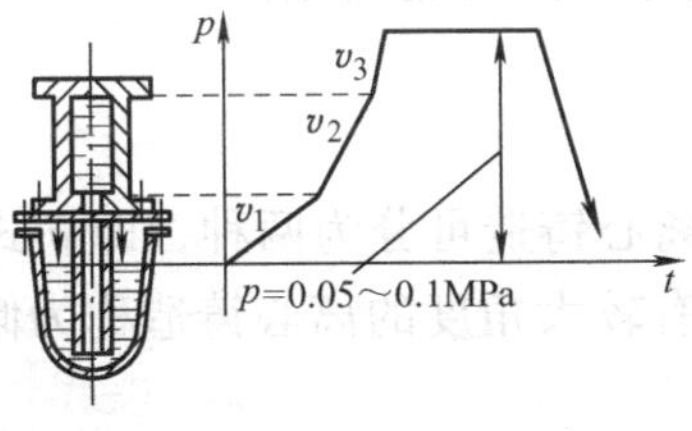	一般采用3级 升液 v_1 = 0.0011 ~ 0.014MPa/s 充型 v_2 = 0.002 ~ 0.005MPa/s 增压 v_3 = 0.005 ~ 0.010MPa/s 增压压力 p_3 一般为 0.05 ~ 0.10MPa，如有特殊要求，可增大至 0.2 ~ 0.3MPa
金属型厚壁铸件	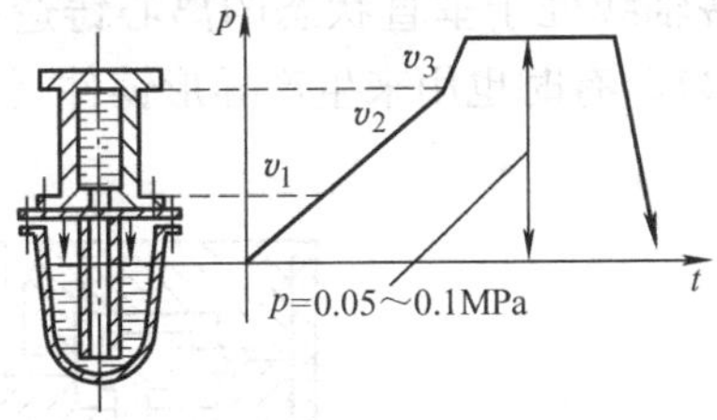	充型速度不要求太快，充型速度可采用升液速度 v_2 = v_1 = 0.0011 ~ 0.014MPa/s v_3 = 0.005 ~ 0.010MPa/s p_3 = 0.05 ~ 0.15MPa
薄壁砂型及砂芯金属型	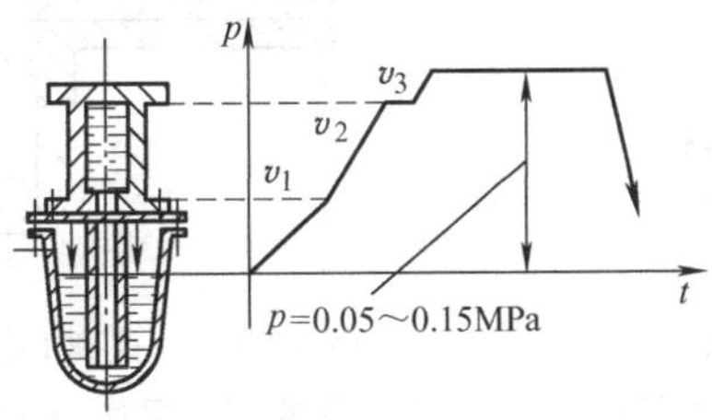	v_1、v_3 同金属型薄壁铸件 v_2 = 0.0014 ~ 0.004MPa/s 充型阶段结束后必须有一段短暂的结壳时间，但应视具体的铸件而定。较薄的铸件也可以不停，继续按 v_2 的速度增压 p_3 = 0.05 ~ 0.15MPa

（续）

应用范围	加压规范	说明
厚壁砂型	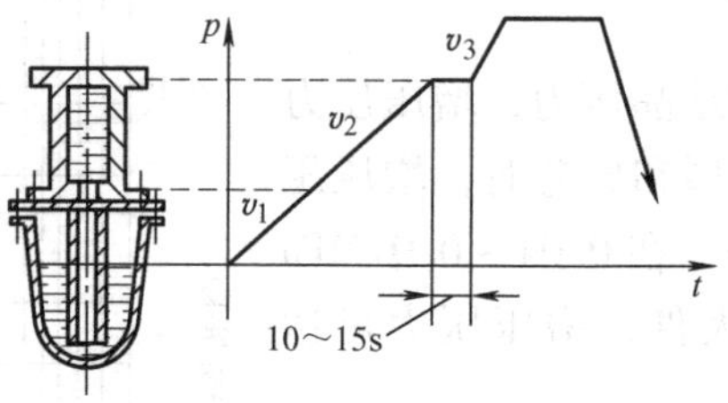	加压规范与厚壁金属型相似，但充型速度 v_3 结束时，必须有 10～15s 的结壳时间
一般简单小件	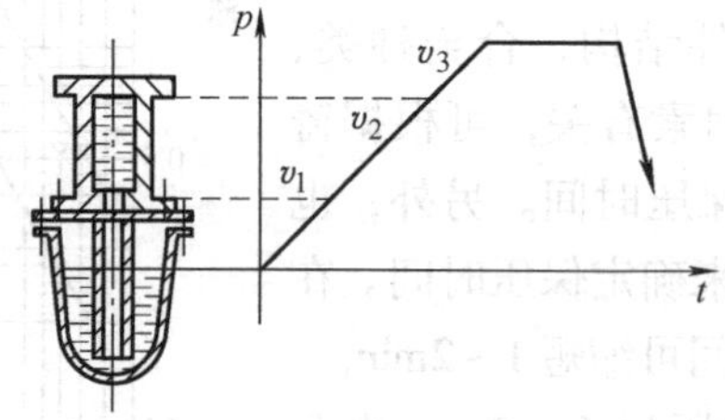	可采用一种速度，也可视铸件的结构和铸型种类参考上列 4 种情况而定

7.6 离心铸造

7.6.1 概述

离心铸造是将液态金属浇入旋转的铸型中，使液态金属在离心力作用下充填铸型并凝固成形的铸造方法。离心铸造的特点在于铸型在液态合金充型和凝固时处于旋转运动状态，铸件在离心力的作用下成形、凝固。

1. 离心铸造的分类

根据铸型旋转轴的状态，常见的离心铸造可分为两种，即立式离心铸造和卧式离心铸造。铸型的旋转轴与水平线和垂直线有较大角度的离心铸造称为倾斜轴离心铸造，但应用很少。

（1）立式离心铸造　铸型的旋转轴线处于垂直状态的离心铸造称为立式铸造，此工艺主要用来生产圆环形铸件（见图 7-52），有时也用来生产异形铸件（见图 7-53）。

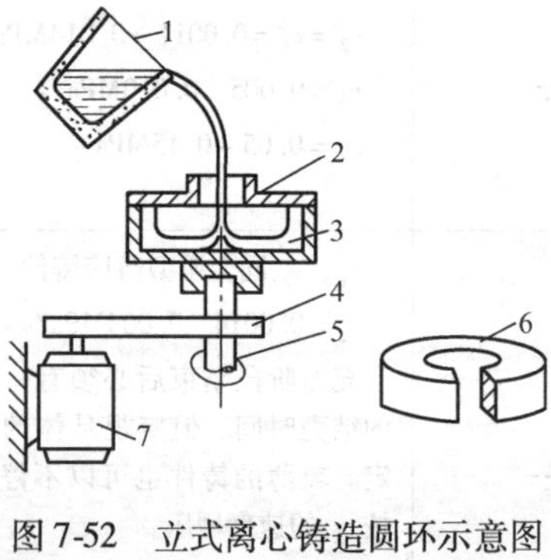

图 7-52　立式离心铸造圆环示意图

1—浇包　2—铸型　3—金属液　4—传动带和带轮　5—轴　6—铸件　7—电动机

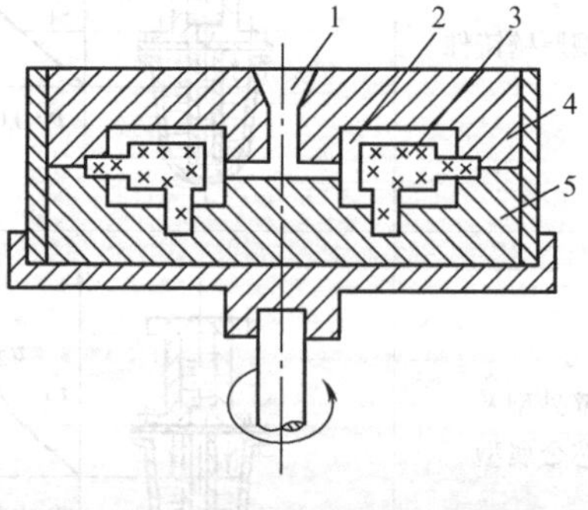

图 7-53　立式离心铸造异形铸件示意图

1—浇道　2—型腔　3—型芯　4—上型　5—下型

（2）卧式离心铸造　铸型的旋转轴线处于水平状态或与水平线交角很小（<5°）的离心铸造称为卧式离心铸造。图7-54为卧式离心铸造示意图，主要用来生产长度大于直径的套筒、管类和圆柱形铸件。有时在生产壁较薄、细长的管状铸件时，铸型的旋转轴与水平线成3°~5°的夹角，这样可使金属液能很好地均匀分布于整个铸型长度上。

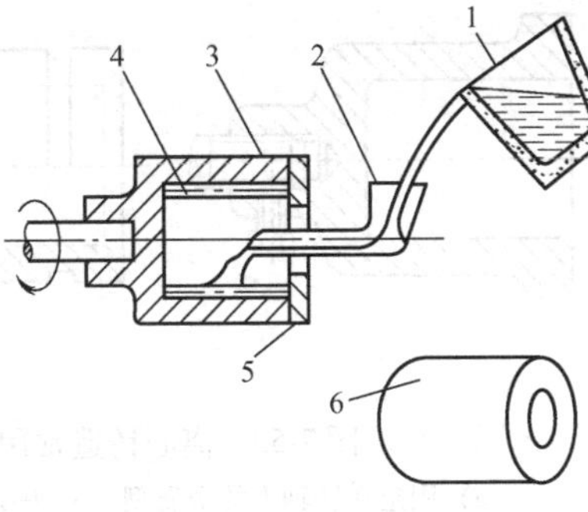

图7-54　卧式离心铸造示意图

1—浇包　2—浇注槽　3—铸型

4—金属液　5—端盖　6—铸件

2. 离心铸造的特点

离心铸造与砂型铸造相比，具有如下特点：

（1）优点

1）液体金属能在铸型中形成中空的圆柱形自由表面，可不用型芯铸出中空的铸件，大大简化了套筒、管类铸件的生产过程，提高了生产效率和铸件出品率。

2）在离心力的作用下，密度较高的金属液和密度较低熔渣易实现分离，所以铸件外表面质量好。

3）便于制造筒、套类复合金属铸件。

（2）缺点

1）铸件易产生密度偏析，不适宜生产密度偏析大的合金。

2）铸件内表面较粗糙，且容易产生夹渣缺陷，尺寸难以准确控制。

3）用于生产异形铸件时有一定的局限性，仅可用于生产小型异形铸件。

3. 离心铸造的应用

离心铸造主要用于生产中空回转体铸件，尤其在套、管、筒类铸件的大量、成批生产中，几乎都采用离心铸造，如缸套、铜套、双金属钢背铜套、灰铸铁管和球墨铸铁管、辊道、特殊钢（如不锈钢）无缝钢管的毛坯、轧辊、造纸机干燥滚筒等。离心铸件的最小内径只有8mm，最大直径可达3m，铸件的最大长度达8m，铸件的质量可为几克（如金牙齿）至几十吨。

7.6.2　离心铸造铸型

1. 铸型类型

按照铸型材料的不同，离心铸造铸型可分为金属型和非金属型两大类，非金属型主要有砂型、壳型、石膏型、石墨型等。一般常用砂型生产形状复杂的离心铸件，而在生产管、环状铸件时，则用金属型，有时也用砂型。

离心铸造金属型一般由型体、端盖及端盖夹紧装置组成，如图7-55所示。在设计金属型时，主要考虑铸型材料和型体结构、型腔尺寸、端盖与夹紧结构；按型体结构常用金属型可分为单层和双层两种，如图7-56和图7-57所示。单层结构金属型的型壁由一层金属组成，结构简单、操作方便，但它损坏后需要制作新的铸型才能开始生产，在此铸型中只能浇注单一外径尺寸的铸件。而双层结构金属型的型壁由两层金属（外型和内型）组成，双层金属型结构虽复杂些，但只要改变内型的工作表面尺寸就可以浇注多种外径尺寸的离心铸件，并且在长期工作后，只需更换结构较简单的内型就可把旧铸型当作新的铸型使用。

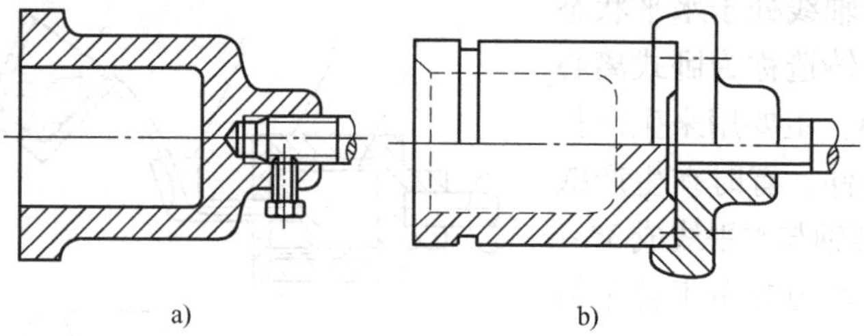

图 7-55 离心铸造常用的金属型

a）固定在转轴上的金属型 b）固定在转盘上的金属型

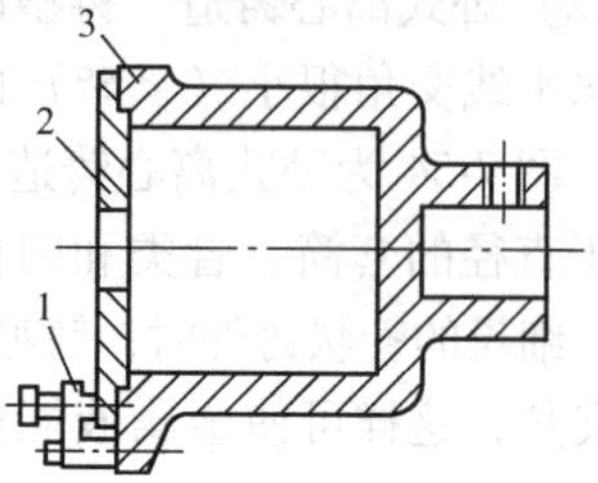

图 7-56 单层结构金属型

1—端盖夹紧装置 2—端盖 3—铸型本体

离心铸造用金属铸型的端盖不仅要挡住合金液，而且要保证铸件质量及装卸方便和安全。端盖板一般设计成可双面使用的形式，当一端损坏或变形时可使用另一面，这时往往也能校正原先的变形。端盖紧固方法有螺栓、销子和离心锤三种。用锥形销子固紧端盖（见图 7-57）是一种比较简便的方法。图 7-58 所示为离心锤紧固端盖装置，必须注意使离心锤紧固装置对端盖的作用力大于铸型中液体金属对端盖作用的离心压力，才能达到紧固端盖的目的。

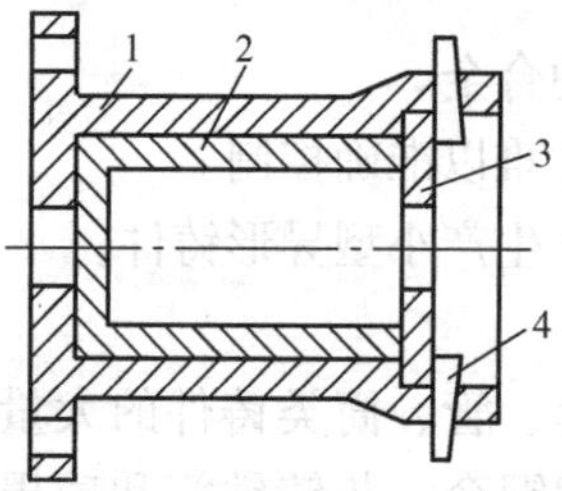

图 7-57 双层结构金属型

1—外型 2—衬套 3—端盖 4—销子

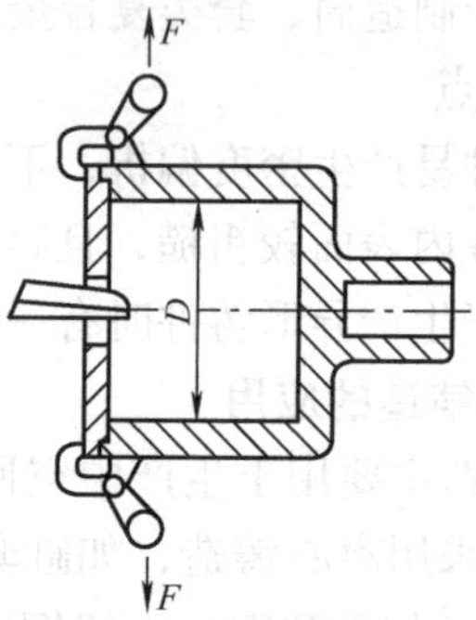

图 7-58 离心锤紧固端盖装置

单层铸型或双层铸型内型的最小壁厚不低于 15 mm，壁厚一般为铸件厚度的 80% ~ 500%。双层铸型的外型壁厚见表 7-37，内、外型之间间隙不小于 1mm。

表 7-37 双层铸型的外型壁厚 （单位：mm）

外型内径	100 ~ 200	200 ~ 300	300 ~ 400	400 ~ 500	500 ~ 600	600 ~ 700	700 ~ 800
外型壁厚	20 ~ 25	20 ~ 30	25 ~ 35	30 ~ 40	35 ~ 45	40 ~ 50	45 ~ 55

2. 铸型内腔尺寸计算

离心铸造铸型内腔尺寸按式（7-19）计算，其中铸造收缩率 ε、加工余量 b、涂料层厚度 $\Delta\delta$ 可查阅相关手册。

$$D = d(1+\varepsilon) + 2b + 2\Delta\delta \qquad (7\text{-}19)$$

式中 D——铸型内径；

d——铸造零件外径。

7.6.3 离心铸造工艺

1. 铸型转速

离心铸造是依靠铸型旋转产生离心力的，使浇入铸型内的金属液克服自身的重力充满铸型，最终在离心压力作用下凝固成铸件。为克服重力，铸型必须要有一定的转速。当金属液自由表面上最高点 a 处（见图7-59）的金属质点产生的离心力 $m\omega^2r_0$ 小于它的重力 mg 时，则 a 点处的金属液在重力作用下最易下掉，因此，该点的圆周线速度应满足 $m\omega^2r_0>mg$，如果条件不能被满足，则在浇注时会出现金属液滞留在铸型底部滚动（见图7-60a）或出现雨淋现象（见图7-60b），致使铸件内出现疏松、夹渣、铸件内表面凹凸不平等缺陷。转速过高，铸件上易出现纵向裂纹、偏析，砂型离心铸件外表面形成胀箱等缺陷。铸型转速高，机器振动大，加剧磨损，能耗也大。因此，铸型转速的选择原则是，在保证铸件质量的前提下，应选取最小的数值。

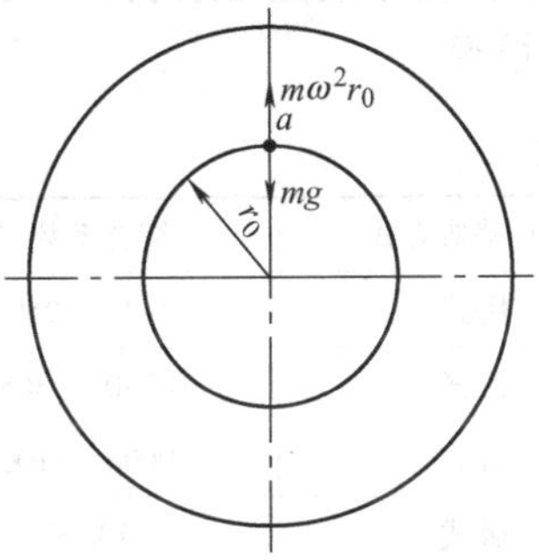

图7-59 金属液成形条件

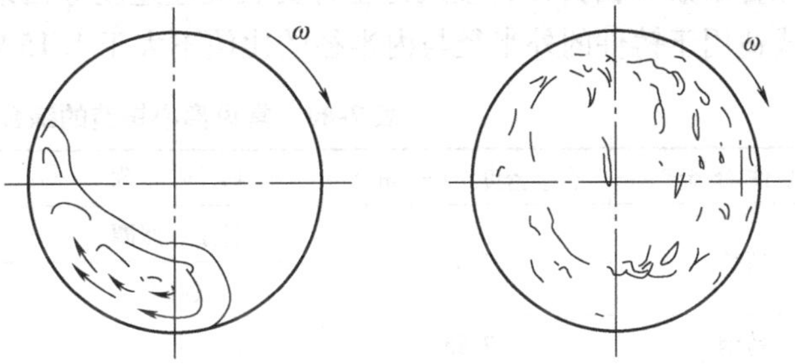

a) b)

图7-60 铸型转速低时易出现的现象
a）金属液滞留在底部滚动 b）出现雨淋现象

（1）根据铸件内表面有效重度计算铸型转速 Л. С. 康斯坦丁诺夫认为，不管液体金属种类如何，只要铸件内表面有效密度达到 $3.4\times10^5\text{kg/m}^3$，则能保证得到组织细密的离心铸造件。当铸件的外半径与内半径的比值不大于1.5时，生产中铸型转速广泛采用康斯坦丁诺夫公式计算，即

$$n=\beta\frac{55200}{\sqrt{\rho r_N}} \tag{7-20}$$

式中 n——铸型转速（r/min）；
ρ——铸件合金的密度（kg/m^3）；
r_N——铸件内半径（m）；
β——康斯坦丁诺夫公式的修正系数，具体取值见表7-38。

表7-38 康斯坦丁诺夫公式修正系数

离心铸造类型	铜合金卧式离心铸造	铜合金立式离心铸造	铸 铁	铸 钢	铝 合 金
β	1.2~1.4	1.0~1.5	1.2~1.5	1.0~1.3	0.9~1.1

（2）根据重力系数计算铸型转速 为了获得组织致密的铸件，可根据金属液自由表面上的重力系数确定铸型的转速，计算公式为

$$n = 29.9\sqrt{\frac{G}{r_N}} \tag{7-21}$$

式中 G——重力系数，可按表7-39选取。

表7-39 重力系数 G 的选用

铸件合金种类	重力系数 G	铸件合金种类	重力系数 G
铜合金	40～110	铸钢	40～75
铸铁	45～110	ZL102	50～90

（3）根据综合系数计算铸型转速（凯门公式） 计算公式为

$$n = \frac{C}{\sqrt{r_N}} \tag{7-22}$$

式中 C——综合系数。

综合系数 C 由铸件合金及铸型种类、浇注速度等因素决定，具体数值可按表7-40选取。此公式适用于铸件的外半径与内半径的比值不大于1.15时的情况。

表7-40 常见离心铸造的综合系数

铸件合金	合金密度/（g/cm^3）	铸件名称	离心铸造方式	综合系数 C
铸铁	7.2	管子、胀圈	卧式	9000～12500
		气缸套	卧式	10750～13650
铸钢	7.85	—	卧式	10000～11000
黄铜	8.20	圆环	卧式	13500
铅青铜	8.8	ϕ90～ϕ120mm 轴承	卧式	9500
	9.5～10.5		卧式	8500～9500
铝合金	2.65～3.10	—	卧式	13000～17500
青铜	8.4	—	立式	17000

（4）根据非金属铸型可能承受的最大离心力计算铸型转速 此时主要考虑非金属铸型离心铸造时，铸型不因离心力而受损。其计算公式为

$$n = 42.3\sqrt{\frac{p}{\rho(r_W^2 - r_N^2)}} \tag{7-23}$$

式中 n——铸型转速（r/min）；

ρ——合金密度（kg/m^3）；

r_W、r_N——铸件外半径和内半径（m）；

p——非金属铸型能承受的最大离心压力（MPa），可按表7-41选取。

表7-41 非金属铸型的最大离心压力 （单位：MPa）

砂　型	组芯造型	陶　瓷　型
0.003～0.004	0.004～0.006	0.006～0.008

2. 铸型涂料

离心铸造需在铸型工作表面涂敷涂料。对于砂型铸造，涂敷涂料可提高铸型表面强度，

改善铸件表面质量，防止产生黏砂等缺陷。金属铸型涂敷涂料可使铸件易于脱模，减少金属液对金属型的热冲击，以保护模具，延长金属型使用寿命；防止铸铁件表层因激冷而产生白口，避免热处理工序，便于机械加工；减小铸件表面粗糙度。

离心铸造金属型对涂料的要求与金属型铸造相同，涂料多用水作为载体，有时也用干态涂料如石墨粉，以使铸件能较容易地从型中取出。表7-42列出了一些离心铸造用涂料配方举例。

表7-42　一些离心铸造用涂料配方举例

合金种类	涂料配方（质量分数,%）			备　注
锡青铜	松香粉10～20	滑石粉75～80	水玻璃5～10	外加水适量
铸铁	石英粉90	膨润土10	外加水	表面再涂石墨粉涂料，总厚度2～3mm
铸钢	石英粉93～94	水玻璃6～7	外加水	涂料厚度1～3mm

离心铸造对铸型的工作温度要求与金属型铸造相同，喷刷涂料时应注意控制金属型的温度。在生产大型铸件时，如果铸型本身的热量不足以把涂料烘干，可以把铸型放在加热炉中加热，并保持铸型的工作温度，等待浇注；生产小型铸件时，尤其是采用悬臂离心铸造机生产时，尽可能利用铸型本身的热量烘干涂料，等待浇注。

3. 浇注工艺

离心铸造浇注工艺主要包括浇注定量、浇注速度、浇注温度等。

（1）浇注定量　离心铸件的内径及壁厚由所浇入金属液的量决定，故在浇注时必须严格控制金属液的量。离心铸造时浇入金属液的定量原则有三种，即容积定量法、质量定量法和自由表面直径定量法。

1）容积定量法。容积定量法是用内腔形状一定的浇包，取一定容积的金属液，一次性地浇入铸型。该方法受金属液温度、熔渣和浇包内衬的侵蚀等因素的影响，定量不够准确，但操作方便易行，在大量生产、连续浇注时应用较为广泛。

2）质量定量法。质量定量法是在浇注前准确地称量好一次浇注所需金属液的质量，然后浇入铸型。这种方法定量准，尺寸精确，但需要在离心机前有台秤。当铸件毛坯质量有变化时，仅需改变台秤的指示值，操作十分方便。

3）自由表面直径定量法。高度定量法是采用电信号装置，当铸件浇注到规定壁厚时，金属液上升至触头，电路接通，指示器发出信号，停止浇注。此种方法定量不准确，仅适用于较长厚壁铸件的浇注。

（2）浇注速度　离心铸造开始浇注时，应尽快使金属液快速铺满整个铸型，在不影响转速的情况下，除含铅较高的铜合金外，都应尽快浇注。铸件越大，浇注速度应越快。同时还要很好地控制金属进入铸型的方向，尽可能消除金属液飞溅现象，液体金属自浇注槽流入时的运动方向最好与铸型壁的旋转方向一致，如图7-61和图7-62所示。

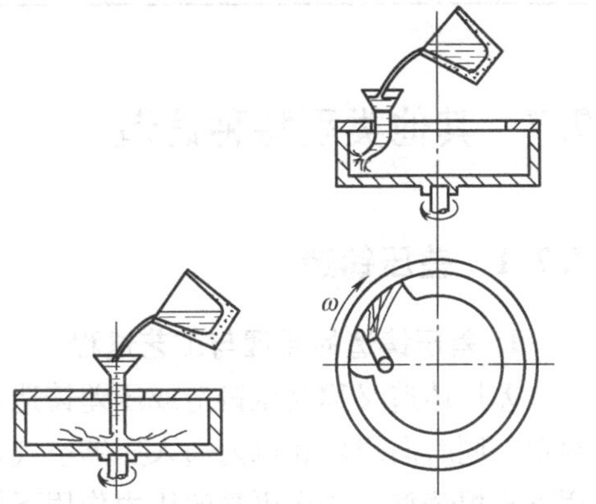

图7-61　立式离心铸造浇注时金属液的流动方向
a）不合理　b）合理

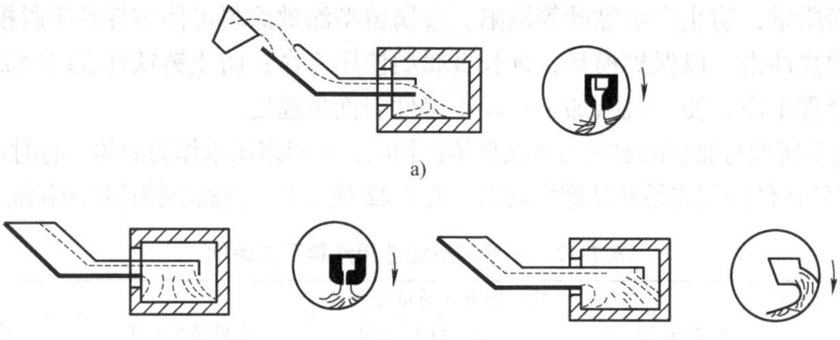

图 7-62 卧式离心铸造浇注时金属液的流动方向

a）不合理 b）较合理 c）合理

（3）浇注温度 离心铸件大多为形状简单的管状、筒状或环形铸件，浇注温度可比重力铸造时的浇注温度低 5～10℃。浇注温度过高，会降低模具使用寿命，铸件易产生缩孔、缩松、晶粒粗大、气孔等铸造缺陷；浇注温度过低，铸件易产生夹杂、冷隔等缺陷。离心球墨铸铁管的浇注温度推荐值见表 7-43。

表 7-43 离心球墨铸铁管的浇注温度推荐值

管直径/mm	球化温度/℃	扇形包温度/℃	管直径/mm	球化温度/℃	扇形包温度/℃
100	1520	1460～1380	900	1460	1340～1310
200	1500	1420～1360	1000	1460	1340～1310
300	1500	1400～1350	1100	1450～1480	1340～1310
400	1460	1380～1330	1200	1450～1480	1330～1300
500	1460	1350～1320	1300	1410～1460	1310～1290
600	1460	1340～1310	1400	1420～1450	1310～1290
700	1460	1340～1310	1500	1420～1450	1310～1290
800	1460	1340～1310	1600	1420～1450	1310～1290

7.7 其他类型特种铸造

7.7.1 差压铸造

1. 差压铸造的原理与工艺过程

差压铸造又称反压铸造或压差铸造。差压铸造是在低压铸造的基础上，铸型外罩一个密封罩，同时向坩埚和罩内通入压缩空气，但坩埚内的压力略高。坩埚内金属液在压力差的作用下充填铸型，并在更高的压力作用下结晶。

差压铸造按作用在液态金属上的压力来源可分为气压式、重力式和活塞式差压铸造。常用气压式差压铸造的工作原理如图 7-63 所示。形成金属液充型的压力差 Δp 有两种方式：一种是增压法，即增加下压力筒压力，使 $p_1 > p_2$ 形成压力差 Δp 进行充型；另一种是减压法，即减少上压力筒压力，使 $p_2 < p_1$ 而形成充型的压力差 Δp。

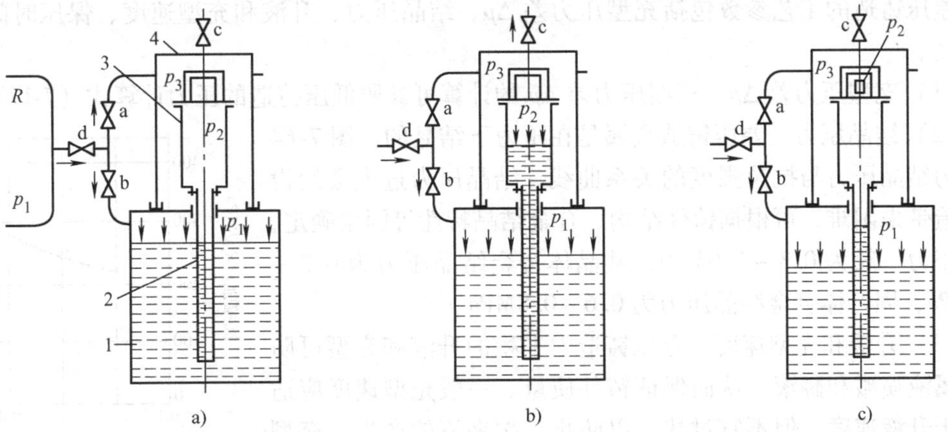

图7-63 气压式差压铸造的工作原理

a）气体加压 b）金属熔体充型 c）铸件凝固

1—保温炉 2—升液管 3—模具 4—模具室罩

（1）减压法 减压式差压铸造，在工作循环开始前，由保温炉、升液管、模具和模具室罩组成一个封闭系统，由压力罐通入的气体在密闭系统中产生压力 p_1。关闭阀a并打开阀c，使模具和模具室罩内的压力分别降低到 p_2、p_3，形成压差 $\Delta p = p_1 - p_2$。在压差 Δp 的作用下，坩埚内金属液以一定的速率通过升液管由浇道进入铸型。在充型过程中，金属熔体表面平稳上升，故不会发生熔体与加压气体相混合的现象。

（2）增压法 增压式差压铸造，在工作循环开始前，由保温炉、升液管、模具和模具室罩组成一个封闭系统，由压力罐通入的气体在密闭系统中产生压力 p_1，关闭阀a和阀c，通过阀b继续通入气体，使保温炉中的压力 p_1 增加而形成压力差，坩埚内金属液以一定的速率通过升液管充填铸型。充型结束后，保压一段时间，使铸件在高压下凝固。凝固完毕后，打开互通阀放气。升液管中金属液靠自重回流，差压铸造具有比低压铸造更理想的结晶、凝固条件。

2. 差压铸造的特点

1）充型速度取决于压力与反压力之间的压差，可通过改变压差在较大范围内进行调节和控制。

2）用优质的充型金属液充型，可避免外来夹杂物进入型腔。

3）有利于获得无针孔、少针孔的致密铸件。

4）可通过控制压力差，改善金属液的充型能力，适于生产复杂铸件。

5）能用气体作为合金元素，高压下能提高气体溶解度，可往一些合金（如钢）中溶入 N_2，提高合金强度和耐磨性能。

3. 差压铸造的应用范围

差压铸造可用砂型，也可用金属型。单件、小批量生产可用砂型，生铸件产批量大应用金属型。差压铸造适用于铝合金、锌合金、镁合金、铜合金和铸钢等合金，可生产电机壳、阀门、叶轮、气缸、轮毂、坦克导轮和船体等铸件。

4. 差压铸造的工艺参数及其选择

差压铸造的工艺参数包括充型压力差 Δp、结晶压力、升液和充型速度、保压时间、浇注温度。

（1）充型压力差 Δp　充型压力差 Δp 的计算可参照低压铸造的压力计算式（7-17）。

（2）结晶压力　差压铸造金属是在压力下结晶的，图 7-64 所示为结晶压力与抗拉强度的关系曲线。结晶压力过大会给设备制造带来困难，可根据铸件结构、合金结晶特性等因素确定，结晶压力一般为 0.3～1.0MPa，共晶体合金结晶压力为 0.3～0.4MPa，固溶体合金结晶压力为 0.6～0.8MPa。

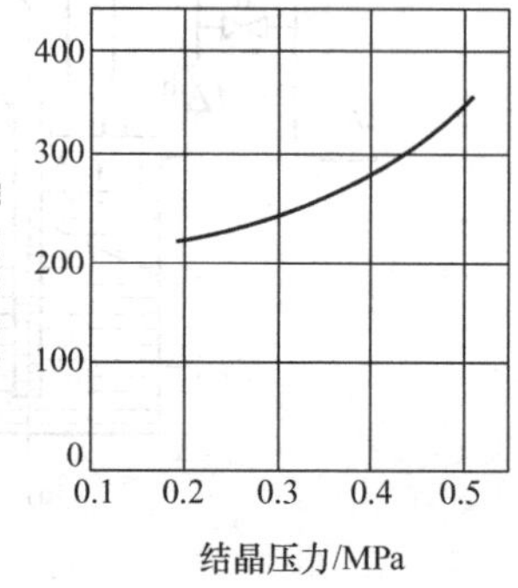

图 7-64　结晶压力与抗拉强度的关系曲线

（3）升液和充型速度　差压铸造中平稳的升液和充型可防止金属液喷溅和翻滚，从而保证铸件质量。一般充型速度应适当大于升液速度，但不宜过快，以防止二次夹渣的产生。充型速度与铸件复杂程度、壁厚、大小、合金种类、铸型种类有关，通常需通过试验确定。铝合金升液、充型速度一般是 5～15cm/s，加压速度为 1.27～1.75kPa/s，镁合金的加压速度可提高20%～30%。

（4）保压时间　保压时间应大体上与铸件凝固时间相同，其长短与铸件大小、壁厚、合金种类、铸型种类及结晶压力有关。铸件壁厚越厚，合金结晶温度范围越宽，保压时间就越长。结晶压力越大，保压时间越短。一般来说，差压铸造保压时间比低压铸造要短一些。

（5）浇注温度　由于金属液在压力下充型，差压铸造浇注温度比一般重力铸造低，如铝合金浇注温度可低 30～60℃。

7.7.2　连续铸造

1. 连续铸造的原理及工艺过程

连续铸造是将熔融的金属浇入一种称为结晶器的水冷金属型中，形成的铸件不断地从结晶器的另一端拉出，其拉出长度可根据需要确定。当铸件从金属型拉出达到一定长度时，可以在不间断浇注的情况下，将铸件切断；也可以在铸件达到一定长度时，停止浇注。后者称为半连续铸造。

连续铸锭如图 7-65 所示，在结晶器的下端插入引锭，形成结晶器的底，当浇入的金属液面达一定高度后，结晶器内的金属液开始凝固，开启拉锭装置，使铸锭随引锭下降，上面不断浇入金属，下面连续拉出铸锭。

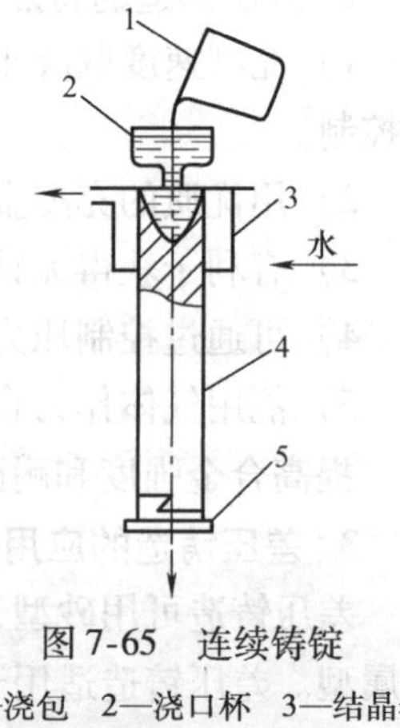

图 7-65　连续铸锭

1—浇包　2—浇口杯　3—结晶器　4—铸锭　5—引锭

2. 连续铸造的特点及应用

连续铸造广泛用于生产钢、铁、铜合金、铝合金等断面形状不变的长铸件，如铸锭、板坯、棒坯、连续铸管和其他形状均匀的长铸件。连续铸造具有以下优点：

1）由于金属被迅速冷却，结晶致密，组织均匀，力学性能较好。

2）连续铸造没有浇注系统和冒口，不用切头去尾，节约了金属，提高了收得率。

3）工序简化，免除造型及其他工序，减轻了劳动强度，所需生产面积也大为减少。

4）连续铸造生产易于实现机械化和自动化，还能实现连铸连轧，大大提高了生产效率。

3. 连续铸造工艺

根据结晶器的放置状态和抽锭形式，连续铸造可分为两类：立式连续铸造和卧式连续铸造。

（1）立式连续铸造　立式连续铸造常用来生产钢、铝和铜锭材。一般此类产品的产量很大，如一台钢坯连续铸造机年产可达几十万吨至上百万吨。图7-66所示为立式连续铸锭过程示意图。结晶器1的轴线是垂直而立的，结晶器内通冷却水。浇注开始前，引锭5封住结晶器1的下口。浇入金属液后，一方面金属液面上升，同时与结晶器接触的金属液开始凝固，形成液穴2。当结晶器下部的金属凝固到具有一定厚度的硬壳时，引锭5开始下移，从结晶器中拉出已凝固的铸锭4，再经过二次结晶3进一步得到冷凝。在抽锭的同时，结晶器上部以一定的速度向结晶器浇注金属液，以保证结晶器内金属液面高度不变。

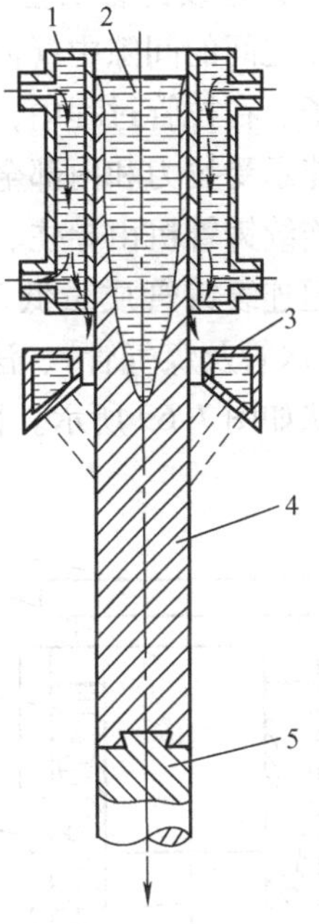

图7-66　立式连续铸锭过程示意图
1—结晶器　2—液穴　3—二次结晶
4—铸锭　5—引锭

结晶器内金属液散热方向为向四周和往下，在结晶器内的金属液形成一个下凹的熔池，熔池凹坑的深度取决于铸锭的周向散热能力和轴向向下散热能力的相对大小。轴向向下的散热能力越大，周向散热能力越弱，熔池凹坑就越浅；反之则越深。铸锭拨出速度越快，铸锭轴向温度梯度越小，铸锭向下散热能力越差，则铸锭中形成的凹坑会越深。熔池太深会使铸锭中心部位形成缩松。为了缩短熔池深度，常在结晶器下部安装喷水冷却的二次冷却区，加强从结晶器内拉出的铸锭冷却，以增大铸锭轴向温度梯度。

（2）卧式连续铸造　图7-67所示为卧式连续铸锭过程示意图。通过浇包将金属液浇入保温包9中，让包内液面保持一定高度，保温包下方安装着水冷结晶器8，金属液与水冷结

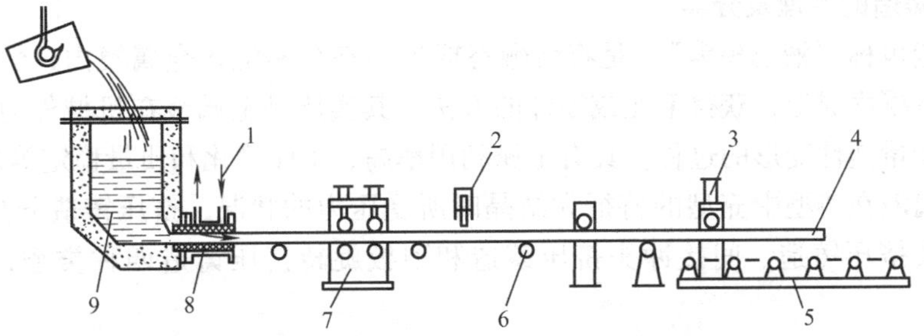

图7-67　卧式连续铸锭过程示意图
1—冷却水　2—同步切割机　3—压断机　4—金属型材　5—出线装置
6—支撑辊　7—牵引机　8—水冷结晶器　9—保温包

晶器8中事先置入型腔的引锭头前端的螺钉铸合，金属液在水冷结晶器8中凝固一定时间，待凝固层有一定厚度时起动牵引机7。牵引杆按步进方式一步一歇地将金属型材4拉出、引入牵引机7。金属型材4按牵引机7的节奏不停向前运动形成连续生产。同步切割机2将金属型材4顶部切槽，经过压断机3时型材被折断，出线装置5将已折断的型材推送出生产线。

卧式连续铸造结晶器常用于生产纯铜锭、铜合金锭、铝合金锭及铸铁坯件等，铸锭直径由几十毫米至数百毫米，也可用于生产中空厚壁管、板材及线材等，一台机器的年产量可达数千吨。

（3）连续铸管工艺　连续铸管是连续铸造的主要产品之一，其方法是将铁液浇入内外结晶器之间的间隙中（间隙大小即铸管的壁厚），结晶器上下振动，从结晶器下方不断地拉出管子。在拉管过程中，管子通过结晶器下口时，必须有一定厚度的凝固层（见图7-68），使其能承受拉力和内部金属液的压力，否则将会造成拉漏现象。

连续铸管机由导柱、浇注机构、结晶器及其振动机构、底盘与拉管装置等组成，设备简单，但连续铸管质量低于离心铸管，广泛应用于灰铸铁管生产。铸铁管的品种有承插管（自来水管及煤气管）、法兰管（农业排灌及工业用管）、薄壁管及小直管等，各种连续铸管的形状如图7-69所示。目前我国生产的连续铸管内直径为30～1200mm。

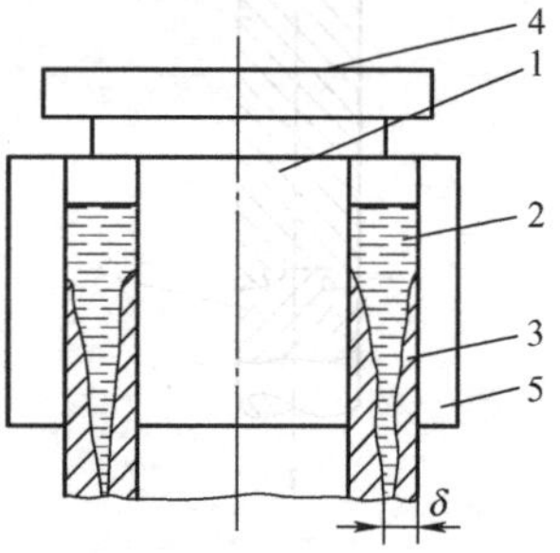

图7-68　连续铸管凝固示意图

1—内结晶器　2—未凝固层　3—凝固层　4—转动浇杯　5—外结晶器

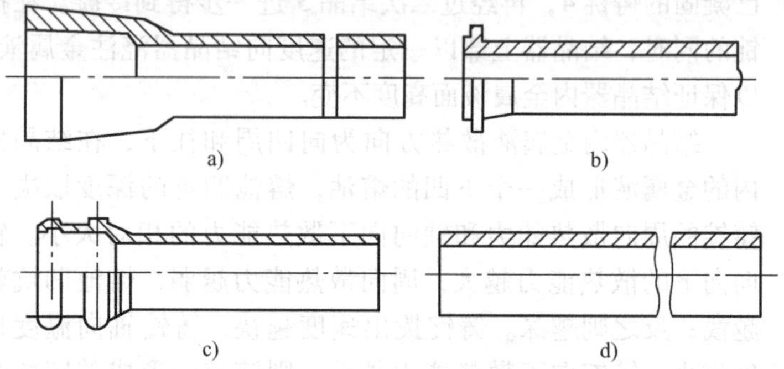

图7-69　各种连续铸管的形状

a）承插管　b）法兰管　c）、d）薄壁管

7.7.3　挤压铸造

1. 挤压铸造的原理及分类

挤压铸造也称“液态模锻”，是将熔融态或半固态金属浇入金属模内，然后施以高压，使之在压力下凝固成形，获得毛坯或零件的方法。其实质是金属液在机械外力作用下结晶、补缩并伴有少量塑性变形的过程，具有金属利用率高、工序简化和质量稳定等优点。

根据金属液在铸型中充型的特征和结晶时所受压力的状况，挤压铸造分为柱塞挤压铸造、直接冲头挤压铸造、间接冲头挤压铸造和型板旋转挤压铸造四种类型，如图7-70～图7-73所示。

（1）柱塞挤压铸造　柱塞挤压铸造用柱塞作为加压冲头（见图7-70），封闭凹型的开口处，并施压于正在凝固的金属液表面，保压直至其完全凝固。该法的特点是合型加压时，液态金属基本上不发生充型运动。柱塞挤压铸造适用于生产实心或壁厚大于10mm、形状不太复杂的中小铸件。

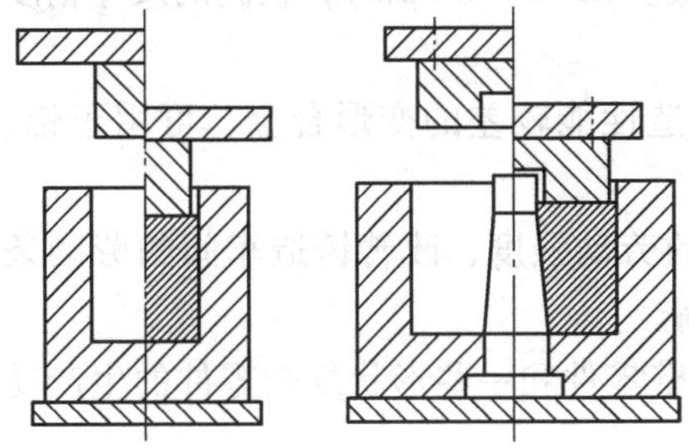

a)　　b)

图 7-70　柱塞挤压铸造

a）实心铸件　b）通孔铸件

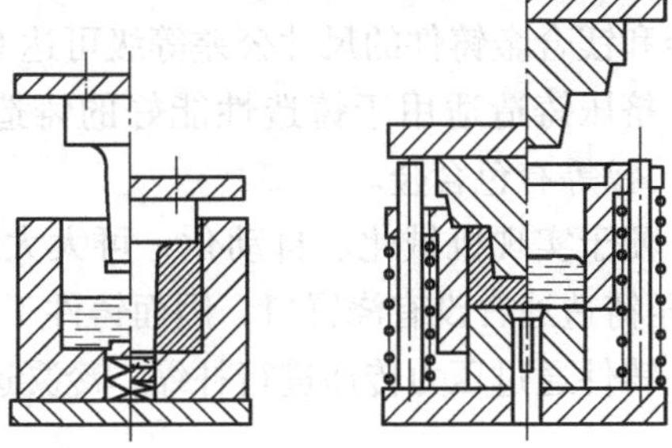

a)　　b)

图 7-71　直接冲头挤压铸造

a）通孔筒形铸件（可动底板）　b）杯形铸件（动凹型或称底板反压式）

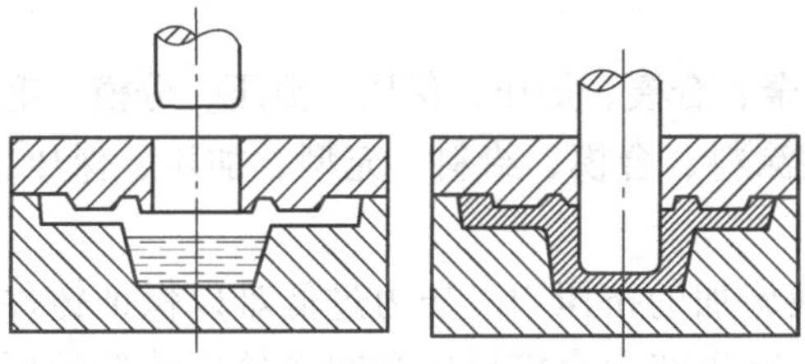

a)　　b)

图 7-72　间接冲头挤压铸造

a）加压前　b）加压后

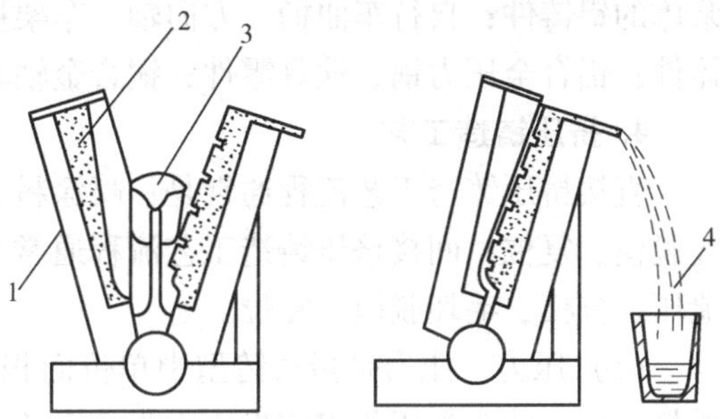

a)　　b)

图 7-73　型板旋转挤压铸造

a）浇入合金液　b）挤压后排除余料

1—型体　2—砂芯　3—浇包　4—余料

（2）直接冲头挤压铸造　直接冲头挤压铸造是在合型时将成形冲头插入液态金属中（见图 7-71），将部分金属液向上反挤，以充填由凹型和冲头形成的封闭型腔，继续升压和保压直至铸件完全凝固。其特点是合型加压时金属液要进行充型运动，冲头直接挤压在铸件上。直接冲头挤压铸造适用于生产形状不太复杂的空心或通孔铸件，壁厚一般为 5 ~ 10mm。

（3）间接冲头挤压铸造　间接冲头挤压铸造如图 7-72 所示。这种方法采用成形冲头将浇入凹槽中的部分液体金属挤入已合型闭锁的型腔中，继续加压至凝固。其特点是冲头加压时，金属液发生充型运动，冲头通过内浇道将压力传递到铸件上。间接冲头挤压铸造适用于生产形状复杂、壁厚较薄的铸件（2 ~ 3mm）。

（4）型板旋转挤压铸造　型板旋转挤压铸造如图 7-73 所示。其工艺过程是向半开的楔形型腔中浇注金属液，开动活动型板向固定型板合拢，金属液被挤压上升并充填铸型，多余的金属液外溢，以达到铸件成形和低压力下凝固。型板旋转挤压铸造适用于生产大型壁板且形状不复杂的铸件。

2. 挤压铸造的工艺特点

挤压铸造是使液态金属在高的机械压力下进行凝固结晶的，具有如下特点：

1）挤压铸造可消除铸件内部的气孔、缩孔和缩松等缺陷，产生局部的塑性变形，使铸件组织致密，晶粒细化。铸件的力学性能高，接近同种合金的锻件水平。

2）挤压铸件具有较小的表面粗糙度值（铝铸件可达 $Ra3.2\sim6.3\mu m$），较高的尺寸精度（铝合金和镁合金铸件的尺寸公差等级可达 CT5）。

3）挤压铸造适用于铸造性能好的铸造合金和铸造性能较差的变形合金，可用于铝、铜、镁、锌等有色合金。

4）便于实现机械化、自动化，可大大减轻工人的劳动强度，改善铸造车间的劳动条件。挤压铸造通常没有浇冒口，因而铸件工艺出品率高。

5）铸件通过压力传递进行补缩，冷凝速度快，薄壁零件和一些形状复杂零件的生产受到限制。

3. 挤压铸造的应用

挤压铸造适用于力学性能和气密性要求高的厚壁铸件，如汽车、摩托车铝轮毂；发动机的铝活塞、铝缸体、铝缸头、铝传动箱体；减振器、制动器铝铸件；压缩机、压气机、各种泵体的铝铸件；自行车曲柄、方向轴、车架接头；铝镁或锌合金光学镜架、仪表及计算机壳体件；铝合金压力锅、炊具零件；铜合金轴套及铝基复合材料铸件等。

4. 挤压铸造工艺

直接挤压铸造工艺流程通常是：喷涂料、浇合金、合模、加压、保压、泄压，分模、毛坯脱模、复位；间接挤压铸造工艺流程通常是：喷涂料、合模、给料、充型、加压、保压、泄压，分模、毛坯脱模、复位。

（1）压力　压力是指对铸型中单位面积金属液施加的挤压力。压力过低难以保证铸件质量，直接冲头加压所需临界压力见表 7-44。在实际生产中直接挤压和间接挤压铸造的压力一般在 60MPa 以上，柱塞挤压铸造的压力在 80MPa 以上。

表 7-44　直接冲头挤压所需临界压力　（单位：MPa）

合金状态	铸件	大空腔铸件	小空腔铸件	实心铸件
液态	薄壁件	40	50	60
	厚壁件	30	40	50
液-固态	薄壁件	100	90	110 ~ 120
	厚壁件	80	70	80 ~ 100

（2）开始加压时间　开始加压时间是指合金液浇入铸型至开始加压的时间。开始加压时间应尽量短些，一般控制在 15s 内。

（3）保压时间　挤压时压力应保持到铸件完全凝固为止，可根据表 7-45 来推算所需保压时间。

表 7-45　保压时间推算表

铸件最大壁厚/mm	平均单位厚度所需保压时间/（s/mm）		
	铝合金	铜合金	钢和铸铁
≤50	0.5	1.5	0.5
50 ~ 100	1.0 ~ 1.5	1.5	0.5

（4）加压速度和充型速度　冲头运动速度称为加压速度，应控制在 0.8m/s 以下。加压速度决定着金属液的充型速度，挤压铸造加压速度和充型速度的确定可参考表 7-46。

表 7-46　挤压铸造加压速度和充型速度

加压速度/（m/s）			充型速度（m/s）		
挤压方法	厚壁铸件	薄壁铸件	挤压方法	厚壁铸件	薄壁铸件
直接冲头挤压	0.1	0.2～0.4	间接冲头挤压	0.5～1	0.8～2

（5）浇注温度　挤压铸造浇注温度可比砂型铸造和金属型铸造略低，控制在液相线以上 50～100℃。

（6）铸型工作温度　铸型工作温度与挤压铸造合金种类有关，部分合金的铸型工作温度见表 7-47。

表 7-47　部分合金的铸型工作温度　（单位:℃）

合 金 种 类	预 热 温 度	工 作 温 度
铝合金、镁合金	150～200	200～300
铜合金（对凹型）	170～200	250～300
铜合金（对凸型）	200～250	

（7）铸型涂料　为了防止铸型被粘连，减小铸件取出对铸型的磨损，金属型工作表面必须喷刷涂料。生产铜合金铸件时，涂料可采用锭子油加 5% 细石墨粉，或者采用蓖麻油加 5%～6% 石墨粉。在垂直分型的金属型表面上可涂由松香加水玻璃调成的石墨膏。喷刷涂料时，铸型需先预热至 200℃，每涂一层需烘干后再涂，共涂 2～3 层即可。此外，还可用煅烧石棉粉与含 3% 水玻璃的水溶液混合而成的液体喷涂金属型。在生产铝合金铸件时，可使用压铸铝合金时所用的涂料，也可用由二硫化钼 15% 加黄蜡 25%，再加机油的混合剂作润滑涂料。

小　结

本章介绍了熔模铸造、消失模铸造、金属型铸造、压力铸造、低压铸造、离心铸造、差压铸造、连续铸造和挤压铸造等特种铸造方法的基本原理、浇冒口设计、工艺特点、工装模具结构、铸造工艺和生产应用等。上述铸造方法各有其优缺点和适用范围，应根据铸件材料、铸件结构特点、生产批量、铸件尺寸精度和表面粗糙度等技术要求合理选择铸造方法，以实现优质、高效、低成本的目的。

随着科学技术的发展，一方面，新的铸造技术不断涌现，如无模铸造技术，它是计算机、自动控制、新材料、铸造等技术的集成创新；另一方面，现代制造装备业对铸件尺寸精度和外观质量的要求越来越高，大力推进铸件近净成形技术是特种铸造的发展方向。21 世纪需要的是绿色集约化铸造。特种铸造作为一种实现少余量、无余量加工的铸件成形技术，将向着精密化、薄壁化、轻量化、节能化方向发展。

复习思考题

7-1　试述熔模铸造的工艺特点及应用范围。

7-2 熔模铸造常用制壳材料有哪些？对制壳耐火材料有何要求？

7-3 熔模铸造常用浇冒口系统的结构形式有哪些？各有什么特点？

7-4 熔模铸造常用压型有哪几种类型？其应用范围如何？

7-5 压型型腔尺寸由公式 $L^{\pm a'} = \left[\left(l \pm \frac{1}{2}\Delta\right)(1+\varepsilon) \pm \frac{1}{2}a' \right]^{\pm a'}$ 计算，试阐述各参数的意义。

7-6 制造蜡模的材料有哪几种？简述其性能及应用范围。

7-7 简述熔模铸造制壳工艺的主要工序，使用不同粘结剂时，其硬化方式有何不同？

7-8 分别阐述熔模铸造时浇注位置选择原则和铸型分型面的选择原则，并判断图 7-74 中哪种分型方式较合理，为什么？

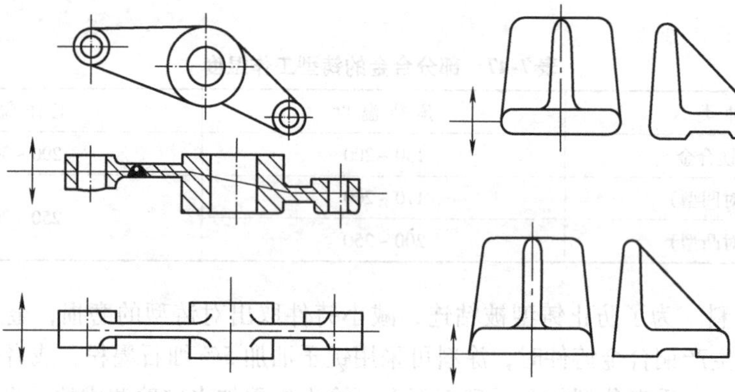

图 7-74 题 7-8 图

7-9 简述消失模铸造的原理、特点及其应用范围。

7-10 消失模铸造对模样材料有何要求？常用模样材料有哪些？

7-11 消失模铸造常用浇注系统形式有哪些？各有什么特点？

7-12 试述消失模铸造用涂料的组成和作用。

7-13 试述消失模制造的工艺过程及主要技术参数。

7-14 消失模铸造工艺过程与熔模铸造有何不同？

7-15 简述金属型铸造的原理、特点及应用。

7-16 金属型的主要结构形式有哪几种？图 7-75 中哪种结构能保证铸件顺利抽出金属型芯。

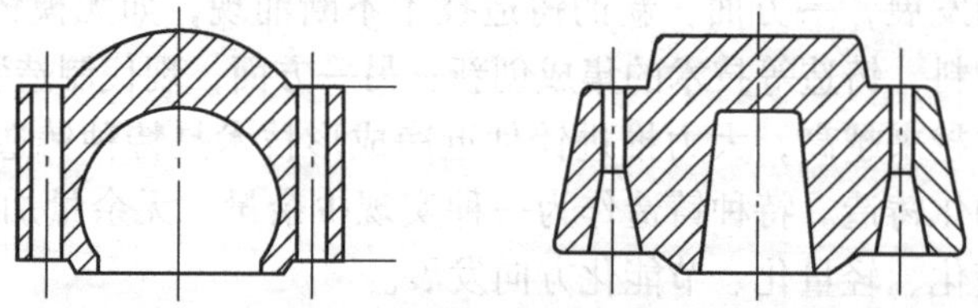

图 7-75 题 7-16 图

7-17 金属型浇注前为什么必须预热？预热方法有哪些？

7-18 简述金属型铸造的工艺要点所包含的主要内容。

7-19 金属型为什么要重视排气？排气方式有哪些？

7-20 金属型铸造时，图7-76中哪种分型方式较合理？为什么？

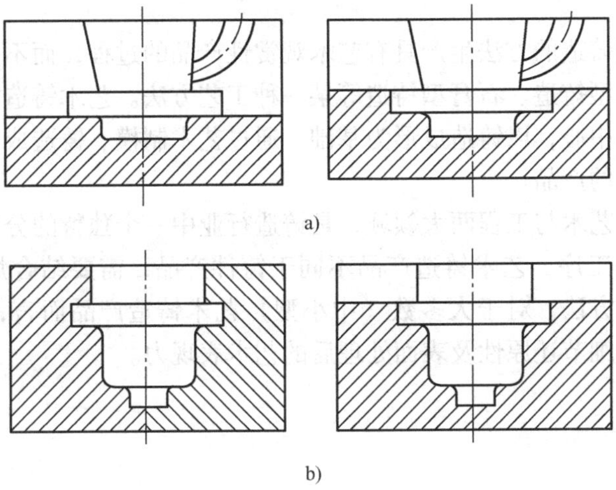

图7-76 题7-20图

7-21 何谓压力铸造？常用压力铸造方法有哪些？压力铸造有何特点及应用？

7-22 压力铸造常用抽芯机构有哪些？各有什么特点？

7-23 在压力铸造中，什么是压射力？什么是压射比压？

7-24 根据压铸过程中压力的变化曲线（见图7-77），简述各个不同阶段的压铸工艺内容。

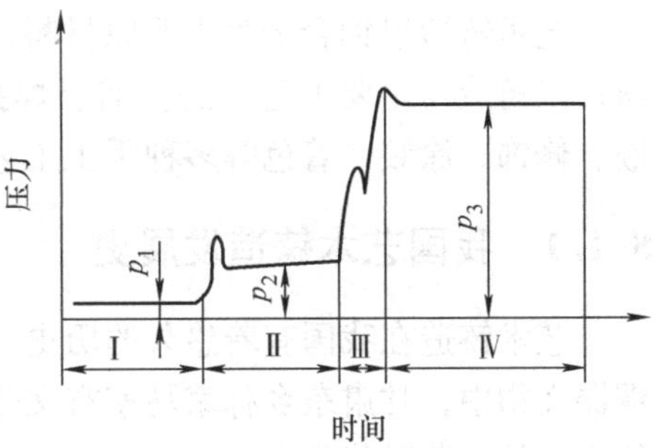

图7-77 题7-24图

7-25 压铸温度范围包括哪几个主要参数？它们对铸件质量及压铸模寿命有哪些影响？

7-26 低压铸造的原理、特点及应用范围是什么？

7-27 低压铸造浇注工艺规范包括哪些内容？提高升液管和保温坩埚的使用寿命有哪些措施？浇注工艺参数如何确定？

7-28 低压铸造要实现顺序凝固应采取哪些工艺措施？

7-29 离心铸造时转速如何确定？浇注工艺参数有哪些？

7-30 什么是差压铸造？气压式差压铸造有哪两种方法？其原理是什么？

7-31 低压铸造、差压铸造、压力铸造三种铸造方法有何区别？

7-32 连续铸造的原理、特点及应用范围是什么？

7-33 试述连续铸锭及连续铸管的工艺过程。

7-34 试述挤压铸造的分类及应用范围。

第8章 艺术铸造

艺术铸造是指用铸造的方法生产具有艺术观赏性产品的过程，而不是指诸如熔模精密铸造、砂型铸造、金属型铸造、石膏型铸造等某一种工艺方法。艺术铸造涵盖了各种铸造工艺方法，以艺术创作为中心，以铸造成形为基础，通过艺术制模、铸造成形、表面装饰，最终获得具有艺术观赏性的产品。

艺术铸造跨越了艺术与工程两大领域，是铸造行业中一个独特的分支。艺术铸造是生产艺术铸造产品的一道工序，艺术铸造产品不同于铸件产品，需要结合焊接、校形、艺术修饰、表面处理等工艺方法，对于大多数（中小型）艺术铸造产品而言，其工艺实现的重点在于铸件表面的模型细节还原性及表面处理后的艺术表现力。

8.1 概述

艺术铸造包括设计创作、制模放样、合金选择、铸造成形、铸后加工装饰等多道工序。艺术铸造产品既有大到上百米、超百吨的巨型雕像、大型铜钟，也有小到几克的首饰、饰品，涉及城市景观与名人雕塑、雕塑艺术品，宗教造像与钟鼎香炉法器，仿复制青铜器、传统工艺品、装饰艺术品、礼品和特种工艺制品（如首饰、铸胎珐琅、青铜乐器）等。

艺术铸造以铜合金为主要原材料，也包括铸铁、不锈钢、铝合金、贵金属等多种金属材料；以铸造为主要工艺方法，辅以焊接、钣金、锻造、雕琢等多种金属成形工艺；融合镶嵌、修饰、涂装、着色等多种手工工艺，最终获得具有艺术观赏和其他功能的产品。

8.1.1 我国艺术铸造发展史

艺术铸造在我国有着悠久的历史，制造和使用铜器已有近5000年的历史。在已出土的铜器文物中，甘肃东乡林家马家窑文化遗址所出土的铜刀，其铸造年代距今约4800年，和传说中的炎黄时代相当。

公元前18世纪的夏商之际，我国已掌握了相当高水平的青铜冶铸技术。《荀子·疆国篇》有“刑范正，金锡美，工冶巧，火齐得”的记载，反映了当时制作青铜器的工艺要求和技术水平。精美的青铜器成为我国艺术铸造史华丽的开篇。夏代的乳丁纹爵（见图8-1），商中期的后母戊方鼎（见图8-2），商后期的四羊方尊（见图8-3），春秋时代的越王剑（见图8-4），战国时代的曾侯乙尊盘（见图8-5）等，以其构思巧妙的形制、富丽精致的纹饰、繁复精细的刻镂、风格多样的铭文书体充分展示了艺术魅力，令人赏心悦目，不但具有很高的艺术欣赏价值，而且有很高的历史、科学研究价值。

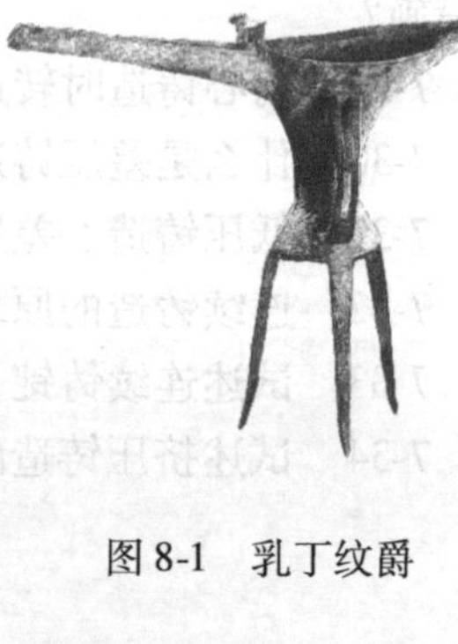

图8-1 乳丁纹爵

图8-2 后母戊方鼎

图8-3 四羊方尊

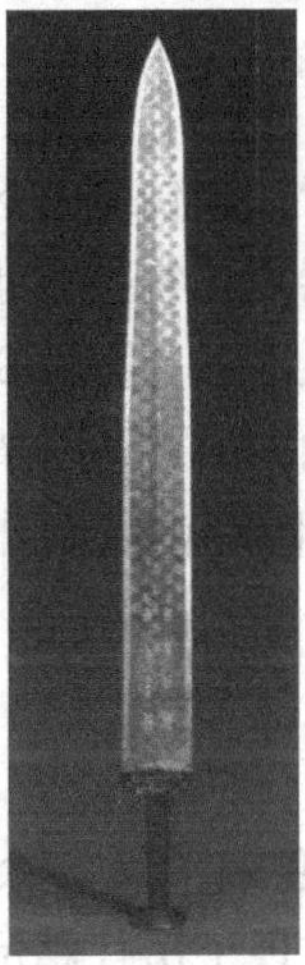

图8-4 越王剑

图8-5 曾侯乙尊盘

我国在春秋战国时期已经使用失蜡法铸造铜器，通过捏蜡和拨蜡等方法用蜂蜡和牛油制作蜡模，在蜡模上涂敷泥浆制成泥模，晾干后再焙烧成陶模。陶范法和失蜡法是当时主要的铸造工艺方法。秦汉以后，铜器已向生活日用器皿发展，但也产生了一批优秀的青铜雕塑品，如河北满城出土的西汉“长信宫灯”（见图8-6）造型美观，且有防止油烟进入空气的功能。甘肃武威出土的东汉时代的铜群马，其中的“马踏飞燕”（见图8-7），富有浪漫主义色彩，并已作为国家旅游局的标志。

图8-6 长信宫灯

图8-7 马踏飞燕

汉唐的铜镜始于魏晋南北朝的宗教造像与梵钟制作、元代的金银器，艺术铸造在不同时代各有其特色。明代是我国艺术铸造史上的又一个高峰。其中宣德炉铸造采用失蜡技术，曲面之间过渡流畅，表面进行人工着色与装饰处理，充分表现出金属的色泽美。现存北京大钟寺古钟博物馆的永乐大钟，重达46.5t，钟声浑厚，钟体内外遍铸经文，共22.7万字，与战国时期曾侯乙编钟遥相呼应。南京紫金山天文台的简仪和浑仪（见图8-8）代表了当时世界上先进的天文仪器设计与制作技术水平，座架的鳌云柱、飞龙柱、云山的造型与工艺华美，使其不仅是天文仪器，也成为巧夺天工的艺术珍品。

图8-8 浑仪

清代艺术铸件种类繁多，宗教造像仍然是艺术铸造的大宗。青铜器仿制之风日盛，虽然是造伪，但从技术上讲，也是对传统工艺的一种继承，当今青铜器复仿制技术也因此而得益匪浅。在进入20世纪后，我国传统的宗教雕塑处于衰落时期，直到20世纪30年代，许多青年先后赴欧美等国学习现代雕塑，归国后举行雕塑作品展览，促进了我国架上雕塑的发展，一些大城市开始有承制现代雕塑家创作的翻砂厂或雕塑家工作室，以制作人像雕塑为主，这种现象一直持续到20世纪70年代。

8.1.2 我国艺术铸造现状

20世纪80年代，我国跨入了改革开放的新时代，艺术铸造迎来了又一个辉煌的新时期。当代艺术铸造产品继承了传统工艺，融合了现代制作技术，重现了历代精品的风貌，西汉透光古铜镜、曾侯乙编钟、越王勾践剑等一批国宝级青铜器被成功地复仿制，厚胎掐丝珐琅、斑铜、乌铜走银、鎏金、镶嵌等传统工艺技术被发掘，并用于艺术铸造产品开发。

我国当代艺术铸造工作者在继承传统工艺技术的同时，运用现代声学、振动学、材料学、计算机等学科理论和技术设计制作铜钟、铜鼓等响器与乐器，从外形到结构、从音长到频率进行定性甚至定量设计、预测和制作。为迎接新世纪而制作的“中华和钟”（见图8-9）是以曾侯乙编钟为原型，共计108件编钟，音域从C至C5达六个八度，成为有史以来中国最大的一套编钟，现安放在北京明永乐年间建造的太庙大殿中。

图8-9 中华和钟

近年来，大型艺术铸造景观作品在我国不断涌现，从百米巨像到百吨铜钟，从动态群雕到巨幅浮雕，这些被称为艺术铸造工程的项目涉及铸造、钣金、焊接、结构等多种工艺技术。目前，我国艺术铸造产品在规模和产量上已跃居世界首位，大型艺术铸造工程技术处于世界领先水平，已成功运用3D和逆向工程等数字化技术进行了多项大型艺术工程项目的设计、放样与制作、安装，但在艺术铸造产品表面处理技术等方面大大落后于欧美，与世界先进水平相比还存在着较大差距，艺术铸造企业缺乏工程技术人员是当今我国艺术铸造行业发展的瓶颈，需要进一步加强对艺术铸造工作者的培养，为我国由“艺术铸造大国”向“艺术铸造强国”转变提供人力资源保障。

8.1.3 艺术铸造发展趋势

艺术铸造运用工业技术为造型艺术服务。艺术铸造的发展和造型艺术的进步与工程技术的发展是一个紧密相连的互动过程。因此，艺术铸造的发展趋势表现在：①艺术表现形式的求新求变对艺术铸造提出了新的要求，表面处理手段更加丰富；②工程技术发展的成果不断引入并推动艺术铸造技术的进步，大型雕塑越来越多；③艺术与技术相结合，艺术铸造从以手艺为主的经验型向智能化发展。

艺术作品的求新求变表现在追求作品材质与表现形式的多样化和个性化，创造具有当代特色的艺术品。为了使作品具有更多不同的质感、肌理和色泽，造型艺术追求作品外形与结构及材质的多样化，要求艺术铸造产品使用多种金属材料，金属与非金属材料（如金属与高分子材料、陶瓷、玻璃、石材等）的结合使用也受到越来越多的关注。

作品外形与结构的多样化表现形式需要综合使用铸、锻、焊、钣金等多种金属成形技术，运用多样化的表面装饰与保护技术展现作品多姿多彩的艺术美感，3D数字化技术（3D扫描、3D打印、3D雕刻等）和先进铸造工艺方法（如真空、负压铸造）在艺术铸造行业逐步得到推广使用，使艺术铸造产品创作与制作从手艺经验型向智能化发展，艺术与技术的互动是艺术铸造发展的必由之路。

8.2 艺术铸造工艺技术

8.2.1 艺术铸造产品的种类及合金

艺术铸造产品的范畴很广。简言之，凡是采用（或部分采用）铸造工艺成形、具有（或兼具）观赏功能的器物都可称为艺术铸造产品。这些产品的功能、使用环境、规格各有不同，种类繁多，从而决定了艺术铸件所用合金的多样性。

1. 艺术铸造产品种类

艺术铸造产品规格相差悬殊，产量多为单件或小批量，量大的有工艺礼品和家居装饰小型作品。艺术铸造产品种类有户外景观、城市公共雕塑，架上雕塑与艺术雕塑，工艺礼品和传统工艺品及日用工艺品，青铜文物复仿制品，家居装饰品，宗教造像与法器，以及具有特殊功能的产品，如青铜打击乐器（如编钟）、响器（如大钟、铜鼓），或用传统和特种工艺的产品如铸胎珐琅器，云南的班铜器、乌铜走银器，以及金银等贵金属首饰。

2. 艺术铸造合金

（1）艺术铸件对合金性能的要求　由于艺术铸件大多是外形复杂的薄壁铸件，铸后一般不进行切削加工，经表面装饰处理后作为长期保存的观赏艺术品。因此，艺术铸件对合金的工艺性能、力学性能和化学性能相对于工业铸件有其特殊性。

1）工艺性能。

① 艺术铸件壁薄，表面质量要求高，合金应具有良好的流动性、成形性和复形性。

② 中、大型艺术铸造产品大多采用分段（块）铸造，然后再焊接成形，因此，合金应具有良好的焊接性能。对于户外和大型铸件，焊接处应有较高的承载能力和好的耐蚀性。

③ 艺术铸件表面要打磨和抛光。合金要易打磨，抛光后表面粗糙度值小。例如，制作仿古铜镜，需要采用抛光后如玻璃镜面般的“镜铜”。

2）物理性能。对于雕塑作品，要选择不同色泽与表面肌理的合金展示作品的表现主题和个性，如白铜、仿金铜及具有红棕褐色氧化膜的耐候钢等。在制作响器、乐器时，要选用具有好的声学性能的“响铜”，即具有合适的弹性模量的高锡青铜。因为声音的产生基于器物本身的固有频率，弹性模量是决定固有频率高低的主要因素之一。

3）化学性能。艺术铸造产品，尤其是户外作品，长期存放受到自然环境影响和损害，特别是在有工业污染或海洋性气氛的地方，应采用耐蚀性能好的合金。另一方面，艺术铸造产品一般要进行表面装饰，大多采用化学着色，即通过表面的氧化或硫化反应生成具有保护作用的色膜。一些抗氧化性强的金属（如含铝、硅的铜合金），化学着色效果差，不宜采用；对于室内小型作品，还要考虑重金属污染，如无特殊要求，不得选用含铅合金。

4）力学性能。艺术铸造合金力学性能要求因产品不同而不同，对于一些特殊产品（如大钟悬挂部件），或户外受外力（强风、地震、游人攀爬）产品，需考虑合金的强度和韧性。

（2）艺术铸造常用合金

1）铜合金。铜合金是人类开始使用铸造这一工艺方法就采用的合金。其中锡青铜因其优良的铸造性能、耐蚀性以及自然形成的美丽的古铜绿色而成为古今中外最常用的艺术铸造合金。目前，国内艺术铸造使用较多的铜合金主要有以下几类：

① 锡青铜。锡青铜熔铸工艺简单，复形性好，耐蚀性和着色性好，是当今艺术铸造的首选材料。20 世纪 80 年代，ZCuSn6Zn6Pb3 是使用最多的材料，一些艺术铸造企业目前还在使用。1989 年制作完成的香港大屿山“天坛大佛”（见图 8-10）是当时全球最高的户外青铜坐佛，采用 ZCuSn8Zn4 制作，这是在艺术铸造中首次使用此种合金。ZCuSn8Zn4 因其良好的铸造性能和耐蚀性而成为当今制作重要及高端艺术铸造产品的首选铜合金。由于锡价格较高，艺术铸造大多用一些含锡量较低的非标铜锡锌三元合金；高锡含量的锡青铜多用于制作打击发声器的“响铜”（Sn≥10%）和制作铜镜的“镜铜”（Sn≥20%，色泽银白光亮，性脆，耐腐蚀）。

图 8-10 天坛大佛

② 黄铜。虽然黄铜的耐蚀性较差，浇注过程中易产生二次氧化渣，含锌量高的黄铜使

用传统的冷着色效果较差，但黄铜的铸造性能好，色泽近似 K 金，价格低廉。目前，二元黄铜 ZCuZn38 是中小型艺术铸件的主要合金之一，较多用于传统工艺品和宗教用品。硅黄铜（ZCuZn16Si4）具有良好的流动性、耐蚀性和力学性能，常用于制作大型艺术铸件，如 1995 年 10 月我国作为庆贺联合国五十华诞的政府礼品“世纪宝鼎”。

③ 硅青铜。硅青铜具有良好的工艺性能，热着色效果好，其中 C87300 是欧美雕塑家最常用的铜合金雕塑材料。但 C87300 的硅含量较高（3.5% ~4.5%），开裂倾向较大，且我国常用的冷着色效果不佳，价格也比黄铜高得多，使其在我国推广应用受到一定影响。

④ 其他铜合金。除了工艺性能，色泽是艺术铸造选用其他铜合金要考虑的一个重要因素。白铜、仿金铜和高铜合金因其银白、金黄、淡紫红的色泽受到青睐。

艺术铸造白铜主要是锌白铜，常用于仿古、仿银产品、装饰件和日常用品，户外雕塑选用白铜也逐年增多。艺术铸造白铜大多在 C97300 的基础上，去除对健康不利的 Pb 元素，调整 Ni、Zn 含量，以改善铸造性能，降低成本。

仿金铜色泽与黄金相似，且具有较好的耐蚀性和工艺性，被称为“亚金”，主要用于装饰件和宗教产品。仿金铜是在铝青铜基础上加入对合金颜色、耐蚀性有影响的一些其他元素，加入稀土元素的仿金铜合金也称为“稀金”。

高铜合金是指含铜质量分数≥97%，锡、锌的质量分数各占 1% ~2% 的非标铜合金。主要用于铸胎珐琅器的铜胎和中小型传统工艺品。所谓铸胎珐琅器的铜胎是以铸造工艺成形，不同于薄胎珐琅器以锤锻成形，后因薄胎掐丝珐琅器盛行而失传。21 世纪初，我国艺术铸造企业试制出加热与冷却时釉料不易崩裂的铸胎铜合金，恢复了铸胎代替锤锻薄胎的传统工艺。

2）铸铁。铸铁用于艺术铸造历史悠久，其中著名的有北周时期的沧州铁狮和唐开元年间的黄河铁牛（见图 8-11）。铸铁件表面通常不需要太多的打磨加工，保留着光滑、致密的铸造表面，在大气中具有较好的耐蚀性。艺术铸造用铸铁主要是灰铸铁和白口铸铁。灰铸铁一般多用于铸造佛教法器（如香炉等）和神像，白口铸铁则用于铸钟，历史上有很多古钟采用白口铸铁铸造，当代铸造的白口铸铁大铁钟也不少见。

近年来，艺术家用灰铸铁来制作表面粗犷的艺术铸件。2008 年制作的陈列于威海刘公岛甲午海战纪念馆的“古战船”（见图 8-12）高 10m，长 20m，用灰铸铁铸造，恢弘大气，充分展示了甲午海战激烈、悲壮的一幕。

图 8-11　黄河铁牛

图 8-12　古战船

3）铸钢。铸造碳钢的铸造性能和耐蚀性较差，有时也用于铸造艺术铸件，但总量并不多，艺术铸件用铸钢主要是不锈钢。不锈钢呈银白色或清白色，色调偏冷，在大气中耐腐蚀而不失去光泽。对于要求较高的艺术铸件，主要选用 06Cr19Ni10 奥氏体不锈钢，有时也选用耐蚀性相对较差的15Cr13马氏体不锈钢，以降低成本。

近年来，国外一些雕塑家开始选用耐候钢，如2010年上海世博会中的卢森堡大公国国家馆（见图8-13）和澳大利亚馆的主体外墙建筑。耐候钢成分是碳钢基础上添加少量铜、镍等元素，其耐蚀性介于普通钢和不锈钢之间，暴露在自然环境中与空气、雨水等作用，表面形成耐蚀性好的保护锈层，无需涂漆保护，锈层呈现出很漂亮的红棕褐色。

图8-13　上海世博会卢森堡大公国国家馆

4）铝合金。铝合金呈灰白色，耐蚀性好，主要用于建筑装潢和需悬挂安装的艺术铸件。铝硅合金具有价格低、铸造性能和耐蚀性优良、强度较高的特点，是我国艺术铸造常用合金；欧美艺术铸造普遍采用密度小、耐蚀性好、强度和韧性高的铝镁合金，此合金铸造性能较差。

5）锌合金。锌合金熔点低，流动性好，在大气中耐蚀性好，残废料便于回收和重熔，但蠕变强度低，易发生自然时效并引起体积变化和晶间腐蚀。锌合金适合制作小型艺术铸件，一般采用压力铸造和离心铸造。由于压铸模或离心铸造工装模具费用较高，因此，锌合金通常用于具有一定批量的艺术铸件。

6）贵金属。贵金属是指金、银和铂及其合金，产品可从以克计量的首饰到以百克计量的小型艺术铸件，主要用于铸造首饰。图8-14所示是用石膏型铸造的高5m、长4m、宽3m、重约12t的银稀土合金大佛像。

图8-14　银稀土合金大佛像

8.2.2　艺术铸造工艺方法

目前，艺术铸造采用最多的工艺方法是砂型铸造、熔模铸造和石膏型铸造，有时也采用陶瓷型铸造、消失模铸造和离心铸造。本小节仅介绍熔模铸造、石膏型铸造和砂型铸造生产艺术铸件的工艺方法及其适用范围。

1. 熔模铸造

熔模铸造可获得外形复杂精致、表面纹饰细腻清晰的铸件，工艺灵活，适应性强，是国内外艺术铸造界所广泛采用的工艺方法。

对于艺术铸件，特别是中小件，大多具有精细的表面纹饰、复杂的外形与内腔，为壁厚均匀的薄壁铸件。由于这些特征首先要体现在蜡模上，熔模艺术铸造在压型（为叙述方便，本小节也将制作蜡模的模具称为压型）材料、结构和制模方法及模料要求等方面，与工业铸件熔模铸造相比有较大的差异。

（1）压型设计　艺术铸件外形复杂、生产批量小，虽然有时用硬质材料（金属、石膏等）压型制作蜡模，但硬质压型成本高，制作周期长，分块少，则难以取出蜡模；分块多则费事费力，并导致蜡模分型线多。因此，艺术铸造一般用胶质（硅胶或聚氨酯）材料制成柔性压型（俗称硅胶模或阴模），以便取出模样。当硅胶模的强度和刚性不能满足使用要求时，硅胶模外要用硬质（石膏或玻璃钢）外模（也称为“套模”）支撑硅胶模。这种有外模的硅胶模通常称为内模。

（2）蜡模制作　蜡模制作包括制蜡（蜡模成形）、修蜡（蜡模修整）和焊接浇注系统。艺术铸件蜡模大多用手工制作，相对于金属压型压蜡工艺，制作周期长，修整工作量大。修蜡是熔模艺术铸造的关键工序，在蜡模表面缺陷处修复作品原有的表面肌理和手法，要注意不得留下修整痕迹，并保证蜡模在修整过程中不变形。

艺术铸件多为薄壁件，具有与外形基本一致的复杂内腔，压蜡工艺制作蜡模难以做到既能保证蜡模壁厚均匀，又能顺利取出压型内芯。因此，艺术铸件蜡模制作大多采用刷蜡法、灌蜡法和贴蜡法等方法。

1）刷蜡法制作蜡模的步骤如下：

① 在打开压型后，用软刷将高于100℃（具体温度根据模料而定）的蜡液均匀地涂刷到两半硅胶模型腔工作表面，然后再用温度较低的蜡液继续涂刷，直至达到需要的蜡模厚度。涂刷时要避免融化前一层蜡层，注意硅胶模凹下和凸起部位的蜡层厚度的差异。涂刷最后一层时用温度较高的蜡液，使蜡层表面平整。

② 在将蜡模的边缘修整至与模具分型线平齐后进行合型，合型时要保证两半蜡模的分型线对齐，并将蜡模的接口熔合，修平整，或用热蜡液局部涂刷，消除蜡模的分型线。

③ 待蜡模冷却后打开压型，取出蜡模，修去分型痕迹，完成蜡模的制作。

2）贴蜡法制作蜡模的步骤如下：

① 压型打开后先在硅胶模型腔表面刷一层蜡液（与刷蜡法要求相同），然后将制成的略薄于铸件厚度的软性蜡板切割成小片，用蜡液粘贴于已凝固的涂刷蜡层上。

② 用热蜡液涂刷所贴蜡片，消除蜡片分割线；合上压型，检查蜡模分型线是否对齐，再次用热蜡液局部涂刷，消除蜡模的分型线，然后合型。

③ 待蜡模冷却后打开压型，取出蜡模；修整蜡模，修去分型痕迹等。

3）灌蜡法又称搪蜡法、摇蜡法，制作蜡模的步骤如下：

① 向合紧的压型内腔中灌满较高温度的蜡液，稍待片刻后倒出未凝固的蜡液。

② 灌入较低温度的蜡液，轻轻摇晃后倒出未凝固的蜡液，重复上述操作数次，直至达到需要的蜡模厚度。

③ 冷却后打开压型，取出蜡模并修整，如局部厚度不够，可用软笔或软刷蘸蜡液涂刷，直至厚度达到要求。

上述三种方法各有其优缺点，应根据产品形状结构与技术要求，选择合适的制模方法。刷蜡法在合上压型熔合两半个蜡模操作中，蜡模边沿易发生错位；贴蜡法操作过程复杂，效率低；灌蜡法生产效率高于刷蜡法和贴蜡法，难点在于模料温度和蜡模厚度不易控制，温度高蜡模易发生变形。

（3）模料　由于艺术铸件蜡模结构及制作工艺方法的不同，对模料性能要求也有其特殊性。除对熔点、流动性、涂挂性、灰分等有严格要求外，艺术铸造模料性能特点及要求如下：

1）高的强度和韧性。艺术铸件外形复杂、壁薄，蜡模易发生变形，模料应有足够高的强度和韧性，以免开型取模时蜡模发生损伤和变形。

2）高的软化点。艺术铸件一般为薄壁空心不稳定结构，软性胶模压型散热性差；模料的软化点低，易导致蜡模在取模和存放时发生塌陷、弯曲变形。

3）高的表面硬度和小的表面粗糙度值。足够高的表面硬度可减小手工修模时对蜡模表面的损伤，表面粗糙度值小的蜡模可获得表面纹饰清晰的铸件，减少打磨工作量。

4）窄的凝固温度区间。蜡模制作采用灌蜡工艺，模料的凝固温度区间要尽可能小，以便实现“壳状凝固”。

（4）涂料　艺术熔模铸造涂料技术要求与常见的工业熔模铸造相同，但涂料粘结剂对艺术铸件后处理有很大影响。用水玻璃粘结剂涂料生产的艺术铸件，表面缺陷（如疏松等）处在着色后会出现“泛白”“吐绿”，而用硅溶胶涂料粘结剂可大大减少此类现象。

2. 石膏型铸造

石膏型铸造用石膏铸粉作为铸型材料，石膏型的耐火度较低（超过1300℃时会分解），适用铜合金艺术铸件和金银首饰等。石膏型铸造在20世纪70年代开始广泛应用于艺术产品，主要有熔模石膏型铸造和拔模石膏型铸造。由于石膏铸型焙烧能耗大，石膏废料量大且不易回用，这一工艺方法实际应用在减少，但仍是艺术铸造的三大工艺方法之一。

（1）石膏铸粉与石膏型浆料的配制　除首饰铸造用石膏粉料（铸粉）有商品供应外，石膏型艺术铸造用石膏粉料一般由企业自行配制，基本组分为石膏粉、耐火填料和附加剂。

由于α型石膏结晶完整性好、晶粒大、致密，固化加水量比β型石膏少，裂纹倾向小，强度高。在相同水量情况下，α型石膏的胶凝速度比β型石膏慢，浆料的流动性好，便于石膏型制作。因此，石膏型铸造大多采用α型石膏。

耐火填料有石英、方石英和硅酸铝质等耐火材料。耐火填料的热膨胀率对石膏型的热膨胀特性、抗裂纹倾向及强度有不同程度的影响。熔模铸造制壳用耐火材料均可作为耐火填料，但要注意铝硅系耐火熟料的矿相组成、热膨胀率、孔隙率和粒度分布等波动范围较大，易造成工艺不易稳定。

为了调整石膏浆料的胶凝速度，增加石膏型的强度和透气性，还需加入相应的附加剂，如硅溶胶、矾土水泥、木屑和石墨等。加入增强材料可提高石膏铸型的高温和常温强度，但易造成铸型开裂，导致内芯退让性变差，这是需要注意的问题。

石膏浆料配制要控制好水粉比和固体混合料及附加剂的比例。水粉比是指加水量占石膏浆料的质量百分比。水量多，凝结时泌水量大，铸件不光洁，石膏型强度低，裂纹倾向严重；水量少，流动性差，铸型复印不清晰。α型石膏铸粉加水量为35%～45%，β型石膏铸粉加水量为50%～70%。固体混合料中石膏、耐火砂和耐火粉各占1/3（质量比）左右。

石膏浆料分为面层料和背层料。面层采用粒度较细的耐火材料调成的浆料，黏稠而细腻，加水量大；背层浆料则用粒度较粗的耐火材料及木屑、矾土水泥等附加剂，以改善透气性，提高铸型强度。表8-1是某企业石膏型铸粉的配方。

表8-1　某企业石膏型铸粉的配方（质量分数,%）

分类＼材料	α型石膏	铝矾土	矾土水泥	石英砂/目			添加物	
				24/40	10/15	8/12	木屑	石墨
中小件面层	35～40	10～12	5～8	30～40				3
加固层	35～40	10～12	10～12		25～40	10	1	
大件面层	35～40	10	12	～40	20～25			
加固层	35～40	12	12		15/25	25		

（2）熔模石膏型铸造

1）模料与蜡模制作。石膏型铸造模料应具有熔点低、可粘接、流动性好、灰分少、韧性好等性能。浇注系统模料的熔点要低于铸件本体模料，以便脱蜡时模料能从石膏型中顺利排出。

石膏型铸造蜡模的制作方法与熔模铸造相同，可采用刷、贴、灌等工艺方法制作。

2）熔模石膏铸型的制作。熔模石膏铸型的制作方法有灌浆法和涂敷法。

灌浆法先在蜡模外围上围栏，然后灌入石膏浆料。围栏与蜡模之间的间隙就是石膏铸型的厚度。灌浆法工艺简单，成型快，石膏铸型外形规则，整体强度高，便于在焙烧炉内放置，但铸型壁厚不匀、浆料浪费，焙烧时间长，多用于人物头像等中小型艺术铸件。

灌浆法制作内芯和外型可分步进行，也可同时进行。分步制作是在压型中取出蜡模前，将配置好的石膏浆料灌注到蜡模内腔，待石膏浆料凝固后，取出蜡模，然后修整蜡模并焊接浇注系统，再制作石膏外型。蜡模从压型中取出前已制成内芯，使蜡模有支撑、依托，可避免取模、整修和存放时蜡模发生的变形，但分步灌浆制作周期长，适用于单件产品。

同时制作石膏铸型是在完成蜡模修整与焊接浇注系统后，蜡模的内芯、外型同时灌注石膏浆料，便于一个压型制作多个产品。其缺点是蜡模易产生变形。

涂敷法制作石膏铸型是将调制好的浆料直接涂敷在蜡模内外表面，逐层加厚，直至达到要求的铸型厚度。涂敷法适用性强，铸型壁厚均匀，焙烧时间短，面层与背层采用不同的石膏浆料，改善铸件表面质量，降低浆料材料成本，适合于中大型艺术铸件。

灌浆法与涂敷法可视铸件情况结合使用。

3）脱蜡、干燥和焙烧。脱蜡可采用蒸汽、热水和150～200℃的热空气。具体脱蜡方法可根据石膏铸型大小和生产条件而定。

脱模后石膏铸型应放置一段时间自然风干，脱出自由水，提高湿强度，以减少焙烧过程中石膏铸型的变形与裂纹。自然干燥时间一般为1～3天。

石膏铸型焙烧的目的是：①去除自由水和结晶水，温度在250～400℃；②去除渗入石膏铸型内的残蜡，焙烧温度在650～750℃。

由于石膏热导率低，热传导速度慢，在250～400℃范围内发生晶型转变（200℃附近由半水石膏转变成Ⅲ型无水石膏，400℃附近由Ⅲ型无水石膏转变成Ⅱ型无水石膏），伴有急剧的体积收缩，线收缩率在1.5%左右。因此，石膏铸型在焙烧过程中必须严格控制加热速度，以减小铸型内外温度差，降低热应力，防止开裂；焙烧保温时间要足够长，一般在650～750℃保温4～6h，以保证燃尽铸型内的残余模料。

艺术铸造用石膏铸型焙烧时间长达几十甚至上百小时，应采用燃气热空气循环炉，以加速模料有机物的氧化燃烧，缩短焙烧时间。在焙烧结束后，石膏铸型随炉冷却至600～400℃出炉浇注。

（3）拔模石膏型铸造　拔模石膏型铸造是在石膏铸型制作完成后取出模样，经合型、焙烧后浇注。其铸造生产工艺过程类似于砂型铸造：造型→制芯→合型→焙烧→浇注。与砂型铸造的差异是：造型材料不是型砂，而是石膏铸粉；铸型在浇注前要进行焙烧。与熔模石膏型相比，拔模石膏型没有模料污染，焙烧时只需去除自由水和结晶水，焙烧温度低，焙烧时间短。其缺点在于铸型有分型线，不宜制作复杂铸件。

拔模石膏型铸造也可用于大型艺术铸造件。其工艺方法是在模样表面涂敷石膏浆料制作石膏铸型，不用砂箱，但要采取一些工艺措施保证铸型的强度，以免铸型发生变形，浇注时可抵御液态金属的压力。

石膏铸型在焙烧过程中易开裂，导致披缝；内芯退让性差，易造成薄壁铸件开裂；排气不畅，铸件易产生气孔。此外，实体内芯较重，常在铸件上设置工艺孔予以支撑。因此，两缝（裂缝与披缝）一孔（气孔、工艺孔）是石膏型生产中、大型铸件常见的缺陷，应采取合理的工艺措施，尽可能避免两缝一孔缺陷。

3. 砂型铸造

砂型铸造艺术铸件的表面细腻与清晰程度不如熔模铸造和石膏型铸造，但铸件的整体变形量小，适用于整体铸造大型艺术铸件，特别是一些表面可以进行较多打磨的铸件，如香炉、大鼎、佛像，以及壁厚较大的大型铜钟。特大型艺术铸造工程一般都采用钢结构外装分块铸造的铜壁板铸件，如香港天坛大佛是由202块砂铸壁板组装而成的，砂型铸造是铸造这些铜壁板的合适工艺。

（1）铸型种类　艺术铸造一般用化学硬化砂型，一些特殊产品用黏土湿砂型或半干砂型。化学硬化砂主要是呋喃树脂砂和水玻璃 CO_2硬化砂（简称水玻璃砂）。水玻璃砂成本低、无异味，但溃散性差，我国艺术铸造行业使用不多。自20世纪80年代酸自硬呋喃树脂砂首次成功应用于26.4m高的香港天坛大佛以来，呋喃树脂砂已成为大型艺术铸件常用的工艺方法。

黏土湿砂型一般为表面烘干型，红砂泥造型，透气性强，颗粒细，铸件光洁平整，质量稳定，变形量小，适合铸造铜镜、铜剑等外形规则，表面纹饰细腻的一些艺术铸件。

（2）造型工艺　砂型艺术铸造一般是手工造型和制芯。假箱造型、活块造型、刮板造型和组芯造型等工艺方法也是艺术铸造常用的造型方法。

（3）贴泥法　艺术铸件大多是薄壁复杂件。除大钟等少量艺术铸件用模具制造砂芯外，一般用“贴泥法”形成铸件壁厚。“贴泥法”是指用厚度与铸件壁厚相同的泥板或软质泡沫板贴在铸型内壁后填砂、紧实，形成砂芯，然后取出泥板或泡沫板，获得具有一定厚度的铸型。

（4）表面涂料　砂型表面的复形能力较差，砂型表面喷涂涂料是提高砂型艺术铸件产品表现能力的重要手段。其主要作用是：

1）填补砂粒间隙，提高铸型表面平面度，减小表面粗糙度值，改善表面复制效果。

2）涂层封闭铸型和砂芯表层的孔隙，形成一层耐火性和热化学稳定性高的屏障，防止铸件产生粘砂缺陷。

3）提高砂型和砂芯表层强度，减少冲砂缺陷。砂型铸造艺术铸件一般为大型铸件，应提高铸型的抗金属液冲刷能力。

砂型艺术铸造一般用高强度醇基涂料，通常采用喷涂的方法。当用涂刷方法时，应注意第一遍涂料涂刷后要放置一段时间，待涂料干后用毛刷反复刷去多余的浮层（特别是纤细凹陷纹路部分），然后用较稀薄的涂料涂刷第二遍。

（5）涂料转移法的应用　涂料转移法是将涂料直接喷涂到芯盒或模样工作表面，然后填砂、紧实，涂料层和型（芯）砂同时固化，涂料从芯盒或模样表面转移到砂型（芯）表面，起模可获得带有涂料的砂型（芯）。由于此方法形成的涂层不占据型腔的有效位置，故又称为非占位涂料法。

涂料转移法可完美地复制出模样或芯盒表面，不存在刷痕、涂料流淌和堆积等造成的表面缺陷，铸件表面质量可与熔模铸造相媲美，表面平整，纹饰清晰，成本略高于普通砂型铸造，生产效率高于熔模铸造和石膏型铸造。

涂料转移法对造型材料、模样和操作技术的要求与一般艺术铸造不同，在立体艺术品制作中还比较少见。但对于平面浅浮雕，该方法还是有其明显的优点，已用于铸造浅浮雕类产品，如铜匾额和字牌，成功生产了长达1.8m、宽1m的产品，表面平整，纹饰清晰，厚度仅为3mm左右。

8.2.3 艺术铸件的后处理

艺术铸件后处理可分为狭义的后处理和广义的后处理。

1. 艺术铸件的狭义后处理

艺术铸件狭义的后处理指铸件通过清理、整修、焊接、组装，最后成为一个完整的合格铸件。这些工序大多在铸造企业车间内完成，大型艺术产品往往在安装现场组装。

艺术铸件的清砂和浇冒口切除等与工业铸件相同，只是必须注意不能损伤表面纹饰、肌理。艺术铸件的整修或精修包含打磨、修琢和焊补，消除加工缺陷和加工痕迹，使艺术铸件的表面与模样尽可能一致。对表面粗糙度未达到要求的表面进行打磨，甚至抛光；对不清晰的纹理进行雕琢；对一些小孔洞、缺损类缺陷进行焊补；对分块铸造的铸件进行拼装、焊接。在整个后处理过程中，打磨不能留下磨痕，接缝也需要修琢。

艺术铸件打磨、修琢是一个重要环节，一般手工操作。对于一些精细、特殊的器形或纹饰，除了对工人技术水平要求较高外，打磨工具也非常关键，尤其是磨头。

2. 艺术铸件的广义后处理

艺术产品与艺术铸件的区别在于表面与外观的美化，或称为艺术效果处理。艺术铸件经过表面艺术效果处理，才能成为艺术产品。艺术铸件成为艺术产品的加工过程称为艺术铸件广义的后处理，这个过程绝大部分在艺术铸造企业完成。

艺术铸件的广义后处理过程包括表面装饰与表面保护。表面着色处理是表面装饰的主要工艺方法。此外，镶嵌、鎏金、贴金、包金、金银平脱、表面富锡和彩绘髹漆等是我国传统的表面装饰工艺方法。

艺术铸件的表面着色处理是通过各种化学的或物理的方法，使铸件表面产生一层不同于基体金属材料的色彩，同时也保护了铸件表面不受腐蚀。艺术铸件的表面着色处理是对艺术作品表面效果的保护。

艺术铸件表面的着色方法主要是化学着色。铜合金化学着色后大多呈黑绿色或棕红色，其他颜色则是通过采用物理吸附法、金属镀膜法、非金属涂覆法和金属表面强化处理等方法获得。物理吸附法在金属表面生成带有小孔的氧化膜并吸藏有机或无机颜料粒子，从而形成各种色彩的膜层。金属镀膜法有电镀、化学镀和热浸镀等；非金属涂覆法主要是涂装、美术装饰漆膜等。金属表面强化处理法有热喷涂和气相沉积（如镀钛）等。

3. 热着色技术

热着色技术是化学着色与物理吸附两者的有机结合，可得到各种色彩和纹理。通过硫化钾、硝酸铁、硝酸铜等与金属表面产生化学反应和物理吸附形成不同的色膜，同时借助手法和笔刷等将色粉吸附于形成的色膜，可获得类似大理石花纹等色彩纹理。由于该方法对金属着色处理时始终加热，因而称为热着色。

近年来，热着色技术在艺术铸造行业得到迅速推广。艺术铸造作品的色彩效果和着色方法与金属表面组织结构等密切相关。热着色技术打破了化学着色与物理着色的界限，其着色效果受艺术铸件组织和表面状态的影响大，对待着色铸件表面质量的要求高。硅青铜材质的雕塑通过热着色可获得与传统单调的棕黑色或绿色完全不同的效果，色彩和纹理丰富、协调，层次感强，如图8-15和图8-16所示。

图8-15　牛仔

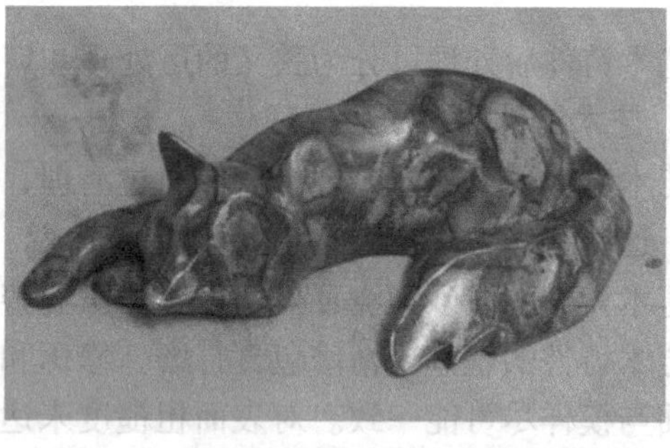

图8-16　狐狸

8.3　艺术铸造工艺设计

8.3.1　艺术铸造产品生产工艺流程

根据艺术铸件后处理“广义”与“狭义”的不同，艺术铸造产品生产工艺过程可分为大流程和小流程。大流程是指艺术作品从原稿到获得最终艺术产品的整个生产过程；小流程则是指艺术铸件铸造成形（或称铸造生产）阶段。

艺术铸造产品生产（即大流程）大体上可分为三个阶段，即模具与模样制作、铸造成形、表面处理与现场安装。图8-17所示是艺术铸造生产工艺流程。模具、模样的制作和铸件工艺设计是保证艺术铸件准确反映艺术原作的互相关联的两个方面。应统一考虑铸件生产、表面装饰与现场安装的要求，在合理设计艺术铸件结构及铸造工艺的基础上制作模具、模样。

1. 模具和模样的制作

模具和模样是连接艺术原稿和艺术铸件的必不可少的桥梁，其制作质量的优劣，直接关系到原作的创作思想和艺术效果在金属铸件上的再现。翻模与放样是制作艺术铸造模具和模样的主要方法。

艺术铸造最终产品与原稿尺寸相同的一般采用翻模，即将艺术原稿直接翻制成模具（俗称凹模）和模样（也称凸模）。模具一般指制作蜡模所用的压型。模样通常是指砂型铸造造型所用的模型（有时也把模样称为模具），砂型艺术铸造模样一般由石膏、树脂等材料制成。翻模的方法因其大小、用途、材料的不同而各异。

当艺术铸造最终产品与原稿尺寸相同时，可直接进行翻模；若最终产品与原稿尺寸不同时，需要将原稿放大或缩小，这个过程称为放样。传统的放样方法主要有套圈法和测量法。套圈法首先将模型沿绘制的网格线剖开，然后将剖开的模型断面套在坐标纸上，得到模型剖开部位的型面曲线，依照此型面曲线进行等比例放大或缩小。该方法获得型面曲线是套在坐标纸上，因而被形象地称为“套圈法”。

测量法是用三坐标测量仪对模型不同位置点进行测量，将测量数值标注在坐标纸上并平滑地连接，从而获得型面曲线。近年来，立体扫描（3D 扫描）和快速成形（包括 3D 打印、CNC 加工成形）等数字化技术应用，通过 3D 扫描获取艺术原作的数字文件，保证了大型作品的艺术设计效果，促进了艺术铸造翻模与放样技术的进步。航天晨光在国内率先使用该项技术成功制作了高达 70m 的香港观音像。

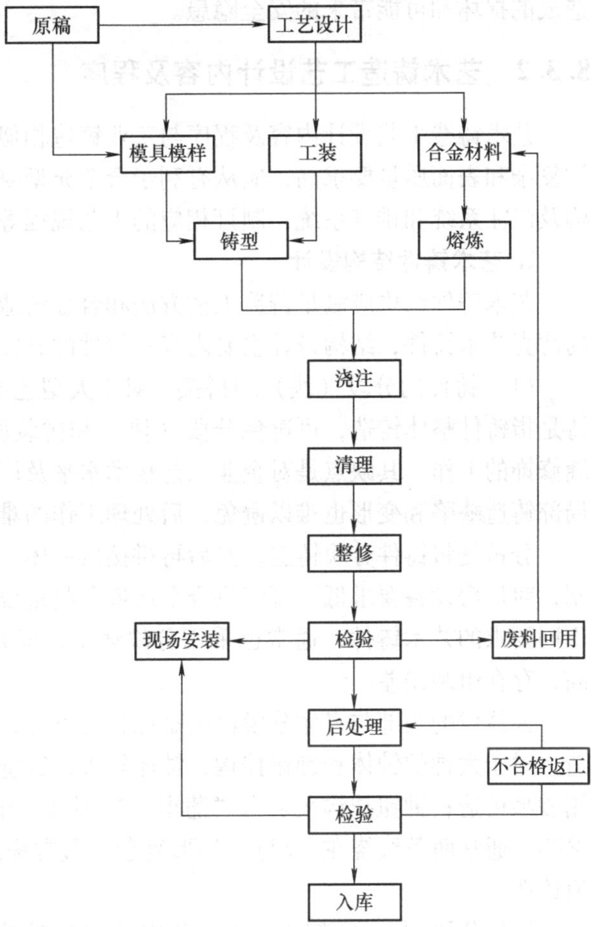

图 8-17 艺术铸造生产工艺流程

2. 铸造成形

铸造成形是指以铸造为主的金属成形方法获得艺术铸件。艺术铸件铸造方法选择应从艺术铸件的成形性和复形性、生产效率和经济性等方面进行综合考虑，并结合企业具体生产工艺技术条件，确定合适的铸造工艺方法。

艺术铸造产品的设计创作者往往对合金的色彩、肌理、价格比较关注，而铸造工程技术人员还要从艺术铸件的结构特点和质量要求、铸造方法、铸造性能和生产成本等方面考虑，确定合适的合金种类及牌号和成分。

在铸造方法和合金确定后，依据艺术铸件的结构特点和技术要求，设计浇冒口系统，制造模具和模样，制订合金熔炼浇注和铸后处理等工艺规程。

3. 表面处理和现场安装

艺术铸件表面处理是其成为艺术作品的关键，根据产品要求进行表面着色、涂装或表面装饰处理。这既是对艺术铸件表面结构的美化，也是对艺术作品表面的防护，尤其是户外艺术作品。户外大型艺术作品往往在安装现场拼装并进行后处理。

现场安装是艺术铸造重要的组成部分。对于户外大型艺术作品的安装，既要考虑整体的艺术效果，更要考虑作为户外建筑的安全性，包括因人为、地质和气候的影响以及腐蚀等所造成的损坏和可能带来的安全隐患。

8.3.2 艺术铸造工艺设计内容及程序

艺术铸造工艺设计内容及程序与工业铸造相似，但通常是单件小批量生产，铸件外形结构复杂和表面质量要求高，应从有利于合金充型凝固和减少表面缺陷出发，合理设计铸件结构及浇注系统和排气系统，制订相应的工艺规程等。

1. 艺术铸件结构设计

艺术铸件结构应满足铸造工艺方法和合金铸造性能的工艺要求。对于通常为不规则外形的薄壳艺术铸件，结构设计主要内容是铸件的分段（块）与拼接、壁厚及加强筋的设置等。

（1）铸件的分段（块）与拼接　对于大型艺术铸件，可采用整铸和分铸方法生产。整铸是指铸件整体铸造，可避免分段（块）和拼装所造成的变形和拼接痕迹，减少拼接和接缝修饰的工作。其缺点是对企业工艺技术水平及厂房和工装设备等要求较高，大型复杂铸件局部铸造缺陷和变形也难以避免，后处理工作的难度和作业量大。

分铸是将铸件分块铸造，然后再拼接成一体。其优点是每个分块铸件的质量相对容易控制，对厂房设备要求低，可解决合金熔炼和起重设备能力不足等问题。对于不同部位材质有不同要求的艺术铸件，通常也采用分块铸造。但是，分铸对拼接技术及接缝的修饰要求较高，存在组装误差。

人体像的头部与身体分段铸造是比较常见的，头部通常采用熔模铸造，身体则用砂型铸造。对于大钟的钟体和钟钮挂钩，钟体较大，钟壁因发声要求而呈不等厚分布，钟体通常采用砂型铸造；钟钮挂钩大多为“蒲牢”造型（“蒲牢”是传说中龙的九子之一，外形似龙，善鸣，通常两条缠绕在一起），外形复杂，通常采用熔模铸造。

铸件分段要尽可能减少并遮蔽组装拼接的痕迹，便于拼接生产操作。例如，人体像的头部与身体分段铸造，分段沿高点走向，即分在衣领的高处，尽管拼接位置明显，但有利于焊接，焊接痕迹也容易修饰。分段沿低点走向，即分在衣领下方与脖子交接处，位置隐蔽，但焊接操作困难，焊枪头难以进入衣领与脖子之间的间隙，人像内部操作受到空间位置限制。此外，焊缝打磨整修也受到很大限制，如图8-18所示。

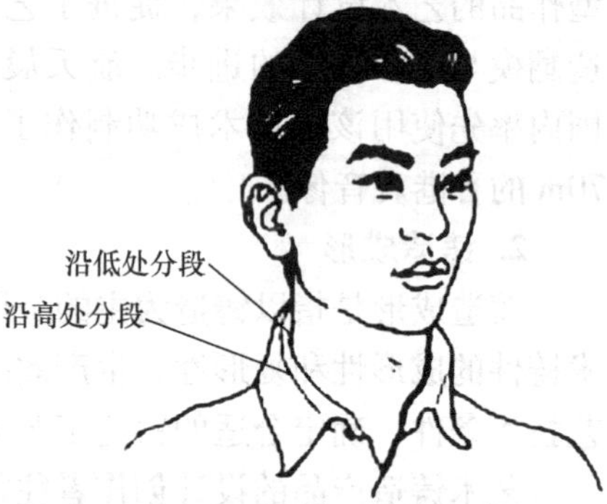

图8-18　人体像的焊接位置

分段（块）铸件的拼接有焊接、铸接和螺栓连接等方法。手工氩气保护焊、半自动氩气保护焊和气焊等是艺术铸造分段拼接的主要焊接方法。

大钟钟钮与钟体的拼接通常采用铸接。铸接前将拼接的两个部件先铸出一个，然后预埋在铸型中，浇注第二个部件时将两个部件铸接成一体。

螺栓连接主要用于大型铸件板块和部件的拼接，连接部位设置法兰或凸缘。螺栓连接后对铸件表面作装饰性焊接，填补拼接缝隙，隐蔽铸件拼接痕迹。

（2）铸件壁厚设计　艺术铸件壁厚设计应从铸造方法、合金种类、铸件后处理等方面综合考虑，在满足合金铸造性能及铸件力学性能和使用寿命的同时，还应保证铸件外形和肌理的完整性及铸件后处理要求，确定合适的铸件壁厚。

艺术铸件除自重外，一般不承受外加载荷，通常壁厚较薄，以减轻自重，降低成本，但壁厚过薄充型困难，一旦产生缺陷，壁薄也难以修补。艺术铸件壁厚砂型铸造一般在 6 ~ 8mm，熔模或石膏型铸造一般为 2 ~ 4mm。此外，艺术铸件通常是壁厚较为均匀的薄壁件，浇注系统与铸件连接处若缺乏合理的过渡，易产生裂纹等缺陷，对此应予以高度重视。

（3）铸件加强筋设计　艺术铸件因壁薄而易产生变形，通常要设置加强筋以增加刚度和强度。加强筋布置不合理、厚度过大、数量过多，则可能造成新的变形，并增加变形矫正的难度。加强筋一般布置在铸件外围边沿处（见图 8-19），厚度为铸件壁厚的 60% ~80%。

图 8-19　加强筋的设置

2. 浇注系统设计

艺术铸件多为壁厚均匀的薄壁件。其质量要求是外形完整、纹饰清晰、少或无表面缺陷。充型和排气是艺术铸件浇注系统的关键，除大钟等铸件外，一般不用冒口。砂型艺术铸造浇注系统设计与工业铸件基本相同，但要适当增加内浇道和排气通道数量，保证快速充型。

熔模铸造和石膏型铸造多用于铸造具有精细复杂外形的薄壁艺术铸件，充型和排气是浇注系统设计的重点，以提高薄壁复杂铸件成形的充型能力。熔模铸造艺术铸件一般采用顶注式浇注系统，以减少内浇道对铸件表面的影响。对于高度较大的直立黄铜铸件，可采用分层阶梯式浇注系统；对于外形较为复杂的铸件，应适当提高浇口杯位置，在排气不畅的部位要设置排气通道（见图 8-20），以获得外形完整的铸件。

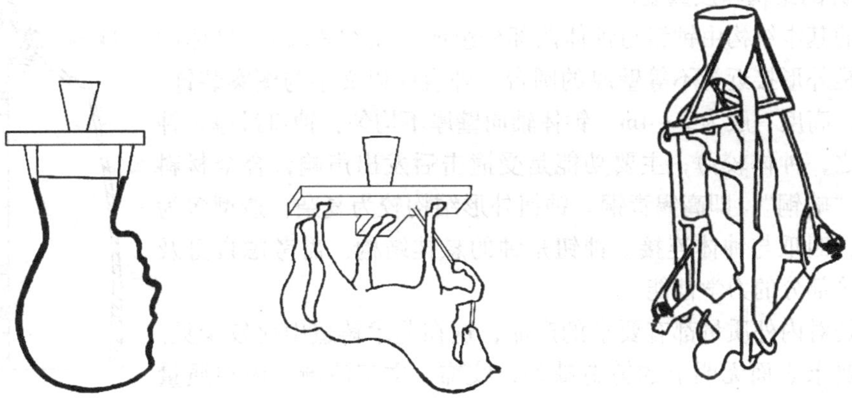

图 8-20　艺术铸件熔模铸造浇注系统

图 8-20 和图 8-21 所示是艺术铸件熔模铸造和石膏型铸造浇注系统实例。石膏型浇注系统除引导金属液进入铸型外，还是焙烧时灼热气体的进气通道和排出燃烧挥发物的排气通道。石膏型浇注系统一般不设置横浇道，而设置多个直浇道，以分散金属液的流量，减少金属液对铸型的冲刷，并有利于充型，但不利于挡渣。为此，直浇道尺寸应尽可能小，充分利用浇口杯的挡渣作用。由于石膏型的透气性差，要多设排气道。因此，石膏型浇注系统的特点是多排细直浇道和小浇口加排气通道。为便于脱蜡时蜡液的排出，一般在铸件底部设置专

门的排蜡口，浇注前应及时堵上。

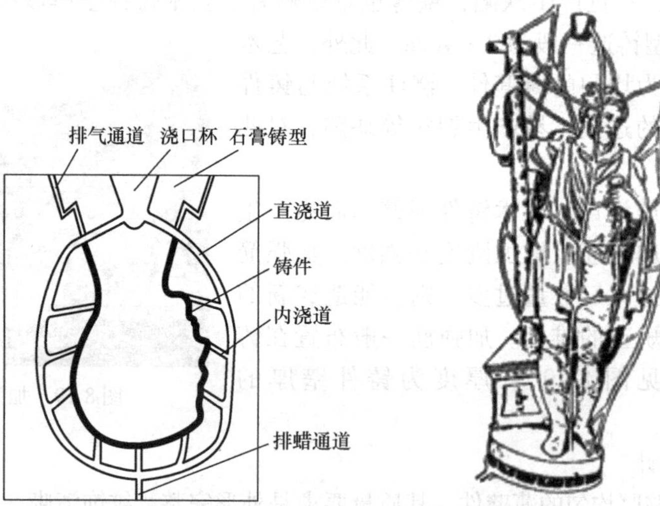

图 8-21 艺术铸件石膏型铸造浇注系统

8.3.3 艺术铸造产品工艺设计实例

艺术铸造产品较少有规则的几何体外形，同一类艺术铸件可采用多种工艺方法，同一个艺术铸件也可能有几种不同的工艺方案，应依据铸造工艺设计基本原则，结合企业设备条件和技术水平，选择合适的铸造方法，制订合理的生产工艺。本小节以大钟为例，介绍艺术铸造产品工艺设计方法及步骤。

1. 大钟的结构和质量要求

大钟的基本结构由钟钮与钟体两部分组成（见图 8-22）。钟体的结构特点是外形接近为不等壁厚的圆台，外表面以文字与图案装饰，体积较大，高度一般为 2~4m。钟体轴向壁厚不均匀：钟口最厚，钟顶壁厚次之，钟体较薄，主要功能是受撞击后发出声响，合金材料通常选用“响铜”，即高锡青铜。钟钮外形结构较为复杂，造型多为蒲牢形式，四爪与钟体连接。钟钮是钟的悬挂结构，需考虑自身及与钟体连接部分的力学性能。

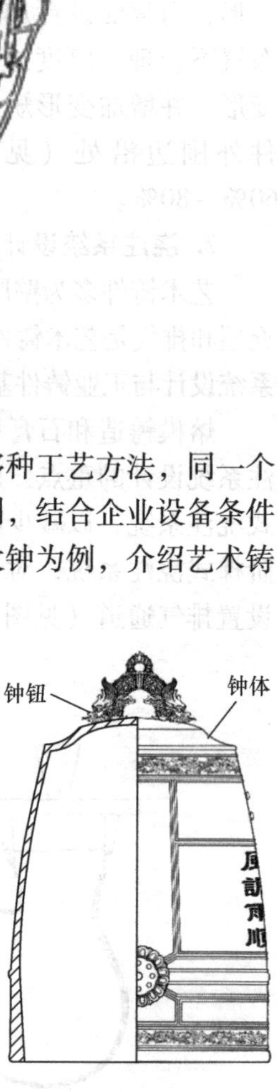

图 8-22 大钟的基本结构

大钟是对内外质量都有要求的产品，这在艺术铸造中比较少见。大钟外观要求表面无明显的铸造缺陷，纹饰、文字清晰；内在质量要求保证音响效果（发声响亮，有拍频，有较长的余音）与悬挂安全。大钟铸造对内在质量和外观质量要求均较高，应满足如下要求：

1）钟体内外轮廓的同心度与圆整度应达到钟体径向壁厚的同一性与轴向壁厚的连续性要求，以保证钟声拍频的实现。

2）钟体口沿厚大部位不出现严重缩松与缩孔等缺陷，以保证设计频率的实现。

3）钟体无裂纹。钟体结构决定了冷却凝固时铸造内应力较大，且经常受外力撞击，一旦出现小裂纹，则快速扩展，造成“哑钟”，最终造成“碎钟”现象。

4）钟顶与钟钮为大钟悬挂承载部分，应保证安全性。

2. 大钟铸造工艺设计

大钟铸造涉及结构设计、铸造方法选择、浇冒口设计、工装模具设计制造、合金熔炼和浇注、清理和精整、现场安装等过程，其铸造工艺流程如图8-23所示。

(1) 铸造方法确定　大钟钟体体积大，结构简单，适合砂型与涂敷陶瓷型铸造；而钟钮外形结构复杂，适合于熔模铸造。因此，大钟目前大多采用钟体、钟钮分铸后拼接。

(2) 拼接方法选择　大钟钟钮与钟体的拼接可采用焊接或铸接。焊接可避免钟体顶部蒲牢对浇注系统设置的影响，但蒲牢承受载荷大（包括钟体自重和撞击时的动载荷），对焊接质量和焊缝修饰要求高；铸接虽然不利于浇注系统的设置，但可保证拼接质量要求。因此，钟钮与钟体的拼接通常采用铸接的方法。

(3) 浇注位置确定　大钟一般采用直立浇注。钟体最厚大的部位是下端口沿部分，顶部是大钟悬挂的承载受力部位，从顺序凝固和钟受力部位应置于底部等方面考虑，钟口朝上的浇注位置易于保证铸件质量。但是，钟体内腔是顶小口大的大型圆台结构，从便于造型和钟体砂芯的定位与固定考虑，一般选择钟口向下的浇注位置。

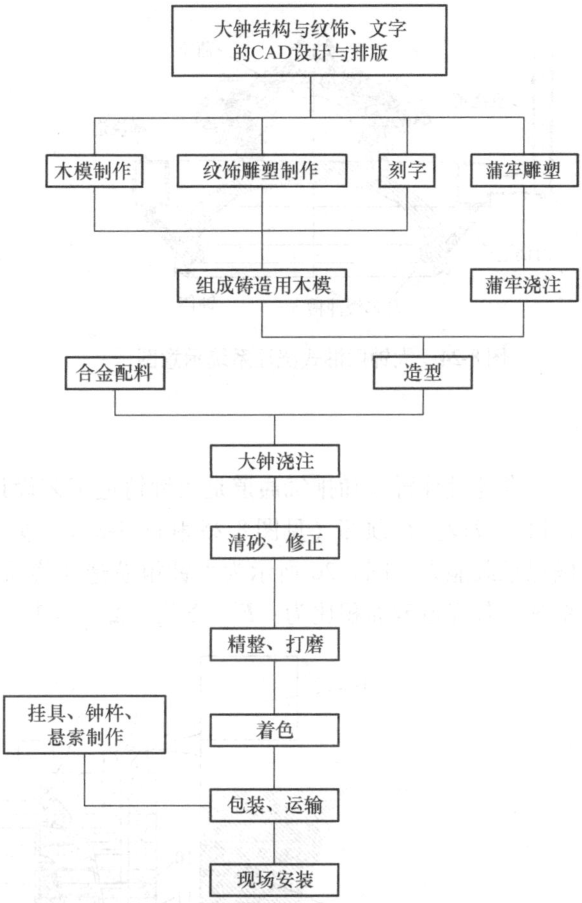

图8-23　大钟铸造工艺流程

上述两种浇注位置各有利弊。对于顶部开有圆孔（很多大钟顶部设计有圆孔，俗称“天眼”）且高度在2m以下的较小钟体，砂芯通过“天眼”固定于底箱，可避免用“吊芯”，则选择钟口朝上的浇注位置；而对于大型或未设计“天眼”的钟体，通常采用钟口朝下的浇注位置，以保证砂芯的固定和定位。

(4) 浇冒口系统和排气通道设计　生产实践表明，对于大钟雨淋式浇注系统和阶梯式浇注系统均较为合适。大钟用高锡青铜铸造，氧化倾向小，雨淋式浇注系统造型工艺简单，有利于实现自下而上的顺序凝固和冒口补缩，但对铸型冲刷力大，易造成顶部冲砂和下部夹砂缺陷。某企业采用雨淋式半开放浇注系统成功制作了百吨大钟（见图8-24），各浇道截面积比为：$F_{直}:\Sigma F_{横}:\Sigma F_{内}=1.2:(1.5\sim2):1$。

阶梯式浇注系统金属液充型平稳，对铸型冲击力小，有利于排气，但大钟底部壁厚处需设置冷铁，造型工艺复杂；浇道各部截面积比例若不合理，还容易造成两层浇道之间产生夹砂缺陷。对于大钟铸造是采用雨淋式半开放浇注系统，还是采用阶梯式开放浇注系统，可根据实际生产经验进行选择。图8-25所示为大钟阶梯式浇注系统示意图。

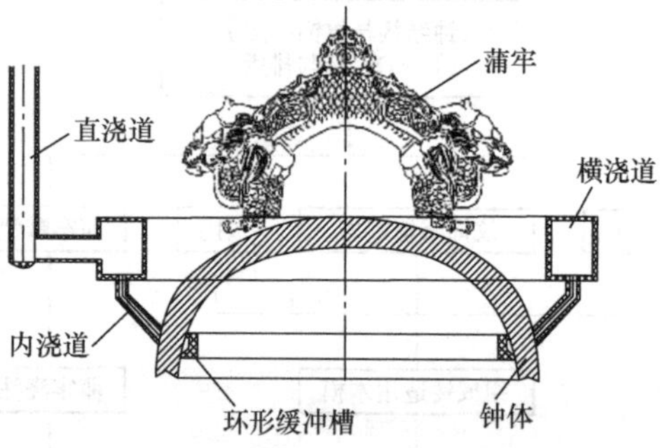

图 8-24 大钟雨淋式浇注系统示意图

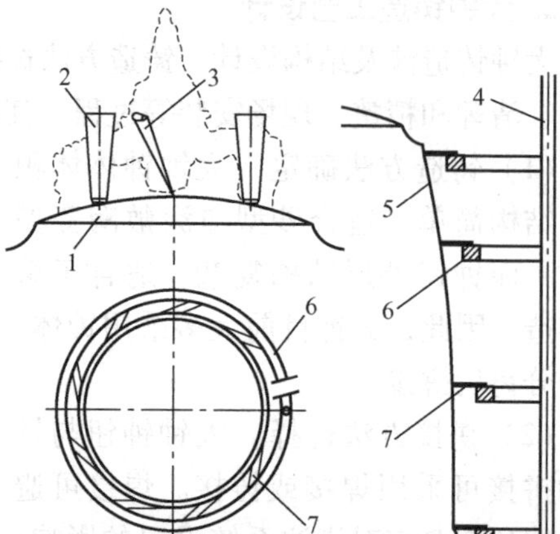

图 8-25 大钟阶梯式浇注系统示意图

1—钟顶 2—明冒口 3—排气通道 4—直浇道 5—钟体 6—横浇道 7—内浇道

合理设计冒口和排气通道是大钟铸造工艺设计的重要内容。大钟铸造一般采用明冒口，冒口一般设置在顶部（见图 8-25 和图 8-26），便于补缩和排气，获得致密的顶部铸件组织，确保承载能力。图 8-26 所示为大钟组芯造型浇冒口系统示意图。大钟铸造采用阶梯式浇注系统，各浇道截面积比为：$F_{直}:\Sigma F_{横}:\Sigma F_{内}=1:(1.15\sim1.2):1.35$。

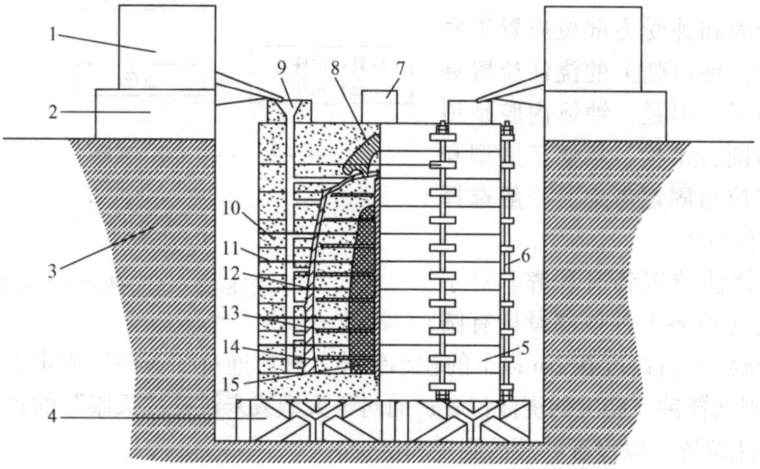

图 8-26 大钟组芯造型浇冒口系统示意图

1—浇包 2—托架 3—地坑 4—泥芯清理托架 5—砂箱 6—紧固螺杆 7—冒口 8—蒲牢 9—浇注系统 10—分块砂型 11—排气草绳 12—型芯 13—型芯骨 14—钟体 15—未破碎砂块

大钟是大型铸件，钟体砂芯体积大，浇注时伴有大量气体产生，排气必须通畅，否则，易产生气孔和氧化夹杂缺陷。除了在各层砂箱结合处采取排气措施外，砂型和钟体砂芯中应合理设置排气通道（见图 8-25 和图 8-26），保证浇注时砂型和钟体砂芯排气通畅。

（5）造型工艺 大钟造型包括钟体外形和钟体砂芯两部分，同时还要考虑钟钮与钟体铸接。钟体外形造型工艺可选择整体造型和组芯造型。

钟体表面纹饰垂直于大钟轴向，直立造型需水平横向紧实砂型，操作不方便，钟体表面纹饰部位砂型不易紧实；钟体横向造型有利于钟体表面纹饰部位砂型紧实，但操作不便，下芯、合箱困难。此外，整体造型不论是直立造型，还是横向造型，都要制造整体模样，成本高。因此，大钟造型工艺可采用组芯造型。

大钟组芯造型工艺方法是：钟体沿垂直轴线方向分为若干层，每层按照钟体曲率与纹饰分成六或八个等份，每层每个等份做成一个外模芯盒，芯盒内配上不同的钟体纹饰模板，制成砂芯，然后将六个或八个砂芯组成钟体的一层砂型。造型时垂直向下紧实型砂，可保证钟体表面纹饰部位砂型紧实度。其缺点是：①由于没有直观的整体模样，对外形艺术设计与观察带来不便，需通过效果图设计和钟体平面展开设计图加以弥补；②对于木模尺寸精度要求较高，芯盒曲率若不准或配箱不当，将导致钟体外形出现“橘子瓣”缺陷。

钟体内腔砂芯可用刮板制作，也可用芯盒制作，或两者结合，分层制作。芯砂和型砂应具有良好的退让性，以免钟体凝固因砂型和砂芯阻碍而产生裂纹。因为钟体壁厚不均，铸造应力大，且锡青铜在700℃强度很低，即“红脆性”，热裂倾向性大。

（6）开箱和后处理　高锡青铜热裂倾向性大，钟体在冷却凝固过程中铸造应力大。为防止钟体产生裂纹，钟体在铸型中冷却时间要严格控制，开箱时温度不得高于350℃。

高锡青铜硬而脆，切割浇冒口要注意防止损伤钟体。尽量避免焊补，需要焊补时要采取合理的工艺措施，以免造成钟体开裂。

小　结

本章简要分析了我国艺术铸造发展及现状和技术发展趋势，介绍了艺术铸造产品的种类及合金、艺术铸件的结构特点、铸造工艺设计内容及程序等。艺术铸件一般为外形复杂的薄壳件，合金的选择重在质感、肌理、色泽和表面处理的适应性。艺术铸造因其产品的特点，铸造工艺设计与工业铸造有所不同，重点在于保证铸件成形完整，尽可能使铸造毛坯保留作品的原有形态与表面细节，减少铸后加工带来的改变。

本章还介绍了艺术铸件的常用铸造工艺方法和特点、模具模样设计、艺术铸件的后处理等。艺术铸造的对象是艺术作品，表面处理是艺术铸件成为艺术作品的关键。现代造型艺术的发展，表现在材质的多样化与表现形式的多元化。高水平艺术铸造产品需要艺术铸造工作者知识的专与宽，既要掌握铸造工艺技术专业知识，也要了解各种机械制造加工的工艺方法，还要了解材料学、化学、结构力学、表面技术和艺术美学等相关知识。

复习思考题

8-1　艺术铸件的整铸与分铸各有哪些优缺点？

8-2　艺术铸件常用铸造方法有哪些？如何选择艺术铸件的铸造工艺方法？

8-3　艺术铸件浇注系统与工业铸件相比有哪些特点？

8-4　熔模艺术铸造与石膏型艺术铸造浇注系统有何异同？

8-5　图8-27所示为著名雕塑家严友人创作的“巴金胸像”（高约1m），请从铸造合金、铸造工艺方法、浇注系统设计和模具模样制作等方面考虑，给出“巴金胸像”的铸造工艺设计方案并说明相应的理由。

图8-27　巴金胸像

第 9 章　铸造工艺设计数字化技术

随着电子计算机技术的快速发展，计算机辅助设计技术在工业中得到越来越广泛的应用，也为铸造工艺设计的科学化、精确化、快速化提供了良好的工具。利用数字化技术进行铸造工艺设计，不仅使计算机能代替人工绘图，而且还能优化铸造工艺和预测铸件质量，在铸件设计、铸件成本估算、浇冒口系统设计、凝固过程模拟、模样加工和铸型制造等方面得到了日益广泛的应用。逆向工程与快速成形技术给铸造工艺设计、工装模具制造和复杂新产品的开发带来了革命性的变化，数字化无模铸造技术大幅缩短了新产品开发周期，可用于取代单件、小批量生产的传统有模样铸造。

9.1　铸造工艺设计 CAD 技术

9.1.1　铸造工艺设计 CAD 基本概念

计算机辅助设计（Computer Aided Design，CAD），是以计算机为主要手段辅助设计者完成某项设计工作的建立、修改、分析和优化、信息输出等全部任务的综合性高新技术。铸造工艺 CAD 是铸造工艺设计人员根据铸件零件图、技术要求、设计规范、设计图表等，利用计算机软件系统完成铸造工艺参数、浇冒口系统和模具或模样设计、模板布置、砂芯设计、芯盒设计、二维工艺图卡的生成等设计过程。

与传统的铸造工艺设计相比，计算机辅助铸造工艺设计的特点是：计算准确、迅速，消除了人为误差；能够大量存储并利用众多铸造工作者的经验，使得使用者能够设计比较合理的铸造工艺；能够对铸造工艺方案进行优化，以便确定最佳的方案；具有自动打印纪录并绘制各种技术文件的能力。

1. 铸造工艺 CAD 的基本过程

铸造工艺 CAD 技术是一个人机交互设计的过程，设计人员在进行铸件造型、零件或模具设计以及模拟仿真时可随时观察并修改，以便得到最佳设计结果。CAD/CAE 砂型铸造工艺设计流程如图 9-1 所示。其设计方法通常表现为“二维零件图样→CAD 工艺设计→CAE 模拟→工艺文件”，主要包括以下内容：

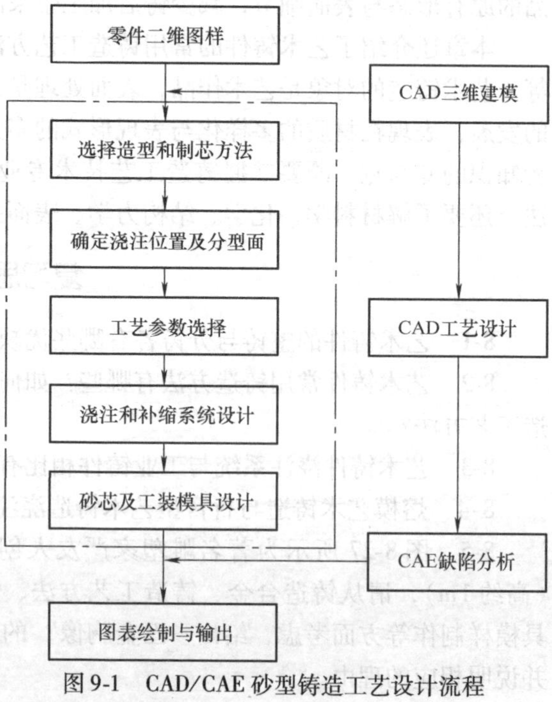

图 9-1　CAD/CAE 砂型铸造工艺设计流程

1）根据铸件技术要求、生产批量和生

产条件，选择造型和制芯方法，对零件结构的铸造工艺性进行分析，确定铸造工艺方案。

2）利用CAD进行工艺参数设计，包括铸件尺寸公差、机械加工余量、铸造收缩率、起模斜度、不铸出孔或槽等。

3）CAD浇注系统设计、冒口设计、冷铁设计。

4）CAD模样、模板、芯盒、砂箱等工艺装备设计。

5）利用CAE软件预测铸造缺陷，分析铸造工艺的合理性。

6）CAD铸造工艺工装图、工艺卡的绘制。

2. 铸造工艺设计CAD软件

铸造工艺CAD软件分为二维和三维两种。三维铸造工艺CAD软件开发主要基于UG、ProEngineer、Solid Edge、I-DEAS等；二维铸造工艺CAD软件主要基于AutoCAD软件，建立起相关工艺参数数据库，快速准确地绘制铸造工艺图，并入库（PDM管理）保存和打印。铸造工艺CAD系统框架如图9-2所示。

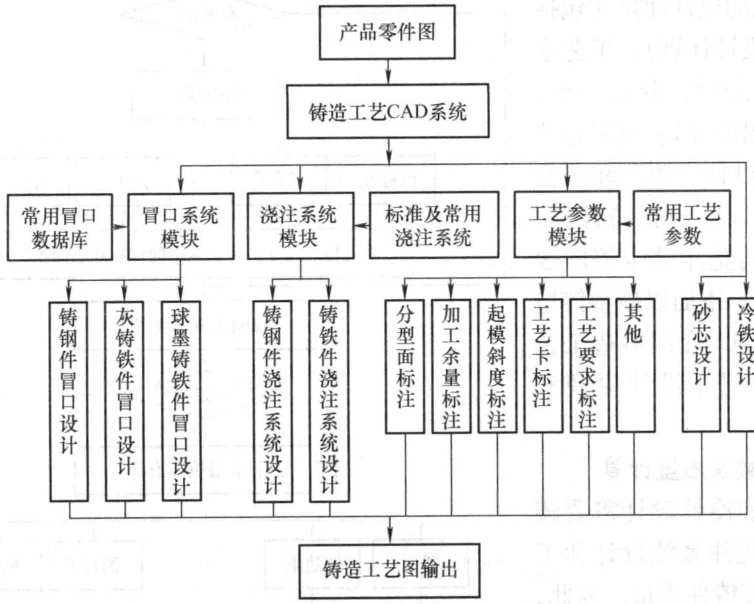

图9-2　铸造工艺CAD系统框架

三维CAD具有设计结果直观、几何信息完整、数据共享、可方便地生成二维工程图等优点，实现了真正意义上的“计算机辅助设计”。目前，产品设计开发大都采用三维CAD，产品设计师进行技术交流也大都用3D交流，二维图样主要是在加工装配时用得多（因为可更好体现加工与装配要求）。因此，三维CAD是铸造工艺数字化设计发展的必然趋势。借助三维铸造工艺设计CAD系统易于与零件和铸造工艺CAE/CAM系统衔接，可直接在三维零件造型上进行工艺设计，设计计算效率高，设计结果具有三维造型完整的几何信息，为有限元分析、装配模拟、结构分析及数控加工提供信息，从而实现铸造工艺工装设计制造的CAD/CAE/CAM集成。

9.1.2　铸造工艺设计CAD技术开发应用

铸造生产工艺过程复杂，企业生产条件千差万别。铸造工艺设计必须具有与生产实际经验紧密结合的显著特点。因此，铸造工艺设计 CAD 软件必须在通用工艺参数设计的基础上，结合企业的具体生产条件开发应用才能获得良好的效果。目前，主要是利用 AutoCAD 和 UG 等强大的二维和三维图形处理能力及开放的二次开发环境，开发出了一些实用的铸造工艺设计 CAD 软件系统。

铸造工艺设计 CAD 主要用 Visual C++ 等高级计算机语言开发软件系统，实现以下功能：零件铸造工艺性分析；物理量计算（包括铸件体积、表面积、质量及模数的计算）；铸造方法和工艺方案的确定；浇注系统的设计计算（包括浇注系统和各组元尺寸的计算）；补缩系统的设计计算（包括冒口和冷铁的设计计算）；工艺参数选择（加工余量、分型负数、收缩率、浇注温度等）；模板布置与模具或模样设计、砂芯和芯盒等工装模具设计（包括铸件图、铸造工艺图、铸造工艺卡等图表的绘制和输出）。下面以砂型铸造球墨铸铁件为例，介绍铸造工艺 CAD 主要部分程序设计原理和方法。

1. 铸件模数及质量计算

铸件冒口和冷铁设计需要铸件的模数值，浇注系统设计和工艺参数选择需要铸件质量。因此，铸件铸造工艺设计一般要计算铸件的模数和质量。对于形状比较复杂的铸件，铸件可分成简单的几何形体，分别计算体积、散热面积、质量和模数，通过累加获得铸件的总体积和总质量。铸件模数及质量计算程序框图如图 9-3 所示。

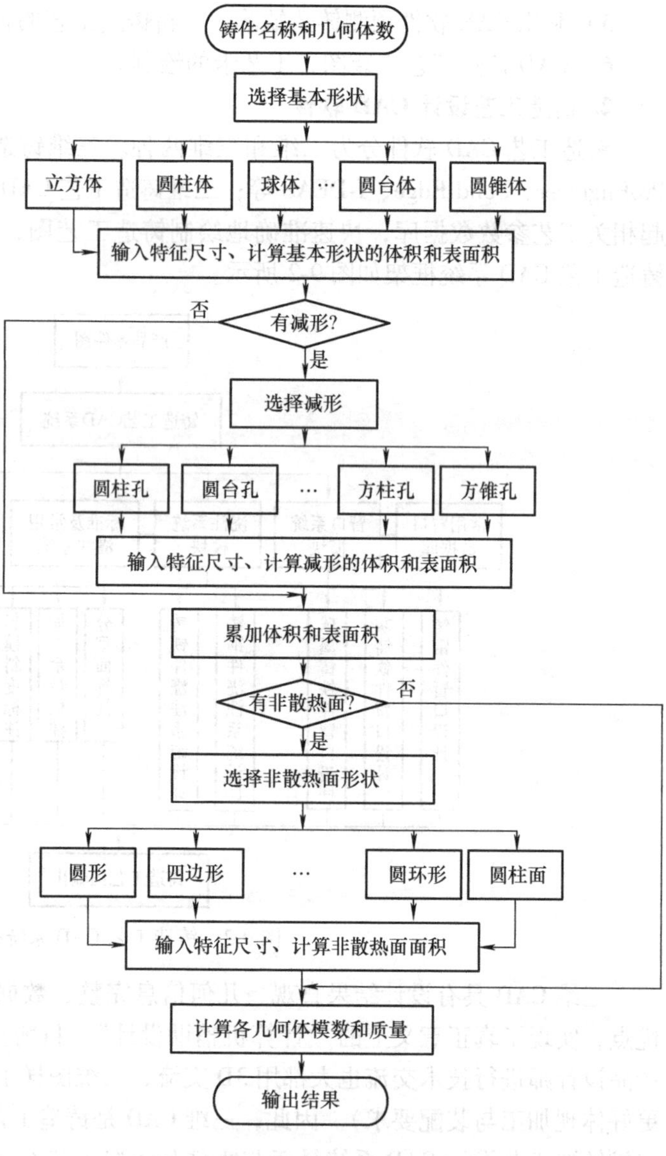

图 9-3 铸件模数及质量计算程序框图

2. 铸件补缩系统设计计算

砂型铸造球墨铸铁件冒口可采用压力冒口和控制压力冒口。图 9-4 所示为砂型铸造球墨铸铁件冒口 CAD 框图。根据铸件模数和补缩原理进行程序设计并计算所需冒口大小和冒口颈尺寸。压力冒口要求铸件凝固共晶石墨化膨胀几乎全部用于补偿凝固收缩；控制压力冒口通过冒口和冒口颈的尺寸大小调节铸件内部反馈至冒口的金属液体量的多少，从而控制铸件内部膨胀压力，避免铸型强度不足造成变形。对于薄壁铸件，当模数小于0.5cm时，采用浇注系统补缩，其基本原理是利用浇注系统补偿铸件的液态收缩，内浇道尺寸按冒口颈设计。

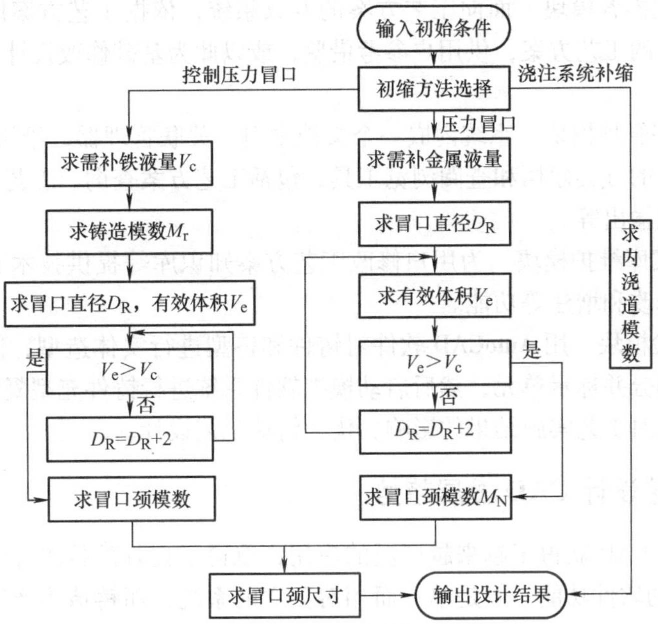

图 9-4　砂型铸造球墨铸铁件冒口 CAD 框图

3. 浇注系统设计计算

图 9-5 所示砂型铸造水平分型球墨铸铁件浇注系统设计 CAD 程序框图。该程序编制包括计算浇注时间 τ、流量系数 μ、有效压头 H_p 和浇道面积。程序编制依据相应的公式，供用户根据实际生产条件进行选择。根据铸件的质量和相应公式计算铸件浇注系统的最小阻流面积，确定直浇道、横浇道以及内浇道的截面比例。

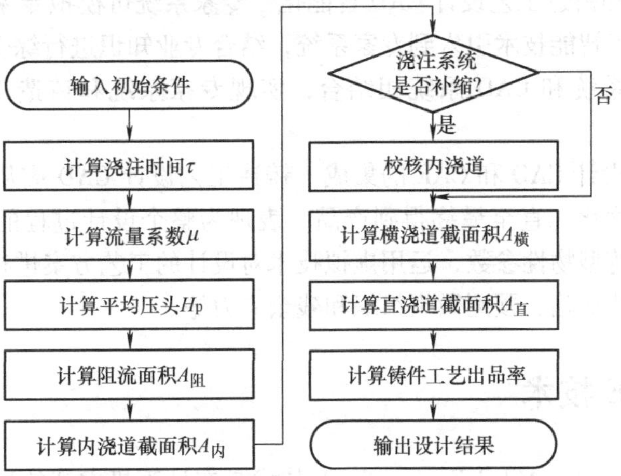

图 9-5　砂型铸造水平分型球墨铸铁件浇注系统设计 CAD 程序框图

除了以上内容之外，铸造工艺计算机辅助设计软件系统还包括以下实用模块：

（1）标准化结构模块　设计成一个开放的辅助绘图工具，提供铸造工艺、工装设计用标准结构件参数图形生成功能，如冒口体、浇注系统、冷铁及标准件的图形等生成。这些功能本身是独立提供的。

（2）工艺方案推荐模块　面向工艺方案的专家系统，依据工艺方案库中的知识，按用户的要求推荐可行的工艺方案，供用户参考借鉴，或以此为基础修改设计，作为工艺结构优化设计的基础。

（3）工艺文档管理模块　系统内嵌一个文档索引、关联管理器，给用户提供工艺图样、工艺卡、设计文件的分类建档和查阅浏览工具，包括工艺方案查询、工艺方案调用、工艺文档生成和工艺文档输出等。

（4）工艺方案库维护模块　为用户修改工艺方案知识库等提供技术支持，主要包括工艺方案的删除、修改和增建等功能。

（5）数值试验模块　用 AutoCAD 软件对铸件和铸型进行实体造型，借助剖分程序对铸件进行自动三维剖分并标示单元，然后启动模拟软件系统进行铸件充型凝固过程数值模拟试验，检验工艺参数对工艺实施结果的影响，优化铸造工艺设计。

9.1.3　铸造工艺设计 CAD 发展趋势

铸造工艺设计 CAD 获得了越来越广泛的应用，取得了良好的技术经济效果。目前，铸造工艺设计 CAD 的软件功能一般是单一而相对独立的系统，而铸造生产工序多，工艺过程复杂，铸造工艺设计 CAD 技术实际应用效果有时不是十分理想，受设计人员的经验影响较大。高精度缺陷定量预测技术、智能化铸造工艺设计与优化技术以及铸造全过程模拟仿真与数字化设计制造技术的融合，是铸造工艺设计 CAD 技术的发展趋势。

（1）铸造工艺设计 CAD 通用化　通用性较差是制约铸造工艺设计 CAD 软件商业化的一个重要原因。根据不同企业开发适应性强的通用化模块，而对于通用性差的部分，则应提高系统的开放性，允许用户在一定范围内对数据库进行添加、删除及修改，在通用化的平台上加入专用内容，实现铸造工艺设计 CAD 通用化。

（2）专家系统和铸造工艺设计 CAD 智能化　专家系统可模拟专家解决问题的过程，依据设计要求，将人工智能技术引入到专家系统，结合专业知识进行综合分析的求解，模拟人脑推理分析，专家系统和 CAD 系统相结合，实现专家系统和铸造工艺设计 CAD 系统智能化。

（3）铸造工艺设计 CAD 和 CAE 的集成　铸造工艺设计 CAD 应从初始的产品设计到铸造工艺模拟和工艺优化，直至最终得到产品，表现为整个设计过程的集成。通过输入铸件图、铸件材质以及铸型物性参数，运用虚拟技术对设计的工艺方案进行试浇注，模拟铸件的凝固过程，分析铸造缺陷、预测微观组织和残余应力等。

9.2　铸造 CAE 技术

铸造 CAE（Computer Aided Engineering）技术是在计算机虚拟的环境下进行数值模拟分析，通过交互方式，制订合理的铸造工艺，不需要或少做现场试生产，可大幅度缩短新产品开发周期，降低废品率，提高经济效益。该技术涉及铸造成形理论与实践、计算机图形学、多媒体技术、可视化技术、三维造型、传热学、流体力学、弹性塑性力学等多种学科，是典型的多学科交叉的前沿领域，可实现以下功能：

（1）凝固过程模拟　利用传热学原理计算铸件冷却过程的温度场分布，从而模拟铸件的凝固过程，预测凝固过程中的缩松、缩孔缺陷。

（2）流动场模拟　利用流体力学原理分析铸件充型过程，优化浇注系统，预测卷气、夹渣等缺陷。

（3）流动与传热耦合计算　利用流体力学与传热学原理，在模拟流动场的同时计算传热，可预测铸造充型过程浇不足、冷隔等缺陷，同时还可得到充型结束时温度分布，为后续的温度场计算提供准确的初始条件。

（4）应力场模拟　利用力学原理（有 Heyn 模型、弹塑性模型、Derzyna 模型、统一内状态变量模型），分析铸件应力分布，预测热裂、冷裂、残余应力和铸件变形等缺陷。

（5）组织模拟　利用一些数学模型（确定性模型、Monte Carlo 法、CA 模型等）进行宏观、介观及微观组织模拟，分析计算形核数、枝晶生长速度、组织转变，预测铸件力学性能等。

（6）其他过程模拟　感应电炉、冲天炉熔炼过程模拟、型砂造型过程模拟等铸造过程的数值模拟。

9.2.1　铸造充型和凝固过程 CAE 技术的基本原理

1. 铸件充型过程数值模拟

液态合金在充型过程中会产生氧化、传热、热损失、冲击等一系列化学和物理变化，浇不足、冷隔、夹渣等缺陷都与铸件充型过程密切相关。铸造 CAE 技术可模拟分析铸件充型时液态金属在铸型中的流动状态，对充型过程速度场和压力场进行求解，并根据液态金属的流动速度、压力变化规律等模拟结果，优化浇注系统设计，防止浇道中吸气，消除流股分离现象，避免氧化，减轻液态金属对铸型的冲蚀。

铸件充型过程是一个伴随着热量散失及凝固的非恒温流动过程，遵循质量守恒定律、动量守恒定律及能量守恒定律，可采用连续性方程、动量方程、体积函数方程和能量方程组描述这一过程。铸件在浇注过程中金属液大多呈湍流状态，对铸件充型过程进行模拟时必须考虑到三个因素：

1）充型过程中的湍流形式为尚未充分发展的湍流。

2）在近型壁处对湍流模型应做必要的处理。

3）湍流模型不应给计算带来过大的工作量，模型的准确性与计算量应相互协调。

铸件充型过程数值模拟常用方法有 SIMPLES 法、MAC 法、SMAC 法、FAN 法、SOL AMAC 法、有限体积方法和 SOLA-VOF 法（Solution Algorithm- Volume of Fluid）等。其中 SOLA-VOF 法求解简单，迭代速度大大加快，求解速度也相对加快。该方法是用体积函数 VOF 代替示踪粒子来确定自由表面的位置，即

$$F=\frac{V_f}{V} \tag{9-1}$$

式中　F——体积分数函数；

V_f——网格空间内流体体积；

V——网格空间体积。

F 为零时，网格为空腔状态；$0<F<1$，网格为半充满状态，即自由表面网格状态。

对于三维流动问题，充型过程速度场和压力场的求解一般采用原始变量的 N-S 方程。通常求解原始变量的 N-S 方程有两大类方法：一类是 Chorin 人工压缩法，把不可压问题当作可压问题求解；另一类是 Spalding 压力修正法，其中 SOLA 算法为其中之一。

2. 铸件凝固过程数值模拟

铸件凝固是一个十分复杂的高温、动态、瞬时过程，过程开放性差，涉及液态合金在流动充型和凝固结晶过程中微观组织变化及缺陷的产生等一系列复杂的物理、化学、冶金变化。利用铸造 CAE 技术模拟铸件凝固过程可起到如下作用：借助计算机可在短时间内进行工艺模拟试验，对多种铸造工艺方案进行对比，优化铸造工艺，选择最佳的工艺参数，提高铸件质量；缩短产品开发周期，降低开发费用和对资源的消耗。

铸件在铸造凝固成型过程中存在热传导、热对流和热辐射三种热量传递方式。利用傅里叶定律建立热传导微分方程数学模型，即在单位时间内由热传导通过单位面积的热量（比热流量）与温度梯度成正比。在一维空间，傅里叶定律可表示为

$$\dot{q} = -\lambda \frac{\partial T}{\partial x} \tag{9-2}$$

式中 $\dot{q}$——比热流量（W/m²）；

T——温度（K）；

x——坐标值（m）；

$\frac{\partial T}{\partial x}$——温度梯度（K/m）；

λ——热导率[W/(m·K)]。

9.2.2 铸造 CAE 数值模拟分析的方法过程

1. 基本步骤

用铸造 CAE 数值模拟技术进行工艺设计的基本步骤通常如下：

1）分析实际问题，建立能反映此问题的物理模型。

2）根据物理模型找出支配过程的主要参数，建立能描述实际过程的基本方程或数学模型。

3）寻求说明实际过程的各项单值条件，如几何条件、物性条件、初始条件、边界条件等。

4）将基本方程所涉及的区域在空间和时间上进行离散化处理，使之形成一系列的微小单元或节点。

5）在所有单元上建立由基本方程及定解条件转换而成的数值计算方程组。

6）选用适当的计算方法求解方程组。

7）结果处理，形成各种数据、图形或其他文件。

2. 计算方法

铸造 CAE 分析常用的计算方法有：有限元法（Finite Element Method，FEM）、有限差分

法（Finite Difference Method，FDM）、边界元法（Boundary Element Method，BEM）和直接差分法（Direct Finite Difference Method，DFDM），其中最常用的是有限差分法和有限元法。

3. 分析模型

对于铸造 CAE 技术具体的工程应用来说，在确定了分析计算的基本方案后，可按建模（即建立几何模型）、分网（即建立有限元模型）、加载（即给定边界条件）、求解（有限元求解）和后处理（即计算结果的可视化）等几个步骤实施分析计算。

建立有限元模型的一般步骤是：问题定义→几何模型建立→单元选择→单元特性定义→网格划分→模型检查和处理→边界条件定义→计算→结果比较→模型修正。

建立有限元模型要考虑的因素很多。设计人员要有相应的铸造专业知识、有限元知识和软件使用技能等，主要精力集中于建模和边界条件定义，而计算过程可作为“黑匣子”来对待。据统计，建模所花费的时间占整个分析时间的70%左右，边界条件的定义直接关系到计算结果的可靠性。

建立有限元模型应遵循两条基本原则：一是保证计算结果的精度，二是要适当控制模型的规模。模型的形式和误差直接决定计算结果的精度。如果模型本身不合理，即使计算方法再精确，也不可能得到高精度的分析结果。不同的模型所需要的计算时间和存储容量可能相差很大，模型不合理有可能导致计算过程出现死循环或终止。

4. 求解过程

铸造 CAE 模拟分析的求解过程是基于有限元模型完成有关的数值计算，并输出需要的相关计算结果，包含以下几步：

1）定义形函数，然后通过单元节点变量（如位移）来描述单元域内连续的变量。

2）定义单元本构关系，实现各种加载，如应力、应变和热流等，建立相应的本构方程。

3）形成单元刚度矩阵，利用节点的位移分量和应变、应力以及节点内力之间的关系，建立单元与外界环境的平衡关系。

4）集成，将覆盖结构全域的所有单元的刚度矩阵和节点外力对平衡的贡献集成，形成整体刚度矩阵，建立整体结构的平衡方程。

5）求解平衡方程，给定初始条件和边界条件，如指定一些节点的位移后，求解整体结构的平衡方程。

6）回代，根据计算出的节点变量，代入第2）步所建立的表达式，获得单元应力、应变或温度热流等变量。

9.2.3 铸造 CAE 软件及应用

目前，国内外常用的铸造 CAE 软件主要有 MAGMASOFT、ProCAST、FLOW-3D、JS-CAST、Anycasting 和华铸 CAE 等，各有其特点和适用范围，可根据实际生产条件选择合适的铸造 CAE 软件。

1. 充型和凝固过程模拟分析

充型和凝固过程模拟分析可预测出铸件各部位的充型及凝固顺序，以及不同时间、不同阶段的温度分布情况，为浇注系统、补缩系统的设计优化提供依据。阀体铸件充型过程模拟如图9-6所示。

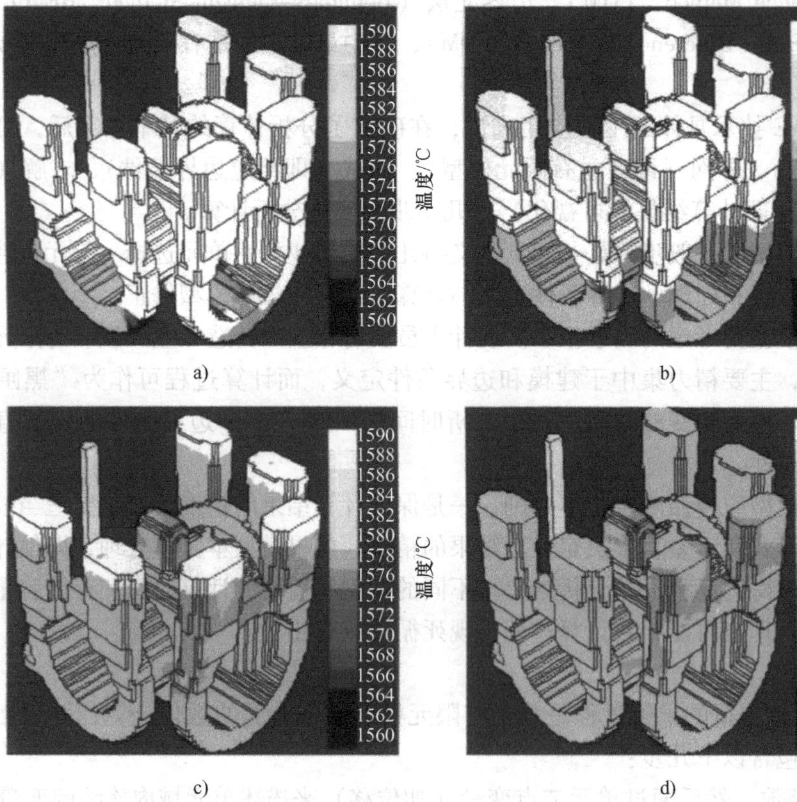

图9-6　阀体铸件充型过程模拟

a）充型15.4%，充型时间3.5s　b）充型29.3%，充型时间7.0s

c）充型92.0%，充型时间23.0s　d）计算得到的初始温度场

2. 铸件缺陷预测

目前，国内外凝固模拟软件提供了多种判据用于铸件缩孔、缩松预测，大多数判据对于铸钢件或不含石墨的铸造合金比较有效。因为铸铁凝固时发生共晶石墨化膨胀，其凝固收缩体积变化比铸钢等铸造合金复杂得多。

图9-7所示的空轴铸钢件重1600kg，材质是ZG270-500，轮廓尺寸为ϕ1500mm × 765mm，铸件在ϕ900mm轴颈处不得有缩松缺陷，采用水玻璃砂铸造，设置5个保温冒口均匀分布。图9-8所示是空轴铸钢件凝固模拟分析结果，可看出铸件在R95mm和ϕ900mm轴颈处均出现缩松。基于上述凝固模拟分析结果，工艺改进措施如下：①加大冒口尺寸；②在R95mm处铸型表面贴一层15mm厚的铬铁矿砂，形成表面激冷层，加快该区域的冷却速度性。通过上述措施，消除了空轴铸钢件在R95mm和ϕ900mm轴颈处的缩松缺陷。

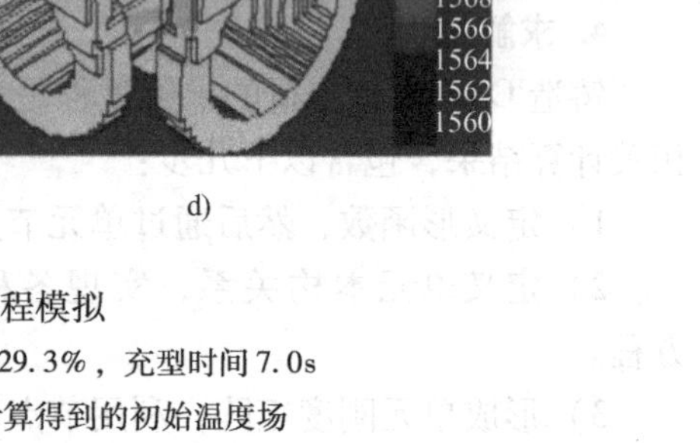

图9-7　空轴铸钢件工艺方案

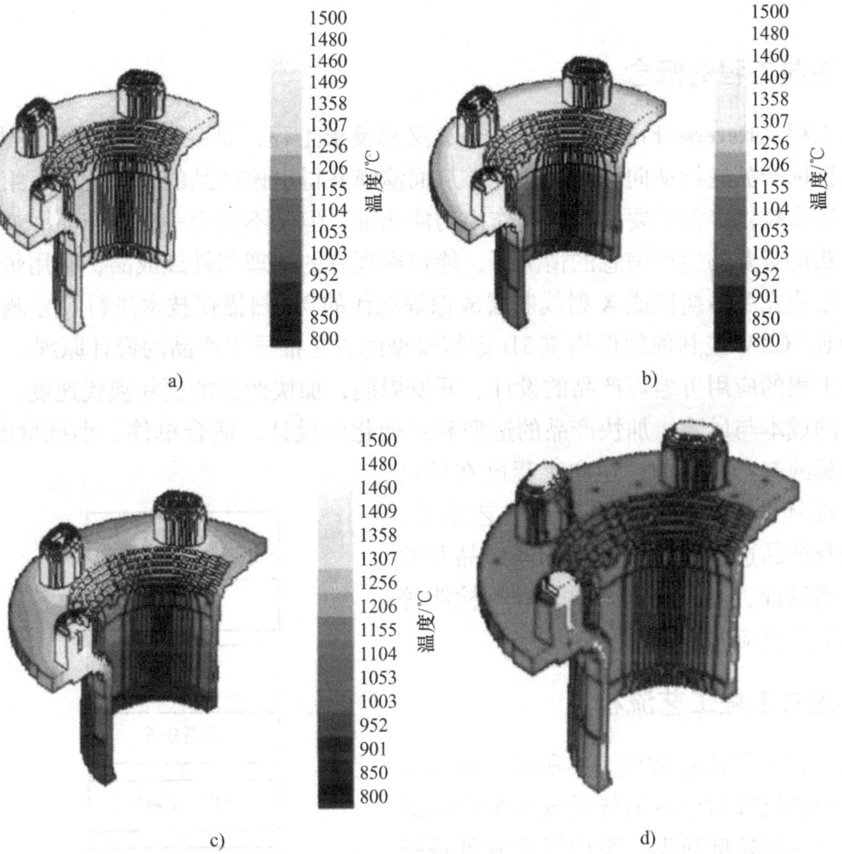

图 9-8　空轴铸钢件凝固模拟分析结果
a）20min 时的温度场　b）50min 时的温度场　c）90min 时的温度场　d）缩孔、缩松预测结果

9.2.4　铸造 CAE 技术发展趋势

铸造凝固和充型过程数值模拟技术已进入了实用阶段，对于铸造过程应力模拟、微观组织和性能模拟，仍处于探索研究阶段，还未能够建立可准确描述高温状态应力/应变场的数学模型。铸造过程应力模拟系统的开发应用是今后铸造 CAE 技术的重要发展方向。

微观组织模拟在 20 世纪 90 年代成为研究的热点，对球墨铸铁、铝合金等铸件微观组织形成过程进行了模拟分析，取得了一些进展，但在实际生产中金属液化学成分、铸型材料等因素的波动都对模拟结果的精确性造成较大的影响。微观组织模拟系统的开发应用也是铸造 CAE 技术发展方向之一。

铸造凝固和充型过程数值模拟技术已日趋成熟，但对于充型完毕后凝固开始直至凝固完成期间的两相流动问题还没有物理模型加以描述，对不同时间温度场、应力场的模拟分析结果，往往是通过各种经验判据公式来确定是否出现缺陷的，尚未能真正显示可能出现的缺陷。铸件缺陷的预测及显示是铸造 CAE 技术开发的发展方向。

9.3 逆向工程与铸造模具设计制造技术

9.3.1 逆向工程的概念

逆向工程（Reverse Engineering，RE），又称反求工程，是一种产品设计技术再现过程，即对一项目标产品进行逆向分析及研究，从而演绎并得出该产品的处理流程、组织结构、功能特性及技术规格等设计要素，以制作出功能相近，但又不完全一样的产品。逆向工程可在不能轻易获得必要的生产信息的情况下，能根据现有的物理部件或成品，利用传统的或激光扫描仪、结构光源转换仪或 X 射线断层成像等现代的 3D 扫描仪技术进行尺寸测量，并通过 CAD、CAE、CAM 或其他软件构筑 3D 虚拟模型的方法推导出产品的设计原理。

逆向工程的应用可缩短产品的设计、开发周期，加快产品的更新换代速度，降低企业开发新产品的成本与风险，加快产品的造型和系列化的设计，适合单件、小批量的零件制造，特别是模具的制造。目前，逆向工程已在模具制造业、玩具业、游戏业、电子业、艺术业、医学工程及产品造型设计等方面的新产品开发和产品改型设计、产品仿制、质量分析检测等领域获得了广泛应用。

9.3.2 逆向工程工艺流程

逆向工程工艺流程如图 9-9 所示。用高速三维激光扫描仪等对已有的样品或模型进行测量，得到其三维轮廓数据，再由逆向软件进行曲面重构，并对重构的曲面进行在线精度分析、评价构造效果，最终生成 IGES 或 STL 数据，据此进行快速成形或 CNC 数控加工。IGES 数据传给一般的 CAD 系统（如 UG、Pro/E 等）做进一步修改和再设计；传给 CAM 系统（如 UG、MASTERCAM、SMARTCAM 等），做刀具路径设定，产生数控代码，由 CNC 机床将实体加工出来。STL 数据经曲面断层处理后，直接由激光快速成形方式将实体制作出来。

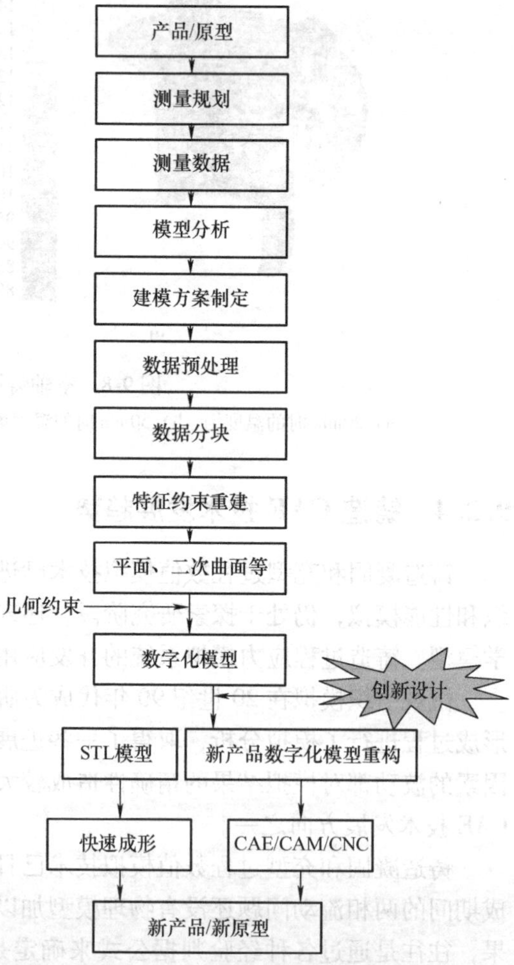

图 9-9 逆向工程工艺流程

9.3.3 逆向建模的关键技术

逆向工程是对一个“物化”产品的再设计，强调产品数字化模型建立的快捷性。在逆向工程中，由离散的数字化点或点云到产品数字化模型的建立是一个复杂的设计意图理解、数据加工和编辑的过程。其关键技术如下：

1. 数据获取

数据获取是逆向工程的第一步，通常是利用一定的测量设备对零件表面进行数据采样，得到采样数据点的三维坐标值。数据获取的方法主要有接触式和非接触式两类。

接触式方法是在机械手臂的末端安装探头，使其与零件表面接触来获取表面信息。目前最常用的是三坐标测量机（Coordinate Measuring Machine，CMM）。其优点是测量精度高，对被测物体的材质和色泽无特殊要求，对不具有复杂内部型腔、特征几何尺寸多、只有少量特征曲面的零件而言，CMM是一种非常有效并且可靠的三维数字化手段；缺点是不能对软物体进行精密测量，价格昂贵，对使用环境要求高，测量速度慢，测量数据密度低，测量过程需人工干预，还需要对测量结果进行探头损伤及探头半径补偿，无法测量小于测头半径的凹面。

非接触式方法采用光、声、磁等非接触介质来获取零件表面信息，可分为主动式测量和被动式测量。常用的非接触式测量方法包括：激光线结构光扫描法、面投影光栅法、数字照相系统、计算机断层扫描（CT）法等。激光线结构光扫描测量法是一种基于三角测量原理的主动式结构光解码测量技术，也称为光切法，通过将线状激光束投射到三维物体上，利用CCD（Charge-coupled Device，电荷耦合元件，一种半导体器件，能够把光学影像转化为数字信号）摄取物面上的二维变形线图像，即可解算出相应的三维坐标。这种方法扫描速度可达15000点/s，测量精度在±0.01～±0.1mm之间，价格适中，对测量对象型面的光学特性要求不高。

2. 曲面重构

零件表面通常由若干个不同类型的曲面构成。因此，曲面重构时需要对点云数据进行分割处理，针对每一片点云用恰当的曲面来拟合。曲面重构通常包含以下几个步骤：①点云中数据点之间拓扑关系的建立；②几何特征的提取及自动分割；③分片点云的曲面重构。

阵列点云中的数据点呈规则的阵列形式排列，因此，数据点之间的拓扑关系隐含在其中，每个点的位置由其所在的行和列确定；而对于散乱数据，原始点云中的数据点没有明确的拓扑关系，通常采用三角剖分的方法来建立散乱数据点之间的拓扑关系。

在建立点云数据的拓扑关系后，需要提取物体表面的几何特征信息，如边界线等，然后利用这些特征将点云数据分割。分割方法有两种：基于边界的方法和基于区域（或面）的方法。基于边界的方法是先寻找曲面之间的边界点，然后将这些找到的边界点拟合出各分片点云之间的边界线，再利用这些边界线及其包围的分片点云拟合出曲面。基于区域（或面）的方法采用相反的顺序来生成曲面，它从种子点开始，假设种子点及其邻域属于某一类型的曲面，在种子点周围逐渐加入属于这一曲面的邻接点，邻接点不断增长，直到没有属于当前区域的相邻的点，这些点构成了具有相同属性的点云连通区域，作为一片需要重构曲面的原始点云数据。种子点可在零件表面的不同区域选取并进行处理，生成不同的点云，然后通过合并、延伸、相交等操作来得到各片点云之间的边界。

在点云数据经过分割处理后，得到多片相互邻接的点云及其边界。根据曲面拓扑形式的不同，曲面重构方法可分为两大类：基于矩形域曲面的方法和基于三角域曲面的方法。矩形域（四边域）网格曲面建模是面向有序数据点的曲面建模，而三角域曲面建模是面向散乱数据点的曲面建模。

3. CAD 模型重建

逆向工程中生成连续 CAD 模型时，采用基于面的方法，可能在各面片之间发生重叠或存在缝隙。如果各面片之间没有清晰的边界，需要通过延伸面片来处理。有时这种方法并不可行或结果不理想，则需要插入过渡面或调整曲面参数以使其光滑。除了边界拼接之外，还需要在边界拼接曲面的公共角点处生成光滑角点拼接曲面。通过逆向建模技术建立的只是零件的表面 CAD 模型，要转入 CAM 阶段，还需要将表面模型转换成实体模型。

基于逆向工程方法得到的 CAD 模型精度进行评价，需要解决以下主要问题：①重建得到的模型和实物样件的误差到底有多大；②所建立的模型是否可以接受；③根据模型制作的零件是否与数学模型相吻合。

4. 逆向工程中的特征应用

实物或模型表面的三维测量是逆向工程的首要步骤，逆向工程的最终目的是要获得精确的实体模型，从而服务于快速原型制造或快速产品开发等。

对曲面进行分片拟合时，不仅要求拟合曲面尽可能逼近点云数据，而且要求尽可能反映设计意图，也就是尽可能准确无误地提取点云数据中的几何特征和约束。基于特征和约束的曲面重构技术主要包括：①特征识别和抽取，其难点是自由曲面组成的复合曲面特征的处理，解决方法是通过造型的方法去识别和还原特征，此时可以定义自由曲面特征为造型特征，旋转、扫掠等曲面的重建研究便体现了这种思想；②在特征恢复时考虑特征间的约束关系，即在对测量点拟合的同时增加一个或一个以上的几何约束，如平行、垂直、相交等，难点是随着约束数的增加，方程的矩阵阶数也增大，使求解困难。

特征在逆向工程中具有十分重要的作用，主要体现在：①提高建模效率，实现产品的快速反求；②提高建模精度，实现产品的精确建模；③提高反求模型的修改能力，实现产品的创新设计。因此，如何实现精确的特征识别和提取至关重要。

9.3.4 逆向工程在模具设计制造中的应用

1. 铸造模具的设计与制造

某企业采用逆向工程、铸造 CAD、CAE、CAM 相结合的方法，成功试制出某汽车进气歧管气道树脂砂芯芯盒和金属型，大大缩短了设计制造周期，提高了流道内壁的数据准确性。首先采用反求法获得进气歧管实物内表面数据，在 CAD 环境下对获得的数据进行处理，然后根据产品铸造工艺和模具结构要求进行曲面分型，获得进气歧管模具 CAD 模型（见图 9-10），最后用数控加工完成进气歧管气道树脂砂芯芯盒和金属型的型腔加工。

图 9-10 某汽车进气歧管模具 CAD 模型

2. 模具结构的改进与修复

以某出口车型废旧摇枕整体芯盒工装为例，采用 CATIA V5 软件平台，运用激光扫描技术获取旧模具点云数据并进行数据处理，采用逆向工程技术进行三维模型的逆向重构，对原有的薄弱结构进行改进设计，获得摇枕整体芯盒三维模型（见图 9-11），通过新模具的加工制造验证逆向重构方法的有效性。该方法不仅可推广应用于废旧模具的重构，同时也可推广用于模具的修复。

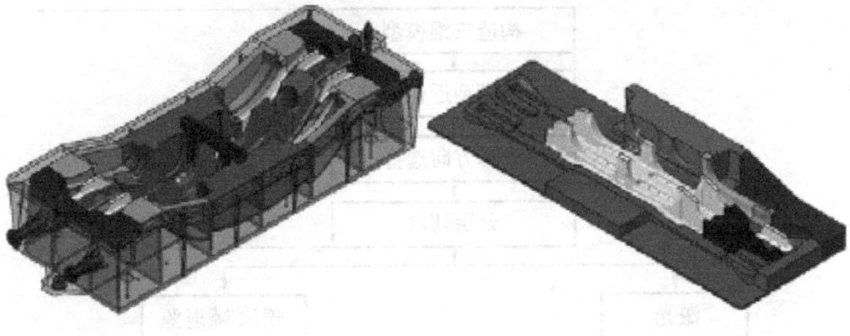

图9-11 摇枕整体芯盒三维模型

3. 工艺方案优化与模具设计制造

根据国内外汽车发动机缸盖气道的研究现状，基于逆向工程技术对气道模型的曲面进行重构，利用CATIA软件提供的点云数据处理模块与曲面造型模块，进行气道的逆向三维建模，如图9-12所示；根据FDM工艺快速成形技术优化气道件原型件的制作方案，采用三维铸造工艺CAD软件完成气道的芯盒设计，制作气道的快速原型件和气道的芯盒。

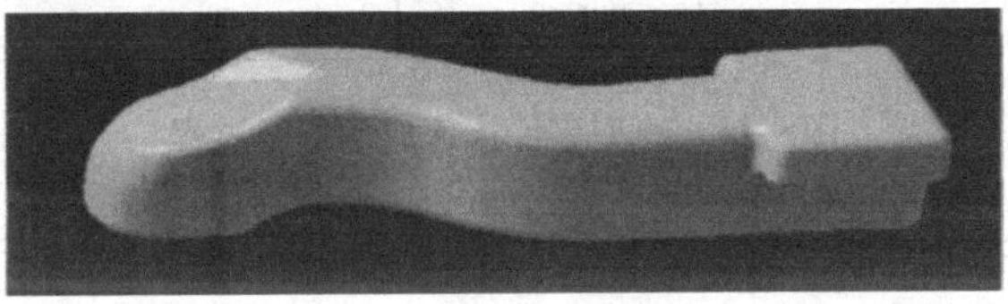

图9-12 三维气道实体模型

9.4 铸造快速成形技术

9.4.1 快速成形的概念

快速成形（Rapid Prototyping，RP），又称自由制造或快速原型制造，是20世纪80年代中期发展起来的一种高新技术，并从成形原理上提出一个分层制造、逐层叠加的新模式，将计算机辅助设计（CAD）、计算机辅助制造（CAM）、计算机数字控制（CNC）、激光、精密伺服驱动和新材料等先进技术集于一体。原型零件快速成形的全过程如图9-13所示。快速成形技术制造的全过程可归纳为3个步骤：

1）前处理：包括工件三维模型的构造和近似处理、快速成形方向的选择和三维模型的切片处理。

2）分层叠加成形：快速成形的核心，包括模型截面轮廓的制作与截面轮廓的叠加。

3）后处理：包括原型零件的剥离、后固化、修补、打磨、抛光和表面强化处理等。

快速成形技术不用传统的加工机床和模具，而是采用全新的“添加式”加工法，即用一层一层的二维模型逐步叠加成大工件，将复杂的三维加工分解成简单的二维加工组合，建立产品样品或模具的时间和成本只有传统加工方法的10% ~30%和20% ~35%。快速成形技术具有以下特点：

1）适合于形状复杂的、不规则零件的加工。

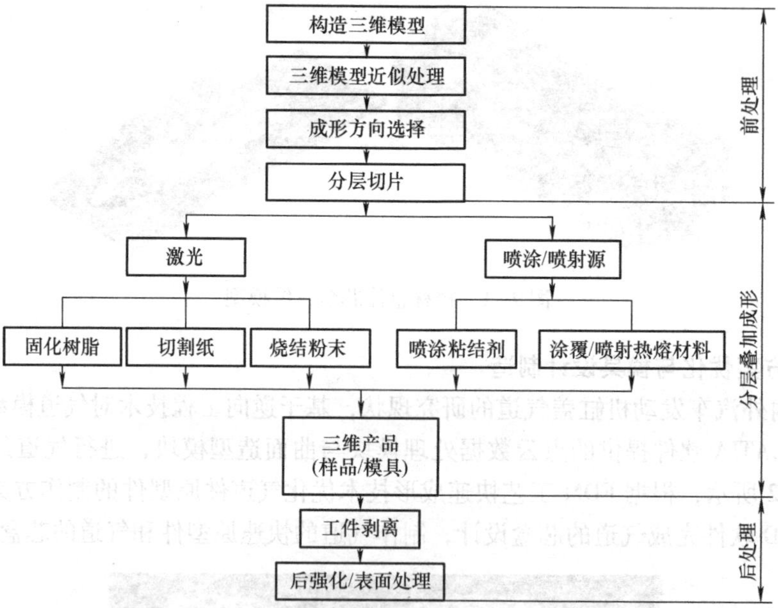

图 9-13　原型零件快速成形的全过程

2）减少了对熟练技术工人的需求。

3）没有或极少废弃材料，是一种环保型制造技术。

4）成功地解决了计算机辅助设计中三维造型“看得见，摸不着”的问题。

5）系统柔性高，只需修改 CAD 模型就可生成各种不同形状的零件。

6）技术集成，设计制造一体化。

7）具有广泛的材料适应性。

8）不需要专用的工装、夹具和模具，大大缩短新产品试制时间。

9）零件的复杂程度与制造成本关系不大。

快速成形适合于新产品开发、快速单件及小批量零件制造、复杂形状零件的制造、模具设计与制造，也适合于难加工材料的制造、外形设计检查、装配检验和逆向工程等。

9.4.2　常用快速成形技术

快速成形技术都是基于“材料分层叠加”的成形原理，不同快速成形方法的差异主要在于二维轮廓制作所采用的原材料类型、原材料构成截面轮廓的方法和截面层之间的连接方式。目前，常用快速成形技术主要有液态光固化合物选择性固化、薄形材料选择性切割、粉末材料选择性烧结、丝状材料选择性熔覆和三维打印法等。不同快速成形工艺的特点见表 9-1。

表 9-1　不同快速成形工艺的特点

快速成形方法	优　点	缺　点
液态光固化合物选择性固化	技术成熟，应用广泛，成形速度快，精度高，能量低	工艺复杂，需要支撑结构，材料种类有限，激光器寿命短，原材料价格高

（续）

快速成形方法	优 点	缺 点
薄形材料选择性切割	对实心部分大的物体成形速度快，支撑结构自动地包含在层面制造中，低的内应力和扭曲，同一物体中可包含多种材料和颜色	能量高，对内部孔腔中的支撑物需要清理，材料利用率低，废料剥离困难，可能发生翘曲
粉末材料选择性烧结	不需要支撑结构，材料利用率高，选用材料的力学性能比较好，材料价格便宜，无气味	能量高，表面粗糙，成形原型疏松多孔，对某些材料需要单独处理
丝状材料选择性熔覆	成形速度快，材料利用率高，能量低，物体中可包含多种材料和颜色	表面粗糙，选用材料仅限于低熔点材料
三维打印法	材料选用广泛，可以制造陶瓷模具用于金属铸造，支撑结构自动包含在层面制造中，能量低	表面粗糙，精度低，需处理（去湿或预加热到一定温度）

1. 液态光固化合物选择性固化（Stereo Lithography Apparatus，SLA）

液态光固化合物选择性固化又称立体光固化，成形工艺灵活，激光束光斑大小可以控制，特别适合成形具有微细结构的零件。SLA 成形系统由液槽、可升降工作台、激光器、扫描系统和计算机控制系统等组成，如图 9-14 所示。液槽中盛满液态光固化聚合物（通常 20 ~ 200L）；带有许多小孔洞的可升降工作台在步进电动机的驱动下能沿高度方向做往复运动。激光器为紫外（UV）激光器，功率一般为 10 ~ 200mW，波长为 320 ~ 370nm（处于中紫外及近紫外波段）。扫描系统为一组定位镜，可根据控制系统的指令，按照每一截面层轮廓的要求做高速往复摆动，从而使激光器发出的激光束反射并聚焦于液槽中液态光固化聚合物的上表面，并沿此面作 *X-Y* 方向的扫描运动，如图 9-15 所示。在这一层受到紫外激光束照射的部位，液态光固化聚合物快速固化，形成相应的一层固态截面轮廓。当一层固化完毕后，工作台下移一个层厚的距离，以使在原固化好的表面再敷上一层新的液态树脂，然后刮刀将黏度较大的树脂液面刮平，进行下一层的扫描加工，同时新固化的一层牢固地粘结在前一层上，如此重复直至整个零件制造完毕，得到一个三维实体原型。

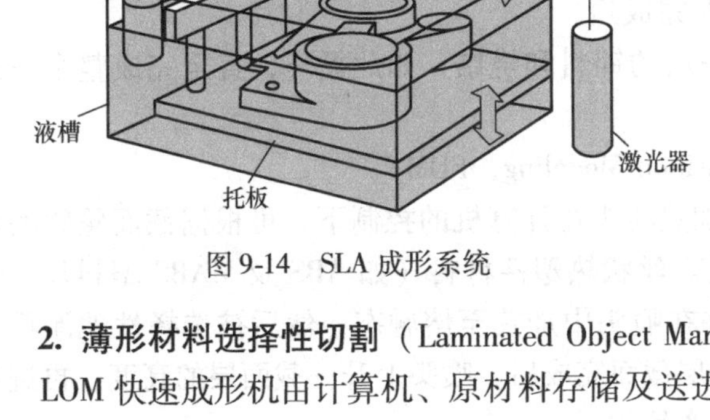

图 9-14 SLA 成形系统

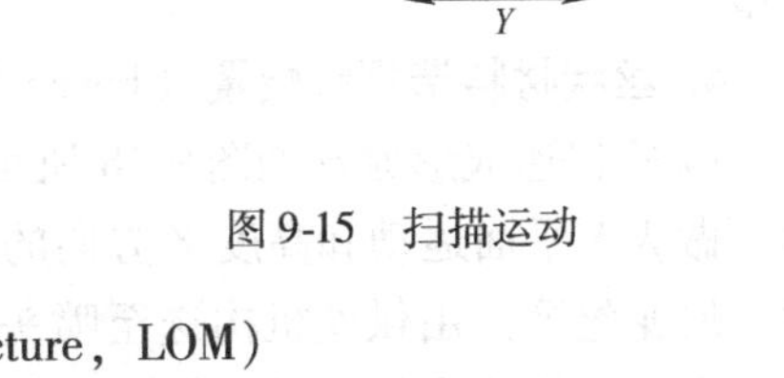

图 9-15 扫描运动

2. 薄形材料选择性切割（Laminated Object Manufacture，LOM）

LOM 快速成形机由计算机、原材料存储及送进机构、热粘压机构、激光切割系统、可升降工作台、数控系统、模型取出装置和机架等组成，如图 9-16 所示。计算机用于接收和存储工件的三维模型，沿模型的成形方向截取一系列的截面轮廓信息，发出控制指令。原材料存储及送进机构将存于其中的原材料（如底面有热熔胶和添加剂的纸），逐步送至工作台的上方。热粘压机构将一层层成形材料粘合在一起；激光切割系统按照计算机截取的截面轮廓信息，逐一在工作台上方的材料上切割出每一层界面轮廓，并将无轮廓区切割成小网格，以便成形之后能剔除废料。可升降工作台支承正在成形的工件，在每层成形完毕之后，降低一个材料厚度（通常0.1~0.2mm）以便送进、粘合和切割新的一层成形材料。数控系统执行计算机发出的指令，使材料逐步送至工作台的上方，然后粘合、切割，最终形成三维工件。模型取出装置用于方便地卸下已成形的模型，机架是整个机器的支撑。

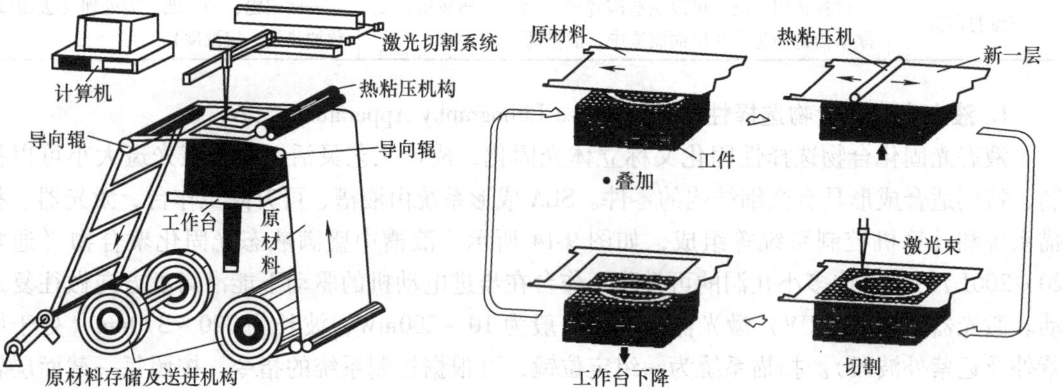

图9-16　LOM快速成形机

3. 粉末材料选择性烧结（Selected Laser Sintering，SLS）

SLS能够直接制作金属制品，利用粉末材料（金属粉末或非金属粉末）在激光下烧结的原理，在计算机控制下层层堆积成形。其成形系统的原理如图9-17所示。成形时，先在工作台上用辊筒铺一层加热至略低于熔化温度的粉末材料，激光束在计算机的控制下，按照截面轮廓的信息，对实心部分所在的粉末进行扫描，使粉末的温度升到熔化点，于是粉末颗粒交界处熔化，粉末相互粘结，逐步得到本层轮廓。在非烧结区的粉末仍呈松散状，作为工件和下一层粉末的支撑。一层成形完成后，工作台下降一截面层的高度，再进行下一层的铺料和烧结，如此循环，直至完成整个三维原型。

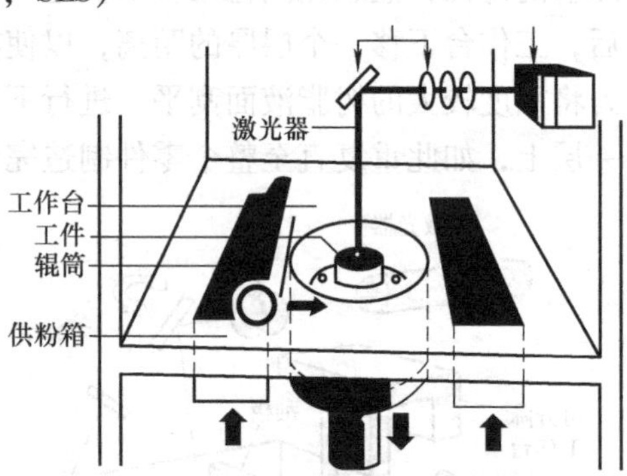

图9-17　SLS快速成形系统的原理

4. 丝状材料选择性熔覆（Fused Deposition Modeling，FDM）

FDM快速成形原理如图9-18所示。加热喷头在计算机的控制下，可根据截面轮廓的信息，做X-Y平面运动和高度Z方向的运动。丝状热塑性材料（如ABS及MABS塑料丝、蜡丝、尼龙丝等）由供丝机构送至喷头，并在喷头中加热至熔融态，然后被选择性地涂覆在工作台上，快速冷却后形成截面轮廓。一层截面完成后，喷头上升一截面层的高度，再进行下一层的涂覆。如此循环，最终形成三维产品。

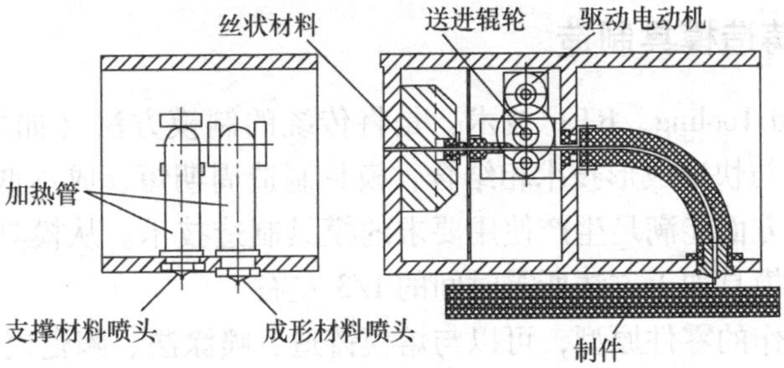

图 9-18　FDM 快速成形原理

5. 三维打印法（Three Dimensional Printing，TDP）

三维打印是美国麻省理工学院 Emanual Sachs 等人在 1989 年研制的，是以数字模型文件为基础，运用粉末状金属或塑料等可粘合材料，通过逐层打印的方式来构造物体的技术。过去常在模具制造、工业设计等领域被用于制造模型，现正逐渐用于一些产品的直接制造。特别是一些高价值应用（比如髋关节或牙齿，或一些飞机零部件）的产品，已经有使用这种技术打印而成的零部件。

三维打印通常采用数字技术材料打印机来实现，有三维喷涂粘接成形和喷墨式三维打印两种。三维喷涂粘结的工作原理如图 9-19 所示。首先铺粉或铺基底薄层，按照原型零件分层截面轮廓，喷头在每一层铺好的材料上有选择地喷射粘结剂，喷过粘结剂的材料被粘结在一起，其他地方仍为松散粉末，层层粘结后去除多余底料就得到一个三维实体；也可以直接逐层喷涂陶瓷或其他材料粉浆，硬化后得到所需要形状的制件。三维喷涂粘结成形采用多个喷头进行，适合成形小件，工件的表面不够光洁，需要对整个截面进行扫描粘结，成形时间较长。

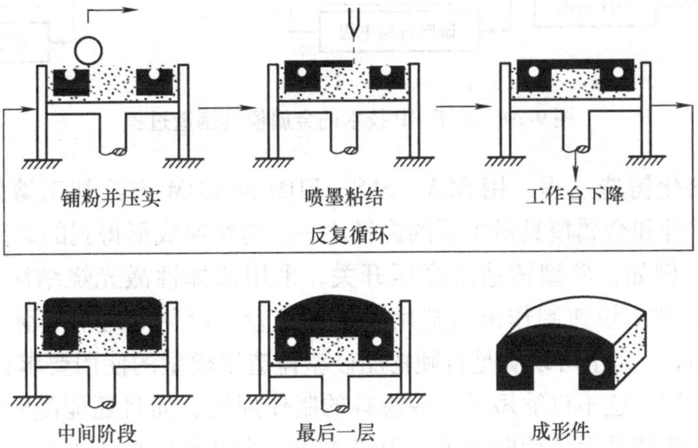

图 9-19　三维喷涂粘结的工作原理

三维打印具有传统模具制作所不具备的优势，其制作精度高，一般在 0.3mm 以下；制作周期短，一般几个小时甚至几十分钟就可以完成一个模型的打印；可以实现个性化制作；制作材料多样性，例如金属、石料、高分子材料等都可以用作三维打印；用来制作个性化产品时，制作成本相对较低。

9.4.3 快速成形铸造模具制造

快速制模（Rapid Tooling，RT）技术，是将传统的制模方法（如数控加工、铸造、金属喷涂、硅胶模等）与快速成形技术相结合，模具制造周期短、成本低，综合经济效益好，在模具的精度和寿命方面能满足生产使用要求的模具制造技术。从模具的概念设计到出模，快速制模一般是传统模具加工方法所需时间的1/3左右。

快速成形工艺制作的零件原型，可以与熔模铸造、喷涂法、陶瓷模法、研磨法、电铸法等转换技术相结合，制造金属模具或金属零件基于RP技术的金属模具制造过程如图9-20所示。

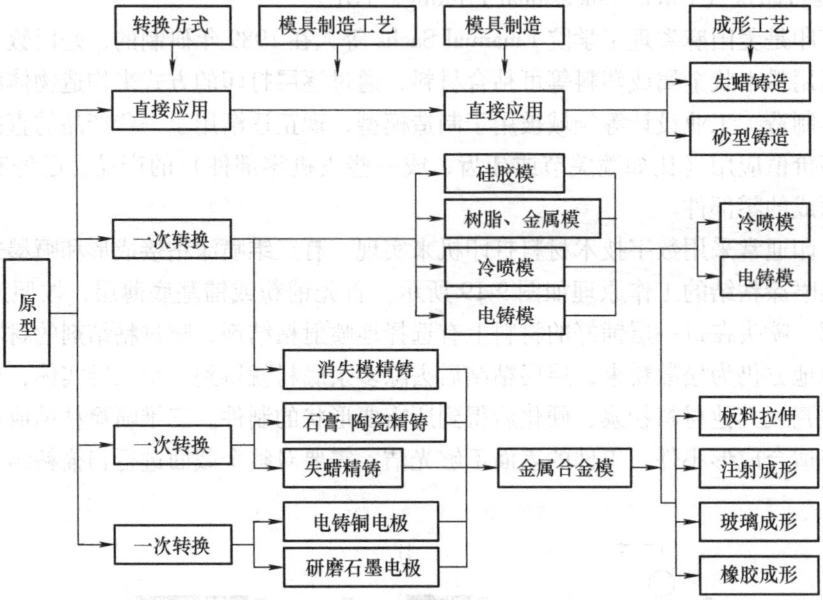

图9-20 基于RP技术的金属模具制造过程

快速制造可简化铸造过程，用SLA、SLS、FDM或LOM方法加工熔模铸造中的蜡模，是目前生产金属零件和金属模具最主要的途径之一。对快速成形得到的原型表面进行特殊处理后可代替木模，例如，砂型铸造某高压开关，采用选择性激光烧结法（SLS），在AFS-3000型快速成形系统中快速制作出铸造用木模和芯盒，固化处理后其强度甚至超过木材，精度可达到±0.1mm，完全可以满足自硬树脂砂型铸造用模型的使用要求；经过清理打磨后可直接作为模型使用。这不仅缩短了工装模具的制作周期，而且还能随时通过CAD模型进行修改与再验证，使铸件设计趋向完善，为铸造产品的快速开发提供了强有力的技术支持。

由于快速制造过程具有逐层制造的特点，在模具表面存在阶梯形状的表面，尤其是倾斜表面，将导致模具表面粗糙，应采用较薄的烧结层厚度来尽量获得较小的表面粗糙度值。在选用快速制模时，通常使用传统制模技术作为基准，在大幅减少模具制造周期和费用的同时，尽量使得快速模具的所有质量参数都能够与切削模具一样。但快速制模在模具寿命、精度、表面粗糙度、树脂选择、模具结构及零件尺寸等方面仍存在局限。

9.4.4　数字化无模铸造技术

数字化无模铸造技术是计算机、自动控制、新材料、铸造等技术的集成和原始创新，由三维 CAD 模型直接驱动铸型、砂芯制造，不需要模具，简化铸造生产工艺过程，降低了工人的劳动强度，能够实现复杂金属件制造的柔性化、数字化、精密化、绿色化、智能化和快速化，缩短产品开发周期。数字化无模铸造工艺流程如图 9-21 所示。

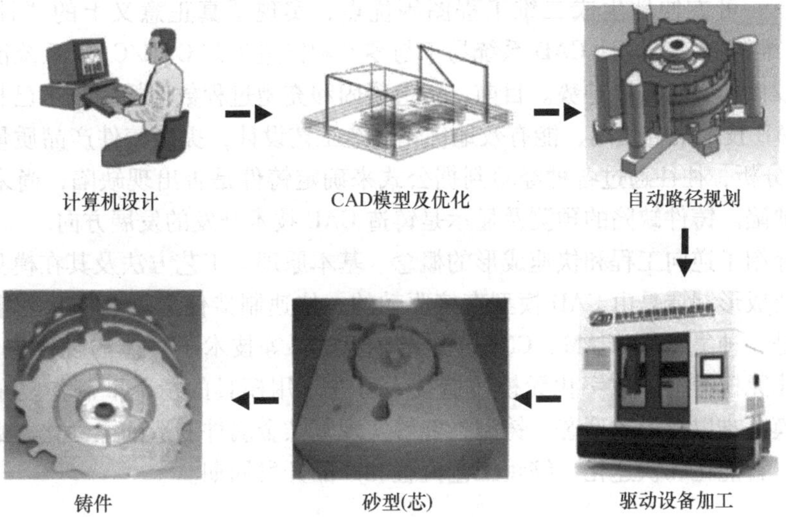

图 9-21　数字化无模铸造工艺流程

目前，三维打印技术已在铸造生产中用于砂型、砂芯的制造，可在不用模具的情况下制作复杂的砂型、砂芯，尤其是模具难以成形的型芯、铸型，实现数字化无模铸造。与传统铸型制造技术相比，数字化无模铸造技术在不使用模具的情况下可制作复杂的砂型、砂芯，铸造过程高度自动化、敏捷化，适用于汽车、通用机械、机床、重大装备中关键零部件及模具的单件、小批量快速制造，技术上突破了传统工艺的许多障碍，使设计、制造的约束条件大大减少。具体表现为：

1）数字化无模铸造采用计算机自动处理工艺信息，造型不用模样，可大幅缩短新产品的开发周期，而传统铸造制作铸型时必须先加工模样，周期比较长。

2）对于一些大型、复杂铸件，模样和芯盒的制造成本较高，采用数字化无模铸造技术时不用模样和芯盒，可大大降低铸件生产成本低。

3）传统造型需要起模，一般采用分型造型，铸件产生“飞边”，导致机加工量增大，也限制了铸件设计的自由度，某些表面和内腔复杂的铸型不得不采用多个分型面，使造型、合箱装配过程的难度增加。无模铸造工艺采用离散/堆积的成形原理，没有起模过程，分型面可以设计在铸件的非关键部位，或者采用一体化制造。

4）型、芯同时成形。传统工艺中，型腔内部一些结构设计成芯，型、芯分开制造后装配，这需要精确的定位，还必须考虑芯子的稳定性。无模铸造时型、芯可同时堆积而成，无需装配，位置精度更易保证。

5）传统工艺不适合制造含自由曲面或曲线的铸件，而基于离散/堆积成形原理的无模铸造工艺，不存在成形的几何约束，因而能够很容易地实现任意复杂形状的造型，易于制造含自由曲面的铸型。

小　结

本章介绍了铸造工艺设计 CAD 与 CAE 技术的概念和基本原理及其软件开发应用和发展趋势。铸造工艺 CAD 软件分为二维和三维两种；三维 CAD 具有设计结果直观、几何信息完整、数据共享、可方便地生成二维工程图等优点，实现了真正意义上的“计算机辅助设计”。借助三维铸造工艺设计 CAD 系统易于与零件和铸造工艺 CAE/CAM 系统衔接，是铸造工艺数字化设计的必然发展趋势。目前，铸造凝固和充型过程数值模拟技术已日趋成熟，铸造 CAD 和 CAE 技术集合使用，能有效地优化铸造工艺设计，提高铸件产品质量。然而，铸造 CAE 模拟分析，往往通过各种经验判据公式来确定铸件是否出现缺陷，尚未能真正显示可能出现的缺陷。铸件缺陷的预测及显示是铸造 CAE 技术开发的发展方向。

本章还介绍了逆向工程和快速成形的概念、基本原理、工艺方法及其在模具设计制造中的应用。快速成形制造是由 CAD 模型直接驱动的、快速制造任意复杂形状三维物理实体的技术总称，是一种集 CAD/CAM、CNC、激光、新材料等技术于一体的现代先进制造技术，可实现数字化无模铸造。数字化无模铸造技术可在不用模具的情况下制作复杂的砂型、砂芯，尤其是模具难以成形的型芯、铸型，能够实现复杂金属件制造的柔性化、数字化、精密化、绿色化、智能化和快速化，缩短工艺流程和产品开发周期。

复习思考题

9-1　什么是铸造工艺设计 CAD？铸造工艺设计 CAD 系统有哪些功能？

9-2　什么是铸造工艺 CAE？简述铸造 CAE 数值模拟分析的方法过程及应用。

9-3　何谓逆向工程？简述逆向工程的工艺流程。

9-4　请举例说明逆向工程在模具制造中的应用。

9-5　什么是快速成形？常用快速成形技术有哪些？各有何有缺点？

9-6　试举例说明快速成形技术在铸造实际生产中的应用。

参考文献

[1] 李新亚．铸造手册第5卷：铸造工艺［M］．北京：机械工业出版社，2011.
[2] 魏华胜．铸造工程基础［M］．北京：机械工业出版社，2008.
[3] 陈维平，罗杰，李元元．2009中国铸造活动周论文集．［C］．沈阳：中国机械工业学会铸造协会，2009.
[4] 盛达．2010中国铸造活动周论文集．［C］．沈阳：中国机械工业学会铸造协会，2010.
[5] 铸造行业准入条件．中华人民共和国工业和信息化部，2013.
[6] 王琛，毛小南，于兰兰，等．钛合金熔炼技术的进展［J］．热加工工艺，2009，38（17）：42-45.
[7] 庞松，吴国华，孙明，等．镁合金熔炼保护气体研究现状与展望［J］．铸造，2011，60（3）：259-264.
[8] 穆彦青，靳玉春，黄志伟，等．镁合金无熔剂熔炼防燃净化技术研究进展［J］．热加工工艺，2011，40（11）：21-25.
[9] 张丽丽，龙思远，杨智，等．铝合金熔炼节能技术现状和发展趋势［J］．热加工工艺，2013，42（5）：46-51.
[10] 李传栻．谈铸钢熔炼方面的几个问题［J］．铸造，2010，59（3）：266-271.
[11] 杨圣道．2012中国铸造活动周论文集．［C］．沈阳：中国机械工业学会铸造协会，2012.
[12] 缪良．铸造企业管理［M］．北京：中国水利水电出版社，2007.
[13] 陆文华，李隆盛，黄良余．铸造合金及其熔炼［M］．北京：机械工业出版社，2008.
[14] 李魁盛，侯福生．铸造工艺学［M］．北京：中国水利水电出版社，2006.
[15] 王文清，李魁盛．铸造工艺学［M］．北京：机械工业出版社，2002.
[16] 贾志红，傅明喜．金属材料液态成型工艺［M］．北京：化学工业出版社，2007.
[17] 李晨希．铸造工艺设计及铸件缺陷控制［M］．北京：化学工业出版社，2009.
[18] 董选普，李继强．铸造工艺学［M］．北京：化学工业出版社，2009.
[19] 介万奇，坚增运，刘林，等．铸造技术［M］．北京：高等教育出版社，2013.
[20] 李魁盛，李国禄，李日．铸件成型技术入门与精通［M］．北京：机械工业出版社，2012.
[21] 李传栻．铸造工程师手册［M］．北京：机械工业出版社，1997.
[22] 邓文英，郭晓鹏．金属工艺学［M］．北京：高等教育出版社，2008.
[23] 铸造工艺基础联合编写组，铸造工艺基础［M］．北京：北京出版社，1979.
[24] John Campbell. Castings［M］. 2nded. Great Britain：Butterworth-Heinemann，2003.
[25] 铁道机车车辆科技手册编委会，铁道机车车辆科技手册第三卷：制造技术［M］．北京：中国铁道出版社，2002.
[26] 李荣德，米国发．铸造工艺学［M］．北京：机械工业出版社，2013.
[27 杜西灵，杜磊．铸造实用技术问答［M］．2版．北京：机械工业出版社，2013.
[28] 中国机械工程学会铸造分会．铸造手册［M］．3版．北京：机械工业出版社，2011.
[29] 杨兵兵．特种铸造［M］．长沙：中南大学出版社，2010.
[30] 历长云．特种铸造．［M］哈尔滨：哈尔滨工业大学出版社，2013.
[31] 陈宗民．特种铸造与先进铸造技术［M］．北京：化学工业出版社，2007.
[32] 中国铸造协会．铸造技术应用手册第五卷特种铸造：［M］．北京：中国电力出版社，2011.
[33] 中国铸造协会．特种铸造［M］．北京：化学工业出版社，2010.
[34] 姜不居．特种铸造［M］．北京：中国水利水电出版社，2005.
[35] 林伯年．特种铸造［M］．杭州：浙江大学出版社，2008.

[36] 耿鑫明．特种铸造生产工艺及装备入门与精通 [M]．北京：机械工业出版社，2011.
[37] 包彦．熔模精密铸造技术 [M]．杭州：浙江大学出版社，2012.
[38] 李玉观．熔模精密铸造缺陷与对策 [M]．北京：化学工业出版社，2012.
[39] 罗利华．熔模精密铸造技术问答 [M]．北京：化学工业出版社，2012.
[40] 张伯明．离心铸造 [M]．北京：机械工业出版社，2004.
[41] 万里．特种铸造工学基础 [M]．北京：化学工业出版社，2009
[42] 谭德睿，陈美怡．艺术铸造 [M]．上海：上海交通大学出版社 1996.
[43]（美）塔克·郎兰特，从黏土到铜雕 [M]．王立非，等译．南京：江苏美术出版社 2001.
[44] 马承源．中国青铜器 [M]．上海：上海古籍出版社 2003.
[45] 李弘英，赵志成．铸造工艺设计 [M]．北京：机械工业出版社 2005.
[46] 叶学贤，赖锡鸿．实用艺术铸造技术 [M]．北京：化学工业出版社 2010.
[47] 陆顺寿．艺术铸造创意实践教程 [M]．上海：上海交通大学出版社 2010.
[48] 吴春苗．艺术铸造：铸造技术及工艺案例 [M]．广州：华南理工大学出版社 2011.
[49] 周建新，廖敦明，等．铸造 CAD/CAE [M]．北京：化学工业出版社， 2010.
[50] 李永刚．CAD-CAE 技术在桥壳铸件工艺开发中的应用 [J]．铸造设备与工艺，2014，(5)：24-28.
[51] 侯华，毛红奎，张国伟，等．铸造过程的计算机模拟 [M]．北京：国防工业出版社， 2008.
[52] 柳百成，荆涛．铸造工程的模拟仿真与质量控制 [M]．北京：机械工业出版社，2002.
[53] 刘光富，李爱平．快速成形与快速制模技术 [M]．上海：同济大学出版社，2004.
[54] 张学昌．逆向建模技术与产品创新设计 [M]．北京：北京大学出版社，2009.
[55] 赵建华，杨子义，吴春艳．基于逆向技术的铸造模具设计与制造 [J]．铸造技术，2004，25（10）：741-743.
[56] 金正哲，李林杰，王广欣，等．逆向工程技术在铁路货车铸造模具中的应用 [J]．设计与研究，2013，40（12）：42-44.
[57] 邢忠和．基于铸造工艺的汽车发动机缸盖气道逆向工程研究 [D]．贵阳：贵州大学，2009.
[58] 张洪峰，畅为航．基于 SLS 的铸造模型快速制造技术 [J]．热加工工艺，2008，13（37）：39-41.
[59] 李志博．基于逆向工程与快速成型的轮胎花纹块模具制造技术 [D]．大连：大连理工大学，2013.
[60] 于彦奇．3D 打印技术的最新发展及在铸造中的应用 [J]．铸造设备与工艺，2014，(2)：1-4.